热 学 陶 瓷
——性能·测试·工艺

李懋强　编著

中国建材工业出版社

图书在版编目（CIP）数据

热学陶瓷——性能·测试·工艺/李懋强编著. —北京：中国
建材工业出版社，2013.6
ISBN 978-7-5160-0416-6

Ⅰ.①热… Ⅱ.①李… Ⅲ①特种陶瓷 Ⅳ.①TQ174.75

中国版本图书馆 CIP 数据核字（2013）第 064883 号

内 容 简 介

全书共分 3 部分：绪论简要阐述了热学陶瓷的内涵，热能和温度的物理学本质
及表达方式，并介绍了作为物质热学性质的物理学基础的晶格振动和声子的概念；
第 1 篇就陶瓷材料的热容、导热系数、导温系数、热辐射、热膨胀系数、熔点、熔
化热、蒸发、热分解和高温蠕变等性质的物理本质分别进行了论述并讨论了影响上
述各个性质的各种因素，同时介绍了上述各个热学性质的测试原理和方法；第 2 篇
简要地介绍陶瓷材料的制备工艺及其原理，并较详细地介绍了低维陶瓷材料，包括
涂层、薄膜和纤维的制备工艺技术，在此基础上分类介绍了各种主要热学陶瓷材料
的特点和制造工艺技术。

全书收集的有关陶瓷材料的各种热学性能数据比较丰富，可供从事热学陶瓷材
料和耐火材料的科研人员、生产技术人员和需要使用热学陶瓷材料的研究设计人员
参考，本书也适合于大专院校相关专业的教师和学生阅读、参考。

热学陶瓷——性能·测试·工艺

李懋强　编著

出版发行：中国建材工业出版社

地　　址：北京市西城区车公庄大街 6 号
邮　　编：100044
经　　销：全国各地新华书店
印　　刷：北京鑫正大印刷有限公司
开　　本：787mm×1092mm　　1/16
印　　张：30.25
字　　数：750 千字
版　　次：2013 年 6 月第 1 版
印　　次：2013 年 6 月第 1 次
定　　价：**179.00 元**

本社网址：www.jccbs.com.cn
广告经营许可证号：京西工商广字第 8143 号
本书如出现印装质量问题，由我社发行部负责调换。联系电话：(010)88386906

前　　言

　　陶瓷材料从 20 世纪中叶开始得到极大的开发和应用，根据陶瓷材料的不同特性，目前已经发展出结构陶瓷、高温陶瓷（或称耐火材料）、功能陶瓷、生物陶瓷等多个分支。热学陶瓷既属于功能陶瓷又涉及高温陶瓷。常见的热学陶瓷包括具有很低导热系数的保温（绝热）陶瓷、具有很高导热系数的高导热陶瓷、具有极低热膨胀系数的低膨胀或零膨胀陶瓷、能够在 1000～2000 多度的高温环境中工作的高温陶瓷，此外具有特殊红外辐射特性的陶瓷材料也属于热学陶瓷。热学陶瓷就其形态而言有各种形状的块体、厚度为数毫米至不足一微米的涂层和薄膜、直径为数微米至数十微米的纤维，不同形态的材料需要用不同的工艺制造。

　　热学陶瓷在当前我国工业、农业和国防建设中有广泛的应用，在某些工程技术场合甚至成为关键性材料。然而到目前为止，在国内尚缺少一本系统地介绍陶瓷的热性能及其制造工艺的书籍。因此编写一本论述陶瓷材料的热学性质和介绍一些重要热学陶瓷材料的特点及其制造工艺、技术的书籍会有助于从事热学陶瓷材料的科研人员、生产技术人员和需要使用热学陶瓷材料的研究设计和工程技术人员的工作和学习。本人从事陶瓷和耐火材料的研究数十年，其中包括许多有关热学陶瓷，特别是保温隔热材料的课题。编写有关热学陶瓷书籍的想法在我心中盘桓多年，退休之后在中国建材工业出版社朱文东编辑的热情鼓励下终于下决心动笔，花了将近四年时间完成本书的撰写。

　　本书绪论部分主要介绍热学物理中关于温度、热量、传热以及格波等一些基本概念，为读者阅读全书内容勾画出必要的物理基础。在第 1 篇中主要介绍陶瓷材料的热容、导热系数、导温系数、热辐射、热膨胀以及作为表征材料热稳定性的熔点、耐火度、熔解热、蒸发与热分解、高温蠕变等各个热物性的物理本质和测量方法。在第 2 篇中首先用一章篇幅简单介绍块状陶瓷材料的制造工艺。针对陶瓷材料需要经过高温烧成的关键特点，先论述陶瓷的烧结工艺原理，再根据烧结致密陶瓷对工艺的要求，引导出陶瓷成形工艺的特点和原理，最后根据成形致密陶瓷坯体的要求引导出对陶瓷原料（粉料）的处理工艺原理。这样编排不同于一般陶瓷工艺书籍中从原料论述到烧结的次序。笔者认为先论述烧结问题能够抓住陶瓷工艺的内在逻辑关系，使得文字紧凑、便于阅读。在第 10 章中比较详细地介绍了制造涂层、薄膜、纤维和纤维制品的各种方法。其余各章分别介绍耐高温陶瓷、高导热陶瓷、隔热陶瓷、低膨胀系数陶瓷、红外陶瓷的各种特性和一些具体制造方法。为了压缩全书篇幅，没有单独开辟章节介绍关于各种热学陶瓷的应用，而将应用方面的内容分散在第 2 篇的各个章节之中。

　　为了有助于读者获得尽量多的有关材料热学性能的信息，书中尽量采用已经在国内外公开发表的有关各种陶瓷材料热学性能的具体数据来说明、验证关于各种材料热学性质的理论问题和讨论各种材料的具体特性及制造工艺。除一些示意图之外，对书内的大多数图、表都指出其中数据的详细来源。这样做既是出于对前人工作的尊重，也便于读者对书内所引用的数据做进一步了解。其余少数未给出数据出处的图表，则是来自笔者在历年的研究工作中积累的数据。

我衷心感谢同事石兴博士、张士昌教授和唐婕博士为本书提供了他们在研究工作中积累的宝贵资料和图片；同时也感谢我妻子吴萍女士在本书编写期间承担了大部分生活琐事，使我能够全力以赴完成此书。

由于本人的知识水平和写作能力有限，书内必定有许多不足和谬误，真诚地期待同行、前辈以及各方面读者对此给予指正，请通过我的信箱联系：mql@public3. bta. net. cn。

李懋强

2013 年 2 月于北京

 洛阳市谱瑞慷达耐热测试设备有限公司

LUOYANG PRECONDAR INSTRUMENTS FOR TESTING REFRACTORINESS CO., LTD

专业从事耐火材料检测仪器的研发、生产和销售

　　洛阳市谱瑞慷达耐热测试设备有限公司是一家专业从事耐火材料高温检测设备及中小型高中温电炉研制、生产和销售的高新技术企业。产品广泛应用于冶金、陶瓷、建材、机械、化工等复合材料行业，畅销于国内外各大科研单位、高等院校、钢铁公司、质检机构及耐火材料企业等单位。公司永远追求领先的技术和完美的产品。

　　公司主要生产经营定型、不定型耐火材料、耐火陶瓷纤维制品等产品的物理性能的测试仪器，中高温加热炉，制样设备，高温发热体，高温炉衬，计算机控制系统，仪器仪表等。其中用于力学性能检测的主要有高温抗折试验仪、高温应力应变仪、高温耐压试验仪、高温耐磨仪等，用于热学性能检测的主要有高温热膨胀仪、热线导热仪、平板导热仪、热重分析仪，用于结构性能检测的主要有透气度测定仪、显气孔体密测定仪、真密度测定仪，用于使用性能检测的主要有高温重烧炉、耐火度试验炉、高温荷软测试仪、荷软蠕变测试仪、真空气氛炉、抗热震性试验仪、高温抗渣炉、感应抗渣炉、回转抗渣炉，制样设备主要包括切割机、钻样机、双面磨样机和各类不定型制样仪器，其中高温应力变仪、高温热重分析仪、流变仪等已申请了国家专利。

　　启首前瞻，洛阳市谱瑞慷达耐热测试设备有限公司将以更高的质量和良好的服务广交同仁、共谋发展。

X荧光仪专用熔样炉

多样品热膨胀仪

高温管式炉

高温抗渣试验炉

高温抗折试验机　　　高温热重分析仪　　　高温压力试验机　　　高温应力应变仪

荷软蠕变测试仪　　　流变仪　　　平板导热仪　　　全自动水平成像耐火度炉

热态耐磨试验机　　　热线导热仪　　　箱式电阻炉(马弗炉)　　　重烧试验炉

制 造 商

洛阳市谱瑞慷达耐热测试设备有限公司

LUOYANG PRECONDAR INSTRUMENTS FOR TESTING REFRACTORINESS CO., LTD

地址：洛阳市高新开发区火炬创新创业园C座（471003）

销售：086-379-65112180/81/82转8068　15037901680　15037926580

售后：086-379-65112180/81/82转8076　13939925139　13707695312

传真：086-379-65112179

网址：www.precondar.com

E-mail：precondar@vip.163.com /precondar@163.com /precondar@yahoo.com

北京市通州京伦特种耐火材料厂
beijing tongzhou jinglun special refractory plant

公司创办于1988年，毗邻北京市通州区经济开发区，坐落于著名的京杭大运河畔，京沈高速公路、京津第二高速公路从公司两侧通过，位置优越，交通快捷。公司占地26600平方米，总资产5800万元，专业技术人员30余名，其中高级工程师5名，公司长期与中国建筑材料科学研究总院、北京工业大学、北京石油化工设计院、北京冶金建筑研究院、首钢技术研究院等科研院所紧密合作，致力于节能降耗环保长寿的耐火材料高新技术产品的研制、开发、生产及施工应用。年生产特种耐火材料20000余吨，产品不但广泛应用于我国冶金、有色、建材、石化、电力等行业，同时还远销美国、新加坡、韩国等十几个国家和地区，均得到一致好评。

公司拥有高温梭式炉、倒焰窑、推板窑炉等13座，1000吨液压自动压砖机、空心球制作生产线、大尺寸特异型耐火制品（预制件）生产线、瑞典工业高速离心超微粉加工生产线、不定形耐火材料生产线等数百台（套）先进生产装备。主要产品有刚玉制品、高铝制品、硅线石制品、莫来石制品、堇青石制品、碳化硅制品、锆英石制品；硅铝空心球、莫来石空心球、高铝空心球；不定形耐火材料、预制件、高强火泥；高温高强轻质保温材料，同时还生产特制纯铝酸钙水泥、活性α-AL2O3超微粉、活性矾土基α-AL2O3超微粉、改性PA系列高温粘接剂等数百种产品。

公司还拥有一支经验丰富、技术成熟的专业筑炉队伍，承接退火炉、反射炉、锅炉、垃圾焚烧炉以及倒焰窑、隧道窑等多种窑炉的设计施工。

公司已于2005年率先通过GB/T19001—2008质量体系认证，公司本着"以质量求生存、以科技求进步、以品种求发展、以管理求效益、以优质服务为宗旨、以顾客满意为目的"的经营方针为广大新老客户服务，获得客户的肯定是我们始终不渝的追求。

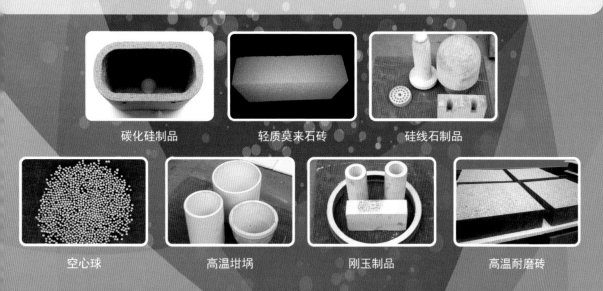

碳化硅制品　　　　　　轻质莫来石砖　　　　　　硅线石制品

空心球　　　　　高温坩埚　　　　　刚玉制品　　　　　高温耐磨砖

地址：北京通州区漷县镇　　邮编：101109
电话：010-80586430　80586532　13901137977
联系人：马春华　传真：010-80586532　Web：www.jltn.net　Email：jltn977@sina.com

目　　录

绪　　论

第 1 章　热学陶瓷的内涵以及
在现代科技领域中的地位

人类发明陶瓷至今已有八九千年历史[1]，制陶是早期人类利用自然界提供的原材料通过物理-化学反应转变成被人类所用的器物的创造性劳动之一。但是直到 19 世纪，陶瓷一直被用做盛放物料的容器和特殊的装饰品或艺术品，对陶瓷材料的注意力完全集中在形状、颜色、光泽等方面。其实陶瓷材料除了可制造成漂亮的日常生活用品和艺术品之外，尚有许多特殊的优良性能，如电绝缘性、介电性、压电性、光电性、良好的高温强度、高的化学稳定性等。这些特性都是在 20 世纪逐渐被发现和应用的。其中对具有优良热学性能的陶瓷的开发研究进行得比较晚。如今，电绝缘瓷、电子陶瓷（包括介电陶瓷、压电陶瓷、光电陶瓷等）、结构陶瓷、生物陶瓷等都已经成为具有特定内涵的材料学专用名词。然而，热学陶瓷似乎还较少被大众如此称呼。

早在 18 世纪，欧洲的科学家已经开始研究材料的热物理性质，到 20 世纪中叶热物理性质同物质结构关系的研究已经形成了理论体系，但这些研究并没有落实到陶瓷材料上。直到 20 世纪二次大战后期，由于军备竞赛、空间技术的推动，以及 20 世纪 70 年代能源危机的出现，人们迫切需要具有优良热性能的新材料用于各种新技术和新装备上，于是将一部分注意力集中到了陶瓷材料上。对陶瓷材料的宏观热物理性能以及性能与材料结构间的关系进行了广泛而深入的研究，并在此基础上开发出许多具有优良性能的新颖陶瓷材料。热学陶瓷的概念终于出现，所谓热学陶瓷，可定义为具有显著热物理性能的陶瓷材料。

我国学者奚同庚根据美国普渡大学热物理性质研究中心（Thermal Properties of Research Center，Purdue University）的归纳，将比热容、导热系数、导温系数（热扩散系数）、热膨胀系数、热辐射率和黏度作为物质的基本热学性质[2]。上述前六个性质对陶瓷材料来讲无疑是非常重要的，其中导热系数、导温系数、热辐射率和比热容直接关系到各种隔热材料、热防护材料和散热材料的性能和应用；热膨胀系数对于各种工程结构陶瓷以及陶瓷-金属的焊接和复合来讲是一个很重要的性质，同时超低膨胀陶瓷在某些工程技术领域发挥着重要的作用。从流体分子动力学观点出发，黏度是流体内输运过程中分子间动量交换的结果，这与导热系数是能量交换的结果有极大的类似性。实际上流体的黏度（η）及其导热系数（λ）有如下关系，式中 c_v 为流体的定容热容：

$$\lambda/\eta = c_v \qquad (1\text{-}1)$$

因此将流体的黏度归入热学性质无疑是正确的。然而，陶瓷材料是一种固态物质，在一般情况下并不存在流体那样的流动，因而也无所谓黏度。在高温下陶瓷材料可能存在黏滞性和蠕变问题，这在某种程度上同流体有一定的类似性，然而将固态材料的黏滞性或黏弹性归入力学性能更为恰当。因此，本书所谓的热学性质不包括黏度。另外，从实用角度出发，陶瓷材

1

料在高温下不变形、不破坏是非常重要的性能要求。例如，在许多高温设备上要求零部件能够在 1800°C 左右甚至更高的温度下工作，又如飞行器在大气层的飞行中其表面温度可能高达 2000°C 以上，要求飞行器的外壳不但能够经受住如此高的温度，还要能够将热流隔断，使其内部不受高温的影响。考虑到诸如此类的要求，本书将陶瓷材料的耐高温性也列入热学性质之中，其中包括陶瓷材料的熔点、高温蠕变性和热稳定性。

第2章　热的本质和表现形式

第1节　温度和温标

我们知道组成物质的分子和原子（离子）都处在不停地运动的状态，这种运动称为分子或原子（离子）的"热运动"，温度就是用来表征这种热运动激烈程度的一个物理量，物体的温度越高表明其内部分子或原子（离子）运动程度越剧烈。

由于无法直观地检验物体内部分子或原子（离子）的运动情况，温度的测定是建立在热平衡概念的基础上的，即一切互为热平衡的系统具有相同的温度。温度虽然可以表征物体内部分子或原子（离子）的运动的剧烈程度，但它并不能给出这种运动剧烈程度的绝对值的大小。这样就要求首先建立一种温标体系，以便测量和对数据进行互相比较。1742年，瑞典天文学家摄尔修斯（A. Celsius）用水的沸点作为0℃参考点，以水的冰点作为100℃参考点，在这个区间把温度分为100个等分度，用以标定温度。1743年，克里森（J. P. Christen）建议将沸点与冰点颠倒过来，分别作为100℃和0℃的参考点，从而形成了今天使用的摄氏温标，其量纲称为"摄氏度"用℃表示。1848年，苏格兰人开尔文爵士（Lord Kelvin）根据热力学第二定律设想如果一个物体没有任何热量放出，则该物体必定处于绝对零度，从而提出了绝对温度的概念，并在此基础上建立了绝对温标（又称热力学温标）用K表示，其1K与1℃的大小相等。还有一种兰氏温标，用R表示，由苏格兰工程师W. J. M. Rankine建立，也以绝对零度为起点，以水的冰点为491.67°R，沸点为671.67°R，中间分成180等分，每一等分为1°R。其刻度比K氏温标小：1°R = 5/9 K。在德国和法国的酒精行业曾经使用过一种列氏温标，用R'表示以区别于上面的兰氏温标，它由法国人列奥弥尔（R. A. F. Reaumur）于1730年创设，以水的冰点为0°R'，正常沸点为80°R'，中间分成80等分。此外，在美国和少数欧洲国家中还使用由D. G. Fahrenheit创立的华氏温标，用F表示，他以冰、水和氯化铵混合物的温度为零度（0°F），冰、水混合物的温度为32°F，水的沸点为212°F，1°F的大小与1°R温标相等。

如此众多的温标给温度的量度和应用带来极大的混乱，为了统一国际间的温度量值，国际度量衡大会于1927年决定将热力学温标作为最基本的温标，热力学温度作为基本温度，并规定水的三相共存平衡温度的1/273.16为温度单位，称为"开尔文"（K）。同时在此基础上制定了国际实用温标（IPTS）。国际实用温标以17个可以精确而重复地检测的物质平衡态温度值作为基本参考点（表2-1）。基本参考点之间的温度由内插公式确定[3]。在这些确定的温度点上国际实用温标与热力学温标相符，而在这些温度之间，国际实用温标与热力学温标的差异极小，以至对于大多数实际工作来说是可以忽略的。

需要指出的是除热力学温标（绝对温标）之外，各种温标的单位都以"度"来表示，但是1968年根据国际度量衡大会的建议，将热力学温标以及国际实用温标的单位由曾经使用的"度"（°K）改为"开尔文"并以K表示。

以上各种温标之间的转换关系可用以下几个公式表示：

$$0\ \mathrm{K} = 0^\circ \mathrm{R} = -273.15^\circ\mathrm{C} = -459.67^\circ\mathrm{F} \tag{2-1}$$

$$x\mathrm{K} = (x - 273.15)^\circ\mathrm{C} = \left(\frac{9}{5}\right)x^\circ\mathrm{R} = \left[\left(\frac{9}{5}\right)(x - 273.15) + 32\right]^\circ\mathrm{F} \tag{2-2}$$

$$x^\circ\mathrm{R}' = \left(\frac{5}{4}\right)x^\circ\mathrm{C} = \left(\left(\frac{5}{4}\right)x + 273.15\right)\mathrm{K} \tag{2-3}$$

表 2-1　国际实用温标（IPTS-90）规定的基本参考点*

物质**	测量平衡状态	国际实用温标/K	摄氏温标/℃
He	蒸汽压	3 或 5	—
H₂（平衡）	三相共存平衡态	13.8033	−259.346
H₂（平衡）或 He	蒸汽压测定气体温度计	17	−256.15
H₂（平衡）或 He	蒸汽压测定气体温度计	20.3	−252.85
Ne	三相共存平衡态	24.5561	−248.5939
O₂	三相共存平衡态	54.3584	−218.7916
Ar	三相共存平衡态	83.8058	−189.3442
Hg	三相共存平衡态	234.3156	−38.8344
H₂O	三相共存平衡态	273.16	0.01
Ga	熔点	302.9146	29.7646
In	凝固点	429.7485	156.5985
Sn	凝固点	505.078	231.928
Zn	凝固点	692.677	419.527
Al	凝固点	933.473	660.323
Ag	凝固点	1234.93	961.78
Au	凝固点	1337.33	1064.18
Cu	凝固点	1357.77	1084.62

　*　固液共存点的压力为 0.101325 MPa。

　**　H₂（平衡）表示其组成为 99.79%仲氢＋0.21%正氢。

　　用不同的测温物质（或同一种物质的不同测温属性）制造的温度计去建立某种温标，除在定义点（如摄氏温标的冰点和沸点）上测出的温度相同外，在其他温度上这些不同种类的温度计所给出的温度并不严格一致。图 2-1 给出了几种由不同物质构成的摄氏温度计在 0℃和 100°C 之间的测量读数与用氢定容温度计所测的读数之差，其中横坐标为氢定容温度计的测定值。因此国际实用温标（IPTS−90）规定在 0.65～5K 之间用氦蒸气压力温度计作为规定的测温仪器，在 3.0～24.5561K 之间用氦气体温度计作为规定的测温仪器，在 13.8033～1234.93K 之间用铂电阻为规定的测温仪，在银的凝固点（1234.93K）以上规定用基于 Plank 黑体辐射定律的单色光高温辐射计来测定温度。

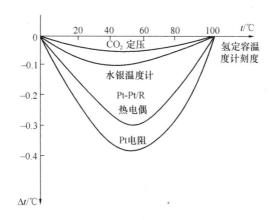

图 2-1　不同温度计所测温度同氢定容温度计测定值的差别[4]

关于温标和测温方面的详细知识请参阅参考文献[3~6]。

第 2 节　热能及热能的传递

在日常生活中我们称温度高的物体为热的物体，这里"热"是一个形容词，而在物理学中"热"是一个名词，表示一种能量的概念。物体内部分子或原子（离子）在不停地运动，它们必然具有动能，运动程度越剧烈其动能越大。如果通过某种方法使运动剧烈的分子或原子（离子）同运动剧烈程度低的分子或原子（离子）相接触，或使两者相混合，这样通过粒子间的碰撞可以将能量由高能量的粒子转移给低能量的粒子，最后达到所有粒子的能量处于同等状态，宏观上就是温度高的物体降温，而温度低的物体升温，最后两者的温度达到平衡。此外，如果采用某种手段加剧物体内分子或原子（离子）的运动，由于这些粒子的动能增大，物体温度相应升高。如果进行相反的过程，则能使物体的温度下降。上述这些使温度发生变化的过程中伴随着能量的迁移，这种迁移的能量称为热，或热能。需要强调的是热能是处于迁移状态的能量，因此所谓"热的物体含有的热能大，冷的物体含有的热能小"这种表述是不正确的，这是对热能的一种错误理解，能量在开始传递之前和终止传递之后都不能称为热能。

热能是能量的一种形式，因此其度量单位就是能量的单位。然而历史上热学研究的先驱者们没有认识到热量同功或能量是一致的，他们独立地定义了热量的度量单位：在 1 标准大气压下，将 1g 温度为 14.5℃ 的纯水升高到 15.5℃ 所需要的热量为 1 卡路里（Calorie），用 cal 表示。现在国际度量衡大会已经不再承认卡为热量的基本度量单位，而规定所有能量（包括热能）都用焦耳（J）作为度量的基本单位。物体在 1 牛顿（N）力作用下移动了 1 米（m）距离所做的功即为 1J。卡与焦耳之间的换算关系如下：

$$1cal = 4.186J \qquad (2-4)$$

此外，在英、美国家的一些热工领域尚用以华氏度和英制单位定义的称为英国热量单位来度量热能，用符号 Btu 表示。1Btu 就是在 1 标准大气压下把 1 英磅的水由温度 63℉ 升高到 64℉ 所需的热量。

$$1Btu = 252cal = 1055J \qquad (2-5)$$

热量是由温度差引起的处于迁移状态的能量，热能的传递方式可分为三种，即热传导、对流和热辐射。两个温度不同的物体相接触，或同一物体处于不同温度的相邻部位，会发生热量从高温处向低温处传递，这就是热的传导。在各向同性物体中从高温流向低温的热流密度（W/m^2）服从富利埃（Fourier）定律：

$$q(x_i, t) = -\lambda \nabla T(x_i, t) \quad i = 1, 2, 3 \tag{2-6}$$

式中　q 表示热流密度，是一个矢量，x_i 表示所描述点的正交坐标位置，t 表示时间；∇ 为 Nabla 算子：

$$\nabla = \boldsymbol{i}_1 \frac{\partial}{\partial x_1} + \boldsymbol{i}_2 \frac{\partial}{\partial x_2} + \boldsymbol{i}_3 \frac{\partial}{\partial x_3} \tag{2-7}$$

式中　∇T 为温度梯度，也是一个矢量。

式 2-6 表示在各向同性物体内热流密度与温度梯度共线，但方向正好相反，其值同温度梯度成正比，比例系数 λ 称为导热系数，其量纲为 W/(m·K)。在一维稳态传热情况下式（2-6）变成：

$$q = -\lambda \frac{T_1 - T_h}{b} \tag{2-8}$$

式中　T_1 和 T_h 分别表示低温面和高温面的温度，b 为高低温面之间的距离。该式是某些导热系数测定方法的原理基础。

导热系数的倒数称为热阻率，用 ρ_r 表示，单位是 m·k/W。

$$\rho_r = 1/\lambda \tag{2-9}$$

于是在一维稳态情况下，热流密度同高、低温度差的绝对值 ΔT 的关系可写成：

$$q = \frac{\Delta T}{b\rho_r} \tag{2-10}$$

此式与电学中电流、电势差和电阻三者关系形式相同，因此在某些场合对传热问题的分析可借用电路分析方法来实现。

对于如石墨、陶瓷基纤维编织体等各向异性物体，其导热系数不再是标量，它同所取的方向有关，于是某一方向上的热流密度不仅同该方向上的温度梯度有关，同时还受到其他方向上的温度梯度影响，这样各向异性物体的导热系数需要用一个二阶张量来表示：

$\begin{bmatrix} \lambda_{11} & \lambda_{12} & \lambda_{13} \\ \lambda_{21} & \lambda_{22} & \lambda_{23} \\ \lambda_{31} & \lambda_{32} & \lambda_{33} \end{bmatrix}$，其中 λ_{ij} 是导热系数分量，表示在 j 方向上的温度梯度对 i 向上的热流密度

大小的影响。于是某一方向上的热流密度不仅同该方向上的温度梯度有关，同时还受到其他方向上的温度梯度影响，热流密度和温度梯度矢量的各个分量分别组成两个矩阵：

$\begin{bmatrix} q_1 \\ q_2 \\ q_3 \end{bmatrix}$ 和 $\begin{bmatrix} \partial T/\partial x_1 \\ \partial T/\partial x_2 \\ \partial T/\partial x_3 \end{bmatrix}$

可以将式 2-6 改写成：

$$q_i = -\sum_{j=1}^{3} \lambda_{ij} \frac{\partial T}{\partial x_j} \quad (i = 1, 2, 3) \tag{2-11}$$

导热系数分量具有如下性质：

$$\lambda_{ii} > 0, \ \lambda_{ij} = \lambda_{ji}, \ \lambda_{ii}\lambda_{jj} > (\lambda_{ij})^2 \quad (i \neq j)$$

从这些性质可见导热系数矩阵是一个对称矩阵，因此只要坐标系方向选得合适，必定可将导热系数矩阵变成对角矩阵，即：

$$\begin{bmatrix} \lambda_{11} & 0 & 0 \\ 0 & \lambda_{22} & 0 \\ 0 & 0 & \lambda_{33} \end{bmatrix}$$

对角线上的分量：λ_{11}、λ_{22}、λ_{33} 称为主导热系数，相应的三个坐标轴称为导热系数主轴。以导热系数主轴作为坐标系的三个轴，以原点为中心，分别以 $(\lambda_{11})^{-\frac{1}{2}}$、$(\lambda_{22})^{-\frac{1}{2}}$ 和 $(\lambda_{33})^{-\frac{1}{2}}$，为半轴长度作一个椭球，则各向异性材料的各个方向上的导热系数都呈现在椭球面上。

热量通过某一物体会造成该物体各部分温度发生变化，如果流进物体的热量大于流出的热量，则物体各部分温度会逐渐升高，反之则降低。导热物体各处的温度同所传导的热流密度之间的关系可根据能量守恒原理导出：

$$\frac{\partial(c\rho T)}{\partial t} = -\nabla \cdot \boldsymbol{q} + q_v \tag{2-12}$$

式中 ρ 为物体的密度（kg/m^3），c 为比热容[$J/(kg \cdot K)$]，q_v 为物体内部的热源密度，向外发热为正值，吸收热量则为负值，$\nabla \cdot \boldsymbol{q}$ 为热流密度矢量的散度。根据式 2-6，上式可转变成：

$$\frac{\partial(c\rho T)}{\partial t} = \nabla \cdot (\lambda \nabla T) + q_v \tag{2-13}$$

对于各向同性的均匀物体 ρ、c 和 λ 都为标量并且同位置及时间无关，因此上式可简化成：

$$\frac{c\rho}{\lambda} \frac{\partial T}{\partial t} = \nabla^2 T + \frac{q_v}{\lambda} \tag{2-14}$$

式中 ∇^2 为 Laplace 算子，$\nabla^2 = \dfrac{\partial^2}{\partial x_1^2} + \dfrac{\partial^2}{\partial x_2^2} + \dfrac{\partial^2}{\partial x_3^2}$

定义 $\lambda/c\rho$ 为导温系数，又称热扩散率，常用字母 a 表示，量纲是 m^2/s。导温系数表征材料在非稳态导热过程中温度的传播能力。

当式 2-14 中 $q_v = 0$，即体系内无热源存在，则成为：

$$\frac{\partial T}{\partial t} = a\left(\frac{\partial^2 T}{\partial x_1^2} + \frac{\partial^2 T}{\partial x_2^2} + \frac{\partial^2 T}{\partial x_3^2}\right) \tag{2-15}$$

式 2-14 称为富利埃（Fourier）导热微分方程，这是热传导的基本方程之一。

对流传热出现在有流体参与的热能传递过程中，它是热传导和流体运动的组合。固体同与之相接触的流体之间的热量传递可用牛顿（Newton）冷却公式表示：

$$q = h \cdot \Delta T \tag{2-16}$$

式中 q 为固体壁面同与之相接触的流体之间的热流密度，$\Delta T = T_w - T_f$，其中 T_w 为固体表面温度，T_f 为远离表面的流体深处的温度，这里将由壁面流向流体的热流密度定义为正值，反方向则为负值，h 称为对流传热系数，简称传热系数或换热系数，量纲是 $W/(m^2 \cdot K)$。对流传热的核心问题就是求 h 之值。从理论上推导 h 需要通过流体的连续方程、动量微分方程和热传导微分方程的联立求解，由于数学方面的困难，在大多数情况下 h 几乎不可能通过解析方法来求。通常利用建立在理论分析和实验数据相结合基础上的相似理论来求解 h。在流体的相似理论中定义了一系列称为准数的无量纲的函数，并建立了在各种具体场合中这些准数之间的关系和适用范围的数学表达式。主要的准数列出如下：

Grashof　准数

$$Gr = \frac{g\alpha \Delta T l^3}{\nu^2} \tag{2-17}$$

Nusselt　准数

$$Nu = \frac{hl}{\lambda} = f_n(Re, Pr) = f_m(Gr, Pr) \tag{2-18}$$

Prandtl　准数

$$Pr = \frac{\nu}{a} \tag{2-19}$$

Rayleigh　准数

$$Ra = Gr \cdot Pr \tag{2-20}$$

Reynolds　准数

$$Re = \frac{V_\infty l}{\nu} \tag{2-21}$$

Stanton　准数

$$St = \frac{h}{\rho c_p V_\infty} = \frac{Nu}{Re \cdot Pr} \tag{2-22}$$

上面各式中 a 为流体的导温系数（m^2/s），c_p 为流体的定压比热容[$J/(kg \cdot K)$]，g 为重力加速度（$9.8 m/s^2$），l 为特征长度（m），ΔT 为参加换热的固体表面温度与流体深处温度之差的绝对值，V_∞ 为流体深处的流速（m/s），α 为流体的体积膨胀系数（K^{-1}），λ 为流体的导热系数[$J/(m \cdot K)$]，υ 为流体的运动黏度（m^2/s），ρ 为流体的密度（kg/m^3）。

Pr 准数表征了流体的基本特性，Re 准数表征了流动特性，Nu 准数表征了换热特性，通过 Nu 可求出传热系数 h。在强迫流动换热时可通过函数 $f_n(Re, Pr)$ 来计算 Nu 的值，而自然对流换热情况下通过函数 $f_m(Gr, Pr)$ 来求 Nu 之值。一旦得到 Nu 的大小，就可根据 Nu 的定义来求 h。$f_n(Re, Pr)$ 和 $f_m(Re, Pr)$ 的具体形式需根据具体的换热情况和 Re、Gr 及 Ra 的数值范围决定。

任何温度大于 0K 的物体都一定会不断地以电磁波形式向外发射能量，这发射通常称为热辐射，同时也一定会吸收其他物体发出的热辐射能。如果某一物体发出的热辐射大于其同时从其他物体吸收的热辐射，则该物体的温度就会下降，反之则温度升高。这种物体间通过热辐射互相交换热量的过程就称为辐射换热，这是一种非接触式传热方式。

物体向外辐射的能流密度同其温度（绝对温度）的四次方成正比：

$$q = \varepsilon \sigma T^4 \tag{2-23}$$

式中　ε 称为物体的辐射率（又称黑度系数），σ 称为黑体辐射常数，又称斯提芬-波尔兹曼（Stefan-Boltzmann）常数，其值为 $5.67 \times 10^{-8} W/(m^2 \cdot K^4)$。真实物体的黑度系数 ε 总是 $<$ 1 而 $>$ 0。如果 $\varepsilon = 1$，则称为黑体，这是一种理想化的物体，实际上并不存在。但用黑体的概念可以进行理论分析。黑体的特点是这种理想化的物体只会向外辐射能量和完全吸收外界投射到该物体上的所有热辐射，而没有任何反射或透过任何波长电磁波的能力。即辐射率 ε 和吸收率 α 均为 1，反射率 ρ 及透过率 τ 均为 0。需要指出因物体发射电磁波和吸收电磁波是同一机制的正反过程，因此在相同温度和波长的条件下辐射率与吸收率总是相等的，即 $\varepsilon = \alpha$。

黑体辐射电磁波的能力随波长及温度而变化,符合所谓的普朗克(M. Plank)定律:

$$E_{b\lambda} = \frac{A}{\lambda^5 \left[exp\left(B/\lambda T\right) - 1 \right]} \tag{2-24}$$

式中 $E_{b\lambda}$ 为黑体的光谱辐射力,表示在波长为 λ 和温度为 T 条件下的发射能力,A 和 B 为辐射常数:$A = 3.742 \times 10^{-16}\,\mathrm{W \cdot m^2}$,$B = 1.439 \times 10^{-2}\,\mathrm{m \cdot K}$。图 2-4 给出了黑体光谱辐射力随波长和温度而变化的辐射能力分布曲线。从图 2-2 可见辐射能量主要集中在红外波段($0.7 \sim 100\,\mu\mathrm{m}$),因此热辐射也就是红外射线。从图 2-2 还可看出:温度越高辐射能量越强,并向短波方向偏移。分布曲线最高点所对应的波长 λ_m 同温度的关系可用维恩(Wien)位移定律表示:

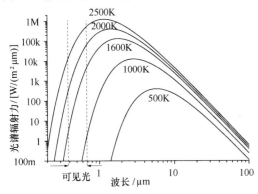

图 2-2 不同温度下黑体辐射力随波长分布,图内数字表示温度

$$\lambda_m T = 2897.8\,\mu\mathrm{m \cdot K} \tag{2-25}$$

如将式 2-24 对波长 λ 积分,则得到黑体辐射的 Stefan-Boltzmann 定律的数学表达式:

$$E_b = \int_0^\infty \frac{A}{\lambda^5 \left[\exp\left(B/\lambda T\right) - 1 \right]}\,\mathrm{d}\lambda = \sigma T^4 \tag{2-26}$$

式中 E_b 为黑体全波长辐射力,$\sigma = 5.67 \times 10^{-8}\,\mathrm{W/(m^2 \cdot K^4)}$ 即斯蒂芬一波尔兹曼(Stefan-Boltzmann)常数。将 E_b 同 ε 相乘即得到灰体(关于灰体的定义在第 1 篇第 6 章中给出,其特征之一是 $0 < \varepsilon < 1$)的全波长辐射力,即式 2-23。

两个无穷大等温平行表面,温度分别为 T_1 和 T_2(假定 $T_1 > T_2$),它们之间通过热辐射进行的净热流密度为:

$$q = \sigma\left(T_1^4 - T_2^4\right) \tag{2-27}$$

然而,如果是灰体,则不能简单地把 $\sigma\left(\varepsilon_1 T_1^4 - \varepsilon_2 T_2^4\right)$ 等同为 q。原因是灰体不能全部吸收照射到其上面的全部辐射能,因为反射率 $\rho \neq 0$,其中有一部分必然被反射到对面的表面上,而对面又会将这部分能量中的一部分再反射回来,如此反复不断。通过理论分析可以得到如图 2-3 所示的辐射热交换的热流密度为:

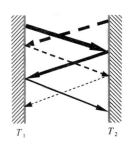

图 2-3 灰体平行表面的辐射热交换

$$q = \frac{\varepsilon_1 \varepsilon_2}{\varepsilon_1 + \varepsilon_2 - \varepsilon_1 \varepsilon_2} \sigma\left(T_1^4 - T_2^4\right) \tag{2-28}$$

以上讨论都假定热辐射是在真空中进行的,在热辐射的路径上不存在对热辐射的吸收、散射。如果热辐射在具有吸收和散射作用的介质中传播,其强度将随传播距离的增大而衰减:

$$I_{\lambda L} = I_{\lambda 0} \exp\left[-\int_0^L \xi_\lambda \mathrm{d}x\right] \tag{2-29}$$

式中 $I_{\lambda L}$ 表示波长为 λ 的热辐射经过厚度 L 的介质后的强度,$I_{\lambda 0}$ 为热辐射在传播前的原始强度,ξ_λ 称为波长 λ 的单色衰减系数,其量纲是 m^{-1}。对于具有吸收和散射作用的介质,ξ_λ 由吸收($\xi_{a\lambda}$)和散射($\xi_{s\lambda}$)两部分组成:

$$\xi_\lambda = \xi_{a\lambda} + \xi_{s\lambda} \tag{2-30}$$

式 2-29 中的积分 $\int_0^L \xi_\lambda \mathrm{d}x$ 称为单色光学厚度，用表示 Λ_λ，是一个无量纲数。其值越小表示辐射在介质内衰减越小，即辐射可以传播的距离越长，反之则表明该介质对辐射的衰减大，传播距离短。对于各向同性的均匀物质，ξ_λ 不随辐射的路径、位置不同而改变，即 ξ_λ 为常数，于是式 2-29 可写成：

$$I_{\lambda L} = I_{\lambda 0} \exp(-\Lambda_\lambda) = I_{\lambda 0} \exp(-\xi_\lambda L) \tag{2-31}$$

即 $\Lambda_\lambda = \xi_\lambda L$。$1/\xi_\lambda$ 称为辐射光子的平均自由程。因此光学厚度 Λ_λ 就是热辐射所通过的距离与波长为 λ 的光子的平均自由程之比。

关于传热的详细论述可以参阅参考文献[7]～[9]。

第 3 节　晶格振动与声子

前面指出组成物质的分子、原子（离子）都处在不停地运动状态，对于晶体内的这些质点，由于互相束缚，它们的运动主要是环绕其平衡位置的各种振动，包括线性伸缩、扭摆、弯曲等多种形式。晶体内每个质点都受到其他质点对它的作用力，同时又对所有其他质点施加影响，因此这种振动互相关联，形成整个晶格的波动，称为格波。晶体内质点的数量极其庞大，种类也可能很多，因此格波实际上是非常复杂的波动，通常用简谐振动进行近似来研究其特性。

设晶格的基矢为 $\boldsymbol{a}_i$（$i=1,2,3$），沿 3 个基矢方向各有 N_i（$i=1,2,3$）个原胞，也就是整个晶体共有 $N_1 \cdot N_2 \cdot N_3 = N$ 个原胞。每个原胞内有 p 个质量为 m_k（$k=1,2,\cdots\cdots p$）的原子。第 n 个原胞内第 k 个原子的平衡位置用矢量 $\boldsymbol{R}_{nk}$ 表示（图 2-4）：

$$\boldsymbol{R}_{nk} = R_{nk1}\boldsymbol{a}_1 + R_{nk2}\boldsymbol{a}_2 + R_{nk3}\boldsymbol{a}_3 \tag{2-32}$$

如果该原子在某一时刻偏离平衡位置，达到的新位置用 $\boldsymbol{R}_{nk}^*$，偏离矢量为 $\boldsymbol{u}_{nk}$：

$$\boldsymbol{u}_{nk} = u_{nk1}\boldsymbol{a}_1 + u_{nk2}\boldsymbol{a}_2 + u_{nk3}\boldsymbol{a}_3 \tag{2-33}$$

$$\boldsymbol{R}_{nk}^* = \boldsymbol{R}_{nk} + \boldsymbol{u}_{nk} = (R_{nk1}+u_{nk1})\boldsymbol{a}_1 + (R_{nk2}+u_{nk2})\boldsymbol{a}_2 + (R_{nk3}+u_{nk3})\boldsymbol{a}_3 \tag{2-34}$$

式中 u_{nki} 表示偏离矢量 $\boldsymbol{u}_{nk}$ 在 $\boldsymbol{a}_i$ 轴方向上的分量，如图 2-4 所示。同样的，晶体内第 n' 个原胞中第 k' 个原子（$\boldsymbol{R}_{n'k'}$）在某一时刻偏离平衡位置，用偏离矢量 $\boldsymbol{u}'_{n'k'}$ 表示：$\boldsymbol{u}'_{n'k'} = u_{n'k'1}\boldsymbol{a}_1 + u_{n'k'2}\boldsymbol{a}_2 + u_{n'k'3}\boldsymbol{a}_3$，偏离后的位置矢量为 $\boldsymbol{R}_{n'k'}^*$。

如果晶格内原子的势函数用 φ 表示，则二次偏导数 $\dfrac{\partial^2 \varphi}{\partial R_{n'k'i'} \partial R_{nki}} = \varXi_{n'k'i'}^{nki}$，

（式中 $i,\,i'=1,2,3$；$n,\,n'=1,2,\cdots N$；$k,\,k'=1,2,\cdots p$）便是第 n' 个原胞中第 k' 个原子在其余原子不动的情况下沿 $\boldsymbol{a}_{i'}$ 方向移动 1 单位距离时对第 n 个原胞中的第 k 个原子在 $\boldsymbol{a}_i$ 方向上产生的作用力（图 2-4），也就是原子间力常数的各个分量。于是位于 $\boldsymbol{R}_{nk}$ 上原子的振动状态可用以下 $3pN$ 个联立

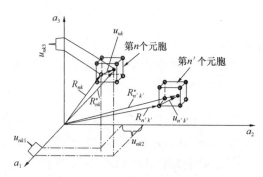

图 2-4　三维晶格振动的坐标

白色小圈—平衡位置；黑色小圈—偏移后的位置

方程组来描述:

$$m_{nk} \frac{\mathrm{d}^2 u_{nki}}{\mathrm{d}t^2} = -\sum_{n',k',i'} \frac{\partial^2 \varphi}{\partial R_{n'k'i'} \partial R_{nki}} u_{n'k'i'}, \tag{2-35}$$

$$n,n' = 1,2,\cdots\cdots N, \quad k,k' = 1,2,\cdots\cdots p, \quad i,i' = 1,2,3$$

式中 m_{nk} 表示第 n 个原胞内的原子 k 的质量。

式 2-35 有如下的特解:

$$u_{nki} = m_{nk}^{-\frac{1}{2}} A_{ki}(q) e^{j(qR_n - \omega t)} \tag{2-36}$$

式中 $j = \sqrt{-1}$,即虚数单位,矢量 $\boldsymbol{q}$ 称为波矢 (波数矢量),指示波的传播方向,波长为 λ 的波矢之模,即 $q = 2\pi/\lambda$;$A_{ki}(q)$ 为振幅,其值同波矢有关;点积 $\boldsymbol{q} \cdot \boldsymbol{R_n}$ 是以 $\boldsymbol{q}$ 为波矢的格波的相位;ω 为振动的圆频率;t 为时间。

将式 2-36 代入式 2-35,经过整理后可得到:

$$\omega^2 \boldsymbol{A_{ki}}(\boldsymbol{q}) = \sum_{k',i'} C_{ii'}^{kk'}(\boldsymbol{q}) \boldsymbol{A_{k'i'}}(\boldsymbol{q}) \tag{2-37}$$

式中

$$C_{ii'}^{kk'}(\boldsymbol{q}) = (m_k m_{k'})^{-1/2} \sum_{n,n'} \Xi_{n'k'i'}^{nki} e^{jq \cdot (\boldsymbol{R_{n'}} - \boldsymbol{R_n})} \tag{2-38}$$

由于晶格内原子的周期性排列,式 2-38 右端求和的结果同 n 和 n' 的具体大小无关,对于每一个波矢 $\boldsymbol{q}$,$C_{ii'}^{kk'}(\boldsymbol{q})$ 仅是 k、k'、i、i' 的函数,于是方程式 2-37 的个数从 $3pN$ 减少至 $3p$ 个。为使这 $3p$ 个线性齐次方程的 A_{ki} 有非零解,式 2-37 中 A_{ki} 的系数行列式应等于零:

$$det \parallel C_{ii}^{kk'}(q) - \omega^2 \delta_{kk'} \delta_{ii'} \parallel = 0 \tag{2-39}$$

式 2-39 是 ω^2 的 $3p$ 次方程,由此得到 $3p$ 个实根:$\omega_k(\boldsymbol{q})$,$(k = 1,2,\cdots\cdots 3p)$,这些实根都是波矢 $\boldsymbol{q}$ 的函数。每一频率代表一个格波。

由于晶格的周期性特点,方程 2-35 的边界条件也是周期性的,因此波矢 $\boldsymbol{q}$ 的基本值限制在第 1 布利渊区 (Brillouin zone),即

$$-\frac{b_i}{2} < q_i \leqslant \frac{b_i}{2} \quad (i = 1,2,3) \tag{2-40}$$

式中 q_i 为波矢 $\boldsymbol{q}$ 在所研究的晶格的倒易点阵的第 i 个坐标上的分量,b_i 为倒易点阵原胞的基矢在 i 轴上的分量。于是色散关系 $\omega_i(\boldsymbol{q})$ 的周期性可用 $\boldsymbol{q}$ 空间的周期性来表示:

$$\omega_k(\boldsymbol{q}) = \omega_k(-\boldsymbol{q}) = \omega_k(\boldsymbol{q} + n\boldsymbol{b}), \tag{2-41}$$

式中 b 是晶格的倒易点阵的单位矢量,n 为整数。如前面所述:所研究的晶格在 3 个基矢方向上的原胞个数分别为 N_1、N_2、N_3,因此 $\boldsymbol{q}$ 的 3 个分量 q_1、q_2、q_3 也只能分别取 N_1、N_2、N_3 个,所以 $\boldsymbol{q}$ 的取值总数为 $N_1 \cdot N_2 \cdot N_3 = N$,即格波的波矢数目等于其晶胞的总数,并且都可以用倒易点阵中第一布利渊区内的波矢来表达。

每个波矢有 $3p$ 个频率,每一种 ω、q 组合表示格波振动的一种模式,共有 N 个波矢,因此三维晶格的振动模式共有 $3pN$ 个,这与晶格的总自由度数目相等。$3pN$ 个格波可分为 $3p$ 支,每支有 N 个振动模式。其中 3 支具有 $q = 0$ 时 $\omega(q) = 0$ 的特征,这三支为声学波。其他 $3p-3$ 支格波当 $q = 0$ 时 $\omega(q) \neq 0$,它们称为光学波。3 支声学波中有一支是纵波,其振动方向与波的传播方向一致,这种振动模式称为纵声学模(LA);其余两支为横波,其振动方向与波的传播方向垂直,称为横声学模(TA)。声学波的振动方式对应于原胞质心的振动,原胞内部各个质点的相对位置在振动中保持不变,其波长较长。当 $q \to 0$,ω 同 q 成正比,这种振动类似于弹性连续介质内传播的声波,这也就是称为声学支的原因。光学支格波起因于

11

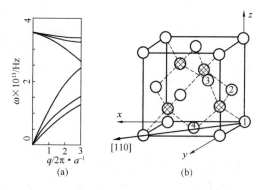

图 2-5　金刚石沿 [110] 方向的色散关系
及晶胞的结构

(a) 金刚石沿 [110] 方向的色散关系[10]；

(b) 金刚石晶胞的结构，图中箭头

指出 [110] 方向[11]

原胞内各质点之间的相对运动，也分为纵模（LO）和横模（TO）两种模式。

图 2-5 (a)为金刚石沿 [110] 方向的晶格振动的色散曲线，图中高处三条呈下降趋势的曲线代表两个横光学和一个纵光学模，下面三条呈上升趋势的曲线代表一条纵声学模和两条横声学模；图 2-5 (b)显示金刚石原胞的原子排列结构，晶胞内 8 个碳原子分为两组，各自成面心立方排列，在图中分别以空心圆圈和带方格线圆圈表示，箭头指出 [110] 方向。

由 W 个质量为 m_k 的原子互相作用，并各具有微小位移 u_l 的振动相当于在正则坐标内 W 个独立谐振子。所谓正则坐标是由 $3W$ 个 Q_i 构成的坐标系，Q_i 满足下列关系：

$$u_l \sqrt{m_k} = \sum_i^{3W} a_{ki} Q_i, \quad (k = 1, 2, \cdots\cdots W; l = 1, 2, \cdots\cdots 3W) \tag{2-42}$$

因此晶格的 $3pN$ 个不同频率的振动就成为在正则坐标系内 $3pN$ 个独立谐振子的振动。根据量子力学，频率为 ω_i 的谐振子的能量本征值为：

$$\varepsilon_i = \left(\frac{1}{2} + n_i \right) \frac{h\omega_i}{2\pi}, \quad (n_i = 0, 1, 2, \cdots\cdots) \tag{2-43}$$

因此晶格的总能量等于 $3pN$ 个谐振子能量的总和：

$$E = \sum_i^{3pN} \varepsilon_i = \sum_i^{3pN} \left(\frac{1}{2} + n_i \right) \frac{h\omega_i}{2\pi} \tag{2-44}$$

式中　h 为 Plank 常数，$h = 6.626 \times 10^{-34}$ J·s。

由式 2-43 可见每个晶格振动的能量只能以 $h\omega_i/2\pi$ 的整数倍增加或减少，因此晶格波的能量是量子化的，称这种量子化的格波能量为声子。不同频率的振动模式对应于不同种类的声子，振动能量的增减可以用声子的产生或湮灭来表示。当 $n_i = 0$ 时的声子能量称为零点能量，其值为 $h\omega_i/4\pi$。由声子同格波的对应关系可以得到关于格波的平均动能的关系式：

$$\frac{1}{4} \rho V \omega_i^2 u_i^2 = \frac{1}{2} \left(n + \frac{1}{2} \right) h\omega_i \tag{2-45}$$

式中　ω_i 和 u_i 分别为体积 V 的晶体中某一格波的频率和振幅，ρ 为振动质点的质量密度，等式右边为对应声子的能量。此式把一给定模式的格波振幅同该模式中声子数目 n 联系起来。

声子不仅具有能量，还赋予其动量，定义 $hq/2\pi$ 为声子的动量，因此格波的波矢 q 即为声子的波矢，表示声子运动的方向。需要指出：$hq/2\pi$ 并不是声子的真实动量，因为声子坐标（除去 $q = 0$ 以外）所涉及的只是原子的相对坐标，并不带有线动量。晶格内原子振动的位移是在原子相对坐标中的位移，整个晶体并没有发生位移，因此整个晶体的动量为零。唯一的例外是当 $q = 0$ 时整个晶体确有平移，才真的具有动量。而且，由于 $\omega(q)$ 是 q 的周期函数，因此 $\omega(q + G) = \omega(q)$ 表示两者是完全相同的振动状态，然而如依此去计算动量，却是不同的。由于上述种种原因，因此称声子的动量为准动量。尽管如此，当声子与光子、电子、中子相互作用时，声子所起的作用确实仿佛它具有 $hq/2\pi$ 的动量。声子既具有能量又具有动量，因此具有粒子的属性，但是声子不能脱离固体存在，声子只是格波激发的能量。而且声子可以产生和消灭，在相互作用时声子数不守恒，声子动量守恒律也有别于一般粒子，因此声子只能算一种准粒子。

在绝对温度 T 下频率为 ω_i 的声子的平均数目 n_i 符合玻色—爱因斯坦(Bose-Einstein)统计：

$$n_i = \frac{1}{\exp\dfrac{h\omega_i}{2\pi k_{\mathrm{B}} T} - 1} \tag{2-46}$$

式中　k_{B} 为波尔兹曼（Boltzmann）常数。

前面对晶格振动的分析和关于声子的概念是建立在简谐振动基础上，在简谐近似下，各个格波的振动或者声子都是相互独立的，它们之间不发生相互作用，也不能交换能量和动量。实际上晶格振动是非简谐振动，晶格内各个质点间的力系数并非常数，而是与质点的位移大小有关。由于晶格振动十分微小，可认为力常数与质点的位移呈线性关系，但其斜率十分微小，因此晶格振动仍旧可以描述成一系列的谐振子，但这些谐振子不再是互相独立，而是存在相互作用，使得晶格振动可以从一个简谐本征态跃迁到另一个简谐本征态，这样就导致声子的产生和湮灭。两个声子碰撞产生一个新的声子而本身消灭的过程称为声子的吸收，一个声子分裂成两个声子的过程称为声子的发射。无论是声子的吸收还是声子的发射都存在两种过程：正常过程或称 N 过程；倒逆过程或称 U 过程（来自德文 Umklapp processes）。这些过程保持能量守恒并可用下列方程来表示：

声子的吸收：　　　　　　　　　　$\boldsymbol{q}_1 + \boldsymbol{q}_2 = \boldsymbol{q}_3 + \boldsymbol{G}$ （2-47）

声子的发射：　　　　　　　　　　$\boldsymbol{q}_1 = \boldsymbol{q}_2 + \boldsymbol{q}_3 + \boldsymbol{G}$ （2-48）

式中　$\boldsymbol{G}$ 为倒易点阵矢量。$\boldsymbol{G}=0$ 表示是正常过程，$\boldsymbol{G}\neq0$ 则是 U 过程。在正常过程中等式两边的声子都在第一布利渊区内，反应前后声子的总能量和总动量不变。对于 U 过程，反应前后声子的总能量不变，但是准动量不守恒。它显示的是一种大角度的散射，反应后的声子 $\boldsymbol{q}_3$ 的方向有很大的改变，实际上是落到了第一布利渊区之外。然而有意义的声子应该在第一布利渊区内，因此需要加一个非零 $\boldsymbol{G}$，利用周期性的等价关系，将其移至第一布利渊区内。图 2-6 示意声子吸收和发射的这两个过程。图 2-6 中所示的是在 $q_x - q_y$ 二维平面上的三声子吸收或发射的正常过程和倒逆过程，坐标系内的方框表示第一布利渊区。在倒逆过程中 $\boldsymbol{q}_3'$ 超出了第一布利渊区，需用一个倒易点阵矢量 $\boldsymbol{G}$，其长度为 $2\pi/a$，a 为晶格点阵常数，将 $\boldsymbol{q}_3'$ 拉回到第一布利渊区内。倒逆过程可看做是三声子过程和布拉格（Bragg）反射的一种复合，而在弹性连续区内只会出现正常过程。

有关晶格振动和声子的详细论述可参阅参考文献[10]～[12]。关于晶格振动和声子的概念以及各种关系都是在晶格的基础上引导出来的。非晶固体，如玻璃体等，虽然其内部不存在晶格结构，原子或离子的排列显得杂乱无序，然而每个质点的紧邻周围，质点之间的相对位置并非无序，而是受化学键的特性规定，仍旧显得具有一定的结构，即所谓近程有序，但长程无序。所谓长程无序就是非晶物质不存在平移对称性，即周期性。因而，格波的概念不适用于非晶态物质。但是非晶物质内的原子仍然具有一系列本征振动，因此关于原子振动的"声子"的概念，也可以应用于非晶物质。与晶体物质不同的是对于非晶物质而言声子只是

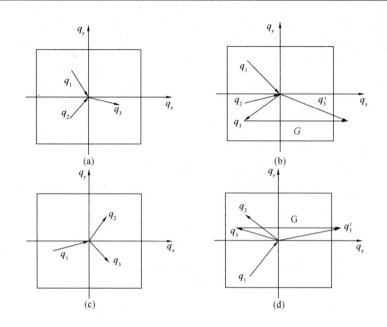

图 2-6　声子吸收和发射的 N 过程和 U 过程示意

(a) 声子吸收的正常过程；(b) 声子吸收的倒逆过程；(c) 声子发射的正常过程；(d) 声子发射的倒逆过程

能量量子而没有准动量，因此在同光子互相作用时，不受准动量守恒选择定则的限制。

第 4 节　晶格振动的热力学函数

由于具有 N 个晶胞、每个晶胞含有 p 个原子（离子）的晶体的晶格振动可用由 $3pN$ 个独立的声子体系来描述。这样，晶格振动的热力学问题可以用类似于由大量独立分子组成的气体，利用统计物理学的方法来处理。

从统计热力学可知气体的自由能 F 由组成气体的各个粒子的配分函数 Z_i 决定：

$$F = -k_B T \sum_i \ln Z_i \quad i = 1, 2, \cdots\cdots, 3pN \tag{2-49}$$

式中　T 为绝对温度，k_B 为 Boltzmann 常数。在简谐近似下，频率为 $\omega_i(q)$ 的声子的能量是：

$$E_i = \left(\frac{1}{2} + n_i(q)\right)\frac{h}{2\pi}\omega_i(q) \quad n_i(q) = 0, 1, 2, \cdots\cdots \tag{2-50}$$

式中　h 是 Plank 常数，利用等比级数求和公式，由上式求得声子相应的配分函数：

$$Z_i(q) = \sum_{n_j(q)=0}^{\infty} \exp\left\{-\frac{\left[\frac{1}{2}+n_i(q)\right]\frac{h}{2\pi}\omega_i(q)}{k_B T}\right\} = \frac{\exp\left[-\frac{h\omega_i(q)}{4\pi k_B T}\right]}{1-\exp\left[-\frac{h\omega_i(q)}{2\pi k_B T}\right]} \tag{2-51}$$

于是第 i 个声子的自由能便为：

$$F_i(q) = -k_B T \ln Z_i(q) = \frac{h}{4\pi}\omega_i(q) + k_B T \ln\left\{1 - exp\left[-\frac{h\omega_i(q)}{2\pi k_B T}\right]\right\} \tag{2-52}$$

$3pN$ 支格波总的自由能 F_v：

$$F_v = \sum_i^{3p} \sum_q^N F_i(q) = \sum_i^{3p} \sum_q^N \left\{\frac{h}{4\pi}\omega_i(q) + k_B T \ln\left[1 - \exp\left(-\frac{h\omega_i(q)}{2\pi k_B T}\right)\right]\right\} \tag{2-53}$$

式中　F_v 表示是定容自由能。知道了晶格振动的自由能，通过热力学计算就可以求出晶格振动的能量[11]：

$$E_v = F_v - T\frac{\partial F_v}{\partial T} = \sum_i^{3p} \sum_q^N \left\{ \frac{h}{4\pi}\omega_i(q) + \frac{h\omega_i(q)}{2\pi\left(\exp\left(\frac{h\omega_i(q)}{2\pi k_B T} - 1\right)\right)} \right\} \qquad (2\text{-}54)$$

晶体内晶胞数目极大（$N \approx 10^{23}$），因此实际上无法对上式求和。然而正由于 N 极大，可将求和转成积分。根据下式定义振动模式的态密度 $g(\omega)$：

$$g(\omega) = \lim_{\Delta\omega \to 0} \frac{\Delta n}{\Delta\omega} = \frac{dn}{d\omega} \qquad (2\text{-}55)$$

式中　Δn 为 $\Delta\omega$ 频率间隔内的振动模式的数量，显然态密度即单位频率间隔内的振动模式数量，也就是格波的频率分布函数。由于 N 很大，并且所有波矢 $\boldsymbol{q}$ 都存在于第一布利渊区，可以假定波矢的端点在该空间呈均匀分布状态，并且可以按连续函数处理。于是波矢在倒易空间的分布密度为：

$$\rho(q) = \frac{dn}{dV_q} = \frac{N}{\Omega_r} = \frac{N\Omega_d}{(2\pi)^3} = \frac{V}{(2\pi)^3} \qquad (2\text{-}56)$$

式中　Ω_r 和 Ω_d 分别为第一布利渊区的体积和晶胞体积，dV_q 为波矢空间即第一布利渊区内的体积微元，V 为实际晶体的体积。

体积微元 dV_q 可以设想成由两个相距为 dq_n 的等频面组成的体积，如图 2-7 所示。q_n 的方向与等频面的法线方向平行，于是：

$$dV_q = dq_n \int_S dS_q \qquad (2\text{-}57)$$

根据对 q_n 的定义，可有下式：

$$\frac{d\omega}{dq_n} = |\nabla_q \omega(\boldsymbol{q})| \qquad (2\text{-}58)$$

等号右边是 q 空间上的格波频率梯度的模值。上式也可写成

$$d\omega = |\nabla_q \omega(q)| dq_n \qquad (2\text{-}59)$$

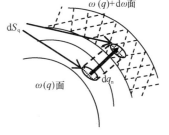

图 2-7　等频面之间的体积微元

式中　∇_q 表示在波矢空间的 Nabla 算子（见式 2-7）。根据态密度的定义、式 2-55 以及式 2-57 和式 2-59 可得到 $g(\omega)$ 的表达式：

$$g(\omega) = \frac{dn}{N d\omega} = \frac{dn}{dV_q}\frac{dV_q}{d\omega} = \frac{V}{(2\pi)^3}\int_S \frac{dS_q}{|\nabla_q \omega(q)|} \qquad (2\text{-}60)$$

如果知道色散关系的具体表达式 $\omega(\boldsymbol{q})$，原则上就可以利用上式求出态密度 $g(\omega)$，由此即可求出晶格振动自由能：

$$F_V = \sum_i^{3p} \int_0^{\omega_{max}} \left\{ \frac{h}{4\pi}\omega_i(q) + k_B T\ln\left[1 - \exp\left(-\frac{h\omega_i(q)}{2\pi k_B T}\right)\right] \right\} g_i(\omega) d\omega_i(q) \qquad (2\text{-}61)$$

由于晶体内原子数目为 pN，自由度为 $3pN$，因此振动模的数量是有限的，于是上式中积分的上限为 ω_{max} 而非无限大。一旦求出自由能，则晶格振动的内能可从下面的关系中得到[11]：

$$E_v = F - T\left(\frac{\partial F}{\partial T}\right)_V = \sum_i^{3p} \int_0^{\omega_{max}} \left\{ \frac{h\omega_i(q)}{4\pi} + \frac{h\omega_i(q)}{2\pi\left[\exp\left(\frac{h\omega_i(q)}{2\pi k_B T}\right) - 1\right]} \right\} g_i(\omega) d\omega_i(q)$$

$$(2\text{-}62)$$

参 考 文 献 （一）

[1] 中国硅酸盐学会. 中国陶瓷史[M]. 北京：文物出版社，1982.

[2] 奚同庚，王梅华. 固体热物理性质导论——理论和测量[M]. 北京：中国计量出版社，1987.

[3] Preston Thomas H.. The International Temperature Scale of 1990 (ITS-90), Metrologia (J), 1990, pp. 27, 3-10 and 107.

[4] 罗蔚茵，许煜寰. 热学基础[M]. 广州：中山大学出版社，1990.

[5] 新国际实用温标和温度测量，功能材料[J]. Z1，1972：49-54.

[6] 凌善康，赵琪，李谟，等. 北京：温度-温标及其复现方法[M]. 北京：中国计量出版社，1984.

[7] 余其铮. 辐射换热基础[M]. 北京：高等教育出版社，1990.

[8] 张洪济. 热传导[M]. 北京：高等教育出版社，1992.

[9] 赵镇南. 传热学[M]. 北京：高等教育出版社，2002.

[10] 王矜奉. 固体物理教程[M]，济南：山东大学出版社，2006.

[11] 陈长乐. 固体物理学[M]. 西安：西北工业大学出版社，2004.

[12] 李正中. 固体理论[M]. 北京：高等教育出版社，1985.

第1篇　陶瓷的热学性能与测试方法

第3章　比热容及其测试方法

第1节　晶格的比热容

比热容即单位质量的物质温度变化 1°C 时所产生或吸收的热量，其单位是 $\text{J}/(\text{g} \cdot \text{K})$，如用物质的量 mol 作为质量单位，则比热容的单位是 $\text{J}/(\text{mol} \cdot \text{K})$。由于因温度变化产生的热量大小随过程而异，因此定义比热容时必须注明所经历的过程。于是最常用的比热容有定压比热容 c_p 和定容比热容 c_v，它们分别用下面的方程定义：

$$c_p = \left(\frac{\partial H}{\partial T} \right)_p \tag{3-1}$$

$$c_v = \left(\frac{\partial U}{\partial T} \right)_v \tag{3-2}$$

式中　H、U 分别表示单位质量物质的热焓和内能。通常都在常压环境中测定比热容，因此大量文献资料中报道的都是 c_p 的数据，然而由于 c_v 同物质的内能相联系，因此在理论研究中经常需要运用 c_v。热力学给出了单位物质量的 c_p 和 c_v 之间的关系：

$$c_p - c_v = -T \frac{\left(\dfrac{\partial V}{\partial T} \right)_p^2}{\left(\dfrac{\partial V}{\partial P} \right)_T} = TV \frac{\beta^2}{\eta} \tag{3-3}$$

式中　β 和 η 分别表示物质的体积热膨胀系数和体积压缩系数，V 为单位物质量的体积。在 20 世纪初，能斯脱（Nernst）和林德曼（Lindemann）发现比热容如以物质量 mol 为单位，则 $c_p - c_v$ 可用下式进行近似计算而误差不大[1]：

$$c_p - c_v = 3RAc_p T/T_m \tag{3-4}$$

式中　$A = 3.9 \times 10^{-3}$ （$\text{mol} \cdot \text{K/J}$），$T_m$ 为物质的熔点温度（绝对温度），T 为与 c_p 相对应的温度。

在绪论中已经讨论过晶体内能同格波的关系，即式 2-54。

$$U = \sum_i^{3p} \sum_q^N \left\{ \frac{h\omega_i(q)}{4\pi} + \frac{h\omega_i(q)}{2\pi \left[\exp \left(\dfrac{h\omega_i(q)}{2\pi k_B T} \right) - 1 \right]} \right\} \tag{3-5}$$

式中　k_B 为 Boltzmann 常数，h 为 Plank 常数，ω_i 为格波的频率，q 为格波的波矢。将式 3-5 代入式 3-2，即可得到定容热容 c_v 的表达式：

$$c_v = \left(\frac{\partial U}{\partial T} \right)_v = k_B \sum_i^{3p} \sum_q^N \left(\frac{h\omega_i(q)}{2\pi k_B T} \right)^2 \frac{\exp \left(\dfrac{h\omega_i(q)}{2\pi k_B T} \right)}{\left[\exp \left(\dfrac{h\omega_i(q)}{2\pi k_B T} \right) - 1 \right]^2} \tag{3-6}$$

原则上讲，只要知道了晶格振动谱 $\omega_i(q)$ 也就知道了各个振动模的频率，但是一般来说

ω_i 与 q 之间的关系是复杂的，除一些特殊情况下，通常得不到解析表达式。同时由于 N 是一个巨大数值，即使在计算机的帮助下想用数值计算方法来求解，实际上也不可行。爱因斯坦（Einstein）根据量子力学理论，认为格波在简谐近似下各正则坐标 Q_i（$i = 1, 2, \cdots\cdots, 3pN$）所代表的振动是相互独立的。

在温度 T 足够高的状态下 $k_B T \gg h\omega/2\pi$，于是 $h\omega/2\pi k_B T \to 0$，并且利用下面的近似关系：$\exp(h\omega/2\pi k_B T) \approx 1 + (h\omega/2\pi k_B T)$，把这些关系用于式 3-6，可求得双重求和号右边的函数值为 1，因此：

$$c_v = 3pnk_B \tag{3-7}$$

式中 p 为每个原胞内的原子（离子）数，N 为晶体所包含的原胞总数。如果晶体正好是 1mol，则乘积 $p \cdot N$ 就是阿弗加德罗（Avogadro）常数：$N_a = 6.02 \times 10^{23}$，而 $k_B \cdot N_a = R$，即气体常数。因此在足够高的温度下，晶体的克分子比热容：

$$c_v = 3R \tag{3-8}$$

式 3-8 的结果与 1818 年杜隆（Dulong）、珀替（Petit）从实验中所发现的规律相符合。杜隆-珀替定律说：固体的比热同其原子量的乘积（即克分子比热容）为 $3R = 24.94 \text{J/mol} \cdot \text{K}$。对于大多数晶体物质，特别是单质晶体，在室温或高于室温但远低于其熔点的温度下，基本上遵守这一定律。对于分子式中含有两种及两种以上元素的晶体，每 1mol 物质中所包含的原子或离子总数是元素的种类数 n 与 N_a 的乘积，因此多元素分子的克分子定容热容应该等于 $3nR$。卡普（Kopp）和纽曼（Neumann）将此归纳为：化合物的克分子比热等于组成该化合物的各种元素的克原子比热之和，一般称此为卡普-纽曼定律。

表 3-1 列出了一些单质晶体和陶瓷材料的定压比热容以及为计算所需的各种相关参数，为了便于对比，在表的最后一列给出 c_v/n 值。表内氧化铍、刚玉、莫来石的 c_v 值由文献所给的 c_p 根据式 3-3 计算得到，其余的 c_v 根据式 3-4 求出。从表中所列的数据可见：大多数晶体，特别是单质晶体对上述规律符合得较好，分子式中原子数目多而结构复杂的晶体同上述规律偏差较大。

表 3-1 某些单质晶体和陶瓷的比热容数据

分子式	n	分子量	c_p	$\alpha_v \times 10^6$	体积模量	$\eta \times 10^{12}$	密度	T	T_m	c_v	c_v/n
			J/(kg·K)	K^{-1}	GPa	Pa^{-1}	kg/m^3	K	K	J/(mol·K)	J/(mol·K)
Al[1]	1	26.98	949				2702	400	933	25.60	25.60
Cu[1]	1	63.54	385				8933	300	1358	24.46	24.46
Ti[1]	1	47.90	551				4500	400	1953	26.39	26.39
Si[1]	1	28.09	867				2330	600	1685	24.35	24.35
TiO$_2$[3]	3	79.9	920				4250	1700	2113	73.51	24.50
ZrO$_2$[2]	3	123.22	572.7				5600	873	2773	70.57	23.52
MgO	2	46.	1153.7				3300	1173	2973	53.07	26.54
BeO[2]和[3]	2	25.102	2077	22	357	2.80	3010	1173	2803	50.46	25.23
α-Al$_2$O$_3$[2]	5	101.96	1088	24	234	4.27	3970	973	2323	107.5	21.51
mullite[3]	21	425.94	1046	17	91	1.10	2780	1273	2123	440.4	20.97

① 数据来自参考文献 [2]；② 数据来自参考文献 [3]；③ 数据来自参考文献 [4]。

必须指出，上述关于在温度足够高的环境下晶质固体的定容比热容与温度无关的论述是一种近似的结论。实际上所有固体物质的比热容都随温度下降而变小，只是在温度足够高的情况下这种趋势才极不明显，显得 c_v 似乎成为同温度无关的常数。图 3-1 给出几种金属和陶瓷材料的比热容同温度的关系曲线，从图上可清楚地看出这种趋势。

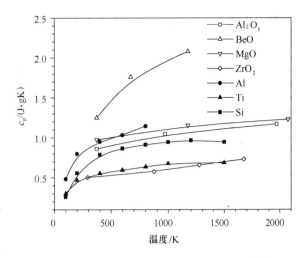

图 3-1　几种晶质固体的定压比热容的关系[2]、[3]

所谓足够高的温度是指 $k_B T \gg h\omega/2\pi$。显然究竟多高的温度才是足够高，对于不同的物质是不同的。在 $k_B T \sim h\omega/2\pi$ 或 $k_B T \ll h\omega/2\pi$ 的场合下不能对式 3-6 做如上的近似。为此爱因斯坦进一步假设 $3pN$ 个简谐振动的频率相同，以便将式 3-6 中复杂的双重求和变成对单一算式的重复加和。于是式 3-6 简化成式 3-9：

$$c_{v} = 3pnk_{B} \left(\frac{h\omega_0(q)}{2\pi k_B T}\right)^2 \frac{\exp\left(\frac{h\omega_0(q)}{2\pi k_B T}\right)}{\left[\exp\left(\frac{h\omega_0(q)}{2\pi k_B T}\right) - 1\right]^2} \tag{3-9}$$

式中　用单一的频率 ω_0 以满足频率相同的假设。上式给出了当 T 趋于零时，c_v 趋于零的结果。其物理解说是当温度趋于零时格波的振动被"冻结"在基态，很难被热激发，振子对热容的贡献将十分小，因此晶体热容将趋于零。爱因斯坦的理论能够反映出 c_v 在低温下随温度而下降的趋势。但根据爱因斯坦在 1907 年所做的实验结果发现在温度很低的区域内根据式 3-9 计算出的 c_v 随温度下降得比较陡，这与实验测定值并不相符（图 3-2）[5]。爱因斯坦比热容公式的不足之处同其建立理论时的假设有关：爱因斯坦热容模型假设晶质固体中各个格波的振动都是互相独立的简谐振动，这一假设虽然大大简化了格波振动的实际情况，但是为了利用波尔兹曼能量分布定律再通过内能（式 3-5）来求定容比热容，这样的假设是必须

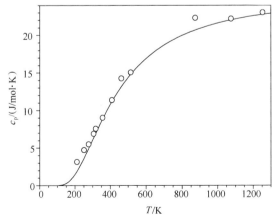

图 3-2　金刚石的比热容测定值及爱因斯坦计算结果比较[5]

的，也是合理的。然而关于所有简谐振动的频率相同的假设，则过于粗糙，仅仅方便了推导计算，理论上明显不尽合理，由此导致在低温下爱因斯坦公式与实际测定数据之间的偏差。

德拜（Debye）考虑到在低温下频率低的格波才对热容有大的贡献，而频率低的格波应该是声学波，它们的波长远比晶格内质点间的距离大，因此可将晶格看成是连续弹性介质，波矢 q 虽然不能随意取值，但波矢在 q 空间十分密集，因此可将 q 当做一个连续函数。在这样的假

设下可以通过态密度函数 $g_i(q)$ 来表示晶体内振动模的频率分布，而晶体的内能就可用式 2-62 表示：

$$U = \sum_i^{3p} \int_0^{\omega_{max}} \left\{ \frac{h\omega_i(q)}{4\pi} + \frac{h\omega_i(q)}{2\pi \left[\exp\left(\frac{h\omega_i(q)}{2\pi k_B T}\right) - 1 \right]} \right\} g_i(\omega) d\omega_i(q) \tag{3-10}$$

将其对温度求导，则得到定容比热容：

$$c_v = \left(\frac{\partial U}{\partial T}\right)_v = k_B \sum_i^{3p} \int_0^{\omega_{max}} \left(\frac{h\omega_i(q)}{2\pi k_B T}\right)^2 \frac{\exp\left(\frac{h\omega_i(q)}{2\pi k_B T}\right)}{\left[\exp\left(\frac{h\omega_i(q)}{2\pi k_B T}\right) - 1\right]^2} g_i(\omega) d\omega_i(q) \tag{3-11}$$

为了进一步推导 c_v 的表达式，需要确定 $g_i(\omega)$ 的具体内容和确定 ω_{max} 的值。对于弹性波，波矢与频率之间的关系为：

$$q = \omega/C \tag{3-12}$$

式中　C 为弹性波的波速。

根据 $g_i(\omega)$ 的计算公式 2-60 可导出

$$g(\omega) = \frac{3\Omega_d \omega^2}{2\pi^2 C_a^3} \tag{3-13}$$

式中　Ω_d 为晶体的体积。由于弹性波有 1 个纵波和 2 个横波，其波速分别为 C_z 和 C_{xy}，上式内 C_a 为平均值，C_a 由下式定义：

$$\frac{1}{C_a^3} = \frac{1}{3}\left(\frac{1}{C_z^3} + \frac{2}{C_{xy}^3}\right) \tag{3-14}$$

由于德拜将格波近似为共有 $3pN$ 个自由度的弹性波，因此可通过下面的关系求出 ω_{max}：

$$\int_0^{\omega_{max}} g(\omega) d\omega = \frac{3\Omega_d}{2\pi^2 C_a^3} \int_0^{\omega_{max}} \omega^2 d\omega = 3pN \tag{3-15}$$

$$\omega_{max} = C_a \left(18\pi^2 \frac{pN}{\Omega_d}\right)^{\frac{1}{3}} \tag{3-16}$$

将式 3-13 和 3-16 代入式 3-11，得到

$$c_v = 9pnk_B\omega_{max}^{-3} \int_0^{\omega_{max}} \frac{\left(\frac{h\omega}{2\pi k_B T}\right)^2 \exp\left(\frac{h\omega}{2\pi k_B T}\right)}{\left(\exp\left(\frac{h\omega}{2\pi k_B T}\right) - 1\right)^2} \omega^2 d\omega \tag{3-17}$$

为了将 ω_{max} 同温度联系起来，德拜提出了德拜温度的概念，它是表征晶体热容的一个特征常数，定义德拜温度 θ_D 为：

$$\theta_D = \frac{h\omega_{max}}{2\pi k_B} \tag{3-18}$$

如令 $\xi = \frac{h\omega}{2\pi k_B T}$，并利用 $R = pnk_B$

则

$$c_v = 9pnk_B \left(\frac{2\pi k_B T}{h\omega_{max}}\right)^3 \int_0^{h\omega_{max}/k_B T} \frac{\xi^4 e^\xi}{(e^\xi - 1)^2} d\xi =$$

$$c_v(T/\theta_D) = 9R \left(\frac{T}{\theta_D}\right)^3 \int_0^{\theta_D/T} \frac{\xi^4 e^\xi}{(e^\xi - 1)^2} d\xi \tag{3-19}$$

式 3-19 即为德拜比热容的表达式。根据该式可知：当温度足够高时，亦即 $T\gg\theta_D>h\omega/2\pi k_B$，则 $\xi\ll1$，$e^\xi\approx\xi+1$，于是从上式可得 $c_v\approx3R$，即回到了杜隆-珀替定律。在低温下，即 $T\ll\theta_D$，则有 $\theta_D/T\to\infty$，式 3-19 中的积分从 0 积分到无穷大得到的是一定值 $4\pi^4/15$，于是

$$c_v=\frac{12\pi^4R}{5}\left(\frac{T}{\theta_D}\right)^3 \tag{3-20}$$

式 3-20 表明在低温下，晶质物质的定容比热容同温度的 3 次方成正比，这就是所谓的德拜 T^3 定律。德拜温度 θ_D 可以通过测定不同频率下的声速，再用式 3-16 和 3-18 求出，或者通过在低温下测定一系列的 T 和 c_v 数据，利用式 3-20 拟合，求出 θ_D。表 3-2 列出了一些固体材料的 θ_D。

表 3-2　固体材料的德拜温度[6,7,8]

物质	θ_D (K)	物质	θ_D (K)	物质	θ_D (K)
NaCl	280	BeO	1461	Al	428
KCl	230	CaO	543	B	1050
CaF_2	470	Al_2O_3	923	Be	1440
LiF	680	SiO_2	255	Bi	119
KBr	177	UN	663	C (diamond)	1860
FeS	645	US	335	Pt	240
TiN	867	BN	1587	Si	647
WC	1042	BP	1187	W	400

图 3-3 列出了一些物质的定容比热容的数据，图中横坐标是以各自的德拜温度为单位的相对温度，图中还列出了按式 3-19 计算得到的曲线。由图可见在低温下德拜定律同试验测定数据符合得很好，而在温度较高的情况下可发现德拜定律同测量值度较大的偏差。一般来讲，当温度 $T<\theta_D/30$ 时德拜定律适用得较好。利用式 3-18，根据 θ_D 可大致估计晶格的振动频率，θ_D 的数量级在 $10^2\sim10^3$，因此晶格的振动频率在 $10^{13}\sim10^{14}\ \text{s}^{-1}$。

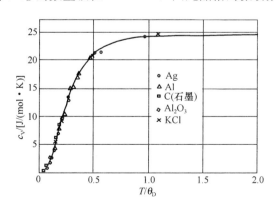

图 3-3　某些物质的定容比热容测
定值和理论曲线[6]

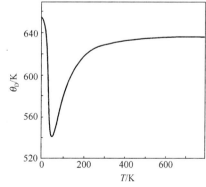

图 3-4　根据测定态密度计算出的
NiO 的 θ_D 与 T 的关系[8]

根据德拜理论 θ_D 应该不随温度而变化，但是实际上 θ_D 是温度的函数，特别当温度很低

时 θ_D 的变化相当明显，图 3-4 显示 NiO 的 θ_D 随温度而变化的情况。这充分说明了德拜理论的局限性。另外，当温度接近绝对零度时金属晶体的比热容偏离德拜理论曲线，而磁性物质在低温下其比热容并不符合 T^3 定律，许多硅酸盐及玻璃材料的比热容也不符合这个定律。所有这些现象说明德拜理论过于简单化，同时除了晶格振动对热容有贡献之外，尚有其他机制也对热容做出贡献。在本章的下面几节中将分别讨论这些问题。

第 2 节　电子对热容的贡献

金属内含有大量同原子（离子）同处于平衡状态的自由电子，自由电子受热激发对物质的热容也有贡献，这就是自由电子的热容。在 0K 下金属中的电子占据了能量从零到能量为 E_F 的全部能级，E_F^0 即称为基态费米能，它也相当于温度 0K 下金属内电子的化学势。金属内电子的总数远大于其原子（离子）的数目，但是由于受到泡利（Pauli）不相容原理的限制，当温度从 0K 升到某一温度 T 时，大部分电子处于低于 E_F^0 的能级内，因而无法参与热激发，只有能量位于 E_F^0 附近的电子才能被热激发而对热容有贡献。

金属内电子按其能量分布的规律服从费米（Fermi）-狄拉克（Dirac）分布，即在温度 T 下处于热平衡状态的能量为 E 的量子态被电子占据的概率为：

$$f(E) = \left[\exp \left(\frac{E - E_F^0}{k_B T} \right) + 1 \right]^{-1} \tag{3-21}$$

式中　k_B 为波尔兹曼常数，E 为电子的能量，基态费米能可表达为：

$$E_F^0 = \frac{h^2}{8\pi^2 m} \left(\frac{3\pi^2 N}{\Omega} \right)^{\frac{2}{3}} \tag{3-22}$$

式中　h 为普朗克常数，m 为电子的有效质量，Ω 为金属的体积，N 为金属内电子的总数。

单位能量间隔内的量子态数量称为量子态密度 $g(E)$，对于自由电子气 $g(E)$ 为：

$$g(E) = \frac{dN}{dE} = \frac{3N}{2E} \tag{3-23}$$

由于能量小于 E_F^0 的电子并不对因热交换而引起的内能变化有贡献，因此当 N 个电子构成的体系内温度由 0K 升至 T 时，其内能的增加为：

$$U = \int_0^\infty (E - E_F^0) g(E) f(E) dE \tag{3-24}$$

于是，电子的比热容为：

$$c_e = \frac{\partial U}{\partial T} = \int_0^\infty (E - E_F^0) g(E) \frac{\partial f(E)}{\partial T} dE \tag{3-25}$$

对于大多数金属在熔点以下都有 $k_B T \ll E_F^0$，因此可对 $f(E)$ 按多项式展开并仅取到二次项，于是可得到：

$$c_e = \frac{1}{2} \pi^2 n k_B \frac{k_B T}{E_F^0} = \frac{1}{2} \pi^2 n k_B \frac{T}{\theta_F} \tag{3-26}$$

式中　$\theta_F = \dfrac{E_F^0}{k_B}$ 称为费米温度，其量级为 10^4 K。由于金属以固态存在的温度的数量级是 10^3 K，因而 T/θ_F 是一个小数甚至很小的数，同时 $n k_B \simeq R$，根据式 3-26 可知 c_e 的量值远小于晶格的比热容。并且，c_e 同温度 T 呈正比关系，而晶格的比热容在低温下是温度的 3 次方关系。因此在低温下晶格比热容随温度下降而变小比电子比热容剧烈，当温度下降到 1K或更低时，大多数晶格振动度已被冻结，对比热容的贡献几乎为零，而此时对比热容的贡献主要来自电子。综上所述，金属晶体的比热容可表达为：

$$c_v = \gamma T + AT^3 \tag{3-27}$$

式中　系数 A 可根据物质的德拜温度通过上一节中的式 3-20 求得，系数 γ 通过实验获得。表 3-3 列出了部分金属的 γ 值。

表 3-3　部分金属的电子比热容比例系数 γ 的测定值[6]　　　　单位：$mJ/(K^2 mol)$

金属	γ	金属	γ	金属	γ
Li	1.63	Al	1.35	Mn	9.20
Be	0.11	Ti	3.35	Fe	4.98
Na	1.38	V	9.26	Cu	0.695
Mg	1.30	Cr	1.40	Zn	0.64
K	2.08	Mo	2.0	Ag	0.646
La	10.0	W	1.3	Pt	6.8

　　超导态物质内电子处于某种有序结合状态，电子的态密度在费密能级附近具有奇异点，导致超导物质在温度 $<T_c$ 时出现反常现象，γ 值突变增大，并且在 $T \ll T_c$ 情况下比热容 c_s不符合德拜 T^3 定律，而是与温度的平方成正比。具有超导性能的物质，其超导态与正常态（不具有超导性的状态）之间的转变同温度和磁场有关。如图 3-5 所示，在无磁场的环境中由正常态转变到超导态的温度称为超导的临界温度 T_c。而在温度等于或小于 T_c 下，使超导态恢复成正常态的磁场强度称为临界磁场强度 H_c。根据热力学推导可得到正常态的比热容c_n 与超导态的比热容 c_s 之差为（具体推导可参看有关固体物理学的书籍，如参考文献[6]）：

$$c_n - c_s = -T\mu_0 \left[H_c \frac{v d^2 H_c}{dT^2} + \left(\frac{dH_c}{dT}\right)^2 \right] \tag{3-28}$$

式中　μ_0 为真空导磁率。

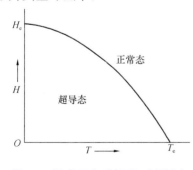

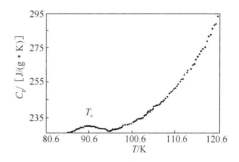

图 3-5　温度 T 和磁场 H 对超导　　　　图 3-6　$YBa_2Cu_3O_{7-\delta}$ 的比热容，在超导
　　　　　转变的影响　　　　　　　　　　　　　　　转变温度处出现反常[9]

　　从图 3-5 可知当温度 $T = T_c$ 时，$H_c = 0$，但 $dH_c/dT \neq 0$，因此超导态的比热容大于正常态的比热容：$c_s > c_n$。随着温度的升高到超导态-正常态转变温度 T_c，超导态的电子有序

结合状态瓦解，于是电子热容变小，降回到正常态的比热容 c_n。图 3-6 显示高温超导材料 $YBa_2Cu_3O_{7-\delta}$ 的比热容在 T_c 附近的比热容的突变[9]。

第 3 节　磁性对热容的贡献

铁磁体在其居里（Curie）温度以下、亚铁磁体和反铁磁体在其奈尔（Neel）温度以下，它们的内部都存在自旋平行的磁矩，每个自旋都同其相邻的自旋相耦合，因此自旋的运动也是耦合在一起的。这样由于温度变化使得一个自旋受热激发而改变自旋方向，将引起整个物质内部的自旋的骚动：从一个自旋到与之相邻的另一个自旋，每个自旋都环绕其自发磁化方向做不同程度的进动，这种波动称为自旋波。就像点阵振动是点阵内粒子的相对位置的振动一样，自旋波的振动是点阵中自旋的相对取向的振动。根据量子理论，自旋波的能量是量子化，称自旋波的量子为磁振子。温度为 T 时，波矢为 q、频率为 $\omega(q)$ 的磁振子的平均数 $\bar{n}$ 为：

$$\bar{n}(q) = \left[\exp\left(\frac{h\omega(q)}{2\pi k_B T} \right) - 1 \right]^{-1} \tag{3-29}$$

式中　h 为普朗克常数，k_B 为波尔兹曼常数。

频率为 $\omega(q)$ 的磁振子有 n_q 个，其能量为：

$$E_q = \left(n_q + \frac{1}{2} \right) \frac{h\omega(q)}{2\pi} \tag{3-30}$$

在低温下对于长波磁振子，由于 $qa \ll 1$，具有如下的色散关系：

$$h\omega/2\pi = 2JSa^2 q^2 \tag{3-31}$$

式中　J 为海森堡（Heisenberg）交换积分，S 为自旋角动量，a 为晶格常数。由此可导出磁振子的态密度函数：

$$g(q) = \frac{1}{4\pi^2} \left(\frac{h}{4\pi JSa^2} \right)^{\frac{3}{2}} \omega^{\frac{1}{2}} \tag{3-32}$$

于是低温下温度为 T 时受激发的磁振子的总能量为：

$$U = \int_0^\infty E_q g(\omega) \bar{n}(q) \mathrm{d}\omega$$

$$= \int_0^\infty \left(n_q + \frac{1}{2} \right) \frac{h\omega(q)}{2\pi} \frac{1}{4\pi^2} \left(\frac{h}{4\pi JSa^2} \right)^{\frac{3}{2}} \omega^{\frac{1}{2}} \left[\exp\left(\frac{h\omega(q)}{2\pi k_B T} \right) - 1 \right]^{-1} \mathrm{d}\omega \tag{3-33}$$

令 $x = \frac{h\omega}{2\pi k_B T}$，则式 3-33 可写成：

$$U = \left(n_q + \frac{1}{2} \right) \frac{1}{4\pi} \left(\frac{1}{2JSa^2} \right)^{\frac{3}{2}} (k_B T)^{\frac{5}{2}} \int_0^\infty \frac{x^{\frac{3}{2}} \mathrm{d}x}{e^x - 1} \tag{3-34}$$

式中的积分为一定值，因此上式可简化为：

$$U = A_m (2JS)^{-\frac{3}{2}} (k_B T)^{\frac{5}{2}} \tag{3-35}$$

式中　A_m 为常数，于是磁振子对热容的贡献为：

$$c_{\mathrm{m}} = \frac{\partial U}{\partial T} = A_{\mathrm{m}} k_{\mathrm{B}} \left(\frac{k_{\mathrm{B}} T}{2JS} \right)^{\frac{3}{2}} \tag{3-36}$$

上式表明在低温下铁磁体对比热容的贡献同温度的 $\frac{3}{2}$ 次方成正比，综合电子热容和晶格热容和磁热容，磁性导电物质的整体比热容的表达式可写成：

$$c_{\mathrm{v}} = a_1 T + a_2 T^3 + a_3 T^{\frac{3}{2}} \tag{3-37}$$

式中　a_1、a_2、a_3 为对应于各个热容机理的系数。

对于绝缘的亚铁磁体，由于缺少自由电子，因此电子对热容的贡献可以忽略不计，其比热容可以表达为：

$$c_{\mathrm{v}} = a_2 T^3 + a_3 T^{\frac{3}{2}} \tag{3-38}$$

在反铁磁体中磁振子的色散关系不同于铁磁体的色散关系（式 3-31）反铁磁体的频率 ω 同波矢 q 有如下关系：

$$\omega = \frac{8\pi JS}{h} \mid \sin qa \mid \tag{3-39}$$

因此当 $qa \ll 1$ 时 $\omega = \frac{8\pi JS}{h} qa$，即频率同波矢呈一次方关系，而不同于式 3-31 中的二次方关系，这导致反铁磁材料中磁振子对比热容的贡献为[10]：

$$c_{\mathrm{m}} = A_{\mathrm{m}} k_{\mathrm{B}} \left(\frac{k_{\mathrm{B}} T}{2JS} \right)^3 \tag{3-40}$$

最后须强调，磁振子对热容的贡献只是在低温下才明显，在高温下磁性物质仍旧符合杜隆-珀替定律，当温度超过居里温度或奈尔温度后就成为顺磁体，磁振子消失，因此在居里温度或奈尔温度附近这些磁性物质的比热容都会发生突变，呈现一个峰值。强磁场会使这种比热容的异常峰变低、展宽。图 3-7 显示反铁磁性物质 $NdMnO_3$ 的比热容在奈尔温度附近出现峰值，以及在磁场强度为 $8T$ 的强磁场中比热容峰变低、展宽。

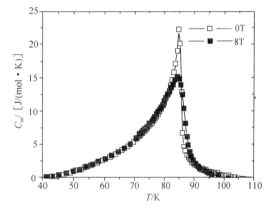

图 3-7　$NdMnO_3$ 的比热容同温度的关系[11]

第 4 节　物质结构与比热容的关系

在第 1 节中关于物质在低温下服从德拜 T^3 定律的前提是三维格波的本征频率分布，即频率的态密度在每一维上都是相同的，这个假设要求物质结构在整个三维区域内是均匀一致的，以保证决定格波振动的弹性常数在每个维上相同。按照物质内原子（离子）互相间排列的特点，可将物质的结构分为群岛状、链状、层状、架状等结构[12]。其中群岛状和架状结构中原子（离子）的排列方式在各个维上相同，因此它们之间的结合力在各维上没有差别。但是在链状、层状结构的物质内原子（离子）沿链或层的排列明显有别于其他方位，一般讲，质点间在链或层内的结合力远大于链间或层间的结合力。这种结合力在不同维上的差别是在物质结构层次上体现的，而并非体现在宏观尺度上，因此许多具有链状或层状结构的物质，在宏观上仍旧是各向同性的。

上述这种因结构引起的原子（离子）间结合力在不同维上的差异，必然造成格波本证频率分布在三维空间的不均匀性，即不同维上的格波振动模式态密度函数不同，从而影响物质的比热容。前苏联学者塔拉索夫（Тарасов）[13] 提出对于链状结构，波动被限制在一维上，其态密度可以表达为：

$$g(\omega) = \frac{N}{\omega_{\max}} \tag{3-41}$$

式中　$\omega_{\max}$ 为截止频率，N 为链状结构内的质点总数；对于二维的层状结构和三维的架状和岛群状结构，其态密度可分别表达为：

$$g(\omega) = 2\frac{N}{\omega_{\max}^2}\omega \tag{3-42}$$

$$g(\omega) = 3\frac{N}{\omega_{\max}^3}\omega^2 \tag{3-43}$$

根据以上各式可归纳为：对于 m 维结构的态密度表达式：

$$g(\omega) = m\frac{N}{\omega_{\max}^m}\omega^{m-1} \tag{3-44}$$

如分别将式 3-41～式 3-44 代入式 3-11，则可分别得到链状、层状和三维结构以及 m 维结构的比热容：

$$c_1 = 3R\left(\frac{T}{\theta_1}\right) \cdot \int_0^{\theta_1/T} \frac{\xi^2 e^\xi}{(e^\xi - 1)^2}\mathrm{d}\xi = D_1\left(\frac{T}{\theta_1}\right) \tag{3-45}$$

$$c_2 = 6R\left(\frac{T}{\theta_2}\right)^2 \cdot \int_0^{\theta_2/T} \frac{\xi^3 e^\xi}{(e^\xi - 1)^2}\mathrm{d}\xi = D_2\left(\frac{T}{\theta_2}\right) \tag{3-46}$$

$$c_3 = 9R\left(\frac{T}{\theta_3}\right)^3 \cdot \int_0^{\theta_3/T} \frac{\xi^4 e^\xi}{(e^\xi - 1)^2}\mathrm{d}\xi = D_3\left(\frac{T}{\theta_3}\right) \tag{3-47}$$

$$c_{\mathrm{m}} = 3mR\left(\frac{T}{\theta_{\mathrm{m}}}\right)^m \cdot \int_0^{\theta_{\mathrm{m}}/T} \frac{\xi^{m+1} e^\xi}{(e^\xi - 1)^2}\mathrm{d}\xi = D_{\mathrm{m}}\left(\frac{T}{\theta_{\mathrm{m}}}\right) \tag{3-48}$$

上面各式内的 θ_{m} 是由 $\omega_{\max}$ 确定的一个值，具有温度的量纲，称为所对应结构的特征温度，m 即为结构所对应的维数，θ_{m} 和 ξ 分别用下面的公式定义：

$$\theta_{\mathrm{m}} = \frac{h\omega_{\max}}{2\pi k_{\mathrm{B}}} \tag{3-49}$$

$$\xi = \frac{h\omega}{2\pi k_{\mathrm{B}} T} \tag{3-50}$$

在高温下 $\xi \to 0$，于是有 $\exp(\xi) = \xi + 1$。式 3-45～式 3-48 经积分和合并后等于 $3mR$，表明高温下比热容符合杜隆-帕替定律。在低温下 θ_{m}/T 是一个极大的数，因此可以将上面各式内积分的上限 θ_{m}/T 改为无穷大，这样式 3-45～式 3-48 内积分都分别为同温度无关的定值，于是得到低温下比热容同 T^m 成正比的规律（结构的维数为 m）。

实际上具有链状或层状结构的晶质物质，其链与链之间或层与层之间是有相互作用的，但如上面所述，该作用力常常小于链内或层内的作用力，而且即使为三维结构，如岛群状结构物质，岛群内粒子间的作用力可能大于岛群之间的作用力。因此许多晶质物质内部质点间的作用力（或称为结合力）是不均匀的，不能简单地用上面列出的公式来精确表达晶质物质在低温下比热容同温度之间的关系。达拉索夫认为格波振动的态密度函数可以按不同的频率段用不同的函数关系来表示，这样同一种物质将有不止一个特征温度，例如从 ω_{max} 到某一频率 ω_u 可用一维态密度方程（3-41）代入方程3-11，于是得到特征温度 θ_1，而从 ω_u 到 0 可用三维态密度方程（3-43）代入方程3-11，得到该区间的特征温度 θ_3。这样该物质的比热容能够用式3-45与式3-47的加和来表示。具有链状结构的晶质物质具体的比热容表达式如下：

$$c_1 = D_1\left(\frac{\theta_1}{T}\right) - \frac{\theta_3}{\theta_1}\left[D_1\left(\frac{\theta_3}{T}\right) - D_3\left(\frac{\theta_3}{T}\right)\right] \qquad (3\text{-}51)$$

具有层状结构的晶质物质的比热容具体的表达式如下：

$$c_2 = D_2\left(\frac{\theta_2}{T}\right) - \left(\frac{\theta_3}{\theta_2}\right)^2\left[D_2\left(\frac{\theta_3}{T}\right) - D_3\left(\frac{\theta_3}{T}\right)\right] \qquad (3\text{-}52)$$

式中 D_1、D_2、D_3 分别见式3-45、式3-46、式3-47；θ_1、θ_2、θ_3 分别为一维、二维和三维的特征温度。表3-4列出了某些无机晶质材料的比热容同温度关系的计算公式、特征温度及适用的温度范围[13]。

表3-4　某些具有链状、层状结构物质的比热容计算公式、特征温度及适用的温度范围[13]

物质/化学式	结构特征	适用公式	特征温度(K)	适用温度范围
Sb_2O_3 晶体	链状锑华结构	3-45		59.8～67
As_2O_3 晶体	链状锑华结构	3-45	$\theta_1 = 1003$	70～300
Bi_2O_3 晶体	链状锑华结构	3-45	$\theta_1 = 661$	60～300
Na_2SiO_3 晶体	$(SiO_3)_\infty$ 链	3-51	$\theta_1 = 1323$ $\theta_3 = 397$	53.6～294.5
$MgSiO_3$ 晶体	辉石链	3-51	$\theta_1 = 1285$ $\theta_3 = 385.5$	50～300
Nb_2O_5 晶体	链状	3-51	$\theta_1 = 1020$ $\theta_3 = 204$	43～300
C 石墨	层状结构	3-46	$\theta_2 = 1370$	30～90
C 石墨	层状结构	$\frac{2}{9}D_2 + \frac{7}{9}D_3$	$\theta_2 = 614$ $\theta_3 = 2100$	25～1000
$MnCl_2$晶体	层状结构	3-46	$\theta_2 = 335$	14.18～130.41
$MgCl_2$晶体	层状结构	3-46	$\theta_2 = 420$	53.6～165.1
$FeCl_2$晶体	层状结构	3-46	$\theta_2 = 323$	53.2～105.1
$Mg(OH)_2$	层状结构	3-52	$\theta_2 = 657$ $\theta_3 = 280$	20～120.2

式3-51的适用温度范围大致在 $\theta_1/7 \sim \theta_1$，当 $T > \theta_1$ 后比热容便服从杜隆-帕替定律，当 $T < \theta_1/7$ 则比热容服从 T^1 定律，此时其特征温度 $\theta = \theta_1^{\frac{1}{3}} \cdot \theta_3^{\frac{2}{3}}$。式3-52的适用温度范围大致在 $\theta_1/10 \sim \theta_2$，当 $T > \theta_2$ 后，比热容便服从杜隆-帕替定律，当 $T < \theta_2/10$，则比热容服从 T^2

定律,其特征温度 $\theta=\theta_2^{\frac{2}{3}}\cdot\theta_3^{\frac{1}{3}}$。

图 3-8 和图 3-9 分别表示具有链状和层状结构的几种晶质物质的比热容的测定值和根据塔拉索夫理论得到的计算曲线,从图中可见测定数据同计算曲线有很好的一致性。

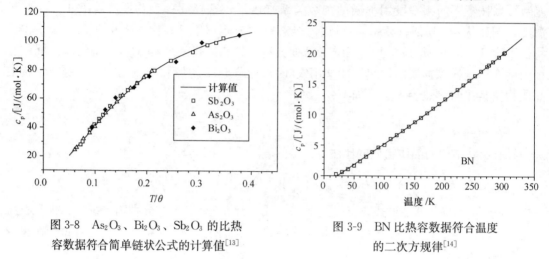

图 3-8　As_2O_3、Bi_2O_3、Sb_2O_3 的比热
容数据符合简单链状公式的计算值[13]

图 3-9　BN 比热容数据符合温度
的二次方规律[14]

化合物的摩尔热容等于构成该化合物的各元素原子热容的总和:

$$c=\sum n_i c_i \tag{3-53}$$

式中　n_i 和 c_i 分别为化合物内元素 i 的原子数和该元素的原子比热容。

对于由多种物质组成的多相复合物,其总体的比热容 c 同各组分呈加和关系:

$$c=\sum w_i c_i \tag{3-54}$$

式中　w_i 和 c_i 分别为组分 i 的质量分数和比热容。

第 5 节　玻璃的比热容

图 3-10 所示为低温下 SiO_2 玻璃和晶体(石英)的质量比热容同温度的关系[14],从图 3-10 中可见:玻璃的比热容在 1K 以下明显大于相应晶体的比热容,其比热容显然不服从德拜 T^3 定律。玻璃是非晶体,其结构是远程无序而近程有序,例如硅酸盐玻璃通常认为是硅氧四面体顶角相连构成三维不规则网络结构,其他金属离子分布于网络之间,如图 3-11 所示。

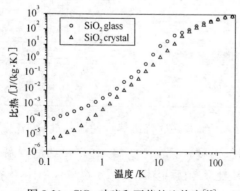

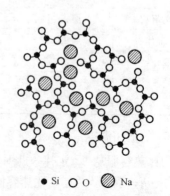

图 3-10　SiO_2 玻璃和石英的比热容[15]

图 3-11　硅酸盐玻璃结构示意图

众多的研究者从实验中发现：在低温下大多数玻璃物质的比热容同温度具有一次方关系。塔拉索夫认为玻璃体内具有不规则螺旋走向的一维链状结构[13]，因此可用式 3-61 来表示比热容同温度的关系，另外，尚须考虑网络间金属离子的侧向作用力的影响，因此在式 3-51 中还需要加入代表这种作用的爱因斯坦项，根据爱因斯坦比热容方程（式 3-9）得到：

$$E\left(\frac{T}{\theta_E}\right) = 3R\left(\frac{\theta_E}{T}\right)^2 \frac{\exp\left(\frac{\theta_E}{T}\right)}{\left[\exp\left(\frac{\theta_E}{T}\right)-1\right]^2} \qquad (3-55)$$

式中　θ_E 为爱因斯坦特征温度：

$$\theta_E = \frac{h\omega}{2\pi k_B} \qquad (3-56)$$

塔拉索夫得到 Na_2SiO_3 玻璃的比热容同温度的关系式：

$$c_{Na_2SiO_3} = 4\left\{D_1\left(\frac{1323}{T}\right) - 0.3\left[D_1\left(\frac{397}{T}\right) - D_3\left(\frac{397}{T}\right)\right]\right\} + 2E\left(\frac{232}{T}\right) \qquad (3-57)$$

等式右边的 $2E$ 项就是来自两个钠离子（Na-O）的贡献。同样，$Na_2Si_2O_5$ 玻璃的比热容同温度的关系具有如下的形式：

$$c_{Na_2Si_2O_5} = 7\left\{D_1\left(\frac{1369}{T}\right) - 0.2\left[D_1\left(\frac{274}{T}\right) - D_3\left(\frac{274}{T}\right)\right]\right\} + 2E\left(\frac{256}{T}\right) \qquad (3-58)$$

玻璃态 B_2O_3 的比热容同温度的关系可以用式 3-45 来表示：

$$c_{B_2O_3} = 5D_1\left(\frac{1890}{T}\right) \qquad (3-59)$$

$Na_2B_4O_7$ 玻璃的比热容同温度关系为：

$$c_{Na_2Si_2O_5} = 11\pi R\frac{T}{1890} + 2E\left(\frac{256}{T}\right) \qquad (3-60)$$

等式右边第一项表示链状 $(B_4O_7)_\infty$ 对比热容的贡献，后一项则为两个 Na—O 键对比热容的贡献。

玻璃状 $Ca(PO_3)_2$ 的比热容同温度关系可表达为：

$$c_{Ca(PO_3)_2} = 8\left\{D_1\left(\frac{1380}{T}\right) - 0.2\left[D_1\left(\frac{276}{T}\right) - D_3\left(\frac{276}{T}\right)\right]\right\} + E\left(\frac{320}{T}\right) \qquad (3-61)$$

对于非氧化物玻璃的比热容，在低温下也可以用式 3-45 来表示，如 As_2S_3 玻璃的比热容可表示为：

$$c_{As_2S_3} = 5D_1\left(\frac{690}{T}\right) \qquad (3-62)$$

在上一节中已经指出在低温下 D_1 与 T 成正比，同时从式 3-55 可知当 T 很小时爱因斯坦项 E 是一个很小的值，可以忽略不计。因此从上面所给出的各种玻璃的比热容表达式同样也得到了低温下玻璃的比热容同温度的一次方成正比的关系。所谓低温是指温度 $<\theta_1/7$。

图 3-12 列出了 As_2S_3、B_2O_3、$Ca(PO_3)_2$ 和 Na_2SiO_3 玻璃的比热容的测量值以及分别根

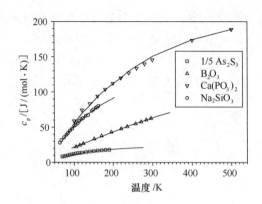

图 3-12　几种玻璃态物质的比热容同温度的关系（为了使数据分开以便于看清楚，
已将 As_2S_3 的数据除以 5。数据来自参考文献 [13] 和 [16]）

据前面所列出的对应计算公式算出的比热容对温度的关系曲线。由图 3-12 可见：无论是硅酸盐玻璃、硼酸盐玻璃、磷酸盐玻璃还是非氧化物玻璃，各个样品的测量值同所对应的计算曲线能够很好吻合，因此前面所列出的计算公式能够表达低温下玻璃的比热容值同温度的关系。

第 6 节　比热容的测试方法

在本章的开头就指出比热容分为定压和定容两种，两者可以利用式 3-3 互相转换。由于在环境大气压下进行测量比较方便，因此绝大多数情况下都是测量定压比热容，而且以单位质量（g 或 kg）的热容量来表示。因此测量所得到的原始数据是定压比热容，通常称之为比热。从比热容的定义可知，其值由三个物理量决定：物质的质量（m）、升温的温度（T）、所交换的热量（Q）。其中 m 可以用合适的天平称出，并不难获得 6～7 位有效数字。通过适当的热电偶或铂电阻来测量温度，其值也能达到 5～6 位有效数字的精度，但如何保证所测的温度确实是待测样品的温度，以及如何及时显示温度的变化是一个需要精心设计的问题。至于对所交换的热量的准确测定，则是比热测定中的一个关键技术问题，测量热量的设备称为热卡计。按试样与热卡计的热交换方式可分为冷却法和加热法两大类，在此基础上发展出许多不同的测试方法。主要有下落法、绝热法、差分量热法、脉冲加热法以及上述方法的改进等。

1. 下落法

下落法大量用于测定固体在高温下的比热。其基本操作过程如下：将待测样品放在电炉内加热到指定温度（T_h），并保温一段时间，以便使样品内外温度均匀一致，然后通过投放装置将样品迅速下落到量热铜卡计中。该铜卡计由一个浸没于等温油浴中的铜块构成（图 3-13），利用围绕在铜卡计外壁槽内的测温度热电阻测定铜卡计的温度，由于铜块是良热导体，故一旦试样落入铜卡计内，所释放的热量能很快传递给铜块，并在很短的时间内就可使两者的温度达到平衡。根据铜块从初始温度（T_0）到最终平衡温度（T_1）的温升，可求得铜块的吸热量。测试期间，卡计与其外油浴之间的得失热量基本与铜块、油浴的温差成正比，通过事先校正可求出热损失修正系数 K。在整个测试期间，记录铜卡计的温度 T_{Cu} 和

油浴温度 T_b 随时间 τ 变化的对应关系。这样就可求出样品从温度 T_h 冷至温度 T_1 的热焓变化 ΔH：

$$\Delta H = \frac{m_{Cu} c_{Cu}\,(T_1 - T_0) + \int_0^t K(T_{Cu} - T_b)\mathrm{d}\tau}{m} \tag{3-63}$$

式中　m 为样品的质量，m_{Cu} 为铜卡计的质量，c_{Cu} 为铜的比热，t 为温度从 T_0 升至平衡温度 T_1 的时间。变化炉温，得到一系列的 T_h，同时维持 T_1 不变，重复上述测定，这样就得到一系列的 ΔH 与 T_h 的对应关系，从中求出 $\Delta H = f(T_h)$ 的具体数学表达式，再通过求导，即得到样品在各个温度下的比热：

$$c = \frac{\mathrm{d}\,(\Delta H)}{\mathrm{d}T} \tag{3-64}$$

2. 绝热法

由于热损失修正的麻烦，目前已逐渐用绝热边界条件的热卡计来代替等温壁型热卡计。所谓绝热型热卡计就是通过抽真空、设置隔热屏等措施，尽量减少热卡计同外壳间的热交换损失。

图 3-14 为绝热型热卡计的示意图，其外壳用厚铝块做成，中间设置数层表面经抛光处理的银隔热屏，各层银屏用接触面积极小的隔热材料做成的支撑架分隔支撑，内层银屏中央设置由轻质材料做的样品台，其周围是加热线圈，测温热电偶或热电阻安装在样品台的中央。放置样品后必须先使样品与热卡计温度达到平衡，再抽去内部空气，然后开始测定。从通电加热开始，记录各时间点 t 上的电流 I、电压 V 和温度 T，从热平衡关系可得到计算样品的比热 c 公式：

$$c = \frac{1}{m}\left(\frac{I \cdot V}{\mathrm{d}T/\mathrm{d}t} - c_w\right) \tag{3-65}$$

式中　m 为样品的质量，c_w 为热卡计本身的热容常数，即温度每变化 1℃所需的热量，$\mathrm{d}T/\mathrm{d}t$ 可通过记录的时间同温度的对应关系求出。

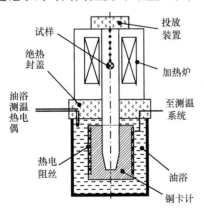

图 3-13　下落法铜卡计装置

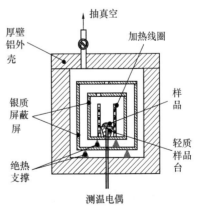

图 3-14　绝热卡计测定比热装置

由于热辐射损失随温度的 4 次方增高，这种设备适合测定较低温下的比热，如温度高于 500℃，绝热程度将变差，以致引起误差。为了测定低温下的比热，应将热卡计置于充有液氮或其他冷液的杜瓦瓶中。

3. 绝热脉冲加热法

绝热脉冲法实际上是上述绝热法的一种改进，主要不同处在于加热用电脉冲形式，如果试样能够导电，则电脉冲可以直接加到试样上，如果试样不导电或其他原因不能直接加到试样上（如尺寸太小无法安装电极，或粉状试样），则可将电脉冲加到特制的电热丝上，通过电热丝发热去加热试样，一般加到试样上的热量可使试样温度上升 0.1～0.3K。这种方法特别适用于测量低温下的比热容，因此常用于研究超导材料比热容，其测量装置大致如下[17,18]：

如图 3-15 所示，由金属法兰和桶体构成的密闭容器，浸没在液氮或其他低温液体内。在容器的内部，样品通过两根细尼龙丝悬挂在聚四氟乙烯接线板上，该接线板通过三根细尼龙丝稳定地挂在紫铜制的防热辐射屏的顶盖上，该顶盖固定在上法兰上面。桶形防热辐射屏与顶盖相连，其外侧绕有电热丝，并贴有铂电阻，以便监控屏温，使之尽量同试样温度一致。为了消除各种引线将热量传至样品，在真空腔的上法兰上固定有热沉，引线经过热沉后再连到样品上。样品的周围绕有加热用的锰铜丝，样品的温度由经过标定的铂电阻温度计测量。测量时始终保持 10^{-3} MPa 的高真空，以消除通过气体导热对周围环境漏热。由于防热辐射保护屏的温度与样品一致，可以认为不存在辐射热损失，因而样品处于绝热状态。

4. 差分扫描量热法

差示扫描量热法（Differential Scanning Calorimetry，DSC）又称热相似连续加热法。DSC 装置有三种类型：功率补偿型（power compensated DSC）、热流型（heat flux DSC）和调幅型（modulated DSC），其中热流型应用比较广泛。

图 3-16 所示为测量低温比热的热流型 DSC 的基本构造示意图[19]，该装置具有充气和抽真空功能，并通过加热元件和通液氮可进行低温下的测定。将待测样品（试样）与参比样品（标样）分别置于自动控温电炉内载物平台的左右两侧样品池内，电炉炉体用银制造。测量时对两侧样品池施予相同的热量，热流就通过康铜电热板传至待测样品与参比样品。由于标样和试样的吸放热特性不同，两者之间有温差产生。紧贴于载物平台下方的两对热电偶可精确地测量出待测样品与标样之间的温度差以及标样的实际温度，通过事先标定，该温差可换算成热流差。随着加热的进行，就得到不同温度 T 下的热流差 ΔH，然后根据如下关系式就可以计算待测样品的比热容。

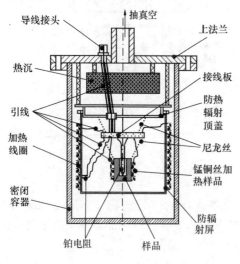

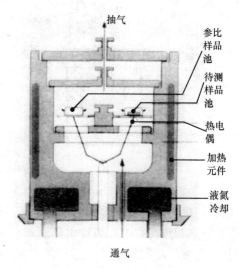

　图 3-15　绝热脉冲加热法装置　　　　　　　图 3-16　DSC 比热测试装置[19]

$$c = \frac{\mathrm{d}\Delta H}{m\,\mathrm{d}T} \tag{3-66}$$

式中　m 为待测试样的质量，$\mathrm{d}\Delta H/\mathrm{d}T$ 可以从测定一系列的 $\Delta H - T$ 数据中求出。

功率补偿型 DSC 仪的结构与上述热流型 DSC 仪大同小异：都由两个对称的样品池组成，它们置于同等热边界的环境中，两个样品池分装待测试样和标准样品，补偿加热器同待测样品池相连。通过调整补偿加热器的功率，实现两个样品池在测试过程中热边界条件相同，即两个样品池的温差为零。于是就可以根据两者之间的加热功率之差 $\mathrm{d}w$、标准试样的温升速度 $\mathrm{d}T/\mathrm{d}t$ 和标准样品的比热 c_s，求出待测试样的比热 c：

$$c = \frac{\mathrm{d}w}{m\dfrac{\mathrm{d}T}{\mathrm{d}t}} + \frac{m_s}{m}c_s \tag{3-67}$$

式中　m_s 和 c_s 分别为标准样品的质量和比热。

DSC 法测量材料的比热，灵敏度高，测定的温度范围宽，样品用量小，可以连续测量，并且当前有许多商品仪器供应，因此被广泛应用。

第4章 导热系数及其测试方法

第1节 晶格的热传导

导热系数又称导热率。在绪论中已经指出晶格振动是非简谐振动，晶格振动可以从一个简谐本征态跃迁到另一个简谐本征态，晶格的传热机制正是建立在这种非谐振动基础上，由于是非谐振动，代表晶格振动能量的声子能够通过互相碰撞交换能量。如同气体传热那样，将晶格的传热看成是在声子的一个自由程 λ 之内，不同能量的声子互相交换能量的结果，因此晶格的导热系数可用下式表达：

$$\lambda = \frac{1}{3} v_a \cdot c_v \cdot l_a \tag{4-1}$$

式中 v_a 为声子的平均速度，c_v 为单位体积声子的比热容，l_a 为声子的平均自由程。

v_a 即格波的群速度，同材料的密度和弹性模量有关。从第3章可知 c_v 同温度有关。l_a 由两种过程决定：一种是声子之间的相互"碰撞"；另一种是固体中缺陷对声子的散射。这里先讨论无缺陷的理想晶体中的导热，因此仅涉及声子间的碰撞。需要强调的是 l_a 的大小仅由声子之间倒逆过程（U过程）碰撞来决定。从绪论第2章第4节可知：倒逆过程是一种高能量声子的大角度散射，碰撞后产生的声子的运动方向与碰撞前的声子方向相反，于是影响到热流的传播，因此对导热系数有影响。三声子的正常过程在碰撞前后动量不变，因此对热流的传播没有影响，正常过程仅对热平衡有贡献。

在绪论中已经指出在温度 T 下频率为 ω 的声子平均数目服从玻色-爱因斯坦统计分布（式2-46），因此单位体积内平均声子数目为：

$$\bar{n} = \frac{1}{V} \int_0^{\omega_{max}} g(\omega) \frac{1}{\exp\left(\frac{h\omega}{2\pi k_B T}\right) - 1} d\omega = \frac{12\pi (k_B T)^3}{(hv)^3} \int_0^{\theta_D/T} \frac{\xi^2 d\xi}{e^\xi - 1} \tag{4-2}$$

式中 V 为晶格体积，v 为格波的平均速度，$g(\omega)$ 为格波振动态密度函数，θ_D 为德拜温度，k_B 为波尔兹曼常数，h 为普朗克常数，$\xi = \frac{h\omega}{2\pi k_B T}$。平均声子数目越多，则互相间碰撞越频繁，其自由程就越短。

如果温度 $T \gg \theta_D$（德拜温度），由于高能量声子（即短波长）数量多，因此声子间的碰撞过程大部分为 U 过程，并且式4-2可简化为：

$$\bar{n} = \frac{2\pi k_B T}{h\omega} \tag{4-3}$$

于是 l_a 正比于 $1/T$。同时由热容理论可知高温时 c_v 基本上是一个同温度无关的常数，因此导热系数 λ 主要受 l_a 控制，λ 正比于 $1/T$。表 4-1 和图 4-1 列出了一些物质的平均自由程同温度的关系。

表 4-1　某些无机材料的平均自由程 l_a 和导热系数 λ[6]

温度（K）	273		77		20	
	λ /[W/(m·K)]	l_a/m	λ /[W/(m·K)]	l_a/m	λ /[W(m·K)]	l_a/m
Si	150	4.3×10^{-8}	1500	2.7×10^{-6}	4200	4.1×10^{-4}
Ge	70	3.3×10^{-8}	300	3.3×10^{-7}	1300	4.5×10^{-5}
quartz(SiO_2)	14	9.7×10^{-9}	66	1.5×10^{-7}	760	7.5×10^{-5}
CaF_2	11	7.2×10^{-9}	39	1.0×10^{-7}	85	1.0×10^{-5}
NaCl	6.4	6.7×10^{-9}	29	5.0×10^{-8}	45	2.0×10^{-6}
LiF	10	3.3×10^{-9}	150	4.0×10^{-7}	8000	1.2×10^{-3}

在高温下自由程可表达为[20]：

$$l_a = D_u \omega^{-2} T^{-1} \tag{4-4}$$

式中　D_u 为常数。热容理论指出高温下 c_v 不受温度的影响，可表达为 $c_v = B\omega^2$，其中 B 为常数。于是推导出导热系数的表达式[21]：

$$\lambda = \frac{B' m \cdot n^{\frac{1}{3}} \Omega_a^{\frac{1}{3}}}{4\pi^2 \gamma^2} \cdot \left(\frac{2\pi \cdot k_B}{h}\right)^3 \cdot \frac{\theta_D^3}{T} \tag{4-5}$$

式中　常数 B' 同晶体结构参数及性质有关，m 为平均原子质量，n 为一个原胞中的原子数，Ω_a 为平均原子体积，θ_D 为德拜温度，γ 为格律乃森（Gruneisen）参数（请参考第 7 章）。

由式 4-5 可知，控制晶格本征导热系数的主要因素是德拜温度 θ_D，德拜温度高的固体物质通常具有比较高 λ 值。影响晶格本征导热系数的另一个因素是晶体结构。复杂的晶体结构有更多的倒逆过程，使 $\bar{n}$ 增大、l_a 变小，从而具有较低的导热系数。根据式 4-5，$\lambda \cdot T$ 与 θ_D^3 应该呈线性关系。图 4-2 是根据所收集到的一些无机非金属物质的德拜温度和导热系数数据作出的 $\lambda \cdot T$-θ_D^3 关系图。由图可见这种关系确实存在，但是相关性并不太高，这说明用式 4-5 来表达导热系数并不精确，有许多因数没有包括在该式中。例如某些场合下需要考虑 4 次非谐性引起的四声子过程，该过程对导热系数的贡献与 T^2 成反比。此外，由热膨胀引起的影响，也会导致出现一个 T^2 项，随着温度升高，这将会降低德拜温度 θ_D 的有效值，从而会导致导热系数变小，与 T^{-2} 成正比。

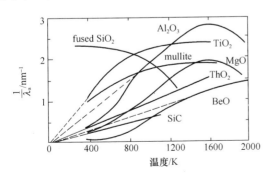

图 4-1　无机材料自由程的倒数同温度的关系[22]

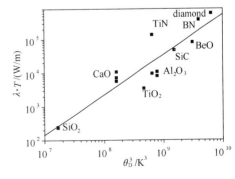

图 4-2　$\lambda \cdot T$ 与 θ_D^3 的线性关系

图 4-3 显示温度从将近 2K 到大约 1300K 的范围内单晶氧化铝的导热系数曲线，这是一

个典型的无机非金属晶体材料的导热系数同温度关系曲线。从图上可见在高温下，即 $T \gg \theta_D$（氧化铝的 $\theta_D = 923K$），导热系数同温度呈反比关系，符合式 4-5。从图上可见当温度超过 1100K 后导热系数并不随温度升高而成反比地下降，1330K 下的导热系数甚至高于 1210K 下的导热系数。这种反常是因为高温下辐射（光子）传热作用明显增大造成的。另一方面，在低温方向 λ 正比于 $1/T$ 这种关系可维持到大约 $T/\theta_D = 0.6$（对氧化铝晶体而言大致为 500 多 K）。如果温度进一步降低，导热系数随温度下降而急剧升高，明显偏离了反比关系。这是因为 $T \gg \theta_D$ 的条件已不成立，因此式 4-3 也不成立。此时平均声子数目大致随指数函数 $\exp(-\theta_D/bT)$ 变化，其中 b 为常数，其值在 2～3 之间。于是导热系数随 $\exp(\theta_D/bT)$ 变化。指数因子 $\exp(\theta_D/bT)$ 对导热系数的影响远大于 T^{-1} 的影响，也大于式 4-1 中 T 的任何低次幂，如比热容中的 T^3 对导热系数的影响。随着温度的下降，能够参与 U 过程的高能（短波长）声子数目越来越少，于是自由程变得非常大，最终等于或大于晶体本身的几何尺寸，这样就不再能影响导热系数的变化。从而使得导热系数不断升高，最终出现最大值。最大值之后，导热系数同温度的关系仅受比热容的控制，于是 λ 正比于 T^3。从图 4-3 可见氧化铝单晶在低温下的导热系数是很大的，参考文献 [5] 指出，合成的高纯蓝宝石（氧化铝单晶）导热系数的极大值高达 30kW/(m·K)，远高于金属铜的极大值 10kW/(m·K)。

在导热系数最大值的温度以下，因自由程已变成仅与晶体边界尺寸相关而与温度无关的参数，温度对材料的导热系数的影响仅体现在比热容随温度下降而按照 T^3 规律（德拜定律）下降，因此 $\lambda \propto T^3$。

实际上任何真实晶体内都存在各种缺陷，包括①晶体内部的结构缺陷，例如晶格点缺陷、位错、堆垛层错和元素同位素的无规则分布；②多晶体中的晶界和相界；③晶体表面和内部含有杂质。这些缺陷造成晶格局部的质量、密度或成分的改变，从而引起弹性性能的改变，引起格波速度的局部改变。用声子概念来描述即为晶格缺陷对声子的散射。这样方程 4-1 中的 l_a 应该用式 4-6 定义，由该式可见，因为增添了多种散射的自由程项，使得 l_a 变短。

$$\frac{1}{l_a} = \sum_i \frac{1}{l_i} \tag{4-6}$$

式中　l_i 为声子的各种 U 过程的平均自由程。

在极低温度下参与传热的声子波长变得很长，远超过缺陷的尺寸，以致大多数缺陷不是有效的散射体，因而在这样的温度下，导热系数总是按 T^3 定律变化。但是在 T^3 范围和 $\exp(\theta_D/bT)$ 范围之间，导热系数的最大值受缺陷的显著影响。对于不纯的或多晶试样，最大导热系数值显著降低，并且曲线的形状展宽。反之对于缺陷少的单晶，最大导热系数峰值相当尖锐，并且达到很高的数值。图 4-4 显示 LiF 晶体内作为杂质的同位素 [6]Li 含量对导热系数的影响 [7]。从图上可见，只有在峰值前后的一段温度范围内杂质的散射对导热系数才有显著的影响。

在中温和高温下，那些线度尺寸与波长大小相接近的缺陷主要为点缺陷，点缺陷将会使导热系数与温度的关系曲线趋向平坦。在较低温度下，扩展缺陷（包括各种位错和堆垛层错）则显得更重要。表 4-2 列出了声子同各种缺陷的相互作用对导热系数随温度变化以及自由程随格波频率变化的规律。

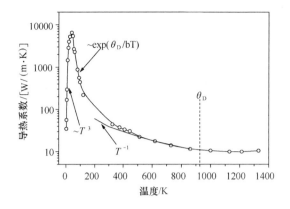

图 4-3　单晶氧化铝的导热系数[22]

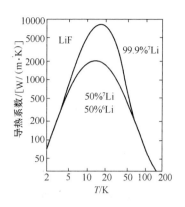

图 4-4　LiF 单晶内 ^{6}Li 含量对导热
系数的影响[7]

表 4-2　各种声子散射对自由程和导热系数的影响[23,24]

声子散射机构	自由程		导热系数	
温度	$T > \theta_D$	$T \ll \theta_D$	$T > \theta_D$	$T \ll \theta_D$
声子-晶体表面		$l \sim \omega^0$		$\lambda \sim T^3$
声子-晶界		$l \sim \omega^0$		$\lambda \sim T^3$
声子-堆垛层错		$l \sim \omega^{-2}$		$\lambda \sim T$
声子-位错，应变场		$l \sim \omega^{-1}$ 或 ω^{-3}		$\lambda \sim T^2$ 或 T^0
长圆柱体缺陷		$l \sim \omega^{-3}$		$\lambda \sim T^0$
声子-点缺陷		$l \sim \omega^{-4}$	$\lambda \sim T^0$	$\lambda \sim T^{-1}$ (Ref. 23) $\lambda \sim T^{-\frac{3}{2}}$ (Ref. 24)
声子-声子（U 过程）		$l \sim \omega^{-1}$	$\lambda \sim T^{-1}$	$\lambda \sim T^3 \exp (\theta_D/bT)$
声子-晶格不完整	—	—	$\lambda \sim T^0$	
声子-传导电子		$l \sim T^{-1}$		$\lambda \sim T^2$

第 2 节　电子的热传导

　　金属材料具有大量自由电子，热传导几乎全部由电子承担。绝大部分陶瓷材料是绝缘体，内中不存在自由电子，因此也就没有电子导热。但是通过掺杂，用异价元素取代晶格中原来的原子，从而产生少量可在晶格内移动的电子或空穴（可将空穴看成带正电的电子），这些电子对热传导有贡献。这种电子（或空穴）的具有能量为：

$$E = \frac{h^2 q^2}{8\pi^2 m^*} \tag{4-7}$$

式中　h 为普朗克常数，q 为电子的波数，m^* 为电子的有效质量。

　　若温度 $T = 0K$ 所有的电子只能占据费米能级 E_F 以下的价带，电子不能自由移动，因而也无电子导热。当 $T > 0K$，一部分电子受到热激发，跳出价带，到达 E_F 以上大约 $k_B T$ 范围内的导带，并在价带内留下空穴。电子按能量分布可表达为：

$$n(E) = g(E)f(E) \tag{4-8}$$

其中 $g(E)$ 为状态密度函数：

$$g(E) = \frac{4\pi V}{h^3}(2m^*)^{\frac{3}{2}}E^{\frac{1}{2}} \tag{4-9}$$

$f(E)$ 为费米－狄拉克分布：

$$f(E) = \left[\exp\left(\frac{E - E_F^0}{k_B T}\right) - 1\right]^{-1} \tag{4-10}$$

式中　V 为晶格体积 E_F^0 为基态费米能（见式 3-22）。

当晶格内存在温度梯度时，高温处有更多的电子处在费米面以外，而低温处则相反。需要经过时间 τ_F 使两者到达均衡。τ_F 称为弛豫时间，也可理解为自由电子存在的平均时间。电子运动的速度称为费米速度，同电子密度有关[5]：

$$v_F = \frac{h}{2\pi \cdot m^*}\left(\frac{3\pi^2 N}{V}\right)^{1/3} = \frac{hq_F}{2\pi \cdot m^*} \tag{4-11}$$

式中　q_F 称为费米波数，N 和 V 分别为晶体内自由电子总数和晶体体积，对于金属物质 $N/V \approx 3 \times 10^{28}/\mathrm{m}^3$。

于是电子导热的自由程可表达为：

$$l_E = v_F \cdot \tau_F \tag{4-12}$$

根据式 4-7，以及电子比热容方程（式 3-26）可得到电子导热系数的表达式[27]：

$$\lambda_e = \frac{1}{3}\frac{\pi^2 nk_B}{2V}\left(\frac{T}{\theta_F}\right)\frac{2E_F\tau_F}{m^*} = \frac{\pi^2 k_B^2 Tn\tau_F}{3m^*} \tag{4-13}$$

式中　n 为自由电子浓度，$n = N/V$，θ_F 为费米温度 $\theta_F = E_F^0/k_B$。

对于纯金属而言在高温下式 4-13 中的电子弛豫时间 τ_F 与温度 T 成反比，因此从上式可知纯金属高温下其电子的导热系数为同温度无关的常数。上一节指出高温下声子的导热系数同温度成反比，因此纯金属整体的导热系数可用下式表示，其中等式右边第一项为电子导热贡献，第二项为声子导热贡献：

$$\lambda_{\mathrm{metal}} = a + b/T \tag{4-14}$$

材料中的静态杂质（包括杂质原子、空位、位错等）对电子的散射的平均自由程 l 与温度无关，而电子比热容正比于温度 T（式 3-26），如果假设 v_F 为常数，则电子的导热系数应正比于温度 T。另一方面，声子对电子的散射也影响电子的传热，在某一温度下的声子数正比于 T^3，而平均自由程 l 与声子数成反比，因此 l 反比于 T^3，同时考虑到电子比热容正比于温度 T，如果 v_F 为常数，于是导热系数应该反比于 T^{-2}。综合以上两部分，电子的导热系数可表达为：

$$\lambda_e = \frac{T}{AT^3 + B} \tag{4-15}$$

式中　A 为物质常数，B 为同材料纯度、结构有关的常数。

由上式可知 λ_e 同温度的关系曲线上应有一个极大值，然后继续降低温度则导热系数急剧减小。图 4-5 所示为金属铜的导热系数与温度的关系[5]，正反映电子导热的这种关系。

氧化物超导体的导热系数在超导相变温度 T_c 以下出现峰值：在进入超导态后导热系数有所上升，出现极大值后再下降。对此一般解释是进入超导态后，导热电子凝聚成 Cooper 对，声电子对声子的散射减少，于是声子的导热得到加强，从而导致超导材料的导热系数逐渐上升，随着温度的进一步下降，声子的热容随温度 T 的三次方下降，因此超导材料的热导系数在到达某一峰值后也开始下降。图 4-6 所示为高温超导氧化物 $Bi_2Ba_2Y_2Cu_3O_{8+y}$ 和 $Bi_2Sr_2Ca_{0.9}Ce_{0.1}Cu_2O_{8+y}$ 在 T_c 前后的导热系数随温度变化的曲线，从图上可看出在 $<T_c$ 下导热系数出现峰值。

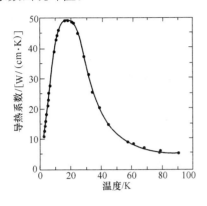

图 4-5　金属铜的导热系数[5]

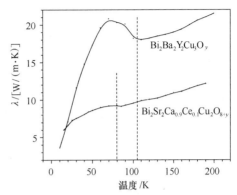

图 4-6　高温超导氧化物的导热系数同温度的关系[25,26]

电子的导热系数可根据韦德曼（Wiedemann）-弗兰兹（Franz）定律，通过测定电导率来推算。韦德曼-弗兰兹定律指出金属的导热系数（λ）与导电率（σ）之比同温度成正比：

$$\frac{\lambda}{\sigma} = \frac{\pi^2 k_B^2}{3e^2} T = L \cdot T \qquad (4\text{-}16)$$

式中　e 为电子的电量，从上式可知温度前面的比例系数是同物质无关的常数，称为洛仑兹（Lorenz）数，$L = 2.45 \times 10^{-8}\,W \cdot \Omega/K^2$。因此通过测定 σ 便可算出导热系数：

$$\lambda = L \cdot \sigma \cdot T \qquad (4\text{-}17)$$

需要注意的是利用式 4-17 求导热系数是有条件的，因为只有当电子传热过程的自由程和其导电过程的 f 自由程相等时方程 4-16 才成立。在温度 $T \gg \theta_D$ 下声子的能量大致为 $k_B\theta_D$，受温度影响很小，因此导电和导热两个过程中电子的弛豫时间一致，即 $\tau_E \approx \tau_F$，于是二者的自由程也十分接近。另一方面，在温度极低情况下（$T \approx 1K$ 或更低），杂质散射又成为主要散射机制，此时两过程的自由程也很接近，方程 4-16 成立。温度在上述二种情况之间，即 $T \ll \theta_D$，声子的平均能量大致为 k_BT，此时电子传热过程的自由程同 T^3 成反比，而电子的导电过程的自由程大致同 T^5 成反比。于是 λ/σ 正比于 T^2，但这种关系不十分确定，因此在这段温度范围，不能用方程 4-16 来推算导热系数。

第 3 节　磁子的热传导

第 3 章第 3 节已经指出在磁性材料内引电子自旋耦合形成自旋波，其能量是量子化的磁振子简称磁子。磁振子在传播过程中也能够传导能量，同时也可以成为电子热导和声子热导的散射中心。式 3-29 给出了磁振子平均数同温度 T 和频率 $\omega(q)$ 的关系，其中 q 为波数。由此可推导出磁振子的导热系数[24]：

$$\lambda_m = \frac{k_B (k_BT)^2}{3\pi Dh} \int_0^{\xi_{max}} \frac{(\xi + \delta)^2 l_m e^{\xi+\delta}}{(e^{\xi+\delta} - 1)^2} d\xi \qquad (4\text{-}18)$$

式中　l_m 为磁振子的自由程，k_B 为玻尔兹曼常数，h 为普朗克常数，D 为磁振子色散关系方程中的比例系数（参见式 3-31 等式右边）。

$$\xi = Dq^2 / (k_B T) \tag{4-19}$$

$$\delta = g\mu_B B / (k_B T) \tag{4-20}$$

其中 B 为磁感强度，μ_B 为玻尔磁子 g 为郎德（Lande）因子或称光谱劈裂因子，对于过渡金属元素，3d 壳层超过半满时 $g>2$，半满时 $g=2$，不足半满时 $g<2$[5]。

磁振子受到的主要散射机制是它与声子、杂质和边界的散射。一般来说，磁子热导在低温下才能观察到，这时边界散射起主要作用。这样零场下 $\delta=0$，磁子的导热系数同 T^2 成正比。如果 $B\neq0$，则磁振子对导热的贡献随磁场的大小而变化，其导热系数需通过式 4-18 计算。对于铁磁性材料，外加磁场会提高磁振子能量，减少热激活磁振子数量，从而降低磁振子的热导；对于反铁磁材料，外加磁场可以导致磁振子导热系数变大。

第 4 节　光子的热传导

在绪论的第 2 章第 2 节中已经指出：在温度 $T>0$ 的情况下任何物质都会发出各种不同波长的电磁波，对于黑体而言，所发出的电磁波的能量按照波长分布符合普朗克定律（式 2-24）。并且根据维恩定律（式 2-25）可知：这种分布的最大值随温度升高向短波方向偏移。从室温到 2500K，最大值处于 $1\sim10\mu m$ 范围内，即红外波段。

任何物质在向外辐射电磁波的同时也吸收别处传来的电磁波的能量。物质内温度高的地方向外辐射的能量大于其同时吸收的来自温度较低处辐射的能量，因此就产生了一股从高温处向低温处流动的辐射能量流。因为电磁辐射的能量可以用光子来描述，因此这种传递能量的方式便是光子的热传导。

通过辐射使单位体积的黑体温度变化 1K 所需要的能量为：

$$c_r = \frac{16\sigma n^3 T^3}{C} \tag{4-21}$$

式中　$\sigma=5.67\times10^{-8}\,W\cdot m^{-2}\,K^{-4}$ 称为斯蒂芬-波尔兹曼常数，n 为物质的折射率，C 为光速，而光在物质中的传布速度为 C/n。c_r 可看成是单位体积内光子的热容。于是根据式 4-1 可得到光子的导热系数：

$$\lambda_r = \frac{16}{3}\sigma \cdot n^2 T^3 l_r \tag{4-22}$$

式中　l_r 为光子的自由程。所谓光子的自由程就是光子被吸收或散射之前所行进的路程。不同波长的光子具有不同的自由程，这里用 l_r 表示所有波长光子的自由程的平均值。l_r 同物质对光子的吸收系数 a 和单位厚度散射系数 s 有关：

$$l_r = \frac{1}{(a+s)} \tag{4-23}$$

由上式可见对于不透明物质 $a\to\infty$，因此 $l_r\approx0$，于是 $\lambda_r=0$。另一方面，如果 l_r 大于物质的边界或晶界，则在物质内部不存在通过光子的能量交换作用，只有在边界或晶界上发生能量的发射或吸收，从而成为辐射换热问题，而没有光子在物质内部的传热问题。介于这两种极端情况之间，物质的光子传热取决于红外波段的吸收系数和散射系数的大小。根据光散射理论，McQuarrie 给出了半透明氧化物内辐射传热的有效导热系数表达式[28,29]：

$$\lambda_r = \frac{8\sigma T^3}{a + 2s} \tag{4-24}$$

固体对光子的吸收有多种机制，包括：①本征吸收，即价带电子吸收光子跃迁至导带，产生电子-空穴对。因各类物质的能带结构的差别，这种吸收可以在紫外、可见光以至近红外光区发生。其特点是吸收系数很高，可高达 $10^5 \sim 10^6\,\mathrm{cm}^{-1}$。②自由载流子吸收，由导带中的电子和价带中的空穴在带内跃迁所引起，它可以扩展到整个红外波段和微波波段，吸收系致大小与载流子浓度有关。金属的载流子浓度很高，因此金属的这种吸收非常强烈。③晶格吸收，在红外区存在有与晶格振动相联系的吸收，特别是在离子晶体中，吸收系数可达 $10^5\,\mathrm{cm}^{-1}$。④杂质的吸收，与杂质相联系的吸收过程是多种多样的，因固体材料种类及材料中的杂质种类而异。此外对于磁性物质还有与磁有关的吸收，引起电子自旋反转，自旋波量子的激发等。对于许多氧化陶瓷材料而言，在近红外波段（$0.7 \sim 3\mu m$）具有较小的系数吸收，在中（$3 \sim 6\mu m$）、远红外（$6 \sim 25\mu m$）波段吸收系数较大。图 4-7 显示出一些陶瓷材料在不同温度下吸收系数随波长变化的情况。从图 4-7 可见含 SiO_2 的玻璃材料对波长大于 $2\mu m$ 的光有很大的吸收，而氧化铝材料对波长大于 $2.5\mu m$ 的光才有大的吸收。

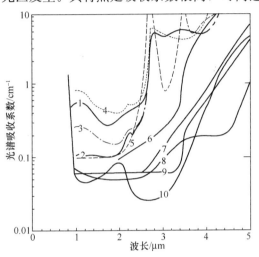

图 4-7　不同温度下一些材料的光谱吸收系数[22]
1—窗玻璃（291K）；2—窗玻璃（1073K）；3—窗玻璃（1573K）；4—含 Fe_2O_3 0.2％玻璃（1273K）；5—vycon 玻璃（307K）；6—熔融石英（873K）；7—氧化铝单晶（1473K）；8—氧化铝单晶（307K）；9—氧化铝单晶（873K）；10—含 Cr 氧化铝单晶（1073K）

影响光子自由程的另一个因数是光子的散射。由于传热主要是红外波段的光子，其波长在 $0.7 \sim 1000\mu m$，陶瓷材料内部大部分气孔的直径也在这范围之内，而且气孔与材料的折射率相差很大，因此对光的散射作用极大，导致光子的自由程缩短。另外晶界对散射光子也起很大作用，特别是与晶粒化学成分差别较大的晶界，因折射率的差异造成散射，从而使光子自由程缩短。图 4-8 显示一些陶瓷和玻璃的平均自由程。从图上可见玻璃和单晶的自由程较大，并随温度升高而增大。一旦材料内含有少量气孔，自由程便明显降低。对于烧结氧化铝而言其平均自由程比单晶降低了将近 2 个数量级。其中气孔的散射起了很大作用，此外晶界的散射也有很大贡献。

烧结陶瓷体内存在的大量晶界和少量气孔，对光子的散射作用极大，以致可以将光子导热降低至可以忽略的程度，因此烧结陶瓷和同种单晶体的导热系数之差可以认为是光子对导热的贡献。用这种方法测定出氧化铝、氧化镁、氧化钛和氟化钙单晶内的光子导热的贡献如图 4-9 所示。图中氧化铝中光子对导热的贡献同温度的关系曲线的斜率接近 3，符合方程

4-22。其余几种条直线的斜率同 3 有较大的差别，说明不同物质内导热光子的自由程同温度的关系不尽相同。

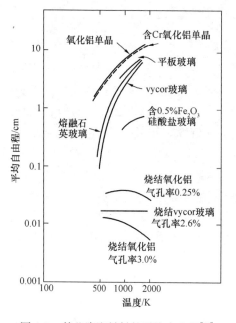

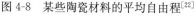

图 4-8　某些陶瓷材料的平均自由程[22]

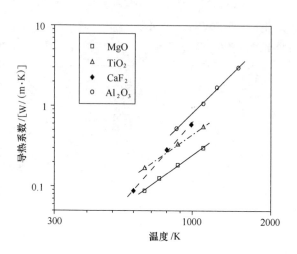

图 4-9　陶瓷材料中光子对导热系数的贡献[30]

如果晶界之间的距离等于或小于光子的自由程，则当光子从晶体内穿过时不会遇到散射或吸收，对光子的吸收和散射仅仅发生在晶界上，在这种情况下辐射传热由晶界的状况决定，于是辐射传热对导热系数的贡献为[22]：

$$\lambda_{\mathrm{rb}} = \frac{4\sigma\varepsilon n^2 T^3}{2-\varepsilon}d_{\mathrm{b}} \tag{4-25}$$

式中　G 为斯蒂芬-波尔兹曼常数，ε 为界面的辐射率，n 为物质的折射率，d_{b} 为界面之间的距离，其余的符号同前。

可将气孔看做一种特殊的晶体，对光子没有吸收和散射作用，根据气孔同固相互相均匀串联模型，材料内气孔部分的辐射导热系数可由下式给出[10]：

$$\lambda_{\mathrm{pr}} = 4G\sigma\varepsilon d_{\mathrm{p}} T_{\mathrm{m}}^3 \tag{4-26}$$

式中　G 为气孔的形状因子，对于球形孔 $G=2/3$，σ 为斯替芬－波尔兹曼常数，ε 为气孔壁面的辐射率，d_{p} 为气孔的直径，T_{m} 为孔壁的平均温度。由上式可知温度越高气孔对导热的贡献越大，气孔越大导热作用也越大。

图 4-10 所示为不同直径的气孔在不同温度下的辐射导热系数（设 $\varepsilon=1$），图内也列出了空气本身的导热系数，图中空气导热系数下方的点线表示十分之一空气导热系数的值。因为气孔的总导热系数是空气本身的导热和穿过

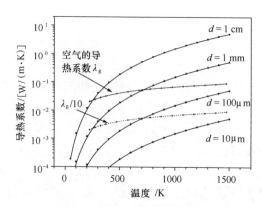

图 4-10　气孔的辐射导热系数
（d 为气孔的直径）

气孔的辐射导热之和，如果辐射导热比空气本身的导热系数的 1/10 还小，就可以将其忽略不计。从图 4-10 可见对于孔径为 1mm 的气孔，当温度在 260K 以上，就需要将辐射导热考虑进去。对于孔径为 100μm 的气孔，只有当温度高于 700K，才需要将穿过气孔的辐射导热计入空气的总的导热系数之内。而对于孔径为 10μm 小孔，即使温度高达 1500K，气孔内辐射导热尚低于气体本身导热系数的 1/10，因而可以忽略不计。

第 5 节　气体的热传导

由于大部分陶瓷材料内或多或少都有气孔存在，而对于多孔陶瓷和陶瓷隔热材料而言其中孔隙更是其主要成分，因此有必要对气体的传热作用进行必要的讨论。气体的传热作用有三种途径，即对流、传导和辐射。这三种途径的作用大小都与气孔的大小有关。

首先讨论对流传热作用。对流传热属于热工学问题，而非材料本身的特征。若不考虑外界存在强力通风机制的情况，材料中气孔内的空气处于静止状态，孔内空气的对流传热属于自然对流。在封闭区域内气相内对流传热同瑞利（Raileigh）准数 Ra 的大小有关[30,31]：

$$Ra = \frac{g\gamma\Delta T b^3}{\nu a} \tag{4-27}$$

式中　b 为冷、热面之间的距离，g 为重力加速度，γ 为气体的体积膨胀系数，ν 为气体的动力黏度，a 为气体的热扩散系数。

传热学研究表明如果封闭空间内 $Ra<10^3$，则对流不起作用[31,32]。做一个简单的估算可发现当 $b\geqslant14.4$mm，即可保证 $Ra<1000$。计算式 4-27 中各参数取值如下：$g=9.8$m/s^2，$\gamma=2.68\times10^{-3}$K^{-1}，$\nu=23.13\times10^{-6}$m^2/s，$a=33.6\times10^{-6}$m^2/s，$\Delta T=10$K。通常陶瓷材料（包括多孔隔热材料）内部的孔隙直径在 1mm 以下，因此这些孔隙内的气体没有对流传热作用，也就是在考虑陶瓷材料的导热系数时可以排除对流传热的贡献。上述分析也告诉我们为什么相距数毫米、中间充有干燥空气的双层玻璃窗具有很好的保温作用。

在小孔内的气体不能通过对流传热，就只能通过气体本身的传导导热。气体的传导导热是通过气体分子间的碰撞实现能量交换的，其导热系数可表达为：

$$\lambda_{\mathrm{g}} = \frac{1}{3}\rho_{\mathrm{g}} c v l_{\mathrm{g}} \tag{4-28}$$

式中　ρ_{g} 为气体的密度，c 为单位质量气体的热容，v 为气体分子的平均速度，l_{g} 为气体分子的平均自由程。

表 4-3 列出了某些气体的平均自由程以及分子有效直径数据[33]。气体分子的平均自由程 l_{g} 可表达为气体分子在二次碰撞之间的平均生存时间 τ 同分子平均速度 v 的乘积：$l_{\mathrm{g}}=v\tau$。而平均生存时间 τ 与单位体积内的分子数 n、分子的碰撞截面积 σ 以及平均年速度 v 的乘积成反比：$\tau=(n\sigma v)^{-1}$。另一方面，气体的压力 p 同气体的温度 T 和单位体积内气体的分子数成正比：$P=nk_{\mathrm{B}}T$。式中 k_{B} 为波尔兹曼常数。如气体分子的有效直径为 d，由以上各种关系可得到：

$$l_{\mathrm{g}} = \frac{k_{\mathrm{B}}T}{\sqrt{2}\pi d^2 p} \tag{4-29}$$

表 4-3　气体分子的有效直径和平均自由程[33]

气体	自由程/m	有效直径/m	气体	自由程/m	有效直径/m
H_2	1.123×10^{-7}	2.7×10^{-10}	He	1.798×10^{-7}	2.2×10^{-10}
N_2	0.599×10^{-7}	3.7×10^{-10}	Ar	0.666×10^{-7}	3.2×10^{-10}
O_2	0.647×10^{-7}	3.6×10^{-10}			

由于气体的密度同压力成正比，而其分子的平均自由程同压力成反比，同时 c 和 v 同压力无关，由式 4-28 可知气体的导热系数同气体压力无关。根据马克斯韦速度分布定律可知气体分子的平均速度：

$$v = \sqrt{\frac{8k_B T}{\pi m}} \tag{4-30}$$

式中　m 为气体分子的质量。对于理想气体而言其比热容同温度无关，于是可知理想气体的导热系数同 $T^{\frac{3}{2}}$ 成正比。实际气体的比热容随温度而变化，于是导热系数同温度的关系随气体种类不同而变化，图 4-11 显示几种气体的导热系数随温度的变化情况。

从表 4-3 中可知，氧气和氮气的自由程都在 60nm 左右，空气主要由这两种气体组成，因此一般可将空气中分子的自由程定为 60nm。如果材料内气孔的直径小于 60nm，则气孔内的空气分子之间就不能通过互相碰撞传递热量，这将极大地减少气体的导热。根据气体动力学理论可以求得小孔隙内气体的导热系数（λ_p）同孔隙空间的尺度（l_p）的关系[35]：

$$\lambda_p = \lambda_g \frac{l_p}{l_p + l_g} \tag{4-31}$$

由于气体分子的平均自由程同气压成反比，而气体的密度同气压成正比，根据式 4-28，在一般情况下气体的导热系数不受气压变化的影响。然而，当气孔的直径与平均自由程相当时，根据式 4-31，可得到：

$$\lambda_p = \frac{\lambda_g}{1 + \dfrac{k_B T}{l_p \sqrt{2}\pi d^2 p}} \tag{4-32}$$

如果取 $T = 300K$，分子有效直径 $d = 3 \times 10^{-10}$ m，l_p 分别为 60nm、$6\mu m$，波尔兹曼常数 $k_B = 1.38 \times 10^{-23}$ J/K，根据上式可得到气孔内压力 p 同相对导热系数 λ_p / λ_g 的关系，如图 4-12 所示。从图可知当压力足够高和足够低的状态下，孔内气体的导热系数与气压无关，而在这之间的一个压力区域，孔内气体的导热系数随气压增高而增大，该压力范围同气孔直径 l_p 有关。在高压状态下，如前面所述，由于气体的密度和平均自由程对压力的关系正好相反，因此导热系数不受压力的影响，在极低的压力下，孔内气体分子几乎为零，因此气体的导热作用也几乎为零。而介于这两者之间的场合孔内气体分子的多少既受气压大小的控制也取决于气孔体积的大小。只要气体分子数量足够少，其平均自由程就可接近甚至超过孔径的尺寸，于是导热过程受气体分子扩散的控制，压力和距离对这一过程度有影响，导致气孔内导热系数随气压而变化。

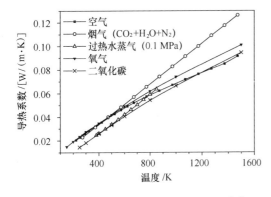

图 4-11　气体的导热系数同温度的关系[34]

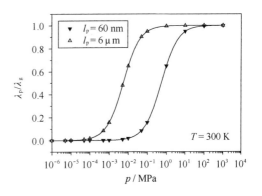

图 4-12　气孔内压力对导热系数的影响

第 6 节　固-固接触界面的热传导

经验告诉我们热量可以通过固体间的接触界面传递，但在界面上传热会受到阻碍，具体表现为界面的存在会使热流量 q 变小，在界面处出现温度的突降 ΔT，因此界面处存在热阻 R，其量纲为 $\mathrm{m^2 K/W}$。根据传热定律，热阻可表达为：

$$R = \frac{\Delta T}{q} \tag{4-33}$$

由于在固体中热量靠声子和电子等载热粒子传递，热阻的存在说明这些粒子在界面处不能全部通过。大多数陶瓷材料内缺少自由电子，传热主要靠声子。因此下面主要讨论声子通过固体接触界面的情况。

首先考虑两个固体的接触界面非常平滑，因此两者完全接触，即不存在任何间隙。在这种情况下，接触界面的两边或由于晶体的取向不同，或由于不同物质具有不同的晶格，或由于接触面附近的原子（离子）因某些原因不能按照正常的晶格点阵排列，甚至形成无规律杂乱排列的晶界层，总之在接触界面两边的晶格排列是不连续的。声子在界面上会发生反射、折射以及模态转换，从而造成界面热阻。这种以弹性介质的平滑界面为模型去分析界面热阻的方法称为声失配模型（Acoustic Mismatch Model，AMM），该模型是由加拿大学者 W. A. Little 提出的[36]。声失配模型的理论假定声子是平面波，在固体中连续传播。由于在界面两侧材料的声阻特性不同（即失配），声子到达界面时会发生反射、折射以及模态转换。定义通过界面的声子数同入射到界面的声子数之比为声子的传递系数 $\alpha_{1,2}$。下标"1，2"表示声子由固相 1 经过界面传到固相 2。$\alpha_{1,2}$ 是声子的角频率、声子模态、温度、声子波矢和入射角的函数。

通过固相 1 同固相 2 之间的接触界面的声子热流通量可表示为[36]：

$$q_{1,2} = \frac{1}{4\pi} \sum_{j=1}^{3} \int_{\theta=0}^{\pi/2} \int_{\omega=0}^{\omega_\mathrm{D}} N_{1,j}\ (\omega, T_1) h v_{1,j} \omega \alpha_{1,2}\ (\omega, j, \theta) \cos\theta \sin\theta \cdot \mathrm{d}\omega \cdot \mathrm{d}\theta \tag{4-34}$$

式中　$N_{1,j}(\omega, T_1)$ 为在固相 1 内声子数的频率分布函数，h 为普朗克常数，ω 为声子的角频率，θ 为声子的入射角，下标 j 表示声子的模态数，即 1 个纵波模和 2 个横波模，因此 $j=$ 1，2，3，v_{1j} 为固相 1 内各个模态声子的群速度，ω_D 为德拜频率。声子数按频率分布 N_j 可根据长声波的态密度和波色-爱因斯坦统计分布给出：

$$N_j = \frac{\omega^2}{2\pi^2 v_j^3 \left(\exp \frac{h\omega}{2\pi k_B T} - 1\right)} \tag{4-35}$$

根据声失配模型，镜界面上的 $\alpha_{1,2}$ 可以同物质的声阻 Z 相联系[37]：

$$\alpha_{1,2} = \frac{4Z_1 Z_2 \cos\theta_1 \cos\theta_2}{(Z_1 \cos\theta_1 + Z_2 \cos\theta_2)^2} \tag{4-36}$$

式中　Z_1、Z_2、θ_1、θ_2 分别为固相 1、2 的声阻和声子的入射角和折射角（图 4-13）。声阻即为物质密度与声子群速度的乘积：

$$Z = \rho \cdot v \tag{4-37}$$

由此可推导出低温下的接触热阻的表达式[36]：

$$R = \left[\frac{8\pi^5 k_B^4}{15h^3} \sum_{j=1}^{3} \frac{\Gamma_{1,j}}{v_{1,j}^2}\right]^{-1} \cdot T^{-3} \tag{4-38}$$

式中　$$\Gamma_{1,j} = \int_0^{\pi/2} \alpha_{1,2} \cos\theta \sin\theta d\theta \tag{4-39}$$

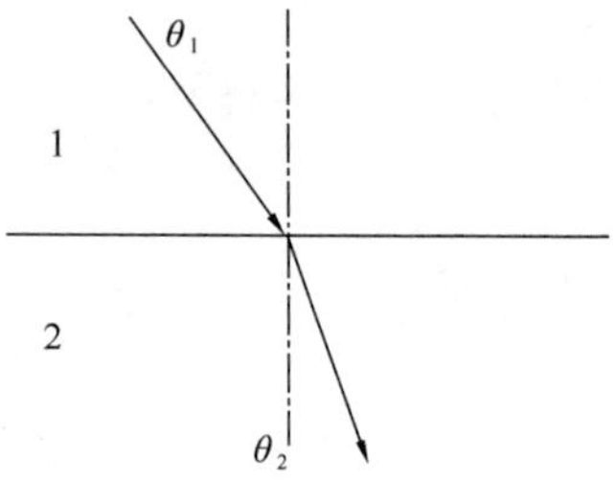

图 4-13　镜面上声子的传递

镜面接触是一种理想化的情况，实际上固相接触面上有许多凹凸不平，并且还存在各种缺陷，因此入射声子在接触界面上发生漫散射。在平衡状态下，离开界面声子数和到达界面声子数维持平衡，这样声子传递系数就与声子的入射角无关，也与声子的波矢无关。鉴于 AMM 同实际情况不相符合，Swartz 和 Pohl 提出了散射失配模型（Diffuse Mismatch Model，DMM）。根据式 4-35 及声子数平衡，可求出 DMM 下的声子传递系数[38]：

$$\alpha_{1,2} = \frac{\omega^2 \left(\exp \frac{h\omega}{2\pi k_B T_2} - 1\right)^{-1} \sum_{j=1}^{3} v_{2,j}^{-2}}{\omega^2 \left(\exp \frac{h\omega}{2\pi k_B T_2} - 1\right)^{-1} \sum_{j=1}^{3} v_{2,j}^{-2} + \omega^2 \left(\exp \frac{h\omega}{2\pi k_B T_1} - 1\right)^{-1} \sum_{j=1}^{3} v_{1,j}^{-2}} \tag{4-40}$$

式中　T_1 和 T_2 分别表示固相 1 和固相 2 的温度，k_B 为波尔兹曼常数，其余同上。于是 DMM 下的接触热阻为：

$$R = \left[\frac{4\pi^5 k_B^4}{15h^3} \cdot \frac{\sum_{j=1}^{3} v_{i,j}^{-2} \cdot \sum_{j=1}^{3} v_{3-i,j}^{-2}}{\sum_{i,j} v_{i,j}^{-2}}\right]^{-1} \cdot T^{-3} \tag{4-41}$$

式中　$i=1，2$ 表示接触界面两侧的固相 1 和固相 2，j 即为声子的振动模式数，其余符号的意义同前。关于式中 $v_{i,j}$ 和 $v_{3-i,j}$ 的意义如下：在 DMM 模式下，漫散射破坏了到达和离开界面声子波矢间的关系，好像散射声子只记住了频率而忘记了自己原来的波矢。这样声子的传递系数 α 只能由声子的态密度和声子数平衡来确定。并且从界面一侧的声子反射概率等于来自界面另一侧固体的声子传输概率，即

$$\alpha_i = 1 - \alpha_{3-i}，i = 1，2 \tag{4-42}$$

图 4-14 所示为蓝宝石（Al_2O_3）与其上的铁铑合金膜构成的接触面的热阻同温度的关系图。从图上可见在 $T < 40K$ 下 $R \cdot T^3$ 和 T 的关系，同用 AMM 或 DMM 的计算值符合得非常好。但是当 $T > 40K$ 后测量值明显偏离（高于）按照上述两种模型的计算值。因此目前理论只能解决低温的接触热阻问题，这对低温技术是非常有用的，但是对于常温和高温情况下的接触热阻无法通过理论计算来解决。通常工程上利用通过实验得到的经验公式来估计接触热阻。

当两固体表面相互接触时，实际上真正直接接触只发生在一些离散的微小的面积上。显然两个固体之间的接触热阻同固体间接触处的热导、接触面积的大小以及接触点的多少有关，而接触面积又与施加在固体上的压力相关。为了计算接触热阻，首先需要估计单点接触情况下的接触热阻 R_i 再按照某几何模型确定接触点处的曲率半径 b 和接触半径 a 以及单位接触面上的接触点数 N（量纲为 m^{-2}）。单点接触的热阻可以表达为[39]：

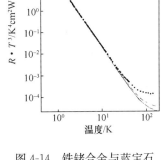

$$R_i = \frac{\varphi_i}{2a_i\lambda_s} \tag{4-43}$$

式中 λ_s 为接触处的平均导热系数，如果两个固体的导热系数不同，则

$$\lambda_s = \frac{2\lambda_1\lambda_2}{\lambda_1 + \lambda_2} \tag{4-44}$$

图 4-14 铁铑合金与蓝宝石接触界面的热阻与温度立方乘积图，实线为 AMM 计算值，虚线为 DMM 计算值[36]

φ 接触热阻因子：

$$\varphi = \left(1 - \frac{a}{b}\right)^{\frac{3}{2}} \tag{4-45}$$

于是整个接触界面的热阻为：

$$R = \sum_{i=1}^{N} R_i = \sum_{i=1}^{N} \frac{\varphi_i}{2a_i\lambda_s} \tag{4-46}$$

式中 φ_i，a_i 分别表示第 i 接触点上的接触热阻因子和接触半径。总的接触热阻除了与接触面两侧固体的导热系数 λ_s 有关之外，还取决于各个接触点处的接触半径 a_i 和曲率半径 b_i。接触点上的几何参数 a，b_i 和 φ_φ 同该点上所承受的压力有关，由此可推导出接触面之间的热阻同材料的平均导热系数以及界面面上的压力的关系表达式[39]：

$$R = \left(\sum_{i=1}^{N} \frac{6^{\frac{1}{3}} b_i^{\frac{1}{3}} \lambda_s p_i^{\frac{1}{3}}}{E^{\frac{1}{3}} \varphi_i}\right)^{-1} \tag{4-47}$$

式中 p_i 为第 i 点上的压力，E 为材料的弹性模量。通过对接触面粗糙度的测量和分析，发现不同接触点的曲率半径 b_i 和 φ_i 基本相同。因此可用它们的平均值 b_a 和 φ_a 来代替。同时，只要粗糙度不是过大，而施加的压力比较平衡，则各接触点的压力变化也不大，可将整个面上的压力 p 平均分配到 N 个点上来替代，即 $p_i = p/N$。于是式 4-47 中的连加可简化为：

$$R = \left(\frac{6^{\frac{1}{3}} b_a^{\frac{1}{3}} \lambda_s P^{\frac{1}{3}} N^{\frac{2}{3}}}{E^{\frac{1}{3}} \varphi_a}\right)^{-1} \tag{4-48}$$

若令

$$f = \left(\frac{\varphi_a}{6 b_a^{\frac{1}{3}} N^{\frac{2}{3}}}\right)^{\frac{1}{3}} \tag{4-49}$$

则

$$R = f \frac{E^{\frac{1}{3}}}{\lambda_s p^{\frac{1}{3}}} \tag{4-50}$$

式 4-50 中 f 为接触面的粗糙度对热阻的影响，f 值可根据弹性理论或塑性理论并同测定接触面的粗糙度曲线来确定（见参考文献 39 和 40）。材料本身的导热系数越大，接触热阻越小。对接触面施加的压力越大接触热阻也越小，这两点是显而易见的。材料的弹性模量越小,亦即在压力下越容易变形,接触热阻也越小。此式为设计接触热阻指出方向。参考文献 40 内给出了一些计算接触热阻的经验公式。

第 7 节　陶瓷材料的导热系数

实际的陶瓷材料由多种元素甚至多种物质构成,内部还存在大量的晶界、气孔,材料的显微结构也不尽相同,每个晶粒内部还存在许多晶体结构上的缺陷。所有这些都对陶瓷材料的整体导热系数产生影响。

由式 4-5 可知在常温和高温下通过晶格声子传热的导热系数同物质分子的平均原子量 m、每个原胞中的原子数 n、平均原子体积 Ω_a、晶体结构参数 B' 和格律乃森参数 γ 以及德拜温度 θ_D 等诸多参数有关:

$$\lambda_L = A_L B' m \cdot n^{\frac{1}{3}} \Omega_a^{\frac{1}{3}} \gamma^{-2} \theta_D^3 T^{-1} \tag{4-51}$$

式中　A_L 为常数,λ_L 表示由声子传递贡献的导热系数。

晶体内杂质和局部不均匀性产生声子散射,于是声子传热时的平均自由程 l 为:

$$l = \frac{l_p \cdot l_{im}}{l_p + l_{im}} \tag{4-52}$$

式中　l_p 为声子间散射的平均自由程(本证自由程),l_{im} 为声子同杂质质点散射的平均自由程。从上式可知 $l < l_p$,因此杂质和不均匀性的存在必定产生热阻 R_{im},该热阻可以表达为:

$$R_{im} = A_{im} C_{im} T^n, (0 < n < 1) \tag{4-53}$$

式中　A_{im} 为常数,C_{im} 为杂质或不均匀的浓度。

陶瓷是多晶体,声子在晶界上发生散射产生热阻 R_b:

$$R_b = \frac{A_b}{d_{gs} v T^3} \tag{4-54}$$

式中　A_b 为常数,d_{gs} 为晶粒尺寸,v 为声波速度。

陶瓷材料的总体导热系数是以上各个贡献之和:

$$\lambda = \left(\frac{1}{\lambda_L} + R_{im} + R_b \right)^{-1} = (A_L^{-1} B'^{-1} m^{-1} n^{-\frac{1}{3}} \Omega_a^{-\frac{1}{3}} \gamma^2 \theta_D^{-3} T + A_{im} C_{im} T^n + A_b d_{gs}^{-1} v^{-1} T^{-3})^{-1}$$

$$\tag{4-55}$$

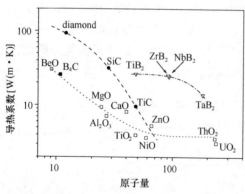

图 4-15　阳离子原子量对二元化合物导热系数的影响,测试温度分别为:氧化物 1074K,碳化物 866K,硼化物 473K[22,41]

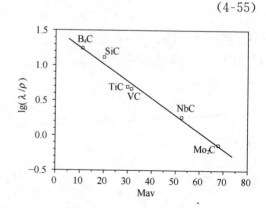

图 4-16　碳化物的平均原子量、密度同导热系数的关系[42]

　　讨论陶瓷材料的导热系数就需要对上式内各种同材料成分、结构有关的因数进行详细分析。绝大部分陶瓷材料都是由金属的氧化物、碳化物、氮化物或硼化物组成。二元化合物的两种元素的原子量越接近，晶格振动的非简谐性也越小，声子间的散射就少，导热系数就越大，反之则导热系数小。图 4-15 按照原子量大小顺序列出了一些金属氧化物、碳化物和硼化物的导热系数[22,41]，这些二元化合物的导热系数大致符合上述规律。我国学者奚同庚等人发现对于 III-V 族化合物半导体和碳化物晶体材料的导热系数同晶体密度之商的对数与晶体的平均原子量存在线性关系[42]：

$$\lg\left(\frac{\lambda}{\rho}\right) = A - BM_{av} \tag{4-56}$$

式中　λ、ρ 和 M_{av} 分别为晶体的导热系数、密度和平均原子量（即分子量除以分子式中的原子数）。图 4-16 展示了一些碳化物晶体的这种关系。

　　构成物质的化学成分越复杂使得晶格结构也越复杂，声子之间的散射机会就越多，式 4-55 中 B' 和 n 变大，从而使 λ 变小。碱土金属-磷酸锆 $M_{0.5}Zr_2(PO_4)_3$ 中 PO_4 四面体与 ZrO_6 八面体共同构成三维骨架，碱土金属离子 M 处于 ZrO_6 八面体链的间隙内。从图 4-17 可见随着间隙内碱土金属离子种类增多（由一种增至三种）陶瓷材料的导热系数依次降低。在氧化铝单晶（蓝宝石）内掺入少量氧化铬，形成固溶体，铬离子占据铝离子的位置，数量虽然不多，却能使导热系数明显下降，如图 4-18 所示。同样 MgO 与 NiO 可形成连续固溶体，图 4-19 显示无论是 MgO 溶入 NiO 中，还是 NiO 溶入 MgO 中，都会使固溶体的导热系数小于单一氧化物的导热系数。

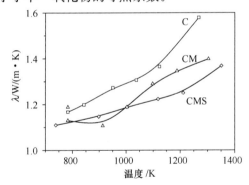

图 4-17　碱土金属-磷酸锆陶瓷的导热系数[43]
C-$Ca_{0.5}Zr_2(PO_4)_3$
CM-$Ca_{0.6}Mg_{0.4}Zr_4(PO_4)_6$
CMS-$Ca_{0.5}Mg_{0.25}Sr_{0.25}Zr_4(PO_4)_6$

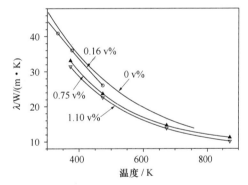

图 4-18　氧化铬掺杂氧化铝单晶的导热系数[44]
（图内百分数为氧化铬含量）

　　不仅晶体内的杂质原子（离子）可以引起声子与之散射，从而降低导热系数，晶体内的缺陷也可以增加对声子的散射作用。当 Y_2O_3 添加到氧化锆内，由于 Y 离子与 Zr 离子的电价不同，为了保持电中性，在氧化锆晶格内形成氧空位：

$$Y_2O_3 \longrightarrow 2Y'_{Zr} + V_O^{\cdot\cdot} + 3O_O^{\times} \tag{4-57}$$

当 Y_2O_3 掺入量不大时随着氧化钇的加入量增多氧化锆晶体内的氧空位也增大，使得导热系数下降。但是当氧化钇加入量大于 10 mol%（相当于 [$V_O^{\cdot\cdot}$] = 5%）后，由于大量的氧空位集结成一种长程有序结构，降低了对声子的散射作用，于是导热系数开始增高，如4-20 中虚线所示[45]。

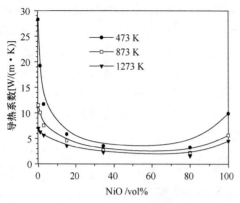

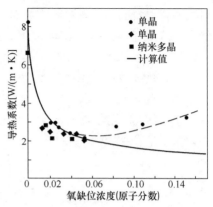

图 4-19　MgO-NiO 固溶体的导热系数随 NiO
含量变化，图内数字为测试温度[44]

图 4-20　氧化锆内氧空位浓度对导
热系数的影响[45]

含 Y_2O_3 7Wt% 的 ZrO_2（7YSZ）与 $Gd_2Zr_2O_7$ 同属萤石结构，但大量的 Gd^{3+} 离子取代 Zr^{4+} 离子，为了电荷平衡，在晶格内产生了大量氧空位，引起声子同氧缺位的大量散射。此外，点缺陷的散射强度同晶格原子量与杂质原子量之差的平方成正比。钇的原子量（157.3）与锆的原子量（91.22）之差（66.08）远大于钇的原子量（88.91）与锆的原子量之差（2.31），因此在 $Gd_2Zr_2O_7$ 内声子与作为杂质的钇离子的散射远比 7YSZ 内同钇离子的散射强烈。这样造成 $Gd_2Zr_2O_7$ 的导热系数明显低于 7YSZ，如在 973K 下前者为 1.6 W/mK，而后者为 2.3W/mK[46]。

一些具有变形钙钛矿结构的化合物 Ba_2LnAlO_5（其中 Ln 代表稀土元素），其中 Ba^{2+} 离子占据钙钛矿结构中的 A 间隙位置，Ln^{3+} 和 Al^{3+} 离子占据 B 间隙位置。相比于正常钙钛矿 ABO_3，在上述化合物中氧离子数量缺少了 1/6，导致生成大量氧空位，并且由于晶格的变形造成 LnO_6 八面体的倾斜。所有这些导致对声子的强烈散射。另一方面，氧空位在晶格中规则排列，导致材料的弹性模量减小，从而使声速变小，这就使 Ba_2LnAlO_5 的导热系数比氧化锆还要小（图 4-21）。

氧元素作为杂质很容易进入氮化硅晶格中，这将会极大地降低氮化硅陶瓷的导热系数[48,49]。图 4-22 显示氮化硅晶格内氧含量对陶瓷材料的导热系数的影响。通过在氮化硅原

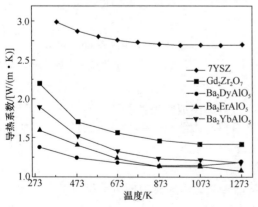

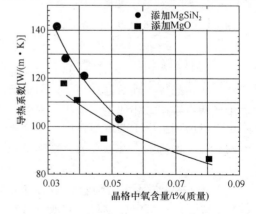

图 4-21　Ba_2LnAlO_5 和 7YSZ 的导
热系数[47]

图 4-22　Si_3N_4 晶格内氧含量对导
热系数的影响[48]

料内加入适量的 Yb_2O_3-MgO 或 Yb_2O_3-$MgSiN_2$，可以在烧结氮化硅陶瓷时让氮化硅经过溶解-析晶过程，从而将溶入氮化硅内的氧转移出来。这个过程进行得越充分（保温时间越长），则晶格内的氧含量就越低。图 4-22 中的不同氧含量的氮化硅试样就是这样制备出来的。

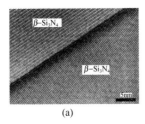 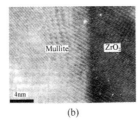 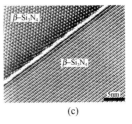

(a)　　　　　　　　　　(b)　　　　　　　　　　(c)

图 4-23　固体界面的三种类型[50,51]：
(a) 同种晶体（β-Si_3N_4）接触，清洁界面；(b) 不同晶体（氧化锆-莫来石）接触，
清洁界面；(c) β-Si_3N_4 接触界面间存在无定形相

绝大多数陶瓷是多晶集合体，晶粒尺寸一般为数微米至数十微米。晶粒之间的晶界对材料的导热系数有很大影响。陶瓷材料中的晶界大致有三种类型，如图 4-23[50,51]所示：（a）同种晶体的晶粒互相接触，界面上没有其他物质，因此是清洁的晶界，由于两个晶粒的取向不同，在晶界上出现晶格的失配；（b）两种不同物质的晶粒互相接触，晶界上没有其他物质，但由于不同物质的晶格不同，在晶界上也出现晶格失配；（c）同种物质或不同种物质的晶粒接触，在界面上存在一层第二相（或第三相）物质，该层物质可能是另一种晶相，但大多数情况下是一种无定形物相（玻璃相），这样不但相邻两个晶粒的晶格失配，每个晶粒与晶界相也互相失配。在本章第 1 节中曾经指出：在常温和高温下声子的平均自由程很小，并同温度成反比，温度越高平均自由程越短，最后接近其下限——大约为不到 1nm～数纳米。因此在常温和高温下声子的平均自由程远小于陶瓷内晶粒的尺寸。如上一节所述，在晶界处由于晶格结构的失配，使得声子在晶界发生散射，从而使材料的导热系数变小。

图 4-24 显示多晶氧化铝的导热系数明显低于单晶氧化铝。图 4-25 则显示晶界层厚度对氮化铝陶瓷导热系数的影响，通过俄歇（Auger）能谱分析测到氮化铝晶粒表面存在一层含有 Ca、Al、N、O 的无定形层，而 AlN 晶粒内部 Ca 含量极低，氧含量也很少，因此对氮化铝试样进行线扫描测定 Ca 含量的变化可以确定晶界层的厚度。从图 4-25 可见陶瓷的导热系数随晶界层厚度增大而减小。实际上当晶界层厚度很大时应该将其看成是材料内的另外一相物质，按照多相陶瓷体系去分析其导热系数与组成的关系。如图 4-23（b）所示的异相清洁晶界，虽然在晶界上确实存在声子散射造成的热阻，从而影响材料的整体导热系数，但是在实践中通常直接用二相体系来分析材料的导热系数同相组成的关系。

对于多相体系的陶瓷材料，每一个组成成员都对材料整体的导热系数有贡献，并且同材料相组成的结构状态有关。如考虑一个二相体系，其组成结构有两种极端情况：并联结构和串联结构，如图 4-26（a）和（b）所示。

对于并联结构，材料的整体导热系数为各组成相导热系数按体积分数的权重相加之和：

$$\lambda = \upsilon_1\lambda_1 + \upsilon_2\lambda_2 \tag{4-58}$$

对于串联结构材料的整体热阻（导热系数之倒数）为各组成相热阻按体积分数的权重相加之和，因此有：

$$\lambda = \left(\frac{\upsilon_1}{\lambda_1} + \frac{\upsilon_2}{\lambda_2} \right)^{-1} = \frac{\lambda_1\lambda_2}{\upsilon_1\lambda_2 + \upsilon_2\lambda_1} \tag{4-59}$$

式中 λ_1、λ_2 和 υ_1、υ_2 分别为第 1 相和第 2 相的导热系数及体积分数，并且有：

$$\upsilon_1 + \upsilon_2 = 1 \tag{4-60}$$

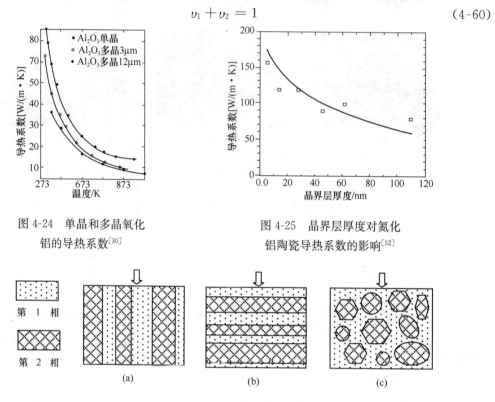

图 4-24 单晶和多晶氧化
铝的导热系数[30]

图 4-25 晶界层厚度对氮化
铝陶瓷导热系数的影响[52]

图 4-26 二相体系中的传热结构示意图（箭头为传热方向）
(a) 并联结构；(b) 串联结构；(c) 连续-散离结构

因为式 4-58 和式 4-59 分别代表两种极端情况的结构所具有的导热系数，因此这两个方程给出的是二元系陶瓷的导热系数的上下限。除了在一些有意设计的复合材料可能具有如图 4-26 中的（a）和（b）那样的结构之外，一般二相陶瓷材料的结构更接近于图 4-26（c）中，其中有一相为连续相，而另一相散离地分布在连续相内。图中第 1 相为连续相，而第 2 相为散离相。根据这样的几何模型有人建立了处于上述二个极限之间的导热系数同组成关系的表达式[44]：

$$\lambda = \lambda_1 \frac{1 + 2\upsilon_1 \dfrac{1 - \lambda_1/\lambda_2}{1 + 2\lambda_1/\lambda_2}}{1 - \upsilon_1 \dfrac{1 - \lambda_1/\lambda_2}{1 + 2\lambda_1/\lambda_2}} \tag{4-61}$$

可发现大部分二元系陶瓷实际测量值同这个方程的一致性并不高。此外还有不少研究者推出一些导热系数同相组成关系的数学表达式，但都只能适用于某些特定体系，而不能求出一种普适数学表达式。其主要原因是陶瓷显微结构的复杂性。影响导热系数的因素不仅是相组成的数量，尚有晶界、微裂纹、晶粒的形状和取向等。通常只能根据对具体材料的实际测量，再拟合出经验方程。对于内部气孔、微裂纹很少，相组成分布均匀、致密的二元系陶瓷，其导热系数应该落在由式 4-58 和式 4-59 定义的曲线之间。图 4-27 所示为四种二元系陶瓷的导热系数同组成的关系。其中图 4-27（a）所示为氧化镁-镁橄榄石（MgO-Mg₂SiO₄）系陶瓷分别在 373K、673K 和 1073K 下导热系数同镁橄榄石体积百分数的关系，图 4-27（b）所示为氧化铍-氧化镁（BeO-MgO）系陶瓷分别在 473K 和 1073K 下导热系数同氧化镁体积百分数的关系，图 4-27（c）所示为氧化镁-镁铝尖晶石（MgO-MgAl₂O₄）系陶瓷分别在 473K 和 873K 下导热系数同镁铝尖晶石体积百分数的关系，图 4-27（d）所示为氧化铝-莫来石（Al₂O₃-3Al₂O₃·2SiO₂）系陶瓷在 573K 下导热系数同莫来石体积百分数的关系。其中在图 4-27（a）和（b）内还给出分别按式 4-58 和式 4-59 计算出的曲线，由图可见二元系陶瓷的导热系数的实测数据都落在上下限曲线之间。图 4-27（c）和（d）上的曲线在第二相含量为 90% 左右时出现极小值，研究者认为其原因同测试样品内在晶粒之间出现为裂纹有关[44]。

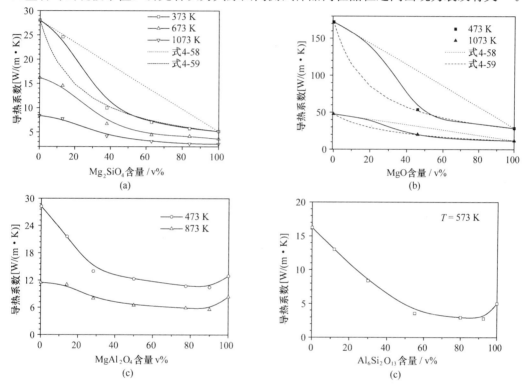

图 4-27　二元系陶瓷的导热系数同组成的关系[44]

（a）MgO-Mg₂SiO₄ 系陶瓷；（b）BeO-MgO 系陶瓷；

（c）MgO-MgAl₂O₄ 系陶瓷；（d）Al₂O₃-3Al₂O₃·2SiO₂ 系陶瓷

从图 4-27 中还可以看出：在二元系中如果某一相含量很少，即处于图中接近 0% 或 100% 的材料，其导热系数接近由式 4-58 或式 4-59 给出的数值。高导热系数组分占优势的材料比较符合式 4-58，而低导热系数组分占优势的材料导热系数值比较同式 4-59 的计算值相符。陶瓷材料内经常含有少量气孔，因空气的导热系数远低于固相的导热系数，如果材料的孔隙率不大，则可用下式来计算材料的导热系数，也可根据已测到的含气孔陶瓷试样的导热系数，用该式来反算孔隙率为零的致密陶瓷的导热系数。

$$\lambda = \lambda_c (1 - p) \tag{4-62}$$

式中　λ_c 为致密陶瓷材料的导热系数，p 为孔隙率（气孔的体积分数）。

对于含有大量气孔的材料，如大部分多孔绝热材料，其导热系数不能简单地用上式计算，需要在第 9 节内详细讨论。

对于二相以上的多相陶瓷，导热系数同组成的关系更加复杂，可将式 4-58 和式 4-59 加以推广，以估算材料的导热系数：

$$\lambda = \sum_{i=1}^{n} \upsilon_i \lambda_i \qquad (4\text{-}63)$$

$$\frac{1}{\lambda} = \sum_{i=1}^{n} \frac{\upsilon_i}{\lambda_i} \qquad (4\text{-}64)$$

式中　λ_i 和 υ_i 分别为第 i 相的导热系数和体积分数，总共有 n 相。

第 8 节　玻璃的导热系数

玻璃物质的导热系数随温度的变化规律同晶体物质有明显的差别。图 4-28 显示 a-石英晶体和玻璃态氧化硅的导热系数曲线。从图中可见当温度在 100K 以下氧化硅玻璃的导热系数明显小于石英晶体。而在高温（远高于 100K）则两者逐渐接近。

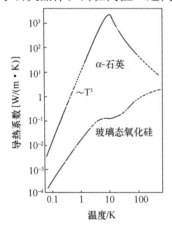

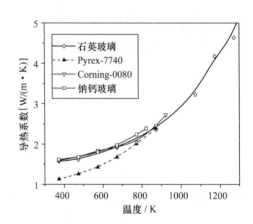

图 4-28　氧化硅晶体和玻璃的导热系数[27]　　　图 4-29　几种玻璃的导热系数[44,53]

玻璃是一种无定形非晶物质，在第 3 章中已经指出这类物质在结构上的特点是近程有序而远程无序，其有序的范围只有几个晶胞的尺寸。虽然非晶态物质不存在平移对称性，因此不能用格波的概念来分析问题，然而非晶态物质中也存在 3N 种本征振动模，每种本征振动膜的能量本征值也是量子化的，而且振动模式密度的总体形式在很大程度上是由近邻原子间的相互作用力的性质决定，因此仍旧可以用声子的来分析传热问题，只是非晶态的声子只具有能量的含义。

在低温（$T \ll T_D$）下高频声子基本上不存在，只存在长波长的声子，它们的波长较大。但是另一方面，可以将玻璃看成是一种在大范围内含有数量极多点缺陷群的物质，长波长声子可以同这样的点缺陷群发生散射，其平均自由程同温度的一次方大致成反比关系。同时从关于玻璃比热容的讨论（第 1 章第 5 节）可知玻璃在低温下的比热容同温度成正比：$c_v \sim T$，于是根据式 4-1 可知在低温下玻璃的导热系数随温度变化很小，图 4-28 的玻璃导热系数曲线在 10K 前后转为平坦即体现了这种关系。当温度进一步降低，参加传热的声子的波长进一步增大，或者说频率稍高的声子数目进一步减少，只剩下低频（即长波长）声子，这些声子的波长因超出玻璃内长程无序的尺度，因此上面所说的缺陷群不再散射声子，因此在极低温度下玻璃的导热系数同温度的关系只受比热容的控制，即同温度成正比。然而，在极低温度下玻璃的比热容并非严格地与温度成正比。从第 3 章内关于对玻璃比热容的讨论可知玻璃比热容的表达式中既含有 T 的 1 次方项也含有 T 的 3 次方项。因此 c_v 正比于 T^n，其中 $1 < n < 3$。于是在极低温度下玻璃的导热系数同温度的关系成为 $\lambda \sim T^n$，其中 $1 < n < 3$。实际上图 4-28 中 10K 以下氧化硅玻璃的导热系数同 $T^{1.8}$ 成正比。在 >10K 的较高温度下声子的自由程变得同原子间距差不多，并且不再减小，此时导热系数仍受玻璃比热容的控制，随温度上升而增大。当 $T \gg T_D$ 后比热容逐渐趋向定值，于是氧化硅玻璃的导热系数也趋向恒定并接近石英晶体的导热系数。如温度继续升高，声子传热的贡献已经恒定，但光子传热作用开始变大，由式 4-22 可知光子对导热系数的贡献同温度的 3 次方成正比，因此在高温下玻璃的导热系数随温度升高而增大。

表 4-4　玻璃和晶体中声子的平均自由程及导热系数比较

物　　质	导热系数/ [W/ (m·k)]	自由程/nm	数据来源
钠钙玻璃（Corning-0080）	1.38～1.59	0.43	22
Pyrex-7740	1.09	0.33	22
石英玻璃	1.55	0.52	22
α-石英	14.0	9.70	6

总的说来，由于非晶物质的近程有序而远程无序结构，造成物质内部大量缺陷和空缺，质点之间联系不够紧密，因此声子的平均自由程很短。表 4-4 列出了几种玻璃和 α-石英的导热系数及声子平均自由程，可见玻璃中声子的平均自由程同晶体相比低了十多倍。此外，由于非晶物质内部的空缺结构以及质点联系不紧密，还导致其弹性模量比较小，从而声子在其中的传播速度较低，所有这些因素使得非晶物质的导热系数明显低于晶体物质的导热系数，这从表 4-4 中也可见一斑。另外，在低温度下非晶物质并不像晶体那样出现导热系数的极大值（图 4-28）。这是因为在晶体在低温下长波长声子的平均自由程很大，超过了晶体的尺寸，而不再影响导热系数的变化，从而有极大值出现。由于非晶物质在低温下平均自由程仍旧很小，而缺陷群的尺寸较大，即使在低温下两者仍旧可以发生散射，因此不出现极大值，仅出现如图 4-28 所示的拐点。

玻璃的成分千差万别，仅硅酸盐玻璃的成分至少也有数千种，但他们的导热系数差别并不太大。图 4-29 显示石英玻璃（仅 1 种组分）、Pyrex-7740（有 4 种组分）、Corning-0080（有 5 种组分）、普通钠钙玻璃（主要组分有 6 种）的导热系数同温度的关系，从图可见这些 λ-T 关系曲线彼此都很接近。上述各种玻璃的成分列于表 4-5 内。由于硅酸盐玻璃结构内的硅氧四面体无规则排列，部分铝离子可以取代硅氧四面体内的硅，或自己同氧离子构成铝氧八面体，这些八面体也是无规则排列，于是四面体和八面体围成许多不规则的空间，玻璃中的其他金属离子都处在这些空间内，位于这种环境中的离子对远程无规律的四面体和八面体结构产生的影响有限，虽然不同离子的大小、电价等都不相同，但在这种空间难以对整个玻璃内质点的振动产生特殊的影响，表现在导热特性方面便显得差别不大。

表 4-5　几种玻璃的化学成分（质量%）[44]

玻璃	SiO$_2$	Al$_2$O$_3$	B$_2$O$_3$	CaO	MgO	Na$_2$O	K$_2$O
石英玻璃	100						
Pyrex-7740	81.0	2.0	12.5			4.5	
Corning-0080	74.0	1.0		5.0	3.5	16.5	
钠钙玻璃	69.05	3.05		7.37	2.80	16.38	0.48

第 9 节　多孔材料的导热系数

材料内部的气孔（包括裂纹和任何充有气体的间隙）可以看成是构成材料的一个组成相，当其所占的体积分数不太大时可以用式 4-61 来计算材料的总导热系数。如果材料的孔隙率很大，则用上述公式得到的导热系数会带来很大的偏差。对于高孔隙率材料的导热系数需要进行更为详细的分析。

首先来讨论粉料堆积体的导热系数。一般球状颗粒堆积体的孔隙率在 20% ~ 40% 之间，可以将粉料堆积体的结构理想化成如图 4-30（a）所示的形式。图中灰色圆圈表示固相物质，其间的白色部分表示孔隙。在单向传热情况下，除了垂直穿过各圆球接触点的热流是纯粹的固相传热之外，其他部分的热流都是部分通过固相传热，部分通过气相传热。

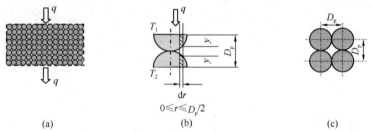

(a)　　　　　　　　　　(b)　　　　　　　　　　(c)

图 4-30　理想化结构

(a) 粉料堆积体模型；(b) 双球传热模型；(c) 球形颗粒围成的孔隙

如图 4-30（b）所示的两个互相接触的半球体的单向传热情况。通过积分，建立以球的大圆为端面、高度等于球的直径的圆柱体内的热流方程式[54]：

$$Q_s = \frac{\pi D_p \lambda_g \Delta T}{2(1 - \lambda_g/\lambda_s)} \left[\frac{1}{1 - \lambda_g/\lambda_s} \ln \frac{\lambda_s}{\lambda_g} \right] \tag{4-65}$$

由于上式计算得到的是在以球的大圆为端面、高度等于球的直径的圆柱体内的热流量，这样还需要计算剩下这些圆柱体围成的孔隙内全部由气体传导的热流量。从图 4-30（c）可见这样的孔隙是端面为弧线四边形构成的柱体，高度仍旧为 D_p，端面的面积为 $D_p^2 - \frac{1}{4} \pi D_p^2$。设两端面间的温差为 ΔT，如果不考虑热辐射，在这个柱体内进行的是气体传热，则通过这个孔隙的热流量为：

$$Q_g = \frac{\lambda_g \Delta T}{D_p} \left(D_p^2 - \frac{1}{4} \pi D_p^2 \right) \tag{4-66}$$

若堆积体的孔隙率为 p，传热面积为 A，厚度为 b，则其中固相颗粒的总数应为 $N = 6$

$(1-p) Ab/\pi D_{\mathrm{p}}^{3}$。在厚度方向上固相颗粒排列的层数为 b/D_{p}，每一层内固相颗粒数为 $6(1-p)A/\pi D_{\mathrm{p}}^{2}$，整个面积 A 上的气孔数为 $pA/(D_{\mathrm{p}}^{2}-\frac{1}{4}\pi D_{\mathrm{p}}^{2})$。

假定固相和气相的导热系数均不随温度而变化，冷热面之间的温差用 $T_{1}-T_{2}$ 表示，则上两式中的温差应为：$\Delta T = (T_{1}-T_{2}) \cdot D_{\mathrm{p}}/b$，因此通过整个厚度为 b 的材料的总的热流密度可以用上两式相加来表示，经整理后可写成：

$$q = \frac{3(1-p)\lambda_{\mathrm{g}}(T_{1}-T_{2})}{(1-\lambda_{\mathrm{g}}/\lambda_{\mathrm{s}})b}\left[\frac{1}{1-\lambda_{\mathrm{g}}/\lambda_{\mathrm{s}}}\ln\frac{\lambda_{\mathrm{s}}}{\lambda_{\mathrm{g}}}\right]+\frac{p\lambda_{\mathrm{g}}(T_{1}-T_{2})}{b} \tag{4-67}$$

比照一维平板稳态传热方程：$q = \lambda\Delta T/b$，从式 4-67 可得到球形颗粒堆积体的表观导热系数：

$$\lambda = \frac{3(1-p)\lambda_{\mathrm{g}}}{(1-\lambda_{\mathrm{g}}/\lambda_{\mathrm{s}})}\left[\frac{1}{1-\lambda_{\mathrm{g}}/\lambda_{\mathrm{s}}}\ln\frac{\lambda_{\mathrm{s}}}{\lambda_{\mathrm{g}}}\right]+p\lambda_{\mathrm{g}} \tag{4-68}$$

从式 4-68 可见粉料堆积体的表观导热系数同气孔率呈线性关系，然而当 $p=0$，即全部是固相，无气孔存在，应该 $\lambda=\lambda_{\mathrm{s}}$，但利用式 4-68 得不到这样的结果，原因是一开始计算球形固相颗粒传热时已经包含了一部分气相在内。

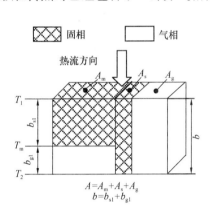

图 4-31　多孔材料的导热模型图

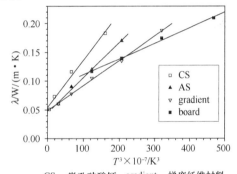

CS - 微孔硅酸钙；gradient - 梯度纤维材料；
AS - 硅酸铝纤维纸；board - 氧化铝纤维板

图 4-32　几种陶瓷纤维制品的导热系数同温度 3 次方成线性关系

大部分多孔材料的孔隙率在 50% 以上，材料中固相与气孔既彼此互相接触，又分别形成连续网络，因此其传热模式可用图 4-31 所示的结构。图中显示在多孔材料内热流沿三条路径由上向下传导：直接从贯穿材料整个厚度的孔隙内传导，这部分的传导路程长度为 b，传导面积为 A_{g}；直接从贯穿材料整个厚度的固相内传导，传导路程长度为 b，传导面积为 A_{s}；从固相和孔隙相间部分传导，经过固相的总长度为 b_{s1}，经过孔隙的总长度为 b_{g1}，两者的传导面积都为 A_{m}。

这种结构的材料的导热系数由三部分组成：

1）固相和孔隙相互叠垒构成串联结构（图 4-31 中的最左边部分）这部分占整个多孔材料的体积分数为 α，其值等于该部分的导热截面 A_{m} 同材料整个导热截面 A 之比，其中孔隙所占的体积分数为 $d = b_{\mathrm{g1}}/b$，这部分的导热系数可根据串联模型式（4-59）求得：

$$\lambda_{\alpha} = \frac{1}{\dfrac{1-d}{\lambda_{\mathrm{s}}}+\dfrac{d}{\lambda_{\mathrm{g}}+\lambda_{\mathrm{r}}}} \tag{4-69}$$

其中 λ_s，λ_g 和 λ_r 分别为固相、气相以及通过气相辐射传热所对应的名义上的导热系数。

②通过固相导热对导热系数的贡献（图 4-31 中的中间部分），如果不考虑固相颗粒或纤维之间的接触热阻，则这部分贡献就等于固相的导热系数 $\lambda_\beta = \lambda_s$，这里先假定接触热阻可以忽略不计，关于接触热阻问题留在后面讨论，这部分占整个多孔材料的体积分数为 β，$\beta = A_s/A$

③通过气相的直接导热，这部分占整个多孔材料的体积分数为 γ，$\gamma A_g/A$，这部分导热有两种机制，即气体的热传导，其导热系数为 λ_g；辐射传热，其表观导热系数为 λ_r。于是多孔材料的总体导热系数可表达为：

$$\lambda = \lambda_\alpha + \lambda_\beta + \lambda_\gamma = \frac{\alpha}{\dfrac{(1-d)}{\lambda_s} + \dfrac{d}{\lambda_g + \lambda_r}} + \beta\lambda_s + \gamma(\lambda_g + \lambda_r) \tag{4-70}$$

式中　γ 显然同材料的孔隙率 p 相关，令：

$$\gamma = xp \tag{4-71}$$

其中 x 为比例系数，而整个材料的气孔率可表达为：

$$p = \frac{A_m b_{g1} + A_g b}{Ab} = \frac{A_m}{A}d + \frac{A_g}{A} \tag{4-72}$$

因为 $A_m/A = \alpha$，$A_g/A = \gamma = xp$，从而可得到：

$$p = \alpha d + xp \tag{4-73}$$

$$\alpha = \frac{(1-x)p}{d} \tag{4-74}$$

将上列各式代入式 4-70，得到：

$$\lambda = \frac{(1-x)p}{\dfrac{d(1-d)}{\lambda_s} + \dfrac{d^2}{\lambda_g + \lambda_r}} + \left(1 - \left(\frac{1-x}{d} + x\right)p\right)\lambda_s + xp(\lambda_g + \lambda_r) \tag{4-75}$$

上式中 d 和 x 实际上是表征多孔材料结构的两个参数，但是通常很难估计这两个参数的准确值，也没有实际可行的测定方法。参数 d 和 x 不仅与总孔隙率有关，而且同材料的显微结构有紧密关系，因此材料的导热系数与总体孔隙率之间并非呈线性关系。鉴于高孔隙率多孔材料结构的复杂性，仅用 p 和 d 这两个参数很难准确表征传热过程中的结构因素。国内外有些学者试图利用分形（fractal）概念来处理材料的孔隙同导热系数的关系。然而从一些研究成果来看目前似乎还没有取得根本性的突破。相关的研究论文可见参考文献 55、56、57。

λ_r 可由式 4-26 给出：

$$\lambda_r = \frac{8}{3}\sigma\varepsilon d_p T_m^3 \tag{4-76}$$

其中 σ 为斯蒂芬-波尔兹曼常量，ε 为气孔壁面的辐射率，d_p 为气孔的直径，T_m 为孔壁的平均温度。

如果考虑到颗粒之间的接触热阻，则式 4-75 中的 λ_s 应根据串联结构模型（式 4-46）加入接触热阻项：

$$\lambda_s = \frac{1}{\dfrac{1}{\lambda_s^\circ} + f\dfrac{E^{\frac{1}{3}}}{\lambda_s^\circ P^{\frac{1}{3}}}} = \frac{\lambda_s^\circ P^{\frac{1}{3}}}{P^{\frac{1}{3}} + fE^{\frac{1}{3}}} \tag{4-77}$$

式中　λ_s° 为固相的本征导热系数，E 为弹性模量，P 为接触点上的压力，f 为表示接触面粗糙程度的函数。对于经过烧结的多孔陶瓷材料，颗粒之间虽然存在晶界，但是结合得非常紧密，它们之间的接触热阻实际上是声子被晶界散射引起的，由此造成的对固相导热系数的影响可以包含在固相的本征导热系数 λ_s° 中。对于像陶瓷纤维毡、粉料堆积体之类多孔材料，其固相颗粒（或纤维）间的接触压力不大，一般在 $10 \sim 10^5\,\mathrm{Pa}$ 之间，而固相的弹性模量通常都大于 $10^{11}\,\mathrm{Pa}$，由式 4-77 可知 λ_s 大致为 $\lambda_s^\circ/100$。同时对于多孔材料 p 和 d 都接近于 1，于是式 4-75 中的固相导热可以忽略不计，此式可简化成：

$$\lambda = \frac{(1-x)p}{\mathrm{d}^2}(\lambda_g + \lambda_r) + xp(\lambda_g + \lambda_r) \tag{4-78}$$

由于 λ_r 同 T^3 成正比而 λ_g 同 $T^{\frac{3}{2}}$ 成正比，随着温度的升高 λ_r 对 λ 的影响显然大于 λ_g 对 λ 的影响，因此 λ 大致同 T^3 成正比。图 4-32 所示为市售的硅酸铝纤维纸（AS）和氧化铝纤维板（board），以及作者所在的研究组自制的微孔硅酸钙材料（CS）和纤维梯度隔热材料（gradient）在不同温度下的导热系数数据，从图 4-32 可见这些纤维材料的导热系数同 T^3 的大致呈线性关系。

式 4-75 表示多孔材料的导热系数由固相导热、气相导热和气固混合结构的导热三部分组成，气相导热中还包括辐射传热的贡献。另外，虽然在本章第 5 节中曾指出对于孔径小于毫米级的封闭气孔，其中对流传热可以忽略不计，但是孔隙率达到 80％ 以上的材料，其中的孔隙是同外界相通的开放式孔隙，如果孔径足够大，则空气可以在材料里流动。对于这种具有大量开放气孔的多孔材料，对流传热也会对导热系数有贡献。图 4-33 所示为一种纤维隔热材料在 338.6 K 和 810.8 K 下导热系数同材料密度的关系[35]，图内还给出固相（颗粒彼此串联相接）、气相对流和辐射各自对导热系数的贡献。从图可见多孔材料的导热系数主要取决于辐射传热和空气的热传导。相比而言，对流传热和固相串联颗粒的传热虽然对导热也有贡献，但是很小。在高温（810.8K）下通过开放式孔隙的对流传热可以忽略，然而在低温（338.6 K）两者的贡献虽然不大但不能忽略。在密度非常低的材料中对流传热甚至高于固相串联颗粒的传热。对流传热和辐射传热都随材料密度增大而减小，对流作用对于温度的变化不敏感，但辐射传热随温度增高而急剧增大，成为材料整体导热系数的主要贡献者。

从隔热节能的观点，为降低材料的导热系数主要应该设法减少辐射传热和空气的热传导作用。从图 4-33 可见对于高孔隙率的材料来讲，空气的导热作用非常明显，特别是在温度不太高的场合，空气的导热占有主导地位，如图 4-33（a）所示。材料的孔隙率 p 同其密度 ρ 相联系：$\rho = (1-p)\rho_s$，（其中 ρ_s 为固相的理论密度）。从图 4-33（b）中还可见：在较高温下当材料的孔隙率不是非常高，空气的传热作用大于通过材料的辐射传热。因此降低多孔材料中空气的传热作用对降低材料的导热系数有着非常大的作用。在第 5 节中曾指出小气孔内气体的导热系数同孔径 d_p 和气体分子的平均自由程 l_g 有关（式 4-31）：

$$\lambda_p = \lambda_g \frac{d_p}{d_p + l_g} \tag{4-79}$$

式中　λ_p 和 λ_g 分别表示小孔隙内和自由空间内气体的导热系数。从上式可知当孔隙直径在数十纳米范围时，由于其大小同空气中的氮、氧分子的平均自由程（约 60 nm）相近，气孔内的气体的导热系数可降至很小。在这种场合通过气孔的传热主要靠热辐射作用。根据式 4-76，孔隙直径减小还导致孔隙内通过辐射的传热作用减少，但是由于辐射传热同温度的 3

次方成正比，在高温下高孔隙材料的辐射传热作用非常大。为了减少辐射传热，最简单的措施是增大材料的密度，如图 4-33 所示，材料的导热系数随密度增大而降低。但是这种措施只有在一定的密度范围内有效，过高的密度（即较低的孔隙率）将增大固相导热，使得材料整体导热系数变大。因此材料密度对总体导热系数的影响是在非常低的密度范围导热系数随密度增高而降低，进一步增高密度则导致导热系数逐渐增大，如图 4-34 所示。

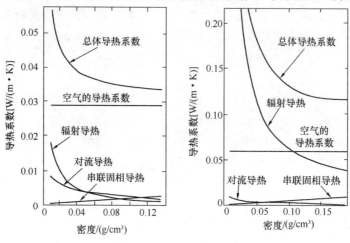

图 4-33　纤维材料的导热系数同其密度的关系（a-338.6K，b-810.8 K[35]

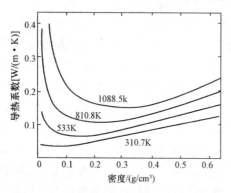

图 4-34　多孔材料的导热系数随其密度
而变化，测定温度标在图内[35]

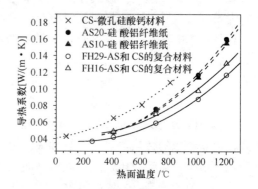

图 4-35　各种多孔材料及其
复合体的导热系数[58]

　　在多孔材料的大气孔内填入其他具有微孔结构的小球体，从而使材料的孔隙尺寸变小，也能降低辐射传热，从而降低材料整体的导热系数。图 4-35 列出了微孔硅酸钙（CS）、硅酸铝纤维纸（AS）以及用此两者制成的复合纸（FH）的导热系数[58]，由图可见两种 FH 的导热系数小于 AS 和 CS 的导热系数。这三者的孔隙半径分布如图 4-36 所示[58]。该图表明小孔径的 CS 加到大孔径的硅酸铝纸（AS10）内，复合纸中大孔径气孔的数量减少，而小孔径气孔数量增多。这种孔隙分布可减少热辐射对导热的贡献，使复合纸的高温导热系数变小。

　　如果降低多孔材料孔隙内气体的压力，即使多孔材料保持在某种真空状态，由于孔隙内气体分子数量的大大减少，从而增大气体分子的平均自由程，由第 5 节可知导热系数会明显下降。图 4-37 显示气压对多孔材料导热系数的影响[35]。图中的计算值就是根据式 4-79 求出的。从该图可看出通过变化气压来控制导热系数是有一定范围的，在环境大气压以上和压力小于 10 Pa，改变气压并不能进一步增大或减小材料的导热系数。

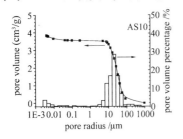 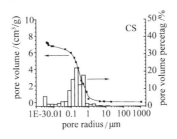 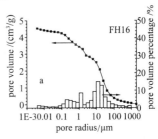

图 4-36　硅酸铝纸（AS10）、微孔硅酸钙（CS）、复合纸（FH16）中孔隙半径分布[58]

对于孔隙率高达 90％以上的材料，其中孔隙已成为一个连续相，不能用如式 4-76 那种根据以连续固相为基质的封闭气孔内的辐射传热的导热系数公式去分析辐射传热对材料导热系数的贡献。实际上像气凝胶之类材料。其中体积含量在 5％以下的多孔体固相虽然也是一种连续相，但在考虑辐射传热时应将其看成散布在连续气相内的微细颗粒网。因此热辐射通过时这些颗粒会引起散射和吸收，于是辐射对导热系数的贡献可用式 4-24 表示。为了降低辐射传热作用，需要增大材料对辐射的散射和吸收。氧化硅气凝胶对 $8\mu m$ 的红外辐射的吸收和散射的较小，而微米级氧化钛超细颗粒对该波段的红外辐射有较高的散射作用，因此在氧化硅气凝胶内添加氧化钛超细粉，可以降低气凝胶的导热系数。图 4-38 显示含有 10％ $3.5\ \mu m TiO_2$ 颗粒的氧化硅气凝胶的导热系数小于不含 TiO_2 颗粒的纯氧化硅气凝胶的导热系数。从图上还能发现，氧化钛含量过高，则反而增大导热系数。其原因是氧化钛颗粒远大于凝胶内纳米级的氧化硅颗粒，添加量过大会造成凝胶内纳米孔隙数量降低，微米孔隙数量增加，从而失去限制纳米孔隙内气体导热的机制。除添加氧化钛超微粉之外，锆英石超微粉和炭黑粉具有较高的吸收红外辐射作用，也可添加入到气凝胶内。炭黑高温容易被氧化，而锆英石耐高温性极高。

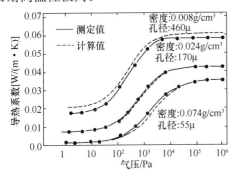 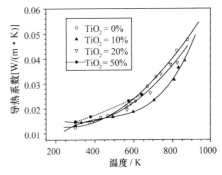

图 4-37　气压对多孔材料导
热系数的影响[35]

图 4-38　氧化硅气凝胶内 TiO_2
含量对导热系数的影响[59]

第 10 节　导热系数的测试方法

测定导热系数的方法通常分为稳态法和非稳态法两大类，另外根据热传导方程，如果已知材料的导温系数（热扩散系数）、密度和比热容，也可以根据它们之间的关系来求出导热系数。

稳态法测定导热系数的基本内容就是等到试样内各处温度恒定不再随时间而变化时，测定试样的温度分布和热流密度，然后通过稳态热传导方程求导热系数。非稳态法测定导热系数，则是在测量过程中试样内部温度随时间变化，需要测量试样内若干点的温度随时间变化的规律，一般不必测量热流密度。然后根据不稳定热传导微分方程，求得导温系数，间接算得导热系数。这两种方法各有优缺点，稳态法的优点是数据处理比较简单，缺点是由于需要恒温，导致测量时间很长；非稳态法则相反，测量时间较短，然而数据处理复杂，由于直接测到的是导温系数，必须事先已知材料的密度和比热容，才能求出导热系数。本节主要介绍稳态法和非稳态法中的热线法，其他通过测定导温系数再来求导热系数的方法在第 5 章内介绍。

表 4-6　标准样品的导热系数[23]

α-氧化铝陶瓷，纯度：99.5%，相对密度：98%		Amcor 工业纯铁，纯度：99.998%，电阻率：0.0327$\mu\Omega$cm，经过退火			
温度/K	导热系数/[W/(cm·K)]	温度/K	导热系数/[W/(cm·K)]	温度/K	导热系数/[W/cm·K]
0	0	0	0	150	1.04
100	1.33	1	0.75①	200	0.94
150	0.77	2	1.49	250	0.865
200	0.55	3	2.24	273.2	0.835
250	0.434	4	2.97	300	0.803
273.2	0.397	5	3.71	350	0.744
300	0.360	6	4.42	400	0.694
350	0.307	7	5.13	500	0.613
400	0.246	8	5.80	600	0.547
500	0.202	9	6.45	700	0.487
600	0.158	10	7.05	800	0.433
700	0.126	11	7.62	900	0.380
800	0.104	12	8.13	1000	0.326
900	0.089	13	8.58	1059	0.296
1000	0.0785	14	8.97	1100	0.297
1100	0.0710	15	9.30	1183②	0.299
1200	0.0655	16	9.56	1183②	0.279
1300	0.0613	18	9.88	1200	0.282
1400	0.0583	20	9.97	1300	0.299
1500	0.0566	30	8.14	1400	0.309
1600	0.0556	40	5.55	1500	0.318
1700	0.0554	50	3.72	1600	0.327①
1800	0.0559	60	2.65	1673③	0.334①
1900	0.0574	70	2.04	1700	0.336①
2000	0.0600	80	1.68	1800	0.354①
2100	0.0644①	90	1.46	1810④	0.346①
		100	1.32		

注：①外推值或估算值；② 体心-面心相变；③面心-体心相变；④熔点。

任何测量导热系数的设备都需要用已知导热系数的标准样品来校准。常用的标准样品有两个，即多晶 α-氧化铝陶瓷和 Amcor 工业纯铁。前者用做导热系数较小的材料的标准样品，而后者则为导热系数较大的材料的标准样品。它们的导热系数与温度的对应关系列于表 4-6 中。

平板法是测定材料导热系数的最常用的方法，属于稳态法的一种。此法基于一维稳态导热方程，在一个方形或圆形的薄板试样内沿厚度方向建立一个均匀的热流密度。通过测定通过试样一定面积 A 上的热流量 Q 以及沿厚度方向上一定距离 b 上的温度差 ΔT，然后利用一维态导热方程计算材料的导热系数：

$$\lambda = \frac{bQ}{A\Delta T} \tag{4-80}$$

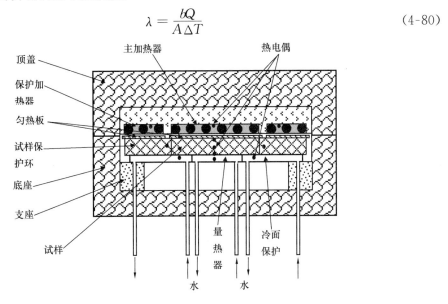

图 4-39　平板法导热仪结构示意图

平板法所用的试样通常为直径或边长为 150～300 mm 的圆形或正方形薄板，厚度为 5～20mm。图 4-39 是平板导热仪结构示意图。试样的上表面通过匀热板同主加热器接触，接受热量，下表面中央为铜制水冷圆板，内有测定水温的热电偶，通过测定一定时间内的水流量及前后温度变化，可测量穿过试样中心部位的热流量，由于铜圆板的面积固定并可准确测量，根据该面积和热流量即可算出热流密度。在试样上下面和内部埋有热电偶，测定试样的温差。该装置中其他热电偶都是用来控制温度的。保护加热器、冷面保护以及用和试样同样的材料制成的试样保护环都是为了防止热流从试样的侧面流失，约束热流垂直通过试样，并在其中央部位形成均匀的一维热流。为了便于放置测温热电偶，也可用较薄的两个或三个试样叠加起来安放。

另有一种用两个试样将加热器夹在中间，形成一种对称形式。其优点是加热器放出的热量全部通过试样，因此可以不用水流量热器测定热流量，而是通过测定加热器的电流、电压来计算热流量，既方便又准确。而且由于热损失小，可以提高测定温度。

平板导热仪通常用于测定导热系数不高的材料和低导热系数材料，精心制造的平板导热仪所测定的导热系数可最低至 0.005W/（m·K）左右。平板导热仪也可用来测定粉料、不成形的纤维材料（棉状）。在这些场合，需要利用试样盒，盒壁可用低导热系数材料制作，盒底和顶需用高导热材料，如耐高温金属或碳化硅材料制造。将松散材料装在盒内测量。

除了测量仪表（包括为求试样厚度和面积所用的工具）造成的误差之外，平板法测定导热系数的误差来自实际导热没有完全满足一维稳态导热方程要求的边界条件引起的垂直热流损失误差 $\varepsilon\varepsilon_v$ 和侧向热流损失误差 $\varepsilon\varepsilon_l$。这两个误差可分别用下面两式表示[23]：

$$\varepsilon\varepsilon_1 = \left| \frac{4\pi b\lambda' \Delta T'}{I \cdot V} \right| \tag{4-81}$$

$$\varepsilon\varepsilon_v = \left| \frac{A\lambda'' \Delta T''}{b'' I \cdot V} \right| \tag{4-82}$$

式中　b 为试样厚度，b'' 为主加热器下表面到中央量热器上表面的距离，λ' 为试样的径向导热系数，λ'' 为试样及上下接触面共同的轴向导热系数，$\Delta T'$ 为在试样冷面上中心同边缘的最大径向温差，$\Delta T''$ 为主加热器下表面到中央量热器上表面之间的最大温差。A 为中央量热器的面积，I 和 V 分别为供给主加热器的电流和电压，两者乘积即主加热器的功率。从上面两式可见，为减少测量误差，主加热器的功率要大，试样厚度和中央量热器的面积尽量减小，冷热面之间的温差尽量减小。

如果把试样的直径变得很小，而其厚度变得很大，则试样成为一个圆柱体。如此平板法就变成圆柱体法，这种方式常被用于测定高导热系数的材料或测定低温下材料的导热系数。由于试样成为细长的圆柱形，在高温下如果材料本身的导热系数较大，则其侧面散热相对而言就不大，在低温真空环境中不论材料本身的导热系数大小，其侧面的散热很小。在这两种情况下只需在棒状试样周围放置隔热屏，即能够在测量时基本消除侧面散热的影响。

稳态法中另一类是测定径向热流量和径向温差来求导热系数，这就是径向法。径向法所用的试样可以是圆柱形，也可以是圆球形，甚至椭球形。

图 4-40 所示为圆柱径向法导热仪示意图。试样为中空的圆柱体，为保证试样内生成足够长的稳态径向热流，试样的长径比应大于 4，通常会达到 8。用串联在加热电路中的电流表测量流过电加热器的电流 A，同时测量在稳定区内电热丝上相距一定长度的两点之间的电位差 V 来计算径向热流量，用热电偶测量试样内外表面的温度，计算温差，由此通过一维径向传热方程来计算材料的导热系数：

$$\lambda = \frac{I \cdot V \cdot \ln \frac{r_2}{r_1}}{2\pi L (T_1 - T_2)} \tag{4-83}$$

式中　r_1、r_2、T_1、T_2 分别为试样内外半径和内外表面处的温度，L 为测量电位差 V 处的间距。

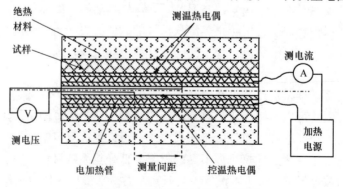

图 4-40　圆柱径向法导热仪示意图

径向法的试样也可以制成空心球形，加热器置于空心内。球形试样的优点是加热的能量可以毫无损失地沿着球径传到球的外表面，但是麻烦之处在于要做到球内加热均匀，使热量均匀地沿径向外传，加热器的设计和制造并不容易。此外加工空心圆球形试样也不太容易。圆球形径向法导热系数的计算公式如下：

$$\lambda = \frac{Q(d_1^{-1} - d_2^{-1})}{2\pi(T_1 - T_2)} \tag{4-84}$$

式中　d_1、d_2、T_1、T_2 分别为球的内外径和内外表面处的温度，Q 为单位时间通过球壁的热量。

非稳态法中最常用的方法是热线法，像平板法一样，目前有许多基于该方法的商品仪器出售，测量的范围大致为 $0.015 \sim 30\mathrm{W/(m \cdot K)}$。测试温度范围可从低于室温至 $1500\,℃$ 甚至更高－取决于加热炉和热线的耐高温性能。测试时将样品加热到所需的温度，待样品内温度均匀稳定后，给热线通电，使之发热，开始测量。这一方法能够测量体积较大的样品，能对不均匀的陶瓷材料与耐火材料进行测试。图 4-41 所示为热线法测量导热系数的示意图。

图 4-41 表示一根直径为 r_0 的直线形电热丝放置于两块尺寸相同的对合在一起的待测试样的中央，试样的直径和长度（或者长、宽、高）需足够大，使得对直径为 r_0 的电热丝而言，试样可看成是一个无穷大空间。在试样的中央靠近热线的地方设置测温热电偶，其测温端同热线的距离 r_a 是一很小的数值。

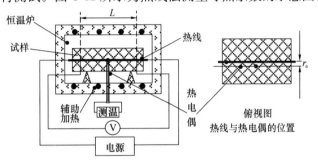

图 4-41　热线法测量导热系数的示意图

这样当给热线接上一个恒电流电源时，因热线发热，热量从热线表面传向试样，其导热形式符合在 $r_a \leqslant r < \infty$ 空间的一维径向热传导方程：

$$\frac{\partial(T - T_0)}{\partial t} = \frac{\lambda}{c_p \rho}\left(\frac{\partial^2(T - T_0)}{\partial r^2} + \frac{1}{r}\frac{\partial(T - T_0)}{\partial r}\right),(r_0 \leqslant r < \infty) \tag{4-85}$$

式中　T_0 为热线通电前试样内的恒定温度，λ、c_p、ρ 分别为试样的导热系数、比热容和密度。初始条件和边界条件如下：

$$T(t = 0) = T_0 \tag{4-86}$$

$$2\pi \cdot r_0 \lambda \frac{\partial(T - T_0)}{\partial r} = -q \tag{4-87}$$

式中　q 为单位长度热线的发热功率：

$$q = V \cdot I/L \tag{4-88}$$

其中 V 和 I 分别为通过热线的电压和电流，L 为测量电压的两个探针间距离。

方程 4-85 的解是一个包含零价和一价第一类贝塞尔（Bessel）函数 $J_0(u)$、$J_1(u)$ 以及零价和一价第二类贝塞尔函数 $Y_0(u)$、$Y_1(u)$ 的复杂函数，其中积分变量 u 为：

$$u = \frac{r^2}{4at} \tag{4-89}$$

式中　a 为试样的导温系数（热扩散率）。由于热线直径仅为数十微米，测温区域紧靠热线，因此 r 是一个小的数值，当时间足够长时 u 变得很小，于是方程 4-85 的解可以近似为：

$$T - T_0 = \frac{q}{4\pi\lambda} \left(\ln \frac{4at}{r^2} - C \right) \tag{4-90}$$

式中　$C = 0.5772 \cdots\cdots$ 为欧拉（Euler）常数。给热线接通电源后，选取两个时间 t_1 和 t_2，分别测定温度 T_1 和 T_2。将这两组数据分别代入式 4-90 中，再两式相减，可得到：

$$T_1 - T_2 = \frac{q}{4\pi\lambda} \ln \frac{t_1}{t_2} \tag{4-91}$$

由此即可求出导热系数 λ。在实际测量过程中，由于介质的热损失、热线的热容等因素的影响，在刚通电不久以及长时间通电后，即时间 t 值很小或很大的情况下，测量值明显偏离式 4-90 所示的 T 与 $\mathrm{Ln}t$ 之间的线性关系。因此确定可测时间范围对于测量的正确性很重要。此外试样与热线之间良好的接触以及保持恒定的环境温度对测量的正确性也非常重要。

如果把测温热电偶直接焊在热线的表面，即令 $r_a = 0$，这种形式称为交叉式热线法。这是一种应用比较普遍的方式，优点是结构比较简单，不足之处是测量热线温度时，热电偶导线会将热线上的一部分热量从结点带走而影响测量结果。

如果 $r_a \neq 0$，而且 r_a 不是很小，以致不可以作如式 4-90 那样的近似，但 r_a 其值也不十分大（即热电偶的位置离热线并不很远），则试样内热电偶处的温度同时间的关系可表达为[61]：

$$T - T_0 = \frac{q}{4\pi\lambda} \int_0^t t^{-1} \exp\left(-\frac{r_a^2}{4at} \right) \mathrm{d}t \tag{4-92}$$

导热系数需要利用上式对时间积分去求出。这种测温热电偶同热线有一段距离的测定方法称为热线并联法或平行线法，采用这种方式的优点在于测量过程中干扰比较少，可测的时间范围的下限值大大变小。但采用这种方式需要预先通过试验确定可测时间范围，对于具有不同导热系数的材料，有不同的范围，因此不如交叉热线法方便。

如果已知热线的电阻率同温度的关系，则热线的温度可以通过测定其电阻率来算出，这样就不用安装热电偶。如用纯铂丝作为热线，纯铂的电阻率同温度的关系可以在许多参考文献中查到[62]：

$$R_T = R_0 (1 + a_1 T + a_2 T^2) \tag{4-93}$$

式中　R_T 为摄氏温度 T 下的铂丝的电阻，R_0 为同一铂丝在 $0°\mathrm{C}$ 下的电阻，式中 $a_1 = 3.984714 \times 10^{-3}$，$a_2 = -5.874559 \times 10^{-7}$。通过在不同时间精确测定流过热线上的电流和电压（图 4-41）利用电阻与温度的关系式就可算出热线的温度，从而可以根据式 4-91 求出导热系数。这种方法称为热线电阻法。

待测样品的导热系数大小是选择正确方法的重要参考因素。交叉线法适用于导热系数低于 $2\mathrm{W/（m \cdot K）}$ 的样品，热阻法与平行线法适用于导热系数更高的材料，测量范围分别可为 $15\mathrm{W/（m \cdot K）}$ 和 $20\mathrm{W/（m \cdot K）}$。

我国关于无机非金属材料的导热系数测量已建立了许多国家标准和行业标准：

GB/T 3399—1982　塑料导热系数试验方法　护热平板法

GB/T 3139—2005　纤维增强塑料导热系数试验方法（玻璃钢导热系数试验方法）

GB/T 10294—2008　绝热材料稳态热阻及有关特性的测定　防护热板法

GB/T 10295—2008　绝热材料稳态热阻及有关特性的测定　热流计法

GB/T 10297—1998　非金属固体材料导热系数的测定　热线法

GB/T 17911—2006　　耐火材料陶瓷纤维制品试验方法

GB/T 5598—1985　　氧化铍瓷导热系数测定方法

GB/T 3651—2008　　金属高温导热系数测量方法

GB/T 5990—2006　　耐火材料　导热系数试验方法（热线法）

YB/T 4130—2005　　耐火材料　导热系数试验方法（水流量平板法）

第5章 导温系数及其测试方法

第1节 导温系数的定义及其物理意义

导温系数出自富利埃（Fourier）导热微分方程（式2-14），该式定义导温系数 a 为：

$$a = \frac{\lambda}{c_p \rho} \qquad (5-1)$$

式中 λ、c_p、ρ 分别为材料的导热系数、定压比热容和密度。a 的量纲为 m^2/s，这同一般物质的扩散率的量纲相同，并且无热源的富利埃导热微分方程（式2-15）类似于扩散方程，因此 a 又常被称为热扩散率。它控制着在非稳态传热过程中物质内的热量传播。就像稳态传热过程中导热系数 λ 表示热量传递的快慢（热流密度），导温系数 a 表示在非稳态传热过程中物质内部温度传播的快慢。还可以这样来理解导温系数：a 值大，表示物质内部任意一处扩散的热量相对地大于该处物质温度变化所需要吸收（或放出）的热量，因此除了提供该处物质温度变化所需的热量之外，还有相当一部分热量可继续传导（或丧失），使物体内温度变化迅速推移。

虽然通常将 a 当做一个仅与材料有关的常数，但实际上因为 λ、c_p、ρ 都随温度而变化，因此 a 也是温度的函数。图 5-1 所示为密度达 3.26 g/cm³（99％理论密度）的含 4W％ Y_2O_3 的氮化铝陶瓷的导温系数同温度的关系[63]，图 5-2 所示为 3 种不同晶须含量的碳化硅晶须增强氧化铝陶瓷复合材料的导温系数同温度的关系[64]，从图可见陶瓷材料的导温系数随温度升高而下降。德拜温度以上陶瓷材料的导热系数同温度成反比，而随温度升高密度因热膨胀仅略有变小，同时比热容基本上不随温度而变化，从这些关系上也可预见 a-T 之间的关系。

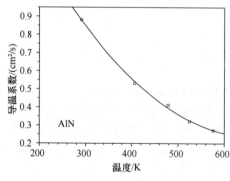

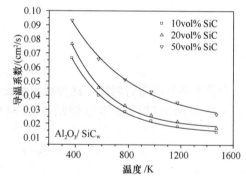

图 5-1　致密 AlN 陶瓷的导温系数[63]　　　图 5-2　Al_2O_3-SiC（晶须）复合材料的导温系数[64]

和致密材料不同，多孔材料的导温系数随温度升高而增大。多孔材料内存在固相和气孔二相，因此其导温系数应该称为表观导温系数。图 5-3 和 5-4 分别是不同密度的硅酸铝纤维毯和氧化镁粉体的压实体的表观导温系数同温度的关系，从图可见，这些 a-T 的曲线斜率都为正值，并且密度越高导温系数越小。其原因是这些材料内含有大量气孔，很大一部分热量经过气孔的辐射作用传递并加热固相。温度越高辐射传热作用越大，因此其表观导温系数也越大。密度大，则孔隙率低，辐射传热作用就减小，因此其表观导温系数也小。

不仅材料内部的气孔对导温系数有影响，材料内的微裂纹可以降低热传导，因此可使导温系数减小。图 5-5 是单向排列碳化硅纤维增强反应烧结氮化硅复合材料的导温系数随温度而变化的图线，试样有两种：碳化硅纤维表面无涂层和碳化硅纤维表面有一层 $3\mu m$ 厚的碳涂层，图 5-5（a）所示的数据为测试时热流方向与纤维平行，图 5-5（b）所示图为热流方向垂直于纤维排列方向。碳化硅纤维表面无涂层的复合材料中 SiC 纤维同 Si_3N_4 基体结合得很密切，它们之间没有裂缝，因此无论在真空环境中测试还是在氮气或氦气中测试，其导温系数都落在同一条曲线上。由于碳化硅的导热系数大于氮化硅，因此热流平行于纤维轴向的测试数据比热流垂直于纤维轴向的测试数据大。碳化硅纤维表面有碳涂层的复合材料，由于碳同氮化硅的膨胀系数差别较大，而且二者的化学亲和性也比较低，因此在碳与氮化硅之间存在裂缝，从而使得有涂层的复合材料的导温系数小于无涂层的材料。裂缝的存在还可以从图 5-5（b）所示中所显示的有涂层材料在充气（氮气或氦气）下测试的数据高于真空下测试的数据得到证实：气体进入裂缝内，附加了气体的热传导，从而使材料的整体导热系数略有增大，因此导温系数也随之变大。

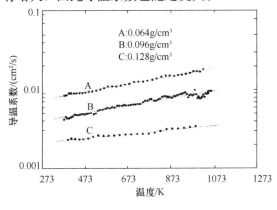

图 5-3　不同密度的硅酸铝纤维毯的
的导温系数[65]

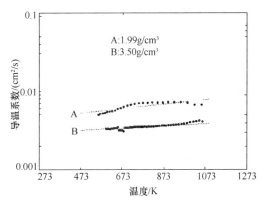

图 5-4　不同密度的 MgO 粉体压实体
的导温系数[65]

通过在升温和降温过程中连续测定一些单相陶瓷的导温系数，可得到导温系数同温度的关系为横 8 字形的滞后回线，这种现象也证明微裂纹对材料导温系数的影响。图 5-6 中测定导温系数所用的试样是热压烧结 $MgTi_2O_5$ 陶瓷以及经热压烧结后 $MgTi_2O_5$ 陶瓷再在 1200℃下保温不同时间处理，以获得不同的晶粒尺寸的材料。图 5-6（a）显示在加热过程中测定的导温系数与在随后的冷却过程中（773K 以上）测定的导温系数相重合，说明晶粒直径约为 $1\ \mu m$ 的原始热压试样中并不存在微裂纹。继续冷却所测到的导温系数小于加热时所测之值，说明当冷到 773K 以下，开始出现微裂纹，并且随着温度的降低，微裂纹有所发展，使得所测到的导温系数越来越低于加热时所测之值。图 5-6（b）和（c）是将热压 $MgTi_2O_5$ 陶瓷重新在 1200℃下加热并保温一段时间，使得其中晶粒长大。图 5-6（b）所示为晶粒 $4.5\mu m$ 的陶瓷，图 5-6（c）所示为晶粒 $25\mu m$ 的陶瓷。经过这样一番热处理，这两种试样在测定前其内部已经存有微裂纹了，因此图 5-6（b）和（c）显示在第 1 次加热过程中所测到的导温系数明显小于图 5-6（a）中无微裂纹试样的导温系数。在第 1 次加热过程中所

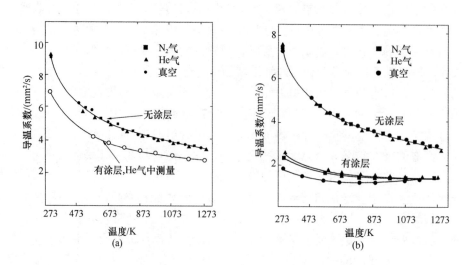

图 5-5　在不同气氛中测定的单向排列 SiC 纤维增强氮化硅复合材料的导温系数。[66]

（a）热流方向平行于纤维轴向；（b）热流方向垂直于纤维轴向

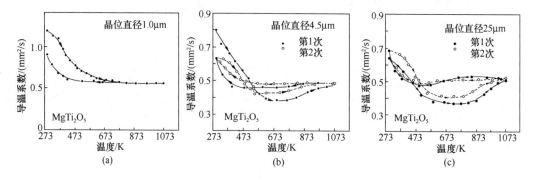

图 5-6　在升、降温过程中连续测定具有不同晶粒尺寸的 $MgTi_2O_5$ 陶
瓷的导温系数回线，试样的晶粒大小示于图内，图线上的箭
头表示升降温方向（b）和（c）显示 2 次升降温的测试[67]

测到的导温系数，在大致 700-800K 之间导温系数随温度上升变化很小，在更高温度下导温
系数随温度升高而增大。说明这两种试样内的微裂纹在 800K 以上开始愈合，因微裂纹的尺
寸变小和数量减少而使导温系数增大。在接下来的冷却过程中，从高温到 473K 前后，导温
系数随温度下降而变化很小，但高于加热过程中所测之值，说明其时试样内部微裂纹的愈合
过程大于微裂纹因受热而发展的过程。进一步的降低温度，因有更多的微裂纹产生和发展，
于是所测定的导温系数明显低于加热时的测定值。整个加热-冷却过程的 a-T 曲线成为横 8
字形的滞回线形态。第 2 次加热-冷却所得到的滞回线同第 1 次的并不重合，说明在加热和
冷却过程中微裂纹的产生、发展和愈合这些过程并不平衡，因此试样内的微裂纹数量和形态
受热处理历史的控制[67]。

　　同导热系数类似，相组成对材料的导温系数也有很大影响。对于 Al_2O_3 和直径 0.5μm、
长 30μm 的 SiC 晶须组成的热压复相陶瓷，由于碳化硅的导热系数远大于氧化铝，因此如图
5-2 所示：随着陶瓷内碳化硅晶须含量的增高，材料的导温系数增大[64]。在 AlN 加入
Y_2O_3，当氧化钇含量不太高时 [w（Y_2O_3）<10%]，Y_2O_3 可同 AlN 内作为杂质存在的氧

化铝反应生成各种铝酸钇，分布在氮化铝之间的晶界上[68]，如氧化钇含量超过，则有剩余的 Y_2O_3 晶粒分布在晶界上[68]，如果氧化钇含量更多，则氧化钇与氮化铝成混晶分布。由于氮化铝晶体的导热系数远大于氧化钇和铝酸钇，因此两者的混合体组成的复相陶瓷的导温系数随氧化钇含量的增加而减小，如图 5-7 所示。

由第 4 章可知玻璃的导热系数是比较低的，一旦在玻璃内大量析晶，由于大量晶体的存在，能够增大导热系数，从而也增大导温系数。图 5-8 显示不同温度下原始的云母玻璃（析晶度为零）和经过不同温度热处理，使玻璃析晶成为微晶云母玻璃的导温系数。未经处理的原始玻璃的密度为 2.486g/cm³，分别在 1073K、1120K、1173K 和 1223K 下保温 4h 后，因析出大量微小的云母晶体，使玻璃的密度增大，分别为 2.505、2.522、2.543 和 2.542 g/cm³。密度的增大说明玻璃内微晶数量的增大，其导热系数随之也增大，从而使导温系数增大。另一方面，密度增大也能使导温系数减小，但从图 5-8 的数据可见这种作用远不及因析晶而导热系数变大的作用，因此整体上，随着微晶玻璃内晶体数量的增大，其导温系数也增大。

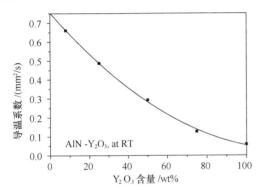

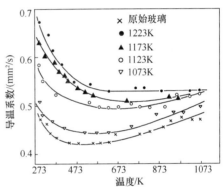

图 5-7　AlN-Y_2O_3 体系中导温系数
随 Y_2O_3 含量增加而降低[69]

图 5-8　经过不同温度处理后的微晶云母
玻璃的导温系数[70]

在第 4 章第 7 节中曾经讨论过连续固溶体的导热系数低于其两个终端组成的导热系数（图 4-19）。连续固溶体的导温系数也有这样的趋势。例如 $Sm_2Zr_2O_7$ 和 $Gd_2Zr_2O_7$ 可成为连续固溶体：$(Gd_xSm_{1-x})_2Zr_2O_7$，其导温系数同溶入其中 $Gd_2Zr_2O_7$ 的数量的关系曲线也呈 U 型，如图 5-9 所示。

在不稳定传热过程中，材料内的温度变化主要受导温系数的控制。对于许多短时间受热或受冷的设备或装置的隔热保温，准确设计材料的导温系数非常重要。作者曾经制作过两种厚度为 12 mm，由多种陶瓷纤维和耐高温陶瓷粉料层组成的复合隔热材料，要求材料的一个面经受 1800℃，而其相对的一面的温度尽可能长时间地保持在 400℃以下。这两种材料所用的陶瓷纤维材质和数量相同，唯一不同是试样 1 内陶瓷粉料层是 ZrO_2 粉，而试样 2 内是 Al_2O_3 粉。由于 ZrO_2 的导热系数比 Al_2O_3 小，而密度比 Al_2O_3 大，因此试样 1 的导温系数小于试样 2，这导致从开始加热到冷面达到 400℃，试样 1 所需的时间明显长于试样 2（图 5-10）。

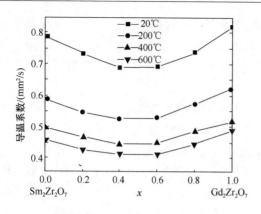

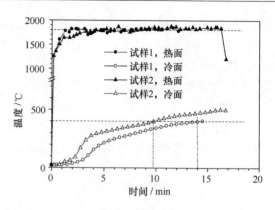

图 5-9　$(Gd_xSm_{1-x})_2Zr_2O_7$ 固溶体的导温
系数同 $Gd_2Zr_2O_7$ 固溶量的关系[71]

图 5-10　梯度复合材料经受氧炔焰快速
加热时冷、热面的升温曲线

第 2 节　导温系数的测量方法

测定材料导温系数的方法基础是傅立叶导热微分方程（式 2-14），常用于测定陶瓷材料导温系数的方法大致有：瞬时热源法、周期热源法和常功率平面热源法等，在下面分别给予介绍。

1. 瞬时热源法

瞬时热源法，根据所用的热源不同又可称为闪光法、激光脉冲法、电子束法等等。目前

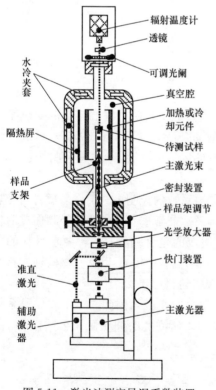

图 5-11　激光法测定导温系数装置

最常用的是激光脉冲法，它同闪光法的差别就是闪光法中用氙灯做加热源，而激光法中以激光束为加热源。电子束法需要有加速电子流的装置，设备比较复杂，因此不常被应用，但该法可同电子显微镜结合，对微小样品进行测定。

图 5-11 所示为激光法测定导温系数装置的示意图，在密封的真空腔内圆片状待测试样［大致尺寸为 $\phi10\times$（1～3）mm］放在管状样品支加的上端，支架安装在一个可以对准中心的机械装置上，样品的周围是管状的加热或冷却元件，其外是辐射隔热屏。利加热或冷却元件使试样保持在所要求的温度下进行测试。采用在真空状态下测试是为了尽量减少由空气导热和对流引起的径向热损失，真空腔的金属壁内有水冷夹套（在室温以上通水，低温下测试通冷却液）。处在测试装置下部的主激光器产生 15～25J 能量的脉冲激光，为了减少测量误差，用快门装置控制激光脉冲时间小于 $1\mu s$。激光束的直径应该大于试样的直径，通常试样直径为 10 mm，激光束直径大致为 12～13 mm。在主激光器的旁边还有一

个辅助激光器，用来帮助主激光束同测试装置的光轴重合。激光束照在试样的表面上（图 5-11 中为向下的面），用辐射温度计测定试样背面的温升，再计算其导温系数。为了使试样尽量均匀并尽可能多的吸收激光的能量，通常在试样的表面加涂一层均匀的薄涂层。该涂层在激光的波长有高的吸收率，同时有低的热辐射率，涂层须有高的导热系数，以便将涂层的热阻影响减到最小，并使能量在试样的整个面上均匀地沿厚度方向传播，此外要求涂层同试样有较好的结合，以防止涂层同试样分离脱落。最常用的涂层是金属钨，利用热解碳化钨的办法使钨蒸气沉积在试样表面。钨能过很好地满足上述对涂层的要求：在 723K 和 923K 温度下钨对钕玻璃激光器发出的 1.06μm 波长红外光的吸收率分别为 0.7 和 0.9，在 1373K 和 2273K 温度下钨的半球热发射率分别为 0.25 和 0.3[23]。此外，樟脑黑或胶体石墨也可用做涂层。对于测定高孔隙率材料的导温系数，为了防止穿透试样厚度的辐射传热，可先在试样的两个表面镀上金膜，再用两片薄金属片将试样地夹住。如用热电偶测定冷面的温度，则将热电偶被焊在接触冷面的金属片的背面[72]。

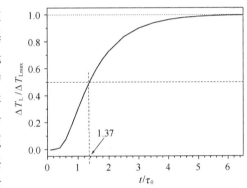

图 5-12　函数 $\Delta T_L/\Delta T_{Lmax} = f\,(t/\tau_0)$

在激光测定导温系数的过程中圆片试样处在真空环境中，其狭窄的周边（圆柱面）同外界基本上没有热交换，因此没有径向传热；同时激光又是均匀地照射整个试样表面，因此可以将这种过程作为一维均匀传热过程。在激光照射之前样品与环境的温度同为 T_0，激光开始照射之时为时间的起点，由于照射时间极短，因此试样受照射后仅在表面（$x=0$）附近很浅的厚度为 δ 的层内（$\delta/L \ll 1$）吸收了激光照射的热量 Q（其量纲为 J/m^2）；除了激光照射的短时间之外，试样的上下表面同周围没有热交换；于是传热方程、初始条件和边界条件可表达成如下形式：

$$a\,\frac{\partial^2 T}{\partial x^2} = \frac{\partial T}{\partial t}, \quad (0 < x < L,\ t > 0) \tag{5-2}$$

$$T\,(x,0) = T_0 + \frac{Q}{c\rho\delta}, (0 \leqslant x \leqslant \delta) \tag{5-3}$$

$$T\,(x,0) = T_0, (\delta < x \leqslant L) \tag{5-4}$$

$$\frac{\partial T}{\partial x} = 0, (x = 0 \text{ 和 } x = L) \tag{5-5}$$

式中　a、c、ρ、L 分别为材料的导温系数，质量比热容，密度和试样的厚度。

导热方程 5-2，可以用分离变量的方法求解[73]，得到如下的结果：

$$T\,(x,t) = T_0 + \frac{Q}{c\rho L}\left[1 + 2\sum_{m=1}^{\infty} \exp\left(-\frac{m^2\pi^2}{L^2}at\right)\frac{\sin\frac{m\pi\delta}{L}}{\frac{m\pi\delta}{L}}\cos\frac{m\pi}{L}x\right] \tag{5-6}$$

由于 $\delta/L \ll 1$，于是 $\sin\,(m\pi\delta/L) \approx m\pi\delta/L$，因此试样背面（$x=L$）的温度可表达为：

$$T\,(L,t) = T_0 + \frac{Q}{c\rho L}\left[1 + 2\sum_{m=1}^{\infty}(-1)^m\exp\left(-\frac{m^2\pi^2}{L^2}at\right)\right] \tag{5-7}$$

试样背面（$x=L$）的温度可表达为：

$$\Delta T_L\left(t\right)=T\left(L,t\right)-T_0=\frac{Q}{c\rho L}\left[1+2\sum_{m=1}^{\infty}\left(-1\right)^m\exp\left(-\frac{m^2\pi^2}{L^2}at\right)\right] \tag{5-8}$$

当时间足够长时 $t\rightarrow\infty$，该处温度达到最大值为：

$$T_{Lmax}=Q/(c\rho L) \tag{5-9}$$

于是可得到如下关系：

$$\frac{\Delta T_L}{\Delta T_{Lmax}}=1+2\sum_{m=1}^{\infty}\left(-1\right)^m\exp\left(-m^2\frac{\pi^2a}{L^2}t\right) \tag{5-10}$$

令

$$\tau_0=\frac{L^2}{\pi^2a} \tag{5-11}$$

则将测试过程中得到的 ΔT_L、ΔT_{Lmax} 和 t 数据即可拟合出如式 5-10 那样的方程，式中的求和至少需要选前 6 项（即 $m=6$），以保证足够的准确度，于是得到如下的方程：

$$\frac{\Delta T_L}{\Delta T_{Lmax}}=1+2\left[-e^{-\frac{t}{\tau_0}}+e^{-\frac{4t}{\tau_0}}-e^{-\frac{9t}{\tau_0}}+e^{-\frac{16t}{\tau_0}}-e^{-\frac{25t}{\tau_0}}+e^{-\frac{36t}{r_0}}\right] \tag{5-12}$$

根据拟合得到的 τ_0，即可通过式 5-12 来求 a 值。

另外，如果将 $\Delta T_L/\Delta T_{Lmax}$ 对 t/τ_0 作图，则可得到如图 5-12 那样的曲线，从图上可求出 $\Delta T_L/\Delta T_{Lmax}=1/2$ 处的 $t/\tau_0=1.36975$。因此，可以根据所测 ΔT_L、ΔT_{Lmax} 和 t 数据，作 $\Delta T_L/\Delta T_{Lmax}$ 对 t 的曲线，从图上求出 $\Delta T_L/\Delta T_{Lmax}=1/2$ 处的时间 $t_{1/2}$，再用下式求 τ_0：

$$\tau_0=t_{1/2}/1.36975 \tag{5-13}$$

得到 τ_0 后，根据式 5-11 求出 a 值。

激光法测定材料的导温系数有许多优点：试样尺寸小，测试速度快，适用范围广，从高导热的金属材料到底导热的隔热材料都可以测定。测定的温度范围也很宽，可以从液氮温度到 2700℃。

2. 周期热源法

周期热流法的原理是将经过调制而呈周期性变化的热量传给试样，使得试样内各处的温度也都产生同样周期的变化。通过测量试样内某两点温度的幅值和相位来确定导温系数。

根据交变热源加热方向的不同，可分为纵向热流法和径向热流法，如图 5-13 所示。图 5-13（a）所示为纵向热流法，试样是一根细长的圆杆，其一端接受一个作正弦变化的交变热源的加热。热源可以用可调制的卤素灯或激光，也可把半导体的 p-n 结紧贴在试样的端面，当交变电流通过半导体时，因为珀尔帖效应（Peltier），在 p-n 结上产生周期性的加热和冷却作用。

图 5-13　周期热源法测定导温系数示意图
（a）纵向热流法；（b）薄膜试样

对圆杆状试样的圆周面做绝热处理，只要杆的长度足够长，就可以将测试看成是半无穷长一维传热问题，传热方程的边界条件和初始条件是：

$$\mathscr{T}(0,t) = \mathscr{T}_{\max}\sin\omega t \tag{5-14}$$

$$\mathscr{T}(x,0) = 0 \tag{5-15}$$

式中 　$\mathscr{T}$ 为过余温度，即 $\mathscr{T} = T - T_0$，其中 T_0 为测试前试样和环境的温度。$\mathscr{T}_{\max}$ 为试样端面（$x = 0$）交变温度的幅值，ω 为交变温度的圆频率。由此可解出在半无穷长杆内的温度分布：

$$\mathscr{T}(\mathrm{x},\mathrm{t}) = \mathscr{T}_{\max}\exp\left(-x\sqrt{\frac{\omega}{2a}}\right)\cos\left(\omega \cdot t - x\sqrt{\frac{\omega}{2a}}\right) \tag{5-16}$$

温度在试样内沿着杆长方向传播的速度 v 可以根据温度的峰值到达杆上 x_1 位置的时间 t_1 和到达 x_2 位置的时间 t_2 以及这两点之间的距离 L 来算出：

$$v = L / (t_2 - t_1) \tag{5-17}$$

从式 5-16 可知 $\mathscr{T}(x, t)$ 的达到峰值时须满足：

$$\cos\left(\omega \cdot t - x\sqrt{\frac{\omega}{2a}}\right) = \pm 1 ,$$

即 　　　　　$$\omega \cdot t - x\sqrt{\frac{\omega}{2a}} = m\pi, \quad m = 0, 1, 2, \cdots\cdots \tag{5-18}$$

将式 5-18 等号两边对时间 t 求导，于是得到温度峰值传播速度同导温系数的关系式：

$$v = \frac{\mathrm{d}x}{\mathrm{d}t} = \sqrt{2a\omega} \tag{5-19}$$

根据式 5-17 和 5-19 可得到求导温系数的公式：

$$a = \frac{L^2}{2\omega (t_2 - t_1)^2} \tag{5-20}$$

导温系数也可以通过测定试样内温度峰值的衰减来求出。测定 x_1 位置上的温度峰值 $\mathscr{T}_1$ 和 x_2 位置上的温度峰值 $\mathscr{T}_2$，令两者之比为 $B = \mathscr{T}_1 / \mathscr{T}_2$，由于当温度达到峰值时，式 5-16 等号右边的余弦项为 ± 1，因此从式 5-16 可导出：

$$B = \exp\left(\sqrt{\frac{\omega}{2a}}(x_2 - x_1)\right) = \exp\left(L\sqrt{\frac{\omega}{2a}}\right) \tag{5-21}$$

由此得到：

$$a = \frac{L^2\omega}{2(\ln B)^2} \tag{5-22}$$

把式 5-21 同式 5-19 相结合，可得到：

$$a = \frac{Lv}{2\ln B} = \frac{L^2}{2(t_2 - t_1)\ln B} \tag{5-23}$$

用此式求 a 的优点是不用知道交变热源温度变化的圆频率，这就为测量带来很大的方便。此外，如果交变热源的波形不是正弦波而是其他形状，如方波或三角形波，则需要将所测到的温度随时间变化的数据先经过富利埃变换处理，将高次谐波同基波分开，测量基波的振幅和相位差（时间差）来计算。由于在细长杆内温度传播的高次谐波比起基波衰减得快，只要温度测量点不十分靠近加热处，那么测得的温度变化是十分接近于正弦波形的，这为数据处理带来方便。

如果考虑到长杆试样沿其周边有热损失，并假定每一处的热损失与该处的温差 T 成正比，则测定试样上相距为 L 的两处的交变温度的幅值比 B 和它们的相位差 ϕ 就可确定导温系数[74]：

$$a = \frac{\omega L^2}{2\phi \ln B} \tag{5-24}$$

此式是测定薄片状试样或薄膜试样的导温系数的基本公式，式中 L 即为试样的厚度。试样的一面经受交变热源的加热，用两个测温传感器分别测定试样二面的温度随时间变化的数据，如图 5-13（b）所示，进而求出温度振幅的衰减比 B 和相位差是 ϕ，即可用上式求出导温系数。

3. 常功率平面热源法

图 5-14 为平面热源法测导温系数示意图，三块厚度分别为 b、L 和 $L+b$ 的方块试样重叠在一起，在试样 1 和 2 之间夹有一张同样面积的电热金属箔作为平面热源。这些试样的长度和宽度远大于其厚度为 b 的 8-10 倍，于是可将试样看作无穷大平板，平面热源正好位于延着厚度方向的 x 轴的 $x = 0$ 的平面上。两个位于同一轴线上的测温热电偶的端头分别位于 $x = 0$ 和 $x = b$ 的位置上（即试样 1 与 3 的界面和试样 1 与 2 的界面上）。如以恒定的功率 W 对电热金属箔通电加热，则流向 x 轴正方向的热流密度为：

$$q = \frac{W}{2A} \tag{5-25}$$

式中　A 为金属箔一个表面的面积。由于试样的长、宽远大于其厚度，在其中央部位热流是均匀且平行于 x 轴，传热在试样 1+2 内同试样 3 内是对称的，因此可将试样 1+2 内的传热看成是在半无穷大固体内的非稳态一维传热问题，其边界条件和初始条件分别为：

$$T(\infty, t) = T_0 \tag{5-26}$$

$$\lambda \frac{\partial T}{\partial x} = -q \tag{5-27}$$

$$T(x, 0) = T_0 \tag{5-28}$$

此问题的解为：

$$T(x, t) - T_0 = \frac{2q}{\lambda} \sqrt{at} \cdot \text{ierfc}\left(\frac{x}{2\sqrt{at}}\right) \tag{5-29}$$

式中　λ 为材料的导热系数，$\text{ierfc}(\xi)$ 为变量 ξ 的高斯误差补函数的一次积分：

$$\text{ierfc}(\xi) = \int_\xi^\infty \text{erfc}(\xi)\,\mathrm{d}\xi \tag{5-30}$$

$$\xi = \frac{x}{2\sqrt{at}} \tag{5-31}$$

函数 $\text{iercf}(0) = \pi^{-\frac{1}{2}}$，因此

$$T(0, t) - T_0 = \frac{2q}{\lambda}\sqrt{\frac{at}{\pi}} \tag{5-32}$$

若分别测定 t_0 时刻 $x=0$ 处和 t_l 时刻 $x = x_1$ 处的温升，则由式 5-29 和式 5-32 可得：

$$\frac{T(x_1, t_1) - T_0}{T(0, t_0) - T_0} = \sqrt{\frac{\pi \cdot t_1}{t_0}} \cdot \text{iercf}\left(\frac{x_1}{2\sqrt{at_1}}\right) \tag{5-33}$$

$$\text{iercf}\left(\frac{x_1}{2\sqrt{at_1}}\right) = \frac{T(x_1, t_1) - T_0}{T(0, t_0) - T_0}\sqrt{\frac{t_0}{\pi \cdot t_1}} \tag{5-34}$$

式 5-34 等号右边各量度可以从测量中得到，于是可以根据函数 ierfc（ξ）之值来反推求 ξ，再按照式 5-31 求出导温系数 a。函数 ierfc（ξ）同 ξ 的关系如图 5-15 所示，从图上可以粗略地求出函数 ξ。许多有关热传导的书籍中都附有函数 ierfc（ξ）同 ξ 关系的数表（可参看文献资料 2、23），利用这些数表可比较精确地确定 ξ 值，从而比较精确地求出导温系数 a。

得到 a 值后，如能够测定 q 值，就可以利用式 5-32 求出导热系数 λ：

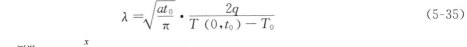

$$\lambda = \sqrt{\frac{at_0}{\pi}} \cdot \frac{2q}{T(0,t_0) - T_0} \tag{5-35}$$

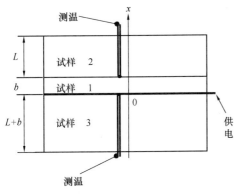

图 5-14 平面热源法测导温系数示意图

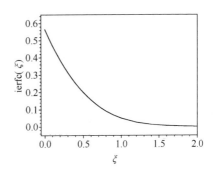

图 5-15 高斯误差补函数一次积分

77

第6章 热辐射及相关性质的测量方法

第1节 辐射传热的基本概念

处于绝对温度零度以上的物质，其内部的各种质点都在不停地运动，称之为热运动。带电的质点如电子、离子等的热运动能产生交变电磁场向外发射电磁波。能引起正、负电荷中心分离的晶格振动，或具有偶极子的晶格振动，同样也产生交变电磁场，也向外发射电磁波。这种由物质内部质点的热运动而发射的电磁波便称为热辐射。热辐射的波长在 $0.3 \sim 1000\mu m$ 之间，大致覆盖了从近紫外光到远红外光波段。任何物体在发射电磁波的同时也吸收外界射到该物体上的电磁波，如果体系处于热平衡状态，其内部每个个体的温度相同，每个个体向外发射的电磁波的能量同其吸收体系内其他物体照射到该个体上的电磁波能量相等，即处于热辐射平衡状态。对于不透明的固体和液体，热辐射和吸收仅发生在物质的表面，而对于半透明物体，辐射和吸收发生在物体的整个体积内。

研究热辐射，主要是研究从物体表面发出的辐射能和在表面接收到的来自其他物体的辐射能的能力、特征以及彼此之间的数量关系。量度这些能力主要有以下几种物理量：①辐射通量，又称辐射功率，即单位时间内整个物体对外发射的辐射能，用符号表示 ϕ，其量纲为 W。②辐射力，又称辐射通量密度或辐射出射度，表示单位表面上向外界发出的辐射能量的功率，本书中用字母 E 表示，其量纲为 W/m^2。③投射辐射，又称辐照度，即投入到所研究的物体表面上的外界辐射的功率密度，本书中用 G 表示，其量纲为 W/m^2。G 与 E 的区别在于前者是从外界到达物体表面的辐射能的功率密度，而后者是从物体表面向外发射的辐射能的功率密度。④辐射亮度，表示从辐射源发出的辐射能功率在空间分布的特征。即单位时间内辐射源在与发射方向垂直的单位面积、单位立体角内所发射的能量，用符号 L 表示，其量纲为 $W/m^2 sr$。⑤辐射强度，如果辐射是从点源发出，则无所谓单位面积，只能是单位时间内辐射源在发射方向上单位立体角内所发射的能量，称为辐射强度，用符号 I 表示，其量纲为 W/sr。辐射强度与辐射亮度都是指在空间传播的某一方向上、在单位立体角内的辐射功率，二者的不同之处在于前者的辐射源是点源，而后者是面源。判断点源和面源的关键并不在于源的面积大小，而在于辐射源同接受辐射处所张的角度，一般而言，若在离辐射源本身最大尺寸的 10 倍以上的距离处接受辐射，即所张的角度小于 $5.72°$ 情况下（图6-1），就可以将辐射源作为点源处理。在实际应用中辐射强度的概念远比辐射亮度应用的频繁而广泛。

上述各个物理量都与辐射的方向和辐射的波长密切相关，因此在实际应用时经常需要加入方向和波长方面的特性。如果规定了方向，则在上述各种物理量的前面冠以"定向"二字，如规定的方向是半球空间的所有四面八方，则冠以"半球"二字。如规定辐射的功率仅来自波长为 λ 附近的 dλ 范围内，则在前面冠以"光谱"或"单色"二字，如辐射功率来自从 λ＝0 到 λ＝∞ 的所有波长，则冠以"全波长"三字。如果既是"半球"又是"全波长"，则冠以"总"，或者不加任何字修饰，直接用上述称谓。于是上述 5 种物理量按照方向和波长可以派生出以下许多物理量：

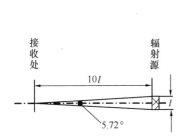

图 6-1　成为点辐射源的几何关系　　图 6-2　半球空间中的几何关系

光谱辐射力，又称单色辐射力。一个物体在单位时间内从单位表面积上向半球空间辐射出波长为 λ 附近的 $d\lambda$ 范围内的辐射能量 Φ_λ 称为该波长光的 E_λ，其量纲为 W/m^3，数学表达式为：

$$E_\lambda = \frac{d^2\Phi_\lambda}{dA \cdot d\lambda} \tag{6-1}$$

式中　A 表示发出辐射能的面积。

半球向总辐射力，简称辐射力，如果将上式在所有波长上积分：

$$E = \int_0^\infty E_\lambda(\lambda)d\lambda \tag{6-2}$$

式中　E 为半球向总辐射力，其量纲是 W/m^2。

定向辐射力，即一个物体在单位时间内从单位表面积上向空间指定方位角 θ 所在的单位立体角内辐射出的全波段能量 Φ_θ，其量纲为 $W/(m^2 \cdot s)$，其数学定义可表达为（图 6-2）：

$$E_\theta = \frac{d^2\Phi(\theta)}{dA \cdot d\Omega} \tag{6-3}$$

式中　Ω 为立体角，单位是 sr（球面度），并且有（图 6-2）：

$$d\Omega = dA_n/r^2 = \sin\theta \cdot d\theta \cdot d\varphi \tag{6-4}$$

如果不特别说明，通常在垂直于 Z 轴的平面内物体的各种辐射性能是各向同性的，即这些性能不是 φ 的函数，因此只用 θ 一个参数就可以定义立体角。

定向光谱辐射力，表示一个物体在单位时间内从单位表面积上向空间指定方位角 θ 所在的单位立体角内辐射出的波长从 λ 到 $d\lambda$ 范围的辐射能，用 $E_{\lambda,\theta}$ 表示，其量纲为 $W/(m^3 \cdot s)$。数学定义为：

$$E_{\lambda,\theta} = \frac{d^3\Phi(\lambda,\theta)}{dA \cdot d\Omega \cdot d\lambda} \tag{6-5}$$

光谱定向辐射亮度又称单色定向辐射亮度，用符号 $L_{\theta,\lambda}$ 表示。其定义为单色辐射源在单位时间内在与发射方向垂直的单位面积上发出的并处于单位立体角内的波长为 λ 的辐射的能量，其量纲为 $W/(m^3 \cdot s)$，表达式如下：

$$L_{\lambda,\theta} = \frac{d^3\Phi(\lambda,\theta)}{dA \cdot \cos\theta \cdot d\Omega \cdot d\lambda} \tag{6-6}$$

对于点辐射源，则有光谱定向辐射强度 $I_{\lambda,\theta}$，量纲为 $W/(m \cdot s)$。

定向辐射亮度，其物理意义为单位时间内辐射源在与发射方向垂直的单位面积上发出的、单位立体角内发射的所有波长的辐射的能量，L_θ，的量纲为 W/（$m^2 \cdot s$），表达式为：

$$L_\theta = \int_0^\infty L_{\lambda,\theta} \mathrm{d}\lambda = \frac{\mathrm{d}^2}{\mathrm{d}A\cos\theta\mathrm{d}\Omega} \int_0^\infty \frac{\mathrm{d}\Phi(\lambda,\theta)}{\mathrm{d}\lambda}\mathrm{d}\lambda = \frac{\mathrm{d}^2\Phi(\theta)}{\mathrm{d}A \cdot \mathrm{con}\theta \cdot \mathrm{d}\Omega} \tag{6-7}$$

对于点辐射源，则有定向辐射强度 I_θ，量纲为 W/sr。

联系式 6-2 和式 6-3，可从 L_θ 和 $L_{\lambda,\theta}$ 的定义公式得到：$E_{\lambda,\theta} = L_{\lambda,\theta}\cos\theta$ 和 $E_\theta = L_\theta\cos\theta$。对于漫辐射体，辐射强度不随方向而变化，即 L_θ 和 $L_{\lambda,\theta}$ 为常数 L，于是有：

$$E_{\lambda,\theta} = L_\lambda\cos\theta \text{ 和 } E_\theta = L\cos\theta \tag{6-8}$$

式 6-8 表示漫辐射体的定向辐射力随方位角 θ 而呈余弦变化。这称之为朗伯（Lambert）定律。

总辐射力，根据 E_θ 可定义漫辐射体的总辐射力：

$$E = \int_{2\pi} E_\theta\mathrm{d}\Omega = \int_{\varphi=0}^{2\pi}\int_{\theta=0}^{\frac{\pi}{2}} I\cos\theta\sin\theta\mathrm{d}\theta\mathrm{d}\varphi = \pi L \tag{6-9}$$

此式表明漫辐射体的总辐射力是其辐射亮度（或辐射强度）的 π 倍。

光谱投射辐射力是表面受到来自空间各个方向上的某一波长辐射的能流密度，用 G_λ 表示，量纲为 W/m^3：

$$G_\lambda = \frac{\partial}{\partial A}\int_0^{2\pi}\int_0^{\frac{\pi}{2}} I_{\lambda,\theta}\sin\theta\mathrm{d}\varphi\mathrm{d}\theta \tag{6-10}$$

投射辐射力 G 是表面受到来自空间各个方向上所有波长的辐射的能流密度，又称辐照密度，其量纲为 W/m^2。G 与 G_λ 的关系是：

$$G = \int_0^\infty G_\lambda\mathrm{d}\lambda \tag{6-11}$$

在绪论中已经提到过黑度系数或辐射率 ε，但是没有给予严格的定义。在这里来比较严格地讨论这个概念。首先定义发射比或辐射比，又称发射系数或辐射系数，这些称谓都是指物体表面所发射的辐射能 Q_e 与同温度下黑体所发射的辐射能 Q_b 之比，用符号 ε 表示：

$$\varepsilon = Q_e/Q_b = E_e/E_b \tag{6-12}$$

如果物体表面是洁净而光学平滑的且具有足够的厚度，使得辐射能透不过，这样的辐射比（辐射系数）称为辐射率或发射率。之所以要区别"比"和"率"是因为物体的辐射能量的大小通常与物体表面状态有很大关系，因此如果不严格规定表面状态，笼统地用式 6-12 所得到的 ε 并不是表征物质属性的本征物理量，只有当表面是洁净而光学平滑，并且足够厚而成为不透明物体，以防止外界辐射能穿透该物体加入到 Q_e 中，这样计算出来的 ε 才能够真实地反映物体的本证性质。在英语中对于辐射比（或发射比）用 emittance 表示，而发射率或辐射率用 emissivity 表示。黑度或黑度系数严格讲应该同 emissivity 对等，但在工程应用中往往并不严格区分。

如同上面关于辐照力的讨论中有光谱辐照力、定向辐照力、半球向辐射力等等，辐射比或辐射率也可以作类似的种种定义，因此有：

①光谱定向辐射比（率）：表面在 θ 和 φ 规定的方向上的光谱辐射力 $E_{\lambda,\theta,\varphi}$ 与同温度下的黑体的光谱辐射力 $E_{\lambda,b}$ 之比：

$$E_{\lambda,\theta,\varphi} = E_{\lambda,\theta,\varphi}/E_{\lambda,b} \tag{6-13}$$

式中　用下标 b 表示黑体，由于黑体辐射同方向无关，因此 $E_{\lambda,b}$ 与 θ、φ 无关，仅是波长和温度的函数。对于大多数表面而言，$\varepsilon_{\lambda,\theta\varphi}$ 不随 φ 而变化，决定方向的仅是 θ，因此光谱定向辐射比（率）常用表示 $\varepsilon_{\lambda,\theta}$。

②光谱法向辐射比（率）：当 $\theta = 0$ 的 $\varepsilon_{\lambda,\theta}$，用符号 $\varepsilon_{\lambda,n}$ 表示。这是工程中常用的一个热辐射性质。

③全波长法向辐射比（率）：在 $\theta=0$ 时的全波长法向辐射力 $E_{n,e}$ 与同温度下的黑体的全波长辐射力 E_b 之比：

$$\varepsilon_n = E_{n,e}/E_b \tag{6-14}$$

式中　用下标 e 表示有热辐射的一般物体。根据黑体与灰体辐射的关系，$\varepsilon_{\lambda,n}$ 与 ε_n 之间有如下的关系：

$$\varepsilon_n = \frac{\int_0^\infty \varepsilon_{\lambda,n} E_{\lambda,b} d\lambda}{\int_0^\infty E_{\lambda,b} d\lambda} \tag{6-15}$$

测定 ε_n 比较方便，在工程中常被应用。

④ 全波长定向辐射比（率）：如 $\theta \neq 0$，则根据式 6-13 可得到全波长定向辐射比（率）ε_θ：

$$\varepsilon_\theta = \frac{\int_0^\infty \varepsilon_{\lambda,\theta} E_{\lambda,b} d\lambda}{\int_0^\infty E_{\lambda,b} d\lambda} \tag{6-16}$$

⑤全波长半球辐射比（率）：对所有方向、所有波长取平均的辐射比（率）ε_h，此为物体的半球向总辐射力与黑体在同温度下半球向总辐射力之比：

$$\varepsilon_h = E_e/E_b \tag{6-17}$$

如已知 $\varepsilon_{\lambda,\theta}$，可根据下式求出 ε_h：

$$\varepsilon_h = \frac{\int_{\lambda=0}^\infty \int_{\varphi=0}^\pi \int_{\theta=0}^{\frac{\pi}{2}} \varepsilon_{\lambda,\theta} E_{\lambda,b} \cos\theta \sin\theta \cdot d\theta \cdot d\varphi \cdot d\lambda}{\sigma T^4} \tag{6-18}$$

式中　σ 为斯蒂芬-波尔兹曼常数。ε_h 是热工计算中的一个重要数据。

热辐射的能量 Q_o 投射到一个物体的表面上，其部分能量被表面反射，另一部分能量被物体吸收，剩下的能量则穿透物体，从物体的另外表面逸出。如果分别用 Q_r，Q_a 和 Q_t 表示这三部分能量，而用 Q_o 表示总的入射能量，则有：

$$\rho = Q_r/Q_o \tag{6-19}$$

$$\alpha = Q_a/Q_o \tag{6-20}$$

$$\tau = Q_t/Q_o \tag{6-21}$$

ρ、α、τ 分别称为反射比、吸收比和透射比。同定义辐射比及辐射率相类似，这些比值的大小除与物质本身的成分、结构有关之外，在很大程度上取决于物体的表面状态，如表面的光洁度、清洁度等，因此这些比值不能表征物质的本征属性，所以用"比"来称呼。然而，如果物体表面是洁净而光学平滑的，从而消除了表面状态的干扰，则所得到的这些比值是能够反映物质的本征特性的，只有在这种情况下才可将 ρ、α、τ 分别称为反射率、吸收率和透射率。英语中前者分别称为 reflectance，absorptance 和 transmittance，而对于后者，则分别称为 reflectivity、absorptivity 和 transmissivity。

由于 $Q_o=Q_r+Q_a+Q_t$，因此

$$\rho + \alpha + \tau = 1 \tag{6-22}$$

同辐射比（率）相类似，上述这些系数也可以按照特定的波长或特定的方向来严格定义。对于反射比（率），有以下各种定义：

① 光谱定向半球反射比（率），由下式定义：

$$\rho_{\lambda,\theta_i,h} = \int_0^{2\pi} \int_0^{\pi/2} \frac{I_{\lambda,r}(\lambda,\theta_r,\varphi_r,\theta_i,\varphi_i)}{I_{\lambda,i}(\lambda,\theta_i,\varphi_i)\cos\theta_i \cdot \Delta\Omega} \cos\theta_r \cdot \sin\theta_r \cdot \mathrm{d}\theta_r \mathrm{d}\varphi_r \tag{6-23}$$

式中 $I_{\lambda,i}$ 为波长 λ 辐射的入射强度，它是波长和入射角 θ、φ 的函数，$I_{\lambda,r}$ 为波长 λ 辐射的反射强度，它是波长和入射角 θ_i、φ_i 以及反射角 θ_r、θ_r 的函数，$\Delta\Omega$ 为入射立体角，下标 i 和 r 分别表示入射和反射。积分号右边的分式同 π 的乘积通常称为亮度系数，又称双角反射率，表示在规定条件下，所涉及的表面在某一方向上的反射强度与同样条件下理想漫反射表面的反射强度之比：

$$R_\lambda(\lambda,\theta_r,\varphi_r,\theta_i,\varphi_i) = \frac{\pi I_{\lambda,r}(\lambda,\theta_r,\varphi_r,\theta_i,\varphi_i)}{I_{\lambda,i}(\lambda,\theta_i,\varphi_i)\cos\theta_i \cdot \Delta\Omega} \tag{6-24}$$

因此式 6-23 也可写成：

$$\rho_{\lambda,\theta_i,h} = \frac{1}{\pi} \int_0^{2\pi} \int_0^{\frac{\pi}{2}} R_\lambda(\lambda,\theta_r,\varphi_r,\theta_i,\varphi_i)\cos\theta_r \cdot \sin\theta_r \cdot \mathrm{d}\theta_r \mathrm{d}\varphi_r \tag{6-25}$$

②全波长定向半球反射比（率），即全波长辐射以特定方向 θ_i 和 φ_i 投射到一表面，反射辐射是半球向的，其表达式为：

$$\rho_{\theta_i,h} = \frac{\int_0^\infty \int_0^\pi \int_0^{\frac{\pi}{2}} R_\lambda I_{\lambda,i}(\lambda,\theta_i,\varphi_i)\cos\theta_i \Delta\Omega_i \cos\theta_r \sin\theta_r \mathrm{d}\theta_r \mathrm{d}\varphi_r \mathrm{d}\lambda}{\pi \int_0^\infty I_{\lambda,i}(\lambda,\theta_i,\varphi_i)\cos\theta_i \Delta\Omega_i \mathrm{d}\lambda} \tag{6-26}$$

③光谱半球定向反射比（率），即表面对来自整个半球方向的波长为 λ 的投射辐射在特定方向 θ_r 和 φ_r 的光谱反射强度同整个半球方向的投射强度之比：

$$\rho_{\lambda,h,\theta_r} = \frac{\int_0^\pi \int_0^{\frac{\pi}{2}} R_\lambda(\lambda,\theta_r,\varphi_r,\theta_i,\varphi_i) I_{\lambda,i}(\lambda,\theta_i,\varphi_i)\cos\theta_i \sin\theta_i \mathrm{d}\theta_i \mathrm{d}\varphi_i}{\int_0^{2\pi} \int_0^{\frac{\pi}{2}} I_{\lambda,i}(\lambda,\theta_i,\varphi_i)\cos\theta_i \sin\theta_i \mathrm{d}\theta_i \mathrm{d}\varphi_i} \tag{6-27}$$

由于来自整个半球方向的波长为 λ 的投射辐射是一种漫辐射，即各个方向上的辐射强度相等，$I_{\lambda,i}$ 同 θ_i 和 φ_i 无关，上式中分子和分母积分号后面的 $I_{\lambda,i}$ 可以提到积分号外面，并互相抵消，同时有：

$$\int_0^{2\pi} \int_0^{\frac{\pi}{2}} \cos\theta_i \sin\theta_i \mathrm{d}\theta_i \mathrm{d}\varphi_i = \pi$$

因此式 6-27 可简化成：

$$\rho_{\lambda,h,\theta_r} = \frac{1}{\pi} \int_0^\pi \int_0^{\frac{\pi}{2}} R_\lambda \cos\theta_i \sin\theta_i \mathrm{d}\theta_i \mathrm{d}\varphi_i \tag{6-28}$$

比较式 6-25 和式 6-28 可发现：如果 $\theta_i = \theta_r$，则 $\rho_{\lambda,\theta_i,h} = \rho_{\lambda,h_i,\theta_r}$，即光谱定向照射下的半球向反射比和光谱半球向漫射照射下的定向反射比是相等的。

④全波长半球定向反射比（率），同 $\rho_{\lambda,h,\theta_r}$ 类似，全波长半球定向反射比 ρ_{h,θ_r} 可用下式定义：

$$\rho_{\mathrm{h},\theta_r} = \frac{\int_0^\infty \int_0^\pi \int_0^{\frac{\pi}{2}} R_\lambda I_{\lambda,i}(\lambda,\theta_i,\varphi_i)\cos\theta_i\sin\theta_i\mathrm{d}\theta_i\mathrm{d}\varphi_i\mathrm{d}\lambda}{\int_0^\infty \int_0^{2\pi} \int_0^{\frac{\pi}{2}} I_{\lambda,i}(\lambda,\theta_i,\varphi_i)\cos\theta_i\sin\theta_i\mathrm{d}\theta_i\mathrm{d}\varphi_i\mathrm{d}\lambda} \qquad (6\text{-}29)$$

同样可以导出：在表面上的投射辐射是来自半球向的漫辐射情况下，如果 $\theta_i = \theta_r$，则 $\rho_{\theta_i,\mathrm{h}} = \rho_{\mathrm{h},\theta_r}$。

对于吸收比（率）可以有以下几种定义：

①光谱定向吸收比（率），即物体在 (θ,φ_i) 方向上吸收波长为 λ 的辐射能量占在同样方向上投射辐射能量的比率。如 (θ,φ_i) 方向上投射辐射的强度为 $I_{\lambda,i}$，以到表面后被物体吸收的部分为 $I_{\lambda,a}$，则光谱定向吸收比（率）为：

$$\alpha_{\lambda,\theta} = \frac{I_{\lambda,a}(\lambda,\theta,\varphi)}{I_{\lambda,i}(\lambda,\theta,\varphi)} \qquad (6\text{-}30)$$

式中以下标 a 和 i 分别表示吸收和入射，通常 φ 角并不影响入射强度和吸收强度，因此仅用下标 λ 和 θ 标明光谱定向吸收比（率）。

②全波长定向吸收比（率），即单位表面积上物体所吸收的能量同以特定方向为 θ 和 φ 投射到单位表面的所有波长的辐射能之比，可表示为：

$$\alpha_\theta(\theta,\varphi) = \frac{\int_0^\infty \alpha_{\lambda,\theta}(\lambda,\theta,\varphi)I_{\lambda,i}(\lambda,\theta,\varphi,)\mathrm{d}\lambda}{\int_0^\infty I_{\lambda,i}(\lambda,\theta,\varphi)\mathrm{d}\lambda} \qquad (6\text{-}31)$$

上式中分母上的积分就是全波长定向入射辐射的强度：

$$I_i(\theta,\varphi) = \int_0^\infty I_{\lambda,i}(\lambda,\theta,\varphi)\mathrm{d}\lambda \qquad (6\text{-}32)$$

③光谱半球吸收比（率），即单位表面积上物体所吸收的能量与从整个半球空间投射到单位表面的特定波长 λ 的辐射能量之比，可表达为：

$$\alpha_\lambda(\lambda) = \frac{\int_0^{2\pi} \int_0^{\frac{\pi}{2}} \alpha_{\lambda,\theta}(\lambda,\theta,\varphi)I_{\lambda,i}(\lambda,\theta,\varphi,)\cos\theta\sin\theta\mathrm{d}\theta\mathrm{d}\varphi}{\int_0^{2\pi} \int_0^{\frac{\pi}{2}} I_{\lambda,i}(\lambda,\theta,\varphi)\cos\theta\sin\theta\mathrm{d}\theta\mathrm{d}\varphi} \qquad (6\text{-}33)$$

如果投射辐射是漫辐射，于是 $I_{\lambda,i}$ 不随方向而变化，则上式变为：

$$\alpha_\lambda(\lambda) = 2\int_0^{\frac{\pi}{2}} \alpha_{\lambda,\theta}(\lambda,\theta)\cos\theta\sin\theta\mathrm{d}\theta \qquad (6\text{-}34)$$

因此，在投射辐射是漫辐射的情况下，如已知 $\alpha_{\lambda,\theta}$，就可求出 α_λ。

④ 全波长半球吸收比（率），即单位面积上物体吸收的能量同从整个半球空间所有波长的辐射投射到该物体单位表面上的能量之比：

$$\alpha = \frac{\int_0^\infty \alpha_\lambda(\lambda)G_\lambda(\lambda)\mathrm{d}\lambda}{\int_0^\infty G_\lambda(\lambda)\mathrm{d}\lambda} \qquad (6\text{-}35)$$

式中　G_λ 为光谱投射辐射。工程中经常用到的就是全波长半球吸收比（率）。

对于透射比（率）也同样与投射辐射的波长和方向有关，因此有：

①光谱定向透射比（率），即在以角度 θ 和 φ 规定的方向上的立体角 $\Delta\Omega_i$ 内的波长为 λ

的辐射投射到物体上，透过该物体后向半球空间发出透射辐射（图 6-2），这种透射辐射同入射辐射二者的能流密度之比：

$$\tau_{\lambda,\theta}(\lambda,\theta_i,\varphi_i) = \frac{\int_0^{2\pi}\int_0^{\frac{\pi}{2}} I_{\lambda,t}(\lambda,\theta_i,\varphi_i,\theta_t,\varphi_t)\cos\theta_t\sin\theta_t d\theta_t d\varphi_t}{I_{\lambda,i}(\lambda,\theta_i,\varphi_i)\cos\theta_i\Delta\Omega_i} \tag{6-36}$$

②全波长定向透射比（率），即在以角度 θ 和 φ 规定的方向上的立体角 $\Delta\Omega_i$ 内的所有波长的辐射投射到物体上，透过该物体后向半球空间发出透射辐射，这种透射辐射同入射辐射二者的能流密度之比如下：

$$\tau_{\theta}(\theta_i,\varphi_i) = \frac{\int_0^{\infty}\int_0^{2\pi}\int_0^{\frac{\pi}{2}} I_{\lambda,t}(\lambda,\theta_i,\varphi_i,\theta_t,\varphi_t)\cos\theta_t\sin\theta_t d\theta_t d\varphi_t d\lambda}{\int_0^{\infty} I_{\lambda,i}(\lambda,\theta_i,\varphi_i)\cos\theta_i\Delta\Omega_i d\lambda} \tag{6-37}$$

式 6-36 和式 6-37 适用于物体是半透明的，因此透射辐射是漫射辐射。对于物体是透明的，不存在漫透射辐射，则上两式分别为：

$$\tau_{\lambda,\theta}(\lambda,\theta_i,\varphi_i) = \frac{I_{\lambda,t}(\lambda,\theta_i,\varphi_i)}{I_{\lambda,i}(\lambda,\theta_i,\varphi_i)} \tag{6-38}$$

$$\tau_{\theta}(\theta_i,\varphi_i) = \frac{I_{\lambda,t}(\theta_i,\varphi_i)}{I_{\lambda,i}(\theta_i,\varphi_i)} \tag{6-39}$$

其中

$$\tau_{\lambda,t}(\theta_i,\varphi_i) = \int_0^{\infty}\tau_{\lambda,\theta}(\lambda,\theta_i,\varphi_i)I_{\lambda,i}(\lambda,\theta_i,\varphi_i)d\lambda \tag{6-40}$$

根据物体的热辐射特征可以将现实中的物体抽象成以下几种理想物体，这些理想物体在现实中并不存在，但是这些概念对于对热辐射问题的分析有很大帮助。

黑体又称绝对黑体，黑体是一种理想的物体，在相同的温度下它的辐射能力比其他任何物体都大，外界投射到黑体上的辐射能完全被吸收，没有任何反射和透射，并且其辐射和吸收能力同方向无关，即在各个方向上黑体的辐射或吸收能力是相等的。

漫辐射体，即向空间各个方向发射的辐射强度相等的物体，漫辐射体对来自空间各个方向的投射辐射的吸收能力相等，因此漫辐射体也是漫吸收体。黑体即是一种漫辐射体。

白体，从外界投射到物体表面的辐射能全部被反射回外界，并且向空间各个方向反射强度相等，这种物体称为白体。

漫反射体，如果从外界投射到物体表面的辐射能部分被反射回外界，但向空间各个方向反射强度相等，这种物体称为漫反射体。

灰体，灰体的整个辐射光谱同黑体类似，但其任何一个单色辐射率都按比例地小于黑体的单色辐射率，因此灰体的黑度（辐射率）同波长无关。

镜体，投入到物体表面的能量全部被反射，并且反射角等于投入角，这种物体称为镜体。

透明体，能够让辐射能全部穿透，没有任何反射或吸收的物体称为透明体。

第 2 节　热辐射的基本定律

在绪论中已经介绍过热辐射的三个重要定律，即普朗克（M. Plank）定律、维恩（Wien）位移定律和斯蒂芬-波尔兹曼（Stefan-Boltzmann）定律。

普朗克利用量子统计学方法给出了黑体单色辐射力同频率和温度的关系，即普朗克定律[75]：

$$E_{b,v} = \frac{2\pi h v^3 n^2}{c_o^2 [\exp (h v / k_B T) - 1]} \tag{6-41}$$

式中　v 为单色辐射的频率，n 为黑体周围介质的折射指数（refractive index），c_o 为真空中光速，h 为普朗克常数，k_B 为波尔兹曼常数，T 为绝对温度。

根据 $c_o = n\lambda v$ 以及 $E_{b,v}dv = -E_{b,\lambda}d\lambda$，可以将式 6-41 转化成用波长 λ 来表示，写成如绪论中式 2-24 的形式：

$$E_{b,\lambda} = \frac{A}{\lambda^5 [\exp (B/\lambda T) - 1]} \tag{6-42}$$

从式 6-41 转化为式 6-42 的前提是周围介质的折射指数 $n=1$，并且与频率无关。只有在真空中才能严格满足这个条件，在空气中也非常接近这一要求，然而在其他介质中则需要根据具体情况做出相应处理。当 $n=1$，上式中常数 A 和 B 分别为：

$$A = 2\pi h c_o^2 = 3.742 \times 10^{-16} \, Wm^2 \tag{6-43}$$

$$B = h c_o / k_B = 1.439 \times 10^{-2} \, mK \tag{6-44}$$

式 6-42 可改写成：

$$\frac{E_{b,\lambda}}{\sigma n^3 T^5} = \frac{A/\sigma}{(n\lambda T)^5 [\exp (B/n\lambda T) - 1]} \tag{6-45}$$

其中

$$\sigma = \frac{2\pi^5 k_B^4}{15 c_o^2 h^3} = 5.67 \times 10^{-8} \, W/m^2 K^4 \tag{6-46}$$

σ 即是斯蒂芬-波尔兹曼常数。上式显示 $E_{b,\lambda}/\sigma n^3 T^5$ 是 $n\lambda T$ 的函数，并且 $E_{b,\lambda}$ 在

$$n\lambda T = 2897.8 \mu m \cdot K \tag{6-47}$$

处有最大值。此式即是维恩位移定律的表达式。如果 $n=1$，此式就成为绪论中的式 2-25。

如果将 $E_{b,v}$ 对频率 v 积分，并假定 n 不随频率 v 而变化，可得到：

$$E_b = \int_0^\infty E_{b,\lambda} dv = n^2 \frac{2\pi k_B^4}{c_o^2 h^3} T^4 \int_0^\infty \frac{\xi^3}{e^\xi - 1} d\xi \tag{6-48}$$

式中　$\xi = \frac{h v}{k_B T}$，并且有 $\int_0^\infty \frac{\xi^3}{e^\xi - 1} d\xi = \frac{\pi^4}{15}$，考虑到式 6-46：$\frac{2\pi^5 k_B^4}{15 c_o^2 h^3} = \sigma$，于是式 6-48 可写成：

$$E_b = n^2 \sigma T^4 \tag{6-49}$$

这就是斯蒂芬-波尔兹曼定律的一般公式。对于灰体，需要在上式右边乘上灰体的辐射比 ε：

$$E = \varepsilon n^2 \sigma T^2 \tag{6-50}$$

如令 $n=1$ 则上式与绪论中的式 2-23 相同。

辐射传热中另一个重要定律就是基尔霍夫（Kirchhoff）定律，即在相同温度下物体的吸收比（率）与其辐射比（率）相等：

$$\alpha = \varepsilon \tag{6-51}$$

将此式代入式 6-22 可得到：

$$\rho + \varepsilon + \tau = 1 \tag{6-52}$$

许多陶瓷材料都不透明，即 $\tau=0$，于是有：

$$\rho + \varepsilon = 1 \text{ 或 } \rho + \alpha = 1 \tag{6-43}$$

这样通过测定反射比，就可求出辐射比或吸收比。

第 3 节　材料的反射特性

电磁波投射到镜面上，发生镜反射，其反射波可分解为两个偏振分量：其中一个同入射面（由入射线和镜面法线构成的平面）平行，称为平行偏振分量，另一个同入射面垂直，称为垂直偏振分量。于是单色（光谱）镜反射率 ρ_λ 也可分为平行反射率 $\rho_{\lambda//}$ 和垂直反射率 $\rho_{\lambda\perp}$。根据菲涅尔（Fresnel）反射定律有：

$$\rho_{\lambda\perp} = \frac{(a - \cos\theta)^2 + b^2}{(a + \cos\theta)^2 + b^2} \tag{6-54}$$

$$\rho_{\lambda//} = \rho_{\lambda\perp}\frac{(a - \sin\theta\tan\theta)^2 + b^2}{(a + \sin\theta\tan\theta)^2 + b^2} \tag{6-55}$$

式中　θ 为反射角，a 和 b 同反射角 θ、折射指数 n 以及消光系数[*] η 有关，由下式给出（实际上 n 和 η 分别是复数折射指数的实部和虚部）：[*]

$$2a^2 = \sqrt{(n^2 - \eta^2 - \sin^2\theta)^2 + 4n^2\eta^2} + (n^2 - \eta^2 - \sin^2\theta) \tag{6-56}$$

$$2b^2 = \sqrt{(n^2 - \eta^2 - \sin^2\theta)^2 + 4n^2\eta^2} - (n^2 - \eta^2 - \sin^2\theta) \tag{6-57}$$

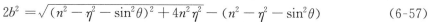
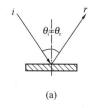

图 6-3　各种反射的示意图

（a）镜反射；（b）漫反射；（c）普通材料表面的反射；（d）双角反射

从式 6-54 和 6-55 可知当 $\theta \to 90°$ 时 $\rho_{\lambda//}$ 和 $\rho_{\lambda\perp}$ 趋向 1。

如果 $\theta = 0$，即法向入射，则

$$a = n \text{ 和 } b = \eta$$

$$\rho_{\lambda//}(0) = \rho_{\lambda\perp}(0) = \rho_{\lambda n} = \frac{(n-1)^2 + \eta^2}{(n+1)^2 + \eta^2} \tag{6-58}$$

式中　$\rho_{\lambda n}$ 表示单色（光谱）法向反射率。对于消光系数极小的物质（如透明物体）$\eta \to 0$ 或 $n \gg \eta$ 的物体，从上式可得到其单色法向反射率为：

$$\rho_{\lambda n} = \left(\frac{n-1}{n+1}\right)^2 \tag{6-59}$$

在本章第 1 节已经介绍过关于漫反射和镜反射的概念，即按某一方向的投射能量经表面反射后，反射辐射强度与方向无关的反射现象称为漫反射；如果投射辐射的入射角等于反射

---

[*]　这里将复数折射指数的虚部称为消光系数（extinction coefficient），在一些中文文献资料中也有将此称为衰减系数。为了同第 2 章第 2 节和本章 4 节中关于辐射在介质内传播的衰减系数有所区别，在本书中一律将前者称为消光系数，用 η 表示，而后者称为衰减系数，用符号 ξ 表示。

辐射的反射角，这种反射称为镜反射。很多工程材料表面的反射性质介于这两者之间，一般在镜面反射方向上反射的能量多一些，如图 6-3 所示。表面相对于投射波长越光滑，反射越接近于镜反射，越粗糙则越接近于漫反射。

在大多数情况下材料的表面没有达到镜面标准，而且如不刻意制造也达不到漫反射的要求，因此多数是图 6-3（c）的情况，即虽然入射方向是一定的，但反射辐射力却随反射角 θ_r 而变化。由此引出双角反射比（率）的概念，即反射比同时是入射角和反射角的函数，其数学表示为：

$$\rho_{i,r} = \frac{R(\theta_r)}{G(\theta_i)} \tag{6-60}$$

式中　R 和 G 分别表示反射辐射力和投入辐射力，θ_i 和 θ_r 分别表示入射角和反射角。双角反射比（率）还与入射辐射的波长有关因此有光谱双角反射比用 $\rho_{\lambda,i,r}$ 表示，表示全波长双角反射比则用 $\rho_{i,r}$。

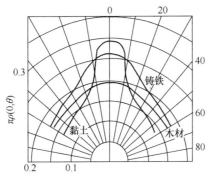

图内射线边上的数字为反射角（度），同心圆表示反射比，其值列于边上

图 6-4　几种材料的双角总反射率在入射平面上的分布[76]

图 6-4 所示为几种材料的双角总反射率在入射平面上的分布，所用的辐射源是一个温度为 300℃ 的黑体，沿着测试样表面的法线方向照射试样，通过测定不同反射方向的总辐射量来确定双角总反射比。从图内不同材料的反射比同反射角的关系可知：木材比较接近漫反射特点，即不同方向上的反射比变化不大；黏土和铸铁的反射比随反射角的变化呈现较大的变化，然而这种变化同镜面反射仍有不小的差距。如果反射比曲线集中在 $\theta = 0$ 线的两侧，则表明是镜反射。

非金属材料的光谱反射比随波长变化，图 6-5 列出了两种氧化物（ZrO_2 和 Al_2O_3）和两种非氧化物（SiC 和 Si_3N_4）法向反射比随波长变化的曲线。从图可见氧化锆在可见光波段具有相当强的反射比。碳化硅和氮化硅则在可见光至近红外波段的反射比都不高。氧化铝和氧化锆在近、中红外的反射比较高，而远红外的反射比较低。

图 6-6 所示为几种氧化物的漫反射比，测试样品用高纯氧化物粉料压制成 $\phi50 \times 3mm$ 圆片。比较图 6-6 和图 6-5 可见同一种物质的漫反射比与法向全波长反射比有明显的不同，例如氧化铝在 $0.3 \sim 0.7 \mu m$ 波段的全波长法向反射比并不大（小于 0.8），而同一波段的漫反射比却高达 0.9 以上。又如氧化锆在上述波段的法向全波长反射比很大（0.9 以上），而在同一波段的漫反射比度小于 0.6。漫反射比受表面状况的影响极大，同种材料因制备方法不同造成表面粗糙程度的极大差异，从而漫反射比也就不同，此外表面清洁状态对漫反射比也有很大影响。

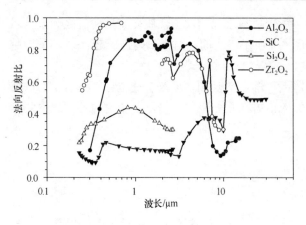

图 6-5　几种陶瓷材料的光谱法向反射比[77]　　图 6-6　几种氧化物陶瓷的漫反射比[78]

第 4 节　材料的辐射特性

金属材料和许多陶瓷材料的透射率极小，因此根据式 6-22 有如下关系：

$$\alpha = 1 - \rho \tag{6-61}$$

根据基尔霍夫定律有 $\alpha = \varepsilon$，因此可以通过式 6-54 和式 6-55 来求单色定向辐射率（即光谱定向辐射率）$\varepsilon_{\lambda\perp}$ 和 $\varepsilon_{\lambda//}$，式中 θ 为辐射角，即辐射方向与辐射面法线的交角。

$$\varepsilon_{\lambda\perp} = 1 - \rho_{\lambda\perp} = \frac{4a\cos\theta}{(a+\cos\theta)^2 + b^2} \tag{6-62}$$

$$\varepsilon_{\lambda//} = 1 - \rho_{\lambda//} = 1 - \frac{(a-\cos\theta)^2 + b^2}{(a+\cos\theta)^2 + b^2} \cdot \frac{(a-\sin\theta\tan\theta)^2 + b^2}{(a+\sin\theta\tan\theta)^2 + b^2} \tag{6-63}$$

对于不分偏振方向的辐射率，或称为混合辐射率 $\varepsilon_\theta = \frac{1}{2}(\varepsilon_{\lambda\perp} + \varepsilon_{\lambda//})$，由上两式可以得到：

$$\varepsilon_\theta = \frac{1}{2}\varepsilon_{\lambda\perp}\left[1 + \frac{a^2 + b^2 + \sin^2\theta}{\cos^2\theta(a^2 + b^2 + 2a\sin\theta\tan\theta + \sin^2\theta\tan^2\theta)}\right] \tag{6-64}$$

如果已知物体的 n 和 η，通过式 6-64 以及式 6-56 和式 6-57 即可求出单色（光谱）定向辐射率同辐射方向的关系。从理论上讲，如果求出所有各个波长的定向混合辐射率，则可得到全波长辐射率的方向特征。图 6-7 和图 6-8 分别列出了某些非金属和金属材料的定向全波辐射率随方向变化的情况，这些图线是通过实际测量得到的[76]。

图中同心圆线表示辐射率 ε 的等值线，径向射线表示辐射角 θ 的数值。从图 6-7 可见对于非金属材料，当辐射角 θ 在 $0 \sim 60°$ 之间，其辐射率数值没有明显的变化，大致保持在 $0.75 \sim 0.95$ 范围内。θ 大于 $60°$ 后，随着 θ 的增大，辐射率急剧下降，$\theta = 90°$ 时 $\varepsilon \to 0$。金属材料的特征明显不同于非金属材料：当辐射角 θ 在 $0 \sim 30°$ 之间，ε 值大致保持不变，其值远小于非金属材料，一般不超过 0.4（图 6-8）。然而当辐射角 θ 增大至 $40°$ 以上，ε 值随 θ 的增加而急速增加，并且发射率数值较小的材料这种增加更明显，θ 增大至 $80°$ 以上则 ε 值又开始变小，至 θ 角增大到接近于 $90°$ 时定向发射率 ε 趋近于 0。无论是金属还时是非金属材料，这种 $\theta \to 90°$ 时 $\varepsilon \to 0$ 的趋势同式 6-62 和式 6-64 是一致的。

材料的法向辐射率 ε_n（即 $\theta=0$）可通过式 6-62 和式 6-64 求得：

$$\varepsilon_n = \varepsilon_\perp = \frac{4a}{(a+1)^2+b^2} = \frac{4n}{(n+1)^2+\eta^2} \tag{6-65}$$

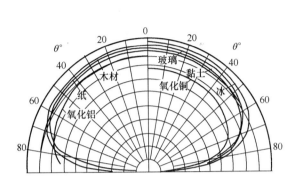

图 6-7　几种非金属材料的
定向全波发射率分布曲线[76]

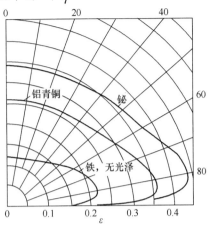

图 6-8　几种金属材料的定向全
波发射率分布曲线[76]

对式 6-64 在半球空间积分，则得到半球辐射率：

$$\varepsilon_h = \frac{1}{\pi} \int_0^{2\pi} \int_0^{\frac{\pi}{2}} \varepsilon_\theta \cos\theta \sin\theta \, \mathrm{d}\varphi \mathrm{d}\theta \tag{6-66}$$

对于介电体（如许多陶瓷材料）因为 $n \gg \eta$，可以认为 $\eta=0$，于是根据式 6-56、式 6-57、式 6-64～式 6-66，可求得[76]：

$$\frac{\varepsilon_h}{\varepsilon_n} = \frac{1}{2}\left[\frac{2}{3} + \frac{1}{3n} + \frac{n(n+1)^2(n^2-1)^2}{2(n^2+1)^3}\ln\frac{n+1}{n-1} + \frac{n^2(n+1)(n^2+2n-1)}{(n^2+1)(n-1)}\right.$$
$$\left. - \frac{4n^3(n^4+1)}{(n^2-1)^3(n-1)^2}\ln(n)\right] \tag{6-67}$$

对于金属材料，其 $\eta \neq 0$，如果 η/n 足够大，则从式 6-66 可得到[76]：

$$\varepsilon_h = \frac{1}{2} + \left[8n - 8n^2\ln\frac{1+2n+n^2+\eta^2}{n^2+\eta^2} + \frac{8n(n^2-\eta^2)}{\eta}\tan^{-1}\left(\frac{\eta}{n^2+n+\eta^2}\right) + \right.$$
$$\left. + \frac{8n}{n^2+\eta^2} - \frac{8n^2\ln(1+2n+n^2+\eta^2)}{(n^2+\eta^2)^2} + \frac{8n(n^2-\eta^2)}{\eta(n^2+\eta^2)^2}\tan^{-1}\left(\frac{\eta}{1+n}\right)\right] \tag{6-68}$$

如果 η/n 不够大，就不能用解析的方法求出式 6-66 中的积分，只能通过数值方法来求解。

图 6-9 中给出在不同的 η/n 比值下折射指数 n 与 $\varepsilon_h/\varepsilon_n$ 的关系。由于测定 ε_n 比较容易，若已知折射指数和 η/n 比值，则很容易利用这种图线获得半球辐射率 ε_h 的大小。

如将各种不同物质的法向辐射率 ε_n 对相应的 $\varepsilon_h/\varepsilon_n$ 作图，则可得到如图 6-10 所示的图线。从图可发现：金属与非金属（介电）材料分别位于不同的曲线上。金属（导电）材料的 $\varepsilon_h/\varepsilon_n$ 明显大于 1，而非金属（介电）材料的 $\varepsilon_h/\varepsilon_n$ 小于 1，但同 1 相差不大。另外，非金属材料的 ε_n 明显大于金属材料，前者一般在 0.65 以上，而后者往往在 0.4 以下。表 6-1 列出一些金属和非金属材料的 $\varepsilon_h/\varepsilon_n$。

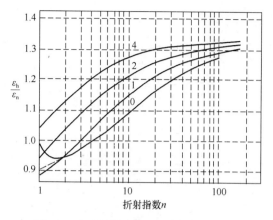

图 6-9　半球辐射率与法向辐射率之比同
折射指数的关系，图中数字为 η/n 比值[76]

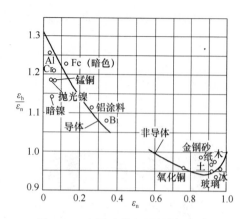

图 6-10　金属及非金属材料的法向
辐射率同 $\varepsilon_h/\varepsilon_n$ 的关系[79]

对于像红外线这样的长波辐射投射到金属表面，其内部的自由电子受到红外线电磁场的感应而随之产生振荡。根据简化的德鲁德（Drude）自由电子模型，可以把金属的法向光谱辐射率表示成金属电阻率的函数：

$$\varepsilon_{\lambda,n} = 0.365(r/\lambda)^{\frac{1}{2}} - 0.0464(r/\lambda) + \cdots\cdots \qquad (6\text{-}69)$$

式中　r 为电阻率，量纲是 Ωm，λ 为红外线的波长，量纲为 m。此式称为哈根-鲁宾斯（Hagen-Rubens）关系式。其适用范围是 $\lambda > 10\mu m$ 或高温下。

用式 6-15 将上式归一化，可得到金属全波长法向辐射率同温度的关系：

$$\varepsilon_n(T) = 0.5736\sqrt{rT} - 0.1769rT \qquad (6\text{-}70)$$

许多金属的电阻率与温度大体上成正比，并且金属的电阻率都很小，因此上式右边实际上具有 $aT + bT^2$ 的形式，而且其中 $b \gg a$，因此金属的法向辐射率大致与温度成正比。多数金属的测量也显示辐射比或辐射率随温度升高而增大（图 6-11）。

表 6-1　一些材料的全波长法向或半球辐射比和辐射率[2, 80]

材　料	温度/K	ε	n/h	材　料	温度/K	ε	n/h
光亮铝箔	100～300	0.06～0.07	h	氧化铝	600/1000/1500	0.69/0.55/0.41	n
阳极极化铝	300～400	0.72～0.82	h	石英[78]	311/811	0.89/0.58	n
抛光铜	300～1000	0.03～0.04	h	氧化锌[78]		0.91	n
铜有氧化层	600～1000	0.50～0.80	h	碳化硅	600～1500	0.85～0.87	n
光亮金箔	100～300	0.06～0.07	h	碳化硅涂层	1283～1673	0.82～0.92	n
抛光银	300～1000	0.02～0.08	h	刚玉砖	800～1600	0.33～0.40	n
洁净不锈钢	300～1000	0.22～0.35	n	镁砖	800～1600	0.45～0.31-0.40	n
氧化不锈钢	300～1000	0.67～0.76	n	铬砖[78]	811/1363	0-.94 / 0.98	n
磨光的铁	800～1200	0.14～0.38	n	硅酸盐玻璃	300	0.90～0.95	h
氧化的铁	400～800	0.78～0.82	n	硼硅玻璃	300～1200	0.62～0.82	h
氧化的钢	473～873	0.8	n	石膏	300	0.90～0.92	h
镀锌铁皮	311	0.23	n	红砖	300	0.93～0.96	h
羊皮垫[78]	293	0.85	n	混凝土	300	0.88～0.93	h
木材	293	0.80～0.92	n	岩石	300	0.88～0.95	h
服装	300	0.75～0.90	h	炭黑	293～673	0.95～0.97	h
白纸	300	0.92～0.97	h	石墨[78]	500/1000	0.49/0.64	n
冰	300	0.95～0.98	h	云母[78]	311	0.75	n

表内 n 和 h 分别表示全波长法向和半球辐射比。

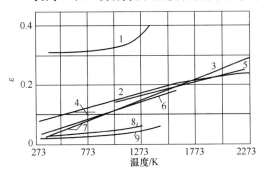

图 6-11 金属材料的全辐射率同温度的关系[80]

1—钛；2—锡；3—钨；4—有氧化的锌；5—钽；

6—铂；7—商品锌；8—纯银；9—纯锌

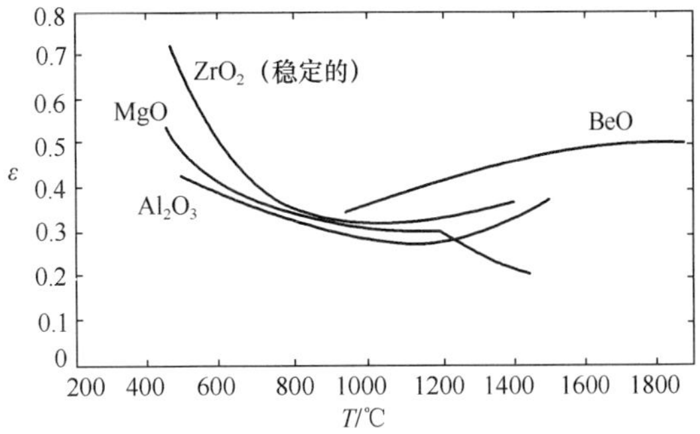

图 6-12 几种氧化物的辐射率同温度的关系[23]

许多非金属材料属于介电材料，其法向辐射率可用式 6-65 表示，并且有 $n \gg \eta$，因此可简化成：

$$\varepsilon_n = \frac{4n}{(n+1)^2} \tag{6-71}$$

从电介质理论可知：非磁性介电物质的折射指数 n 与介电常数 $\in$ 的关系为：

$$n^2 = \in \tag{6-72}$$

若物质只有电子极化和偶极子转向极化，根据德拜方程[81]，T 与 $\in$ 之间有如下的关系：

$$\frac{\in -1}{\in +2} = \frac{N_A \rho}{3M \in_0} \left(\alpha_e + \frac{m_0^2}{3k_B T} \right) \tag{6-73}$$

式中 α_e 为电子极化率，$(m_0^2 / 3k_B T)$ 为偶极子转向极化率，m_0 为极性分子的固有偶极距，N_A 为阿佛伽德罗（Avogadro）常数（6.023×10^{23}），M 为介质的分子量，ρ 为介质的密度，$\in_0$ 为真空的介电常数。由此可得到：

$$\in = \frac{(6N_A \rho \alpha_e + 9M \in_0) k_B T + 2N_A \rho m_0^2}{(9M \in_0 - 3N_A \rho \alpha_e) k_B T - N_A \rho m_0^2} \tag{6-74}$$

通过式 6-71、式 6-72 和式 6-74 可以建立电介质的法向辐射率 ε_n 同温度 T 之间的关系：

$$\varepsilon_n = \frac{4 \sqrt{\dfrac{(6N_A \rho \alpha_e + 9M \in_0) k_B T + 2N_A \rho m_0^2}{(9M \in_0 - 3N_A \rho \alpha_e) k_B T - N_A \rho m_0^2}}}{\left(\sqrt{\dfrac{(6N_A \rho \alpha_e + 9M \in_0) k_B T + 2N_A \rho m_0^2}{(9M \in_0 - 3N_A \rho \alpha_e) k_B T - N_A \rho m_0^2}} + 1 \right)^2} \tag{6-75}$$

从此式可见这两者之间的关系比较复杂，并且受物质的介电性能、密度、分子量等许多因素的影响。上面的德拜方程不适用于具有很强离子极化的物质如金红石（TiO_2）、钛酸钙（$CaTiO_3$）之类，因此对于这些物质不能用式 6-74 来说明 $\in$ 同 T 的关系和用式 6-75 来说明 ε_n 同 T 的关系。笼统来讲，多数陶瓷材料的 ε_n 随温度升高而下降，但变化并不大，在高温度（如 >1300K）下 ε_n 往往随温度升高而增大。图 6-12 列出了几种氧化物的辐射率随温度而变化的关系。

由于黑体和灰体的辐射力随辐射波长的分布服从普朗克定律（式 6-42），因此灰体的辐射率不随波长而变化。现实中并没有真正的灰体，所有物体的辐射率都与辐射的波长有关，图 6-13 和图 6-14 分别给出几种金属材料和非金属陶瓷材料的法向光谱辐射比同波长的关系[77,80]。

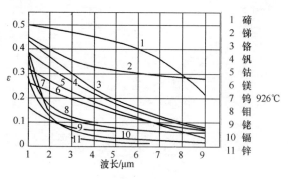

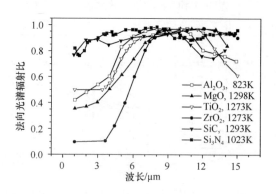

图 6-13　几种金属的室温
下光谱辐射比[80]

图 6-14　几种无机非金属物的光谱辐射比，
测试温度是于图内[77]

　　从这图 6-13 和图 6-14 中可以发现金属在红外波段的辐射比是比较低的，而非金属材料
则相反，它们的辐射比在中、远红外波段较高，普遍在 0.8 以上。氮化硅的辐射比从红光附
近一直到远红外都在 0.8 以上，是一种优良的红外辐射材料。

第 5 节　热辐射在介质内的传输

　　热辐射是一种电磁波，因此可用电磁波理论来分析热辐射在介质内传播过程中的吸收。
晶格中正负离子间的相对振动产生电偶极矩，可以与在介质内传播的热辐射波相互作用，从
而引起强烈的吸收，这种吸收在红外区非常明显。设电磁波在介质中沿 x 方向传播，其传
播速度为 c_o/n，其中 c_o 为光在真空中的速度，n 为的折射指数，电场分量 E_y 与传播方向 x
垂直，并沿传播途径的增长而衰减变小。

$$E_y = E_o \exp\left(-\frac{\omega\eta}{c_o}x\right)\exp\left(i\omega\left(\frac{nx}{c_o}-t\right)\right) \tag{6-76}$$

式中　E_o 为电场强度的振幅，ω 为电磁场的圆频率，即 $\omega=2\pi v$，v 为电磁波的频率，x 为传
播的距离，t 为时间，n 和 η 分别为复数折射指数的实部和虚部。

$$\boldsymbol{n} = n + i\eta \tag{6-77}$$

用黑体字母 $\boldsymbol{n}$ 表示复数，其中 η 为消光系数。在介质内传播的电磁波强度与 E_y^2 成正比，根
据式 6-76 可知电磁波的强度按照 $e^{-2\frac{\omega\eta}{c_o}x}$ 衰减。

　　利用复介电常数同复折射指数之间的关系：

$$[n(\omega) + i\eta(\omega)]^2 = \in_1(\omega) + i\in_2(\omega) \tag{6-78}$$

可得到：

$$n^2(\omega) - \eta^2(\omega) = \in_1(\omega) \tag{6-79}$$

$$2n(\omega)\eta(\omega) = \in_2(\omega) \tag{6-80}$$

式中　$\in_1$ 和 $\in_2$ 分别是复介电常数的实部和虚部。

　　由电介质理论可知复介电常数的虚部 $\in_2$ 同介质损耗有关。电磁场在介质内感应出的损
耗电流即：

$$j = \omega\in_2\in_0 E \tag{6-81}$$

式中 $\in_0$ 是真空的介电常数，$\in_0 = 8.854 \times 10^{-12}$ F·m^{-1}，$\omega \in_2 \in_0$ 实际上就是介质的电导率，因此损耗功率为：

$$W = \omega \in_2 \in_0 |E|^2 \tag{6-82}$$

用损耗角 δ 表示的介质损耗为：

$$\tan\delta = \in_2 / \in_1 \tag{6-83}$$

电磁场在介质内部损耗的能量也正好就是介质吸收的能量，因此电磁辐射被介质吸收同介电常数的虚部直接相关。上述 $e^{-2\frac{\omega}{c_0}\eta}x$ 中的 $2\omega\eta/c_0$ 即是绪论中式 2-29 中的衰减系数 ξ。如不考虑散射问题，即等于介质的吸收系数 ξ_a。根据式 6-80 可得到：

$$\xi_a = \frac{\in_2 \omega}{c_0 n} \tag{6-84}$$

利用 $\omega/c_0 = 2\pi/\lambda$ 可将式 6-84 改写成下式：

$$\xi_a = \frac{2\pi \cdot \in_2}{\lambda n} \tag{6-85}$$

从上式可见介质对热辐射的吸收同频率（即波长）有密切关系。对于多数电介质而言这种吸收发生在红外区和紫外区，在可见光区域则吸收很小，因此大多电介质对可见光是透明的或有色透明的。金属材料则从紫外光段直到无线电波区域都有很强的吸收，只对 x 光波有一定的透明度。半导体材料对电磁波的吸收集中在从紫外到近红外的区域。图 6-15 和图 6-16 列出一些氧化物、氟化物和硫化物在红外波段的透射率[82]。

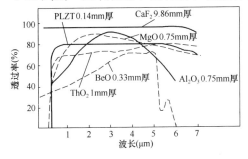

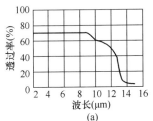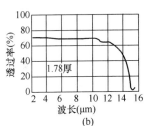

图 6-15 一些氧化物、氟化物和硫化物
在红外波段的透射率[82]

图 6-16 As$_2$S$_3$ 和 ZnS 的透射率[82]
(a) 厚度 2 mm 的 As$_2$S$_3$；
(b) 厚度 1.78mm 的 ZnS

热辐射途经含有微粒的气体时，需要考虑悬浮在气体中的颗粒群对热辐射的吸收、散射以及次生辐射等作用。波格尔（Bouguer）定律给出单色辐射经过具有吸收和散射的介质时其强度衰减的规律：

$$\frac{\mathrm{d}I_\lambda(x)}{\mathrm{d}x} = -\xi_{a,\lambda} I_\lambda(x) - \xi_{s,\lambda} I_\lambda(x) \tag{6-86}$$

式中 I_λ 为单色辐射在含有微粒的气体内 x 处的强度，$\xi_{a,\lambda}$ 为微粒的单色吸收系数，$\xi_{s,\lambda}$ 为微粒的单色散射系数。由此式可得到：

$$I_\lambda(x) = I_0 \exp\left[-(\xi_a + \xi_s)x\right] = I_0 \exp(-\xi x) \tag{6-87}$$

需要指出上式内 ξ_a 和 ξ_s 均是指含微粒气体的性质，而不是单个微粒本身的吸收系数和散射系数。根据微粒本身的介电常数虚部和折射指数以及微粒的几何尺寸和在气体中的浓度，可以求出 ξ_a 和 ξ_s。

微粒对热辐射的散射作用实际上是由于大量微粒对热辐射的反射、折射和衍射造成热辐射在空间的分布方式发生改变，使得一部分热辐射能量偏离原来的传播方向，朝其他方向传播，从而削弱了在原来方向上的辐射强度。散射同微粒的大小密切相关，如果微粒的尺寸与辐射波长之比 $\pi D/\lambda < 0.1$，则服从瑞利（Rayleigh）散射。不同方向上的散射强度同散射角 θ（投射方向与散射方向之间的夹角）的余弦有关，并同投入辐射波长的 4 次方成反比以及同单位体积内的微粒数 N_p 成正比：

$$I_\theta = \frac{AN_p}{\lambda^4}(1+\cos^2\theta) \tag{6-88}$$

式中　A 为同微粒介电性能有关的常数。此时散射系数为

$$\xi_{s,R} = 24\pi^3 N_p \left(\frac{n^2-1}{n^2+1}\right)^2 \frac{V^2}{\lambda^4} \tag{6-89}$$

式中　下标 R 特指瑞利散射，N_p 为散射颗粒的个数浓度，n 为散射颗粒的折射率，V 为散射颗粒的体积，λ 为入射波长。由于热辐射的波长范围极宽广（$0.3\sim1000\mu m$），因此不同大小的颗粒能引起瑞利散射的波段各不相同，如直径 20nm 的气溶胶颗粒对波长大于 $0.6\mu m$ 的可见光和红外辐射可产生瑞利散射，而直径 $2\mu m$ 的悬尘颗粒只对波长大于 $60\mu m$ 的远红外辐射产生瑞利散射。

当 $\pi D/\lambda \approx 1$，或者说 $\pi D/\lambda = （0.1\sim50）$ 时，颗粒散射行为非常复杂。各个方向上的散射强度不仅同辐射波长的较低次方成反比，而且不同方向上的散射强度分布呈复杂图形，并随比值 D/λ 的大小以及散射颗粒的折射率而变化。这种散射称为米氏（Mie）散射，根据米氏散射理论向前散射的强度幅值表达为：

$$A_o = \frac{1}{2}\sum_{j=1}^{\infty}(2j+1)(a_j+b_j) \tag{6-90}$$

式中　a_j 和 b_j 为米氏散射系数，它们是以 $\pi D/\lambda$ 和 $\pi n D/\lambda$ 为变量的贝塞尔（Bessel）函数组成的复函数。米氏散射的特点是散射辐射的强度随波长而变化，当比值 $\pi n D/\lambda$ 增大到一定程度后，散射强度随该比值的增大出现起伏，即交替达到极大值和极小低，并且这种起伏的幅度随比值的增大而逐渐减小。

求解米氏散射问题的数学方法十分复杂，在实际工程领域通常根据具体情况通过理论分析加试验测定相结合的办法来解决具体的辐射传热问题。根据散射的基本理论，散射系数可以用下式表达：

$$\xi_{sM}(\lambda) = \frac{\pi}{4}K(\lambda)N_p D^2 \tag{6-91}$$

式中　$K(\lambda)$ 称为散射面积比，即每个散射粒子的散射面积同粒子的截面积 $\pi D^2/4$ 之比，它既是波长的函数还同颗粒的几何形状、大小以及折射率有关。如果共有 m 种物性和形状、大小不同的颗粒共同参加散射，则散射系数的计算如下：

$$\xi_{s,M}(\lambda) = \frac{\pi}{4}\sum_{j=1}^{m}N_{p,j}K_j(\lambda)D_j^2 \tag{6-92}$$

式中　用下标 j 表示第 j 种颗粒，散射系数 $\xi_{s,M}$ 的下标 M 是表示米氏散射。

通过式 6-91 和式 6-92 将需要利用米氏散射理论来求解散射系数的问题转化成如何求出 $K_j(\lambda)$。$K(\lambda)$ 随比值 $\pi D/\lambda$ 的增大呈现起伏变化，但起伏的幅度随 $\pi D/\lambda$ 的增大而逐渐变

小，当 $\pi D/\lambda > 50$ 时 $K(\lambda)$ 趋向为常数，此时散射同菲涅尔小孔衍射的强度分布一致，成为无选择性散射。

对于颗粒的直径同热辐射的波长之比 $D/\lambda \gg 1$ 的颗粒称为大颗粒，其散射特征是无选择性。假定有一种透明气体，内部均匀分布着等直径的球形黑体大颗粒，因为颗粒是黑体，没有反射，由于它的尺度参数很大，颗粒对热辐射射线的衍射可忽略不计。再假设颗粒浓度不大，在射线传递方向上没有颗粒的相互遮盖作用，投射到介质上的能量只受到黑体颗粒的吸收，颗粒只起遮蔽热射线的作用。如颗粒直径为 D，质量浓度为 C，颗粒的密度为 ρ，单位介质体积内的颗粒数为 N。通过对颗粒阻挡射线的总面积的计算，可以求出衰减系数为[79]：

$$\xi = N\pi D^2/4 = 1.5C/(D\rho) \tag{6-93}$$

于是对于原始强度（$\mathrm{W/m^2}$）为 I_0 的辐射，穿过厚度为 L 的含黑体颗粒气体后，其强度减为[79]

$$I = I_0\exp(-\xi L) = I_0\exp\left(-\frac{1.5CL}{D\rho}\right) \tag{6-94}$$

如果颗粒是灰体，则不仅颗粒吸收的辐射能小于黑体颗粒，而且灰体颗粒群有散射作用，所散射的能量中有一部分方向与原来的入射方向相同，因此总的透过介质的热辐射强度大于上面的含有黑体颗粒的强度，即灰体颗粒群的衰减系数小于黑体颗粒群的衰减系数。由于影响灰体颗粒的散射因素很多，很难用解析的方法求出。针对各种具体情况，有许多经验公式。对于黑度系数 ε 小于 0.6，而且颗粒的质量浓度 C 不太大的情况下，衰减系数可表达为[79]：

$$\xi \approx \frac{c\sqrt{12\varepsilon - 3\varepsilon^2}}{2\rho D} \tag{6-95}$$

G. Jeandel 和 G. Morlot 等人研究过热辐射在氧化硅纤维层内的传输问题，给出了单色辐射传热的名义导热系数[83]：

$$\lambda_{\mathrm{r}} = 4\sigma L T^3 \frac{\displaystyle\int_{\min}^{\max} \frac{I_{\lambda,\mathrm{b}}(T)}{(\varepsilon_1^{-1} + \varepsilon_2^{-1} - 1) + \beta_\lambda L}\mathrm{d}\lambda}{\displaystyle\int_{\min}^{\max} I_{\lambda,\mathrm{b}}(T)\mathrm{d}\lambda} \tag{6-96}$$

式中　σ 是斯蒂芬-波尔兹曼常数；L 为纤维层的厚度；$I_{\lambda,\mathrm{b}}$ 为黑体的辐射强度；ε_1 和 ε_2 分别是纤维层冷面和热面的辐射率，这里假设均为 1；温度 T 为冷热面温度的平均值 $T = (T_1 + T_2)/2$；考虑到热辐射的波长主要在 $4\sim40\mu m$，因此式中的积分上下限分别为 $\min = 4\mu m$ 和 $\max = 40\mu m$；β_λ 由下式定义：

$$\beta_\lambda = (\overline{\beta}_{\mathrm{a}\lambda} + 2\overline{B}_\lambda)\overline{\xi}_\lambda \tag{6-97}$$

$$\overline{\beta}_{\mathrm{a}\lambda} = \overline{\xi}_{\mathrm{a}\lambda}/\overline{\xi}_\lambda \tag{6-98}$$

式中单色吸收系数和衰减系数的平均值由以下各式给出：

$$\overline{\xi}_{\mathrm{a}\lambda} = \int_0^{\frac{\pi}{2}} \xi_{\mathrm{a}\lambda}(\theta)\sin\theta\mathrm{d}\theta \tag{6-99}$$

$$\overline{\xi}_\lambda = \int_0^{\frac{\pi}{2}} \xi_\lambda(\theta)\sin\theta\mathrm{d}\theta \tag{6-100}$$

式 6-97 中的 $\overline{B}_\lambda$ 为平均单色背反射因子，它是单色背反射因子 B_λ 在整个半球空间的积分与平均衰减系数的商，由下式给出：

$$\overline{B}_\lambda = \frac{1}{2\pi\,\xi_\lambda} \int_0^{2\pi} \int_0^{\frac{\pi}{2}} B_\lambda\,(\varphi,\theta)\sin\theta \mathrm{d}\theta\mathrm{d}\varphi \tag{6-101}$$

$$B_\lambda\,(\theta) = \frac{N\lambda}{2\pi^3} \int_0^{2\pi} \int_{\chi_c}^{\chi_c+\pi} i\,(\chi,\varphi)\delta\left(\theta_f - \frac{\pi}{2}\right)\mathrm{d}\chi\mathrm{d}\varphi_f \tag{6-102}$$

式中　λ 为投射辐射的波长；$i(\chi,\varphi)$ 为散射波的相对强度；χ 和 φ 分别为测量方向和投射辐射与 X-Z 平面的夹角（图 6-17），下标 f 表示为纤维；$\delta(\theta_f - \pi/2)$ 为狄拉克（Dirac）δ 函数；N 由纤维的半径 r 和纤维层内纤维的体积分数 F_f 决定。

$$N = \frac{F_f}{\pi r^2} \tag{6-103}$$

χ_c 由下式定义：

$$\cos\chi_c = \frac{\sin\theta\sin\,(\varphi-\varphi_f)}{\sqrt{1-\sin^2\theta\cos^2\,(\varphi-\varphi_f)}} \tag{6-104}$$

图 6-18 给出利用式 6-96 计算得到的氧化硅纤维层的辐射导热系数同纤维直径的关系，从图可见当纤维直径在 2 ~3μm 时可得到最小的辐射导热系数。

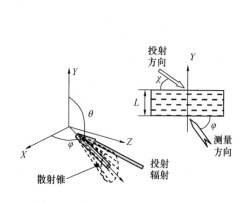

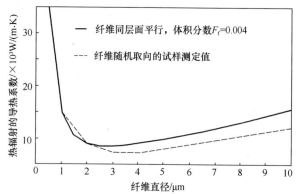

图 6-17　氧化硅纤维在 X-Z 平面上
取向以及散射锥

图 6-18　氧化硅纤维层的辐射导热系数
与纤维直径的关系[83]

第 6 节　辐射比的测量方法

测定材料的辐射比（发射比）的方法基本上有两种，其一是根据能量守恒定律和灰体的斯蒂芬－波尔兹曼定律（式 6-50），通过测定温度和热流量的变化来求 ε。通常测定的是法向或半球辐射比。另一种方法是测定材料的反射比或吸收比，然后利用基尔霍夫定律求出辐射比，用这种方法可以测定光谱定向辐射比。

$$\varepsilon = \alpha = 1 - \rho \tag{6-105}$$

1. 全波长半球辐射比的测定

通常利用卡计法来测定材料的全波长半球辐射比，该法又可分为稳态法和非稳态法二种。图 6-19 所示为稳态法测定全波长半球辐射比的装置示意图，待测圆柱状试样置于等温的真空（<10^{-2}Pa）密闭腔内。整个真空腔置于冷却液内，使得腔壁保持在恒定的温度。

如果试样能够导电可以直接通电加热试样，否则需在需在其内部安装电热元件，以便通电加热试样。通过测量流过试样的电流 I 和电压降 V 计算加热功率，当达到热平衡后就等于试样表面发出的辐射能的功率。在试样的表面贴有热电偶或热电阻，测定其表面的温度。假定当达到热平衡后，试样表面温度为 T_1，腔体内表面温度为 T_2，圆柱试样的表面积为 A，则根据能量守恒，可列出下面的方程：

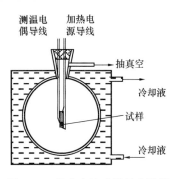

图 6-19　稳态卡计法测量全波长半球辐射比

$$I \cdot V = \varepsilon_k \sigma A (T_1^4 - T_2^4) \tag{6-106}$$

式中　ε_k 为有效辐射比，它同试样及腔壁的辐射比 ε_h 和 ε_c 及 A 和腔体内表面积 F 有关：

$$\varepsilon_k = \left[\frac{1}{\varepsilon_h} + \frac{A}{F} \left(\frac{1}{\varepsilon_c} - 1 \right) \right]^{-1} \tag{6-107}$$

通过式 6-106 和式 6-107 即可获得试样的全波长半球辐射比 ε_h。如果腔的内表面涂以炭黑之类黑色涂料，成为黑体表面，则有 $\varepsilon_c = 1$，由式 6-107 可知 $\varepsilon_k = \varepsilon_h$，于是直接从式 6-106 中就可求出 ε_h。

非稳态卡计法要求试样具有高的导热系数，以便当试样在真空腔体内达到热平衡后，通常采用辐射加热方法，如用激光或电子射线照射试样，使试样整体快速一致地升温到某一温度值 T_1，然后冷却降温。冷却过程中的热平衡方程可以写成：

$$-M c_p \frac{dT}{dt} = \varepsilon_h \sigma A (T_1^4 - T_2^4) \tag{6-108}$$

式中等号左边的负号是因为降温速率是负值，M 为试样的质量，c_p 为试样的定压比热容。如已知 M 和 c_p，通过测定试样温度随时间的变化求出 dT/dt，即可得到 ε_h。

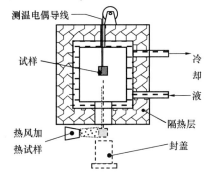

图 6-20　非稳态常压卡计测量全波长半球辐射比

用非稳态法还可以在非真空的常压下测量 ε_h[74]，其装置如图 6-20 所示。其测试腔用冷却液层保持内壁恒定在设定的温度下，其外壁为保温层以防止环境对冷却液温度的影响。试样表面贴有测温热电偶和悬挂试样的悬线，将试样挂在腔体中央。测试前将试样下落至底部开孔的外面，用热风或其他方法加热试样至设定的温度，然后迅速提升试样至腔体中央，并用封盖堵塞底部开孔。同时记录温度随时间变化的数据。测量完毕后用已知全波长半球辐射比的标准试样重复上述步骤再做一次。标准试样的形状、尺寸以及悬挂的位置须同待测试样一致，并且为减少误差，标准试样的辐射比应该越小越好，通常用高光洁度的纯金膜作为标准试样，其全波长半球辐射比 $\varepsilon_s = 0.03$。对于待测试样和标准试样的降温速率分别由如下方程：

$$-M_1 c_{p,1} \frac{dT_1}{dt} = \varepsilon_h \sigma A_1 (T_1^4 - T_2^4) + h_o A_1 (T_1 - T_o) \tag{6-109}$$

$$-M_s c_{p,s} \frac{dT_s}{dt} = \varepsilon_s \sigma A_s (T_s^4 - T_2^4) + h_o A_s (T_s - T_o) \tag{6-110}$$

式中　用下标 1 表示待测试样，用 s 表示标准试样，h_o 为试样在腔体内同其周围温度为 T_o

的空气的换热系数。由于待测试样与标准试样的几何形状、尺寸完全一致，因此 $A_1 = A_s$。当 $T_1 = T_s$ 时，从式 6-109 和式 6-110 可求得试样的全波长半球辐射比：

$$\varepsilon_h = \varepsilon_s + \frac{c_{p,s}M_s \dfrac{dT_s}{dt} - c_{p,1}M_1 \dfrac{dT_1}{dt}}{A_1\sigma(T_1^4 - T_2^4)} \tag{6-111}$$

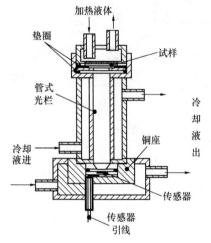

图 6-21　室温辐射计

2. 全波长法向辐射比的测定

用具有恒温管式光栏的辐射计来测定材料的全波长法向辐射比装置的结构如图 6-21 所示。固体片状试样置于管式光栏的顶部，其上表面接触一个铜质加热盒，通过流动的热液对试样加热。热辐射接收器置于管式光栏的底部的紫铜座内，其外有冷却液维持接收器恒温。作为辐射接收器的传感器可用热电堆或热释电元件做成。管式光栏的外面也同有冷却液，维持温度恒定。传感器接受试样的热辐射，发出电信号 U，其值正比于试样的全波长法向辐射力 E_n。如果试样的温度为 T_1，管式光栏的温度为 T_2，则有下式：

$$U = \varepsilon_n B(T_1^4 - T_2^4) \tag{6-112}$$

式中　B 为仪器常数。为求出 B 可用黑体材料制作一个同样的试样，在同样的温度下测定，得到信号值为 $U_b = B(T_1^4 - T_2^4)$，由此可求出：

$$\varepsilon_n = U / U_b \tag{6-113}$$

用液体加热试样温度不可能高，因此上述方法仅能够测定室温附近材料的全波长法向辐射比，如果要测定高温下的辐射比，应将加热方式改为电加热。另外，式 6-113 仅适用于导热系数高的材料，一般陶瓷材料的导热系数都不高，试样的表面温度不等于其背面受热的温度，因此对于测定陶瓷材料需要直接测定其辐射表面的温度（可用光学高温计测定），或者通过材料的导热系数和厚度，根据加热面的温度来计算与其相对的辐射面的温度，进而求出法向辐射比。

3. 光谱法向辐射比的测定

可用红外分光光度计来测定光谱法向辐射比，测定原理如图 6-22 所示。控制试样表面温度同标准黑体炉的温度相等，在相同光学条件下，试样和标准黑体炉的法向辐射分别进入试样光路和参比光路，用水冷光栏减弱或消除杂散辐射，则热电偶探测器分别接收这两路辐射的能量，并分别给出电压信号 $U_{\lambda s}$ 和 $U_{\lambda b}$。在试样光路和参比光路上除了分别有试样的光谱法向

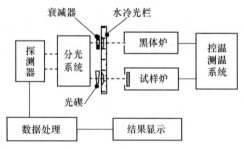

图 6-22　分光光度计测定光谱法向辐射比

辐射强度 $I_{\lambda s}$ 和 $I_{\lambda b}$ 之外，尚有光路内各种部件如光栏、狭缝、调制片等对辐射强度的贡献 $I_{\lambda sp}$ 和 $I_{\lambda bp}$，在制造仪器时已经使得 $I_{\lambda sp} = I_{\lambda bp}$，令 $I_{\lambda sp} = I_{\lambda bp} = I_{\lambda p}$。于是有：

$$\frac{U_{\lambda s}}{U_{\lambda b}} = \frac{I_{\lambda s} + I_{\lambda p}}{I_{\lambda b} + I_{\lambda p}} \tag{6-114}$$

为了消除 $I_{\lambda p}$ 的影响需要在测定前预先做一次空白试验，即在试样加热炉内不放置试样，把试样炉和参比黑体炉加热到与测定相同的温度，测定两光路上的电压信号，得到 $U_{\lambda p}$ 和 $U_{\lambda b}$，于是有：

$$\frac{U_{\lambda p}}{U_{\lambda b}} = \frac{I_{\lambda p}}{I_{\lambda b} + I_{\lambda p}} \tag{6-115}$$

$$\frac{U_{\lambda b} - U_{\lambda p}}{U_{\lambda b}} = \frac{I_{\lambda b}}{I_{\lambda b} + I_{\lambda p}} \tag{6-116}$$

将式 6-114 和式 6-115 相减，可得到：

$$\frac{U_{\lambda s} - U_{\lambda p}}{U_{\lambda b}} = \frac{I_{\lambda s}}{I_{\lambda b} + I_{\lambda p}} \tag{6-117}$$

将式 6-117 除以式 6-116，就可得到试样的光谱法向辐射比：

$$\frac{U_{\lambda s} - U_{\lambda p}}{U_{\lambda b} - U_{\lambda p}} = \frac{I_{\lambda s}}{I_{\lambda b}} = \varepsilon_{\lambda, n} \tag{6-118}$$

4. 大部件表面辐射比的现场测定

在某些场合需要测定大部件表面的热辐射比，如测定飞行器表面的辐射比、大型太阳能设备表面的辐射比等。上述实验室测定的方法不能适应这种测定，而需要能够将测量设备方便地携带到现场进行测试。

图 6-23 所示为一种用交流辐射计技术快速测定物体表面的法向发射率的手携式设备的示意图[84]。该测试设备为一个带锥形口的圆筒，其底部安置热敏电阻作为红外辐射的传感元件，热敏电阻受到的红外辐射后其电阻发生变化，从而使流过传感器的电流发生变化，以此作为输出信号。在传感元件之上有一片可移动的涂金调制片。测定时将锥形口对准待测表面，先将调制片遮盖传感器，此时热敏电阻温度为 T_g，给出的电信号为 E_g。再将调制片移开，使待测表面的辐射能

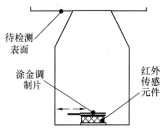

图 6-23　手携式辐射比检测仪[84]

直接投射到传感器上，此时热敏电阻的温度为 T_s，给出的电信号为 E_s。于是有：

$$E_s - E_g = E = A (T_s - T_g) \tag{6-119}$$

式中　A 为比例系数。通过对如图 6-23 所示的辐射环境的分析可以知道待测表面的法向辐射率 ε_n 与 E 呈线性关系（详细分析见参考文献 84）：

$$\varepsilon_n = K_1 + K_2 E \tag{6-120}$$

为了确定上式中的系数 K_1 和 K_2，需要事先在两个已知法向辐射比的标准试样进行测定，得到两个 E 值，分别代入上式，求解 K_1 和 K_2。

第 7 节　反射比的测量方法

测量材料反射比的方法种类繁多，这里仅介绍积分球法和热腔法两种。

1. 积分球法

图 6-24 所示为积分球法测定反射比的装置示意图。积分球一般用铝材加工而成，内壁附有 MgO 或 BaCO₃ 等具有高度漫反射比的材料的涂层。球顶部有一顶塞，其上安装有试样挂座，顶塞可绕积分球的中心线自由转动。旋转试样挂座可改变光束对样品的投射角。由光

敏或热敏电阻和光敏倍增器组成的传感器安装在暗室内的拉杆上，以防止外界的干扰，拉杆上装有适用于不同波长范围的几个传感器。传感器接收经过矩形管式光栏的辐射，由于受到管式光栏的限制，使传感器只能接收来自半球下部很小的一部分面积 F 反射出的辐射。

由于积分球内表面的漫反射特性，其内表面上任意一个面元经照射而成为一个光源后，由它所产生的球壁上的照度及发光密度各处相同。因为试样被置于积分球内部，不论试样是理想的镜反射、理想的漫反射或介于这两者之间的表面，背对投入光源的试样面所处的那半个积分球（即图 6-24 中的后半球），受不到试样待侧面的初次反射，因此这半个球壁上的发光密度是均匀一致的。转动试样挂座，就可改变入射角。由于试样的位置偏离积分球的轴线，因此当试样被转动到某一角度区间，就可以使试样避投射辐射，让其直接照射到后半球的内表面上。

把试样安装到积分球中，转动试样挂座到设定的位置，打开辐射源，辐射能流就以一定的角度投射到试样的表面上，并被反射到积分球内表面的每一点上。通过传感器可测到后半球的发光密度 $R_{\theta,s}$，将试样转到投入辐射照不到它的位置，于是投入辐射直接照到后半球的表面某处，这样测到的发光密度为 $R_{\theta,r}$。试样的定向-半球反射比 $\rho_{\theta,h}$ 为[74]：

$$\rho_{\theta,h} = R_{\theta,s} / R_{\theta,r} \tag{6-121}$$

如果用单色辐射源作为投入源，则可测定光谱定向-半球反射比 $\rho_{\theta,h,\lambda}$。

积分球内壁所涂覆的 MgO 或 $MgCO_3$ 在波长 $0.3 \sim 2.5\mu m$ 范围内它们的反射比高达 $0.95 \sim 0.99$，但是在中、远红外波段和紫外波段，它们的反射比并不太高。因而涂有上述物质的积分球只适用于波长 $0.3 \sim 2.5\mu m$ 范围，如要将测定延伸到中、远红外区，积分球内壁需要采用其他涂层，如采用有纹理的金镀层，在 $2 \sim 20\mu m$ 范围内其反射比可达 0.95。

用高强度的调制激光光源作为辐射源，可将试样加热，温度可达 2500K[10]，因此可测定高温反射比。在传感器的前面安置有光峰滤色片，只能让激光波长的辐射通过到达传感器，并用同步放大器处理所接收的信号，因此可消除因高温带来的杂波的影响，测到的是激光波长下的光谱定向—半球反射比 $\rho_{\theta,h,\lambda}$。

2. 热腔法

图 6-25 所示为热腔法测定反射比装置的示意图。热腔是一个内表面经氧化处理的铬镍铁合金圆筒，由于其内表面附着一层铬镍铁的氧化物，因此具有很高的红外辐射比，可以认为是黑体表面。圆筒外层围包着发热元件（如电热丝、碳化硅发热体等），在各个发热面上

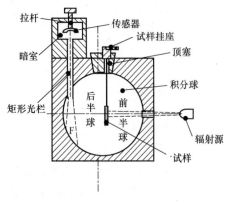

图 6-24　积分球法测定反射比

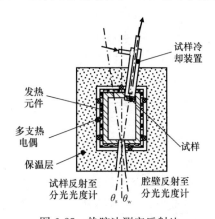

图 6-25　热腔法测定反射比

分布着许多控温热电偶，以保证合金圆筒上下、四周内表面的温度均匀一致并维持在 800～1100K。在圆筒的顶部偏离轴线一边斜装着待测圆片状试样，其测试面的法线同圆筒的轴线成一小角度倾斜（如 4°）。试样的背面通冷却液，使得式样保持在低于圆筒内表面的温度。试样的测试面受到腔壁黑体辐射的半球向照射，用一套光学系统（图 6-25 内没有显示）通过圆筒底部的观察孔将试样反射出的辐射沿着小角度 θ_s 引入分光光度计，测定其强度。然后该光学系统转向相反方向，沿着角度 $\theta_w = \theta_s$ 将圆筒内壁上的辐射引入分光光度计，测出墙体内壁的反射强度。第一次测到的强度就是试样在半球向漫照射条件下的光谱定向反射辐射强度 $I_{\lambda,h,\theta}$，其中 $\theta = \theta_s$。第二次测到的是均匀分布于半球空间的对试样的光谱投射强度 $I_{\lambda,i}$。因此材料的光谱半球定向反射比为：

$$\rho_{\lambda,\theta,h} = \frac{I_{\lambda,\theta,h}}{I_{\lambda,i}} = \rho_{\lambda,h,\theta} \tag{6-122}$$

热腔法测定的波长范围是 $1\sim15\mu m$，为了提高测量的准确度，试样应处于较低的温度下，以便试样本身的辐射相对于其反射辐射而言可以小到忽略不计，正因为这一点，试样的温度不能太高，测温范围一般在室温至 900K 之间[10]。

第7章　热膨胀系数及其测试方法

第1节　热膨胀系数和热力学状态函数

自然界大多数物质当温度升高时体积会变大，反之温度下降时体积变小。因此定义：

$$\beta = \frac{1}{V}\left(\frac{\partial V}{\partial T}\right)_{P} \tag{7-1}$$

为物质的体积热膨胀系数（简称体积膨胀系数），或称体积热膨胀率，其量纲为 K^{-1}。上式表示在定义体积膨胀系数时压力应该恒定不变，通常这压力就取环境大气压，而不特别说明。如果是在其他压力下的膨胀系数，则需要特别说明。物体的体积同其线性尺度 l 成 3 次方关系：$V = B \cdot l^3$。将此关系代入式 7-1，则得到：

$$\beta = \frac{3}{l}\frac{\partial l}{\partial T} \tag{7-2}$$

定义线膨胀系数：

$$\alpha = \frac{1}{l}\frac{\partial l}{\partial T} \tag{7-3}$$

由此可得到：

$$\alpha = \beta/3 \tag{7-4}$$

如用 S 表示熵，K_T 和 K_S 分别表示等温体积模量和等熵体积模量（又称绝热体积模量），它们的量纲均为 MPa。根据热力学状态函数之间的关系可以得到：

$$V = -K_T\left(\frac{\partial V}{\partial P}\right)_T \tag{7-5}$$

考虑到式 7-1，可得到下式：

$$\beta \cdot K_T = -\left(\frac{\partial P}{\partial V}\right)_T\left(\frac{\partial V}{\partial T}\right)_P = \left(\frac{\partial P}{\partial T}\right)_V = \left(\frac{\partial S}{\partial V}\right)_T \tag{7-6}$$

根据定容比热容和定压比热容的定义：

$$c_v = \left(\frac{\partial U}{\partial T}\right)_v = T\left(\frac{\partial S}{\partial T}\right)_V \tag{7-7}$$

$$c_p = \left(\frac{\partial H}{\partial T}\right)_p = T\left(\frac{\partial S}{\partial T}\right)_P \tag{7-8}$$

利用热力学状态函数的偏导数之间的关系式（Maxwell 关系式）可以导出[85]：

$$c_P - c_V = VTK_T\beta^2 \tag{7-9}$$

此式等同于第 1 篇第 3 章中的式 3-3，该式中的 $\eta = 1 / K_T$。对于固体物质式 7-9 比较实用。

等温体积模量、绝热体积模量、等压比热容和体积膨胀系数之间有以下的关系：

$$K_T^{-1} - K_S^{-1} = \frac{VT\beta^2}{c_P} \tag{7-10}$$

热力学还给出体系的压力 P 同其等容自由能 F_V 的关系。

$$P = -\left(\frac{\partial F_V}{\partial V}\right)_T \tag{7-11}$$

由第 2 章式 2-54 可知：

$$F_v = T\frac{\partial F_v}{\partial T} + \sum_i^{3p}\sum_q^{N}\left\{\frac{h}{4\pi}\omega_i(q) + \frac{h\omega_i(q)}{2\pi\left[\exp\left(\frac{h\omega_i(q)}{2\pi k_B T}-1\right)\right]}\right\} \tag{7-12}$$

式中第 1 项相当于物质中质点处于平衡位置时的能量，即晶格的结合能，可用 U 表示，因此有：

$$P = -\left(\frac{\partial U}{\partial V}\right)_T - \sum_i^{3p}\sum_q^{N}\left\{\frac{h}{4\pi} + \frac{h}{2\pi\left[\exp\left(\frac{h\omega_i(q)}{2\pi k_B T}-1\right)\right]}\right\}\frac{\partial\omega_i}{\partial V} \tag{7-13}$$

上式包含了各个振动频率对体积 V 的关系，十分复杂。格律内森（Gruneisen）对此进行了近似。

$$P = -\left(\frac{\partial U}{\partial V}\right)_T - \sum_i^{3p}\left\{\frac{h\omega_i}{4\pi} + \frac{h\omega_i}{2\pi\left[\exp\left(\frac{h\omega_i(q)}{2\pi k_B T}-1\right)\right]}\right\}\frac{1}{V}\frac{d\ln\omega_i}{d\ln V} \tag{7-14}$$

上式中等号右边第二项的前半部分（$d\ln\omega_i/d\ln V$ 之前）实际上是振动的总能量，令其为 E，格律内森认为 $d\ln\omega_i/d\ln V$ 对所有频率的振动都有相同的值，于是定义无量纲数：

$$\gamma = -\frac{d\ln\omega_i}{d\ln V} \tag{7-15}$$

称之为格律内森常数。由于大多数物质的 ω_i 随 V 增大而减小，因此通常 γ 为正值。式 7-14 变成：

$$P = -\left(\frac{\partial U}{\partial V}\right)_T + \frac{E\gamma}{V} \tag{7-16}$$

在等温、等压情况下式 7-11 为零，于是有：

$$\frac{\partial U}{\partial V} = \frac{E\gamma}{V} \tag{7-17}$$

从上式可以推导出所谓的格律内森定律：

$$\beta = \frac{c_V\gamma}{K_T V} \tag{7-18}$$

式 7-18 的推导过程可以从许多固体物理书籍中找到[6,7]。此式表明体膨胀系数与定容比热容成正比。根据式 7-10 还可导出：

$$\beta = \frac{c_P\gamma}{K_S V} \tag{7-19}$$

式 7-18 和式 7-19 是等价的。由此又可得到：

$$\frac{c_P}{c_V} = \frac{K_S}{K_T} \tag{7-20}$$

第 2 节　非谐振格波和热膨胀系数

在绪论中已经指出：晶格振动是非简谐振动，晶格内各个质点间的恢复力不仅与质点本身的位移大小有关，也同恢复力对位移的高阶导数有关，并且晶格振动并非互相独立，不同频率的振动存在相互作用。这导致各质点在振动中的平衡位置随着晶格振动的强弱而变动，而晶格振动的剧烈程度即反映温度的高低。另一方面，质点平衡位置的移动即表示物体体积的变化。

图 7-1 表示两个质点间的势能 U 同质点振动位移 R 的关系。质点之间的距离 R 因为振动而不断地变化，但 R 的变化范围 ΔR 受势阱的限制，只能在图中曲线所限定的范围内变化。温度越高，振动越剧烈，ΔR 的范围也越大，如图中各虚线所示。每条虚线即表示一个温度，图中各个温度从 $T_1 \sim T_5$ 有 $T_1 > T_2 > T_3 > T_4 > T_5$，与之对应的各个 ΔR 也越来越大。在曲线的极小值处 $\Delta R = 0$ 表示没有振动，因此该处的温度为 0K。ΔR 的中点（$\Delta R/2$）位置即表示这两个质点振动的平衡位置。从图 7-1 可见势能曲线的左半部的斜率远大于其右半部分，因此不同温度下的平衡位置随着温度的升高向右移动，即向 R 增大的方向变化，这样就导致物体体积随温度升高而增大。大多数物质都具有这种热胀冷缩的特性。然而有一些物质的势能曲线的右半部分中有一段（通常在靠近极小值附近，也就是低温区域）的斜率大于与之对应的左半部分的斜率，如图 7-2 所示。这样质点的平衡位置随温度升高而向左靠近，造成物体随温度升高体积缩小，膨胀系数为负值。一些具有 ZnS 结构的半导体化合物便具有这种特性，图 7-3 显示 GaAs 在 0 ~ 40K 范围内出现负的膨胀系数[86]。

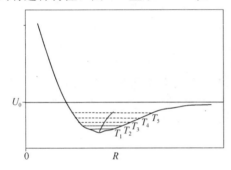

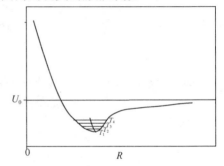

图 7-1　两个质点间的势能曲线（正膨胀）　　图 7-2　两个质点间的势能曲线（负膨胀）

由于热膨胀是物质内质点的非谐振动引起的，因此也可以用声子的概念来分析前一节中膨胀系数同其他物理量之间的关系。上一节指出格波的频率同物体的体积有复杂的关系，因此每个声子的熵 S_i 不仅同其波矢 q 有关而且也同物质的体积 V 有关。从式 7-6 可知：

$$\beta = \frac{1}{K_T} \left(\frac{\partial S}{\partial V} \right)_T \tag{7-21}$$

于是对于每个声子，可写出下面的方程：

$$\left(\frac{\partial S_i}{\partial V} \right)_T = \frac{\partial S_i}{\partial \zeta} \frac{\partial \zeta}{\partial V} = \frac{h}{2\pi k_B T} \frac{\partial \omega}{\partial V} \frac{\partial S_i}{\partial \zeta} \tag{7-22}$$

式中

$$\zeta = \frac{h\omega (q_i)}{2\pi k_B T} \tag{7-23}$$

从式 7-7 可得到每个声子的比热容 $c_V(q_i)$：

$$c_V (q_i) = T \left(\frac{\partial S_i}{\partial T} \right)_V = T \frac{\partial S_i}{\partial \zeta} \frac{\partial \zeta}{\partial T} = -\frac{h\omega}{2\pi k_B T} \frac{\partial S_i}{\partial \zeta} \tag{7-24}$$

根据格律内森常数的定义，可写出下面的方程：

$$\gamma (q_i) = \frac{\partial \ln \omega (q_i)}{\partial \ln V} = \frac{V}{\omega} \frac{\partial \omega (q_i)}{\partial V} \tag{7-25}$$

利用式 7-24 和式 7-25 可将式 7-22 转化为：

$$\left(\frac{\partial S_i}{\partial V}\right)_T = \frac{\gamma(q_i)}{V} c_V(q_i) \tag{7-26}$$

物体的体膨胀系数是所有具有不同振动模式 q_i 的声子对体膨胀系数贡献的总和，根据式 7-21 可以写出：

$$\beta = \frac{1}{VK_T} \sum_i \gamma(q_i) c_V(q_i) \tag{7-27}$$

此式与式 7-18 类似，但从式 7-27 中可以看出声子的贡献是通过定容比热容和格律内森常数两种形式影响体膨胀系数的。可以将上式改写成如下形式[85]：

$$\beta = \frac{c_V \gamma_G}{K_T V} \tag{7-28}$$

其中 γ_G 由下式给出[85]：

$$\gamma_G = \frac{\sum_i \gamma(q_i) c_V(q_i)}{\sum_i c_V(q_i)} \tag{7-29}$$

在低温下只有长波声子，即满足 $h\omega(q_i)/2\pi < k_B T$ 的声子对比热容有贡献，此时 c_V 与 T^3 成正比，但另一方面 γ 量值在温度从 0K 到德拜温度 θ_D 之间可能有数倍的变化。因此在低温下膨胀系数随温度的 3 次方而增大，但并不完全符合 3 次方规律。在高温下 c_V 趋向为常数，然而随温度增高晶格内点缺陷（空位）浓度增大，使体积稍有增大，因此膨胀系数在高温下仍旧随温度上升有所增大。图 7-4 显示氧化铝的线膨胀系数和比热容随温度变化的曲线[87]，从中可看出膨胀系数与比热容随温度而种变化的规律是非常相似的。

如同电子对比热容有贡献一样，电子对体积膨胀系数也有贡献。电子的贡献可根据电子熵对体积的偏导数同电子对比热容和对格律内森常数的贡献之间的关系来考虑：

$$\left(\frac{\partial S_{el}}{\partial V}\right)_T = \frac{\gamma_{el}}{V} c_{Vel} \tag{7-30}$$

式中下标 el 表示电子的贡献。根据式 7-30 可导出电子对膨胀系数的贡献[85]：

$$\beta_{el} = \frac{c_{Vel} \gamma_{el}}{K_T V} \tag{7-31}$$

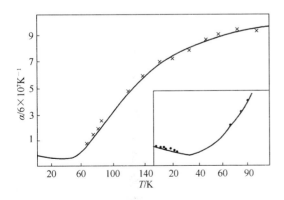

图 7-3 砷化镓的线膨胀系数（其右下角的
小图显示负膨胀特性）[86]

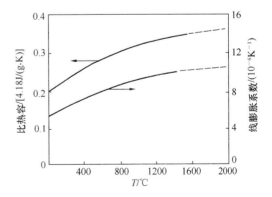

图 7-4 氧化铝的比热容和线膨胀系数[87]

对于金属材料，在低温下（$T < \theta_D/20$）电子—声子的多体作用对格律内森常数有很大的贡献，因此 β_{el} 在总的 β 中占有很大的部分，并且 β_{el} 正比于 T。但在高温（$T > \theta_D/2$）下电子的贡献相对不大，此时的 β 主要由声子的贡献。绝大部分陶瓷材料是绝缘体，其中电子都处于价带，不能随便运动，如何求解式 7-30 是物理学家需要研究的难题。

材料中的晶格缺陷以及磁性材料内的磁振子也都对膨胀系数有贡献。磁振子对膨胀系数的贡献 β_{mag} 可以用下式表示：

$$\beta_{mag} = \frac{c_{v,mag}\,\gamma_{mag}}{VK_T} \tag{7-32}$$

式中 $c_{v,mag}$ 表示磁振子对定容比热容的贡献，这已经在第 3 章内讨论过，γ_{mag} 为磁旋子对格律内森常数的贡献，同磁旋子的频率有关：

$$\gamma_{mag} = -\sum_i \frac{\partial \ln \omega_{mag}(q_i)}{\partial \ln V} \tag{7-33}$$

磁旋子的频率 ω_{mag} 同晶格常数 a，自旋量 μ，以及材料的居里温度 T_c 有关[85]：

$$\omega_{mag} = \frac{2\pi k_B T_c}{h\,(1+\mu)} a^2 q^2 \tag{7-34}$$

由此可将式 7-33 转换成：

$$\gamma_{mag} = -\frac{\partial \ln T_c}{\partial \ln V} \tag{7-35}$$

磁旋子对膨胀系数的贡献仅在极低的温度下才能被观察到。

晶格缺陷浓度的变化对体积大小有比较明显的影响，而温度对缺陷浓度有极大的影响，因此缺陷对膨胀系数的贡献可用下式表示：

$$\alpha_{vac} = B\frac{Q}{T^2}\exp\left(-\frac{Q}{k_B T}\right) \tag{7-36}$$

式中 Q 为生成缺陷的活化能，B 为常数。当接近材料的熔点时缺陷对 β 的影响非常显著。

第 3 节　材料结构和热膨胀系数

从上节中关于势能曲线与膨胀系数关系的讨论可知膨胀系数同势阱曲线的形状和深度有关，这实际上涉及物质的结构和化学键的类型及强度。化学键的强度可由两方面，即材料的弹性模量（或体积模量）和熔点来表征，键强大则模量大，熔点也高。

模量同膨胀系数的关系在式 7-18 和式 7-28 中有直接的表述：两者成反比关系。因此如表 7-1 中的一些具有离子键的立方晶体的弹性模量及线膨胀系数数据所示，弹性模量越大，晶体的线膨胀系数越小。

表 7-1　立方离子晶体的弹性模量和线膨胀系数

晶体性能	NaCl	NaF	CaF$_2$	MgO	TiC
弹性模量/GPa	0.49	0.98	1.45	2.46	4.58
膨胀系数 $\times 10^6/K^{-1}$	110	98	19	10	7.4

熔点高的物质化学键强度大，因此其膨胀系数就小。大部分金属单质的线膨胀系数同其

熔点 T_m（量纲为 K）成反比，并符合下面的方程[23]：

$$\alpha = \frac{0.020}{T_m} \tag{7-37}$$

对于许多非金属氧化物、卤化物大致也有类似的规律，如图 7-5 所示。

离子键的强度还可以用电价 Z 除以配位数 C 来表示，称为离子键的键强。表 7-2 中按不同的结构类型分别列出了一些晶体的 Z/C 和线膨胀系数 α。从表中可见对于同一种结构类型的晶体，Z/C 值小，膨胀系数就大。

不同键性的晶体的膨胀系数有明显的差别。共价键强度大，刚性也大，即键长和键角不容易改变，因此具有共价键的物质的膨胀系数较小，离子键强度虽然也比较大，但离子键缺少方向性，正负离子容易互相滑动，并且正负离子之间的距离也容易发生变化，这些因素使得离子键物质的膨胀系数比具有高键强和高刚性的共价键物质的膨胀系数大。金属键也缺少方向性，键能相对于前两类物质小，因此一般金属的膨胀系数比较大。分子键的强度更低，刚性也小，因此具有分子键的物质的膨胀系数比较大。一个典型的例子是金刚石和石墨的膨胀系数。金刚石具有典型的高强度、高刚性共价键。其弹性模量高达 1076GPa，因此它的膨胀系数只有 3×10^{-6} K^{-1}。石墨是各向异性物质，在垂直于 c 轴的六方面上，碳原子以共价键方式结合，从而强度较大，因此垂直于 c 轴方向的膨胀系数只有 1×10^{-6} K^{-1}，在平行于 c 轴方向上，各层碳原子间以分子键结合，键强小，因此在该方向上的膨胀系数达到 27×10^{-6} K^{-1}。碳化硅同金刚石虽然都是很强的共价键结构，但在金刚石中 C—C 键是纯粹的共价键，而碳化硅中 C 原子同 Si 原子的电负性并不相同（分别为 2.5 和 1.8）这样造成在 SiC 中共价键成分占大约 90%，尚有 10% 为离子键成分（关于键性估算请参考文献 12）。因此 Si—C 键不如金刚石中的 C—C 键强度大，前者的膨胀系数为 4.7×10^{-6} K^{-1}，比金刚石大。

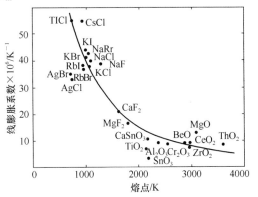

图 7-5　非金属化合物的线膨胀系数
同熔点的关系[23]

表 7-2　离子晶体的线膨胀系数与键强[23]

结构类型	物　　质	Z/C	$\alpha \times 10^6 / K^{-1}$
	NaCl	1/6	110
岩盐，立方密堆	NaF	1/6	98
	MgO	2/6	10
氯化铯，简单立方	CsCl	1/8	53
	CuBr	1/4	19
闪锌矿，立方密堆	ZnS	2/4	6.7
	CaF₂	2/8	19
萤石，简单立方	ZrO₂	4/8	4.5
	MgF₂	2/6	11
金红石，四方	SnO₂	4/6	3.4

续表

结构类型	物　质	Z/C	$\alpha \times 10^6 / K^{-1}$
方解石，菱面体	NaNO$_3$	1/6	47
	CaCO$_3$（方解石）	2/6	25
	MgCO$_3$（菱镁石）	2/6	11
霰石，斜方	KNO$_3$	1/6	60
	CaCO$_3$（霰石）	2/6	21

膨胀系数同晶体结构，即晶体中原子、离子的排列方式、紧密程度有很大关系。对于氧离子密堆积的氧化物晶体，如氧化镁、氧化铍、镁铝尖晶石等，它们的线膨胀系数就比较大（分别为 13.5、9.0、7.6×10^{-6} K^{-1}），而氧离子堆积不太紧密的莫来石、锆英石的线膨胀系数比较小（分别为 5.3、5.0×10^{-6} K^{-1}）。

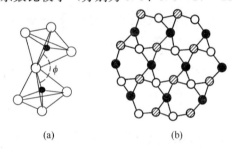

图 7-6　β 石英的结构

(a) 硅氧四；面体连接方式；(b) 硅原子在
(0001) 面上的投影

硅酸盐晶体中氧原子同硅原子组成硅氧四面体，硅原子处于四面体的中心，4 个氧原子分别位于四面体的 4 个顶角上，Si—O 键中共价键成分占有很大的比例。硅酸盐晶体的结构就是以硅氧四面体为单位，相邻的 2 个硅氧四面体可以通过共用顶角上的氧原子互相连接起来，也可以通过其他金属离子与分属于不同四面体上的氧原子以离子键相连接。硅酸盐晶体的这种结构并不紧密，氧离子之间存在许多大小不等的空隙。当温度发生变化时不仅原子或离子之间的距离发生改变，而且硅氧四面体之间的夹角 ϕ 也会变化［图 7-6（a）］。由于硅氧四面体内 Si—O 键主要是共价键成分，因此它本身的膨胀系数很小，硅酸盐物质的膨胀系数主要取决于其中的金属离子同氧离子之间的离子键，以及 $\tan\phi$ 的变化。ϕ 角的变化可正可负，并且 $\tan\phi$ 的大小与 ϕ 角的大小有关。这样硅酸盐材料的膨胀系数同结构的关系非常复杂，需要针对具体的结构作具体的分析。如低温石英（β-石英）完全由硅氧四体构成，属三方晶系，相邻的两个硅氧四面体内 Si—O—Si 键的夹角 $\phi = 150°$，硅原子在 (0001) 面上的投影呈扭曲的六方形［图 7-6（b）］。β-石英的膨胀系数值很大一部分来自温度变化引起的 ϕ 角的变化，当 $\phi = 150°$ 时导数 d（$\tan\phi$）/d$\phi =$ 1.73，这是很大的数值。因此这种结构赋予 β-石英有较大的膨胀系数[22]：垂直于 c 轴的线膨胀系数为 14×10^{-6}，平行于 c 轴的线膨胀系数为 9×10^{-6} K^{-1}。

石英玻璃也全部由硅氧四面体构成，却具有极小的膨胀系数（$\alpha = 0.5×10^{-6}$ K^{-1}）。其主要原因是在石英玻璃中硅氧四面体呈不规则方式互相连接，并且硅氧四面体排列松散，其中形成很多的大小、形状不一的空间，同时 ϕ 角分布在一个很广的范围内（图 7-7）。这种结构从整体看，因为 Si—O 键强大，因此硅氧四面体本身的膨胀系数小，并且氧离子排列非常松散导致整体结构的膨胀系数小。从局部看，ϕ 角大小不一，使得 d（$\tan\phi$）/dϕ 变化有正有负，这样因温度变化引起的 ϕ 角对膨胀系数的贡献有很大一部分被互相抵消。有人通过分子动力学计算，发现石英玻璃内 Si—O、Si—Si 和 O—O 之间的距离随温度升高而增大，但是 Si—O—Si 和 O—Si—O 之间的键角却随温度升高而变小[88]，这两者的共同作用互相抵消了热胀冷缩效应。所有这些因素的综合效果造成石英玻璃具有非常小的膨胀系数。

锂霞石（LiAlSiO$_4$）的结构有点类似低温石英，其中 Al^{+3} 和 Si^{+4} 分别与氧离子形成四面体结构，但与 β-石英不同：硅原子同铝原子在（0001）面上的投影没有扭曲，因此呈六方形排列（图 7-8），锂离子位于氧离子构成的八面体（配位数为 6）或四面体（配位数为 4）空隙中。温度升高，一部分原本占据着四面体空隙的锂离子迁移到八面体空隙中，引起孔隙体积发生变化，导致晶体沿 c 轴发生收缩，而沿 a、b 轴膨胀，结果使锂霞石晶体的体积膨胀系数成为 -1.9×10^{-6} K^{-1}。关于负膨胀系数材料，将在本章第 6 节中专门讨论。

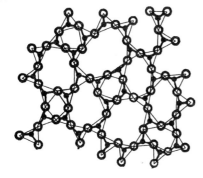

图 7-7　石英玻璃的结构，白圆圈表示氧原子，黑圈为硅原子，三角形表示硅氧四面体

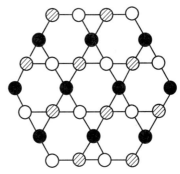

图 7-8　锂霞石中 Al 和 Si 原子在（0001）面上的投影，不同颜色的圆圈表示不同高度

稀土锆酸盐 Ln$_2$Zr$_2$O$_7$ 具有焦绿石结构（A$_2$B$_2$O$_7$），这种结构实际上可看成为含有缺陷的有序排列的萤石结构：立方体的各个顶角和每个面的中心分别被 Ln 离子（A）和 Zr 离子（B）占有，7 个氧离子占据由 1/2 边长构成的小立方体中心，这样的小立方体共有 8 个，因此其中有 1 个没有氧离子，如图 7-9 所示，其中 8a 位置上缺少氧离子。稀土锆酸盐 Ln$_2$Zr$_2$O$_7$ 的膨胀系数比较大，如 La$_2$Zr$_2$O$_7$、Sm$_2$Zr$_2$O$_7$ 和 Gd$_2$Zr$_2$O$_7$ 的线膨胀系数（293～1273K）平均值分别为 9.1×10^{-6} K^{-1}、10.8×10^{-6} K^{-1}、11.6×10^{-6} K^{-1}。潘伟等人[89]通过对拉曼光谱和 XPS 谱的研究，发现如果向 Sm$_2$Zr$_2$O$_7$ 中掺杂 MgO，形成（Sm$_{2-x}$Mg$_x$）Zr$_2$O$_{7-2x}$，当掺杂量 $x < 0.075$ 时 Mg^{2+} 和 O^{2-} 分别占据焦绿石晶格中的晶格间

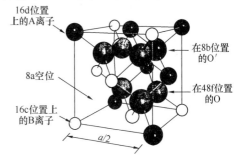

图 7-9　焦绿石结构

隙位置和原来的 8a 空缺位置，从而减小了晶格中正负离子之间的静电能，于是膨胀系数增大。当掺杂量 $x > 0.075$ 时，Mg^{+2} 不再占据间隙位置，而是取代 Sm^{3+}，而随 MgO 引入的 O^{2-} 也不再占据 8a 空隙，结果使得静电能增大，膨胀系数变小（图 7-10）。如果在稀土锆酸盐中掺杂 3 价稀土氧化物，如在 Gd$_2$Zr$_2$O$_7$ 中掺加 Yb，则没有发现膨胀系数增大的现象，而是随 x 的增大 α 有所下降，如图 7-11[90]所示。这从反面支持了上面的分析。由于稀土锆酸盐陶瓷具有较低的导热系数和较高的膨胀系数，这些材料在热阻涂层的应用方面有很大前景。

许多无机非金属晶体具有较低的对称性，反映在结构上就是晶体中原子或离子在不同的方向上有不同的排列方式，因此其线膨胀系数也具有方向性。如上面提到的锂霞石为六方晶

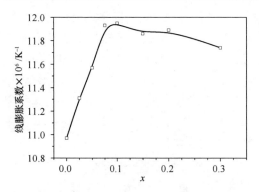

图 7-10　$(Sm_{2-x}Mg_x)Zr_2O_{7-2x}$ 的平均线膨胀系数随 x 而变化[89]

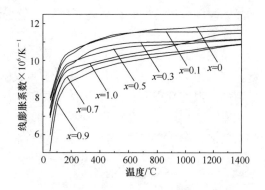

图 7-11　$(Gd_{1-x}Yb_x)_2Zr_2O_{7-2x}$ 的平均线膨胀系数随温度及 x 而变化[90]

系，在垂直于 c 轴方向上线膨胀系数为 7.8×10^{-6} K^{-1}，平行于 c 轴方向为 -17.5×10^{-6} K^{-1}[12]。对于各向异性材料的膨胀系数可以用张量来表示。无定形物质（如玻璃）和立方晶系的物质是各向同性的，其线膨胀系数具有单一性。其他晶系的线膨胀系数须按照不同的方向（通常按晶轴方向）给出相应的分量。三方、四方系和六方系晶体，有两个分量：沿 c 轴的 α_1 和垂直于 c 轴的 α_3；正交晶系有 3 个分量，分别沿 3 个晶轴：α_1、α_2、α_3；单斜晶系有 4 个分量：α_1、α_2、α_3、α_5；三斜晶系共有 6 个分量：α_1、α_2、α_3、α_4、α_5、α_6。各个晶系的线膨胀系数分量可列成表 7-3 的形式。沿晶轴方向的各个膨胀系数 α_1、α_2 和 α_3 同体积膨胀系数有关，实际上有：

$$\beta \approx \alpha_1 + \alpha_2 + \alpha_3 \tag{7-38}$$

而 α_4、α_5、α_6 这三个分量同晶角的变化有关，而同体积变化无关，是反映晶体的形状变化。表 7-4 列出了一些各向异性晶体的线膨胀系数[12]。

表 7-3　各种晶系的线膨胀系数表示形式

晶系	线膨胀系数的各个分量	简化表示
立方	$\alpha_{11}=\alpha_{22}=\alpha_{33}$，0，0，0	$\alpha_1=\alpha$
六方	$\alpha_{11}=\alpha_{22}$，α_{33}，0，0，0	$\alpha_1=\alpha_\perp$　$\alpha_3=\alpha_{/\!/}$
四方	$\alpha_{11}=\alpha_{22}$，α_{33}，0，0，0	$0_1=\alpha_\perp$　$\alpha_3=\alpha_{/\!/}$
三方	$\alpha_{11}=\alpha_{22}$，α_{33}，0，0，0	$\alpha_1=\alpha_\perp$　$\alpha_3=\alpha_{/\!/}$
正交	α_{11}，α_{22}，α_{33}，0，0，0	$\alpha_{11}=\alpha_1$，$\alpha_{22}=\alpha_2$，$\alpha_{33}=\alpha_3$
单斜	α_{11}，α_{22}，α_{33}，0，α_{15}，0	$\alpha_{ii}=\alpha_i$，$\alpha_{15}/2=\alpha_5$
三斜	α_{11}，α_{22}，α_{33}，α_{14}，α_{15}，α_{16}	$\alpha_{ii}=\alpha_i$，$\alpha_{ij}/2=\alpha_j$

表 7-4　各向异性晶体的各个线膨胀系数分量[12]

晶　体	$\alpha_{11}\times10^6/K^{-1}$	$\alpha_{22}\times10^6/K^{-1}$	$\alpha_{33}\times10^6/K^{-1}$
刚玉，Al_2O_3	8.3	8.3	9.3
莫来石，$Al_6Si_2O_{13}$	4.5	4.5	5.7
金红石，TiO_2	6.8	6.8	8.3
锆英石，$ZrSiO_4$	3.7	3.7	6.2

续表

晶　体	$\alpha_{11}\times10^6/K^{-1}$	$\alpha_{22}\times10^6/K^{-1}$	$\alpha_{33}\times10^6/K^{-1}$
方解石，$CaCO_3$	-6	-6	25
石英，SiO_2	14	14	9
钠长石 $NaAlSi3O8$	4	4	13
石墨，C	1	1	27
水镁石，$Mg\ (OH)_2$	11	11	4.5
绿宝石，$Be_3Al_2Si_6O_{18}$	6	6	5
锂霞石，$LiAlSiO4$	7.8	7.8	-17.5
Al_2TiO_5	9.5	19	-1.4
Fe_2TiO_5	10.9	16.3	3.0
Mg_2TiO_5	12.0	12.0	2.0

第 4 节　陶瓷材料的热膨胀系数

陶瓷材料是多晶集合体，大多数陶瓷材料内各个晶粒随机取向，因此整体上陶瓷材料是各向同性的，其膨胀系数不随方向变化。对于一些某一方向上线膨胀系数为负值的晶粒所构成的陶瓷，就有可能因晶粒的杂乱排列，使得不同取向晶粒的正、负膨胀系数互相抵消，导致材料整体膨胀系数变小，甚至为零或为负值。然而沿某一方向上每个晶粒的膨胀系数的不同导致在晶粒之间产生很大的残余应力，这种残余应力会降低陶瓷材料的力学性能，甚至在晶粒之间产生裂纹。这种晶粒之间的裂纹给晶粒的膨胀或收缩提供一种缓冲的余地，导致陶瓷材料整体的膨胀系数变小。由于晶粒之间存在裂纹，升温时的线膨胀系数同降温时不相吻合，形成滞后现象。图 7-12 量即为升降温时所测到

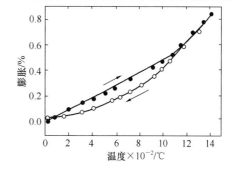

图 7-12　具有微裂纹的 TiO_2 陶瓷材料升温和降温下的膨胀滞后[22]

的 TiO_2 陶瓷材料的膨胀率所形成的滞后[22]。一般而言，陶瓷材料的膨胀系数小于同样组成的单晶材料的膨胀系数。表 7-5 列出了一些常见陶瓷材料的平均线膨胀系数[13,23]。

表 7-5　陶瓷材料的平均线膨胀系数[13,23]（0～1000℃）

材料	$\alpha\times10^6/K^{-1}$	材料	$\alpha\times10^6/K^{-1}$
Al_2O_3	8.8	SiC	4.7
Y_2O_3	9.3	B_4C	4.5
MgO	13.5	TiC	7.4
BeO	9.0	TiC 金属陶瓷	9.0
UO_2	10.0	Si_3N_4	2.25

续表

材料	$\alpha \times 10^6 / \text{K}^{-1}$	材料	$\alpha \times 10^6 / \text{K}^{-1}$
ThO_2	9.2	$MoSi_2$	8.51
稳定 ZrO_2	10.0	莫来石	5.3
CaO	13.8	尖晶石	7.6
CeO_2	8.6	锆英石	4.2

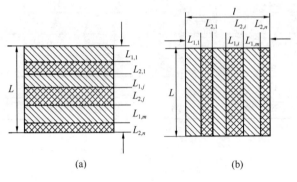

图 7-13　二相分层排列材料的线膨胀系数计算模型

陶瓷材料不但是多晶集合体，而且通常在材料内存在不止一种相组成，除非高纯度材料，否则即使由单一种晶体组成的陶瓷材料，其晶界上一般都会有极少量的玻璃相，或其他无定形相存在。不同相物质具有不同的膨胀系数，陶瓷材料整体的膨胀系数应该由材料中各组分的膨胀系数及各组分的数量多少决定。首先考虑两种极端情况：

①材料由各向同性两相组成，他们的线膨胀系数分别为 α_1 和 α_2，在材料中所占的体积比分别为 v_1 和 v_2，并且这两相呈层状交叉排列 ［图 7-13 (a)］。当温度变化 ΔT 后，根据在 L 方向上的长度变化，可以列出下面的方程：

$$\sum_i^m \alpha_1 L_{1,i} \Delta T + \sum_i^n \alpha_2 L_{2,i} \Delta T = \alpha L \Delta T \tag{7-39}$$

式中 α 和 L 分别为材料整体的线膨胀系数和长度。从图 7-13 (a) 可知：

$$v_1 = \left(\sum_i^m L_{1,i}\right)/L \text{ 和 } v_2 = \left(\sum_i^n L_{2,i}\right)/L$$

由此可导出：

$$\alpha = \alpha_1 v_1 + \alpha_2 v_2 \tag{7-40}$$

对于由 n 种相组成的材料，则有：

$$\alpha = \sum_i^n \alpha_i v_i \tag{7-41}$$

②材料由各向同性两相组成，同前一种情况的区别在于不同相的材料分层交叉竖排，计算 L 方向上的线膨胀系数，如图 7-13 (b) 所示。当温度变化 ΔT 后，为了维持整个材料的整体性，不同相的各层材料应有相同的长度变化 ΔL。显然对于膨胀系数大的相（假定为 1 相）应有 $\Delta L < \alpha_1 L \Delta T$，对于膨胀系数小的相（假定为 2 相）则有 $\Delta L > \alpha_2 L \Delta T$。如此在第 1 相内产生压缩形变，在第 2 相内产生拉伸形变。应变会产生应力，从而在每层材料上按照截面积不同，相应地作用着大小不等的压力或拉力。由于整个材料是力学稳定的，因此这些作用力之和应该为零。由此可建立下面的方程：

$$\sum_i^m bl_{1,i} E_1 (\alpha_1 \Delta T - \alpha \Delta T) + \sum_i^n bl_{2,i} E_2 (\alpha_2 \Delta T - \alpha \Delta T) = 0 \tag{7-42}$$

式中 b 为在垂直于纸面方向上材料的整体宽度，因此 $bl_{1,i}$ 和 $bl_{2,i}$ 分别是第 1 相和第 2 相第 i

层材料的截面积；α 为材料整体线膨胀系数。设 v_1 和 v_2 分别为材料中第 1 相和第 2 相所占的体积分数，则有：

$$v_1 = \left(\sum_i^m l_{1,i}\right)/l \quad \text{和} \quad v_2 = \left(\sum_i^n l_{2,i}\right)/l$$

由此可导出材料整体膨胀系数的表达式：

$$\alpha = \frac{v_1\alpha_1 E_1 + v_2\alpha_2 E_2}{v_1 E_1 + v_2 E} \tag{7-43}$$

对于由 n 种相组成的材料，则有：

$$\alpha = \frac{\displaystyle\sum_i^n v_i\alpha_i E_i}{\displaystyle\sum_i^n v_i E_i} \tag{7-44}$$

如果一种材料由 n 相大小不等的颗粒组成，颗粒之间紧密连接构成整体，如图 7-14 所示。当温度变化 ΔT 后，材料体积发生变化 ΔV。为了维持整个材料的整体性，不同相内的各个颗粒应发生不同的体积变化 $\Delta V_{i,j}$。显然对于膨胀系数大的相应有 $\Delta V_{i,j} < \beta_i V_{i,j}\Delta T$，对于膨胀系数小的相则有 $\Delta V_{i,j} > \beta_i V_{i,j}\Delta T$，这里下标 i 表示不同的相，j 表示同一相中不同的颗粒。假定因温度变化引起各个颗粒的体积变化时颗粒之间的界面上的剪切应力很小而可以忽略不计，这样因为互相约束，每个颗粒度受到一个体积应力 $(\beta - \beta_i)V_{i,j}\Delta TK_i$，其中 K_i 为第 i 相的体积模量。考虑到整体材料的力平衡，因此有：

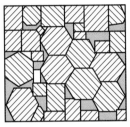

图 7-14　由 n 相大小不等的颗粒组成的整体材料

$$\sum_i^n \sum_j^p (\beta - \beta_i)V_{i,j}K_i\Delta T = 0 \tag{7-45}$$

其中每一相的颗粒数为 p（不同相的 p 可以不相同），$V_{i,j}$ 为第 i 相第 j 个颗粒的体积，β_i 和 K_i 分别为第 i 相的体积膨胀系数和体积模量。如果材料的总体积为 V，则每一项的体积分数为：

$$v_i = \frac{1}{V}\sum_j^p V_{i,j} \tag{7-46}$$

根据式 7-45 和式 7-46，可导出：

$$\beta = \frac{\displaystyle\sum_i^n v_i\beta_i K_i}{\displaystyle\sum_i^n v_i K_i} \tag{7-47}$$

这就是最早由吐纳（Turner）给出的多相材料的膨胀系数同其组分的关系[91]。

如果用 $\beta = 3\alpha$ 以及弹型模量 E、体积模量 K 和泊桑（Poisson）比 υ 之间的关系：

$$E = 3K(1 - 2\upsilon) \tag{7-48}$$

代入上式，则得到完全与式 7-44 相同的方程式。然而此两式的物理模型是有差别的，吐纳的模型是各种不同相组成的颗粒无序并紧密地连接在一起，而式 7-44 是依据不同相物质呈层状平行地紧密连接在一起。

寇纳（Kerner）则根据同吐纳类似的模型，但考虑到颗粒界面之间存在剪切应力，得到了下列方程[92]：

$$\alpha = \left(\frac{4G}{K} + 3\right) \sum_i^n \frac{v_i \alpha_i}{\frac{4G}{K_i} + 3} \tag{7-49}$$

式中 G 和 K 分别为多相材料整体的剪切模量和体积模量，α_i 和 K_i 分别为第 i 相的线膨胀系数和体积模量。

对于由二相组成的复合材料，如以 1 表示基质相，用 2 表示分散相，则复合材料的线膨胀系数的寇纳方程为：

$$\alpha = \alpha_1 + v_2 (\alpha_2 - \alpha_1) \frac{K_1 (3K_2 + 4G_1)^2 + (K_2 - K_1) (16G_1^2 + 12G_1 K_2)}{(3K_2 + 4G_1) [4v_2 (K_2 - K_1) + 3K_1 K_2 + 4G_1 K_1]} \tag{7-50}$$

此外还有一些计算多相材料总体膨胀系数的方程，例如有 Thomas 方程[93]：

$$\alpha = \alpha_i^{v_i} \cdot \alpha_m^{v_m} \tag{7-51}$$

式中 α_i、α_m 和 v_i 分别表示二相材料中分散相和基质的线膨胀系数以及分散相的体积分数。

Tummala & Friedberg 方程[94]：

$$\alpha = \alpha_m - v_i \frac{(\alpha_m - \alpha_i) (1 + v_m) E_i}{(1 + v_m) E_i + 2 (1 - 2v_i) E_m} \tag{7-52}$$

Blavkburn's 方程[94]：

$$\alpha = \frac{1.5 [\alpha_i + \nu_m (\alpha_m - \alpha_i)] (1 - v_m)}{0.5 (1 - v_i) + \nu_m (1 - 2v_i) + (1 - \nu_m) (1 - 2v_m)} \frac{E_i}{E_m} \tag{7-53}$$

以上各式中 E、G 和 v 分别表示弹型模量、剪切模量和泊桑比，下标 i 和 m 分别表示分散相和基质，其余符号与前面相同。

以上所列出的这些方程都不是普适的，通常只能适用于某些体系或某些场合。一般而言，多相材料的真实膨胀系数介于式 7-41 和式 7-44 所给出的两条曲线之间。图 7-15[23]、图 7-16[95]、图 7-17[96] 和表 7-6[93] 分别显示一些二相体系对不同方程的适应性。

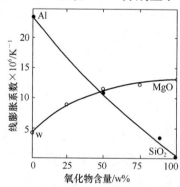

图 7-15　MgO － W 陶瓷和 Al-SiO₂ 玻璃的膨胀系数曲线（实线根据吐纳方程给出）[23]

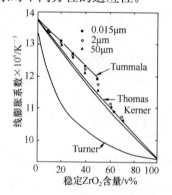

图 7-16　Ba-Al-B 氧化物玻璃和钇稳定氧化锆复合材料的线膨胀系数（ZrO₂ 粒度示于图内，图中实线由各方程式给出）[95]

表 7-6　$Ca_{10}(PO_4)_6(OH)_2$-SiO_2 复合材料的线膨胀系数的测量值和计算值[93]

成分比例		测量值	计算值$\times 10^6/K^{-1}$			
HA	SiO_2	$\times 10^6/K^{-1}$	Tummala	Turner	Kerner	Thomas
90	10	13.87	14.25	13.60	13.60	12.66
70	30	11.22	13.18	11.05	11.16	9.27
50	50	9.01	12.12	8.78	8.91	6.82

多孔陶瓷陶瓷的膨胀系数取决于孔隙在材料内的分布状态，如果固相是连续相，孔隙作为分散相分布在材料内。由于孔隙的 K 和 G 极小，近似为零，则利用吐纳方程或寇纳方程度可看出多孔材料的膨胀系数就等于其中的固相的膨胀系数。如果多孔材料中孔隙也成为连续相（固相必须也是连续相，否则材料失去整体性），则多孔材料整体的膨胀系数需要根据具体情况而定，很难用一种固定的模型去分析推导。一般讲，像纤维棉、毡之类柔性材料的膨胀系数远小于纤维本身的膨胀系数。对于高孔隙率的刚性材料则可能小于或接近于其中固相的膨胀系数。

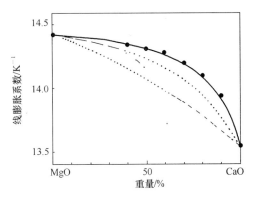

图 7-17　MgO-CaO 陶瓷材料的膨胀系数符合吐纳方程（图中两条虚线为利用寇纳方程得到的曲线）[96]

第 5 节　玻璃的热膨胀系数

硅酸盐玻璃的结构如图 7-18 所示，硅氧四面体形成不规则排列的网络，硅原子处在由四个氧离子构成的四面体的中心，两个硅氧四面体可以通过共用一个处于顶角上的氧离子相联系。这样，每个硅氧四面体最多可以同与其相邻的四个硅氧四面体相连接。玻璃中的其他二价、一价金属离子，以及部分三价金属离子处在硅氧四面体网络的间隙内，同四面体顶角上的氧离子以离子键相连。由于这些金属离子的存在，硅氧四面体就不可能都同其他硅氧四面体共享顶角上的阳离子，而是形成了相当数量的 Si—O—M 或 Si—O—M—O—Si 键（M 表示金属离子）。有些四价和三价金属离子（如 Al^{3+} 和 B^{4+}）能够取代硅离子，进入氧四面体的中心形成铝氧四面体或硼氧四面体，这些离子同硅离子统称为网络形成离子，而处在网络间隙的金属离子称为网络外离子。其他无机玻璃如磷酸盐玻璃、硫化物玻璃具有类似的结构。前面曾经指出单纯的由 SiO_2 构成的石英玻璃具有很低的线膨胀系数，但是对于其他硅酸盐玻璃，由于存在网络外离子，使得玻璃的结构和键能发生很大

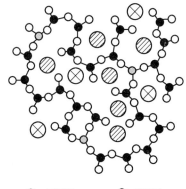

○ 氧原子　　● 硅原子
◔ 其他网络形成原子
⊗ 二价金属离子
▨ 一价金属离子

图 7-18　硅酸盐玻璃结构示意图

变化。玻璃的膨胀系主要决定于金属阳离子与氧阴离子之间的键强，热膨胀系数值是随键强的增加而降低。金属离子与氧离子之间的键强可用金属离子的电价 Z 和离子半径 r_+ 之比 Z/r_+ 来估计，表 7-7 列出了一些金属离子与氧离子之间的 Z/r_+。

表 7-7　金属与氧之间的离子键强

离子	Z	r_+	Z/r_+
Li	1	0.74	1.35
Na	1	1.02	0.98
K	1	1.38	0.72
Mg	2	0.90	2.22
Ca	2	1.12	1.79
Sr	2	1.25	1.60
Ba	2	1.42	1.41
Pb	2	1.31	1.53
Al	3	0.53	5.66
Ti	4	0.61	6.56
Sn	4	0.69	5.80

表 7-8　计算玻璃线膨胀系数用的氧化物成分系数[97]

氧化物	$\overline{\alpha_i} \times 10^7$	使用范围/%	氧化物	$\overline{\alpha_i} \times 10^7$	使用范围/%
Li_2O①	260	0～35	B_2O_3	$-50 \sim 0$	0～100
Na_2O①	400（420）	0～35	Al_2O_3	-40	0～20
K_2O①	480（510）	0～35	Ga_2O_3	-2	0～20
Cs_2O①	513（530）	0～35	Y_2O_3	-15	0～10
BeO	45	0～20	In_2O_3	-20	0～10
MgO	60	0～20	La_2O_3	57	0～20
CaO	130	0～30	CeO_2	-5	0～5
SrO	160	0～30	TiO_2	-25	0～25
BaO	200	0～30	ZrO_2	-100	0～20
ZnO	50	0～25	HfO_2	-15	0～10
CdO	120	0～25	ThO_2	-30	0～15
PbO②	130～190	0 -～50	$SiO_2$③	5～38	0～100

注：1. 括号内数值仅适用于二元系 R_2O-SiO_2 玻璃。

2. PbO 的系数随玻璃中 $Na_2O + K_2O$ 的百分含量（$\sum R_2O$）而变化：

$$\overline{\alpha_{PbO}} \times 10^7 = 130 + 5\left(\sum R_2O - 3\right)$$

3. SiO_2 的系取决于其本身在玻璃中的百分含量 $S\%$：

当 $S = 100 \sim 67$，$\overline{\alpha_{SiO_2}} \times 10^7 = 102 - s$

当 $S = 67 \sim 34$，$\overline{\alpha_{SiO_2}} \times 10^7 = 35$

由于玻璃结构的复杂性，简单地利用金属离子与氧离子间的键强并不能建立可靠的玻璃成分同膨胀系数之间的定量关系。前苏联学者阿品（А. А. Аппен）和我国学者干福熹在研究玻璃组成氧化物同结构的关系的基础上提出了根据玻璃成分计算硅酸盐玻璃物理性质的方法[97]。其中关于计算玻璃热膨胀系数的各玻璃组分氧化物系数列于表 7-8 中。他们提出的计算公式十分简单：

$$g = \overline{g_i} \cdot r_i \tag{7-54}$$

式中 g 为玻璃的某种物理性质，$\overline{g_i}$ 为该性质的玻璃成分中的氧化物 i 的系数，r_i 为氧化物 i 在玻璃中的分子分数。

硅酸盐玻璃中各种成分对玻璃膨胀系数影响的大致规律是：氧化物的碱性大，则使玻璃热膨胀系数增大的作用也大；在同一周期的元素中，当用第 I 族元素的氧化物取代第 IV 族元素的氧化物时，会明显增大玻璃的热膨胀系数；而在同一族的元素中，原子量大的元素的氧化物对增大膨胀系数的作用也大。

硅酸盐玻璃中 B_2O_3 对玻璃的膨胀系数的影响非常复杂，原因是硼离子在玻璃内可以有 3 配位和 4 配位两种状态，分别形成 BO_3 平面三角形和 BO_4 四面体，使玻璃中氧离子的堆积密致程度以及各种金属离子同氧离子的键合力发生明显变化，从而改变玻璃的膨胀系数。硼离子的配位数不仅同其本身含量多少有关，也同氧化硅的含量有关，还取决于玻璃中其他网络外金属离子的种类和数量。图 7-19 显示硼硅酸盐玻璃中不同种类的碱金属氧化物及其数量对玻璃线膨胀系数的影响[22]。图中显示，在硼硅酸盐玻璃中加入少量碱金属氧化物 R_2O，由于氧离子数量的增加促使 BO_3 平面三角形转变成 BO_4 四面体，使玻璃的膨胀系数明显下降。进一步增加 R_2O 数量，大量的 R-O 离子键有助于增大膨胀系数。在一定的 R_2O 加入量范围内这两种过程同时起作用并且相持不下，

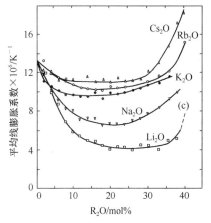

图 7-19　不同种类的碱金属氧化物及数量对玻璃线膨胀系数的影响[22]

造成膨胀系数对 R_2O 加入量不敏感。当玻璃中 R_2O 含量超过 35% 后，高浓度的 R-O 离子键增大膨胀系数的作用占了上风。

玻璃的膨胀系数在玻璃化温度 T_g 和玻璃的软化温度 T_f 之间（对于一般硅酸盐玻璃 T_g 大致在 500℃ 左右，T_f 在 700℃ 左右）出现反常现象，这种反常同玻璃的被加热历史有密切关系。玻璃可以看成为一种过冷的"液体"，玻璃的结构在一定程度上保留有其熔融状态的结构，因此制造玻璃时的冷却速度对玻璃的结构有很大影响。图 7-20 中的曲线 a 是把玻璃试样加热到测量温度，并长时间保温以求达到结构平衡，然后再测量其长度变化。曲线 b 为同样成分的玻璃通过快速

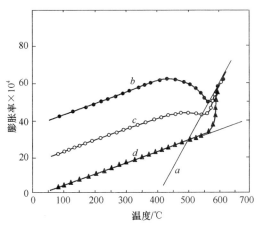

图 7-20　不同热处理对玻璃线性膨胀量的影响[22]

(a) 400℃ 以上慢速加热到平衡温度；(b) 快速冷却；

(c) 慢速冷却；(d) 经过 500℃ 下退火

冷却制成的试样，再以 10℃/ min 速度加热到测试温度对试样的线性尺寸的变化进行测量。曲线 c 是缓慢冷却制得的试样，同样以 10℃/ min 速度加热到测定温度，测定其线性尺寸的变化。曲线 d 用的试样在测试前先经过 500℃下退火处理，然后用上面所述的方法测定其线性尺寸的变化。图 7-20 中纵坐标是试样的线性尺寸变化率，因此各曲线的斜率即是线膨胀系数。曲线 a 所用的试样经过结构平衡处理，因此该曲线所指示的膨胀系数代表热力学稳定的平衡结构物质的热膨胀系数。由图可见在大约 400℃以下，曲线 b、c、d 的斜率（即各试样的线膨胀系数）都明显小于曲线 a，这是因为这些曲线来自热力学非平衡的玻璃体，它们仍旧保留有高温熔融体结构的某些特征。熔融体在结构上比较松散，因此具有较小的膨胀系数。其中曲线 b 的试样从高温急冷而成，因此它保留的高温熔融体结构的特征最充分，其线性变化也就最大。当温度达到和超过 T_g 后其结构开始向比较密致的平衡态调整，体积出现收缩，曲线 b 逐渐向曲线 a 靠拢，最后同 a 重合。曲线 d 来自经过在玻璃转化温度上退火处理的试样，它的结构接近高温熔融体的结构，因此在曲线 d 上没有出现反常收缩现象，随着温度上升至转化温度（500℃）以上，玻璃结构能够自动趋向平衡结构，于是曲线直接靠拢并同曲线 a 合并。曲线 c 来自慢速冷却试样，因此其结构介于 b 和 d 之间，其线性尺寸随温度的变化也就介于曲线 b 和 d 之间。如图 7-3 中所示，当温度超过玻璃转化温度后曲线 c 出现反常收缩，但程度不如曲线 b，并且最终也同曲线 a 合并。

第 6 节　零膨胀系数和负膨胀系数材料

绝大部分无机材料，不管是天然的还是人造的，它们的热膨胀系数都是正值，即物体的尺寸随温度升高而增大，反之则减小。然而，是正如在第 2 节中曾经指出：一些半导体金属和金属化合物，如锗、砷化镓之类，它们的膨胀系数在极低温度下出现负值。具有负膨胀系数的物质在某些工程技术领域有特殊用途，并且如果把负膨胀系数物质同正膨胀系数物质复合，就有可能获得膨胀系数极小甚至为零的复合材料，这些材料在许多科技领域具有广泛的应用。

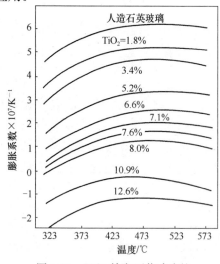

图 7-21　TiO₂ 掺杂石英玻璃的
线膨胀系数[98]

长久以来人们认识到石英玻璃具有极小的热膨胀系数，并将其应用在许多工程技术领域。石英玻璃具有很小的热膨胀系数的原因在第 3 节中进行了讨论。一般纯二氧化硅石英玻璃的线膨胀系数为 $(0.5\sim0.6)\times10^{-6}$ K^{-1}，如果在石英玻璃中掺杂 TiO_2，形成钛氧四面体（TiO_4），并且同玻璃内硅氧四面体（SiO_4）一起构成均匀的（—O—Si—O—Ti—O—）网络结构。这种结构在温度发生变化时 O^{2-} 同 Ti^{4+} 或 Si^{4+} 之间的键角变化增大，加大了桥氧原子的横向振动和扭动，有助于势能曲线的右半部分斜率增大（图 7-2），从而减小膨胀系数，甚至导致负膨胀。图 7-21 所示为不同 TiO_2 掺杂量的石英玻璃的膨胀系数随温度而变化的关系曲线[98]。从图可见 TiO₂ 掺杂量为 8% 的石英玻璃的膨胀系数在室温附近为零，TiO_2 掺杂量大于 10％的石英玻璃的膨胀系数为负值。

热力学指出体膨胀系数同物质熵的体积偏导数有关，由式 7-55 可得到：

$$\beta = \frac{1}{K_T} \left(\frac{\partial S}{\partial V} \right)_T \tag{7-55}$$

大多数物质的熵值随体积减小而减小，因此 β 为正值。如果物质的体积减小时其内部质点的无序度增大（即 S 增大），则 β 为就为负值。由于膨胀系数同格律内森常数 γ 有关（式 7-18），对于一般物质，其晶格振动频率 ω_i 随 V 增大而减小，因此由 γ 的定义式 7-15 可知 γ 总是正值。对于体积减小时其内部质点的无序度增大的物质，其体积减小时有一部分振动模式的频率也随之减小，则 γ 成为负值，根据式 7-18，膨胀系数也就为负值。一些氧化物晶体可以看成是由金属离子 M 同氧离子 O 构成的 MO_n 多面体组成的，多面体之间通过共用顶角上的氧原子连接在一起。其中连接两个氧多面体的共用氧离子称为桥氧离子或桥氧原子。MO_n 多面体中 M—O 键强度较高，使得多面体的键长和键角

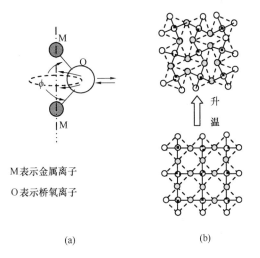

M表示金属离子

O表示桥氧离子

图 7-22　桥氧离子的横向与振动和刚性多面体
耦合转动

(a) 桥氧离子的横向振动；(b) 刚性多面体耦合转动

不易随温度变化而变化，因此多面体本身也就不易随温度变化而变形，但是桥氧原子的横向振动的能量较低，这种低能量的晶格振动包括垂直于 M-M 方向的横向振动和环绕 M-M 轴线的扭动 [图 7-22（a）]。温度发生变化时因桥氧原子做横向热运动引起 M—O—M 键的键角发生变化，造成多面体的旋转耦合，压缩多面体之间的空间，结果使整个晶体体积减小，如图 7-22（b）所示。图 7-22（b）中以虚线勾画出的四边形表示 MO_6 八面体的垂直投影，氧原子用圆圈表示，其中浅灰色圆圈表示桥氧原子，小黑点表示处于氧八面体中央的金属离子 M。从图可见：当温度升高，MO_6 八面体互相旋转，晶格中各种离子或原子的排列方式明显比低温下的排列凌乱无序得多，因此升温一方面使体积减小，另一方面又使熵值增大。此图形象地表明了膨胀系数为负值的机制。上面所述的石英玻璃、掺钛石英玻璃以及通式为 $A_2M_3O_{12}$、AM_2O_7 和 AM_2O_8 的氧化物材料的零膨胀或负膨胀现象就是由这种机制引起的，式中 M 为构成 MO_4 四面体的元素，具体有 W（钨）和 V（钒）等，A 为占据氧八面体空隙的金属元素主要有 Sc、Lu、Th、Hf、Zr 等。其中立方结构的 ZrW_2O_8 具有很大的负热膨胀系数（$-9 \times 10^{-6} K^{-1}$），并从 0.3K 直到其分解温度（1050K）热膨胀系数始终保持各向同性。

董青石（$Mg_2Al_4Si_5O_{18}$）的晶体结构可以看成是由硅氧四面体和铝氧四面体互相间隔地连接构成的三维骨架，在垂直于 c 轴的平面上有许多由 4 个硅氧四面体和 2 个铝氧四面体组成的六元环，形成类似层状结构。图 7-23（a）的中央显示有两个分别由标高在 50 和 100 的硅或铝原子组成的氧四面体 6 元环。层与层之间通过由硅氧四面体和铝氧四面体构成的四元环连接，如图 7-23（b）所示，镁离子就在由这些四面体围成的间隙通道中，1 个镁离子周

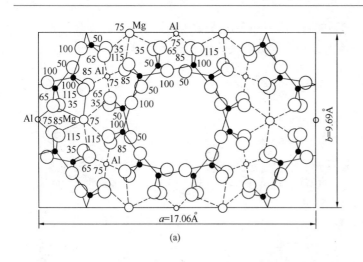

图 7-23　董青石的结构[99]

(a) 垂直于 c 轴，图内数字为各原子在 c 轴上的标高，大圆圈为氧原子，
中圆圈为镁离子，小圆圈为铝离子，黑点为硅原子；(b) 平行于 c 轴，
斜线是硅氧四面体，点是铝氧四面体

围有来自 6 个不同的硅氧或铝氧四面体顶角上的氧原子，形成 MgO_6 八面体结构（图 7-23）。在垂直于 c 轴平面上构成 6 元环的硅氧四面体或铝氧四面体之间的夹角，即 M—O—M（M 表示 Si 或 Al）键的夹角的平均值为 172.7°，而平行于 c 轴方向上构成 4 元环中的硅氧或铝氧四面体之间的 M—O—M 键夹角平均值为 129.9°[99]。当温度发生变化时，由于硅氧四面体或铝氧四面体内 M—O 键的强很大，因此这些氧四面体本身的体积变化很小，即膨胀系数很小。同时 6 元环中氧四面体的夹角接近 180°，它们之间不易弯曲。因此在垂直于 c 轴的 a、b 方向上膨胀系数不大。另一方面，MgO_6 八面体中 Mg—O 键比较弱，当温度变化时其键长会有较大的变化。由于平行 c 轴方向上 4 元环中的氧四面体之间的夹角较小，容易转动，Mg—O 键长的变化会引起 4 元环中氧四面体发生褶曲，以便与上、下的硅氧、铝氧四面体组成的六元环继续保持连接，从而引起 c 轴方向的线性尺度的变化。这种变化的趋势同 a、b 轴方向上的变化相反，即 a、b 轴方向膨胀，而 c 轴方向收缩（图 7-24），从而使董青石整体的尺度变化不大。有的研究报道[100]董青石中 Mg—O 键的膨胀系数为 $13 \times 10^{-6} K^{-1}$，而晶胞的体膨胀系数为 $7 \times 10^{-6} K^{-1}$，一般董青石陶瓷材料的线膨胀系数为 $(2 \sim 3) \times 10^{-6} K^{-1}$。许多碱金属和碱土金属离子可以取代镁离子，占据董青石中的间隙通道。由于离子的半径和键强各不相同，这种取代会引起董青石的膨胀系数发生变化。例如用铁全部取代镁，能够使董青石晶胞体积膨胀系数由 $7 \times 10^{-6} K^{-1}$ 变到 $13 \times 10^{-6} K^{-1}$[100]。绿柱石 $(Be_3Al_2Si_6O_{18})$ 具有与董青石类似的结构，因此其膨胀系数也比较小（$3 \times 10^{-6} K^{-1}$）。

磷酸锆钠（$NaZr_2P_3O_{12}$）属三方晶系，晶体结构如图 7-25 所示，PO_4 四面体和 ZrO_6 八面体，通过共顶方式构成了三维网络，钠离子位于 ZrO_6 八面体形成的空隙 M_1 中，M_1 可以看成是变形的八面体。另外，处于两柱状链之间具有八面体形状的空隙（M_{II}）构成一个三维网络通道，离子可以沿这种通道迁移。磷酸锆钠的负热膨胀性能也是由于 Zr-O-P 键的夹角因温度变化而发生改变引起的，差别在于磷酸锆钠随着温度的升高，沿 c 轴的方向上发生正膨胀，而在六角坐标面上的 a 轴方向上发生负膨胀。磷酸锆钠中的锆离子和钠离子可以分别被许多四价离子和一、二价离子取代，从而派生出许多磷酸复盐，它们的膨胀系数各不相同。表 7-9 列出了其中一些复盐的膨胀系数以及沿 a 和 c 轴方向上的膨胀系数，分别用 α、α_a 和 α_c 表示。

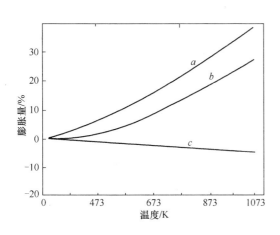

图 7-24　董青石三个晶轴方向上的热膨胀量
（图中 a、b、c 为晶轴）[100]

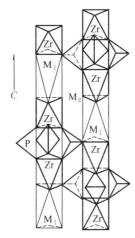

图 7-25　磷酸锆钠晶体结构
（平行 c 轴方向）

表 7-9　一些磷酸复盐的线膨胀系数 α，沿 a 和 c 轴方向上的膨胀系数 α_a 和 α_c[101]

磷酸复盐	$\alpha_a \times 10^6\ \mathrm{K^{-1}}$	$\alpha_c \times 10^6\ \mathrm{K^{-1}}$	$\alpha \times 10^6\ \mathrm{K^{-1}}$
$LiZr_2P_3O_{12}$	-3.8	17.5	2.11
$NaZr_2P_3O_{12}$	-6.4	25.2	-3.2
$KZr_2P_3O_{12}$	-4.4	7.6	-6.4
$SrZr_4P_6O_{24}$	2.6	1.7	2.51
$SrZr_4P_6O_{24}$	3.6	-1.2	3.16
$CaZr_4P_6O_{24}$	-5.1	9.9	1.6
$BaZr_4P_6O_{24}$	5.4	-1.8	3.37
$NaTi_2P_3O_{12}$	-4.4	20	-0.55
$KTi_2P_3O_{12}$	0.0	7.8	3.0
$NbZr_2P_3O_{12}$	-3.4	1.2	0.5

　　在一些物质如复合氧化物的结构中同时存在由阴离子构成的四面体和八面体空隙，金属阳离子按一定规律分布在这些空隙内。不同的阴离子多面体空隙内的负电场强度也不相同，要求具有不同强度正电场的阳离子去填充，才能使整个体系的能量最低。阳离子的分布规律同温度有很大关系，温度的变化要求阳离子在这些多面体空隙内的分布也对应变化，以降低能量。某些阳离子容易在晶体结构内迁移，便导致这些阳离子从原先的多面体空隙迁移至能量更低的新的空隙内。空隙内有无阳离子存在会影响到孔隙体积的大小，因此阳离子随温度而迁移导致晶胞参数在不同的方向上发生不同的变化，从而影响其膨胀系数。如在第 3 节内提到的 β-锂霞石（$LiAlSiO_4$）晶体中一些原本占据着氧四面体空隙的锂离子随着温度升高迁移到氧八面体空隙中，造成晶胞的 a、b 轴方向膨胀，而在 c 轴方向收缩，并导致整个晶胞体积缩小，即出现负膨胀系数。β-锂辉石（$LiAlSi_2O_6$）晶体中 Li^+ 离子随温度升高同样会从四面体空隙迁移到八面体空隙，但由于 β-锂辉石为四方晶型不同于 β-锂霞石的三方晶型，因

此温度升高时 β-锂辉石沿 c 轴方向膨胀而沿 a、b 轴方向收缩，并且 c 轴方向的膨胀远小于另外两个方向上的收缩。

钙钛矿结构晶体结构（ABO_3）如图 7-26 所示。在居里温度（铁电↔顺电相变温度）以上为立方形结构，其中 A 离子位于图中立方体的各个顶角上，被周围 12 个氧离子包围，形成氧二十面体；B 离子位于正氧八面体（图中用虚线勾画出）的中央，在居里温度以下其结构为四方形，氧八面体发生畸变：沿 c 轴方向伸长，在 a、b 轴方向缩短。当 ABO_3 晶体从居里温度以下升温时，晶格向立方形转变畸变程度逐渐变小，从而 c 轴方向收缩，a、b 轴方向伸长，但整个晶胞体积减小，呈现负膨胀系数。例如 $PbTiO_3$ 晶体，在居里温度（763K）以下其空间群为 P4mm，室温下晶胞参数为：$a=0.3902nm$，$c=0.4156nm$，Ti^{4+} 在氧八面体中的 6 个 Ti—O 键的长度[102]分别为：0.1766nm、4×0.1979nm、0.2390 nm。居里温度以上空间群为 Pm3m，立方晶胞的边长为 $a=0.4nm$，Ti—O 键的长度[102]为 0.1983nm。由此可见当温度升高，$PbTiO_3$ 从四方形向立方形转化的过程中，a、b 轴方向伸长各伸长 0.004nm，而在 c 方向缩短了 0.019nm。图 7-27 显示 $PbTiO_3$ 晶体的 a、c 轴方向随温度升高的长度变化和用晶胞体积立方根并表示的平均线膨胀系数的变化。由图可见：$PbTiO_3$ 从 273K 向 873K 升温过程中，在居里温度（763K）以下 a 轴方向膨胀系数是正的，而 c 方向为负，平均线膨胀系数位很小的负值。

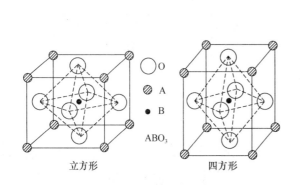

图 7-26　钙钛矿结构示意图

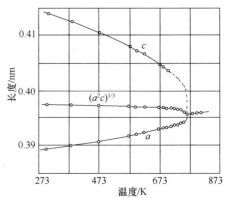

图 7-27　$PbTiO_3$ 晶胞参数随温度变化[103]

钛酸铝（Al_2TiO_5）属正交晶系，其中 Al^{3+} 和 Ti^{4+} 随机地分布在氧八面体空隙内。由于铝离子的半径为 0.050 nm 而钛离子的半径为 0.068 nm，两者有一定的差别，造成铝氧八面体（AlO_6）有很大的扭曲。在垂直于 c 轴方向的层面上 2 个八面体，以共棱方式相互连接；而平行 c 轴方向上 3 个八面体以共顶方式连接。这种结构有点像磷酸锆钠晶体，温度变化晶体内键角会发生转动。当温度升高时氧八面体的变形程度降低，从而引起 a、b 轴方向膨胀，c 轴方向收缩，降温则相反。各晶轴方向的膨胀系数分别为：$\alpha_a=11.8\times10^{-6}K^{-1}$，$\alpha_b=19.4\times10^{-6}\ K^{-1}$，$\alpha_c=-2.6\times10^{-6}\ K^{-1}$。由于钛酸铝的膨胀系数在 a、b、c 三个晶轴方向上差别很大，因此在钛酸铝陶瓷材料中产生许多微裂纹。这种陶瓷材料在应用中如果发生冷热交换，加热时微裂纹会发生愈合，使热胀得到缓冲；在冷却时再次重新产生微裂纹，使收缩变小。因此宏观上材料的膨胀系数较小，一般为 $\alpha=(1\sim2)\times10^{-6}\ K^{-1}$。

锰基氮化物 Mn_3AN，其中 A 为 Zn、Ga、Cu 等，具有反钙钛矿结构，在尼尔（Neel）

温度附近，随着温度升高发生从反铁磁性自旋结构向顺磁性结构的转变，随着自旋有序结构的消失，自发磁化强度消失，从而导致晶胞体积收缩。这种由于磁性改变引起的晶格收缩作用超过由声子热运动引起的晶格膨胀作用，造成负热膨胀，但仍旧保持立方形晶体。在尼尔温度上下伴随相变，这些氮化物的晶格常数均发生了不连续变化，与其对应的长度变化达 10^{-3} 量级。但是这种热缩冷胀现象仅出现在相变点附近很窄的温度区，因此实用价值不大。近年来发现向 Mn_3AN 氮化物内掺杂可极大地拓宽相变温度范围，使得这些氮化物材料在一定的温度范围内具有很大的负膨胀系数[104,105]。这类材料不仅具有大的负膨胀系数，而且导电性和导热性良好，并可以对其进行机械加工，因此具有广泛的用途。

上面介绍了当前常见的几类低膨胀或负膨胀氧化物陶瓷材料，由上面的介绍可知，除石英玻璃、某些金属钨酸盐或钒酸盐以及上述掺杂 Mn_3AN 氮化物，多数无机非金属材料的膨胀系数为各向异性。由于在陶瓷材料内晶粒取向是无序的，因此陶瓷材料本身并不呈现各向异性。然而由于晶粒的各向异性造成材料内部存在残余应力或者微裂纹，使得材料的强度等力学性能变坏。表 7-10 列出一些具有各向同性或各向异性材料的负膨胀系数数值。

表 7-10　负膨胀系数材料

类型	材　　料	线膨胀系数$\times 10^6$ K^{-1}			响应温度范围 /K	参考文献
		a	c	平均值		
各向异性材料	$NaZr_2P_3O_{12}$	-6.4	25.2	-3.2	<1000	101
	$Na_{1.5}Zr_{1.675}P_3O_{12}$			-2.35	$298\sim773$	107
	$KAlSi_2O_6$（合成）			-20.8	$1073\sim1473$	103
	$KAlSi_2O_6$（天然）			-28.3	$1173\sim1473$	103
	$PbTiO_3$			-5.4	$373\sim873$	103
	$LiAlSiO_4$	7.8	-17.6	-6.2	$298\sim1273$	103
	$Sc_2W_3O_{12}$			-2.2	$10\sim450$	103
	$Lu_2W_3O_{12}$			-6.8	$400\sim900$	103
	$Sc_2Mo_3O_{12}$			-1.1	$120\sim593$	102
各向同性材料	HfW_2O_8			-8.7	<1050	103
	ZrW_2O_8			-8.8	$0.3\sim1050$	103
	ZrV_2O_8			-10.8	$373\sim773$	103
	$Mn_3(Ga_{0.7}Ge_{0.3})(N_{0.88}C_{0.12})$			-18	$197\sim319$	103
	$(Mn_{0.96}Fe_{0.04})(Zn_{0.5}Ge_{0.5})N$			-25	$316\sim386$	103
	$Mn_3(Cu_{0.4}Ge_{0.6})N$			-65	$250\sim290$	106

第 7 节　热膨胀系数的测量方法

热膨胀系数的测量在绝大多数情况下都是测定材料的线膨胀系数。通过测定不同温度下的试样的长度或长度变化（相对长度）可得到长度—温度的关系曲线，求出各个温度下曲线的斜率即得到对应温度下的热膨胀系数。因此测定热膨胀系数可归结为测定试样的温度和在此温度下试样的长度（绝对长度或相对长度）。由于试样的长度随温度的变化十分微小，相对于测量温度而言，长度的测量难度比较大，因此热膨胀系数的测量技术通常都集中在长度测量的考虑上面。当然，对于极低温度（如 <10K）或极高温度（如 >2000K）的测量，在技术上也有很大的难度，在测量时也需要特殊采取特殊措施。一般将测量试样绝对长度的方法称为绝对法，而将测量试样长度的相对变化称为相对法。下面简要地介绍各种常用方法。

1. X 射线衍射法

X 射线被晶格衍射，其衍射强度按照特定的角度分布，服从布拉格（Bragg）方程：

$$2d_{hkl}\sin\theta = n\lambda \tag{7-56}$$

式中　d_{hkl} 为晶面（hkl）的间距，θ 为入射 X 射线与晶面的夹角，n 为衍射级数，在实际应用中取 $n=1$，λ 为 x 射线的波长，（hkl）为晶面指数。由于 x 射线的波长已知，并且在测量中固定不变，因此根据方程 7-56，通过测量各个 θ 角即可获得各个晶面的面间距 d_{hkl}，根据同一晶体的标准数据可对所测到的各个面间距进行指标化，即得到每一晶面的 h，k，l 值。晶面间距同晶胞参数（a，b，c，α，β，γ）有如下关系：

$$\frac{1}{d_{hkl}^2} = \frac{1}{V^2}(s_{11}h^2 + s_{22}k^2 + s_{33}l^2 + 2s_{12}hk + 2s_{23}kl + 2s_{31}lh) \tag{7-57}$$

式中

$$s_{11} = b^2c^2\sin^2\alpha \tag{7-58}$$

$$s_{22} = a^2c^2\sin^2\beta \tag{7-59}$$

$$s_{33} = a^2b^2\sin^2\gamma \tag{7-60}$$

$$s_{12} = abc^2(\cos\alpha \cdot \text{con}\beta - \text{con}\gamma) \tag{7-61}$$

$$s_{23} = bca^2(\cos\beta \cdot \text{con}\gamma - \text{con}\alpha) \tag{7-62}$$

$$s_{31} = acb^2(\cos\gamma \cdot \text{con}\alpha - \text{con}\beta) \tag{7-63}$$

$$V = abc\sqrt{1 - \text{con}^2\alpha - \text{con}^2\beta - \text{con}^2\gamma + 2\text{con}\alpha \cdot \text{con}\beta \cdot \text{con}\lambda} \tag{7-64}$$

将所测到的 6 个不同的面间距代入式 7-57，通过解联立方程，即可获得晶胞参数（a，b，c，α，β，γ）。将试样置于不同的温度下做 x 射线衍射实验，则得到不同温度下的晶胞长度 a，b，c，由此即可求出不同温度下，晶胞在 a、b、c 方向上的膨胀系数。

对于三斜晶系的试样必须用式 7-57～式 7-64 来求晶胞在 a、b、c 方向上的膨胀系数。对于其他晶系的试样，利用晶体的对称性关系，可以对上列各式做不同程度的简化，立方晶系的对称性最高，因此可作最大程度的简化。于是，对于立方晶体（$a=b=c$），式 7-57 变成：

$$\frac{1}{d^2} = \frac{h^2 + k^2 + l^2}{a^2} \tag{7-65}$$

立方晶系晶胞体积为：

$$V = abc = a^3 \tag{7-66}$$

其他晶系的上列关系式可以从有关的晶体几何学书籍中找到。

X 射线衍射法测量膨胀系数的优点是可用粉末样品进行测量，因此试样制备非常方便，并且可测定不同晶胞方向上的膨胀系数。缺点是对样品的加热或冷却的装置必须能够安装在衍射仪的狭小空间内，并且不能遮挡射线的光路，因此设计制造比较复杂，而且保持恒温比较困难。另外，同其他方法相比，测试精度不高。

2. 测微望远镜法

通过测微望远镜直接观察试样的长度变化，从而求出线膨胀系数。这是一种常用的测定膨胀系数的方法，特别适用于测定高温下的膨胀系数，最高测定温度可达 4000K 左右。测定所用的试样比较大，以便能够精确地测量长度变化。
整个测定装置如图 7-28 所示，待测试样悬挂于高温炉
内，为了便于观察，试样上刻有两个刀刃形凹槽。测微
望远镜固定在低膨胀率、高刚性的支架上，用目镜上的
测微计直接测量试样两个凹槽间距离的变化，测微望远
镜须具有 $1\mu m$ 的分辨率。一旦测定试样的长度变化和温
度，膨胀系数就很容易计算出来。

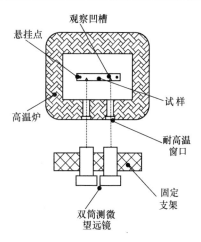

图 7-28　测微望远镜法示意图

　3. 激光干涉法

　　激光干涉法的最大优点在于可以测量试样长度的极
微小变化（$0.01\mu m$），从而大大提高测量的灵敏度，其
测量原理示于图 7-29。从激光器发出的激光，经扩束器
扩展后来到分束器，将光束分成两部分：一部分被分束
器反射至定镜 M1，再被 M1 反射回分束器，另一部分透过分束器被转向镜转至动镜 M2 上，
再被 M2 反射，按照原路返回分束器，二路光线在分束器相会，产生干涉，形成明暗相间的
条纹，通过分束器下方的反射镜可以在观察屏上看到这些明暗条纹。在测试过程中，随着温
度由 T_1 变化至 T_2，试样的长度改变了 ΔL，由于动镜 M2 通过石英玻璃管与试样相连，因
此动镜也随之上下移动 ΔL，从而使得二束相干光的光程差发生改变，在观察屏上可以数出
环形明暗条纹的变动，于是可从下式求出试样长度的变化量 ΔL：

$$\Delta L = \frac{\lambda \Delta N}{2n\cos\theta} \tag{7-67}$$

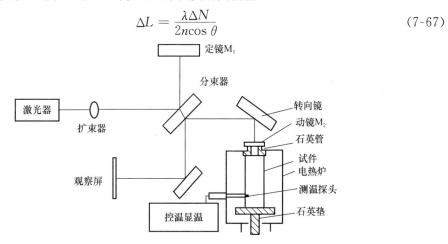

图 7-29　激光干涉法示意图

式中 λ 为激光的波长，θ 为经扩束器后激光束扩展的角度，ΔN 为明暗条纹变动的级数，n
为测试装置中气氛的折光率，一般为空气的折光率，如在真空下测试，则 $n=1$。气体的折
射率同温度和压力有关，可以用下式计算：

$$n = 1 + (n_r - 1)\frac{T_r p}{T p_r} \tag{7-68}$$

式中 T_r 和表 p_r 示参考温度和参考压力，n_r 为参考温度和压力下的折射率。

　　目前大多数干涉仪已经用光电二极管或其他光电传感器代替通过观察屏数明暗条纹，并
用热电偶或热电阻记录温度，测量的直接结果为如图 7-30 所示的光信号强度 U 同试样温度

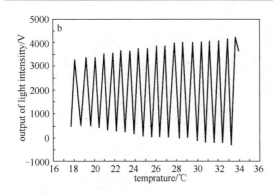

图 7-30　从干涉仪上测到的光强~温度曲线

T 的曲线。该曲线可用下列方程表示：

$$U = U_a + \frac{\Delta U}{2}\cos\left(\frac{4\pi}{\lambda}\Delta L\ (T) + \Delta\phi\right)$$

（7-69）

式中 U_a 和 ΔU 分别为光强度 U 的极大值与极小值之平均值和差值，λ 为激光的波长，ΔL 为试样长度的变化，它是温度 T 的函数，$\Delta\phi$ 两束激光的初始相位差，是一个仪器常数。根据所测到的数据，利用计算机求出 ΔL 为 $(4\pi/\lambda)$ 的整数倍，即 $\Delta L_K = K(4\pi/\lambda)$，其中 K 为整数，测得各个温度 T_K。ΔL_K-T_K 曲线斜率即为对应温度下的线膨胀系数。

　　在实际测试中由于仪器的各个零部件尺寸也会随温度而变化，特别是连接试样和动镜的石英管的长度变化直接影响 ΔL 的测量的准确性，因此事先需用已知膨胀系数的试样对仪器进行标定。由于石英玻璃的耐温性较低，如要测量 1400K 以上的膨胀系数，应将连接石英管改为氧化铝质材料或其他耐高温材料。

　　4. 推杆膨胀仪

　　推杆膨胀仪直接测量试样的长度变化，方法简单可靠，并容易将长度变化和温度变化同步地转化为电信号，实现自动测量，其构造如图 7-31 所示。试样置于一个同环境很好地绝热的腔体内，通过在腔体内的加热或冷却，可使试样保持在所要求的温度下。试样通过由低膨胀系数材料制成的推杆同测量位移的传感器的顶杆相连。图 7-31 中所示的位移传感器为差分变压器，它由一对相位反接的线圈和处于线圈中央的磁芯组成，对两个线圈分别施加反相位交变电流，通过外部电路的调节，可使这两组线圈上的电压互相抵消，即输出电信号为零。当试样因温度变化引起其

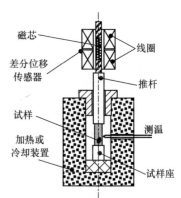

图 7-31　推杆膨胀仪示意

长度发生变化，通过推杆传递到差分位移传感器上，使其中磁芯上下移动，改变了两组线圈的感抗，从而造成一组线圈电压上升，另一组下降，于是输出一个同长度变化对应的电信号，记录电信号 ΔU 和对应的温度 T 即可求出膨胀系数。电信号 ΔU 同试样的长度变化 ΔL 之间有如下关系：

$$\frac{\Delta L}{L_{RT}} = A\frac{\Delta U}{L_{RT}} + B$$

（7-70）

　　式中 L_{RT} 为试样在室温下的长度，A 和 B 为仪器常数。为了利用上式求 ΔL 必须先求出 A 和 B，为此须用已知膨胀系数材料做成的试样，分别在几个不同温度下测定，得到一系列 ΔU 和对应的温度 T，并利用已知的膨胀系数算出 $\Delta L/L_{RT}$，再利用最小二乘法求出 A 和 B。

　　5. 示差膨胀仪

　　图 7-32 所示为示差膨胀仪的示意图。在一个能精确控温的电加热炉内，待测试样和已知膨胀系数的标准试样分别安装在用相同材料制成的两个样品架上，在待测试样一侧有热电偶插入试样的顶部，测定试样的温度。待测试样和标准试样的长度尽量一致，但并不要求绝

对相等。样品架同其下方的推杆构成一个整体，推杆的下端固定在杠杆的一端，杠杆的另一端放置配重，使杠杆保持平衡。标准试样所连接的杠杆下面同差分位移传感器的线圈筒相连，而待测试样所连接的杠杆下面同传感器的磁芯相连。两个试样的顶端顶住样品架的顶部，测试时由于二个试样长度的变化，通过推杆和杠杆分别传给传感器的线圈和磁芯，使二者产生差动，从而改变差动传感器的感抗，转化成电压信号 ΔU 并同对应的温度 T 一起被记录下来。ΔU 同两个试样长度变化之差可用下式表示：

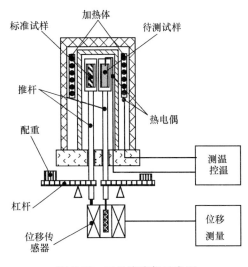

图 7-32　示差膨胀仪示意图

$$\frac{\Delta L_S}{L_{S,RT}} - \frac{\Delta L_r}{L_{r,RT}} = A\frac{\Delta U}{L_{S,RT}} + B \qquad (7\text{-}71)$$

式中下标 S 和 r 分别表示待测试样和标准试样，下标 RT 表示室温，A、B 为仪器常数，可利用已知膨胀系数的试样代替待测试样，通过测定一系列温度下的 ΔU 值求出。根据上式可求出 $\frac{\Delta L_S}{L_{S,RT}} - \frac{\Delta L_r}{L_{r,RT}}$，再根据标准试样的膨胀系数和测定温度求出 ΔL_r，两个试样的室温下的长度可用量具事先测定，于是可求出 $\Delta L_S/L_{S,RT}$。$\Delta L_S/L_{S,RT}$-T 曲线的斜率即为膨胀系数。

第8章　陶瓷材料的热稳定性及其测试方法

材料的热稳定性并非是材料的本征物理性质，按理说不应该同热容、热传导、热辐射和热膨胀等本征性质混为一谈。然而，从实用角度来看，材料的热稳定性是一种极为重要的工程性能，在材料的设计和应用中必须要考虑和顾及。因此本书将此列为一章来讨论。材料的热稳定性是一种技术性能，它包含多方面的内容，在本书中主要讨论①熔点、熔化热和耐火度，②热分解和蒸发，③蠕变。此外高温化学稳定性也属于材料的热稳定性范畴，然而化学稳定性涉及的是化学领域的课题，而本书集中在材料物理领域，两者差别较大，因此在本书中不予讨论。材料的热分解也涉及化学领域，但由于它同材料的高温蒸发有所关联，因此在讨论材料蒸发的章节时也提及分解问题。

第1节　熔点、熔化热和耐火度及其测量方法

熔点就是在压力保持恒定的环境中纯物质的固态与液态处于平衡状态下的温度。所有固体物质内的原子或离子都是通过各种类型的化学键互相联系，成为一个整体，其内部的各种质点只能在其平衡位置附近做各种不同形式、不同频率的振动。而且，温度越高振动越剧烈、振幅越大。当温度高到某一程度，质点的热振动强烈到可以克服维系质点振动的恢复力，各个质点就脱离互相吸引而各自做随机运动，物质就从固相转变成液相。由此可见，熔点同化学键的强度或者质点之间的结合能量大小有关。

在离子晶体中正负离子间的结合能有两个因素决定：首先是正负离子间的静电引力构成的引力势能，另外是因离子的电子云互相交叠构成的斥力势能。因此晶体内第 i 个离子同所有其他离子的互相作用的势能总和 E_i 可表达成：

$$E_i = \sum_j \left(\frac{Z_i Z_j e^2}{R_{i,j}} + \frac{B}{R_{i,j}^n} \right) \quad (j \neq i) \tag{8-1}$$

式中下标 j 表示晶体内除去第 i 离子之外的其他离子，Z 表示离子的电价，e 为电子的电量，$R_{i,j}$ 表示离子 i 和 j 之间的距离。B 为比例常数，n 为波恩（Born）指数，其值同离子的电子结构类型有关，列于表8-1中。

设一个晶体内共有 N 个正负离子，则整个晶体内离子之间的结合能的总和 U 应该是 $U = 1/2 N E_i$（乘 1/2 是因为每个离子都作为参考离子又作为参与离子被重复计算）。由于 N 是一个极大的数值，因此直接对含有 $R_{i,j}$ 的函数进行加和计算非常不方便，为此将 $R_{i,j}$ 转换成：

$$R_{i,j} = A_i r \tag{8-2}$$

式中 r 为最近离子间的最短距离，A_i 为计算系数，由参考离子 i 的具体位置决定，因此实际上取决于晶体的结构。这样可写出晶体的总的结合能表达式：

$$U = \frac{1}{2} N \sum_j \left(\frac{Z_i Z_j e^2}{A_i r} + \frac{B}{(A_i r)^n} \right) = \frac{NZ_+ Z_- e^2}{2r} \left[\sum_{i(\neq j)}^N \left(\pm \frac{1}{A_i} \right) - \frac{1}{r^n} \sum_{i(\neq j)}^N \frac{B}{A_i^n} \right] \tag{8-3}$$

式中 Z^+ 和 Z^- 分别为正负离子的电价绝对值，将其符号留在第一个求和式内。

令
$$A = \sum_{i(\neq j)}^{N} \left(\pm \frac{1}{A_i} \right) \tag{8-4}$$

A 称为马德隆（Madelung）常数，其值由晶格结构决定，列于表 8-2 内。

表 8-1　不同电子构型的波恩指数 n[108]

电子构型	He	Ne	Ar, Cu$^+$	Kr, Ag$^+$	Xe, Au$^+$
n	5	7	9	10	12

表 8-2　马德隆常数[108]

晶格类型	正负离子配位数比	A	晶格类型	正负离子配位数比	A
NaCl	6∶6	1.7476	CaF$_2$	8∶4	2.5194
CsCl	8∶8	1.7627	Cu$_2$O	2∶4	2.0578
立方 ZnS	4∶4	1.6381	TiO$_2$	6∶3	2.4080
六方 ZnS	4∶4	1.6413	α-Al$_2$O$_3$	6∶4	4.1719

根据式 8-3 可以计算离子晶体物质的结合能，在表 8-3 内列出了多种离子晶体的熔点和结合能，从中可见物质的结合能越大，则其熔点也就越高。共价键物质也具有类似的规律，表 8-4 列出了几种具有共价键的晶体物质的键能和熔点。

表 8-3　离子晶体的结合能及熔点

晶格类型	晶体化学式	结合能/kJ/mol	熔点/K
NaCl	NaF	0.902	1261
	NaCl	0.755	1119
	NaBr	0.719	1084
	NaI	0.663	975
	MgO	3.92	3073
	CaO	3.43	2833
	SrO	3.27	2733
	BaO	3.10	2189
	CdO	3.65	—
	FeO	3.97	—
	CoO	3.98	2578
	NiO	4.05	2233
六方 ZnS	BeO	4.52	2843
	ZnO	4.11	1533
CaF$_2$	ZrO$_2$	1.10	2963
	ThO$_2$	—	3573
	UO$_2$	—	3073

续表

晶格类型	晶体化学式	结合能/（kJ/mol）	熔点/K
金红石	TiO_2	1.20	2103
	SnO_2	1.14	2073
	PbO_2	1.10	—
石英	SiO_2	—	1996
刚玉	$\alpha\text{-}Al_2O_3$	1.56	2323
	Cr_2O_3	1.54	2973

表 8-4　共价键物质的熔点和键能

物　质	键能/（kJ/mol）*	熔点/K
金刚石（C-C）	347	3623
硅（Si-Si）	176	1693
锗（Ge-Ge）	159	1210.4
碲（Te-Te）	138	725

*　键能数据摘自参考文献 [5]。

从热力学中的克拉贝隆（Clapeyron）方程可知物质的熔点随压力而变：

$$\frac{\mathrm{d}p}{\mathrm{d}T} = \frac{\Delta H_m}{T \Delta V_m} \tag{8-5}$$

但一般讲来除非施加极大的压力，否则熔点对压力的变化并不太敏感。

式 8-5 中 ΔH_m 为在熔化温度下液相的摩尔热焓与固相的摩尔热焓之差，ΔV_m 为在熔化温度下液相的摩尔体积与固相的摩尔体积之差。ΔH_m 为摩尔熔化焓也称为摩尔熔化热，可通过液相和固相的定压比热容来求出：

$$\Delta H_m = \Delta H_0 + (c_{p,l} - c_{p,s}) T \tag{8-6}$$

式中 ΔH_0 为同一物质的液相和固相在标准状态下的热焓之差，$c_{p,l}$ 和 $c_{p,s}$ 分别为在熔点温度下同一物质的液相和固相的定压比热容。固相熔化成液相时吸热，其逆过程放热。表 8-5 列出了一些物质的熔点和熔化热[111]。

稻场秀明和山本敏博根据格波振动的能量和平均振幅的关系推导出晶体物质的熔点 T_m 同德拜温度 T_D 的关系[8]：

$$T_D = \sqrt[3]{\frac{4\pi}{3V}} \frac{3h}{2\pi x_m} \sqrt{\frac{T_m}{k_B m}} \tag{8-7}$$

式中 V 为物质的体积，m 为物质的质量，参数 x 为熔点温度下质点的平均振幅 u_m 同晶格间距 a 之比，可通过试验测定：

$$x = \frac{\sqrt{\overline{u_m^2}}}{a} \tag{8-8}$$

图 8-1 显示不同类型晶体物质的 T_D 同 $\sqrt{\dfrac{T_m}{V^{\frac{2}{3}}M}}$ 呈线性关系，符合式 8-7 所表示的关系。图中横坐标变量内的 V 为物质的摩尔体积，M 为摩尔质量。

表 8-5 物质的熔点和摩尔熔化热[111]

物 质	熔点/K	$\Delta H_m/$（kJ/mol）	物 质	熔点/K	$\Delta H_m/$（kJ/mol）
Cr	2133	16.93	MgO	3098	77.40
Fe	1809	13.81	MgF_2	1536	58.16
Mo	2888	27.83	$MgAl_2O_4$	2408	154.00
Ni	1728	17.47	$MgCr_2O_4$	2623	～290.0
Pb	600	4.77	$MgSiO_3$	1850	75.31
Ti	1933	18.62	Mg_2SiO_4	2171	71.13
Al	933	10.47	$MgTiO_3$	1903	90.37
B	2450	22.55	Mg_2TiO_4	2005	129.70
Al_2O_3	2318	118.41	MnO	2058	54.39
B_4C	2743	104.60	NaCl	1074	28.16
B_2O_3	723	22.01	NaF	1296	33.14
BaO	2198	57.74	Na_2O	1405	47.70
BeO	2820	63.18	Na_2SiO_3	1362	51.80
CaO	2873	79.50	NiO	2257	50.66
$CaSiO_3$	1813	56.07	Na_3AlF_6	1285	107.28
CaF_2	1691	29.71	$NiAl_2O_4$	2383	—
$Ca_2Fe_2O_5$	1723	151.04	PbO	1158	27.49
CeO_2	＞2873	79.55	SiO_2	1996	9.58
Cr_2O_3	～2673	104.67	SnO_2	1903	47.59
Cu_2O	1409	56.82	TiB_2	3498	100.42
$FeCl_2$	950	43.10	TiN	3223	62.76
Fe_3C	1500	51.46	TiO_2	2143	66.94
FeO	1650	31.00	V_2O_3	2243	100.48
Fe_3O_4	1870	138.07	Y_2O_3	2693	104.67
FeS	1486	32.34	ZnO	2243	—
Fe_2SiO_4	1493	92.05	ZrB_2	3518	104.60
HfO_2	3173	104.60	ZrO_2	2950	87.03
La_2O_3	2593	75.36	H_2O	273	6.016

　　玻璃态物质是一种处于过冷状态的液体，加热玻璃态物质，从固态变到液态的过程是一个逐渐软化，最后开始流动成为液态的渐变过程，因此玻璃没有固定的熔点。绝大部分陶瓷材料都是由一种以上的物相构成，即使很纯的单相陶瓷，往往在晶界上或多或少地有杂质或

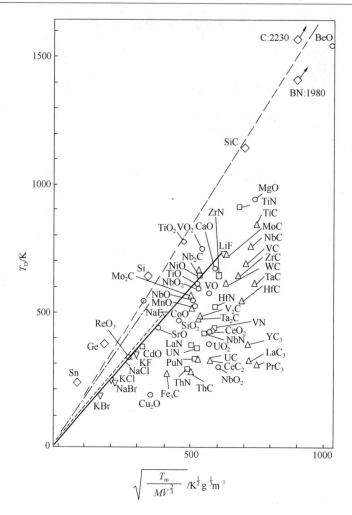

图 8-1　物质的熔点 T_m 与德拜温度 T_D 的关系，M 和 V 分别

为物质的摩尔体积和摩尔质量[8]

微量玻璃相存在。材料内的杂质同其主晶相可形成低共熔物。因此温度尚未达到主晶相的熔点，杂质同与其接触的主晶相便发生反应，生成液相，如果晶界上存在玻璃相，则玻璃相在很低的温度下就能被加热熔化成液相。晶界上出现液相，可使晶粒之间产生滑动，整个陶瓷材料便开始软化。这种在低于主晶相熔点的温度下便开始生成部分液相或出现软化现象，大大降低了材料的耐高温性能。因此判断陶瓷材料特别是耐火材料的耐高温特性不能用主晶相的熔点去衡量，而要用耐火度来衡量，表 8-6 列出了一些耐火材料的耐火度以及所对应的主晶相的熔点。

　　耐火度是指材料在不受负载的条件下经受高温而不熔融和软化的性能。耐火度并不是材料的本征物理特性，而是一个工艺技术性能指标，在实践中用来判断材料能否用于高温工程环境。一般把耐火度达到或超过 1500°C 的材料称为耐火材料。然而耐火度并不能作为耐火材料使用温度的上限，因为耐火材料在实际使用中除了需要承受高温之外，同时还要承受各种形式的机械负载（如承重、振动、冲刷等）或化学腐蚀作用（如熔融体对材料的侵蚀、氧化或其他化学反应等），这些作用都随着温度的升高而加剧，因此耐火材料真正的工作温度上限通常会低于耐火度，而且随工作环境不同有很大的差别。

国际标准 ISO 528 规定了耐火度的基本测试方法，我国根据国际标准制定了耐火材料的耐火度测定标准方法（GB/T 7322—2002）。其要点是将待测的耐火材料制品或原料制成具有规定形状和尺寸的三角锥，如图 8-2 所示。对于块状耐火材料，直接从制品上切割、打磨成规定的三角锥的形状；对于散装耐火材料（如浇注料、喷补料等）或耐火材料的原料，则将其磨成粒度小于 $180\mu m$ 的粉料，按规定形状压制成三角锥。

将待三角锥同已知耐火度的标准三角锥一起放在载锥台上，三角锥竖立的角度严格规定为 8°±1°。圆板形载锥台可安放 6 个锥，矩形板在锥台可安放 8 个锥（图 8-3），一次测定需同时安放 2 个待测三角锥和 4 个或

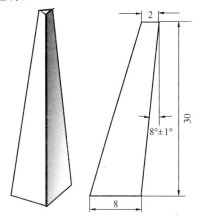

图 8-2　三角锥的外形有几何尺寸

6 个标准锥。标准锥的选用需先估计待测试样的耐火度大小，然后选用比所估计的耐火度大一号和小一号的两种标准锥，如用矩形载锥台，则增加 2 个同所估计耐火度相同的标准锥。标准锥的号×10 就是该三角锥的耐火度，如耐火度为 1650℃ 的标准锥的号就是 165。世界各国或地区用来测定耐火度的三角锥的标号并不相同，表 8-7 列出了包括中国测温标准锥（WZ）、国际标准化组织测温锥（ISO）、前苏联测温锥（ПК）和德国的塞格锥（Segerkegel）（SK）的标号和对应的温度。应注意美国所用的 SK 锥的标号所对应的温度与德国的规定略有不同，因此在表内单列出美国的分度。

表 8-6　常见耐火材料的耐火度[109]和主晶相的熔点[111]

材　料	耐火度范围/℃	主晶相	熔点/℃
硅石	1730~1770	方石英	1723
硅砖	1690~1730	石英	1723
半硅砖	1630~1650	—	
黏土砖	1610~1750	—	
高铝砖	1750~2000	刚玉	2045
莫来石砖	>1825	莫来石	1850 转熔
镁砖	>2000	方镁石	2800
白云石砖	>2000	CaO+MgO	2370 低共熔
稳定白云石	>1770	—	
熔铸刚玉砖	>1990	刚玉	2045
再结合刚玉砖	>1790	刚玉	2045
烧结刚玉砖	>1790	刚玉	2045

表 8-7　各种测温标准锥的标号和对应的温度[109, 110]

对应温度/℃	ISO	WZ	ΠK	SK	对应温度/℃	ISO	WZ	ΠK	SK
600	60	60	60	022	1280, *1285*	128	128	128	9
635	63	63	63	021	1300, *1305*	130	130	130	10
665	66	66	66	020	1320, *1325*	132	132	132	11
690	69	69	69	019	1350, *1335*	135	135	135	12
710	71	71	71	018	1380, *1350*	138	138	138	13
740	74	74	74	017	1410, *1400*	141	141	141	14
760	76	76	76	016	1430, *1435*	143	143	143	15
790	79	79	79	015	1460, *1465*	146	146	146	16
815	81	81	81	014	1480, *1475*	148	148	148	17
835	83	83	83	013	1500, *1490*	150	150	150	18
855	85	85	85	012	1520, *1520*	152	152	152	19
880	88	88	88	011	1540, *1530*	153	153	153	20
900	90	90	90	010	1580, *1595*	158	158	158	26
920	92	92	92	09	1610, *1605*	161	161	161	27
935	93	93	93	08	1630, *1615*	163	163	163	28
960	96	96	96	07	1650, *1640*	165	165	165	29
980	98	98	98	06	1670, *1650*	167	167	167	30
1000	100	100	100	05	1690, *1680*	169	169	169	31
1020	102	102	102	04	1710, *1700*	171	171	171	32
1040	104	104	104	03	1730, *1745*	173	173	173	33
1060	106	106	106	02	1750, *1760*	175	175	175	34
1080	108	108	108	01	1770, *1785*	177	177	177	35
1100, *1160*	110	110	110	1	1790, *1810*	179	179	179	36
1120, *1165*	112	112	112	2	1820, *1825*	182	182	182	37
1140, *1170*	114	114	114	3	1850, *1835*	185	185	185	38
1160, *1190*	116	116	116	4	1880	188	188	188	39
1180, *1205*	118	118	118	5	1920	192	192	192	40
1200, *1230*	120	120	120	6	1960	196	196	196	41
1230, *1250*	123	123	123	7	2000	200	200	200	42
1250, *1260*	125	125	125	8					

注：对应温度栏中的斜体数字为美国对 SK 锥的分度温度。

　　把装有待测锥和标准锥的载锥台放入耐火度测定炉内，在 2h 内将炉温升至比所估计的待测试样的耐火度低 200℃的温度。然后开动电动机使载锥台在炉内旋转，同时按 2.5℃/min 的升温速率继续升温，并观察炉内三角锥的弯倒程度（图 8-4）。当待测锥弯倒，而且其尖端接触载锥台时，应立即观察并记录各个标准锥的弯倒程度。当最后一个标准锥弯倒并尖端触载锥台时，立即停止试验。待冷至室温后取出载锥台，观察各三角锥的弯倒程度。以待测锥与标准锥的尖端同时接触载锥台的那个标准锥号表示待测材料的耐火度。如果待测锥的弯倒程度介于其相邻两个标准锥之间，则用这两个标准锥号表示待测材料的耐火度。如果在测试过程中任何三角锥的弯倒情况不正常（如侧向弯倒或发生断裂），或两个待测三角锥弯倒不一致，且偏差大于半个标准锥的号数，则必须重新做测试。

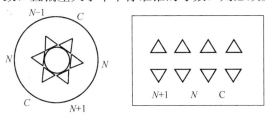
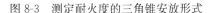

C为待测试样，N为耐火度最接近C的标准锥，$N-1$和$N+1$分别是比 N 高一号和低一号的标准锥

图 8-3　测定耐火度的三角锥安放形式

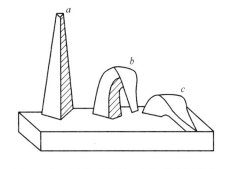

图 8-4　在不同熔融阶段三角锥的弯倒状态

关于熔点的测定，可利用在比热容测定中曾介绍过的差分扫描量热仪（DSC），对试样连续做等速加热和冷却，得到热量信号随温度变化的曲线（图 8-5）。从加热曲线上的吸热峰的开始点和冷却曲线上对应的放热峰开始点，可确定熔点的温度值（图 8-5）。类似的曲线也可从差热分析中获得。图 8-6 给出差热分析仪的结构：待测试样和标准样品分别装在两个铂金坩埚内，并置于差热分析仪加热炉内。待测试样和标准样品都呈粉末状态，所谓标准样品是一种在整个测试过程中不发生任何化学和物理变化的惰性物质粉料，常用 α-Al_2O_3 粉料作为标准样品。两个铂金坩埚的底部外侧分别焊接测温热电偶，两支热电偶的金属丝分别穿入两根氧化铝支杆的双孔内，并引至差热温度记录电路。氧化铝支杆的顶端内安放铂金坩埚的底座用高温胶泥粘接。差热分析电路既将两支热电偶传来的热电势信号转换成温度，又将这两个温度相减，所得到的温度差作为待测试样温度的函数记录并输出。

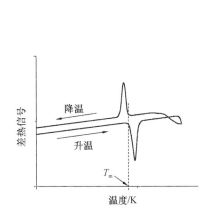

图 8-5　从熔化和凝固的热效应峰
　　　　确定熔点温度

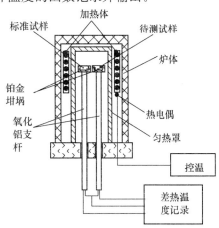

图 8-6　差热分析装置示意图

由于在固—液相变的过程中整个体系的温度不变，因此可测定加热或冷却过程的温度随时间变化的规律，从升温或降温曲线上确定熔点，如图 8-7 所示。也可以用高温显微镜或高

温望远镜，通过观察加热过程中试样形貌的变化，从中判断物质开始融化的温度。图 8-8 所示为是用高温望远镜（在有些场合也称之为高温显微镜）测定熔点的示意图，图中显示高温望远镜的结构和判定熔化的方法。

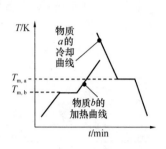

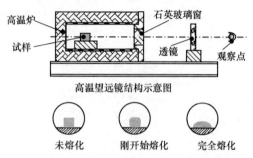

图 8-7 通过加热或冷却曲线确定熔点 　　　　图 8-8 用高温望远镜测定熔点

测定物质熔点的关键有两点，即精确测定物质的温度而不是加热炉的温度，所用的试样纯度必须很高，因为微量的杂质就可能是物质的熔化温度明显下降。

第 2 节 蒸发和热分解

固相物质的蒸发和分解都涉及产生气相的过程，如用方程式表示，可有以下的两种形式：

$$AB_{(s)} = AB_{(g)} \tag{8-9}$$

$$AB_{(s)} = A_{(s)} + B_{(g)} \tag{8-10}$$

式中 AB 表示由 A 和 B 两种组分构成的物质，A 和 B 则为单一组分的物质，下标（s）和（g）分别表示固相和气相。式 8-9 表示固相物质 AB 直接转化成同样组成的气相物质，该过程称为物质的蒸发。式 8-10 则表示固相物质 AB 的分解，其中组分 A 保留为固相而 B 转化成气相。在一个封闭体系内上面两个方程都表示一种动态的平衡过程，即等号两边是可逆变化的，因此在某一温度下等号右边的气相的压力称为该温度下的平衡蒸汽压。

从热力学可知关于固相物质的蒸发（式 8-9）有下列方程：

$$\Delta G^{\circ}(T) = -RT \ln (p_{AB}/p^{\circ}) \tag{8-11}$$

式中 $\Delta G^{\circ}(T)$ 为方程 8-9 在温度 T 下的标准自由能（所谓标准状态是总压力为 1 大气压——101.325kPa 下、温度为 T 的状态），p_{AB} 和 p° 分别为 AB 的平衡蒸汽压和环境的大气压力。

利用热力学中的吉布斯-亥尔姆霍兹（Gibbs-Helmholtz）方程：

$$\frac{\partial (-\Delta G/T)}{\partial T} \Big|_{p} = \frac{\Delta H}{T^{2}} \tag{8-12}$$

可推导出平衡分压 p_{AB} 与温度的关系：在标准状态下将式 8-11 代入吉布斯-亥尔姆霍兹方程，就得到：

$$\frac{d \left(\ln \left(\frac{p_{AB}}{p^{\circ}} \right) \right)}{dT} = \frac{\Delta H^{\circ}}{RT^{2}} \tag{8-13}$$

式中 ΔH° 为式 8-9 的标准蒸发热。由于 p° 为一定值，因此上式可写成：

$$\mathrm{d}(\ln p_{AB}) = \frac{\Delta H^{\circ}}{RT^2}\mathrm{d}T \tag{8-14}$$

对上式积分，就得到平衡蒸汽压同温度的关系：

$$\ln p_{AB} = \frac{1}{R}\int \frac{\Delta H^{\circ}}{T^2}\mathrm{d}T + A \tag{8-15}$$

式中 A 为积分常数。通常 ΔH° 随温度变化幅度不大，因此在一定温度范围内可将其看成为常数，于是上式可写成：

$$\ln p_{AB} = -\frac{\Delta H^{\circ}}{RT} + A \tag{8-16}$$

无机固态物质的平衡蒸汽压一般都很小，并随温度升高而增大。表 8-8 和表 8-9 分别列出一些氧化物和氮化物在不同温度下的平衡蒸汽压。氧化物的平衡蒸汽压同温度的关系可用下面的两个方程式表示：

$$\lg(p) = (a/T) + b \tag{8-17}$$

或
$$\lg(p) = (a/T) + b + c \cdot \lg T \tag{8-18}$$

式 8-17 和式 8-18 中各个系数值列于表 8-10 中。图 8-9 给出一些氧化物的蒸汽压同温度关系的曲线。

表 8-8 一些氧化物的平衡蒸汽压[3]

物质		蒸汽压				
BeO	温度/K				2273	
	压力/Pa				0.0473	
MgO	温度/K		2040	2140	2200	
	压力/Pa		3.952	14.19	303.9	
ZrO$_2$	温度/K				2273	
	压力/Pa				79.99	
ThO$_2$	温度/K		2023			2828
	压力/Pa		1.333×10^{-5}			10.64
UO$_2$	温度/K	1873	2023	2173	2273	
	压力/Pa	9.466×10^{-3}	0.2266	2.400	9.599	

表 8-9 一些氮化物的平衡蒸汽压 （MPa）[112]

物质	1503	2003	2503	物质	1503	2003	2503
ScN	$<10^{-8}$			TiN	$<10^{-8}$	$<10^{-7}$	$<10^{-4}$
YN	$<10^{-8}$	$<10^{-7}$		ZrN	$<10^{-8}$	$<10^{-8}$	$<10^{-6}$
ThN	$<10^{-8}$	$<10^{-8}$	$<10^{-6}$	HfN	$<10^{-8}$	$<10^{-8}$	$<10^{-6}$
PaN	$<10^{-8}$	$<10^{-8}$	$<10^{-6}$	NbN	$<10^{-8}$		
UN	$<10^{-8}$	$<10^{-8}$	$10^{-5}\sim10^{-6}$	TaN	$<10^{-8}$		

表 8-10　氧化物平衡蒸汽压计算公式中系数 a、b、c 的取值和使用温度范围
（压力和温度的量纲分别为 MPa 和 K）[3]

氧化物	a	b	c	温度范围/K
ThO$_2$	-3.71×10^4	7.650		2050～2250
UO2	-33.115×10^4	21.805	-4.026	1873～2273
BeO	-3.423×10^4	14.62	-2.00	2223～2423
MgO	-2.732×10^4	9.25		2073～2473
CaO	-2.74×10^4	5.88		1000～1150
SrO	-2.595×10^4	0.44	1.908	973～1873
BaO	-1.94×10^4	4.749		1200～1800
Al$_2$O$_3$	-2.732×10^4	7.415		2600～2900

对于方程式 8-10 表示的分解反应，同样可得到气相 B 的平衡压力同温度的关系：

$$\frac{d\left(\ln\left(\frac{p_B}{P^\circ}\right)\right)}{dT}=\frac{\Delta H^\circ}{RT^2} \tag{8-19}$$

式中 p_B 为分解反应气相产物 B 的平衡压力，称为分解压；ΔH° 为标准分解热。根据氧化物的生成自由能和元素挥发自由能，可导出氧化物的分解压同温度的关系[3]：

$$\lg P=-\frac{a\times10^4}{T}+b\lg T+c\times10^{-3}T+d\times10^5T^{-2}+e \tag{8-20}$$

式中各个系数的量值列于表 8-11 中，表内还列出各个氧化物在 2000K 下的平衡分压。图 8-10 显示一些氧化物的分解压同温度的倒数大致呈线性关系。

表 8-11　氧化物的分解压[3]

氧化物	温度范围/K	a	b	c	d	e	2000K 平衡分压/MPa
Al$_2$O$_3$	932～2000	3.4755	-0.3864	-0.1408	0.2457	10.3443	2.6×10^{-9}
BaO	977～1911	2.5424	-0.3190	-0.1988	0.0612	8.1622	1.01×10^{-7}
BeO	1000～1556	3.2411	-0.2782	-0.1850	0.1806	9.3203	
BeO	1556～2000	3.2086	$+0.8827$	-0.3951	0.2163	5.7300	6.64×10^{-10}
CaO	1124～1760	2.7995	-0.1981	-0.1879	0.0991	8.3129	
CaO	1760～2000	2.8357	-1.0459	-0.0422	0.0991	11.0325	2.11×10^{-8}
HfO$_2$	1000～2000	4.7612	-1.0641	-0.0533	0.1683	12.4205	1.01×10^{-16}
CeO$_2$	1000～2000	3.5652	-0.4216	-0.0721	-0.0218	10.7464	2.37×10^{-10}
La$_2$O$_3$	1153～2000	3.9159	-0.3047	-0.0670	0.0837	9.3546	4.40×10^{-13}
MgO	923～1393	2.6061	$+0.2680$	-0.2578	0.0932	7.3377	
MgO	1393～2000	2.6322	-0.5463	-0.0903	0.0932	9.8453	5.11×10^{-7}
MnO	1000～1374	2.3069	$+0.2680$	-0.3678	0.0495	7.0914	
MnO	1374～1410	2.2236	$+1.0634$	-0.1049	0.0495	3.6284	
MnO	1410～1517	2.1928	$+1.2644$	-0.1049	0.0495	2.7762	
MnO	1517～2000	2.2545	$+1.1639$	-0.3671	0.0495	3.8832	5.33×10^{-6}

续表

氧化物	温度范围/K	a	b	c	d	e	2000K 平衡分压/MPa
NiO	1000~1725	2.3113	−0.0204	−0.2121	−0.0146	9.0017	
	1725~2000	2.2075	+1.0532	−0.1689	−0.0146	4.8533	9.12×10^{-5}
$^{t}SiO_2$	1000~1683	3.4364	−0.2478	−0.0590	−0.0814	9.4933	
$^{c}SiO_2$	1683~2000	3.3933	+0.0656	−0.0459	−0.0219	8.3254	3.08×10^{-10}
SrO	1043~1657	2.6099	−0.3525	−0.2049	0.0983	8.4776	
	1657~2000	2.6392	−1.2003	−0.0553	0.0983	11.1024	6.96×10^{-8}
Ta_2O_5	1000~2000	4.1994	−0.8342	−0.0422	0.1194	11.3403	3.26×10^{-14}
ThO_2	1000~2000	4.7900	−1.0767	+0.0645	0.0847	12.6287	1.82×10^{-16}
TiO_2	1150~2000	3.7209	−0.8325	−0.0936	0.2158	11.7102	1.52×10^{-11}
UO_2	1045~1405	4.1194	−0.7145	−0.1688	0.1945	10.9441	
	1405~1500	4.0820	−0.6468	−0.0634	—	10.3308	4.62×10^{-14}
V_2O_3	1000~2000	3.4114	−1.1224	−0.0934	0.1504	12.4317	3.11×10^{-10}
Y_2O_3	1000~1773	3.8952	+0.0172	−0.1953	−0.0187	8.5078	
	1773~2000	3.8676	+0.8340	−0.2653	−0.0187	6.3253	1.64×10^{-12}
ZrO_2	1135~1478	4.4723	−0.5561	−0.0892	0.1617	10.9157	
	1478~2000	4.4516	−0.8478	+0.0092	−0.0219	11.5625	3.38×10^{-15}

注：t：β-鳞石英，c：β-方石英。

　　实际上大多数无机非金属固态物质在高温下的产生的气相物质与原来的固态物质的组成不一定相同，如 Al_2O_3 在高温下挥发出的物质除去氧气和铝蒸汽之外，还有 AlO、Al_2O、Al_2O_2 等气相物质（图 8-11）。表 8-12 列出一些氧化物及其对应的气态蒸发物的组成。因此用分解反应（式 8-10）来描述固态物质在高温下产生气相的过程更为合适。

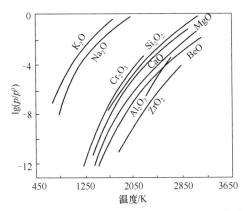

图 8-9　氧化物的平衡蒸汽压同温度的关系[111]

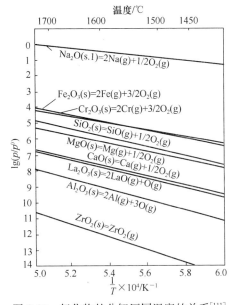

图 8-10　氧化物的分解压同温度的关系[111]

表 8-12　高温下一些氧化物及其对应的分解产物[111]

氧化物	对应的气相物质	氧化物	对应的气相物质
CaO	Ca，O_2，CaO	SnO_2	SnO，$(SnO)_2$，$(SnO)_4$
MgO	Mg，O_2，MgO	TiO_2	TiO，TiO_2
Al_2O_3	Al，O，O_2，AlO，Al_2O	ZrO_2	ZrO，ZrO_2
La_2O_3	La，O，LaO	ThO_2	ThO，ThO_2
SiO_2	SiO，O_2，SiO_2		

碳化硅在 2473K 开始有明显的挥发物产生，在 2973K 发生升华，到 3423K 完全分解。碳化硅产生的气相挥发物由 Si、Si_2C、SiC_2 和 SiC 组成，表 8-13 中是根据反应平衡常数算出的 SiC 挥发物中各个组分的平衡分压。

表 8-13　SiC 在高温下挥发出的各种组分的平衡分压[113]　　　　单位：MPa

组分 ＼ 温度	2500K	2600K	2700K	2800K	2900K	3000K	3100K
Si	5.78×10^{-5}	1.67×10^{-4}	4.50×10^{-4}	1.12×10^{-3}	2.63×10^{-3}	5.78×10^{-3}	1.21×10^{-2}
Si_2C	2.80×10^{-5}	8.95×10^{-5}	2.64×10^{-4}	7.20×10^{-4}	1.83×10^{-3}	4.32×10^{-3}	9.66×10^{-3}
SiC_2	5.78×10^{-5}	1.67×10^{-4}	4.50×10^{-4}	1.12×10^{-3}	2.63×10^{-3}	5.78×10^{-3}	1.21×10^{-2}
SiC	5.16×10^{-8}	2.16×10^{-7}	8.09×10^{-7}	2.75×10^{-6}	8.56×10^{-6}	2.47×10^{-5}	6.61×10^{-5}

氮化硅在高温下发生分解反应可表示为[114]：

$$Si_3N_4 = 3Si_{(s)} + 2N_2 \tag{8-21}$$

$$Si_{(s)} = Si_{(g)} \tag{8-22}$$

然而，精密的质谱分析表明氮化硅分解的产物主要为 N_2 和 Si 蒸汽，此外尚有气相的 Si_2、Si_3、SiN 和 Si_2N[115]，基于二元系 Si—Si_3N_4 或三元系 Si—Si_2N_2O—Si_3N_4 计算得到的各种气相成分的平衡分压如图 8-12 所示。

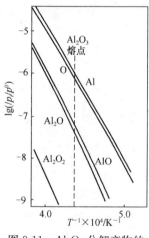

图 8-11　Al_2O_3 分解产物的
蒸汽压[111]

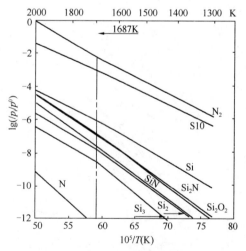

图 8-12　Si_3N_4 分解产物的蒸汽压，
图中 1687 K 为硅的熔点[115]

上面所讨论的蒸发和分解都是在环境压力为 1 大气压，即 101.325kPa 下发生的过程，如果环境压力远高于或低于 1 大气压，则物质的分解反应就会有所不同。例如在真空或低氧分压情况下 MgO 和 MgCr$_2$O$_4$ 的分解产物分别为气相的 Mg$_{(g)}$、O$_2$ 和 Mg$_{(g)}$、Cr$_{(g)}$、O$_2$，它们的反应方程式为：

$$MgO_{(s)} = Mg_{(g)} + \frac{1}{2}O_2 \tag{8-23}$$

$$MgCr_2O_4 = Mg_{(g)} + 2Cr_{(g)} + 2O_2 \tag{8-24}$$

但在高氧分压情况下 MgO 和 MgCr$_2$O$_4$ 的分解产物分别为气相的 MgO$_{(g)}$ 和 MgO$_{(g)}$、CrO$_{3(g)}$，它们的反应方程式为：

$$MgO_{(s)} = MgO_{(g)} \tag{8-25}$$

$$MgCr_2O_{4(s)} + \frac{3}{2}O_2 = MgO_{(g)} + 2CrO_{3(g)} \tag{8-26}$$

在有氧气存在的情况下 Cr$_2$O$_3$ 在高温下会被氧化成气态 CrO$_3$：

$$Cr_2O_{3(s)} + \frac{3}{2}O_2 = 2CrO_{3(g)} \tag{8-27}$$

气态 CrO$_3$ 的分压 p_{CrO_3} 可根据化学平衡关系计算出：

$$p_{CrO_3} = K_e^{\frac{1}{2}} p_{O_2}^{\frac{3}{4}} \tag{8-28}$$

其中 p_{O_2} 为环境中的氧分压，K_e 为方程 8-27 的平衡常数[116]：

$$\lg K_e = -\frac{246000}{T} + 6.16 \tag{8-29}$$

由式 8-28 和式 8-29 可算出当温度高于 1673K 后 CrO$_3$ 的蒸汽压＞1Pa，因此 Cr$_2$O$_3$ 会发生明显的氧化－蒸发。Cr$_2$O$_3$ 的这种特性给 Cr$_2$O$_3$ 陶瓷的烧结造成很大麻烦，需要在很低的氧分压下，抑制 Cr$_2$O$_3$ 的氧化反应，才能使其烧结致密。

陶瓷材料的蒸汽压或分解压即使在高温下也很小，通常不能用压力计直接测定，需要利用固相蒸发或分解时的动力学关系来求解其平衡气相压力。根据分子动力学可知气体对容器壁的压力源自于气体分子对容器壁的撞击时发生的动量对时间的变化率，因此气体对器壁的压力可表达为：

$$p_e = 2mvj \tag{8-30}$$

式中 p_e 为气体的平衡压，m 和 v 分别为气体分子的质量和速度，$2mv$ 则为气体分子撞击器壁时发生的动量变化，j 为在单位时间内撞击到单位表面积上的分子数量。气体分子的平均速度为：

$$v = \sqrt{\frac{8k_BT}{\pi m}} \tag{8-31}$$

式中 k_B 为波尔兹曼常数，因此

$$p_e = 2m\sqrt{\frac{8k_BT}{\pi m}}j = j\sqrt{\frac{32mk_BT}{\pi}} = J\sqrt{\frac{32MRT}{\pi}} \tag{8-32}$$

式中 J 为在单位时间内撞击到容器单位表面积上的克分子数（摩尔数），M 为气体的分子量。此式表示通过测定在一定的温度下单位时间内撞击到单位面积上的气体的物质量，就可以算出气体的压力。常用的测定 J 的方法有朗格缪（Langmuir）蒸发法和努德森（Knudsen）逸流法。

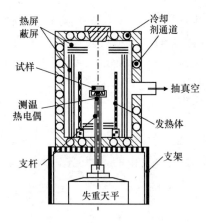

图 8-13　朗格缪蒸发法装置

1. 朗格缪蒸发法

图 8-13 所示为朗格缪蒸发法测定固相物质的蒸汽压或分解压装置的示意图，具有已知蒸发表面积的块状或片状固体试样架在耐高温陶瓷的样品台上，并通过陶瓷支杆同一高灵敏度天平相连接，以测定试样的失重。样品台置于具有冷却壁的真空炉内，在样品周围置有产生高温的发热体和屏蔽热量外流的隔热屏蔽屏。在高真空下对样品加热，由试样表面蒸发（挥发）出的分子凝聚在真空炉的冷壁上不能再回到试样上，这样就形成试样连续失重。通过记录各个时间（t）上的失重（w）可得到随时间而变化的失重曲线，其斜率 $\mathrm{d}w/\mathrm{d}t$ 以及式样的蒸发表面积 A，可求出朗格缪蒸发速率 V_L：

$$V_L = \frac{\mathrm{d}w}{A\,\mathrm{d}t} \tag{8-33}$$

求出 V_L 后即可利用赫兹－努德森－朗格缪方程（式 8-34）[117] 求出上述蒸发过程的朗格缪蒸汽压。

$$p_L = V_L\sqrt{\frac{2\pi RT}{M}} \tag{8-34}$$

在给定的某温度和与之对应的蒸汽压下，物质自由表面上的蒸发速率同在相同温度下固－汽处于平衡状态下达到相同蒸汽压所需要的蒸发速率之比称为该物质在此温度下的蒸发系数（vaporization coefficient），通常用 α 表示。如果 $\alpha = 1$，则 p_L 等于蒸发物的平衡蒸汽压 p_e。大多数金属物质符合这一条件，但对于陶瓷材料由于蒸发出物质的多样性 $\alpha < 1$，因此用朗格缪法测定陶瓷材料的平衡蒸汽压的前提是需要已知 α 的具体数值。此外确定 V_L 需要知道真正的蒸发表面积大小，由于试样的表面不是绝对平整光滑的，因此蒸发表面积是比较难于测定精确的。

2. 努德森逸流法

图 8-14 所示为努德森逸流法测定平衡蒸汽压装置的示意图。整个测量装置同上面的朗格缪法的装置相类似，主要的区别在于放置试样的装置结构上。在努德森法中试样放置在一个称为努德森坩埚容器内，该容器具有一个带有小孔的密闭盖子，其直径小于蒸汽分子的平均自由程。因为坩埚外面处于高真空状态，使得从试样表面蒸发出的蒸汽分子不能一下子就远离蒸发表面，而是只能通过这个小孔慢慢地渗流到坩埚外面，因此在坩埚内固相和蒸汽处于平衡状态。这样努德森法所直接测到的就是平衡蒸汽压。在努德森坩埚的顶上装有凝聚靶，通过与之相连的冷凝器，使凝聚靶处于低温状态，以便将从努德森坩埚内逸出的热蒸汽凝聚在靶上，然后进行定量分析蒸汽的数量和成分。新式测试装置不用凝聚靶，而将蒸汽直接引导到质谱仪中进行同步分析。

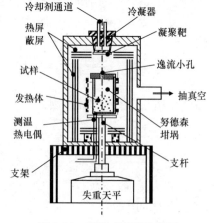

图 8-14　努德森逸流法装置

平衡蒸汽压 p_e 等于努德森蒸汽压 p_K，同样可利用赫兹－努德森－朗格缪方程来求出，但其中的蒸发速率称为努德森蒸发速率 V_K：

$$p_e = p_L = V_K \sqrt{\frac{2\pi RT}{M}} \tag{8-35}$$

由于蒸汽分子在通过努德森小孔往外逸出的过程中，有可能撞到孔壁上，并反弹回坩埚内，因此计算蒸发速率时，蒸发表面积不能直接用小孔的截面积 a，而需要用克劳欣（Clausing）系数 K_C 对其修正。因此 V_K 的计算式为：

$$V_K = \frac{1}{aK_C} \frac{dw}{dt} \tag{8-36}$$

K_C 由努德森小孔的半径 r 和孔的长度（即坩埚盖的厚度）l 决定，其近似值可由下式算出[118]：

$$K_C = 1 - \frac{l}{2r} + \frac{l^2}{5r^2} \tag{8-37}$$

第 3 节　陶瓷材料的高温蠕变及其测量方法

高温蠕变就是固体材料在高温下受应力作用应变随时间而增涨的现象。从理论上讲蠕变是塑性应变的一种形式。材料发生蠕变的过程可用材料在恒定温度和负载（应力）条件下应变随时间变化的曲线描述。图 8-15、图 8-16 和图 8-17 分别为含有 16.4% Yb_2O_3 的在氮气氛中烧结的 Si_3N_4 材料[119]、相对密度为 98% 的烧结 MgO 材料[120] 和相对密度为 96.5% 的烧结 BeO 材料[121] 的蠕变曲线。

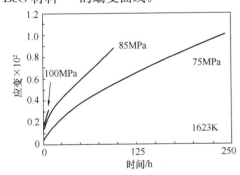

图 8-15　Si_3N_4 / Yb_2O_3 蠕变曲线[119]
（温度和压力示于图内）

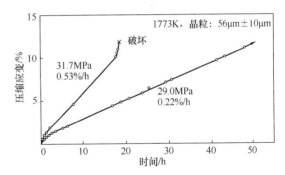

图 8-16　烧结 MgO 的蠕变曲线[120]
（温度和压力示于图内）

从图 8-15～图 8-18 可见在蠕变过程中材料的应变速率随时间而变化：在开始阶段应变速率 $d\varepsilon/dt$ 很大，但随时间增长 $d\varepsilon/dt$ 逐渐减小，这一阶段称为初始阶段或瞬间蠕变阶段；接着出现一段恒速阶段，即 $d\varepsilon/dt =$ 常数，通常所谓的蠕变速率就是指这一阶段的速率，它是讨论蠕变现象的重要参数；在蠕变的最后阶段，应变速率急剧增高，直至材料破坏。蠕变的这三个阶段和典型的蠕变曲线形状示于图 8-18 中。蠕变曲线的第 I 和第 II 阶段可以用下式表示：

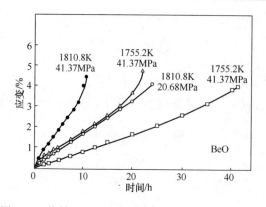

图 8-17　烧结 BeO 在不同温度和压力下蠕变曲线[121]

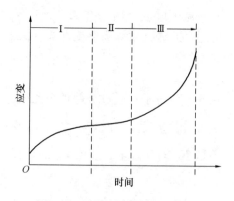

图 8-18　陶瓷材料蠕变曲线特征

$$\varepsilon = \varepsilon_0 + \varepsilon_p \left[1 - \exp\left(-mt\right)\right] + v_s t \tag{8-38}$$

式中 ε_0 为材料在发生蠕变前的弹性应变，ε_p 为材料在蠕变第 I 阶段的最大应变量，v_s 为材料在稳态蠕变（第 II 阶段）阶段的应变速率，m 为时间常数。上式是一种经验公式，并没有揭示太多的物理本质意义。

在第 II 阶段，即恒速蠕变阶段，应变速率受应力影响很大，在恒定温度下蠕变速率随材料内的应力增高而增大，但在不同的应力范围内应变速率的增加率不同，如图 8-19 和图 8-20 所示，可用下式描述[122]：

$$\frac{d\varepsilon}{dt} = A \left[\sinh\left(a\sigma\right)\right]^n \tag{8-39}$$

式中为 σ 应力，a、n 为材料常数，系数 A 取决于温度和蠕变活化能。在低应力状态，上式可近似为：

$$\frac{d\varepsilon}{dt} = A\sigma^n \tag{8-40}$$

而在高应力状态，式 8-39 可简化为：

$$\frac{d\varepsilon}{dt} = A\exp\left(\beta\sigma\right) \tag{8-41}$$

式 8-40 和式 8-41 是表示蠕变中应力与应变速率关系的常见的关系式。

从图 8-19 和图 8-20 中可见蠕变过程中的应变速率随温度升高和应力（负载）增大而增大。其中温度的作用非常巨大，实际上蠕变就是热激发的塑性形变，对温度特别敏感。在稳态蠕变阶段，蠕变速率同温度的关系受活化能 Q 的控制。式 8-39、式 8-40 和式 8-41 中的系数 A 可表示为：

$$A = A_0 \exp\left(-\frac{Q}{RT}\right) \tag{8-42}$$

式中 A_0 为材料常数，R 为气体常数。图 8-21 和图 8-22 分别给出 $3Al_2O_3 \cdot 2SiO_2$（莫来石）、Al_2O_3 和 BeO 陶瓷材料的蠕变速率同绝对温度倒数呈的线性关系，显示蠕变速率符合阿伦尼乌斯（Arrhenius）方程。表 8-14 列出了一些材料在稳态蠕变阶段的活化能。

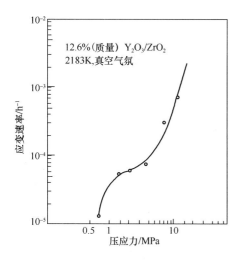

图 8-19　含 12.6w％ Y_2O_3 的 ZrO_2 陶瓷在真
空气氛 2183 K 下的蠕变[123]

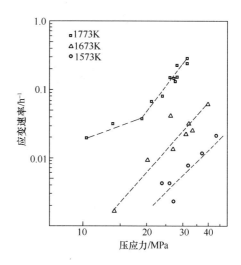

图 8-20　烧结 MgO 陶瓷的
压缩蠕变温度[124]

表 8-14　一些陶瓷材料稳态蠕变活化能

材　　料	活化能/(kJ/mol)	数据来源
Al_2O_3	544.2	Ref. 125
$3Al_2O_3 2SiO_2$	686.5	Ref. 125
ZrO_2（Y_2O_3 含量 10.9％～16.5％）	536 ±40	Ref. 124
ZrO_2（CaO 含量 18mol％）	393.5	Ref. 128
BeO	402	Ref. 126
SiC（反应烧结）	711 ±20	Ref. 129
SiC（CVD）	175 ±5	Ref. 130
TiO_2	280.5	Ref. 131

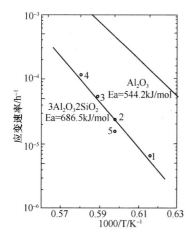

图 8-21　氧化铝和莫来石陶瓷的
蠕变速率同温度的关系[125]

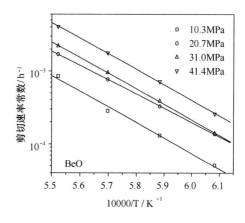

图 8-22　氧化铍陶瓷在不同压力
下蠕变速率同温度的关系[126]

　　无机非金属材料在常温下即使施加巨大的外力，所产生的塑性应变也极为有限。其原因在于这些具有离子键或共价键的物质的滑移系统不发达。对于离子键晶体，为了使晶格中一部分离子沿某一晶面移动，需要克服同性离子之间的斥力。而共价键晶体内原子之间的结合力具有方向性，并且键力非常强，也需要施加极大的力量去克服共价键的结合力，因此在常温下无机非金属晶体内部的滑移系统很不发达。如离子晶体 MgO、NaCl 等以及具有部分离子键成分、部分共价键成分的 Al_2O_3、BeO 晶体在常温下都只有 2 个滑移系统（表 8-15）。像陶瓷这样的多晶材料至少需要有 5 个独立的滑移系统才可能使材料产生塑性形变[127]。并且，这一要求仅是必要条件而并非是充分条件，因此镁铝尖晶石（$MgAl_2O_4$）在常温下存在 5 个滑移系统，然而其塑性仍旧不大。温度升高可以激发更多的滑移系统，有助于这类物质在高温下发生蠕变（表 8-15）。

表 8-15　一些陶瓷晶体内的滑移系统[127]

晶　　体	滑移系统		数量	温度条件
金刚石（C），Si，Ge	{111}	$\langle 1\bar{1}0\rangle$	5	>0.5 熔点
NaCl，LiF，NaF，MgO	{110}	$\langle 1\bar{1}0\rangle$	2	常温
NaCl，LiF，NaF，MgO	{110}	$\langle 1\bar{1}0\rangle$	5	高温
	{001}	$\langle 1\bar{1}0\rangle$		
	{111}	$\langle 1\bar{1}0\rangle$		
TiC，UC	{111}	$\langle 1\bar{1}0\rangle$	5	高温
CaF_2，UO_2	{001}	$\langle 1\bar{1}0\rangle$	3	常温
CaF_2，UO_2	{001}	$\langle 1\bar{1}0\rangle$	5	高温
	{110}			
	{111}			
PbS，PbTe	{001}	$\langle 1\bar{1}0\rangle$	3	常温
	{110}	$\langle 001\rangle$		
Al_2O_3，BeO	{0001}	$\langle 11\bar{2}0\rangle$	2	常温
TiO_2	{101}	$\langle 10\bar{1}\rangle$	4	常温
	{110}	$\langle 001\rangle$		
$MgAl_2O_4$	{111}	$\langle 1\bar{1}0\rangle$	5	常温
	{110}			

　　位错的生成和运动是蠕变的机制之一。在应力作用下晶体内因形变而产生位错，在蠕变的初期，位错迅速增加，形成位错缠结和网络（图 8-23）。位错在滑移面上移动，如遇到前进方向上有阻碍物（如晶体内的杂质或晶界）的阻止，停止移动，后来的位错便堆积在其后面。刃位错可以通过产生或吸收一个空位，攀移到别的滑移面上 [图 8-24 （a）]，从而绕过

阻碍物，后面的位错得以继续前进。另外，移动中的刃位错也能够通过攀移与相邻滑移面上的具有相反符号的刃位错互相湮灭［图 8-24（b）］。

攀移过程受晶格内空位扩散的控制，因此应变速率可近似地表达为[122]：

$$\frac{\mathrm{d}\varepsilon}{\mathrm{d}t} = \dot{\varepsilon} = \frac{\pi^2 D \sigma^{4.5}}{b^{0.5} G^{3.5} N^{0.5} k_{\mathrm{B}} T} \tag{8-43}$$

式中 ε 为剪切应变，D 为扩散系数，σ 为剪切应力，b 为博格斯（Bergers）矢量，N 为位错源密度，G 为剪切模量，k_{B} 为波尔兹曼常数，T 为绝对温度。

蠕变也能够通过螺旋位错的割阶运动实现，该过程同样受晶格内空位扩散的控制，应变速率为[122]：

$$\frac{\mathrm{d}\varepsilon}{\mathrm{d}t} = \dot{\varepsilon} = BD\rho \sinh\frac{b^2 \sigma l}{k_{\mathrm{B}} T} \tag{8-44}$$

式中 B 为常数，ρ 为可移动的位错密度，l 为割阶之间的距离，其余符号意义同前。

当温度超过 $0.4T_{\mathrm{m}}$（T_{m} 为材料熔点温度），由于热激发，位错不再局限在原来的滑移面中运动，通过攀移和割阶过程，位错可以自由地在任何晶面中移动，从而使大量密集交错在一起的位错网和位错缠结发生愈合，当位错的愈合同位错的生成互相平衡时，蠕变速率就成为常数，即达到稳态蠕变。

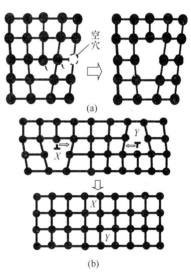

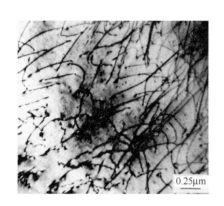

图 8-23　在蠕变第一阶段无压烧结
α—SiC 晶粒内的位错缠结
1970K、276MPa、45h[132]

图 8-24　a—刃位错吸收空位的攀移；
b—两个异向位错的湮灭

在高温下很小的应力便可引起蠕变，蠕变速率同应力成正比。这种高温蠕变同位错关系不大，主要同晶格内质点的扩散有关。扩散蠕变过程如图 8-25 所示，晶界上空位浓度 N 受晶界上应力状态和大小的控制。

$$N/N_{\mathrm{o}} = \exp -\left[E_{\mathrm{a}} - \sigma\Omega/(k_{\mathrm{B}} \cdot T)\right] \tag{8-45}$$

式中 N_{o} 为无应力状态下晶粒内空位的浓度，E_{a} 为产生一个空位需要的能量，σ 为晶界上的应力，张应力为正值，压应力为负值，Ω 为空位体积。从上式可见在张应力处空位浓度高，而在压应力处浓度低。在晶粒内形成空位的浓度梯度必然引发晶粒内的空位定向扩散，空位的定向扩散运动实际上就是物质的反方向扩散（图 8-25），使得晶粒沿张应力方向伸长，晶界发生运动。这种由空位或质点沿晶格定向扩散而引起的蠕变称为纳巴罗（Nabarro）-赫林（Herring）蠕变。在稳态蠕变阶段纳巴罗－赫林扩散蠕变的速率可用下式表示[127, 133]：

$$\frac{d\varepsilon}{dt} = \dot{\varepsilon} = \frac{C_{NH}\Omega D_l \sigma}{k_B T d^2} \tag{8-46}$$

式中 C_{NH} 为常数，D_l 为晶格扩散系数，d 为晶粒直径，其余符号的意义同前。

受到应力作用的晶粒内的质点也可以沿晶界扩散，从压应力处流向张应力处，同样引起晶粒形状变化和晶界运动（图 8-25）。这种扩散引起的蠕变称为库伯（Coble）扩散蠕变，其蠕变速率为[127, 134]：

$$\frac{d\varepsilon}{dt} = \dot{\varepsilon} = \frac{C_C \Omega \delta D_b \sigma}{k_B T d^3} \tag{8-47}$$

式中 C_C 为常数，D_b 为晶界扩散系数，δ 为晶界宽度，其余符号的意义同前。

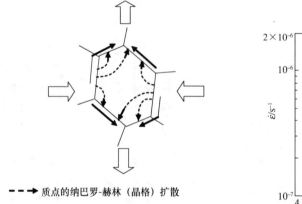

→ 质点的纳巴罗-赫林（晶格）扩散
→ 质点的库伯（晶界）扩散

图 8-25　蠕变过程中的两类扩散过程示意

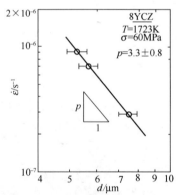

图 8-26　含 8mol％Y_2O_3氧化锆的蠕变速率同晶粒直径的关系[135]

对含 8mol％Y_2O_3的致密氧化锆的压缩蠕变测定发现在 1673～1773K 温度范围内，当压应力小于 100MPa，氧化锆的蠕变符合库伯蠕变规律，即 $\dot{\varepsilon} \propto d^{-3}$，如图 8-26 所示[135]。氧化铝陶瓷蠕变的研究指出纯氧化铝陶瓷和含有 5％钇铝石榴石陶瓷对蠕变符合库伯蠕变，即 $\dot{\varepsilon} \propto d^{-3}$ 如图 8-27 所示[136]。而掺有铁离子或钛离子的氧化铝陶瓷在富氧（氧分压 86kPa）和小压应力（5MPa）条件下蠕变接近纳巴罗-赫林扩散蠕变，即 $\dot{\varepsilon} \propto d^{-2}$，如图 8-28 所示[137]。

在高温和应力作用下晶界强度降低，可以发生滑移，并使材料发生形变。晶界滑移过程如图 8-29 所示，如果晶粒 AOB 和 AOC 沿晶界 OA 发生滑移，使晶界 OC 沿 AO 向下滑动，于是晶粒 BOC 内在 OC 附近受到压应力，而 OB 晶界沿 OA 上移，使得晶粒 BOC 内在 OB 附近受到张应力。这样在晶粒 BOC 内就有物质从 OC 向 OB 扩散。于是原来的三条晶界 OA、OB、OC 便移动到 oa、ob、oc 的位置。图 8-30 是根据显微镜照片实际测到的氧化铝陶瓷内滑移前后晶界位置的变化情况。晶界滑移不是仅仅依靠机械运动，必须同时伴随有物质的扩散。如果没有物质的扩散补充，或滑移速度过快，物质的扩散补充跟不上，则会引起晶界上发生空化作用，产生空穴聚集在晶界内或三个晶粒交界处，最后形成裂纹或气孔。受扩散控制的晶界滑移，同前面所述的蠕变与晶粒内扩散的关系相同。如滑移受晶格扩散控制，则 $\dot{\varepsilon} \propto d^{-2}$，其中 d 为晶粒直径；如受晶界扩散控制，则 $\dot{\varepsilon} \propto d^{-3}$。于是由扩散控制的晶界滑移造成的蠕变速率可表达为：

$$\dot{\varepsilon}_{\mathrm{gbs}} = \frac{C_{\mathrm{gbs}} \Omega D_{\mathrm{m}} \sigma}{k_{\mathrm{B}} T d^{m}} \tag{8-48}$$

式中 C_{gbs} 为同晶界滑移有关的常数，Ω 为扩散质点的体积，σ 为晶界上的应力绝对值，对于晶格扩散 $m=2$，对于晶界扩散 $m=3$，D_{m} 是同扩散类型有关的参数：对于晶界扩散 $(m=3)$，$D_{\mathrm{m}} = D_{\mathrm{gb}} \, w_{\mathrm{gb}}$，其中 D_{gb} 为晶界扩散系数，w_{gb} 为晶界宽度；对于晶格扩散 $(m=2)$，$D_{\mathrm{m}} = D_{\mathrm{L}}$，$D_{\mathrm{L}}$ 其中为晶格扩散系数。

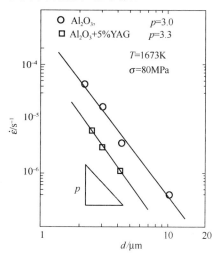

图 8-27　纯 $\mathrm{Al_2O_3}$ 和 $5\%\mathrm{YAG}+\mathrm{Al_2O_3}$ 的蠕变速率同晶粒直径的关系[136]

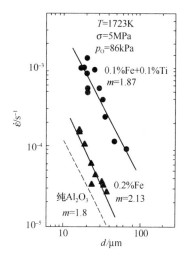

图 8-28　掺杂 Fe 离子或 Ti 离子的氧化铝的蠕变速率同晶粒直径的关系，m 为斜率[137]

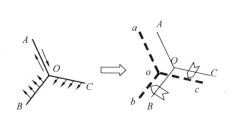

图 8-29　晶界滑移示意图

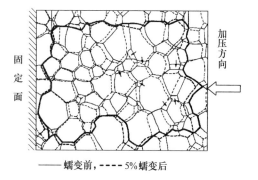

图 8-30　根据显微照片实际测到的氧化铝陶瓷滑移前后晶界位置的变化[138]

晶界滑移时的传质机理除了扩散，还有物质在晶界内的溶解和析出。对于晶界为玻璃相的陶瓷材料，这一机理起着重要作用。大多数纯度不太高的陶瓷以及氮化硅陶瓷，实际上晶粒表面都有或多或少的玻璃相存在。当温度升高至一定程度，玻璃相对主晶相有一定的溶解作用，并且在受压应力的晶界内溶解度大，而受张应力的晶界内溶解度小，因此主晶相物质从受压晶界溶解并迁移至受张晶界析出，完成物质的迁移。这种受溶解－析出控制的晶界滑移蠕变速率可用下式表示[139]：

$$\dot{\varepsilon} = A \frac{Dcw_{gb}\sigma}{k_B T d^3} \tag{8-49}$$

式中 A 为同溶解－析出过程有关的常数，D 为溶质在玻璃相内的扩散系数，c 为玻璃内溶质的浓度，其他符号同前。

晶界上的玻璃相随温度升高其黏度降低，在应力作用下发生黏性流动，也可导致晶界滑移。纯粹的黏性流动的应变速率同应力呈正比[140]：

$$\dot{\varepsilon} = (1 - V_f)^{2.5} \frac{\sigma}{\eta} \tag{8-50}$$

式中 V_f 为材料中晶粒所占的体积分数，η 为晶界玻璃相的黏度。

从上面的讨论可知蠕变过程需要靠材料内物质的扩散迁移维持，对于通过位错和扩散进行的蠕变，物质的迁移是通过晶粒内的微观缺陷（空位和位错）的扩散实现的。这些缺陷从晶粒内部扩散到晶界，再沿着晶界迁移到材料的表面。相对于缺陷在晶粒内扩散所走过的路程，沿晶界扩散到材料表面的路程很长。到达晶界的缺陷来不及迁移出去，会在晶界处滞留、堆积，并逐渐合并，在晶界和几个晶粒的交界处形成较大的空洞或裂纹。对于玻璃相晶界，随着滑移的增长，在玻璃相内因空化作用，也能形成空洞。这些空洞和裂纹引起局部区域应力集中，从而加速蠕变的进程，引发产生更多的缺陷和空洞。空洞和裂纹的不断增长，最终导致材料断裂破坏。这就是在蠕变最后阶段（第三阶段）直到材料因蠕变而破坏所发生的过程。

图 8-31 是反应烧结碳化硅材料在 1903K/147MPa 条件下蠕变后的透射电镜照片，从图上可见在碳化硅晶粒内生成的位错线和因位错在晶界上堆积而产生的空穴。图 8-32 是多晶氧化铝材料在 1873K/140MPa 下蠕变而沿晶界断裂后的扫描电镜照片。图中显示因晶界滑移，在两个晶粒的界面处产生空洞，以及空洞的长大和合并现象。

总结上面关于在稳态蠕变阶段蠕变速率同应力和晶粒尺寸的关系，可写成一个总的关系式[142]：

$$\dot{\varepsilon} = \frac{ADG_0 b}{k_B T} \left(\frac{b}{d} \right)^m \left(\frac{\sigma_{app}}{G_0} \right)^n \tag{8-51}$$

式中 A 常数，D 为扩散系数，G_0 为材料的剪切模量，b 为位错的伯格斯矢量值，d 为晶粒直径，σ_{app} 为对材料施加的应力，指数 m 取决于扩散机理，指数 n 取决于蠕变的机理。

上式是适用于致密材料，如材料内含有气孔，则需要考虑孔隙对材料内应力的影响和对剪切模量的影响，因此如材料的气孔率为 p，则蠕变速率为[143]：

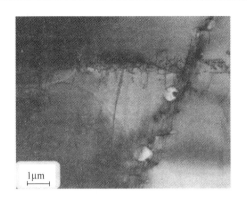

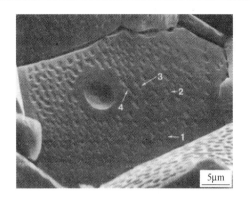

图 8-31　反应烧结 SiC 在 1903K/
147MPa 条件下蠕变，晶粒内的位错线
和晶界上的空洞[129]

图 8-32　多晶 Al₂O₃ 在 1873K/140MPa
条件下因晶界滑移，在两个晶粒界面处
产生空洞，图中 1 为空洞，2 为空洞的
长大 3 和 4 为空洞的合并[141]

$$\dot{\varepsilon} = \frac{ADb}{k_B T}\left(\frac{b}{d}\right)^m \left(\frac{\sigma_{app}}{(1-p^{\frac{2}{3}})}\right)^n \left[G_0\left(1+\frac{\beta p}{1-(\beta+1)p}\right)\right]^{1-n} \tag{8-52}$$

式中 β 是同材料有关的常数，对于氧化铝陶瓷 $\beta = -4$。再考虑到扩散系数 D 与温度的指数关系，式 8-52 可改写成：

$$\dot{\varepsilon} = \frac{AD_0 b}{k_B T}\left(\frac{b}{d}\right)^m \left(\frac{\sigma_{app}}{(1-p^{\frac{2}{3}})}\right)^n \left[G_0\left(1+\frac{\beta p}{1-(\beta+1)p}\right)\right]^{1-n} \exp\left(\frac{-Q}{k_B T}\right) \tag{8-53}$$

式中 D_0 是与材料有关的常数，Q 为扩散的活化能。

　　式 8-53 是蠕变速率的总的表达式，其中应力指数 n 同蠕变机理相关：$n=1$ 为扩散蠕变或晶界内发生溶解-析出传质的晶界滑移；$n=2$ 为出现晶界空化作用的蠕变；$n=3 \sim 5$ 为位错过程控制的蠕变，其中 $n=3$ 的蠕变机理同位错的攀移或位错的滑移有关。晶粒尺寸指数 m 同扩散机理有关：若 $m=2$ 则为晶格扩散，$m=3$ 则为晶界扩散，由此可见增大材料内的晶粒尺寸可以降低蠕变速率。上式也指出增大气孔率将导致蠕变速率增大。

　　利用蠕变试验机可完成材料高温蠕变的测量。蠕变松弛试验机包括材料试验机、位移传感器和可控衡温加热炉三个主要部分，材料试验机采用机电伺服加载，可以根据试验要求，任意控制试验载荷，加载速率可控，并在测试过程中保持加载恒定；位移传感器需要能保证精确测量压力机加载头的微小位动，一般采用电子差分位移传感器，或用灵敏度更高的光栅尺测量微小位移；带有电子控温的加热炉可保证测试时样品保持在所需的恒定温度下。通过更换试样夹具，蠕变试验机可进行压缩、拉伸和弯曲蠕变的测定，陶瓷材料通常测定压缩或弯曲蠕变，而较少测定拉伸蠕变。当前我国尚无陶瓷材料高温蠕变的测定方法标准，通常测定陶瓷材料压缩蠕变和弯曲蠕变的试样可采用对应的强度测定试样。我国已经制定了耐火材料压缩蠕变试验方法标准（GB/T 5073—2005），图 8-33 所示为测定耐火材料压缩蠕变的试样的标准尺寸。

　　表征耐火材料高温蠕变特性除了直接测定压缩蠕变之外，更为普遍的是测定荷重软化温度。所谓荷重软化温度就是以一定速率加热承受恒定的压负载耐火材料试样，由于蠕变而产生压缩形变，测定达到规定形变量时的温度，即为荷重软化温度。测定荷重软化温度的装置和方法有两种：国家标准 GB/T 5989—2008 和冶金工业标准 YB/T 370—1995，前者同国际标准 ISO1893：1989 一致，而后者是早先参考前苏联的相关标准制定的，一直被我国耐火材料行业应用，两者所用的试样尺寸有所不同，如图 8-33 所示。国标所用的测试方法称为示差升温法，而冶金工业标准所用的方法称为非示差升温法。图 8-34 所示为示差法荷重软化温度测量装置中差动机构示意图，在支撑杆内的由高纯氧化铝制造的外管同底垫牢固粘接，挂在支撑杆的顶部，并能在支撑杆内自由移动；在氧化铝外管内的由高纯氧化铝制造的内管穿过底垫和试样的中心孔，抵住顶垫的下面，并可在氧化铝外管和试样中心孔内自由移动。氧化铝外管的下端与位移传感器座固定在一起，而氧化铝内管下端顶压传感器的移动头。这种差动结构测量系统，消除了支撑杆、加压柱及垫片的膨胀，可直接准确地测量试样的变形量。穿入内氧化铝管和试样中心孔的热电偶，其热接点位于试样高度的中心，以测量试样的温度。带有保护管的控温热电偶，置于试样的外侧，以控制升温速率。非示差法荷重软化温度测量装置中则没有差动机构，试样直接安置在加压装置的上下压头之间，位移传感器测量上下压头之间的距离变化，因此所测到的是试样和加载系统变形量的总和。YB/T 370—1995 规定加载系统在整个升温过程中不能有压缩形变，并且高温度 100℃/L，加载系统的膨胀量不能超过 0.2mm，从而保证可大大降低加载系统变形带来的误差。此外，冶金标准用炉温作为试样的温度。具体的测量步骤二者基本相同：所加负载分别为 0.2MPa（致密定形耐火制品）和 0.05MPa（隔热定形耐火制品），在 500℃ 以下升温速率为 4.5～5.5℃/min，500℃ 以上为 10℃/min，以试样从膨胀至最高点为原点，测定并记录压缩量达到 0.3mm（压缩 0.6%）、2mm（压缩 4%）、20mm（压缩 40%）时的温度，分别标记为 $T_{0.6}$、T_4 和 T_{40}，其中 $T_{0.6}$ 定为荷重软化开始温度，而 T_{40} 定为结束温度。

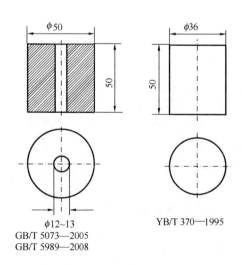

图 8-33 蠕变和荷重软化温度
测定用标准试样尺寸

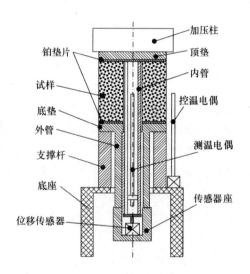

图 8-34 示差法荷重软化
测量装置示意

参考文献（二）

[1] Bernhard Wunderlich, The ATHAS database on heat capacities of polymers, *Pure &App/. Chern.* (J), 67 (6), 1995：1019－1026.

[2] 赵镇南. 传热学[M]. 北京：高等教育出版社，2002.

[3] 顾民生，宋慎泰编译. 高级耐火氧化物材料 (M). 北京：中国工业出版社，1964.

[4] Ceramic Source90, Compiled by Am. Cer. Soc. , 1990.

[5] C. Kittle, Introduction to Solid State Physics, 6th ed. （M），169，197，John Wiley & Sons, New York，1986.

[6] 黄昆，韩汝琦. 固体物理学 (M). 北京：高等教育出版社，1988.

[7] 陈长乐. 固体物理学(M). 西安：西北工业大学出版社，2004.

[8] 稻场秀明，山本明博. 物质のデバイ温度，*Netsu Sokutei*(J). 10(4)，1983：132-154.

[9] 李静维，冉启泽，肖志为. $YBa_2Cu_3O_{7-\delta}$ 在超导转变点处的比热反常，低温物理学报 (J)，12(1)，1990：28-32.

[10] 奚同庚等编译. 固体热物理性质导论——理论和测量(M). 北京：中国计量出版社，1987 .

[11] 程金光，隋郁，千正男等. 单晶 $NdMnO_3$ 的比热研究，物理学报(J)，54(9)，2005：4359-4364.

[12] 浙江大学等编. 硅酸盐物理化学(M). 北京：中国建筑工业出版社，1980.

[13] 黄熙怀译. 玻璃物理新问题(В. В. Тарасов, Новые Вопросы Стекла, Гос. Москва, 1959)(M). 北京：中国工业出版社，1965.

[14] A. S. Dworkin, D. J. Sasmor, and E. R. Van Artsdalen, The Thermodynamics of Boron Nitride; Low-Temperature Heat Capacity and Entropy; Heats of Combustion and Formation, *J. Chem. Phys.* (M)，22，1954：837.

[15] R. C. Zelter and R. O. Pohl, Thermal Conductivity and Specific Heat of Noncrystalline Solids, *Phys. Rev.* , B4 (J)，1971：2029 - 2041.

[16] E. P. Egan and Z. T. Wakefield, Thermodynamic Properties of Calcium Pyrophosphate, 10 to 1700℃, *J. Am. Chem. Soc.* (J)，79(3)，1957：558-561.

[17] 王如竹，吴静怡，潘晓峰，杨晓春. 用绝热法和扫描法测量高温超导体比热，低温与超导(J). 22(3)，1994：15-20.

[18] 张开达，钱寅虎，蔡一鸣，宋京青，李敏，道远. 氧化物超导体比热容测量系统，低温与超导(J). 19(2)，1991：27-30.

[19] 何钦波，童明伟，刘玉东. DSC 法测量低温相变蓄冷纳米流体的比热容，制冷与空调(J). 7(4)，2007：19-22.

[20] P. G. Klemens, The scattering of low-frequency waves by static imperfections, *Proc. Phys. Soc. A* (J)，68，1955：1113.

[21] G. A. Slack, The thermal conductivity of nonmetallic crystals, *Solid State Physics* (J)，34，1979：1.

[22] W. D. Kingery, H. K. Bowen, and D. R. Uhlmann, Introduction to Ceramics, 2nd ed. ，[M]，John Wiley & Sons, New York，1979.

[23] 奚同庚. 无机材料热物性学 (M). 上海：上海科学技术出版社，1981.

[24] 刘剑. 电子型高温超导体 $Nd_{(2-x)}Ce_xCuO_4$ 单晶及热电材料 $Bi_{(2-x)}Pb_xSr_2Co_2O_y$ 和 Bi_xTiS_2 多晶的热电性质研

究(D)，博士论文. 中国科学技术大学，2007.

[25] 程德威，王惠龄，李嘉. 高 Tc 超导材料正常态与超导态热导率的研究(J). 低温工程，110，No. 4，1999.

[26] 吴柏枚，李波，杨东升等. 新型超导体 MgB_2 和 $MgCNi_3$ 热、电输运性质研究(J). 物理学报，52(12)，2003：3150-3154.

[27] 刘志远等译. 固体物理学(H. E. Hall, Solid State Physics)(M). 北京：高等教育出版社，1983.

[28] H. C. Hamaker, "Radiation and Heat Conduction in Light-Scattering Material." Philips Research Repts. , 2, 55，103，112，420(1947).

[29] W. D. Kingery, Thermal Conductivity：XII，Temperature Dependence of Conductivity for Single-Phase Ceramics (J)，*J. Am. Cer. Soc.*，**38**(7)，1955：251 - 255.

[30] F. R. Charvat and W. D. Kingery, Thermal Conductivity：XIII，Effect of Microstructure on Conductivity-of Single-Phase Ceramics (J)，*J. Am. Cer. Soc.*，**40**(9)，1957：306 - 315.

[31] 施林德尔(E. U. Schlunder). 换热器设计手册(第 2 卷)(M). 北京：机械工业出版社，1989.

[32] 蔡隆明. 传热学(第四版)(M). 台北：兴业图书股份有限公司，1979：262 - 264.

[33] 罗蔚茵，许煜寰. 热学基础 (M). 广州：中山大学出版社，1990.

[34] 陶文铨. 传热学 (M). 西安：西北工业大学出版社，2006.

[35] S. Speil, Low Density Thermal Insulations for Aerospace Applications (J)，*Appl. Mater. Res.*，3(4)，1964：239-242.

[36] E. T. Swartz and R. D. Pohl, Thermal Boundary Resistance (J)，*Rev. Modern Phys.*，61(3)，1989：605 - 668.

[37] G. Chen, Thermal conductivity and ballistic-phonon transport in the cross - plane direction of superlattices (J)，*Physical Review B*，57(23)，1998-I：14958 -14973.

[38] 石零，米铁，刘延湘. 固-固接触热传导的声子传递系数 (J). 低温与超导，34(3)，2006：176-179.

[39] 龚钊，杨春信. 接触热阻理论模型的简化 (J). 工程热物理学报，28(5)，2007：850 - 852.

[40] 任红艳，胡金刚. 接触热阻的研究进展 (J). 航天器工程，8(2)，1999：47- 56.

[41] 中谷 宏，小山浩. ほう化物の製造方法、成形、物性 (J). 電気試験所汇报，No. 4，1964：48-59.

[42] 吴清仁，奚同庚. 晶体材料导热性质的经验方程与预测方法 (J). 功能材料，32(3)，2001：290-292.

[43] 陈玉清，韩高荣，葛曼珍，沈志坚. NZP 陶瓷的导热系数研究(J). 无机材料学报，12(6)，1997：880-882.

[44] W. D. Kingery, Thermal Conductivity：XIV，Conductivity of Multicomponent Systems (J)，*J. Am. Cer. Soc.*，42(12)，1959：617-627.

[45] J. F. Bisson, D. Fournier, M. Poulain, O. Lavigne, and R. Me'vrel, Thermal Conductivity of Yttria-Zirconia Single Crystals, Determined with Spatially Resolved Infrared Thermography (J)，*J. Am. Cer. Soc.*，83 (8)，2000：1993-1998.

[46] Jie Wu, Xuezheng Wei, Nitin P. Padture, *et al*, Low-Thermal-Conductivity Rare-Earth Zirconates for Potential TBC Applications (J)，*J. Am. Cer. Soc.*，85(12)，2002：3031 - 3038.

[47] Chunlei Wan, Wei Pan, et al, Ultralow Thermal Conductivity in Highly Anion-Defective Aluminates (J)，*Physical Review Letters*，101，2008：085901-1 - 085901-4.

[48] Hiroyuki Hayashi, Kiyoshi Hirao, et al, MgSiN2 Addition as a Means of Increasing the Thermal Conductivity of ? -Silicon Nitride (J)，*J. Am. Ceram. Soc.*，84 (12)，2001：3060-62.

[49] M. Kitayama, K. Hirao, et al, Thermal Conductivity of β-Si_3N_4：II，Effect of Lattice Oxygen (J)，*J. Am. Ceram. Soc.*，83 (8)，2000：1985-92.

[50] J. K. Guo and L. T. Ma, Study on the Interface and Interphase of Ceramics (M)，pp. 477 - 482，*Ceramic*

Materials and Composites for Engines, ed. by D. S. Yan, X. R. Fu and S. X. Shi, World Scientific Publishing Co., 1995.

[51] J. Cai, C. Y. Song, et al, Microwave Sintering of Zirconia Toughened Mullite and Its Heating Characteristics (M), pp. 658 - 661, ibid, 1995.

[52] Jack H. Enloe, Roy W. Rice, et al., Microstructural Effects on the Thermal Conductivity of Polycrystalline Aluminum Nitride (J), *J. Am. Cer. Soc.*, 74 (9), 1991: 2214-2219.

[53] D. W. Lee and W. D. Kingery, Radiation Energy Transfer and Thermal Conductivity (J), *J. Am. Cer. Soc.*, 43(11), 1960: 594 - 607.

[54] 罗秉江, 郭新有译. 粉体工程学(M)(原书为川北公夫、小石真纯、種谷真一,《概论粉体工学》). 武汉: 武汉工业大学出版社, 1991: 181-182.

[55] R. Pitchumani, S. C. Yao, Correlation of Thermal Conductivities of Unidirectional Fibrous Composites Using Fractal Techniques (J), *Transactions of the ASME*, 113(11), 1991: 788-796.

[56] 陈永平, 施明恒. 基于分形理论的多孔介质导热系数研究 (J). 工程热物理学报, 20(5), 1999: 608-612.

[57] 程远贵, 周勇, 朱家骅等. 耐火纤维材料高温热导率的分形 (J). 化工学报, 53(11), 2002: 1193-1197.

[58] 李懋强, 石兴. 微孔硅酸钙柔性隔热材料的显微结构和导热性能 (J). 稀有金属材料与工程, V. 36, 增刊 1, 2007: 575-578.

[59] 邓忠生, 张会林, 魏建东等. 掺杂 SiO_2 气凝胶结构及其热学特性研究(J). 航空材料学报, 19(4), 1999: 38-43.

[60] 高林. 热线法热导率测定技术 (J). 中国陶瓷, No. 107, 1989: 24-27.

[61] 李保春, 董有尔. 热线法测量保温材料的导热系数 (J). 中国测试技术, 31(6), 2005: 75-77.

[62] F. Cabannes, Mesure des conductivites thermiques et de refractaires par la mehode du fil chaud (J), *High Temperatures - High Pressures*, 23, 1991: 589-596.

[63] T. Barrett Jackson *, Kimberly Y. Donaldson" and D. P. H. Haselman, Temperature Dependence of the Thermal Diffusivity/Conductivity of Aluminum Nitride (J), *J. Am. Cer. Soc.*, 73 (8), 1990: 2511-2514.

[64] P H. McCluskey, R. K. Williams, R. S. Graves, and T. N. Tiegs, Thermal Diffusivity/Conductivity of Alumina-Silicon Carbide Composites (J), *J. Am. Cer. Soc.*, 73 (2), 1990: 461-464.

[65] B. Trevino-Cardona, I. Gomez-de-la-Fuente and R. Colas, Method Used to Measure the Thermal Diffusivity of Ceramic Materials (J), *J. Am. Cer. Soc.*, 87 (5), 2004: 973-976.

[66] H. Bhatt, K. Y. Donaldson, and D. P. H. Hasselman, Role of Interfacial Carbon layer in the Thermal Diffusivity/Conductivity of Silicon Carbide Fiber-Reinforced Reaction-Bonded Silicon Nitride Matrix Composites (J), *J Am Cer Soc.*, 75 (2), 1992: 334 - 340.

[67] H. J. Siebeneck, D. P. H. Hasselman, J. J. Clevelands and R. C. Bradt, Effects of Grain Size and Microcracking on the Thermal Diffusivity of $MgTi_2O_5$(J), *J. Am. Cer. Soc.*, 60 (7 -8), 1977: 336-338.

[68] 徐洁, 沈爱国, 邱泰, 李远强. AlN 陶瓷中的晶界第二相 (J). 硅酸盐学报, 23(1), 1995: 1-5.

[69] T. Log and T. B. Jackson, Simple and Inexpensive Flash Technique for Determining Thermal Diffusivity of Ceramics (J), *J Am Ceram Soc.* 74 (5), 1991: 941-44.

[70] H. J. SIEBENECK, K. CHYUNG, D. P. H. HASSELMAN and G. E YOUNGBLOOD, Effect of Crystallization of the Thermal Diffusivity of a Mica, Glass-Ceramic (J), *J. Am. Cer. Soc.*, 60(7 - 8), 1977: 375 - 376.

[71] W. Pan, C. L. Wan, Q. Xu, J. D. Wang and Z. X. Qu, Thermal Diffusivity of Samarium-Gadolinium Zirconate Solid Solutions (J), *Thermochimica Acta* 455, 2007: 16 -20.

[72] 魏高升，张欣欣，于帆，陈奎. 激光脉冲法测量硬硅钙石绝热材料热扩散率 (J). 北京科技大学学报，28(8)，2006：778 - 781.

[73] M. N. 奥齐西克(M. Necati Ozisik). 俞昌铭 译. 热传导(Heat Conduction) (M). 北京：高等教育出版社，1983.

[74] 陈则韶. 量热技术和热物性测定 (M). 北京：中国科学技术大学出版社，1990.

[75] M. Plank, The Theory of Heat Radiation (M), Dover Publications, New York, 1959.

[76] 斯帕鲁(E. M. Sparrow)，塞斯(R. D. Cess). 顾传保，张学学译. 辐射传热(Radiation Heat Transfer) (M). 北京：高等教育出版社，1982.

[77] Y. S. Touloukian and D. R. DeWitt, Thermal Radiative Properties - Nonmetallic Solids (M), *Thermophysical Properties of Matter*, vol. 8, IFI/Plenum, New Yrok - Washington, 1972.

[78] 张洪波. 硕士论文：氧化铝陶瓷聚光腔的制备及其性能研究 (D). 中国建筑材料科学研究总院 2008.

[79] 余其铮. 辐射换热基础 (M). 北京：高等教育出版社，1990 .

[80] 葛绍岩. 金属及其他物质的热辐射性质表[M]. 北京：科学出版社，1958 .

[81] 熊兆贤. 材料物理导论 (M). 北京：科学出版社，2001.

[82] 任卫. 红外陶瓷 (M). 武汉：武汉工业大学出版社，1999.

[83] G. Jeandel, P. Boulet and G. Morlot, Radiative Transfer Through a Medium of Silica Fibers Oriented in Parallel Planes (J), *Int. J. Heat Mass Transfer*, 36(2), 1993：531 - 536.

[84] 奚同庚，邵介苏，倪鹤林. 发射率 ε 手携式快速检测仪的研究 (J). 太阳能学报，2(1)，1981：95-100.

[85] G. Grimvall, Thermophysical Properties of Materials (M), North-Holland Publications, Amsterdam, 1986.

[86] 陈栋，王利民. Ge 和 GaAs 线膨胀系数和能隙的温度关系 (J). 红外与毫米波学报，13(3)，1994：173-180.

[87] 张帆，周伟敏. 材料性能学 (M). 上海：上海交通大学出版社，2009.

[88] 丁元法，张跃，张凡伟等. 石英玻璃热膨胀性能的高温分子动力学研究 (J). 稀有金属材料与工程，v. 36, suppl. 2, 2007：331-333.

[89] Zhixue Qu, Chunlei Wan and Wei Pan, Thermal Expansion and Defect Chemistry of MgO - Doped $Sm_2Zr_2O_7$ (J), *Chem. Mater.*, 19(20), 2007：4913-4918.

[90] Zhan-Guo Liu, Jis-Hu Ouyang, Yu Zhou et al., Densification, Structure, and Thermophysical Properties of Ytterbium-Gadolinium Zirconate Ceramics (J), *Int'l. J. Appl. Ceram. Technol.*, 6(4), 2009：485-491.

[91] P. S. Turner, Thermal Expansion Stresses in Reinforced Plastics (J), J. Research Nat. Bur. Standards, 37 (4), 1946：239 - 250.

[92] E. H. Kerner, The Elastic and Thermo-Elastic Properties of Composite Media (M), Proc. Phys. Soc., 69B (8), 808 - 813, London 1956.

[93] G. Ruseska, E. Fidancevska, J. Bossert, and V. Vassilev, Fabrication of Composites Based On $Ca_{10}(PO_4)_6(OH)_2$ And SiO_2 (J), *Bulletin of the Chemists and Technologists of Macedonia*, 25(2), 2006：139-144.

[94] R. R. Tummala, A. L. Friedberg, Thermal Expansion of Composite Materials (J), *J. Appl. Phys.*, 41 (13), 1970：5104 - 5107.

[95] R. R. Tummala and A. L. Friedberg, Thermal Expansion of Composites as Affected by the Matrix (J), *J. Am. Cer. Soc.*, 53(7), 1970：376 - 380.

[96] M de Almeida, R. J. Brook, and T. G. Carruthers, Thermal Expansion of Ceramics in the MgO-CaO System (J), *J. Mater. Sci.*, 14(8), 1979：2191-2194.

[97] 干福熹. 硅酸盐玻璃物理性质新的计算体系 (J). 硅酸盐学报，5(2)，1962：55 - 76.

[98] 顾真安，何明学等. 低膨胀石英玻璃 (J). 中国建材科技，No3，1979：30 - 34.

[99] G. V. Gibbs, The Polymorphism Of Cordierite I: The Crystal Structure of Low Cordierite (J), *The Ameri-*

can Mineralogist, V. **51**, 1966: 1068 - 1086.

[100] M. F. Hochella, Jr. , And G. E. Brown, Jr. , Structural Mechanisms of Anomalous Thermal Expansion of Cordierite-Beryl and Other Framework Silicates (J), *J Am Ceiam Sac*, 69 (1), 1986: 13-18.

[101] 张彪，郭景坤. NZP 陶瓷零膨胀性能的设计(J). 材料研究学报，10(1)，1996：39 - 44.

[102] 谭强强，张中太，方克明. 复合氧化物负热膨胀材料研究进展（J）. 功能材料，4（34），2003：353-356.

[103] 蔡方硕，黄荣进，李来风. 负热膨胀材料研究进展（J）. 科技导报，26(12)，2008：84 - 88.

[104] Takenaka K, Takagi H. , Giant Negative Thermal Expansion in Ge-doped Anti-perovskite Manganese Nitrides (J), *Appl. Phys. Letters*, v. 87, 2005: 261902.

[105] Takenaka K, Takagi H. , Magnetovolume Effect and Negative Thermal Expansion in $Mn_3(Cu_{1-x}Ge_x)N$ (J), *Materials Transactions* v. 47, 2006: 471 - 474.

[106] 张从阳，朱洁，张茂才. $Mn_3(Cu_{0.4}Ge_{0.6})N$ 的负热膨胀现象（J）. 金属学报，45(1)，2009：97-101.

[107] R. Roy, D. K. Agrawal et al. , A New Structural Family of Near-Zero Expansion Ceramics (J), Mater. Res. Bull. , v. 19, 1984: 471-477.

[108] 张孝文，薛万荣，杨兆雄. 固体材料结构基础(M). 北京：中国建筑工业出版社，1980.

[109] 李红霞. 耐火材料手册(M). 北京：冶金工业出版社，2007.

[110] 西北轻工业学院. 英汉玻璃陶瓷词汇(M). 北京：中国建筑工业出版社，1979.

[111] 陈肇友. 化学热力学与耐火材料 (M). 北京：冶金工业出版社，2005.

[112] 高杨等译. 高温技术(I. E. Campbell, High Temperature Technology)(M). 北京：科学出版社，1961.

[113] Б. Ф. Юдин, В. Г. Борисов, Тремодинамический Анализ Диссоциативного Испарения Карбида Кремния (J). *Огнеупоры*, No8, 1967: 44 - 50.

[114] É. A. Ryklis, A. S. Bolgar and V. V. Fesenko, Evaporation and thermodynamic properties of silicon nitride (J), *Powder Metallurgy and Metal Ceramics*, 8(1), 1969: 73 - 76.

[115] P. Rocabois, C. Chatillon, and C. Bernard, Thermodynamics of the Si-O-N System: I, High Temperature Study of the Vaporization Behavior of Silicon Nitride by Mass Spectrometry (J), *J. Am. Cer. Soc.*, 79(5), 1996: 1351 - 60.

[116] H. C. Graham and H. H. Davis, Oxidation/Vaporization Kinetics of Cr_2O_3 (J), *J. Am. Cer. Soc.*, 54 (2), 1971: 59 - 93.

[117] I. Langmuir, Vapor Pressure of Metallic Tungsten (J), *Phys. Rev.*, 2(5), 1913: 329 - 342.

[118] R. P. Iczkowski, J. L. Margrave, and S. M. Robinson, Effusion of Gases Through Conical Orifices (J), *J. Phys. Chem.*, 67(2), 1963: 229 - 233.

[119] S. M. Wiederhorn, A. R. de Arellano Lopez, and W. E. Luecke, Influence of Grain Size on the Tensile Creep Behavior of Ytterbium-Containing Silicon Nitride (J), *J. Am. Cer. Soc.*, 87 (3), 2004: 421-430.

[120] J. H. Hensler and G. V. Cullen, Shape of the Compression Creep Curve for Magnesium Oxide (J), *J. Am. Cer. Soc.*, 51 (3), 1968: 178-179.

[121] R. R. Vandervoort and W. L. Barmore, Com pressive Creep of Polycrystalline Beryllium Oxide (J), *J. Am. Cer. Soc.*, 46 (4), 1963: 180-184.

[122] R. Lagneborg, Dislocation Mechanisms in Creep (J), *International Metallurgical Reviews*, v. 17, 1972: 130 - 145.

[123] M. S. Seltzer and P. K. Talty, High-Temperature Creep of Y_2O_3-Stabilized ZrO_2 (J), *J. Am. Cer. Soc.*, 58(3 - 4), 1975: 124 - 130.

[124] J. H. Hensler and G. V. Cullen, Stress, Temperature, and Strain Rate in Creep of Magnesium Oxide (J), *J. Am. Cer. Soc.*, 51(10), 1968: 557-559.

［125］　P. A. Lessing, R. S. Gordon, and K. S. Mazdiyasni, Creep of Polycrystalline Mullite (J), *J. Am. Cer. Soc.*, 58(3-4), 1975: 149.

［126］　R. Vandervoort and W. L. Barmore, Compressive Creep of Polycrystalline Beryllium Oxide (J), *J. Am. Cer. Soc.*, 46(4), 1963: 180-184.

［127］　G. R. Terwilliger and K. C. Radford, High Temperature Deformation of Ceramics: I, Background (J), *Am. Cer. Bull.*, 53(2), 1974: 172 - 179.

［128］　R. G. St-Jacques and R. Angers, Creep of CaO-Stabilized ZrO (J), *J. Am. Cer. Soc.*, 55(11), 1972: 571-574.

［129］　C. H. Carter, Jr. and R. F. Davis, Kinetics and Mechanisms of High-Temperature Creep in Silicon Carbide: I, Reaction-Bonded (J), *J. Am. Cer. Soc.*, 67(6), 1984: 409-417.

［130］　C. H. Carter, Jr. and R. F. Davis, Kinetics and Mechanisms of High-Temperature Creep in Silicon Carbide: II, Chemically Vapor Deposited (J), *J. Am. Cer. Soc.*, 67(11), 1984: 732-740.

［131］　W. M. Hirthe and J. O. Brlttaln, High-Temperature Steady-State Creep in Rutile (J), *J. Am. Cer. Soc.*, 46(9), 1963: 411-417.

［132］　J. E. Lane, C. H. Carter, Jr., And R. F. Davis, Kinetics and Mechanisms of High-Temperature Creep in Silicon Carbide: Ⅲ, Sintered a-Silicon Carbide, (J) *J. Am. Cer. Soc.*, 71(4), 1988: 281-295.

［133］　C. Herring, Diffusional Viscosity of a Polycrystalline Solid (J), *J. Appl. Phys.*, 21(5), 1950: 437-445.

［134］　R. L. Coble, Model for Boundary Diffusion Controlled Creep in Polycrystalline Materials (J), *J. Appl. Phys.*, 34(6), 1963: 1679-1682.

［135］　B. Sudhir and Atul H. Chokshi, Compression Creep Characteristics of 8-mol％-Yttria-Stabilized Cubic-Zirconia (J), *J. Am. Cer. Soc.*, 84(11), 2001: 2625-2632.

［136］　L. N. Satapathyw and A. H. Chokshi, Microstructural Development and Creep Deformation in an Alumina-5％ Yttrium Aluminum Garnet Composite (J), *J. Am. Ceram. Soc.*, 88 (10), 2005: 2848-2854.

［137］　Yasuro Ikuma, And R. S. Gordon, Effect of Doping Simultaneously with Iron and Titanium on the Diffusional Creep of Polycrystalline Al_2O_3 (J), *J. Am. Cer. Soc.*, 66(2), 1983: 139-147.

［138］　W. R. Cannon and O. Sherby, Creep Behavior and Grain-Boundary Sliding in Polycrystalline Al_2O_3 (J), *J. Am. Cer. Soc.*, 60(1-2), 1977: 44-47.

［139］　G. M. Pharr and M. F. Ashby, On Creep Enhanced by a Liquid Phase (J), *Acta Metall.*, v. 31, 1983: 129-38.

［140］　I-Wei Chen and Shyh-Lung Hwang, Shear Thickening Creep in Superplastic Silicon Nitride (J), *J. Am. Cer. Soc.*, 75(5), 1992: 1073-1079.

［141］　C. R. Blanchard ＊ and K. S. Chan, Evidence of Grain-Boundary-Sliding-Induced Cavitation in Ceramics under Compression (J), *J. Am. Cer. Soc.*, 76(7), 1993: 1651-1660.

［142］　T. G. Langdon, D. R. Cropper, and J. A. Pask; *Ceramics in Severe Environments* (*Materials Science Research*, *Vol.* 5). (M), pp. 297-311, Edited by W. W. Kriegel and Hayne Palmour Ⅲ, Plenum Press, New York, 1971.

［143］　T. G. Langdon, Dependence of Creep Rate on Porosity (J), *J. Am. Cer. Soc.*, 55(12), 1972: 630-631.

第2篇　热学陶瓷材料及其制造技术和工艺

第9章　陶　瓷　工　艺　简　介

陶瓷工艺的特点是以粉料为原料，通过成型工艺，形成具有所要求形状的粉体集合体（称为素坯），再经过高温处理，最终成为具有所要求性能、形状和尺寸的并具有一定强度的致密固体制品。本书并非论述陶瓷工艺的专著，仅就陶瓷工艺主要部分，包括粉料的处理、成型和烧结，分别给予讨论。

第1节　陶　瓷　的　烧　结

将粉体集合体经过高温处理形成致密固体制品这一过程称为烧成或烧结，这是陶瓷工艺最关键的一个步骤。陶瓷的烧结实际上包括两个平行的过程，即排除粉体集合体内孔隙的致密化过程和粉体集合体内晶粒的长大过程。推动这两个过程的原动力来自粉体，因其具有极大的比表面积，从而具有极大的表面自由能，这种体系在热力学意义上是不稳的，必然会自发降低自由能。降低自由能的途径就是粉体集合体的致密化和晶粒长大，这两个过程通常依靠物质的扩散来完成，升高温度可以极大地提高扩散速度。实际上在常温下由于动力学速度极小，以致根本不能实现，只有在一定的高温下才能完成自由能的降低，因此必须经过高温烧成才能形成陶瓷。

烧结前陶瓷素坯的显微结构可以看成是固相颗粒和颗粒间气孔的集合体，在烧结过程中坯体的结构不断地发生变化，如图9-1所示。在开始烧成之前，素坯内含有大约30%～40%的气孔。随着温度的升高，在表面张力和在成型过程中产生的残余应力的作用下，素坯内固相颗粒发生移动和转动，使颗粒间互相接触点的数量增加。当温度足够高，扩散开始起作用后，物质通过颗粒的表面或界面扩散至颗粒的接触点，使接触面增大，形成所谓的颈部。此时素坯产生明显的收缩，这是烧结的初期。由于温度继续升高或时间的延长，随着颈部生长使得坯体内所有颗粒都互相接触，原来处于颗粒之间的气孔大部分因物质迁移而合并在颗粒接触面周围，并形成互相联通的网状结构，而另外一部分气孔却由于物质的迁移而被固相包围，成为晶粒内部的孔隙，此为烧结中期。随着物质迁移的继续，气孔网络的孔隙逐渐变窄，最后封闭，形成被晶粒分割成孤立的气孔存留在晶界上几个晶粒的交汇处或晶粒内部，烧结进入末期阶段。在这一阶段由于晶粒的继续长大，晶界上的气孔随晶界的移动迁往坯体的表面，或溶入晶粒内。如果气体不能溶入晶粒内，则被压缩成微小气泡，保留在几个晶粒的交界处。如果晶界上的气孔迁移速度小于晶界的移动速度，则气孔也会保留在晶粒内部。因此当整个烧成过程完成后，总有少部分气孔孤立地保留在晶粒内部或多个晶粒的交汇处。

烧结过程和烧结机理并不是本书论述的对象，因此关于烧结过程仅作以上叙述，不再深入讨论。然而从工艺学的观点看，为了得到致密的烧结体有以下几点值得注意：

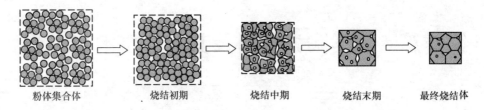

图 9-1 陶瓷烧结过程中显微结构变化示意图

（1）粉料内的团聚结构对烧结的影响

由于烧结的原动力来自粉体的表面自由能，显然，粉料越细，越有利于烧结。然而，粉料中颗粒越细小，就越容易团聚在一起，形成尺寸大小不一的团聚颗粒。图 9-2 为用共沉淀法制备的 Y_2O_3 摩尔分数为 3％ 的 ZrO_2 粉料的透射电子显微镜图像。从图 9-2 可见单个氧化锆颗粒的直径大约只有 $0.03\mu m$，它们互相聚集在一起，形成直径为 $0.2\sim0.5\mu m$ 的团聚体。这种具有团聚结构的粉料，如果在成型前或成型过程中不能被破坏消除而保留在素坯内，则烧成时团聚体内的细小颗粒因为具有极大的比表面能，在不太高的温度下便首先在团聚体内烧结成尺寸较大的颗粒，并在颗粒间留下较大的孔隙。这些较大颗粒的比表面能不够大，即使继续升高温度也没有足够的动力去完全排除它们之间的孔隙，因此当烧结终止后在制品内留下许多孔隙，不能形成完全致密的制品，整个过程如图 9-3 所示。

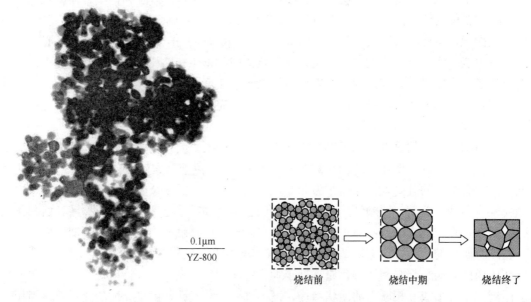

图 9-2 氧化锆粉料中的团聚体　　　　图 9-3 含有团聚结构素坯的烧结过程示意图

图 9-4 显示两种 Y_2O_3 摩尔分数为 3％ 的 ZrO_2 粉料制成的试样在相同烧成制度下烧结后的密度（用理论密度的百分数表示）同烧成温度的关系，这两种粉料中的 ZrO_2 一次颗粒的直径都为 8～12nm，但一种粉料内含有直径大约为 $2.9\mu m$ 的团聚体，而另一种用离心技术除去了所有的团聚体。从图 9-4 可见具有团聚体的试样即使烧成温度高达 1773K，其密度只能达到理论密度（$6.1\ g/cm^3$）的 95％，而且从图 9-4 中的曲线可知，即使温度升高到 1773K 以上，其密度也不会有明显的提高，而另一种不含团聚体的试样当烧成温度不到 1573K 其密度就已经接近理论密度了。这个实例清楚地说明素坯内存在团聚体对烧结的破坏作用。

　　粉料和成型素坯内是否存在团聚结构可用压汞测孔仪测定样品内孔径大小分布的曲线来判断[2,3]，如果孔径分布图上出现明显的双峰或多峰，则表明该试样具有团聚结构，参见图9-5。

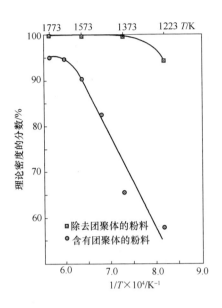

图 9-4　分别用含有团聚体和无团聚体
粉料制备的氧化锆试样在不同
温度下烧成后的密度[1]

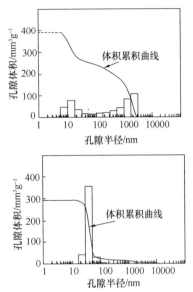

图 9-5　具有团聚结构（上图）和无团聚
结构（下图）的氧化锆粉料的
孔隙半径分布

（2）粉料内颗粒尺寸均匀性对烧结的影响

　　如果成型所用的粉料中颗粒大小差别特别大，由于小颗粒表面的曲率半径小，其表面自由能高，而大颗粒的表面自由能低，在烧结过程中小颗粒就会被合并到大颗粒内。在烧结过程中小颗粒互相接触也会互相合并。两个大小差不多的颗粒的配位数不会超过 8，而大小尺寸差别极大的大颗粒周围可以被许多小颗粒包围，其配位数可达数 10，因此在烧结过程中大颗粒因同时吸纳许多小颗粒而迅速长大。晶粒生长理论[4]指出烧结过程中晶粒生长符合下面的方程：

$$G^n - G_0^n = kt \tag{9-1}$$

式中　G——时间 t 时晶粒的直径；

　　　G_0——烧结开始前晶粒的原始直径；

　　　k——常数；

　　　n——同晶粒生长机理有关的常数。

　　对于大小均匀的粉体集合体的烧结 $n > 2$，而在大小颗粒直径相差极大的粉体集合体的烧结 $n = 1$。由此可见正常晶粒生长速度和异常晶粒生长速度之间的差别。有研究指出，粉体集合体内如存在直径相差 15 倍的两种颗粒，在烧结时就会发生晶粒异常长大[5]。图 9-6 为由 70% 细氧化铝粉（粒径分布 $0.3 \sim 2\mu m$）和 30% 粗氧化铝粉（粒径分布 $0.3 \sim 10\mu m$）组成的粉体集合体，在 1650℃ 和 30MPa 条件下热压烧结 2h 的试样的扫描电镜图像。从图 9-6 中可清楚地看到晶粒异常生长和由此产生的孔隙缺陷。致密烧结体内如果晶粒尺寸差别太大，就容易在巨大晶粒和正常晶粒之间产生裂纹或孔隙，这会造成烧结体性能变坏，特别能引起力学性能下降。

　　然而也并非所有的陶瓷材料都要求其内部晶粒尺寸均匀一致，大多数耐火材料要求其结构内有足够数量的大晶粒，以便形成抵抗高温蠕变的骨架，同时具有 15%～20% 的气孔率，有利于抵抗热震的破坏作用。因此制备耐火材料的粉料通常含有 40%～60% 的致密大颗粒，其粒度可达 3～10mm，而粒径小于 80μm 的细粉通常只占 30%～40%，其余为尺寸介于这两者之间的中间颗粒。这样的颗粒级配可保证耐火材料制品既具有足够高的致密度，又具有优良的耐高温性能。

　　如果要求耐火材料有很高的抗蠕变性能，就需要材料内含有大量大尺寸的晶粒（高度致密），以便抵抗化学侵蚀或机械磨损，这样的材料通常无法通过常规的烧结工艺获得，而需要通过熔融－浇铸工艺制造。就是将原料放在电弧炉内熔化，再把熔融体注入耐高温模具内，长时间缓慢冷却，使得在熔融体内析出的晶体充分长大。图 9-7 所显示的就是电熔锆刚玉砖 ASZ-33 的显微镜图像，其中白色晶粒为氧化锆，浅灰色晶粒为刚玉，深灰色部分是玻璃相。从图 9-7 中可见这种材料内无孔隙，刚玉和氧化锆晶体都十分巨大，这种材料具有良好的抗玻璃熔体侵蚀性和抗高温蠕变性。

图 9-6　热压氧化铝显微
结构内的晶粒异常生长[6]

图 9-7　电熔锆刚玉 AZS-33
的显微镜图像

（3）烧结添加剂和原料内的杂质对烧结的影响

　　所谓烧结添加剂是指在成型前人为地加入到陶瓷原料内的少量其他物质，而如果并非有意添加而混入原料中的少量其他物质则称为杂质。这两种情况都有共同的特点，就是化学组成或相组成与主原料不同，数量明显小于主原料，但都对烧结产生明显的影响。因此这里将这两种情况合而为一进行讨论。

　　对于通过固相扩散机理的烧结过程，如果素坯内含有少量能够促进扩散的化学成分，则能大大地加速烧结进程，并容易获得致密的烧结体。如在烧结氧化铝陶瓷时在粉料内添加 0.5%～1.0% 的 TiO_2 或 MnO，由于 Ti 离子或 Mn 离子同 Al 离子的半径相近，能进入 Al_2O_3 晶格生成固溶体，同时它们所带的电量与铝离子不同，因而在晶格内产生点缺陷。晶格内点缺陷浓度的增高促进了物质扩散，从而促进烧结，使氧化铝的烧结温度比不加添加剂的纯氧化铝烧结温度低大约 150℃。同样的原理，在氧化锡陶瓷（一种用于玻璃熔窑上的耐高温电极材料）的制造中需要在原料内添加一些二价金属氧化物，在烧结时这些金属离子进入 SnO_2 晶格内，同时产生氧缺位，从而加速扩散，促进致密化过程。图 9-8 中三条曲线分别给出 CuO、MnO 和 ZnO 的添加量对在 1400℃ 下保温 2h 烧结的氧化锡陶瓷密度的影响。

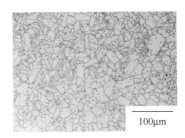

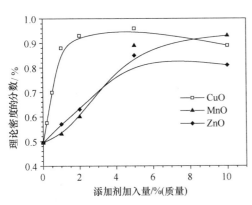

图 9-8　添加剂加入量对氧化
锡陶瓷在 1400℃和 2h 下
烧结的影响

图 9-9　含有 0.02%（质量）（CaO＋
TiO₂）（上图）和 0.1%（质量）（CaO＋
TiO₂）（下图）的 Al₂O₃ 在 1650℃/1h 下
烧结的显微结构[8]

在烧结过程中如有可以溶解固相的液相出现，粒径小的固相颗粒在液相内的溶解度大，而粒径大的颗粒在其中的溶解度小，于是小颗粒溶入液相，在大颗粒表面再析出固相，从而完成物质的迁移。这种通过液相的物质迁移速度远高于固相内的扩散迁移速度，因此液相的存在有利于促进烧结。例如，在烧结纯度高的白云石耐火材料时，如果不加任何烧结促进剂，则即使温度高达 1600℃，也不能得到致密的烧结体（密度仅为 2.95g/cm³），其原因是白云石分解后生成的 MgO 和 CaO 颗粒呈严重的团聚结构[7]。如在其中加入 1%Fe₂O₃，则因为生成液相可促进烧结，经 1400℃烧成即可得到密度为 3.27g/cm³ 的烧结体。又如，在煅烧工业氧化铝粉内加入 3%滑石和 2%苏州土，总体内 Al₂O₃ 为 95%，在 1650℃就可烧结成致密体，而单用煅烧工业氧化铝粉（Al₂O₃ 为 99%）需要在>1700℃下烧结才能得到致密烧结体。又如，共价键物质氮化硅（Si₃N₄）的自扩散系数极小，而高温蒸气压却很高（温度 1973K 时为 13.7 kPa，2148K 时达 98.1kPa 即 1 大气压），因此纯氮化硅在常压下不能通过固相扩散的机制烧结致密。为了实现常压烧结氮化硅，通常需在原料内加入 MgO、Al₂O₃、Y₂O₃、MgAl₂O₄ 等一种或数种烧结助剂，在高温下这些氧化物同 Si₃N₄ 表面的氧化硅反应，生成液相，实现液相烧结。

陶瓷粉料内存在的微量杂质在烧结时一方面因可能生成液相而促进烧结，另一方面不同的液相组成和数量可能会引起晶粒的异常生长或晶粒的择优生长。例如在纯度为 99.98%、粒度为 0.3~0.7μm 的 Al₂O₃ 粉料中加入 CaO＋TiO₂，如加入量小于 0.04%，因数量不足以均匀分布在全部的氧化铝粉料内，在烧成时含有加入物的地方因出现液相促进该局部区域晶粒迅速长大，形成异常生长的大晶粒（图 9-9 的上图）。如果 CaO＋TiO₂ 加入量超过 0.1%，由于掺入量比较高，CaO＋TiO₂ 可以均匀分布在全部氧化铝粉料内，全面实现液相烧结，因而最终烧结体内晶粒均匀地长大，成为均匀的大晶粒结构（图 9-9 的下图）。高纯氧化铝粉料中的微量 CaO 和 SiO₂ 杂质，也起着类似的作用，但是它们需要在足够数量下才能引起氧化铝晶粒的异常生长，如果数量不够多，则不会造成晶粒异常生长。图 9-10 给出 Al₂O₃

中不能引起晶粒异常生长的 CaO 和 SiO₂ 含量范围。

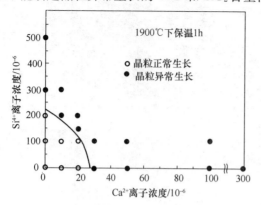

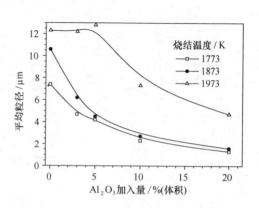

图 9-10　促使高纯氧化铝中晶粒
异常生长的 Si⁴⁺ 和 Ca²⁺
离子极限浓度[9]

图 9-11　Al₂O₃ 加入量对在不同
温度下烧结的 ZrO₂ 陶瓷内平均晶粒
尺寸的影响[10]

外加剂不仅能够促使烧结体内晶粒的异常生长，而且若选择适当的外加剂作为第二相存在于主晶相晶粒的边界上，还能够抑制晶粒生长，从而获得致密小晶粒结构。图 9-11 显示在氧化锆内添加 Al₂O₃ 可以减小氧化锆陶瓷内晶粒的平均粒径。反过来，在氧化铝内添加 ZrO₂ 也可以抑制氧化铝晶粒的生长。图 9-12 显示无添加剂的氧化铝或氧化锆烧结后，它们的晶粒尺寸明显大于 Al₂O₃—ZrO₂ 混合物烧结后的晶粒尺寸。除添加 ZrO₂ 能够抑制 Al₂O₃ 内晶粒生长之外，添加微量（质量分数为 0.1%～0.5%）MgO 也可以抑制 Al₂O₃ 的晶粒生长。

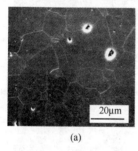
(a)

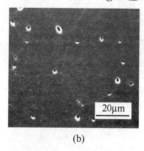
(b)

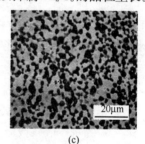
(c)

图 9-12　1650℃保温 24h 烧结试样的扫描电镜图像[11]
（a）纯 Al₂O₃；（b）纯 ZrO₂；（c）50% Al₂O₃＋50% ZrO₂ 中白色部分为 ZrO₂，黑色部分为 Al₂O₃

（4）烧成制度对烧结制品显微结构的影响

所谓烧成制度包括升降温速度、最高烧成温度、保温时间和烧成气氛，这些工艺参数对于烧结体的显微结构有极大的影响。

前面曾指出，烧结过程致密化和晶粒的生长同时进行，这两个过程都与温度有很大关系。对于通过晶格扩散进行的固相烧结，坯体密度的增长可用下面的方程表达[12]：

$$\rho - \rho_0 = \frac{287 D_L \gamma_s \Omega}{G^3 k_B T} t \tag{9-2}$$

式中　ρ——时间 t 时烧结体的相对密度；

　　　ρ_0——烧结开始时素坯的相对密度；

D_L——晶格扩散系数;

γ_s——晶粒的比表面能;

Ω——扩散质点的体积;

G——晶粒直径;

k_B——波尔兹曼常量;

T——坯体的温度。

另一方面,晶粒生长的表达式为式 9-1,其中 n 和 k 取决于晶粒的生长机理。例如晶粒生长受晶界上气孔阻滞影响的表面扩散机理控制,则 $n=4$,其晶粒长大可表达为[12]:

$$G^4 - G_0^4 = \frac{440 D_s \delta_s \gamma_B \Omega}{(1-\rho)^{4/3} k_B T} t \tag{9-3}$$

式中 δ_s——表面扩散层的厚度;

D_s——表面扩散系数;

γ_B——晶界的比表面能,N;

其余符号同前。

对于晶界上气孔迁移受晶界扩散控制的材料,晶粒生长也有同式 9-3 类似的表达式,但因为扩散机理不同,G 上的指数 $n=3$[13]。

根据式 9-2 和式 9-3 可得到烧结过程中坯体的相对密度与其内部晶粒尺寸变化的关系曲线,如图 9-13 所示。从图 9-13 可见:如果 $\partial G/\partial t > \partial\rho/\partial t$,即晶粒生长速度远大于致密化速度,则在相对密度远小于 1 时晶粒就长得很大,而且曲线进入气孔同晶界分离区域。一旦原来在晶界上的气孔同晶界分离,随着晶粒继续长大,晶界继续迁移而将气孔留落在晶粒内部,这样的气孔很难在后续的烧结过程中消失,大量气孔保留在晶粒内部,烧结体的密度就不可能继续增高;相反,如果 $\partial G/\partial t < \partial\rho/\partial t$,即晶粒生长速度远小于致密化速度,则晶界上的气孔能够在晶粒长大的过程中,跟随晶界移动迁移出坯体,从而得到晶粒内没有气孔的致密烧结体。在图 9-13 上可见到曲线绕过气孔/晶界分离区的下端,相对密度趋向其极限。此图也给出了为了使烧结体达到理论密度(即理论密度的分数为 1),必须在烧结过程中控制晶粒生长的速度,使其在相对密度达到 ρ_c 时晶粒直径小于 G_c。必须指出:该图中的纵、横坐标上的标度是根据烧结纯氧化铝试样得出来的,烧结其他陶瓷,甚至不同掺杂的氧化铝陶瓷,应该有不同的标度,但是图中曲线的形状是具有普遍意义的。

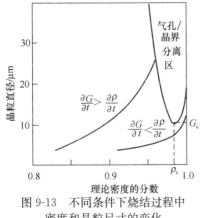

图 9-13 不同条件下烧结过程中
密度和晶粒尺寸的变化

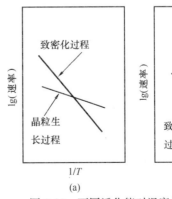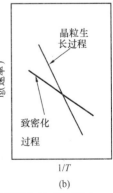

图 9-14 不同活化能对温度与速率的影响
(a) 致密化过程活化能大于晶粒生长过程;
(b) 致密化过程活化能小于晶粒生长过程

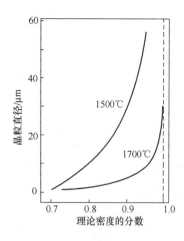

图 9-15 在不同温度下纯氧化铝烧结中
的理论密度与晶粒尺寸变化[12]

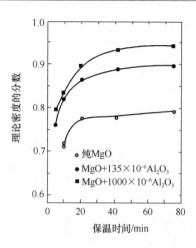

图 9-16 1900℃下不同保温时间
对纯的和添加 Al_2O_3 的 MgO
烧结体密度的影响[12]

在实践中很难测定致密化程度，也无法实时测定晶粒的大小，因此图 9-13 只有理论分析作用，并无实际操作上的意义。然而，从上面的分析可知致密化速度与晶粒生长速度的相对大小对于控制烧结体的显微结构具有重大意义。两者都是受温度控制的速率过程，根据阿伦尼乌斯方程，速率的对数同热力学温度的倒数呈线性关系，其斜率即为过程的活化能。对具体材料测定其烧结过程中致密化的活化能和晶粒生长活化能，并做出如图 9-14 所示的图线，即可比较这两种过程速率的相对大小。图 9-14 (a) 为致密化过程活化能大于晶粒生长过程活化能的速率同温度倒数的关系曲线，显示出高温下前者速率高于后者。对于这种情况，采用快速升温，在高温下保温适当时间，即可获得致密而小晶粒结构的烧结体。纯氧化铝的烧结符合这一情况，因此通常采用快速高温烧结，以获得致密而高强的纯氧化铝制品（图 9-15）。相反的情况示于图 9-14 (b)，对于致密化过程活化能小于晶粒生长过程活化能的烧结，如采用高温下保温，则在烧结过程中会在晶粒内部保留许多气孔，而不能获得致密的烧结体。纯氧化镁的烧结符合这种情况，因此即使在高达 1900℃的温度下长时间保温，烧结体的相对密度也小于 0.8（图 9-16）。从理论上讲，对氧化镁可采用在较低温度下长时间保温来获得致密烧结体，但是降低温度也大大降低烧结速度，因此实际上并不可取，通常采用添加烧结助剂的方法，通过改变烧结机理来促进致密化过程（图 9-16）。

气氛对烧结的影响有两个方面：首先，对于大部分非氧化物陶瓷的烧结，由于需要防止烧结过程中的氧化，必须在非氧化性气氛、惰性气氛或真空环境下烧结。如烧结氮化硅陶瓷需要采用氮气气氛，在烧结过程中氮气不仅能保护氮化硅不被氧化，而且具有一定压力的氮气（1~7MPa）在高温下可促进氮化硅的致密化，并且氮气可融入氮化硅晶粒间的玻璃相内，提高玻璃相的强度。其次，有一些气体参与陶瓷的烧结过程，从而影响陶瓷烧结体的致密度甚至明显改变其显微结构。

氧化铝在空气中常压烧结不容易得到无气孔的完全致密的烧结体。其原因是空气中的氮气分子比较大，在氧化铝晶格内扩散速度很小，因此在烧结过程中，晶粒之间的气泡要穿过晶粒排除既慢又困难，以致直到烧结终止，其内部仍旧残留许多小气孔。如在氢气气氛中烧结，因为氢原子很小，容易在氧化铝晶体内扩散，因此烧结体内的气孔容易彻底排除，得到致密的烧结体。另一方面，水蒸气在高温下能在氧化铝晶粒表面同 Al_2O_3 发生一定程度的反应，使表面扩散系数增大，因此大量水蒸气会促进氧化铝晶粒的生长速度，并导致气孔迁移速度滞后于晶界移动速度，结果抑制致密进程。图 9-17 中给出几种气氛对氧化铝烧结密度的影响。如果在烧成 BeO 的气氛中含有水蒸气，则会达到如下化学平衡：

$$BeO_{(s)} + H_2O_{(g)} \rightleftharpoons Be(OH)_2 \tag{9-4}$$

该方程的平衡常数为[16]：

$$\lg K_p = \lg \left(\frac{P_{Be(OH)_2}}{P_{H_2O}} \right) = 1.63 - \frac{9060}{T} \tag{9-5}$$

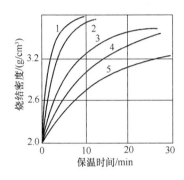

图 9-17 气氛对刚玉陶瓷烧结
的影响烧结温度：1650℃[14]
气氛：1—CO+H₂；2—H₂；
3—Ar；4— 空气；5—H₂O

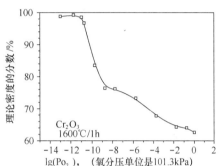

图 9-18 氧分压对 1600℃和
1h 烧成 Cr₂O₃ 陶瓷的
烧结密度的影响[15]

BeO 的烧成温度将近 2000K，因此从式 9-5 可知：如烧成气氛中存在 1% 体积的水蒸气（即分压大约为 1kPa），$Be(OH)_2$ 的蒸气压即可达 1Pa。这将会明显阻碍氧化铍的烧结致密化。

第 1 篇第 6 章关于陶瓷材料的蒸发和分解的讨论中曾经指出，高温下 Cr_2O_3 在很低的氧分压下就能够转化成 CrO_3 挥发，因此氧分压对 Cr_2O_3 的烧结致密化有极大的影响。如图 9-18 所示，在气氛中氧气的浓度体积分数只要大于 10^{-11}，烧结体的密度就会显著下降。

图 9-19 是烧成气氛对材料内晶粒形状和尺寸影响的一个例子：10% 钇铝石榴石（$3Al_2O_3 \cdot 5Y_2O_3$）+90% SiC（体积分数）在 2000℃保温 2h 经过液相烧结形成致密陶瓷，图 9-19（a）为在氩气气氛中烧结，而图 9-19（b）为在氮气气氛中烧结。从图上可见在氩气气氛中烧结的试样，其内部 SiC 晶粒通过液相生长，因而晶面充分发育，并通过小晶粒溶入液相向大晶粒合并，发生晶粒异常长大 [图 9-19（a）]。在氮气气氛中烧结，由于氮气溶入液相，影响到 SiC 同液相间的固-液界面的性质，结果在六方 SiC 的（0001）基面上外延生长出立方 β-SiC 的 3C 晶面，生成棱角不明显的粒状晶粒，同时抑制晶粒异常生长[17]。

（5）压力对烧结的影响

前面已经指出，烧结的驱动力是粉体集合体所具有的高自由能，这种高自由能是由固体颗粒的表面能 $\gamma_s \cdot A_s$ 和晶界能 $\gamma_b \cdot A_b$ 两项构成。γ_s 和 γ_b 分别为比表面能和比晶界能，A_s 和 A_b 分别表示粉体集合体内孔隙的总表面积和总晶界面积。在烧结过程中可以认为 γ_s 保持不

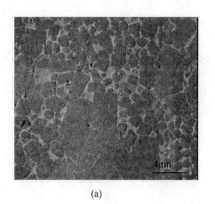 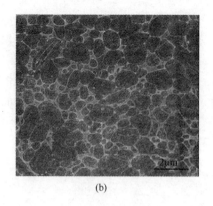

（a）　　　　　　　　　　　　　　　　（b）

图 9-19　在 2000℃和 2h 下液相烧结 SiC 的扫描电镜图像[17]
（a）Ar 气氛中烧结；（b）N₂气氛中烧结

变，但随着坯体内孔隙的排除或小气孔合并成大气孔，A_s 不断减小；而晶界的变化是逐渐由低能量的晶界取代高能量的晶界，因此 γ_b 逐渐变小，同时随着晶粒的长大，A_b 也逐渐减小。因此一些材料到烧结的后期 $\gamma_s \cdot A_s + \gamma_b \cdot A_b$ 可能会变得很小，无力去排除坯体内还存有的许多孔隙，到烧结终止就成为一个多孔的烧结体。为了促使这些材料的烧结致密化，需要在加热烧成的同时对坯体施加一定的压力，这就是热压烧结和热等静压烧结。在这些加压烧结过程的初期和中期，坯体内颗粒之间互相接触部位存在压应力，能产生局部的塑性流动或黏性流动，促进颈部的生长、颗粒的致密重排和孔隙的迁移、合并。塑性流动或黏性流动引起的形变速率同作用在颈部的应力 σ_c 有如下关系：

$$\frac{d\varepsilon}{dt} = A\sigma_c^n \tag{9-6}$$

式中 A、n 为同温度有关的常数，当 $n=1$ 和 $A^{-1}=$ 黏度，则上式表示黏性流动。而在热压过程中作用在材料上的应力 σ_c 随坯体收缩、密度增大而变化，并与外界作用在坯体上的应力相关。另一方面，热压过程中的形变速率同坯体的相对密度 ρ 随时间的变化率有关：

$$\frac{d\varepsilon}{dt} = \frac{d\rho}{\rho dt} \tag{9-7}$$

由上两式可得到：

$$d(\ln\rho) = A\sigma_c^n dt \tag{9-8}$$

由于 σ_c 在热压过程中随坯体收缩、密度增大而变化，是时间的函数，因此在不清楚其具体的表达式的情况下，无法对上式进行积分，但此时仍清楚地说明了压力在致密化过程中的作用。

在热压烧结的后期，坯体内的孔隙成为孤立于晶体、晶界上或晶界交汇处的气孔，固相晶粒之间通过晶界彼此大面积地互相接触，此时通过晶格、晶界的扩散进行物质迁移对进一步致密化起着重要作用，这样致密化过程类似于高温蠕变过程。压力对致密化的影响可用纳巴罗-赫林扩散和库伯扩散来描述，由式 8-48 可得到：

$$\frac{d\varepsilon}{dt} = B\frac{D_{lb}\sigma}{d^m} \tag{9-9}$$

式中　B——同温度和扩散活化能有关的常数；

　　　d——晶粒直径；

  m——由扩散机理决定的常数；

  D_{lb}——相应的扩散系数；

  σ——作用在材料上的应力。

  利用式（9-8）可得到坯体的相对密度 ρ 同 σ^n 呈指数关系。

  综合式（9-6）、式（9-9）以及式（9-8）可知热压烧结过程中坯体的理论密度的分数之对数的时间变化率同所施加的应力的 n 次幂成正比：

$$\frac{\mathrm{d}(\ln\rho)}{\mathrm{d}t} = C\sigma^n \tag{9-10}$$

式中 C——是一个同温度、材质、热压机理有关的常数，应力指数 n 的大小取决于热压机理。

  通常热压工艺是指在升温的同时对坯体施加单轴向压力，并在最高烧成温度保温、保压一段时间。热压装置主要由压力机、模具和加热炉三部分构成，由于石墨在高温下具有较高的强度，因此通常用石墨作模具材料，图9-20为热压装置的示意图。

  热压工艺中由于素坯内颗粒之间以及颗粒与模具壁之间存在很大的摩擦力，坯体内应力分布极不均匀并且随坯体厚度增加而衰减，因此热压坯体的厚度不宜太厚，整个制品的尺寸也不能太大，这一特点极大地限制了热压工艺的应用。为克服这种不足，人们开发出热等静压工艺，简称 HIP（Hot Isostatic Pressing）。热等静压工艺就是在把制品加热到烧结温度的同时，通过充高压气体，使得坯体从四面八方都受到相同的垂直压力，这样在很大程度上消除了坯体内部压应力的不均匀性。热等静压的烧结驱动力比常压烧结大出许多倍，采用常规的无压烧结工艺很难将晶粒内部的气孔和处于几个晶粒交界处的大气孔完全消除，而热等静压工艺可以实现。此外，热等静压工艺可以在较低的温度下实现完全致密化，避免因高温引起晶粒过度生长。图9-21为热等静压装置的示意图，其主体是一个带有水冷结构的耐高压、高温的金属筒体，其上下端由同样材料制成的上下密封盖，它们一起放置在由钢丝缠绕构成的轭式框架内。轭式框架的顶端有加压装置，用来使上下密封盖同筒体之间实现密封。在水冷钢筒内安装发热体用于加热坯体，并设有绝热壁，用于阻隔高温对钢筒内壁的加热，待烧结的坯体置于中央平台上。在热等静压烧结前需要先抽去钢筒内空气，再逐渐充进高压惰性气体。烧结过程中的温度和压力通过电控系统进行控制和调节，用热电偶测温。

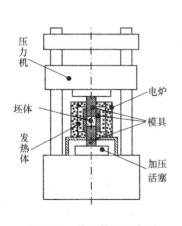

图9-20 热压装置示意图

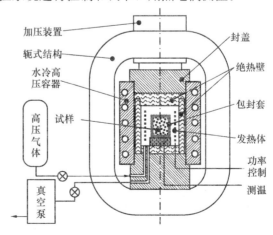

图9-21 热等静压装置示意图

热等静压的包封材料需要能耐一定的高温，并且在烧结温度下具有相当的柔性，以便能够传递压力和保持坯体的准确形状。常用的包封材料有某些金属和玻璃。图 9-22（a）表示用低碳钢作包封壳体，内部充满氧化铝粉末，通过热等静压制造大型高纯刚玉罐。低碳钢的厚度为 3mm，整个包封容器内可装填 1.6t 高纯氧化铝粉料，在 1623K 和 150MPa 下进行热等静压。包封套也可以用玻璃材料（如石英玻璃、Pyrex 玻璃和 Vycor 玻璃等）制造，石英玻璃具有较高的耐高温性，可以在 1700℃下应用。先将陶瓷粉料用压力成型方法制成素坯，如其中有结合剂或其他有机成分，需要进行素烧，除去有机成分。把素坯装入玻璃封套内，抽真空后将玻璃套密封［图 9-22（b）］，然后装入热等静压装置内，加温到玻璃软化温度，再开始加压，并继续升温到最高温度和最高压力。对于复杂形状的制品，可以先成型出素坯，并经过素烧，除去有机物质，赋予坯体一定的强度，将坯体埋在玻璃粉末堆内，置于敞开的耐高温金属或陶瓷容器中。为了防止烧结后玻璃粘在制品表面，可在坯体周围先填埋氮化硼粉，再埋入玻璃粉内［图 9-22（c）］。把盛有坯体的金属容器放入热等静压装置内，先升温使坯体外面的玻璃粉烧结成一个壳体，再加压并继续升温到最高温度和最高压力。当需要在 2000℃或更高温度下实施热等静压时，就很难找到合适的包封材料，对于这种工艺要求，可采用无包封技术进行热等静压。为此首先需要将陶瓷素坯在常压下烧结到其理论密度的 90％～97％，使得坯体内部尚存的孔隙都成为处于晶粒内部或晶界和晶粒交界处的封闭气孔，这样坯体表面的陶瓷层便成为包封壳体。图 9-23 为用无包封技术制备的掺 1％Nd 的钇铝石榴石陶瓷的扫描电镜图像，其中图 9-23（a）为热等静压前经过 1600℃和 2h 真空烧结的素坯，其密度为 97.7％理论密度；图 9-23（b）为上述坯体再在 1750℃、200MPa 和 2h 氩气中热等静压后的陶瓷，从图上可见陶瓷内气孔完全消失，其密度达到＞99.95％理论密度，陶瓷呈透明体[18]。

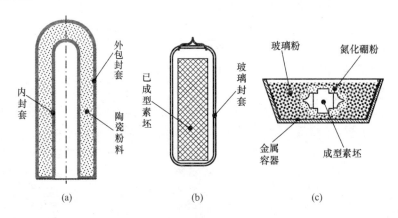

图 9-22　热等静压的包封技术示
（a）金属包封；（b）玻璃包封；（c）玻璃粉包封

无论是传统的常压烧结还是上面介绍的热压和热等静压烧结，由于热源在坯体的外面，因此坯体的受热过程都是由外向里，即坯体的表面温度高，内部温度低。这种温度梯度引起坯体内外烧结速度以及致密化速度里外不相同，从而容易引起烧结体的变形或开裂。为了避免这些问题，通常需要慢速升温、长时间保温，以消除内外温度的差别。自从 20 世纪 80 年代以来，开发出不少新的烧结技术，可以实现从内部加热坯体，或者内外同时加热坯体，从

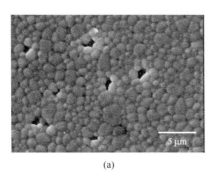
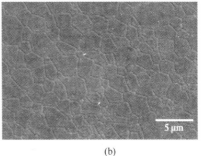

(a)   (b)

图 9-23   掺 1％Nd：YGA[18]

(a) 1600℃和 2h 真空烧结，密度为 97.7％理论密度；(b) 经过上述条件

处理再在 1750℃、200MPa 和 2h 氩气中热等静压，密度为＞99.95％理论密度

而在很大程度上可以消除上述温度内外不均匀的问题。这些新的烧结技术包括放电等离子烧结和微波烧结。

放电等离子烧结在国内早先又称电火花烧结，国外称为 Spark Plasma Sintering（简称 SPS），又称 PAS（Plasma Activated Sintering）。这一技术早先用于粉末合金的烧结[19, 20, 21]，自 20 世纪 90 年代以来这一技术逐渐被推广到陶瓷材料的烧结中。

图 9-24 为放电等离子烧结装置示意图，从工艺设备上看放电等离子烧结所用的装置有点像热压设备，也包含压力机、模具和加热系统等主要部件，但 SPS 的加热系统远比普通热压设备复杂。在 SPS 装置中需要用直流脉冲电源通过上下电极与石墨模具的上下压杆相连，脉冲电压通过上下压杆加到模具内的成型粉料上，同时也压到石墨模具壁上。由于粉料中各个固体颗粒接触并不紧密，只有一部分电能通过颗粒相互接触的部分转换成焦耳热，大部分是通过颗粒之间的间隙产生电弧放电，转换成热量。大部分陶瓷粉料在常温下不导电，在开始时脉冲电流只能通过石墨模具壁，产生热量，加热模具内的粉料。当温度升高到一定程度，固相颗粒的电阻率大大降低，并且温度升高，颗粒表面吸附的杂质被释放到颗粒间空隙内的空气中，使孔隙的电阻也明显下降而被击穿、放电，于是开始了上述电弧加热过程。SPS 工艺的一个关键是对模具内粉料所施的压力大小（也就是粉料的致密程度）需同所加的脉冲电压高低和时间长短密切配合，同步控制，以便控制升温速率和温度。SPS 工艺之所以能够实现快速致密烧结是因为：第一，由于脉冲放电产生的高温等离子体可使粉末吸附的气体逸散，原来在粉末颗粒表面的氧化膜可被击穿、破坏，使颗粒得以净化、激活，从而有利于烧结；第二，颗粒间放电等离子体的强烈加热作用，使得颗粒表面温度上升，促进表面扩散作用；第三，这种颗粒间的脉冲放电在坯体内不断地快速移动，使坯体内部温度能够均匀而快速地升高，从而促使坯体的快速致密化，又避免了因温度不均匀带来的变形开裂问题。SPS 工艺可广泛用于烧结各种氧化物、氮化物、硅化物、碳化物、硼化物，表 9-1 列出了用 SPS 工艺制备的各种材料[22]。图 9-25 为用 SPS 制备的镁铝尖晶石样品的显微结构和具体实物[23]。以高纯 Al$_2$O$_3$ 和 MgO 粉为原料，添加 1％LiF。SPS 的起始压力大致为 9MPa，升温速率为 100℃/min，在 900℃左右开始生成尖晶石，以 8MPa/min 速度逐渐升压，到 64MPa 保持压力，当温度到达 1600℃，保温保压 60min，所得到的试样具有 78％的透光率。

表 9-1　用 SPS 工艺烧结的材料[22]

分类	体系	具体材料
金属	单质	Fe, Cu, Al, Au, Ag, Ni, Cr, Mo, Sn, Ti, W, Be 等
	金属间化合物	TiAl, MoSi$_2$, Si$_3$Zr$_5$, NiAl, NbCo, NbAl, LaBaCuO$_4$, Sm$_2$Co$_{17}$
陶瓷	氧化物	Al$_2$O$_3$, ZrO$_2$, MgO, SiO$_2$, TiO$_2$, HfO$_2$
	碳化物	SiC, B$_4$C, TaC, TiC, WC, ZrC, VC
	氮化物	Si$_3$N$_4$, TaN, TiN, AlN, ZrN, VN
	硼化物	TiB$_2$, HfB$_2$, LaB$_6$, ZrB$_2$, VB$_2$
	氟化物	LiF, CaF$_2$, MgF$_2$
金属陶瓷		Si$_3$N$_4$ + Ni, Al$_2$O$_3$ + Ni, ZrO$_2$ + Ni
		Al$_2$O$_3$ + TiC, SUS + ZrO$_2$, Al$_2$O$_3$ + SUS
		SUS + WC/ Co, BN + Fe, WC + Co + Fe
有机材料	聚合物	聚酰亚胺等

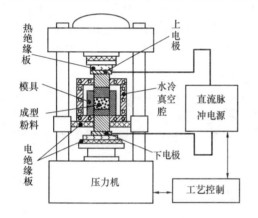

图 9-24　放电等离子烧结装置示意图

图 9-25　用 SPS 在 1600℃下烧结的镁铝尖晶石
显微结构和 $\phi 20 \times 2.1$mm 透明样品[23]

　　微波烧结是由 20 世纪 70 年代发展起来的一种烧结陶瓷的工艺，利用坯体吸收微波，将电磁场能量转化成热能，使坯体的温度升高，实现烧结。其特点是对坯体的加热速度快，而且内外一起被加热，而不像在传统的窑炉里烧结那样，坯体的表面先被加热，从而在坯体内部造成较大的温度梯度，容易因热应力而造成烧结坯体的变形和开裂。

　　所谓微波就是波长在 1m 到 1mm 范围内（即频率在 0.3～300GHz）的电磁波，这种电磁波既能够穿透相当厚度的陶瓷材料，又能够被陶瓷材料吸收，转换成热能。波长大于 1m 的电磁波，其能量过低，不足以同陶瓷物质内的分子、原子、离子相互作用，只能完全透过陶瓷材料，起不到加热作用。而波长小于 1mm 的电磁波属于红外辐射，它们在材料表面附近就被吸收或被反射，不能透射进材料的深处，虽然也起到加热材料的作用，但这种加热方式是由外及里，与用传统的窑炉加热没有太大的差别。工业用微波的工作频率规定为 0.915，2.45，28 GHz 三段。对于非磁性陶瓷材料，在单位体积内所吸收的微波能量 P 同材料的相对介电常数 ε_r，介电损耗角的正切 tanδ 以及微波电磁场的频率 f 和电场强度 E 有关[24]：

$$P = 2\pi f \varepsilon_0 \varepsilon_r |E|^2 \tan\delta \tag{9-11}$$

微波对材料的穿透深度可用下式表示[24]：

$$d = \frac{3\lambda_0}{8.686\pi (\varepsilon_r/\varepsilon_0)^{1/2}\tan\delta} \tag{9-12}$$

式中　ε_0——真空的介电常数；

　　　λ_0——微波在真空中的波长。

由上面两式可见，从微波烧结的角度看，要求待烧结的陶瓷坯体具有大的介电常数和高的介电损耗，并要求所用的微波的频率尽量高。然而，有相当大一部分陶瓷材料在常温下介电常数比较小（$\varepsilon_r < 100$），而且 $\tan\delta$ 也不大，如果直接放到微波场中，无法将它们迅速升温。此外，通常微波场中 E 在空间的分布不均匀，以致加热极不均匀，造成待烧结坯体内部产生很大的热应力，引起坯体变形和开裂。因此，微波烧结技术并非像用传统窑炉那样，只要选择一个适当的微波炉即可实现微波烧结，而是需要就具体的待烧结坯体的介电性能，采取对应的必要措施。同时需要根据具体的烧结对象选用或设计制造合适的微波烧结炉。

微波炉的主要构件之一就是用于烧结的谐振腔，谐振腔通常为由金属壁构成的六面腔体，也可以是圆柱式腔体，但比较少见。根据腔体内微波振动模式，可分为多模式腔体和单模式腔体两种。一般家用微波炉采用的就是多模式腔体。微波在多模式腔体内形成多种振动模式，微波能量分布分散，品质因素较低，频带宽。通常这种多模式腔体用来烧结介电损耗较大的陶瓷材料，如导电陶瓷、铁氧体和某些铁电体等。其优点是结构简单，相对于单模式腔体而言，加热比较均匀，适合烧结大量制品。单模式腔体内微波处于单一频率振动状态，微波在腔体内形成单一驻波场，能量分布集中在腔体的某些特定位置，如果将待烧坯体放置在这些高能量位置，则可强烈地加热坯体，因此适用于烧结低介电常数、低损耗的陶瓷材料。但这一特点不利于充分利用微波炉腔体的空间，也不利于烧结大型制品。如设法旋转待烧制品，使坯体轮流地通过驻波场的峰巅和谷底，可在一定程度上克服这一缺点。单模式微波炉常采用矩形谐振腔（图 9-26），其中驻波场的振动模式为横电波模式，记为 TE_{mnp}，下标 m、n、p 分别表示矩形腔内驻波场沿腔体 a、b、l 三个方向分布的半波数目。对于矩形谐振腔，TE_{103} 是最常用的工作模式之一。

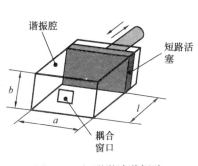

图 9-26　矩形微波谐振腔

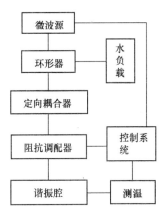

图 9-27　微波烧结系统框图

图 9-26 为单模谐振腔的示意图，腔体的有效尺寸为 $a \cdot b \cdot l$，在腔体的一个端面开有耦合孔，同波导管（图中没有显示）连接，将微波导入腔体，与之对应的端面由可移动的矩形

短路活塞构成，用以调节 l 的长度。矩形空腔的谐振波长 λ_g 由腔体的长、宽、高决定[25]：

$$\lambda_g = \frac{2}{\sqrt{\left(\frac{m}{a}\right)^2 + \left(\frac{n}{b}\right)^2 + \left(\frac{p}{l}\right)^2}} \tag{9-13}$$

　　由于待烧制品放入谐振腔后整个空间的介电常数发生变化，从而改变谐振频率，通过移动短路活塞改变 l 的长度，可实现对 λ_g 的调整。正确设计耦合孔的几何尺寸可保证只有所要求的 TE_{mnp} 横电波进入谐振腔。整个微波烧结系统的结构组成如图 9-27 所示。由于许多陶瓷材料的室温介电常数很小，在加热初期吸收微波能量很少，直接将微波导入谐振腔会引起很强的反射，会伤害微波源的磁控管，因此在微波源与谐振腔之间需要串接环行器，通过水负载吸收反射功率，并用 E-H 阻抗调配器调节系统匹配，使系统反射达到最小。定向耦合器用于测定系统入射反射功率，并定性监测系统的匹配和谐振情况。用光学高温计或红外测温计测定坯体温度。通过计算机对烧结过程实现监测和控制。

　　虽然微波加热集中在被加热坯体上，但在高温下由于热辐射会使谐振腔壁被加热到很高温度，另外坯体的辐射散热作用也不利于其迅速升温，因此在烧结坯体的周围需要用隔热材料对其隔热保温，氧化铝纤维板是常用的隔热材料。像氧化铝陶瓷这种低介电常数、低介电损耗的材料，在微波炉内很难被加热。对应的办法有：

　　(1) 采用大功率、高频率微波，使氧化铝从室温慢慢被加热，一旦温度升高，其介电损耗增大，就可以吸收更多的微波能量，温度就迅速升高（图 9-28）。

　　(2) 如允许，可在氧化铝内添加一定数量的强烈吸收微波的物质，如氧化铁之类，这样从加热一开始，坯体就能吸收大量微波能，使温度迅速升高。图 9-28 显示添加 $10\%Fe_2O_3$ 的 Al_2O_3 在 10min 内温度即升至 200℃，而不加 Fe_2O_3 的 Al_2O_3 在同样功率（3kW）下即使加热 30min，其温度尚不到 100℃。但是如将这种纯氧化铝试样放在 6kW 微波炉内加热，则经过大约 20min 缓慢升温后，升温速率即急剧增高[26]。

　　(3) 采用辅助加热措施，将待烧结坯体先用其他手段加热到一定温度，再改用微波加热，此时由于高温下坯体的介电损耗增大，已能够吸收足够的微波能量来加热坯体。

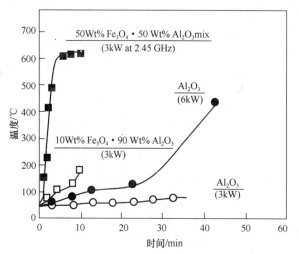

图 9-28　氧化铝陶瓷的微波烧结的升温和
添加 Fe_2O_3 对升温的影响[26]

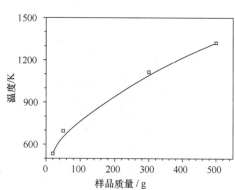

图 9-29　氧化铝粉料的数量对微波
加热效率的影响[26]

谐振腔内制品的装载数量对加热效率有很大影响，由于谐振腔本身并不吸收微波能量（严格讲吸收极少），因此空腔不会升温。如果腔内待烧制品的体积同腔体本身的容积相比很小，则只有很小一部分微波能量被制品吸收，转化为热量，因此加热效率就很低。如果将盛有高纯氧化铝粉的氧化铝保温容器放在一个容积 $1m^3$ 的微波炉内先以 6kW 功率加热 30min，接着以 10.5kW 加热 30min，氧化铝粉的最终温度随粉料数量的增加而升高，如图 9-29 所示[26]。该实验形象地说明微波烧结需要合理确定待烧制品的装载量。

第 2 节　陶瓷的成型工艺

从上面关于烧结问题的讨论可知，为了获得致密而形状尺寸准确的陶瓷烧结体，除了要求烧结前的陶瓷素坯内固相颗粒尺寸小，以有利于增大烧结推动力，促进烧结，同时还要求素坯具有尽量高的致密度和均匀的显微结构。所谓尽量高的致密度就是要求素坯密度尽量高，使得素坯内部孔隙尽量少，以有利于烧结时物质的迁移和气孔的排除；所谓均匀的显微结构就是要求素坯内部各处密度分布一致，孔隙分布均匀，固相颗粒大小分布均匀。这种均匀性的要求在很大程度上需要通过成型工艺给予保证。

陶瓷成型以粉料为原料，陶瓷成型的本质就是将陶瓷粉料中的固相颗粒聚集成具有一定形状的密实的粉体集合体。根据对素坯的要求，成型过程必须完成两项任务：首先使粉体中颗粒尽量互相靠近并成为具有所要求的几何形状密实体；其次这个粉体密实体必须具有均匀的显微结构。有两种工艺可以满足这两项要求：(1) 利用模具给出所要求的形状，将粉料填入其中，再通过适当的方法使模具内的颗粒尽量互相靠近以形成均匀的密实体。(2) 首先使粉体密实化形成具有一定尺寸的原坯，再用工具将密实的原坯加工成所要求的形状。前一种工艺可以比较快速地大量制造尺寸相同的坯体，但是如何保证复杂形状坯体的显微结构的均匀性，在技术上有相当难度。而后一种工艺通过精雕细作可以得到形状复杂、尺寸精确的坯体，但是比较费事费时，并且在加工中有大量材料被损耗，而且需要使用特殊机械才能保证加工出来素坯尺寸的准确性和一致性。目前常用的、可以大批量生产的工艺大多属于前一种，因此本书仅就这类工艺给予简单介绍。

陶瓷成型工艺可分为干法和湿法两大类，此外尚有不属于这两类的一些特殊工艺，如热压和热等静压工艺、气相沉积法、热喷涂法、爆炸成型等，这些工艺大多将成型和烧结同步完成。其中热压和热等静压工艺已经在前面讨论过，其他一些工艺将在第二章中讨论。

一、干法成型

所谓干法成型就是所用的成型原料是干的粉料，可将干粉料看成是由固相颗粒与空气组成的二相混和物。为了减小摩擦和提高强度，粉料中可能含有少量液体、胶粘剂包裹在颗粒外面。干法成型的第一步就是将粉料充满模具，第二步是为了密实化，需要将颗粒之间的空气尽可能排除出去，通常采用加压的方法迫使颗粒互相靠近，将空气排除。由于颗粒之间以及颗粒与模具壁之间的摩擦力，成型压力向模具内粉体深处的传递发生衰减，对于单轴加压，压力 P_h 随模具深度（H）的变化符合指数衰减规律[27]：

$$P_h = P_a \exp\left(-\frac{4fKH}{D}\right) \tag{9-14}$$

式中　P_a——成型力；

　　　　f——摩擦系数；

　　　　D——模具直径；

　　　　K——常数。

　　单轴加压成型模具内压力不仅随着模具的深度而衰减，并且沿着径向也有变化。对于压头不是平面形的模具，压力分布不均匀性更为明显。如用带有半球形压头、直径为 14mm 的圆柱形模具，成型 MnZn 铁氧体，成型压力为 100MPa，所成型出的坯体中各处的密度分布如图 9-30 所示[28]。从图中可见在球形头的正下方密度最高，其次是靠近模壁和上模头交界处和沿中央轴线方向直到底部，而在靠近模壁与下模头交界处以及靠近上模头的球形根部的密度最低，坯体内部各处密度的分布也很不均匀，各处密度的最大差别达 0.24g/cm³。坯体内部密度不均匀可导致成型坯体的开裂或局部散落等种种缺陷，如图 9-31 所示。在单轴加压成型过程中，如果加压和卸压速度过快，在加压时模具内一些孔隙中的空气来不及排出到模具外面就被其周围的固相颗粒封闭，由于被压缩，这种气孔内的压力很高，当快速卸压时，由于突然卸压膨胀，推动孔隙周围的颗粒互相分离，这样会形成同卸压方向垂直的层状开裂［图 9-31（c）］。当所用的粉料非常细小时，由于细粉料内含有大量孔隙，并且成型时内摩擦力特别大，即使慢速加压卸压，也经常会出现上述分层现象。

　　解决干压成型中压力传递衰减和不均匀问题的关键是降低粉料内的内摩擦力。通常的措施有：在粉料中添加润滑剂，如少量的液体（水、醇类、油酸等），也可以用固体润滑剂，如脂肪酸镁、石墨粉等。把粉料制成球状颗粒可大大地增强粉料的流动性，有利于使粉料均匀地填充模具，并在加压初期减小内摩擦，改善压力的均匀传递。改变加压方式，如用等静压成型，使压力从四面八方同时加到模具内的粉料上，可极大地降低成型压力在坯体内的不均匀性，从而大大地提高成型坯体的致密程度和均匀性。

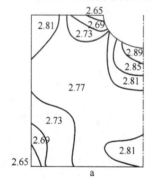

图 9-30　压力成型带有半球形
凹面的坯体中密度的分布[28]

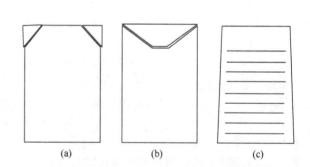

图 9-31　单轴加压成型坯体中常出现的几种缺陷
(a) 掉边角；(b) 中心开裂；(c) 分层

二、等静压成型

　　等静压成型出的坯体具有很高的致密性和显微结构的均匀性。等静压成型的设备有两种，即所谓的湿袋等静压机和干袋等静压机。图 9-32 为湿袋等静压机的示意图。其主体是一个下端封闭的耐高压金属筒体，其中充满高压油，其上端置有密封盖，形成一个耐高压油腔。装满陶瓷粉料的成型模具安放在成型框架内，完全浸在油腔内。在对油腔加压前，将整个高压油腔推入由钢丝缠绕构成的轭式框架内。其顶端有加压装置，用来使上封盖与筒体实现密封。成型完毕，卸压后将油腔从轭式框架内推出，再打开上密封盖，吊出支撑框和模具，从模具内取出成型好的素坯。

干袋等静压机有点类似单轴加压的压力成型机，但所用的模具的侧壁由柔软的橡胶或树脂等可以传递压力的物质制成，其外是一个与高压油泵相连的高压油腔（图 9-33）。成型时压力机通过上下压头对模具内粉料施加轴向压力，同时高压油泵对模具侧壁施加侧向压力，共同施压完成成型过程。然后抬升上压头，出模顶杆上升，将素坯推出模具，再进入下一个坯体的成型。干袋等静压过程中模具相对固定不动，因此可以像单轴加压成型那样连续工作。湿袋等静压每成型一次都需要将模具装入、搬出高压油腔，费时费力，因此湿袋等静压的生产效率不如干袋等静压高。但是像普通的压力成型一样，干袋等静压只能成型形状简单的，如筒形、柱形或球形坯体，而且尺寸也不能太大。湿袋等静压可以成型大型、厚壁坯体，坯体的形状除筒形、柱形或球形之外还可以是多面体、锥形实体或锥形空心体等。湿袋等静压机的最高压力通常为 200～400MPa，也有高达 600MPa 的等静压机，大于 600MPa 的等静压机很少见，只有一些实验室拥有这种超高压机器。湿袋等静压机的压力通常小于干袋等静压机。

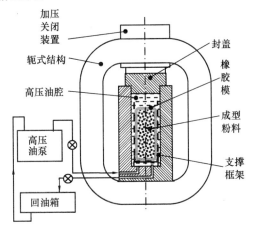

图 9-32　湿袋等静压机示意图

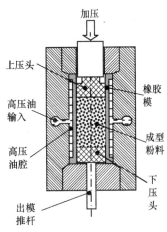

图 9-33　干袋等静压机示意图

由于需要传递压力，等静压成型所用的模具必须选用柔软、可压缩并且不被油渗透的材料，如橡胶、乳胶等来制造。用湿袋等静压压制大尺寸坯体时，由于模具壁柔软容易变形、弯曲，需用带孔的金属框架包围在模具外面作为支撑。

为了增强粉料的流动性，减小成型过程中的内摩擦，需要将陶瓷粉料制成能在成型压力下被压碎的球形团聚颗粒，团聚体的直径一般应在 500μm 以下，但小于 50μm 的颗粒不应大于 10%，直径过小的团聚体对降低内摩擦力的作用不大，直径在 250～74μm 之间的球形团聚颗粒应占 75% 以上。湿袋等静压成型的坯体尺寸一般都比较大，为了保证填装粉料的均匀性和密实性，可采用震动装料。在放进高压油腔之前，还应该用真空泵将装满粉料的模具内的空气抽出模外。

三、湿法成型

所谓湿法成型就是先把陶瓷粉料同液体（通常用水）混合制成具有良好流动性的泥浆，以泥浆内的液体作为载体，把陶瓷粉料填充入模具内。由于泥浆是固相颗粒与液相组成的两相混合物，具有良好的流动性，可以充满复杂形状模具的每个狭小的角落，因此湿法成型特别适用于成型复杂形状的坯体。这种用泥浆成型的工艺必须解决两个关键问题：首先，为了获得致密度高的坯体，需要使泥浆内固相颗粒的含量尽量高，同时又必须具有良好的流动性，以便使大量的固相颗粒均匀地填充在模具内；其次，必须使具有流动性的泥浆在被浇注到模具中之后，能迅速失去流动性，转变成具有一定强度和刚性的素坯，以便脱离模具后，素坯仍旧能够保持被模具所规范出的形状，并可被搬运和存放。关于前一个关键将在下一节粉料处理中论述，而解决后一关键的办法有两类：第一类是将已成形的泥浆中的液体尽可能多地排除掉，使固相颗粒互相靠近，形成坯体。排除泥浆中液相的方法也有两种：一种是使其就地蒸发，如流延成型就是通过使液相蒸发形成片状坯体；另一种是使液相通过模具壁上的毛细管排出，将固相颗粒留在模具内，形成坯体，传统的泥浆浇注成型就是利用这一方法。第二类是使模具内的泥浆就地凝固成为坯体，待脱模后再设法将坯体中的液相除去。直接凝固成型、凝胶注模成型、注射成型等就是利用这样的原理。下面逐一介绍这些成型技术。

（一）泥浆浇注成型

用石膏做模具，把泥浆注入石膏模内，利用石膏模壁内的毛细孔吸收泥浆内的水分，使泥浆因固相浓度不断增高而固化成为具有一定形状和强度的素坯。这种泥浆浇注技术已经在陶瓷生产中运用了上千年，至今仍旧被广泛运用。

最适于用注浆成型的泥浆的黏度范围大致为 $70\sim120\mathrm{mPa\cdot s}$，但只要不发生很快的沉降，并能够使泥浆注满模具内，更低或更高黏度的泥浆也可以用来注浆。制造模具的最常用材料是半水石膏，利用半水石膏粉加水调和后发生水化反应，进而凝固成多孔二水石膏块体来制造石膏模：

$$CaSO_4 \cdot 0.5H_2O + 1.5H_2O \Longrightarrow CaSO_4 \cdot 2H_2O \qquad (9\text{-}15)$$

石膏模中含有大量直径在 $1\sim6\mu m$ 的毛细孔。毛细管内液体表面张力的计算方程：

$$\Delta P = \frac{2\gamma\cos\theta}{r} \qquad (9\text{-}16)$$

式中　γ——水的表面张力；

　　　θ——水同石膏的接触角；

　　　r——毛细管半径。

从式（9-16）可以估算出石膏模内毛细管对泥浆中水分的吸力大致为 $0.04\sim0.24\mathrm{MPa}$；另一方面，利用过滤方程，可推算出模具吸水速度方程[29]：

$$\frac{\mathrm{d}v}{\mathrm{d}t} = \frac{\Delta p}{\eta\,(\alpha w + AR_\mathrm{w})}A^2 \qquad (9\text{-}17)$$

式中　v——石膏模所吸水的体积；

　　ΔP——石膏模毛细管的吸力；

　　　η——泥浆内液体介质的黏度；

　　　α——沉积在石膏模壁上泥坯单位质量干固体的过滤阻力；

　　　w——单位体积泥浆生成的泥坯中固体的质量；

　　R_w——模具过水的阻力；

　　　A——模具与泥浆接触部分的面积。

通过对上式积分，可得到模具内坯体的厚度 L 与吃浆时间 t 的关系[29]：

$$L = \frac{A}{K}\sqrt{\frac{2\Delta P}{\eta \alpha w}} \cdot t^{1/2} \tag{9-18}$$

式中 K 为同泥浆含水量以及模具吃浆面积有关的常数。上式表示坯体的厚度与吃浆时间的平方根成正比，这是符合过滤定律的，但其前提是 α 和 R_w 在整个吃浆过程中保持不变，然而实际上随着 L 的增大和吃浆时间 t 的延长，α 和 R_w 也都增大，以致到吃浆后期，即使继续延长时间，L 也增加不了，逐渐趋向一恒值。实际上吃浆时间不能无限延长，为了成型厚壁或大尺寸实心坯体，需要靠增大 ΔP 来实现。从另一方面考虑，为了缩短吃浆时间，也可通过增大 ΔP 来实现，于是开发出压力注浆成型技术。

最简单的压力成型技术就是将盛泥浆的容器置于高位，石膏模置于低位，两者之间用软管连接，利用液位差对模具内的泥浆施加压力。在现代化大生产车间，通常把储浆罐、泥浆管道以及模具构成一封闭体系，用泥浆泵对该体系加压，实现压力注浆成型。

石膏模内的毛细孔量大而细小，又非常曲折，因此模具内壁同其外壁并不直接相通，泥浆内的水分被石膏模吸收后，被储存在石膏内并不流到外面来。因此石膏模使用几个周期后，吸水达到饱和后就不能再用，需要在一定温度下干燥排除所吸水分后才能再用。

如果不用石膏做模具，而是用内外孔道相通的过滤材料制造模具，则在一定的压力下可将泥浆内的水分通过模具壁从模具内挤压出模外，将泥浆内的固相颗粒保留在模具内形成所要求的素坯。这种成型方法称为压滤成型法。也可以不对泥浆加压，而是在多孔模具壁的外部形成真空（低压），同样在泥浆与模具壁之间形成一个压力差，将泥浆内的水分析出模具外，这就是所谓的抽滤成型法。还可以使模具旋转，利用离心力，将泥浆内的水分排出到模具外，这称为离心成型法。以上种种方法的工艺原理同传统的泥浆浇注成型工艺基本上是相同的，都可以利用过滤过程来分析和指导设计。这种能过滤水的模具通常以树脂（如聚氨酯、环氧树脂等）为主要原料，加入水、交联单体和表面活性剂，制成含水量在 20%～80% 油包水型乳液，再加入引发剂，促发交联单体同树脂预聚体之间的交联反应，固化为具有三维网状结构的微孔模具。如成型形状简单的坯体，也可以先用金属材料制造成在模壁上布满小孔的金属模具，再在其内壁铺垫过滤纸构成滤水性模具。

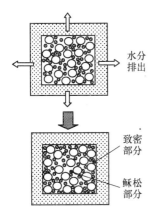

图 9-34　液相的迁移将小颗粒带到坯体与模具的界面

以上这些泥浆成型方法的一个共同特征是使泥浆内水分通过模具壁排除到模具外或转移到模具壁内。在排水的过程中泥浆中的细小颗粒随水分向模具壁流动而迁移到坯体与模具内壁的界面附近，这些小颗粒填充在原来那里的由大颗粒构成的大孔内，使该处的孔隙体积减小，从而增加了模具壁附近坯体的密度。另一方面，在坯体内部增加了因小颗粒迁出而生成的由大颗粒构成的空隙，从而造成该处密度降低，最终造成素坯密度里外不均匀（图 9-34）。

（二）流延成型

流延成型用于制造厚度为数十微米至 1～2mm 的大面积薄片状坯体（陶瓷厚膜），成型时不用模具，直接将泥浆摊铺在一个平面上，形成厚度均匀的泥浆厚膜，通过蒸发泥浆内液相，使泥浆固化成薄片状陶瓷素坯。图 9-35 为流延成型的示意图。

流延成型装置的主体是张紧在两个驱动轮上的不锈钢履带，在驱动轮的带动下履带匀速移动，履带的上表面贴有由醋酸纤维或聚酯等材料制成的承载薄膜。经过滤和除气的陶瓷泥浆从泥浆储存容器下方的出浆狭缝中流到覆盖有承载膜的履带上，随履带向前运动。紧邻出浆狭缝的前方有一上下可精密调整的刮刀，其宽度决定了流延膜的宽度，刮刀离承载膜的距离决定了流延膜的厚度。由于刮刀对运动中泥浆的阻拦，在泥浆内产生一定的剪切应力，使得泥浆在承载膜上铺展成一定厚度的泥浆膜，在

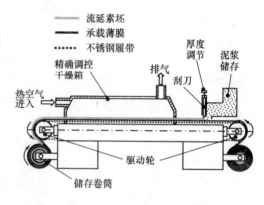

图 9-35　流延成型示意图

泥浆的表面张力作用下，膜的表面平整光滑。随着履带的运动，泥浆膜进入通有热空气的干燥箱，箱内的温度、湿度、气流速度处于精确调控之下，以防止干燥过程中加热不均匀或速度过快而引起坯体的卷曲、开裂。经干燥后泥浆膜变成具有一定强度和柔软性的陶瓷素坯膜，连同承载膜一起卷裹在储存筒上。陶瓷素坯膜应不与承载薄膜粘连在一起，但也不会从承载膜上自动脱落。干燥后陶瓷素坯膜的厚度大约是刮刀尖端与承载膜之间距离的 1/2。

　　流延成型所用的泥浆的流变性能同浇注成型的泥浆有所不同，要求流延泥浆具有假塑性，其黏度随施加在泥浆上的剪切应力增大而减小，适宜流延的泥浆黏度大致在 $200 \sim 3000 \mathrm{mPa \cdot s}$（在剪切速率为 $10 \mathrm{s}^{-1}$ 下测定）范围内。把陶瓷粉料调制成流延成型用的泥浆，通常需要在陶瓷粉料内加入液相载体（生产中将此称为溶剂）、改善分散性的分散剂（也称表面活性剂）、使陶瓷膜具有强度的结合剂和使陶瓷膜具有柔软性的增塑剂。根据所用溶剂类型的不同，可将流延成型的泥浆分为非水基泥浆和水基泥浆两大类别。早先大多用有机液体作溶剂，如甲基乙基酮、三氯乙烯、甲苯等，用这些体系制成的泥浆成型出的陶瓷膜素坯具有结构均匀、强度高、柔软性好、便于后续加工等优点，但是这些有机溶剂具有较强的毒性，因此从 20 世纪 80 年代以来陆续研究出许多低毒性有机溶剂和水基泥浆体系。但总的来讲，由于水具有较高的表面张力和沸点，泥浆的干燥工艺性能比较差，容易发生卷曲、开裂。表 9-2 和表 9-3 分别给出非水基和水基泥浆常用的溶剂、分散剂、结合剂和增塑剂的品种。作为几个实例，表 9-4 列出了流延成型工艺用的氧化铝、钛酸钡、堇青石泥浆的具体配方。

表 9-2　非水基泥浆常用的溶剂、分散剂、结合剂和增塑剂[30]

溶　剂	结合剂	分散剂	增塑剂
丙酮 acetone	乙酸-丁酸纤维素 cellulose acetate butyrate	脂肪酸 fatty acids	苯甲基丁基邻苯二甲酸酯 benzyl butyl phthalate
乙醇 ethanol	硝酸纤维素 nitrocellulose	甘油三油酸酯 glyceryl trioleate	丁基硬脂酸酯 butyl stearate
苯 benzene	石油脂 petroleum resin	鱼油 fish oil	邻苯二甲酸二丁酯 dibutyl phthalate
溴氯甲烷 bromochloromethane	聚乙烯 polyethylene	苯磺酸 benzene-sulfonic acid	邻苯二甲酸二甲酯 dimethyl phthalate

续表

溶　剂	结合剂	分散剂	增塑剂
丁醇 butanol	聚丙烯酸酯 polyacrylate esters	油溶性磺酸盐 oil-soluble sulfonate	甲基松香酯 methyl abietate
二丙酮 diacetone	聚甲基丙烯酸酯 polymethyl acrylate	芳烷基聚醚醇 alkylaryl polyether alcohols	多肽酸酯 mixed phthalate esters
异丙醇 isopropanol	聚乙烯醇缩丁醛 polyvinyl butyral	聚乙二醇乙醚 ethyl ether polyethylene glycol	聚乙二醇 poly-ethylene glycol
甲基乙丁基酮 methyl isobutyl ketone	聚乙烯醇 polyvinyl alcohol	乙基苯二酚 ethyl phenyl glycol	聚烷基二醇 poly-alkylene glycol
甲苯 toluene	聚氯乙烯 polyvinyl chloride	聚氧乙烯 polyoxyethylene	三乙二醇己酸酯 triethylene glycol hexoate
三氯乙烯 trichloroethylene	氯乙烯醋酸酯 vinyl chloride acetate	聚氧乙烯酯 polyoxyethylene ester	三甲酚磷酸酯 tricresyl phosphate
二甲苯 xylene	乙基纤维素 ethyl cellulose	聚乙二醇烷基醚 alkyl ether of poly-ethylene glycol	邻苯二甲酸二辛酯 dioctyl phthalate
四氯乙烯 tetrachloroethylene	聚四氟乙烯 poly-tetrafluoroethylene	油酸环氧乙烷加合物 oleic acid ethylene oxide adduct	二丙二醇二甲苯酸酯 dipropyl glycol dibenzoate
甲醇 methanol	聚 α-甲苯乙烯 poly-α-methylstyrene	山梨糖醇三油酸酯 sorbitan trioleate	
环己酮 cyclohexanone		磷酸酯 phosphate ester	
甲基乙己酮 methyl ethyl ketone		硬脂酸酰胺环氧乙烷加合物 stearic acid amide ethylene oxide adduct	

表 9-3　水基泥浆常用的溶剂、分散剂、结合剂和增塑剂[30]

溶　剂	结合剂	分散剂	增塑剂
水	聚丙烯酸 acrylic polymer	玻璃态磷酸盐络合物 complex glassy phosphate	苯甲基丁基邻苯二甲酸酯 benzyl butyl phthalate
	聚丙烯酸树脂乳液 acrylic polymer emulsion	丙烯磺酸缩合物 condensed acrylsulfonic acid	邻苯二甲酸二丁酯 dibutyl phthalate
	聚环氧乙烷 ethylene oxide polymer	铵盐的聚合电解质 polyelectrolyte of ammonium salt	乙基甲苯磺酰胺 ethyltoluene sulfonamides
	羟乙基纤维素 hydroxyethyl cellulose	非离子型辛基苯氧基乙醇 nonionic octyl phenoxyethanol	甘油 glycerine
	甲基纤维素 methyl cellulose	聚羧酸钠 sodium polycarboxylate	聚烷基二醇 polyalkyleneglycol
	聚乙烯醇 polyvinyl alcohol	聚氧乙烯壬基酚醚 polyoxyethylene nonylphenol ether	三乙二醇 triethylene glycol
	三异氰胺酸酯 tris-isocyaminate		磷酸正三丁酯 tri-n-butyl phosphate
	丙烯酸共聚物乳胶 acrylic copolymer latex		聚丙二醇 polypropylene glycol
	蜡质乳液 wax emulsion		
	聚氨基甲酯 polyurethane		
	聚乙酸乙烯酯分散剂 polyvinyl acetate dispersion		

表 9-4　流延泥浆配方（质量分数/%）[30, 31, 32, 33]

陶瓷粉料	溶 剂	结合剂	分散剂	增塑剂	其 他
氧化铝：59.6 氧化镁：0.15	三氯乙烯：23.2 乙醇：8.9	聚乙烯丁醇：2.4	曼哈顿鱼油：1.0	邻苯二甲酸辛酯：2.1 聚乙二醇：2.6	
氧化铝：67.39	甲基乙基酮：25.61	聚乙烯醇缩丁醛： 2.69	磷酸酯：0.45	邻苯二甲酸二丁酯： 1.80 聚乙二醇：2.02	热塑树脂：0.04
钛酸钡：76.3	甲苯：20.0	聚乙烯醇缩丁醛： 2.5	—	乙酸三甘醇：0.2 丙二醇三烷基醚：0.2	
堇青石： 55～65	去离子水： 29～19	聚乙烯醇： 8	聚丙烯酸： 0.8	聚乙二醇400： 6.4	pH=10 消泡剂正丁醇

（三）直接凝固注模成型

陶瓷泥浆可看成是一种胶体系统，流动的泥浆相当于溶胶，而素坯相当于凝胶，因此可以利用溶胶-凝胶转变将浇注入模具内的泥浆转变成素坯，而不用将其中水分排出模具之外。这样做的好处在于首先可以不用多孔材料制作模具，这对于提高模具的精确度和延长模具的使用寿命有极大的帮助；其次由于不存在泥浆内水分的迁移，因此就不会发生上面所说的成型坯体内里外密度不均匀的问题。例如用黏土-长石-石英系硅酸盐泥浆通过传统的石膏模泥浆浇注法成型一个直径 140/70mm、高度 90mm 的实心梯形圆台，经干燥后在素坯内由里及表的 7 个不同部位取样，用压汞测孔仪分别测定每个样品的孔隙半径分布，如图 9-36（a）所示。从图 9-36（a）可见每个样品内的孔半径分布集中在 12nm 和 110nm 两个范围内，其中 110 nm 范围内的孔隙大小随取样位置的不同有明显的差别：处于素坯内部的孔隙数量明显大于素坯表面附近的孔隙数量。用相同的泥浆注入一个致密不吸水的模具内，成型与上述试验同样尺寸的圆台，通过在泥浆内添加硫铝酸盐水泥，因钙离子的溶出，使泥浆的离子强度增高，从而实现注入模具内的泥浆原位直接凝固成型，经干燥后按照相同的方法取样，测定各个试样的孔隙半径分布，如图 9-36（b）所示。从图 9-36（b）显示每个样品内的孔半径分布同样集中在 12nm 和 110nm 两个范围内，但不同部位的孔隙大小以及数量基本一致[34]。

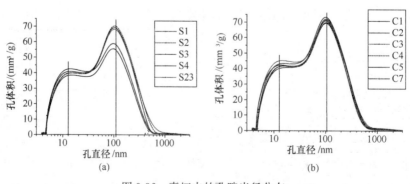

图 9-36　素坯内的孔隙半径分布

（a）泥浆浇注成型；（b）直接凝固注模成型[34]

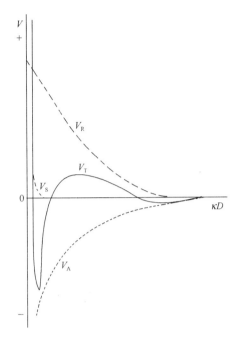

图 9-37　两个胶体粒子之间的势能
曲线 κD 为粒子之间的无量纲距离

在一个稳定的溶胶体系内，两个胶体粒子之间的总势能 V_T 由分子间引力（范德瓦力）引起的势能 V_A、静电斥力引起的势能 V_R 和颗粒表面溶剂化层斥力作用引起的势能 V_S 组成（图 9-37）：

$$V_T = V_A + V_R + V_S \qquad (9\text{-}19)$$

其中势能 V_S 只有在两粒子相距非常靠近（$<$ 10nm）的情况下才起作用，在一般情况下其值很小而可以忽略不计。V_A 由下式给出[37]：

$$V_A = -\frac{Aa}{12D} \qquad (9\text{-}20)$$

V_R 由下式给出[37]：

$$V_R = 2\pi\varepsilon a\psi_0^2 \ln\left[1 + \exp\left(-\kappa D\right)\right] \qquad (9\text{-}21)$$

上两式中 a 为颗粒的半径，ε 为泥浆中液相载体的介电常数，ψ_0 为胶体颗粒的表面电势，D 为两个颗粒之间的距离，A 为哈马克（Hamaker）常数，其值同泥浆内各个组成的密度及介电常数有关，κ 为德拜-赫凯尔（Debey‐Huckel）常数：

$$\kappa = \sqrt{\frac{\mathrm{e}^2 \sum n_i z_i^2}{\varepsilon k_B T}} \qquad (9\text{-}22)$$

式中　e——单位电荷的电量；

　　　n_i——泥浆内第 i 种反离子的数量浓度；

　　　z_i——泥浆内第 i 种反离子所带的电荷数。

在流动性良好的泥浆中颗粒之间存在一个势垒，使颗粒间保持一定的距离，以防止因互相碰撞而粘结在一起。如果设法取消这个势垒，就能使泥浆失去稳定性，从而导致颗粒互相碰撞而粘结在一起。如果泥浆中固相浓度不高，其中的颗粒会发生互相凝聚而形成大的团聚体并产生沉淀。如果泥浆中固相的浓度很高，则颗粒互相凝聚后形成一个整体，即成为凝胶块体。在陶瓷成型中，泥浆内固体颗粒的体积浓度如高于 50% 就可能因凝聚作用而失去流动性，形成一个整体。从图 9-37 中可见，减小静电斥力势能 V_R 可以降低以致完全取消总势能曲线上的势垒。从方程（9-21）可见，如增大 κ 或降低 ψ_0 就可以使 V_R 变小。

直接凝固注模成型（DCC‐direct coagulation casting）就是基于这样的考虑首先由瑞士联邦技术工业学院（Eidgenossische Technische Hochschule，Swiss）的高克勒（Gauckler）教授开发出来[35,36]。

直接凝固注模成型的原理就是使已经注入模具内的具有高固相含量、流动性良好的泥浆失去稳定性，进而凝聚成固态状坯体。所用的方法有两类：通过调节泥浆的 pH 值，使泥浆的 ζ 电位趋于零，即达到等电点（IEP‐iso-electric point），泥浆发生凝固；另一类办法是在泥浆内引入高价离子，或增高离子浓度，使泥浆的离子强度 I 增高：

$$I = \frac{1}{2} \sum n_i z_i^2 \qquad (9-23)$$

根据式（9-22）可知 I 增高可使方程（9-21）右边 exp (-κD) 变小，如果小到与 1 相比可以忽略不计，则 $V_R = 0$。图 9-38 表示出这两类方法实现泥浆凝固的途径。

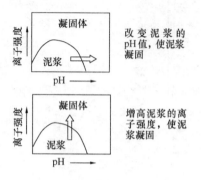

图 9-38　实现泥浆凝固的两种途径

改变泥浆的 pH 值的方法是事先在泥浆中溶入能够受热发生分解放出 OH⁻ 或 H⁺ 的化合物，如尿素、甲酰胺、六亚甲基四胺（乌洛托品），这些物质在 $60 \sim 80℃$ 能够分解放出 NH_3，从而将流动性良好的酸性泥浆中和成中性，引发泥浆凝固。如果在碱性泥浆内溶入可热分解的甘油酯、葡糖酸内酯，这些物质缓慢水解生成 H⁺ 使泥浆的碱性变小，甚至转为中性，同样可以引起泥浆凝固。另一种转变泥浆 pH 值的方法是利用生物酶催化溶解在泥浆内的尿素、酰胺、酯类、葡萄糖等物质，使之分解，生成 OH⁻ 或 H⁺，从而改变泥浆的 pH 值。表 9-5 列出了上述各种改变泥浆 pH 值的物质的具体用法[35]。

增高泥浆内离子强度的方法可以利用上述的生物酶的催化作用，使一些物质分解或水解，将某些离子溶入泥浆从而增高离子强度。利用某些氢氧化物缓慢溶入泥浆也能增高离子强度。表 9-6 给出增高泥浆离子强度的一些方法[35]。利用水泥在泥浆内缓慢水化，能够促使硅酸盐泥浆凝固，从而实现传统陶瓷泥浆的直接凝固注模成型[38, 39]。

直接凝固注模成型的素坯内含有相当数量的液相，通常其含量高于传统的注浆成型素坯，因此，这种素坯的干燥过程必须十分小心，一般要求在控温、控湿的环境中慢速排液干燥。

表 9-5　改变泥浆 pH 值的物质的具体用法[35]

生物酶催化反应	pH 变化	热分解、水解反应	pH 变化
尿素酶催化尿素水解	4→9, 12→9	尿素水解（>80℃）	3→7
酰胺酶催化酰胺水解	3→7, 11→7	甲酰胺水解（>60℃）	3→7, 12→7
酯酶催化酯水解	10→5	酯水解	11→7
葡萄糖氧化酶催化葡萄糖氧化	10→4	内酯水解	9→4

表 9-6　改变泥浆离子强度的物质的具体用法[35]

生物酶催化反应	pH 范围	自催化反应	pH 范围
尿素酶催化尿素水解	8~9	利用葡萄糖酸将氢氧化锌溶入泥浆	6~7
酰胺酶催化酰胺水解	7~8		

（四）凝胶注模成型

凝胶注模成型，英文名称为 gel-casting，是由美国橡树林国家实验室的研究人员 O. O. Omatete 和 M. A. Janney 发明的一种陶瓷成型技术[40]。其特点是将流动性良好的高固相浓度的陶瓷泥浆注入模具内之后，使溶解在泥浆液相内的有机单体发生聚合反应，生成聚合物,把泥浆内的固相颗粒固定在聚合物网络内,从而形成具有相当强度的陶瓷素坯,出模后先经过干燥工艺排除素坯内的液相,再送去烧成,形成陶瓷烧结体。为了使泥浆中的有机单体发生聚合反应,需要在泥浆内加入可溶性引发剂,以便在适当的条件下引发聚合反应。此外还可以在泥浆内溶入催化剂,用以调控聚合反应的开始时间和聚合速度。

这一技术有两个关键点:首先,应保证陶瓷泥浆具有良好的流动性,以便能够均匀地充满模具的每个角落,同时还必须保证泥浆内的固相颗粒具有足够高的体积浓度,一般要求高于50%,否则聚合后素坯内的固相含量过低,在干燥时因大量液相排除,会引起坯体收缩过大而变形、开裂;其次,聚合反应的开始时间应该能够被人为地控制,以保证在聚合前有足够的准备时间和注浆时间。对于第一个关键点,通常通过调节泥浆内固相颗粒的 ζ-电位,以及使用分散剂(表面活性剂)来实现,在本章第三节将专门讨论高浓度泥浆的制备技术。对于第二个关键点有两种解决措施:由于有机单体的聚合需要自由基或引发离子的参与,在起始阶段仅靠引发剂的分解所提供的自由基或引发离子数量有限,因此聚合反应的程度很低。这些初级自由基或引发离子与有机单体加合,生成单体自由基,单体自由基再同单体加合,生成更多的自由基,这样自由基的数量不断增加,使整个聚合反应迅速展开。从引发剂地加入到聚合反应迅速展开,其间有一段积累时间,称之为诱导期。利用调控引发剂和催化剂的浓度,可调节诱导期的长短,由此来保证聚合前有足够的工艺准备时间。第二种措施是通过改变已注入模具内的泥浆温度来控制诱导期的长短。由于引发剂放出自由基或引发离子的反应随温度上升而加快,因此使模具内泥浆升温即可使聚合反应迅速发生。

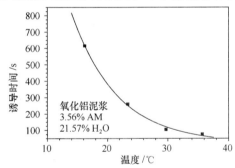

图9-39 氧化铝/丙烯酰胺水基泥浆
聚合诱导时间同温度之间的关系
(数据取自文献资料41)

图9-39为固相含量74.87%(质量)的氧化铝水基泥浆内含有3.56%(质量)的丙烯酰胺单体,并以过硫酸铵为引发剂,N,N,N',N'-四甲基乙二胺为催化剂,在不同温度下触发泥浆内丙烯酰胺单体发生聚合反应所需要的诱导时间[41]。由图9-39可见,如果泥浆温度为16℃,诱导期长达10min,因此有充足的时间准备好泥浆并注入模具内。然后设法使模具内泥浆温度上升到35℃以上,则在数十秒钟内即可使聚合反应在泥浆内迅速展开。

凝胶注模成型所用的泥浆载体可以是水,也可以是非水的有机液体。不同的体系需用不同的有机单体和引发剂以及对应的催化剂。其中有机单体有单功能团单体和多功能团单体之分,通常需要将这两者混合使用,多功能团单体起交联剂作用,可增加聚合网络的强度。单功能团单体和多功能团单体两者的比例通常为1:1.5至1:90。两种单体在泥浆内的总浓度大致为5%~20%。引发剂为单体总量的0.5%~2%,而催化剂加入的量为引发剂的100%~50%。表9-7列举了水基和非水基凝胶注模成型所用的一些液相载体、单体、引发剂、催化剂。作为两个实例,表9-8给出水基和非水基凝胶注模成型氧化铝陶瓷所用的单体、引发剂、催化剂的具体名称和数量。由于氧气对丙烯酰胺类单体在水中的交联聚合有阻聚作用,因此利用丙烯酰胺类单体,在成型时需要采取隔离空气的措施,如充氮气。表9-9列出了所用有机物的缩写和全称对照表。

表 9-7　凝胶注模成型所用的一些液相载体、单体、引发剂、催化剂[40, 41, 42]

液　相	单功能团单体	多功能团单体	引发剂	催化剂
水	MAM	MBAM	APS	TEMED
	MAM	PEGDMA	AZIP	
	NVP	MBAM	APS	TEMED
	NVP	PEGDMA	AZIP	
	MPEGMA	MBAM	AZIP	
	MPEGMA	PEGDMA	AZIP	
	DMAEMA	MBAM	AZAP	
	DMAEMA	PEGDMA	APS	TEMED
	MPEGMA/NVP	MBAM	AZIP	
	MPEGMA/NVP	PEGDMA	AZAP	
	MPEGMA/MAM	MBAM	AZAP	
	MPEGMA/MAM	PEGDMA	APS	TEMED
DBP	TMPTA	HDODA	BPO	
DBP，DBE	TMPTA	HDODA	AIBN, MEKP, IPP, DICUP, BPO	
醇类	MAM	PEGDMA	AZIP	
	NVP	MBAM	AZAP	
	MPEGMA	EGBMA	AIBN	
乙醚	MAM	PEGDMA	AIBN	
	NVP	MBAM	AIBN, AZAP, AZIP	
酮类	MAM	PEGDMA	AIBN	
	NVP	MBAM	AIBN, AZAP, AZIP	
烃类	NVP	MBAM	AIBN, AZAP, AZIP	

表 9-8　凝胶注模成型氧化铝陶瓷坯体的具体配方[40]

陶瓷粉料 50%～55% （体积）	分散剂 10% （质量）	液相 50%～45%			
		预混液 90%（质量）			
		分散介质 79%（体积）	单　体 20%（体积）	引发剂 1%（体积）	催化剂
α-Al₂O₃ 粉	Solsperse2000	DBP	TMPTA：HDODA＝ 1：（4～1.5）	BPO	
	Triton X-100	DBE			

陶瓷粉料 55%（体积）	分散剂 10%（质量）	液　相 45%			
		预混液 90%（质量）			
		分散介质 82%～95%	单　体 5%～18%	引发剂 ≤0.5%	催化剂 ≤0.1%
α-Al₂O₃ 粉	Darvan C	水	MBAM：AM＝ （3：35）～（1：90）	APS	TEMED

表 9-9　所用有机物的缩写和全称对照表

缩　写	英　文　名	中　文　名
AM	methacrylic acid	丙烯酰胺
APS	ammonium persulfate	过硫酸铵
AZAP	azobis 2-amidinopropane propane HCl	2,2'-偶氮二异丁基脒盐酸盐
AZIP	azobis 2-(2-imidazolin-2-yl) propane HCl	偶氮二异丁基咪唑啉盐酸盐
AIBN	azobis isobutyronitrile	偶氮二异丁腈
BPO	dibenzoyl peroxide	过氧化二苯甲酰
DBE	a mixture of dibasic ester and decanol	二元酯与葵醇混合物
DBP	dibutyl phthalate	邻苯二甲酸二丁酯
DHEBA	N,N'-(1,2-dihydroxyethylene)bisacrylamide	N,N'-(1,2 二羟乙烯)二丙烯酰胺
DICUP	dicumyl peroxide	过氧化二异丙苯
DMAEMA	dimethyl aminoethyl methacrylate	二甲基胺乙基甲基丙烯酸
HDODA	1,6-hexanediol diacrylate	1,6-己二醇二丙烯酸酯
IPP	diisopropyl peroxide	二异丙基过氧化合物
MAM	methacrylamide	甲基丙烯酰胺
MBAM	N,N'-methylene bisacrylamide	N,N'-亚甲基双丙烯酰胺
MEKP	methyl ethyl ketone peroxide	过氧化甲乙酮
MPEGMA	methoxy poly(ethylene glycol) monomethacrylate	甲氧基聚乙二醇甲基丙烯酸酯
NVP	n-vinyl pyrrollidone	n-乙烯基吡咯烷酮
PEGDMA	poly(ethylene glycol) dimethacrylate	聚乙二醇基二甲基丙烯酸酯
TEMED	N,N,N',N'-tetramethylenediamine	N,N,N',N'-四甲基乙二胺
TMPTA	trimethylolpropane triacrylate	三甲羟基丙烷三丙烯酸酯

（五）冷冻浇注成型

冷冻浇注成型陶瓷坯体技术是受到物料的冷冻干燥技术的启发而发展出来的[43]。为了使已经浇注到模具内的泥浆固化，形成可搬动存放的固态坯体的一个最直接而简单的办法，就是使泥浆内的液相冷凝成固相，这样原来泥浆内的固相颗粒便被凝固的液相包裹，同液相一起成为一个冷冻的固体。问题是这样的固体只能在液相凝固温度以下存在和保存，传统的通过加热排除素坯内液相的方法在这里无法应用。为了排除冷冻浇注坯体内的液相，必须通过升华的方法，使坯体内被凝固成固态的液相直接从固相气化、排出坯体。因此冷冻浇注成型技术包括冷冻模具内的泥浆使之成为固态，在适当的低温下出模，取出坯体，将坯体置于低温、低压力下，让坯体内凝固的液相气化排出，从而成为干燥的素坯。由于泥浆内的液相载体是在固态下直接气化排走，被其包围的固相颗粒在干燥过程中不会随气体的排出而移动，因此这种成型方法同上面介绍的两种在模具内凝固的成型技术一样，坯体内颗粒的大小分布和密度分布是均匀一致的。

冷冻成型所用的泥浆的载体分为水基和非水基（有机液相）两种。水基泥浆无毒、容易制备，但是水的冰点为零度，处于室温以下，需要用专门的冷冻设备进行冷冻，出模后坯体的干燥需要在低温真空下进行，也需要专门的设备。此外水凝固时发生较大的体积膨胀（大约 11％），因此干燥后素坯密度不高，而且容易引起内部缺陷。非水基载体主要选用具有高蒸气压和高凝固温度的有机液相，以便实现在室温附近凝固和在室温及大气压下排除有机载体。然而，通常这些有机液相都具有一定的毒性或容易着火。表 9-10 列出了冷冻浇注成型常用的液相载体及其完全凝固的温度。

表 9-10　冷冻浇注成型所用的液相载体

液相载体	熔点、低共熔点或完全凝固温度/℃
水	0
水-30％～60％（质量）二噁烷(dioxane)	−15.4
水-20％（质量）甘油	−43.5
萘-樟脑(naphthalene-camphor)低共熔物	31
萘(naphthalene)	80
樟脑(camphor)	180
莰烯(camphene)	44～48
莰烯-10％（质量）聚碳硅烷(polycarbosilane)	32.7
叔丁醇(tert-Butyl Alcohol -TBA)	25.3

冷冻浇注成型的素坯内保留有载体汽化后留下的孔隙，因此非常适合于制造多孔陶瓷，而且冷冻时液相沿着冷却温度梯度的方向析晶，从而可形成有规律排列的孔隙结构。图 9-40 显示用冷冻浇注成型的 SiC 烧结试样内气孔的定向排列结构。成型所用的是水基 SiC 泥浆，其中固相体积含量为 35％，圆柱形模具的底面接触冷源，模具内泥浆中的水分从底部向上结冰，并将 SiC 颗粒排挤到冰外，从而形成单独的冰晶管道。由于泥浆内固相含量不高，在干燥时坯体内冰晶在低温、低压下气化，留下大量平行排列的孔隙，这些孔隙经烧成后也不能被消除，形成了如图 9-40 所示的显微结构[44]。然而，利用高固相含量的泥浆，并仔细调控泥浆载体的成分，利用冷冻浇注成型，也能够制造致密陶瓷。如以莰烯-樟脑低共熔物为载体，并加入一种脂肪酸胺的缩聚物为分散剂，制成氧化铝体积含量为 48％ 的泥浆，利用冷冻浇注成型，再经过 1600℃ 烧成，可得到 ＞99.5％ 理论密度的致密氧化铝陶瓷，其显微结构如图 9-41 所示[45]。

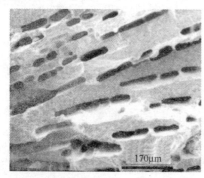

图 9-40　用水基 SiC 泥浆经冷冻浇注成型后烧结的试样内定向排列的气孔[44]

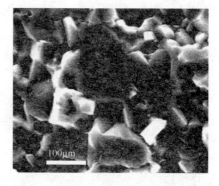

图 9-41　以莰烯-樟脑低共熔物为介质的高浓度氧化铝泥浆经冷冻浇注成型后生成致密烧结体的显微结构[45]

（六）注射成型

注射成型是一种可以快速、大量生产的工艺，并可成型既薄又具有复杂形状的制品，而且可以实现机械化、自动化生产，所成型的坯体具有很高的尺寸精度和光洁度。陶瓷的注射成型是将陶瓷粉料同具有热塑性的树脂在适当高的温度下混合成塑性混合物，在一定的温度和压力下这种混合物具有流动性，因此可以充满模具，然后冷却降温，固化成固态坯体。也可以用热固性树脂同陶瓷粉料混合来制备陶瓷-树脂混合物进行注射成型，但热固性树脂在成型时的流变性能远不如热塑性树脂容易控制，而且其添加量比较大，给随后的脱脂工艺造成很大麻烦，目前已经很少应用。陶瓷注射成型所用的设备同制造塑料制品的设备相仿，图9-42 是陶瓷注射成型设备的示意图。混炼好的陶瓷料浆从储料罐通过螺旋送料器加到料腔内，在气缸内的压缩空气（或高压油）的推动下活塞向前移动，把料浆注入钢质模具内，待物料注满模具后，关闭注射口处的控制阀门。在极短的时间内模具中的料浆冷却（如用热固性料浆，则加热模具，使料浆升温）、凝固。与此同时气缸卸压，活塞往回移动，待露出加料口后，送料器把料浆送入空料腔内。模具内的坯体凝固后，模具顶紧装置松开，并移开模具的右半部分，取出模具内的素坯，再合上并顶紧模具，打开控制阀门，开始下一个循环的成型。在料腔外壁，安装有加热装置以保持料腔内物料的流动性。对于注射成型工艺的重要工艺参数，包括料浆温度、注射压力、注射料浆的流量以及模具的冷却速率和温度分布，必须给予精确控制。对料浆所施加的压力通常为 5～20 MPa，料浆的温度通常为 160℃～180℃。

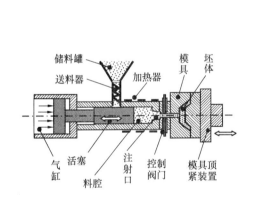

图 9-42　注射成型设备示意图

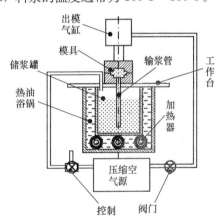

图 9-43　热蜡浇铸机示意图

用于注射成型的陶瓷料浆的流变特性应为假塑性流体，即黏度（η）随料浆的剪切速率（$\dot{\gamma}$）的增加而变小，可用下面的方程式表示：

$$\eta = \frac{\tau_y}{\dot{\gamma}} + K\dot{\gamma}^{1-n} \tag{9-24}$$

式中　τ_y——料浆的屈服应力；

　　　K——比例常数；

　　　n——非牛顿指数，$n<1$。

对料浆黏度的具体要求是当剪切速率为 $100s^{-1}$ 时黏度不超过 $1000Pa\cdot s$[46]。表 9-11 列出了一些常用于注射成型的有机载体。陶瓷粉料一般占整个料浆体积的 50%～70%，陶瓷粉料浓度如太低，虽然有助于获得良好流变性的料浆，但用这种料浆成型的坯体内固相含量太少，经过排除载体后素坯内孔隙率过高，烧成时容易引起变形或开裂。然而，如浓度过高，会引起料浆的流动性变差，以致无法均匀地注满模具。不同的陶瓷粉、不同配比的载体以及两者之间的不同比例，都影响着成型坯体的质量，最佳配方一般都需要通过不断的实验才能获得。此外，对于每一种料浆配方都存在一个最大允许素坯截面尺寸，如超过它，所成型的坯体内就会出现各种缺陷。

用蜡作载体实际上就是早先所谓的热蜡浇铸成型工艺，常用于成型形状比较复杂的小尺寸坯体，目前仍旧被广泛应用于电工陶瓷、密封阀片等生产制造中。热蜡浇铸工艺的固化机理同冷冻浇注成型类似，但是其排除载体的机理完全不同于冷冻浇注。后者要求通过固相升华、气化将载体除去，而热蜡浇铸成型后，素坯内的蜡是通过加热熔化被周围填埋的粉料吸走，这种过程类似于大多数注射成型的排除载体的过程，因此将这一成型工艺归类于此。

图 9-43 为热蜡浇铸机的示意图，陶瓷粉与蜡的混合物熔化成料浆，经真空除气后被储存在储浆罐内，其外有热油浴锅，使料浆保温在 65℃～75℃。整个成型过程用 0.3～0.6MPa 的压缩空气操作，通过控制阀门，将压缩空气导入出模气缸，使其压头下降，把模具关闭压紧。再由另一个控制阀将压缩空气导入储浆罐，把料浆由输浆管压入模具内，待浆料充满模具后通过控制阀门卸压，并提升出模气缸的活塞，使模具打开，取出成型好的素坯，然后进行下一循环的生产。表 9-12 给出一些热蜡浇铸成型陶瓷的浆料的具体配方。

表 9-11　注射成型所用的载体，括弧内数字为各成分的质量比例[27, 47]

	主要成分	次要成分	润滑剂
热塑型	高分子量$^\$$聚苯乙烯	低分子树脂（6）	石油（3）硬脂酸酯（1）
	高分子量$^\$$聚苯乙烯	石蜡	硬脂酸酯
	高分子量$^\&$聚丙烯（7）	微晶蜡（1）	硬脂酸（1）
	无规立构*聚丙烯（3）＋全同立构聚丙烯（3）	微晶蜡（1）	硬脂酸（2）
蜡质	石蜡（90）	液态环氧树脂（5）	硬脂酸（5）
热塑型	环氧树脂	酚醛（固化剂）	蜡

$^\$$相对分子质量 M_r=101400，$^\&$相对分子质量 M_r=31850，*相对分子质量 M_r=2865

表 9-12　热蜡浇铸成型的典型配方（质量分数/%）

原　料	滑石瓷		75 氧化铝		刚玉瓷	金红石瓷	钛酸钡瓷
瓷粉	86.5	85.6	87.5	88.5	87～90	91.7	93.85
石蜡	12.8	14.0	11.6	9.7	10～12	8.0	6.0
硬脂酸	0.67	0.4					
蜂蜡			0.9	1.8	0.4		
油酸						0.3	0.15

料浆在模具内形成固态坯体是通过对模具内料浆的冷却实现的。然而，为保证料浆均匀地充满模具，需要把料浆维持在一定的液态温度上，这同其固化要求降低料浆的温度正好相反。由于这种互相矛盾的要求，使得注射成型的固化控制变得十分复杂。如控制不当，在素坯内部就会形成各种缺陷。另外，大部分热塑性树脂冷却固化时会有较大的体积收缩，容易在坯体内部形成缩孔，因此必须保证在坯体由外及里地固化时仍旧有料浆不断注射到模具的中央部位。为实现这一点，应该保证注射口部位保持一定的温度和压力，以保证该处不首先固化而堵塞料浆的输送通路。料浆的固化需要将其内部的热量通过料浆与模具接触界面传递

到模具，并通过模具的外表面散发到周围环境中。为实现对模具内料浆的降温速度、温度分布变化的有效控制，需要根据具体的模具形状、大小、模具和料浆的物性，包括热扩散系数、比热容、密度、料浆载体的玻璃化（凝固）温度等多种因数做出综合分析。

注射成型陶瓷坯体内含有 35%～50% 体积的有机载体，需要通过所谓的脱脂工序，把它们从坯体内排除，然后才能送去烧成，否则含有如此大量有机物的素坯在烧成的开始阶段，会因为升温使有机载体软化、烧失而产生巨大的变形和开裂。脱脂的具体技术方法主要有毛细管吸收法和热解排除法两种，此外一些研究者提出过许多其他方法，如液相萃取法、超临界流体脱脂法等，但都停留在实验室研究阶段，尚不能应用于生产实践中。其中毛细管吸收法一直用于热蜡浇铸成型素坯的脱蜡。具体办法是将含蜡的坯体埋在惰性粉料（通常用煅烧氧化铝粉或石英粉）内，然后加热至石蜡熔化温度（60℃～120℃），在此温度下保温足够长时间，使坯体内石蜡缓慢熔化，并被包围在坯体周围的由粉料构成的毛细管吸收。然后缓慢升温至 300℃，让大量熔化的石蜡被毛细管充分吸收。当温度达到 200℃ 以上时转移到毛细管内的石蜡开始蒸发和分解，从填料表面排出。这一阶段的升温速度必须足够缓慢，否则会引起坯体表面起泡、分层或剥裂。从 300℃～600℃ 阶段，残留在坯体内的其他有机物发生分解、燃烧，从坯体中排出。当温度超过 600℃ 后可以以较快的速度升温至 900℃，使坯体发生初步烧结，形成具有一定强度的素烧坯体。填埋粉料的另一个作用是在素坯因其内部石蜡熔化而失去强度的阶段，填埋粉可对素坯起到支撑作用，防止其变形、垮塌。

热解排除法是将成型坯体加热到一定温度，使坯体内的有机载体蒸发或者分解生成气态小分子，这些气体通过扩散或渗透方式传输到成型坯体表面，并从表面排出到周围环境中。当坯体被加热到接近有机载体的软化温度时，坯体强度降低，易发生变形。而且这时坯体内尚未形成连续开放的气孔通道，因热解产生的气体会因无法通畅排除而在坯体内产生较高压力，从而在坯体内产生气泡或发生肿胀和开裂。因此这一阶段必须缓慢升温，并在某些温度下保温一定时间，以保证有机载体气化排除。由于气体在多孔体内的传输时间与制品厚度的平方成正比，坯体的壁厚越大，升温速率就应该越慢，保温时间应该越长。在脱脂的后期，已形成连续的气孔通道，大量气体的排出不会产生缺陷，因此可提高升温速率，以提高脱脂效率。一定的气氛压力可减缓有机载体的分解或蒸发速率，同时可缩小有机物挥发及分解产物的有效体积，从而可避免因排出气体过快而在坯体内部产生缺陷。如用注射成型的 Si_3N_4 涡轮转子和叶片试样，在 0.2MPa 压力的氮气气氛下按照设计好的脱脂曲线加热排除有机载体，当加热到最高温度 530℃ 时脱脂率已达到 97%，并且坯体内无缺陷。而用同样的升温曲线，在常压空气中加热脱脂，当温度达到 200℃ 时，坯体内即有裂纹产生[48]。

（七）塑性成型

陶瓷塑性成型也需要将液体与陶瓷粉料混合，但是同前面讨论过的几种湿法成型技术不同，塑性成型中所加入的液相并非起载体的作用，而仅仅为了使陶瓷粉料与液相的混合体具有一定的塑性。所谓塑性是指当施加在物料上的应力超过某一极限后，物料因受力而产生的形变不会随所施加的力的消失而消除。将具有塑性的泥团放入模具内，对其施加一定的压力，泥团便被压成模具所规定的形状而形成素坯，这就是塑性成型的基本过程。用于塑性成型的泥料具有宾汉（Bingham）型流体的流变特性，其表观黏度 η_a 与剪切应力 τ、剪切应变速率 $\dot{\gamma}$ 三者之间的关系可表达为：

$$\tau - \tau_y = \eta_a \dot{\gamma} \tag{9-25}$$

式中　τ_y——为屈服剪切应力。

　　黏土类矿物加一定量的水后即具有良好的塑性，因此在传统的硅酸盐陶瓷原料内加一定的水即可配制成适合塑性成型的泥料。大多数先进陶瓷和高级耐火材料内不含有黏土原料，或所加量有限，因此仅仅加水不能形成良好的塑性，需要加入含有长链型高分子有机物的水溶液或有机液体溶液以获得足够的塑性。完整的塑性成型添加剂包括结合剂、溶剂、增塑剂和润滑剂，在有些配方中还加入凝聚剂，以增强固相颗粒间的凝聚作用，表 9-13 列出了常用的一些增塑添加剂。在这些添加剂中有机结合剂溶液是主要的，通常占整个泥料体积的 20% 甚至更多。

表 9-13　用于塑性成型的添加剂

溶　剂	结合剂	增塑剂	凝聚剂	润滑剂
水	甲基纤维素 羟乙基纤维素 聚乙烯醇 聚丙烯酰胺 水溶性树胶 糊精	甘油 乙二醇 丙二醇	$CaCl_2$ $MgCl_2$ $MgSO_4$ $AlCl_3$ $CaCO_3$	硬脂酸盐 硅酮 煤油 胶态滑石 胶态石墨
甲苯/乙醇 酮类	聚醋酸乙烯酯 聚乙烯醇缩丁醛	甘油 邻苯二甲酸二丁酯		

　　塑性成型的具体工艺有许多种类，目前在工业化大量生产中仍旧应用的主要有挤压成型和轧膜成型两种方式。

　　图 9-43 是生产陶瓷管的挤压成型机的示意图。配制好的陶瓷泥料投入混泥仓，仓内有旋转搅拌桨，把先后投入的泥料搅拌混合均匀。在螺旋送料器的推动下进入真空除气腔，排除泥料内的空气，并落入成型泥料仓。在挤泥螺旋的强力推动下，泥料被挤入锥形腔。在锥形腔内泥料在前进时同时受到与轴向平行的剪切应力和垂直于轴向的径向压缩应力的作用，

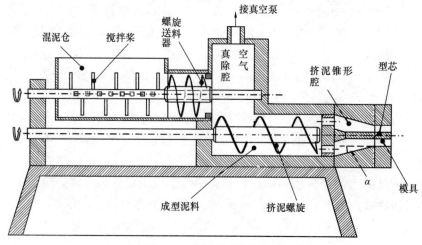

图 9-43　挤压成型机示意图

变得密实。锥形腔的出口连接成型模具，图 9-43 中的模具中央有一个型芯，用来成型陶瓷管。表 9-14 给出几种挤压成型用泥料的具体配方。

泥料在锥形腔内所受的剪切应力 τ 与径向压应力 σ 之比同锥角 2α 有关：

$$\frac{\tau}{\sigma} = \cot\alpha \tag{9-26}$$

对于挤泥所需要的单位面积推力由下式给出[27]：

$$P = af_1(\alpha, R_o, R_f)\eta_a Q + bf_2(\alpha)\tau_y + cf_3(\alpha)\tau_y \log\frac{R_o}{R_f} \tag{9-27}$$

式中 a，b，c 分别为同锥形腔几何尺寸有关的常数，R_o 和 R_f 分别为锥形腔的进、出口半径，f_1，f_2，f_3 分别为同锥形腔几何尺寸有关的函数，τ_y 为泥料的屈服应力，η_a 为泥料的表观黏度。

表 9-14　挤压成型用陶瓷泥料的配方（质量分数 1%）

种 类	陶瓷粉料	溶 剂	粘接剂/塑性剂	其他添加剂
氧化铝瓷	α-氧化铝（<20μm）79	水 17.5	羟乙基纤维素 3.5	AlCl$_3$ 外加 0.2
金红石瓷	TiO$_2$（金红石型）69	水 20	糊精 7	桐油 4
氧化铍瓷	BeO，72.5	水 15	糊精 10	甘油 2.5
低压绝缘瓷管	石英（<44μm）21.9 长石（<44μm）21.5 2#苏州土　21.5	水 18.6	水曲柳 16.5	CaCl$_2$ 外加 0.3

轧膜成型就是把塑性泥料经过一对反向旋转的辊子，逐步轧成厚度均匀的片状陶瓷坯体（见图 9-44）。所成型的坯体厚度范围为数十微米至数毫米。轧膜的厚度 b 由轧辊半径 R、进料层厚度 $2b$，以及料层同轧辊间的摩擦系数 μ 决定，从图 9-45 可知 μ 与角度 α 之间有如下关系：

$$\mathrm{tg}\alpha = \mu \tag{9-28}$$

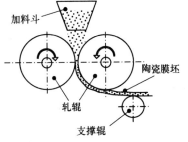

图 9-44　轧膜成型机

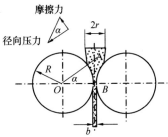

图 9-45　膜厚度的几何关系

从图内的三角形 OAB 各边的几何关系可推导出：

$$\cos\alpha = \frac{R + b/2}{R + r/\cos\alpha} \tag{9-29}$$

因此可求出轧膜厚度：

$$b = 2[r + (\cos\alpha - 1)R] \tag{9-30}$$

表 9-15 给出一些轧膜成型的陶瓷配方。从表 9-14 和 9-15 可见塑性成型陶瓷泥料内溶剂和有机物的含量较大，所成型的坯体在干燥和烧成时容易发生很大的收缩，如果控制不当就会产生变形和开裂。另外，轧膜成型时泥料仅在厚度和前进方向上受到碾压，在轧辊的轴向，即膜片的宽度方向上没有使陶瓷颗粒压紧致密的作用力，因此在该方向上坯体的密度小于厚度方向上的密度，坯体内这种密度的不均匀性，导致烧成时因不同方向上收缩不均匀而产生变形。通常需要将泥料反复轧碾，并且每次轧碾后将泥料转向 90°，以尽量消除坯体内部密度的不均匀性。

表 9-15　轧膜成型配方（质量百分比）

种　　类	陶瓷粉料	水	粘结剂/塑性剂	甘　　油	乙　　醇
75 氧化铝瓷	100	18	聚乙烯醇 12	0.17	0.23
金红石瓷	100	26	聚乙烯醇 5	4	
压电陶瓷	100	15.3	聚乙烯醇 2.7	2	

第 3 节　粉料处理工艺

陶瓷制品以粉体为原料，从前面两节内容可知，不同的陶瓷成型和烧成工艺对所用粉料的要求不尽相同，因此在使用前需要对所用的陶瓷粉料进行处理加工。

陶瓷粉料的处理通常包括粉料的研磨、混合、造粒、配制料浆等工艺，如果初始原料是块状物料，则首先需要经过粉碎、筛分。大块的固体物料需要用颚式破碎机破碎成 5～50mm 的块状体，然后用锤式、辊式粉碎机械粉碎至 5～0.05mm，对于粒度小于 1mm 的物料可用各种研磨设备，如球磨机、振动磨、气流磨、搅拌磨做进一步细化处理。各种粉碎设备能达到的出料粒度范围如图 9-46 所示。一些粉碎和研磨设备的工作原理示意如图 9-47所示。

球磨机是生产中最常用的研磨设备，其产量可大可小，十分灵活，大型球磨机的产量每小时可达数十吨甚至上百吨，其他粉磨设备无法与之相比，而实验室用的小型球磨机装载量只有数百克。球磨机生产的粉料颗粒尺寸分布比较宽，颗粒直径也比较大。气流磨主要利用气流推动颗粒之间互相碰撞使颗粒破碎变小，其研磨效率高，产量也比较大。气流磨生产的粉料中颗粒尺寸比球磨机生产的小，然而颗粒形状往往呈棱

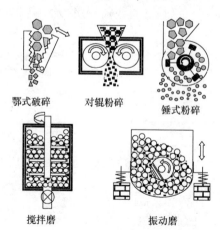

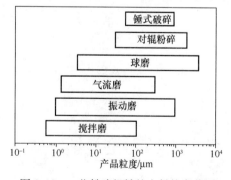

图 9-46　一些粉碎机械的出料粒度范围

图 9-47　几种粉碎设备的工作原理示意

角尖锐的多面体，这种形状的颗粒不适宜用于制造多数先进陶瓷材料，但可用于大多数耐火材料的制造中。振动磨内的磨球对物料颗粒既有撞击作用，又有一部分研磨作用，因此从振动磨出来的颗粒的棱角比较圆滑，所能达到的颗粒细度比气流磨的细，粒度分布比较窄。搅拌磨所生产的粉料粒度最细，粒度分布窄，研磨效率也高。图 9-48 中两条曲线分别表示以钢球为研磨介质，用振动磨研磨 12h（VM）和用搅拌磨研磨 8h（AM）的 SiC 粉料的颗粒直径累积分布，从图可见搅拌磨生产的粉料的粒度分布比振动磨生产的窄，而且所用时间短。图 9-49 为人工合成的氟金云母粉料分别经搅拌磨（氧化锆球）研磨 3h 和用球磨机（玛瑙球）研磨 18h 后的颗粒直径分布。从图可见搅拌磨生产的粉料粒度细，呈单峰分布，而球磨机生产的粉料粒度粗，并呈三峰宽分布。大多数先进陶瓷要求所用粉料的粒度细而分布窄，以便获得均匀而致密的细晶结构，因此用搅拌磨处理粉料是有利的。然而，对于耐火材料来讲，特别是耐火浇注料，并不追求细晶结构，但需要保证高的体积密度，粉料的粒径分布宽有利于提高密度，因此用球磨来制备耐火材料的细粉是合适的。搅拌磨的问题是磨机内大量磨球高速转动，产生巨大热量，从而引起磨内温度剧增，容易毁坏磨机。因此搅拌磨通常采用湿法研磨，而不能磨干粉，以利于散热，同时磨机的容积也不能太大，因此搅拌磨的产量都不会很大。

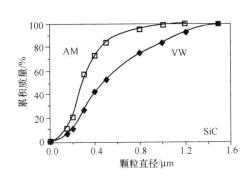

图 9-48　搅拌磨 8h（AM）和振动磨 12h
的 SiC 粉料的颗粒直径分布[49]

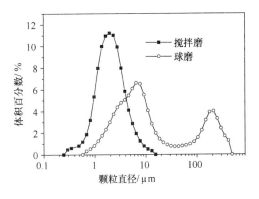

图 9-49　搅拌磨 3h 和球磨 18h 的
氟金云母粉料的颗粒直径分布[50]

　　多数陶瓷材料需要用几种不同的原料混合配制，即使用单一原料，也需要将粉料同结合剂等成型添加剂相混合。因此不同粉料的均匀混合或者粉料同添加剂的均匀混合是制造陶瓷材料的一个必需的工序。

　　有三种方式实现均匀混合：粉料在外力的推动下产生紊流运动，粉料中各个颗粒的相对位置不断地发生变化，无序程度逐渐增大，这种方式称为对流混合；不断变更粉体的表面或界面，把原来处于粉体内部的颗粒带到新形成的表面或界面上，并在面上做微小的移动，使得各种组分的颗粒在局部范围内扩散开来，从而达到均匀分布，这种方式称为扩散混合；使粉料内不同层面的颗粒发生相对移动，也能造成颗粒之间的相对位置不断变化，从而无序度增大，这种方式称为剪切混合。在各种混合设备中对流混合是主要的，其次是扩散混合和剪切混合。依靠旋转容器的重力式混合设备（如 V 型混合机）和风力混合机中剪切混合作用很小。

　　图 9-50 给出陶瓷工艺中常用的一些混合设备的示意图，其中 V 型混料机和螺旋锥形

混料机适合于混合固相颗粒（干法混合）。在螺旋锥形混料机内可装有喷液装置，因此可以实现液-固混合。然而，如果固相是很细的粉料，细小的固相颗粒会附着在液滴表面，成为一个个外包固相而内部为液体的小球，这种小球在锥形混料机内很难被破坏，从而无法使内部液体分散到所有颗粒中间。为了实现少量液体均匀地润湿全体粉料，需要使用轮碾机。在轮碾机中物料既受到对流搅拌作用，又受到碾轮的剪切作用，把上述固-液小球体碾碎，将其中的液体释放到固相颗粒中间，使液体逐渐均匀地包覆到每个颗粒的整个表面，从而实现均匀润湿。桨叶式搅拌罐或搅拌槽适合于混合泥浆。利用球磨机旋转时带动其内部的磨球作翻滚运动，对物料有强力的搅拌作用，并且夹在两个磨球之间的粉料还受到一部分剪切作用。因此，球磨机也可当混合机使用，可以混合干粉料，但更适合于混合泥浆。

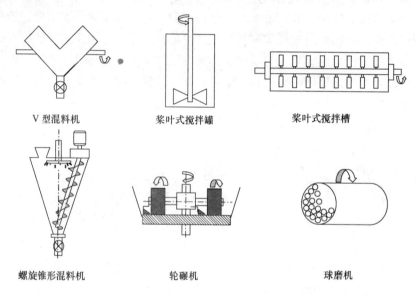

V 型混料机　　　　桨叶式搅拌罐　　　　桨叶式搅拌槽

螺旋锥形混料机　　　　轮碾机　　　　球磨机

图 9-50　各种混合设备示意图

压力成型时希望粉料中的颗粒为一定大小的球体，以降低成型过程中的摩擦力。另外，为了获得完全均匀致密的烧结体，不希望在待烧成的坯体内有团聚结构。因此，希望在压力成型的过程中粉料内的团聚颗粒随着压力的增高而能被完全消除。为了实现这两个要求，需要对压力成型所用的粉料作造粒处理，使之成为能够在成型时逐渐被压碎的球形颗粒。最常用的处理技术就是先把所用的粉料做成泥浆，然后通过雾化器把泥浆喷成球形泥浆滴，并导入热气流，使泥浆滴受热，将其中水分蒸发，形成由泥浆内固相颗粒组成的球形团聚体。这种技术通常称为喷雾造粒或喷雾干燥。喷雾造粒的工艺流程如图 9-51 所示，存放在料浆桶内的泥浆经泥浆泵送到喷雾干燥器的雾化器中，被雾化成液滴洒入干燥塔内。另一方面，鼓风机把空气（也可以是其他气体，如氮气）鼓入加热器，空气被加热后送入干燥塔，逆流而上对泥浆滴加热，将其中水分蒸发出来，同时形成球形粉体团聚体落到干燥塔的底部。富含水蒸气的废气被抽风机经过旋风集尘器除去废气内的细小颗粒后排到大气中。图 9-52 为经过喷雾造粒的氧化锆球形团聚体的形貌。

把泥浆形成球形液滴的关键设备就是泥浆雾化器。有三种形式的雾化器：二流式喷嘴、压力喷嘴和离心式雾化器，如图 9-53 所示。

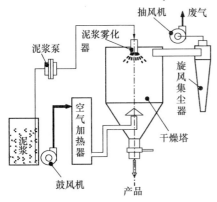

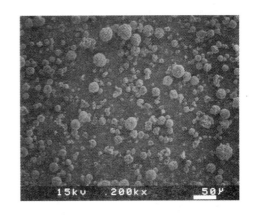

图 9-51　喷雾造粒技术的工艺流程图　　　图 9-52　经喷雾造粒的氧化锆团聚体

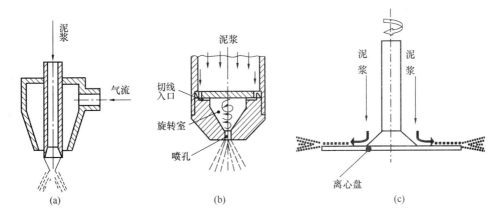

图 9-53　喷雾干燥其中的各种雾化器
（a）二流式；（b）压力式；（c）离心式

　　在二流式雾化器中泥浆从喷嘴的中央管中流出，气流从周围的环形缝隙中喷出。由于泥浆的流速只有数米每秒，而气流在喷口处的速度可达数百米每秒，当两者在喷口处相遇后因相对速度差别极大而在泥浆柱表面产生极大的负压，使泥浆向外膨胀形成中空的泥浆锥体，因高速气流对泥浆表面的剪切力作用将表面泥浆分裂成碎片，同时在表面张力的作用下收缩成球体。球形泥浆滴的平均直径 D 可由下式计算[51]：

$$D = \frac{585\sqrt{\sigma}}{v_r\sqrt{\rho_L}} + 597 \left(\frac{10\mu_L}{\sqrt{\rho_L\sigma}}\right)^{0.45} \left(\frac{1000Q_L}{Q_a}\right)^{1.5} \tag{9-31}$$

式中　　D——浆滴的平均直径，μm；

　　　　σ——泥浆的表面张力，dyn/cm；

　　　　v_r——气流与泥浆之间的相对速度，m/s；

　　　　ρ_L——泥浆的密度，g/cm^3；

　　　　μ_L——泥浆的黏度，Pa·s；

Q_L 和 Q_a——泥浆和气流的体积流量，用二流式雾化器造粒所获得的球形团聚体直径较小，
　　　　　　　一般在 30～100μm 之间。

197

在压力式雾化器中泥浆通过高压泵以很高的压力（20～200MPa）先进入喷嘴的上部，然后通过该处连通旋转室的切向孔道进入旋转室，泥浆在旋转室内快速旋转并从喷口旋转喷出。由于涡流作用，在喷孔的中央形成一个低压气旋，泥浆被铺洒在气旋的周围，形成泥浆膜，在向前运动的过程中不断被拉伸变薄，最后破碎成碎片，在表面张力的作用下收缩成球体。球形泥浆滴的平均直径 D 可由下式计算[52]：

$$D = 86.48d^{1.52}W_L^{-0.6}\sigma^{0.6}\mu_L^{0.32} \tag{9-32}$$

式中　d——喷口的直径，mm；

　　　σ——泥浆的表面张力，dyn/cm；

　　　μ_L——泥浆的黏度，Pa·s；

　　　W_L——泥浆的质量流量，g/s。

压力式雾化器造粒所获得的球形团聚体直径较大，通常可达数百微米。

离心式雾化器为一个由电动机或被压缩空气推动的涡轮驱动的旋转盘，泥浆被引流至高速旋转（圆周速度可达 90～150m/s）的盘面上，在离心力作用下沿盘面铺成泥浆膜，并被甩出盘的边缘，又碎裂成球形泥浆滴，其平均直径（单位为 μm）可由下式计算[51]：

$$D = \frac{2.34W_L}{\rho_L\left[(1000\mu_L/\rho_L)^{0.25}(\sigma W_L)^{0.66} + 2.96\times10^{-7}(nd_P)^2\right]^{0.5}} \tag{9-33}$$

式中　W_L——泥浆的质量流量，kg/h；

　　　σ——泥浆的表面张力，dyn/cm；

　　　ρ_L——泥浆的密度，g/cm³；

　　　μ_L——泥浆的黏度，Pa·s；

　　　n——盘的转速，r/min；

　　　d_P——盘的直径，cm。

压力式雾化器造粒所获得的球形团聚体直径较小，通常在 20～80μm。图 9-52 中的氧化锆球形颗粒就是用离心式雾化器制造的。

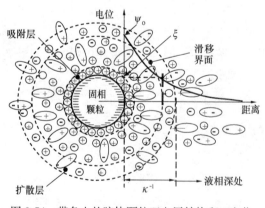

图 9-54　带负电的胶体颗粒双电层结构和 ζ 电位

陶瓷湿法成型要求首先把所用的陶瓷粉料制成泥浆。湿法成型的一个关键问题是在保证泥浆具有良好流动性的前提下尽量提高泥浆中固相颗粒的含量，通常要求泥浆内固相颗粒的体积浓度高于 50%。胶体理论指出：在液体中的固相颗粒表面带电，将液相内的异性离子和溶剂分子吸附在其周围，在离表面最近处较紧密地吸附了一层异性离子形成吸附层，在该层之外面有许多被颗粒电场极化的溶剂分子以及带相反电荷的离子松散地包围着该颗粒，形成扩散层，形成所谓的双电层结构（图 9-54）。这样，带电颗粒周围的静电场（ψ）从颗粒表面逐渐向外衰减，在远离该颗粒的液相深处降至零：

$$\psi = \psi_o\exp(-x\kappa) \tag{9-34}$$

式中　ψ_o——颗粒表面的电位；

x——距颗粒表面的距离;

κ——德拜-赫凯尔常数(见式 9-22),通常用 κ^{-1} 表示双电层的厚度。

吸附层内的异形离子同颗粒表面结合得比较紧密,实际上可看成是颗粒表面的一部分,而扩散层内的粒子同中心颗粒的关系并不紧密,并随着离颗粒表面的距离的增加,吸引力越来越小,因此,在某一距离上,颗粒可以带着吸附层以及一部分扩散层的粒子同其液相的其余部分发生滑移。发生滑移的界面上的电位即为 ζ 电位。因此,可以将滑移面看作运动中的颗粒的表面。如 ζ≠0,则两个相邻的颗粒因静电斥力而不能互相靠近接触;如 ζ=0,则相邻的颗粒失去了防止靠近的斥力,在热运动作用下,它们能够互相靠在一起,并通过分子间引力而紧密连接在一起,成为一个大颗粒,从而增大泥浆的黏度。因此泥浆的 ζ 电位对于泥浆的流动性有决定作用。必须使泥浆的 ζ 电位远离零电点(IEP)。表 9-16 列出了一些氧化物-水体系中达到 IEP 时的 pH 值。

表 9-16　水基体系中氧化物达到 IEP 时的 pH 值[27]

物　　质	化　学　式	IEP
石英	SiO_2	2
钠钙玻璃	$Na_2O \cdot 0.58CaO \cdot 3.70SiO_2$	2～3
钾长石	$K_2O \cdot Al_2O_3 \cdot 6SiO_2$	3～5
氧化锆	ZrO_2	4～6
磷灰石	$10CaO \cdot 6PO_2 \cdot 2H_2O$	4～6
氧化锡	SnO	4～5
氧化钛	TiO_2	4～6
高岭石(边缘部分)	$Al_2O_3 \cdot SiO_2 \cdot 2H_2O$	5～7
莫来石	$3Al_2O_3 \cdot 2SiO_2$	6～8
氧化铬	Cr_2O_3	6～7
赤铁矿	Fe_2O_3	8～9
氧化锌	ZnO	9
拜尔法氧化铝	Al_2O_3	8～9
碳酸钙	$CaCO_3$	9～10
氧化镁	MgO	12

根据式(9-22)可知 κ 同液相内离子的电价数 z 成正比,因此泥浆内高价离子的存在将使 κ 增大,从而使双电层厚度减小,导致 ψ 很陡地降至零,同样使得液相内颗粒失去静电斥力的作用而引起胶体颗粒凝聚,泥浆黏度增高。因此,为了获得高浓度、流动性好的泥浆,要求泥浆中不存在可溶性高价离子,以降低离子强度。通常通过净化所用的陶瓷粉料,以避免引入高价离子,或在泥浆内加入少量高价离子沉淀剂,除去已经溶解在载体内的高价离子。通过调节载体 pH 值使泥浆颗粒的 ζ 电位远离 IEP。

此外在泥浆中添加表面活性剂是获得流动性良好的稳定泥浆的有效方法。表面活性剂一般都是有机大分子,特别是一些具有长链结构的有机聚合物。在泥浆中加入有机大分子后,分子内的交联基团被固相颗粒表面吸附,其亲液部分同液体发生溶剂化作用,并向液相伸展,形成一层空间阻挡层(图 9-55),防止颗粒互相靠近粘结。要获得空间位阻作用需满足两个条件:首先,有机分子在固相颗粒表面的连接有足够的强度,以免颗粒在液相内作热运动时,特别是在与另外

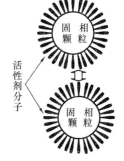

图 9-55　附着在颗粒表面的有机分子的位阻作用

一个颗粒发生碰撞时，有机分子从表面脱落；其次，有机分子在泥浆内的浓度要恰当。浓度太低，没有足够的表面活性剂分子包裹所有的固相颗粒，或不能完整地包裹住每一个颗粒，就起不到阻挡作用。而如果浓度太高，大量游离在液相中的有机分子可同颗粒表面有机分子伸向液相的部分发生桥联作用，反而将大量颗粒纠集在一起，使泥浆发生凝聚。有机活性剂的加入量随活性剂成分而异，也同固相颗粒的比表面积大小有关，通常在泥浆内的浓度不超过泥浆中粉体质量的 1%。表 9-17 列出了一些在水基陶瓷泥浆制备中常用的表面活性剂。

表 9-17   常用表面活性剂

名　　称	英　文　名	适用的陶瓷泥浆
聚甲基丙烯酸钠（铵）盐	Polymethacrylic acid sodium (ammonium) salt	大部分陶瓷
马来酸-二异丁烯共聚钠盐	Maleic acid-diisobutylene copolymer, sodium salt	Si_3N_4，Al_2O_3
聚丙烯酸铵盐	Polyacrylic acid ammonium salt, M_r $=5000$	大部分陶瓷
聚丙烯酸/氨甲基丙醇	Polyacrylic acid with aminomethyl propanol	Si_3N_4
聚乙烯吡咯烷酮	Polyvinyl pyrrolidone, $M_r = 10000$, 40000, 160000	Si_3N_4，SiC，炭黑
聚乙烯亚胺	Polyethyleneimine, $M_r = 10000$, M_r $=70000$	SiC，Si_3N_4
柠檬酸	Citric acid	Al_2O_3
四甲基氢氧化铵	Tetra-methyl ammonium hydroxide	SiC
阿拉伯树胶	Arabic gum	多数氧化物
水玻璃	Soluble glass	传统硅酸盐

*　M_r 表示相对分子质量。

第10章 低维陶瓷材料的制造——涂层、薄膜、晶须、纤维

上一章论述的是一般块体陶瓷材料的制造工艺，然而在许多隔热、导热应用场合需要陶瓷涂层、薄膜、晶须和纤维，这几种材料具有一个共同的几何特点就是它们在一个或两个维度上的尺寸远远地小于其他维度上的尺寸。例如涂层与薄膜的厚度方向上的尺度远小于其长度和宽度方向的尺度，可以将这些材料称为二维材料。晶须与纤维在长度方向上的尺度远大于另外两个方向上的尺度，因此称它们为一维材料。按照这一逻辑，可以将粉体颗粒称为零维材料。由于本书只涉及同热性能有关的陶瓷材料，因此不讨论关于粉体颗粒的制造。实际上粉体的合成和制造本身就是一个独立的领域，目前已有不少书籍专门论述这些问题。本章主要介绍几种二维材料、一维材料的工艺技术及相应材料的一些特点。

第1节 陶瓷涂抹层

形成陶瓷涂抹层所用的技术都是用手工或机械涂抹（涂敷）的方式在所需要的地方形成厚度为数毫米至数十毫米的陶瓷层。陶瓷涂抹层按其用途不同，有各种不同的配方和组成。本节仅对耐火涂层（包括中间包涂层）、红外（热）辐射涂层、抗氧化涂层作简单的讨论。耐火涂层要求耐高温并具有一定的隔热能力，在某些场合还要求涂层抗侵蚀或抗磨损等特性。根据对涂层的不同要求，涂层具有不同的主要成分，在制备涂层时都需要在配料内加入适当数量的粘结剂和便于施工的改性添加剂（包括分散剂、增塑剂、固化剂、成膜剂等），以便使涂层能够均匀地铺展到基体上并与基体牢固地结合，并保证涂层本身具有一定的强度。通常在配料内需含有一种以上的粘结剂，既有无机粘结剂又有有机粘结剂，以便兼顾常温和高温下涂层的强度。表10-1列出水基陶瓷涂层配料常用的粘结剂和改性剂。

表 10-1 水基陶瓷涂层配料常用的粘结剂和改性剂

高温粘结剂	常温粘结剂	固化剂	分散剂	增塑剂	成膜剂
磷酸	聚乙烯醇	氧化锌	聚丙烯酸钠	膨润土	蓖麻油
磷酸铝溶液	聚乙二醇	氧化镁	聚磷酸钠	甲基纤维素	苯丙树脂
磷酸二氢铝粉	聚甲基硅醇	氢氧化铝	柠檬酸	氧化硅微粉	
六偏磷酸钠	聚醋酸乙烯	硼酸	柠檬酸钠		
铝酸盐水泥	聚丙烯酸酯	硼酸钠	碳酸钠		
硫酸铝	糊精	氟硅酸钾	阿拉伯胶		
水玻璃	阿拉伯胶	高铝水泥	木素磺酸钠		
硅溶胶	甲基纤维素				
铝溶胶	软质黏土				

耐火隔热涂层通常涂敷于工业窑炉和其他热工设备的内衬表面，以延长炉膛的使用寿命。涂层的主要成分有黏土熟料、矾土熟料、莫来石或刚玉等，以磷酸铝、铝酸盐水泥为高温结合剂，聚乙烯醇、糊精或软质黏土为常温结合剂。如使用温度在 900℃ 以下，也可以用水玻璃作粘结剂。如用磷酸或磷酸铝作粘结剂，通常需加入少量高铝水泥作为固化剂。如以水玻璃作粘结剂，则可用氟硅酸钠作固化剂。配料内水分含量为干料质量的 10%～25%。表 10-2 列出了几种耐火隔热涂层的配比及涂层的强度。

表 10-2　耐火隔热涂层的配比和性能[53]

固相成分		1	2	3	4	5
	颗粒级配	黏土熟料	铝铬渣	矾土熟料	刚玉	黏土熟料
质量配比	5～2.5mm		30			10
	2.5～0.5mm	44	25	48		20
	<1.2mm				47	
	<0.5mm	28	15	20		25
	<0.18mm				19	
	<0.09mm	28	30			30
	<0.044mm				34	
	软质黏土					15
	水玻璃¥	16				
	磷酸铝液$		18	23	15	18
	硅酸盐水泥		3.0			
	铝酸盐水泥					1.7
	氢氧化铝			2.5	2.0	
	氟硅酸钠	1.8				
抗压强度/MPa	110℃	50	36	20	20	10
	300℃	60				8
	500℃	65	36	69	85	5.6
	1100℃	72	32			4.5

　¥：水玻璃的密度为 $1.38g/cm^3$；　$：磷酸铝溶液的密度为 $1.56g/cm^3$。

在炼钢工业的连续铸钢生产线的中间包的工作温度为 1500℃～1550℃，广泛采用碱性耐火涂层作为其内衬，这种耐火材料称为中间包涂料。由于材料内含有相当数量的 CaO，能够吸收钢水中的氧化铝、氧化硅、氧化铁等夹杂物以及硫、磷等杂质，可以对钢水起到净化作用。主要原料为富钙的电熔或死烧镁砂，或电熔镁砂与白云石 $[MgCa(CO_3)_2]$ 或石灰石的混合料，其中一部分 CaO 可以用 $Ca(OH)_2$（消石灰）的形式加入。辅助原料有铬铁矿、氧化硅微粉、软质黏土、纸浆纤维等，粘结剂为聚磷酸钠，常用膨润土作为增塑剂。配料内的颗粒级配大致见表 10-3。调制涂层料浆所用的水量为干料质量的 15%～25%。配料中加入纸浆纤维的作用是防止涂层受热水分蒸发时发生爆裂，其加入量大致为粉料总质量的 0.5%～2.5%。配料内氧化硅微粉既有改善料浆流变性的作用，又有平衡涂层的化学组成，并促进烧结的作用。

表 10-3 中间包涂层的颗粒级配

粒径/mm	5~3	3~1	1~0.5	<0.5	<0.074
质量/%	15~20	15~25	10~15	10~15	30~40

中间包涂层的典型的化学成分见表 10-4。由于涂层需要经受 1500℃～1550℃ 的高温，因此要求涂层至少在该温度范围内不能出现液相。涂层内 MgO、CaO 和 SiO_2 的含量及其比例对高温下涂层内是否出现液相以及液相数量有很大的关系。由于涂层内 MgO 含量最高，从 SiO_2-MgO-CaO 相图[56]上可知其组成点应该位于 MgO 相区内（图 10-1）。如果组成点位于 C_2S-MgO 连线的左下方的 MgO-C_3S-C_2S 三角形内（如图中的 A 点），从相图可知：当涂层加热到低共熔点 1790℃ 时才出现液相。这温度远高于中间包的工作温度，因此这样的组成符合要求。如果保持 MgO∶CaO 的比例不变，降低涂层内 SiO_2 的含量，使组成点降至 B 点，由图 10-1 可见该点位于 MgO-CaO-C_3S 三角形内。加热这样的涂层直至转熔点 1850℃ 才出现液相。相反，如果 SiO_2 含量增高，使组成点移至 C 点，该点位于 MgO-C_3MS_2（镁蔷薇辉石）-C_2S 三角形内。加热到双转熔点 1575℃ 即出现液相，显然，这样的组成的耐温性能不高。如进一步增高 SiO_2 的含量至 D 点，该点位于 MgO-C_3MS_2（镁蔷薇辉石）-CMS（钙镁橄榄石）三角形内。加热到转熔点 1498℃ 即出现液相，这样的组成显然不能满足中间包的耐温要求。如果降低涂层内的 CaO 含量，即将 MgO∶CaO 比例线向 MgO 方向靠近，如由 A 点变到的 E 点，该点同样位于 MgO-C_3MS_2（镁蔷薇辉石）-CMS（钙镁橄榄石）三角形内，因此不满足耐温要求。如在降低 CaO 含量的同时增高 SiO_2 的含量，如图中的 F 点和 G 点，这些点都位于 MgO-M_2S（镁橄榄石）-CMS（钙镁橄榄石）三角形内，其液相出现温度为 1502℃（转熔点），因此这些组成同样不能满足中间包的耐温要求。若一定要用高 MgO、低 CaO 含量的配方，则必须同时将 SiO_2 的含量控制在很低的水平，使组成点位于靠

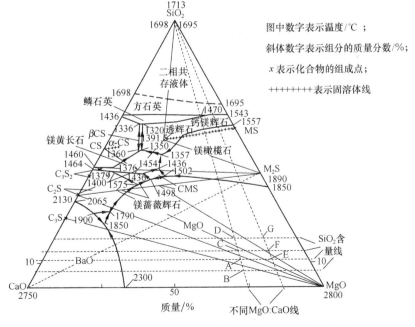

图 10-1 根据 SiO_2-MgO-CaO 相图设计中间包涂层的组分

近 MgO 同时位于 C_2S-MgO 连线的左下方。虽然镁橄榄石的熔点高达 1890℃，但以镁橄榄石添加 CaO 作为中间包涂层是不可取的，因为这些组成在 CaO-M_2S 连线上，并都位于 MgO-M_2S-CMS 三角形内，加热到 1502℃ 即出现液相。这一分析已被实验证实[57]。

表 10-4　中间包涂层的主要化学成分[54,55]　　　单位：质量分数/%

配料编号	MgO	CaO	SiO_2	Al_2O_3	Fe_2O_3	MnO
1#	65.20	29.40	1.03	1.89	0.60	
2#	56.63	33.06	5.70	1.62	1.26	0.26
3#	77.05	6.06	10.40	3.56	1.80	0.85

红外辐射涂层用于涂覆窑炉和其他热工设备的表面，以增强热辐射效果，可起到减少热损失、增强热交换、节约能耗的作用。用于高温设备的红外辐射涂料通常由高辐射率的陶瓷粉体、粘结剂和浆料改性剂（包括分散剂、增塑剂、固化剂、成膜剂等）组成。其中粘结剂和改性剂上文已经说明，一般在高温下工作的涂层，所用的粘结剂为磷酸铝、聚磷酸盐或铝酸钙水泥加上糊精、聚乙烯醇之类的有机物组成的复合粘结剂，在 900℃ 以下工作的涂层可用水玻璃或耐火水泥作为粘结剂。高辐射陶瓷粉体主要有：碳化硅，铝硅酸盐，过渡金属氧化物系列，氧化锆（锆英石）。

SiC 在近、中红外波段有很高的辐射率，在远红外波段（>10μm）辐射率稍低（图 6-14），同时碳化硅耐高温，导热率也高，因此是一种很好的红外辐射涂层的基体材料。为了弥补 SiC 在远红外波段辐射率较低的不足，可在涂料内加入在远红外具有高辐射率的物质，如 ZrO_2，Si_3N_4 等。表 10-5 列出两种碳化硅涂料的典型配方。碳化硅涂层的缺点是高温下 SiC 容易氧化生成 SiO_2，从而使辐射率降低。

表 10-5　碳化硅红外辐射涂料　　　单位：质量分数/%

SiC	Si_3N_4	苏州土	膨润土	钾长石	PEG*	PVP$	磷酸二氢铝	水
<88μm	<88μm	未煅烧		<88μm				
85~95	—	5~8	5~10	1~1.5	—	0.3~1.0	—	15~30
70~85	10~15	—	0~3	—	1~3	0.3~1.0	10~15	15~30

*聚乙二醇；$聚乙烯基吡咯烷酮。

铝硅酸盐陶瓷（如堇青石、莫来石等）在远红外区域具有很高的辐射率，但在中、近红外波段的辐射率不高。如要获得在整个红外波段都有高的辐射率，则需要在铝硅酸盐内加入其他在中、近红外波段也具有高辐射率的物质。如图 10-2 所示，过渡金属氧化物在整个红外区域的辐射率都很高，非常适合用作热辐射涂层，但是这些氧化物的熔点高低不一，而且不容易同耐火材料基体烧结成一体，因此通常以一些铝硅酸盐陶瓷（如堇青石、莫来石等）为基础，在其中掺入一定数量的过渡金属氧化物，形成全波段热辐射涂层。如 70% 堇青石、30% 金属氧化物色料组成的材料其全辐射率稳定在 0.87 左右（图 10-3），其中金属氧化物色料的组成如下：MnO_2：60%，Fe_2O_3：20%，NiO：10%，CuO：10%[59]。

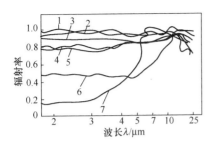

图 10-2　过渡金属氧化物的辐射率[58]
1—CoO，2—Fe$_2$O$_3$，3—MnO$_2$，4—Cr$_2$O$_3$，
5—CuO，6—NiO，7—TiO$_2$

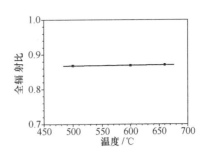

图 10-3　红外陶瓷辐射率与温度的关系[59]
陶瓷组成/%：堇青石：70；MnO$_2$：18；
Fe$_2$O$_3$：6；NiO：3；CuO：3

　　氧化锆和锆英石在远红外波段具有很高的辐射率（表 10-6）并且具有很高的熔点，因此适用于高温热辐射涂层。此外，锆英石在甚远红外波段（>15μm）有很高的辐射率，因此也常应用于温度不高（<600℃）的场合，如干燥箱、烤箱的内衬涂层。氧化锆、锆英石高温涂层常用磷酸铝或磷酸作高温粘结剂，经过 1000℃以上温度固化后可同钢板牢固结合。如用作烘烤箱内衬涂层，可用水玻璃作粘结剂。

表 10-6　锆系陶瓷涂层的辐射率[53]

温度/℃	辐射率	波段/μm
400	>0.90	4.0～20
800	0.85	2.5～20
1000	0.84	2.5～15

　　石墨和碳制品在 400℃左右即开始氧化损坏，通常在其表面施加涂层，防止氧化，以延长使用寿命。石墨质和碳质耐火材料的防氧化涂层通常是用长石、石英、黏土、矾土、碳酸钙、硼酸盐、碳酸锂等多种原料配制而成，将这些原料按一定的配比，以水玻璃为粘结剂，加水研磨至颗粒小于 44μm，制成泥浆涂刷在耐火材料表面，然后经干燥和加热，在材料表面形成陶瓷釉，保护石墨或碳质表面不受氧化。这种釉料涂层的设计的关键在于：（1）釉层对碳质（或石墨）制品表面有良好的浸润性，熔融的釉料能够在表面上完全铺展开来；（2）成釉后同碳质（或石墨）制品表面有牢固的附着力；（3）釉层的膨胀系数同制品相近，如果相差太大，则需要在两者之间加入缓冲层。由于碳和石墨的表面对水不亲合，通常需要预先对耐火制品表面用偶联剂（如醇胺二焦磷酰氧基羟乙酸钛酸酯，乙烯基三乙氧基硅烷）作改性处理，以便使水及泥浆能够很好地附着其上。一般成釉温度在 700～1200℃，釉层厚度 1mm 左右。表 10-7 为两种釉料的化学成分，其中 1♯配方以模数 2.5 的水玻璃（固含量 55%）为粘结剂，成釉温度为 800℃～900℃，可用于石墨电极在 1000℃以下的防氧化[60]。2♯配方可分别用模数 3.3 的水玻璃（相对密度 1.36）或磷酸铝水溶液（相对密度 1.35）作粘结剂，粉料与粘结剂之比为 55：45，能在 700～1200℃范围内对镁碳砖、铝碳砖和锆碳砖起到良好的保护作用[61]。

表 10-7　防氧化釉料的化学成分[60,61]

成　分	SiO_2	Al_2O_3	B_2O_3	CaO	Na_2O	K_2O
1	55.64	24.27	2.43*	—	17.66**	—
2	68~72	6~9	7~12$	0.5~1.5$$	5~8$$	1~3$$

*　以硼砂形式引入；　**　硼砂和水玻璃引入的总量；

$　以 B_4C 形式引入；　$$　分别以磷酸盐形式引入。

　　碳纤维增强碳基体的复合材料（简称 C/C 复合材料）作为高温结构材料广泛应用于航空航天等高技术领域。但 C/C 复合材料在 500℃以上的氧化性环境中会被迅速氧化，使其力学性能大幅度降低，甚至发生彻底毁坏。在材料表面进行抗氧化涂层处理是 C/C 复合材料抗氧化保护的主要技术之一。SiC 和 Si_3N_4 涂层是目前应用最成熟的抗氧化涂层，其抗氧化机理是以 Si—C 键结合在 C/C 材料表面的 Si_3N_4 和 SiC 先与氧反应生成硅氧化合物保护层，阻止氧接触 C/C 材料，从而实现抗氧化的目的。具体做法是将适量硅粉（或 Si＋Si_3N_4 粉）和有机结合剂（如环氧树脂）混合制成浆料，再涂覆在 C/C 复合材料表面得到预涂层，在 1800℃下烧结形成抗氧化涂层。这种单一涂层在制备过程中容易产生裂纹，从而破坏保护作用。采用双涂层结构可对裂纹起到弥合作用。所谓双涂层就是以硅化物为内涂层（称为阻挡层），阻止氧向 C/C 材料扩散；以高温玻璃涂层为外层（称封填层），利用其在高温能够发生黏滞流动来愈合涂层内的裂纹。例如，先在 C/C 材料表面用 CVD 技术沉积 SiC 阻挡层，再涂刷金属硅、钨混合浆料，所用的硅粉和钨粉纯度都在 99.5％以上，并且 Si：W 略大于 2，以便涂层内除生成 WSi_2 之外，尚残留少量金属硅以连续相存在。涂层在真空中（0.013Pa）1600℃下加热处理，W 同液相 Si 反应生成 WSi_2 析出，形成致密的封填层。Si-W 层在高温氧化环境中生成氧化硅玻璃层覆盖整个涂层的表面，W 以高价离子状态溶入玻璃中，阻止氧化硅玻璃的析晶，从而提高了抗氧化涂层的高温稳定性，这种涂层可在 1500℃下保持长时间的抗氧化能力[62]。除了用 Si-W 作阻挡层之外，也可以 Si-Ta 和 Si-Mo 作阻挡层。此外，在这些涂层中加入 Zr 或 Cr 可明显提高封填层的使用温度。

　　以 30％SiC，20％B_4C，10％B_2O_3，25％SiO_2，10％Al_2O_3 和 5％ZrO_2 的质量比将上列粉料均匀混合，再加入硅溶胶和少量蒸馏水并搅拌均匀，所得浆料可用作碳/碳航空刹车盘的防氧化涂料。该涂层在惰性气氛保护下 1200℃加热处理形成致密保护层，涂层在 1000℃以下具有很好的抗氧化性能[63]。

　　高温气冷堆内石墨需要长期在氧化性气体分压较低的气氛中服役，如果反应堆一回路出现破口或蒸汽发生器管道破裂或者发生断管事故，空气或水会不同程度地进入反应堆堆芯引起其中石墨氧化，这将导致裂变产物的释放增加，从而降低反应堆的安全性。因此提高石墨的抗氧化性能对改善高温气冷堆的安全性具有非常重要的意义。措施之一就是采用抗氧化涂层，这种抗氧化涂层首先必须能够在氧分压较低的气氛中长期保持稳定，而一旦发生事故，氧分压升高，则能够保护石墨不被氧化。高温气冷堆内石墨的抗氧化涂层由 SiC 和 SiO_2 两层复合而成：先用气相反应扩散法在石墨表面生成 SiC 层，再在空气中高温加热，使 SiC 层表面氧化，形成厚度大约 1μm 致密的 SiO_2 层。该涂层长期保持稳定的临界温度为 1460℃[64]。

　　FeCrAl 高温合金钢表面抗氧化陶瓷涂层的制备如下[65]：按 Cr_2O_3：釉料：水＝0.5：0.5：1 的比例，外加 3％水玻璃配料，并研磨至颗粒小于 44μm，泥浆喷涂于洁净的合金表面，厚度大约为 $100\mu m$，经干燥后在 $1300℃$ 下烧结成膜。该涂层的膨胀系数为 12.22×10^{-6} K^{-1}，接近 FeCrAl 合金的膨胀系数 $14.5\sim15.0\times10^{-6}K^{-1}$。经过涂层的合金试样在 $1200℃$ 下 150h 氧化后，质量几乎没有增加；经 360h 氧化后的质量仅增加 0.191%，而相同条件下无涂层的基体合金的质量增加为 4.20%。

第 2 节　等 离 子 喷 涂

利用等离子喷涂技术可以灵活地在任意形状的金属、陶瓷或耐高温复合材料的表面制备均匀而牢固的陶瓷或金属涂层。由于这种工艺的灵活性与可喷涂材料的广泛性以及高的沉积速率和相对低廉的制备成本，等离子喷涂工艺在航天、航空、冶金、石油化工、机械制造、能源技术等多个领域获得了广泛的应用，如制造发动机耐高温部件和高速飞行器表面的热障涂层、冶金、化工设备中的耐高温抗磨损涂层、各种机械零件、工具表面的耐磨损涂层以及燃料电池的电极涂层等等。

等离子喷涂的关键设备之一是等离子喷枪，如图 10-4 所示。等离子喷枪内装有用高熔点金属（通常为金属钨）制成的阴极和具有水冷结构的铜阳极，在阴、阳极之间加上足够高的电压，巨大电流穿过阴、阳极之间的间隙产生电弧，由空气或其他气体组成的工作气体被送入喷枪，从电极的间隙高速射入到电弧内，被电弧加热到极高的温度，形成等离子体并从枪口喷出成为等离子射流，作为涂层材料的陶瓷或金属粉料被送到喷枪内并在出口附近同等离子射流混合。等离子体的温度可高达数千度，粉末颗粒在其中被加热熔化或部分熔化，并被加速，撞击到待涂工件的表面，在高温和冲击力的共同作用下熔融颗粒在工件表面铺展并快速冷却凝固形成扁平粒子，大量扁平粒子不断堆积形成层状结构的涂层（图 10-5）。

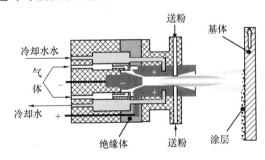

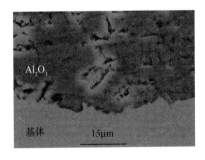

图 10-4　等离子喷枪构造和喷涂过程示意　　　　图 10-5　等离子喷涂 Al_2O_3 涂层[66]

涂层的质量除了取决于涂层材料本身的性能，如化学成分、相组成、颗粒大小等之外，在很大程度上取决于撞击到工件表面瞬间熔融颗粒的温度、速度以及工件表面的温度和冷却速度。颗粒的温度显然是一个非常重要的因素，必须使颗粒温度超过其熔点才能使固态颗粒熔化成液态，从而在工件表面铺展并快速凝固。当液滴接触到工件表面或先前已形成的涂层表面时，液滴内的热量通过固-液界面向外散失，该处的温度首先下降并在界面上生成固相晶核，同时固-液界面迅速移向尚未凝固的液相内，晶核沿着温度下降的梯度方向生长。如果原来液滴的温度很高，则就有足够长的时间让晶核向尚未凝固的液相内生长，最后在被撞成的扁平层片中形成柱状晶体。如果原始液滴的温度不够高，或撞击到表面后的散热速度太快，则所形成的晶核没有足够的时间生长成柱状晶体，而是不断地在固-液界面上生成晶核，最后形成的都是细小的颗粒状晶体。由于通常作为涂层的陶瓷材料的熔点都非常高，在等离子射流内停留的时间又非常有限，为了将陶瓷颗粒加热熔化并维持足够高的温度，需要保证足够高的等离子射流温度，并根据颗粒的热容量（同颗粒直径及密度成正比）精确控制颗粒在等离子体内被加热的时间。用于等离子喷涂的粉料颗粒的平均直径一般在 $10 \sim 100 \mu m$，颗粒在等离子射流内被加热的程度可用参数 $I \cdot V/f$ 来表征[67]，其中 I 和 V 分别为等离子电流和电压，f 为工作气体的流量。显然 $I \cdot V$ 直接决定了等离子体的温度，而 f 确定了等离子射流内陶瓷颗粒的速度。对于每种确定了成分和颗粒直径的陶瓷粉料而言，$I \cdot V/f$ 存在两个域值：a 和 b。如果 $I \cdot V/f < a$，表明颗粒在喷涂过程中没有被熔化，因而不可能获得高质量的涂层；当 $I \cdot V/f > b$ 则说明颗粒完全被熔化并具有相当高的液滴温度，因此能够获得高质量的涂层；若 $I \cdot V/f$ 之值在 a、b 之间，则颗粒的状态就处于上述两种情况之间，很可能颗粒只有部分熔化，这种状态也难以保证涂层的质量。

对等离子喷涂过程中熔滴与基体碰撞的数值模拟研究表明：熔滴撞击基体时的瞬态压力峰值与熔滴速度的平方及密度成正比关系，碰撞压力集中作用在基体表面直径为熔滴直径的 2.5 倍以内的区域，在该区域以外撞击压力很小[68,69]。发生碰撞后熔融颗粒在撞击力和熔滴表面张力的共同作用下沿着接触界面迅速向周围铺展开，但是由于最大撞击压力仅局限在离撞击中心不远的较小范围内，其外围的压力很小，造成扁平粒子和下层基体表面只有中心部分紧密结合，而周边区域同下层的结合并不紧密，从而在涂层内形成许多扁平的缝隙。涂层的这种结构对涂层的密度、结合强度有负面影响，但大大增加了在涂层内传热的阻力，因此用等离子喷涂有利于制造热障涂层。例如 CaO 稳定 ZrO_2 的等离子涂层在真空中测定的导热系数为 $0.45W/(m \cdot K)$，在氩气和氦气中的导热系数分别为 $0.68W/(m \cdot K)$ 和 0.82 $W/(m \cdot K)$，均明显低于同样材质的致密烧结体的导热系数 $2.2W/(m \cdot K)$[70]。

被涂基体的表面温度对涂层的致密性和涂层同基体结合的牢固性有很大影响。在喷涂过程中，高温的熔融颗粒撞击到低温的基板表面形成涂层，由于两者的温度不同，在涂层与基体之间产生热应力，往往导致在涂层内产生裂纹。涂层内产生裂纹的程度可用裂纹间距 λ 来表征：

$$\lambda = \sqrt{\frac{A}{N}} \tag{10-1}$$

式中　A——所测量的涂层的面积；

N——在该面积范围内裂纹的数量。

显然，λ 值越大，表示裂纹越少，即裂纹越不严重，如果在所测量的范围内没有裂纹，则 $\lambda = A^{1/2}$。图 10-6 为在不同温度的烧结氧化锆（5.3％ Y_2O_3 稳定 ZrO_2）基板上等离子喷涂 13％ Y_2O_3 稳定 ZrO_2 涂层的 λ 随基板温度而变化的关系[71]。可见当基板温度足够高时可以大大降低涂层与基板的温差，从而减少涂层内裂纹的产生。

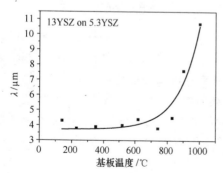

图 10-6　在不同温度的 ZrO_2 基板上的 ZrO_2 涂层中的裂纹间距 λ[71]

等离子喷涂陶瓷涂层通常是涂在金属基体之上的，在大多数情况下陶瓷材料的热膨胀系数小于金属材料，因热膨胀系数的差别在涂层与基体之间能够产生很大的热应力，从而造成涂层的开裂甚至同基体脱离。有时候即使在制备过程中涂层不产生裂纹，但在涂层内会保留有很大的残余应力，这种涂层经受不住冷热交替循环作用，即抗热震性差。降低或消除涂层与基体因热膨胀系数差别产生的应力，可在两者之间添加过渡层，甚至添加多层不同热膨胀系数的过渡层，形成梯度结构涂层。氧化锆涂层的热膨胀系数在（8～9）$\times 10^{-6} K^{-1}$，而作为基体的合金钢的热膨胀系数一般为（12～15）$\times 10^{-6} K^{-1}$，两者差别较大，须在两者之间加入过渡层。常用以下几种合金作为在金属基体与氧化锆涂层之间的过渡层：NiCrAl、NiAl、NiCr、CoCrAlY、NiCrAlY、NiCoCrAlY 等。分别用三种合金作过渡层，在不锈钢 1Cr18Ni9Ti 基板上先喷涂一层合金层，在其上面喷涂一层 50%ZrO$_2$/5CaO＋50% 合金层，再在其上喷涂一层 ZrO$_2$/5CaO 陶瓷层，上面两层的厚度均为 0.10mm，最下面的合金层厚度为 0.08mm。喷涂时基板温度为 150℃～250℃。所用的过渡层合金分别是：90Ni10Al、80Ni20Cr、80Ni10CrAl。将带有涂层的试样加热到 900℃，再投入室温水中冷却，观察涂层有无裂纹或脱落，如没有，继续加热和冷却循环，直至出现涂层内有裂纹或脱落，试验结果列于表 10-8 中[72]。由于 90Ni10Al 和 80Ni10CrAl 的热膨胀系数介于氧化锆［（8～9）$\times 10^{-6} K^{-1}$］和金属基体的热膨胀系数［（12～15）$\times 10^{-6} K^{-1}$］之间，因此缓冲了因膨胀系数不同造成的应力。80Ni20Cr 的热膨胀系数大于基体的热膨胀系数，更远大于氧化锆，不能起到缓冲应力的作用，因此热循环次数明显低于前两者。

表 10-8　不同合金作过渡层的 ZrO$_2$ 涂层的热循环次数[72]

合　金	膨胀系数/$10^{-6} K^{-1}$	工作气体	
		Ar＋20%N$_2$	Ar＋5%H$_2$
NiAl	12.6	7	11
NiCr	17.6	3	9
NiCrAl	12.7	14	24

用于等离子喷涂的陶瓷粉料的粉体特性如形状、大小和致密程度对涂层的显微结构有显著影响。用不同氧化锆粉料形成的等离子涂层，其中 HOSP 为用等离子高温致密化的氧化锆空心球形粉料，颗粒直径为 27～95μm，D_{50}＝60μm；AS 为氧化锆颗粒的烧结团聚体，团聚体直径为 27～97μm，D_{50}＝55μm；FC 为熔融氧化锆冷却后破碎、研磨所制得的粉料，颗粒直径为 31～97μm，D_{50}＝64μm。这三种粉料的粒度及分布基本相同，但因为制备方法不同，粉料的质地和结构互也不相同。此外，用颗粒直径为 10～75μm 的 FC 粉料，以及把这种粉料筛分成 10～45μm 和 45～75μm 两种细度不同的粉料，对这三种粉料分别命名为 FC$_e$、FC$_f$ 和 FC$_c$。以所有这六种氧化锆粉料为原料在大致相同的等离子工艺条件下（根据每种粉料的特点对等离子工艺参数分别进行微调、优化）制备涂层，对每种涂层进行 SEM 观察，并利用图像分析测定涂层内球形孔隙和裂缝的孔隙率，结果如图 10-7 所示[73]。从图可见：具有团聚结构的 AS 粉料与两种经过熔融的 HOSP 和 FC 粉料虽然粒径大小和分布都相仿，但由于团聚粉料本身的孔隙率高，因此用团聚粉料 AS 得到的涂层中的总孔隙率高（b 图），而用经过熔融的粉料得到的涂层中的总孔隙率较低（a 和 c 图）。但用 AS 粉的涂层内扁平状裂纹在总孔隙率中所占的比率却是小于另外两种粉料的涂层内的比率。其原因可能是因为每个团聚体在被等离子加热熔化后成为由许多小液滴构成的液态团，当这种液态团撞击到基体表面时，小液滴容易铺展并与原先的表面紧密结合，它们之间不容易产生裂纹。而经过熔融的粉料颗粒在等离子流中仍旧保持其原状，撞击到基体表面后形成扁平体，因其体积较大，在冷却过程中由于收缩量不同，容易在扁平体与原来的表面之间产生裂纹。HOSP 粉料的

每个颗粒内部含有气孔，经过撞击气孔同时被压扁，但不容易完全消失，从而形成扁平状裂纹。比较图 10-7 中的 (d)、(e)、(f) 则可发现：用细粉料喷涂，涂层内总孔隙率低，但裂纹状孔隙率较高；用粗粉料喷涂则正好相反；用粗细混合的粉料制成的涂层内孔隙情况在前两者之间。另外，比较图 (c) 和 (e) 则可发现：如果粗细混合粉料的粒度分布合适，有可能把总孔隙率降到比单用细粉的涂层更低，同时又保持低的裂纹状孔隙率。从以上实验结果可得到：为了获得比较致密的涂层，等离子喷涂用的粉料应该是由致密颗粒组成并且具有适当的粒度分布的粉料。对于制备热障涂层，要求其中含有一定数量的裂纹状孔隙，以便降低涂层的导热率，对此需要精心调节粉料的颗粒的大小和分布。

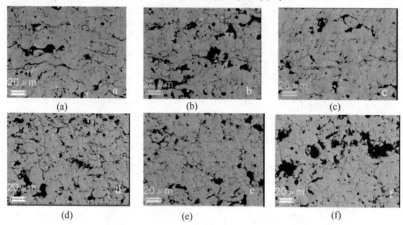

图 10-7　不同种类和不同粒径的 ZrO_2 粉料为原料的等离子涂层显微结构和孔隙率

图中 p_g 表示球形孔隙的孔隙率，p_i 为扁平孔隙（裂缝）的孔隙率[73]

(a) HOSP，$p_g=17.7\%$，$p_i=3.3\%$，$p_g+p_i=21\%$，$p_i/(p_g+p_i)=0.157$；(b) AS，$p_g=23.3\%$，$p_i=1.7\%$，$p_g+p_i=25\%$，$p_i/(p_g+p_i)=0.068$；(c) FC，$p_g=17.9\%$，$p_i=2.1\%$，$p_g+p_i=20\%$，$p_i/(p_g+p_i)=0.105$；(d) FC_f，$p_g=18.2\%$，$p_i=3.2\%$，$p_g+p_i=21.4\%$，$p_i/(p_g+p_i)=0.150$；(e) FC_e，$p_g=20.5\%$，$p_i=2.6\%$，$p_g+p_i=23.1\%$，$p_i/(p_g+p_i)=0.113$；(f) FC_c，$p_g=23.1\%$，$p_i=1.5\%$，$p_g+p_i=24.6\%$，$p_i/(p_g+p_i)=0.061$

涂层颗粒在等离子流内的温度和速度对涂层的致密程度有显著影响，图 10-8 为用 FC_e 粉料，在三种不同等离子工况下获得的涂层的显微结构和孔隙率[73]。从图可见等离子流内的颗粒的温度和速度均小的涂层具有高的总孔隙率和较大的裂纹状孔隙率。因为高温和高速有利于颗粒撞击到基体上之后的铺展及层间烧结，提高颗粒的温度和速度可降低涂层内的空

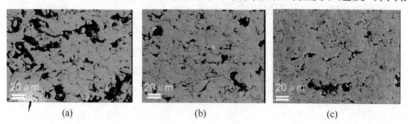

图 10-8　不同温度（T）和速度（V）的等离子涂层的显微结构和孔隙率[73]

(a) $p_g=27.5\%$，$p_i=2.5\%$，$p_g+p_i=30\%$，$p_i/(p_g+p_i)=0.083$，$T=2500\,℃$，$V=80\text{m/s}$；

(b) $p_g=18.0\%$，$p_i=1.8\%$，$p_g+p_i=19.8\%$，$p_i/(p_g+p_i)=0.091$，$T=2630\,℃$，$V=100\text{m/s}$；

(c) $p_g=17.4\%$，$p_i=1.9\%$，$p_g+p_i=19.3\%$，$p_i/(p_g+p_i)=0.098$，$T=2675\,℃$，$V=150\text{m/s}$

隙率，并减少裂纹状孔隙。但是速度过快则颗粒在等离子流内停留的时间缩短，不利于颗粒的充分熔融，因此图中 $T=2630℃$、$V=100m/s$ 的涂层和 $T=2675℃$、$V=150m/s$ 的涂层中的总孔隙率以及裂纹状孔隙率相差无几。如果用功率足够高的等离子喷枪，使得等离子流具有巨大的热焓，则可实现超音速喷涂。如 ZrO_2 颗粒在超音速等离子喷涂中可被加速到 $680\sim770m/s$，颗粒温度可达 $2600\sim2700℃$，因而可获得低孔隙率的致密涂层[74]。

　　整个等离子喷涂装置如图 10-9 所示，包括等离子喷涂操作台、等离子电源、送粉器、气体分配器、气源、热交换器、工艺控制中心以及测定等离子体温度、测定涂层温度和厚度的传感器。等离子喷枪和被涂工件均安装在等离子喷涂操作台上，通常喷枪可以做上下或左右平动，有的喷枪还可以作绕轴转动，工件可以作平动或绕轴转动。在操作台上还装有测定等离子流温度的温度传感器和测定涂层温度和厚度的传感器，即时测定并将所测数据传到工艺控制中心，以便随时调节各个工艺参数。等离子喷枪显然是整个装置的关键设备，其构造已示于图 10-4 中，所产生的等离子体有直流电弧、交流电弧、射频放电等，其中直流电弧被广泛采用。另一个关键设备是等离子电源。等离子喷涂电源要求高功率，一般为数十千瓦至数百千瓦，并且要求具有陡降的恒流特性，电源的工作电压高（数百伏特）、电流大（数百至数千安培）。用于产生电弧的等离子电源，早先采用带有保护装置的可控硅电路。但是传统的可控硅电源总是不可避免地发生脉冲波动，使等离子喷枪的工作也跟着发生波动，导致喷涂工艺不稳定，并降低了喷涂的效率和枪的使用寿命。新型等离子电源采用由绝缘栅双极型半导体（IGBT）功率器件构成的全桥逆变电路，在主电路和功率开关管上设置剩余电流保护器（RCD），以抑制网络波动、电压尖峰以及高频谐波对主电路的干扰，保证了主电路的稳定性和可靠性。常用的等离子喷涂工作气体有空气、氦气、氩气、氢气等，这些气体通过气体分配器以一定的流量通入等离子喷枪和送粉器。制造涂层所用的粉料在送粉器内被工作气体吹起，形成气-固混合物送

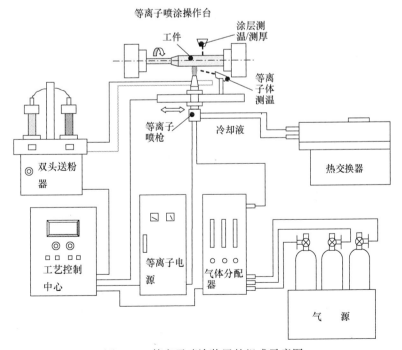

图 10-9　等离子喷涂装置的组成示意图

入喷枪，并在强大的气流作用下加入到等离子射流内。图 10-9 中所示的双头送粉器能够同时分别输送两种不同的粉料到具有双粉料道的喷枪内，可将熔点不同的两种粉料分别送入等离子射流的不同温区，以保证两种粉料分别达到各自的熔点，再按设定的比例均匀混合，喷射到基体上形成连续梯度结构，这样可防止低温相发生过熔、氧化夹杂或产生内界面等缺陷。流过喷枪的冷却水在热交换器内释放热量、冷却并循环再用。工艺控制中心内的计算机统一控制、调节所有的工艺参数，保证喷涂过程的稳定进行。

第 3 节　爆　炸　喷　涂

爆炸喷涂就是利用可燃气体爆炸产生的冲击波将混合在其中的待涂粉末颗粒加热、加速，使颗粒以较高的温度和极高的速度轰击到工件表面形成表面涂层。

如前所述，等离子喷涂所形成的涂层呈层状结构，内部存在较多的孔隙，一般涂层的孔隙率可达 5% ~ 15%，各层之间以及涂层与基体间的结合强度较低，此外，等离子喷涂过程中基体温度高，易引起基体变形。爆炸喷涂过程中粉末中的颗粒以超音速飞行，其最终速度可达 800 ~ 1200m/s。另一方面，虽然冲击波的温度可能极高，但由于时间极短，对颗粒的加热作用有限，一般在撞击工件之前颗粒的温度不超过 1200℃[75]。然而高速飞行的粉末颗粒撞击到基体上，其动能迅速转变成热能，使颗粒在撞击时的瞬时温度能达到 2000℃以上，涂层与基体表面实现显微焊接，使得涂层与基体的结合强度非常高，可达 250MPa[75]。因此爆炸涂层具有致密均匀（一般孔隙率小于 2%）、硬度高、结合强度高等优点。由于喷涂是脉冲式的，基体材料受到热气流及热颗粒冲击的时间仅数毫秒，使得作为基体的工件温度一般在 200℃以下，从而不会引起工件变形或材料成分和结构的变化。爆炸喷涂的缺点是：受喷枪口径的限制，每次喷涂只能形成面积极有限的涂层，而且一次喷涂所形成的涂层厚度只有 10μm 左右，如需要厚的涂层，则必须多次反复喷涂（一般爆炸喷涂频率为每秒 2~10次），因此喷涂效率不高；并且喷涂粉末从喷枪中喷出时只能以直线飞行、撞击到工件表面，对于形状复杂的工件，需要对喷枪与工件的相对位置进行复杂的控制才能获得均匀一致的涂层；此外，喷涂时产生的噪声可高达 180dB，通常需要在隔音室中进行喷涂。

爆炸喷涂设备主要包括爆炸喷枪、气体与粉末颗粒的输送与控制系统、自动点火引爆控制系统、控制喷枪同工件的相对位置的三维（或四维）行走机构、计算机控制系统。其中实现爆炸喷涂的关键设备是爆炸喷枪，按照进气控制机构的不同，当前主要有两种爆炸喷涂用的喷枪，分别称为凸轮阀门式喷枪和气缸式喷枪[76]。图 10-10 为凸轮阀门式喷枪的结构示意图。

如图 10-10 所示，燃料气体（通常为乙炔）和氧气按一定比例和流量分别经各自的阀门引入枪膛内，同时喷涂用粉料在压缩空气的帮助下经枪膛顶端导管引入枪膛并同燃气混合，随后燃料气体、氧气和送料阀门同时关闭，电火塞通电点火，瞬间引爆枪膛内燃气，使气体体积急剧膨胀、温度突然上升到 3000℃以上，燃烧气体以超过音速 10 倍的速度向前运动，形成冲击波。爆炸的热能将喷涂粉料颗粒加热并以 2~3 倍音速的速度从枪管喷出，撞击到基体表面形成涂层，随后氮气阀门打开，从顶端导管引入枪膛内置换并清扫枪膛和枪管，直到下一个爆炸过程重新开始。通入气体和粉末的爆炸过程每秒可重复 2~10 次，根据涂层所要求的厚度反复进行喷涂，直到涂层达到规定的厚度为止。这种气体进入枪膛的阀门开合是由凸轮机构控制的，因此称为凸轮阀门式爆炸喷涂枪。

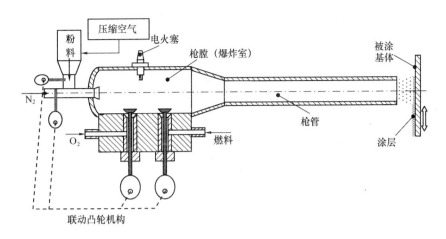

图 10-10　爆炸喷涂用凸轮阀门式喷枪示意图

所谓气缸式爆炸喷枪是由前苏联发明的，其构造如图 10-11 所示。在爆炸喷枪的顶端设置一个气缸，两者通过一个略带锥形的进气孔相连。燃料气体、氧气在气缸内预先混合，作为清扫气体的压缩空气也先通过气缸再注入喷枪。气缸内活塞的运动是通过一个凸轮控制，该凸轮还控制粉料向喷枪内的注射和电火塞的点火。当活塞处于气缸底部（最左端）时压缩空气管道被活塞堵住不与气缸相通，但输送燃料气体和氧气的管道同气缸相通，于是燃料气和氧气按照一定的比例输入气缸混合；随后活塞向气缸前方（向右）运动，将输送燃料气体和氧气的管道通向气缸的入口封闭，气缸内燃/氧混合气在活塞向前运动的推动下被推入枪腔内，此时气缸壁内的进气暗道在活塞前方的入口虽然处于开放状态，但其另一端仍旧被活塞封堵，因此燃/氧混合气难以进入该暗道；活塞继续向右运动，先封闭进气暗道通向活塞前方的入口，再通过活塞表面的环形凹槽（进气环）将压缩空气管道通向气缸的入口同气缸壁内的进气暗道接通，高压空气进入暗道内，由于暗道的另一端仍旧被活塞封堵，因此暗道内空气处于高压状态（图 10-11 所显示的正好是这一位置）；随着活塞继续前行，继续将气缸内的混合气体推入枪腔，同时粉料直接喷入枪腔；在活塞到达最右位置时，活塞顶端的进气孔密封塞正好将锥形进气孔完全堵塞，在凸轮机构的驱动下对电火塞通电点火，引爆枪腔内燃气，实现爆炸喷涂；随后在凸轮的带动下活塞往左运动，打开进气暗道入口，其中的高压空气冲进气缸并流向喷枪，对喷枪进行清扫；随着活塞的左行，首先将压缩空气入口封

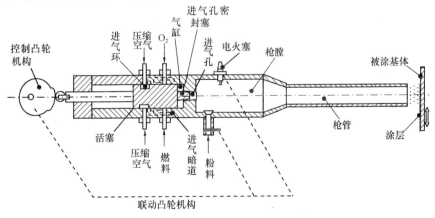

图 10-11　爆炸喷涂用气缸式喷枪示意图

闭，其次打开燃气和氧气的入口，当活塞回到气缸的最左端，就开始下一个循环。

爆炸喷涂的关键是必须在燃/氧混合气内形成以超音速前进的爆轰波，当燃气被点燃后所生成的燃烧产物的体积 5～15 倍于原来燃气的体积，在体积迅速膨胀产生的压力波作用下，未燃烧气体被压缩、加热，于是压力波的传播速度被大大提高，导致后产生的波赶上先产生的波，在未燃烧气体中产生湍流，未燃烧气体进一步被加速和加热，形成更快速的压力波。在上述一系列连锁反应的作用下，产生一极强的冲击波，点燃波前面的气体混合物，冲击波超前于气体反应区导致生成一连续压力波，从而防止了冲击波的衰减，这时就成为爆轰波[77,78]。从爆轰波形成过程可知，燃/氧混合气点燃后燃烧波需要有足够长的加速过程，因此爆炸喷枪必须有足够的长度。对于乙炔、氢气或丙酮等燃气，形成爆轰波需要有 1m 左右的距离，所以爆炸枪至少要有 1m 长，但对其他大多数的碳氢化合物/空气混合物，1m 的距离远远不够，因此为了减小枪的长度，爆炸喷涂中常选用乙炔/氧气作为爆燃气。表 10-9 给出这种喷枪的一种典型工况参数。

表 10-9　气缸式爆炸喷枪的典型工况参数[79]

氧气压力/MPa	乙炔压力/MPa	送粉气压/MPa	压缩空气/MPa	喷距/mm	频率/s^{-1}	喷枪移动速度/(mm/min)
0.3	0.1	0.3	0.28	170	4	300

不同燃料气与氧气或空气混合的爆轰波的温度、速度和压力取决于燃料的种类及混合比，图 10-12 分别给出多种燃气同氧或空气混合的爆轰波的温度、速度和压力[77]，其中燃气与氧化剂的混合比用 ϕ 表示：

$$\phi = \frac{燃气 / 氧气（或空气）}{符合反应化学计量的燃气与氧化剂之比} \tag{10-2}$$

爆炸喷涂所用的燃烧体系应根据涂层材料的特性来选择。从图 10-12 可看出，乙炔/氧气体系具有很高的爆轰温度，速度也不算太小，而氢气/氧气体系具有极大的爆轰速度，但温度和压力均较低。因此，如用高熔点的陶瓷粉料制备涂层，就需要采用乙炔/氧气体系；而用低熔点的粉料（如合金粉料）制备涂层，则采用氢气/氧气体系能够获得较好的喷涂效果。为了获得牢固结合的涂层，颗粒撞击到基体表面后须处于熔融状态，熔融颗粒的这一瞬间的温度 T_k 不仅同颗粒在爆轰波内被加热的温度 T_p 有关，而且如前面已经指出，还同颗粒撞击到表面时的速度 v_p 有关，此外还需考虑到熔融颗粒同基体的热交换，因此有下面的关系式[80]：

$$v_p^2 = Ac_p \left[\left(1 + \frac{B_s}{B_p}\right) T_k - \frac{T_s B_s}{B_p} - T_p \right] \tag{10-3}$$

式中　　B_s——$\sqrt{\lambda_s c_s \rho_s}$；

　　　　B_p——$\sqrt{\lambda_p c_p \rho_p}$；

　　　　λ——导热系数；

　　　　c——比热容，cal/（g·℃）；

　　　　ρ——密度；

　　　　T——温度，℃；

　　　　A——计算常数，当比热容和速度量纲分别为 cal/g℃ 和 m/s 时，$A=8368.6$；

下标 s 和 p 分别表示基体和颗粒。

图 10-13 为在 Ni 基超合金基板上用爆炸喷涂形成的 ZrO_2-8％Y_2O_3 涂层的显微结构

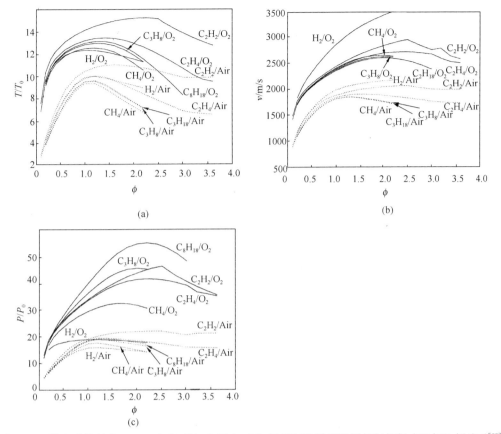

(a)

(b)

(c)

图10-12　爆轰波的温度（a），速度（b）和压力（c）同燃气种类以及燃气与氧气或空气比例关系[77]

图中 $T_0=298K$，$P_0=0.1MPa$

SEM 图像。在制备涂层前先用空气等离子喷涂技术在基板上喷涂一层大约 $40\mu m$ 厚的 Ni-32Co-20Cr-8Al-0.5Y-1Si-0.03B（数字为质量分数/%）结合层，再在其上爆炸喷涂氧化锆层，厚度约为 $200\mu m$[81]。图中的氧化锆层是用空心球形氧化锆粉料喷涂而成，与通常使用实心球形氧化锆粉料爆炸喷涂的涂层相比，采用空心球形颗粒的涂层孔隙率较高，从而导致涂层具有较低的导热系数和热扩散系数（图 10-14）[82]。从图中可见用空心球形氧化锆粉制成的涂层具有较低的导热系数和热扩散系数，因此特别适用于制造热障涂层。

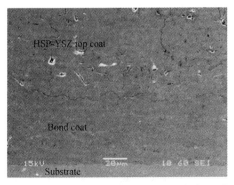

图 10-13　具有结合层的爆炸喷涂
氧化锆涂层的显微结构[81]

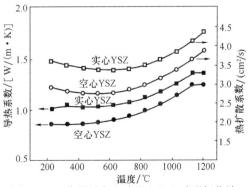

图 10-14　分别用实心球形和空心球形氧化锆
粉料爆炸涂层的导热数和热扩散系数[82]

第 4 节　气 相 沉 积

前面两节介绍的等离子喷涂和爆炸喷涂
工艺所制造的涂层厚度在数十微米至数百微米之间，在特殊情况下也可以形成数毫米厚的涂层，这些工艺通常不适宜制备厚度在 $10\mu m$ 以下的涂层，更无法制备纳米厚度的涂层。如要制备这种数微米或纳米厚度的涂层，就需要考虑采用气相沉积工艺或溶胶-凝胶工艺（液相工艺）。

气相沉积涂膜工艺可分为物理气相沉积（PVD）和化学气相沉积（CVD）两大类别，它们的共同特点是成膜物质都以气态输送到被涂基体的表面，并沉积在表面形成致密的固态薄膜。两者的基本区别是 PVD 仅涉及成膜物质的气化、输运、凝聚沉积、膜内晶体的成核和生长等物理过程，而 CVD 通常以气态物质为原料（但也可能以固态或液态物质为原料，经过气化而成为气态物质），在成膜之前先发生化学反应，将气态原料转化成所要求的薄膜成分沉积在被涂基体的表面，再经过成核和生长形成所需要的薄膜。上述化学反应可能在输运过程中的气相内进行，也可能发生在待涂物体的表面。

物理气相沉积涂膜工艺中通常需要用与薄膜相同的物质制成固态的靶材，用各种不同方法使靶材内的物质气化，然后蒸气在基体表面凝聚，并经过成核、生长形成薄膜。为了促进物质气化和防止其他无关气体的污染，整个过程在抽成真空的密闭容器内进行。根据使靶材物质气化的方式不同，物理气相沉积工艺分为真空蒸涂、辉光放电、磁控溅射、电子束物理气相沉积等多种涂膜技术。

真空蒸涂是一种比较简单的物理气相涂膜技术。如图 10-15 所示，在一个同真空泵相连的密闭容器内，成膜物质（靶材）被置于蒸发舟内，蒸发舟外有电热元件对其加热，其上方安放待涂的基体。开动真空泵，使容器内压力降至 <10Pa，并对电热元件通电，在高温、低压环境中靶材物质蒸发成气相(通常先发生熔化再蒸发成蒸气)，蒸气通过扩散在基体表面凝聚，形成晶核，随后生长为晶体，随着晶粒的生长，膜内孔隙被排除，形成致密薄膜。这种工艺要求靶材必须是容易受热蒸发的材料，大多数陶瓷材料的气化温度极高，而蒸气压很低，因此很少用这种工艺制备陶瓷薄膜。这一工艺常用于制备金属薄膜，如在各种材质的基体上蒸涂金属铝膜。

辉光放电是在一个气压仅为 1～10Pa 的密闭腔体内，将靶材和待涂基体的表面按一定间距平行放置，在两者之间加上 100～1000V 的直流电压，使靶材为阴极、待涂基体为阳极，在基体的背

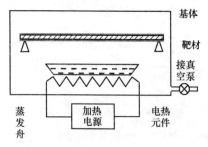

图 10-15　真空蒸涂装置示意图

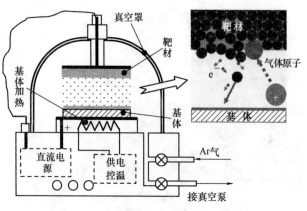

图 10-16　辉光放电涂膜装置示意图

面可设置加热装置，以保证必需的成膜温度（图 10-16）。在电场的作用下一些电子脱离阴极表面，形成自由电子飞向阳极，其中一部分电子在飞行路途中会同腔体内的气体分子发生碰撞，并将能量传递给气体分子内的原子，能量较小的电子只能使气体原子内的外层电子激发到某一高能态，当这种电子返回基态时便放出光子，形成辉光；能量高的自由电子与气体原子相撞后能够使原子的外层电子脱离该原子而成为自由电子，同时气体原子成为带正电的粒子。上述过程中自由电子不断增生，最终在正负极之间形成一个发光的等离子区。正离子在电场的加速下撞向带负电的靶材，巨大的动能（数十电子伏）将靶材表面原子溅射出来，飞向对面的待涂基体表面（图 10-16）。由于被撞击出来的靶材物质的原子具有相当高的动量，当其碰到基体表面时形成极大的冲击力，可与表面牢固结合，如此大量靶材原子通过溅射在基体表面形成牢固结合的薄膜。离子溅射的能力高低通常用被溅射出来的物质的总原子数与入射离子数之比来衡量，称为溅射产率。显然，溅射产率同入射离子所具有的能量密切相关，并且只有当入射离子的能量超过一定的阈值以后，才能将靶材内的原子溅射出来。每

种物质的溅射阈值与入射离子的种类关系不大，但与被溅射物质的升华热成比例关系。入射离子的种类以及被溅射元素在周期表中的位置对溅射产率有很大影响，较重离子的溅射产率明显高于较轻离子。图 10-17 为不同种类的离子对 Ni 靶的溅射产率随离子能量变化的曲线，由图可见溅射产率随离子质量的增大而增高，并且每种离子都存在一个最高效率的能量。虽然稀薄空气也能形成辉光放电，但空气中的氧分子和氮分子都具有很高的化学活性，容易同靶材或待涂基体发生化学反应，因此，如无特殊考虑，通常不用空气而用惰性气体。考虑到生产成本，一般常用氩气。离子的入射角度对溅射产率的影响如图 10-18 所示。随着离子的入射角（即入射方向

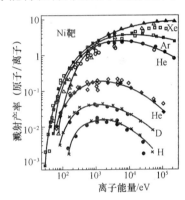

图 10-17　离子能量与溅射
效率的关系[83]

与靶面法线间夹角 θ）的增加，溅射产率大致按 $1/\cos\theta$ 规律增大，在 θ 角达到 60°左右出现最大值，当入射角接近 80°时溅射产率迅速下降。被溅射出的原子飞向四面八方，但不同方向上原子数量并不相同，大体呈余弦分布，但入射离子能量较低时在靶材的法线方向上原子

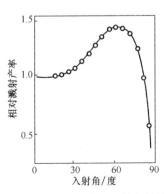

图 10-18　离子溅射产率同入射角的关系[83]

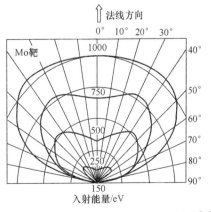

图 10-19　被溅射出原子的运动方向分布[83]

数量偏低，如图 10-19 所示。在一定的温度范围内靶材温度对溅射产率影响不大，但是当温度高于某一值后，由于靶材中原子间的键合力减弱，溅射产率会急剧上升。不同材料的温度阈值不同，因此在薄膜沉积过程中，需要对靶材的温度加以控制。

辉光放电实际上是离子溅射的一种最简单形式，其缺点是成膜速率较低，工作腔内气压较高（1～10Pa）。如果将自由电子集中在靶阴极附近区域，就可以增大电子同气体原子（分子）的碰撞几率，从而加速气体的电离化，增高气体离子浓度，这样在工作腔内就不需要太多的气体，又可以提高溅射速率，这就是磁控溅射成膜技术。具体方法是在靶材的背面放置磁极，磁极在阴极靶材表面附近产生与电场交叉的磁场（图 10-20）。磁控放电时，在靶表面附近形成一个等离子体环形区域，自由电子在这个区域内一方面沿着与电力线相反的方向飞向阳极，同时又沿着既与电场垂直又与磁场垂直的方向上做回旋运动，这样增加了电子和气体分子相撞的几率，加速气体的电离化，同时大量电子滞留在靶表面附近，从而减小了电子对基体表面的轰击，避免由于电子轰击而引起基片温度的过度升高。

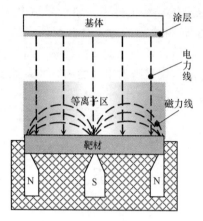

图 10-20　磁控溅射示意图

上述采用固定磁场的磁控溅射放电时，在靶表面形成一个等离子体环，形成对靶材的局部溅射，使局部温度过高，引起靶材变形和破裂，并且对靶材的利用率低，大约只有 20%～30%。改进的技术是利用计算机控制的磁弧控系统，在靶材表面附近形成一个恒定的大水平磁场，通过直流励磁电流调节阻抗和电压，保持稳定的电流-电压特性，并控制等离子体的移动方向，从而有效地控制靶材表面的弧斑运动轨迹，使弧斑沿着设计的轨道在靶材表面运动，均匀地消耗靶材，同时使弧斑的电流密度保持稳定，防止熄弧或电流过大而引起靶材局部高温和产生液滴。这种磁场扫描技术，可以形成对靶材的均匀溅射，提高靶材的利用率，同时提高了膜层的均匀性和致密性。

如果将靶材和被涂表面之间的静电场改为频率为 10～200kHz 的交变电场，则成为中频磁控溅射。在交变电场中，仅当靶材上的电压处于负半周时才发生被正离子轰击溅射，在正半周时等离子体中的电子飞向靶材表面，可中和靶材表面累积的正电荷，从而抑制电弧放电和微液滴溅射现象的发生，有助于降低成膜温度并提高膜的质量。在一定的电场强度下频率越高，等离子体中正离子被加速的时间越短，因而正离子轰击靶材的能量就越低，导致溅射速率下降。为了保持较高的溅射速度，中频电源的频率不宜过高，一般为 10～80kHz。

如用矩形波脉冲电源取代上述中频交流电源，则称为脉冲磁控溅射。脉冲磁控溅射技术可以有效地抑制电弧产生，消除由此产生的薄膜缺陷。脉冲电源与一般中频交变电源的最大不同是脉冲电源的正负电压比以及正负电压所占的时间比（占空比）均可通过改变电子线路中的一些参数来调整。同中频溅射一样，电源的负电压段作用于靶材时才发生溅射，而在正电压作用时，吸引电子中和靶材表面累积的正电荷，清洁表面。由于等离子体中电子运动速度远高于离子运动速度，只需相当于负电压值的 10%～20% 的正电压就可以有效中和靶表面累积的正电荷，因此正半周的电压不必很高。脉冲频率的选择原则是在保证稳定放电的前提下，尽可能取较低的频率，以便获得高的沉积速率。另外，在保证溅射时靶表面累积的电荷能在正电压阶段被完全中和的前提下，尽可能提高占空比，以获得电源的最大效率。

上述几种磁控溅射技术都需要借助阴极靶材在电场作用下产生自由电子，使之撞击稀薄气体中的气体分子，以形成等离子体。一般而言，金属靶材能满足这种要求，因此，以上几种离子溅射技术通常都用于制备金属涂层。如要制备陶瓷涂层，其靶材为陶瓷材料，而大多数陶瓷材料很难产生自由电子，在这种情况下可用频率为数十兆赫的射频电磁波使靶材周围的稀薄气体电离，形成等离子体。同时在靶材与被涂基体之间加上数百伏的直流电场，加速等离子体内的正电粒子轰击靶材，将靶材内的物质溅射出来，并飞落到待涂基体的表面，形成涂层薄膜，成膜温度由设置在基体背面的电热装置控制（图 10-21）。射频磁控溅射制备氧化锆陶瓷涂层的具体工艺如下[84]：以烧结氧化

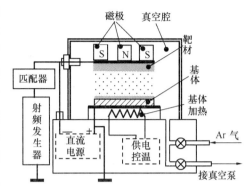

图 10-21　射频磁控溅射示意图

锆陶瓷为靶材，置于基体背面的电热元件控制待涂面的温度，溅射开始前腔内本底真空度为 8×10^{-4} Pa，然后有控制地充入氩气，溅射时腔体内气压控制在 0.3Pa。氧化锆薄膜的显微结构和相结构受溅射时氧分压和基片温度的影响，见表 10-10。从表中所列数据可见：如溅射腔内不含氧气（零氧分压），所生成的薄膜中氧原子与锆原子之比 O/Zr＝1.89，即稍缺氧，晶相为四方氧化锆；如果溅射腔内含有微量氧气，则随着氧分压的增大 O/Zr 也增大，并且薄膜内单斜相含量增多；另一方面，基体温度高时所形成的薄膜内氧含量增大、单斜相增多。薄膜的硬度随膜内单斜相的增加而降低。

表 10-10　氧分压和基体温度对射频磁控溅射氧化锆薄膜的影响[84]

氧分压/Pa	0		0.01		0.02		0.04	
基体温度/℃	60	170	60	170	60	170	60	170
O/Zr	1.98				2.06		2.13	2.21
I_t/I_m	5.85	2	1.85				1.65	1
硬度/GPa	2.10	1.60	1.60	1.45	1.44	1.30	1.24	1.12

注：I_t/I_m 表示 ZrO_2 中四方相（111）面的衍射强度和单斜相（$\bar{1}$11）面的衍射强度之比，其值越大表示四方相越多。

为制造发动机涡轮导向叶片上的热障涂层，先用直流磁控溅射在高温合金基体的表面，沉积一层厚度为 $30\mu m$ 的 Ni20Cr10Al0.3Y 过渡层，再通过射频磁控溅射在过渡层表面，沉积厚度为 $160\mu m$ 的 $ZrO_2 \cdot 8\% Y_2O_3$ 陶瓷层[85]。这种热障涂层虽然总共只有 $190\mu m$ 厚，但对基体高温合金钢的抗氧化和隔热作用十分明显。图 10-22 为含有 ZrO_2 涂层的试样和仅有合金过渡层没有氧化锆层的试样在 1100℃下静态氧化增重数据，从图可见，氧化锆涂层对保护高温合金钢高温氧化作用十分明显。图 10-23 为隔热试验的结果，1.2mm 厚的试样一面置于 1000℃高温中，另一面暴露在室温空气内，连续测定该面随时间增长的温度变化，从图可见具有热障涂层的试样的冷面温度比无涂层的空白试样低大约 60℃。

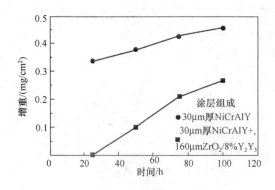

图 10-22 氧化锆热障涂层的静态
氧化试验,加热温度 1100℃[85]

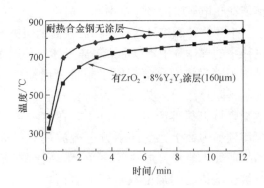

图 10-23 氧化锆热障涂层的
1000℃下的隔热试验[85]

在前面关于真空蒸涂沉积薄膜的讨论中已经指出:由于大部分陶瓷材料的高温蒸气压很低,利用通常的加热方法很难使物质从陶瓷靶材中蒸发出来。但是如果在真空环境中利用高能电子束轰击陶瓷靶材表面,则可在靶材表面形成极高的温度,将其中的物质蒸发出来,再沉积到待涂工件的表面,这种技术称为电子束物理气相沉积(EB-PVD)。利用 EB-PVD 制备涂层的主要过程包括:(1)用电子束轰击靶材,使其中的物质蒸发气化;(2)涂层物质的蒸气从靶材输运到待涂基体表面;(3)蒸气在基体上冷凝、结晶,形成致密涂层。在 EB-PVD 设备中电子枪是一关键部件,其功率可达数十千瓦。通过大电流加热电子枪内的阴极,产生自由电子,在数十千伏的直流电场的作用下电子被加速飞向正极,又通过电磁透镜聚焦,形成高能电子束,电子束的电流可达数安培,其能量密度可达 $10^9 \, \text{W/m}^2$。高能电子束轰击靶材,使其中物质气化蒸发。在真空的低压环境中气相原子以直线飞向基体并沉积在其表面,最后形成涂层。

图 10-24 是功率为 120kW 的 EB-PVD 装置示意图,该装置具有两个安放工件的夹具台和四个电子枪,其中 3 个电子枪用于蒸发靶材,第 4 个枪用于加热工件;电子束的束流、束斑大小和束斑的移动均通过计算机控制;3 个带有水冷套的靶材安放位置,可进行多源同时蒸涂[86,87]。用该装置可以制备航空发动机叶片的双层结构热障涂层。在叶片的表面先制备一层 50~200μm 厚的 NiCoCrAl-X(其中 X 可为 Y、Hf、Si)合金结合层,再在其外制备厚度为 100~300μm 的 $ZrO_2 \cdot 8\%Y_2O_3$ 陶瓷层(图 10-25),这种热障涂层与气膜冷却技术相结合可使叶片表面温度降

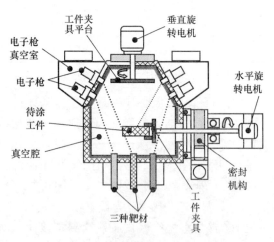

图 10-24 具有四个电子枪和双夹具台
的 EB-PVD 装置示意图[86,87]

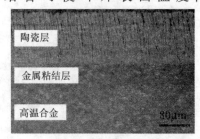

图 10-25 EB-PVD 制备的具有双层
结构的热障涂层[88]

低 170℃[88]。

　　EB-PVD 工艺具有沉积速率高、可以在相对较低的温度下沉积等诸多优点，并且涂层内晶体排列成柱状结构［图 10-26（a）］，因此其抗热震和抗剥裂性能比等离子喷涂涂层优越。从图 10-26（a）可清楚地看出柱状结构是由无数细小晶体构成的，在柱与柱之间以及柱内晶体之间存在许多孔隙，其中柱内孔隙呈长圆形，直径只有数十纳米，涂层的这种显微结构极大地降低了其导热系数。涂层的显微结构受多个工艺参数控制，包括沉积温度、蒸气流与待涂表面之间的角度（入射角）、蒸涂腔内的气压、工件的旋转速度、在每一位置上蒸涂的时间等。如果在制备涂层的过程中既保证蒸气流对待涂表面的入射角保持一个很大的角度（＞70°），同时又使待涂表面在两个固定的角度之间倾斜摆动，则在涂层中可形成锯齿状显微结构［图 10-26（b）］。这种结构具有极多的微小孔隙，从而使涂层的导热系数明显变小。图 10-27 为具有锯齿状显微结构和常规显微结构的 ZrO_2-8％Y_2O_3 涂层的导热系数数据，图中还显示同组分块状氧化锆以及空气等离子喷涂（APS）氧化锆涂层的导热系数数据。

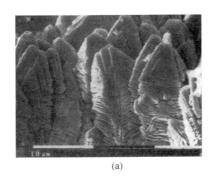
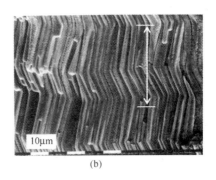

(a)　　　　　　　　　　(b)

图 10-26　用 EB-PVD 涂层的显微结构[89]

（a）Y_2O_3-HfO_2 涂层中的柱状结构；（b）氧化锆涂层中的锯齿状结构

　　化学气相沉积（CVD）技术是利用气态物质作为反应物，通过原子、分子间化学反应生成固态薄膜的技术。同 PVD 相比，物理气相沉积薄膜需要用固体靶材作为成膜物质的来源。然而制备多组分薄膜所用的相应的靶材内各组分的蒸发速率不一定相同，这将导致薄膜组成偏离设计要求。当然也可先做实验，测定靶材成分与薄膜成分之间的偏离规律，然后调整靶材的组成，以纠正这种偏离，但是这种调整费时费力，而且不容易保证每个批次之间的一致性。化学气相沉积（CVD）制备薄膜以多种气体为原料，可通过精确调节各气体流量来控制参加反应物质的数量，因此，可以准确地控制薄膜的组成。此外，在 PVD 过程中环境压力很低（真空度较高），气体分子、原子直线飞向基体表面，因此工件的形状不能太复杂，以免被遮挡，

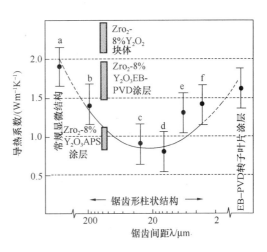

图 10-27　不同显微结构 EB-PVD 涂层的导热系数[90]

影响成膜。而 CVD 过程的环境压力较高，气相分子的运动路径不再是直线，在基体表面上的沉积几率并不与其正面气体的流量成正比，而是取决于气压、温度、气体组成、气体激发状态、薄膜表面状态等多种因素。这一特性决定了 CVD 过程较少受到阴影效应的限制，因此可以在复杂零件的表面上均匀地形成薄膜。

化学气相沉积所涉及的化学反应有热分解反应、还原反应、氧化反应、原位水解反应、氮化反应、歧化反应和合成反应等。表 10-11 给出一些具体的化学反应方程式和反应所需要的温度。用 CVD 工艺制备各种陶瓷薄膜的具体化学反应、所用的前驱体物质、反应需要的温度和压力列于表 10-12 中。

表 10-11　CVD 工艺中的典型化学反应[91]

反应类型	方　程　式	反应温度/℃
热分解反应	$TiI_4 = Ti + 2I_2$	1200
	$SiH_4 = Si + 2H_2$	600～1150
	$Fe(CO)_5 = Fe + 5CO$	370
	$Cr(C_8H_{10})_2 = Cr + 6C + 2C_5H_{10}$	500
还原反应	$SiCl_4 + 2H_2 = Si + 4HCl$	900～1200
	$WF_6 + 3H_2 = W + 6HF$	550～800
氧化反应	$TiCl_4 + 2O_2 = TiO_2 + 2Cl_2$	—
	$SiH_4 + 2O_2 = SiO_2 + 2H_2O$	350
	$Zn(C_2H_5)_2 + 5O_2 = ZnO + 5H_2O + 4CO$	250～500
原位水解反应	$2AlCl_3 + 3CO_2 + 3H_2 = Al_2O_3 + 6HCl + 3CO$	800～1150
氮化反应	$TiCl_4 + 1/2N_2 + 2H_2 = TiN + 4HCl$	1200
	$3SiH_4 + 2N_2H_4 = Si_3N_4 + 10H_2$	800
	$3SiCl_2H_2 + 10NH_3 = Si_3N_4 + 6NH_4Cl + 6H_2$	600～1100
歧化反应	$2GeI_2 = Ge + GeI_4$	300～600
	$2SiI_2 = Si + SiI_4$	—
合成反应	$TiCl_4 + 2BCl_3 + 5H_2 = TiB_2 + 10HCl$	1100
	$Ga(CH_3)_3 + AsH_3 = GaAs + 3CH_4$	—

表 10-12　CVD 制备陶瓷膜的化学反应和温度、压力条件[92]

陶瓷膜	前驱体和化学反应	温度/℃	气压/kPa
B₄C	$4BCl_3 + CH_4 + 4H_2 = B_4C + 12HCl$	1200～1400	1.3～2.6
	$4BCl_3 + CH_3Cl + 5H_2 = B_4C + 13HCl$	1150～1250	1.3～2.6
	$4BCl_3 + CCl_4 + 8H_2 = B_4C + 16HCl$	1050～1650	101
SiC	$CH_3SiCl_3 = SiC + 3HCl$（氢气为载气）	900～1400	1.3～6.6
	$6SiH_4 + 2C_3H_3 = 6SiC + 15H_2$	800	1.3
	$6SiH_4 + C_6H_6 = 6SiC + 15H_2$	800	1.3
TaC	$CH_4 + Ta = TaC + 2H_2$	＞2000	
	$TaCl_4 + CH_3Cl + H_2 = TaC + 5HCl$	1150～1200	1.3～2.6

续表

陶瓷膜	前驱体和化学反应	温度/℃	气压/kPa
AlN	$AlCl_3 + NH_3 = AlN + 3HCl$（在氢气氛中）	1000~1100	0.13(H_2)
	$AlBr_3 + NH_3 = AlN + 3HBr$（在氢气氛中）	900	0.13(H_2)
	$(CH_3)_3Al + NH_3 = AlN + 3CH_4$	900~1400	<0.13
BN	$BF_3 + NH_3 = BN + 3HF$	1100~1200	101
	$B_2H_6 + 2NH_3 = 2BN + 6H_2$	300~400	<1.3
	$2B_3H_3N_3 = 6BN + 3H_2$	700	<1.3
	$B(C_2H_5)_3 + NH_3 + H_2 = BN + 2CH_4 + 2C_2H_6$（在氩气中）	750~1200	—
Si_3N_4	$3SiCl_4 + 4NH_3 = Si_3N_4 + 12HCl$	850	101
	$3SiH_2Cl_2 + 4NH_3 = Si_3N_4 + 6HCl + 6H_2$（在稀氮气中）	755~810	
	$3SiH_4 + 4NH_3 = Si_3N_4 + 12H_2$	700~1150	101
	$3SiH_4 + 2N_2 = Si_3N_4 + 6H_2$	—	—
TiN	$2TiCl_4 + N_2 + 4H_2 = 2TiN + 8HCl$	900~1200	101(Ar)
	$2TiCl_4 + 2NH_3 + H_2 = 2TiN + 8HCl$（氢气过量）	480~700	1
TiC_xN_{1-x}	$TiCl_4 + xCH_4 + 0.5(1-x)H_2 + 2(1-x)H_2 = TiC_xN_{1-x} + 4HCl$	1000	—
	$TiCl_4 + CH_3CN + 2.5H_2 = TiCN + 4HCl + CH_4$	700~900	—
Al_2O_3	$2AlCl_3 + 3H_2 + 3CO_2 = Al_2O_3 + 3CO + 6HCl$（过量 H_2）	1050	1.3
Cr_2O_3	$Cr(C_5H_7O_2)_3$ 在 CO_2 或 H_2O 中热分解	520~560	<0.65
HfO_2	$Hf(C_5H_7O_2)_4$ 在 O_2 或 He 气中热分解	500~550	
	$HfCl_4 + 2H_2 + 2CO_2 = HfO_2 + 2CO + 4HCl$（过量 H_2）	1000	<2.6
SiO_2	$SiH_4 + O_2 = SiO_2 + 2H_2$（PlasmaCVD，$SiH_4 : O_2 = 10 : 1$）	200~300	2~40Pa
	$SiH_4 + O_2 = SiO_2 + 2H_2O$	450	101
	$SiCl_2H_2 + 2N_2O = SiO_2 + 2HCl + 2N_2$	850~950	<0.13
	$Si(OC_2H_5)_4 = SiO_2 + 4C_2H_4 + 2H_2O$	700	<0.13
Ta_2O_5	$4TaCl_5 + 10H_2 + 5O_2 = 2Ta_2O_5 + 20HCl$（过量 H_2）	600~900	—
	$Ta(OC_2H_5)_5$ 在 $N_2 + O_2$ 中热分解	340~450	<0.13
SnO_2	$SnCl_4 + 2H_2 + O_2 = SnO_2 + 4HCl$	600~800	—
	$Sn(CH_3)_4 + 8O_2 = SnO_2 + 4CO_2 + 6H_2O$	350~600	<0.13 或 101
	$(CH_3)_2SnCl_2 + O_2 = SnO_2 + 2CH_3Cl$	540	—
TiO_2	$TiCl_4 + 2H_2 + O_2 = TiO_2 + 4HCl$	400~1000	—
	$Ti(OC_2H_5)_4$ 在 $He + O_2$ 中热分解	450	
	$Ti(OC_3H_7)_5$ 在 O_2 中热分解	300	<0.13
ZrO_2	$ZrCl_4 + 2H_2 + 2CO_2 = ZrO_2 + 4HCl + 2CO$	900~1200	—
	$ZrCl_4 + YCl_3 + 2(1+0.75x)H_2 + 2(1+x)CO_2 \rightarrow Zr(Y_x)O_2(1+x) + (4+3x)HCl + 2(1+x)CO$	700—1000	—
	$Zr(C_{11}H_{19}O_2)_4 + Y(C_{11}H_{19}O_2)_3 \rightarrow Zr(Y_x)O_2$（热分解）	735	—

续表

陶瓷膜	前驱体和化学反应	温度/℃	气压/kPa
Fe₂O₃	$2FeCl_3 + 3H_2O = Fe_2O_3 + 6HCl$	800~1000	<0.13
	$Fe(O_2C_5H_7)_3$ 在 O_2 中热分解	400~500	
	$Fe(C_5H_5)_2$ 在 O_2 中热分解	300~500	0.13~2.6
ZnO	$(CH_3)_2Zn + C_4H_8O + 5H_2 = ZnO + 6CH_4$	300~500	0.065~0.3
Bi₄Ti₃O₁₂	$Bi(C_6H_5)_3 + Ti\text{-iso}(OC_3H_7)_4 \rightarrow Bi_4Ti_3O_{12}$	600~800	0.65
MgAl₂O₄	$MgCl_2 + 2AlCl_3 + 4CO_2 + 4H_2 = MgAl_2O_4 + 4CO + 8HCl$	950	—

　　化学气相沉积制备薄膜的设备主要包括反应气体发生、混合、传输系统，反应沉积室，温度和压力控制系统，废气处理和排放系统（图10-28）。其中反应沉积室是 CVD 涂膜设备的心脏，待涂工件安放于其中。根据涂膜的成分和具体工艺要求，制造反应沉积室的材料可用不锈钢和石英玻璃等，通常不锈钢腔室壁带有水冷结构以防止过热。反应气体、输运气体、稀释气体经事先混合后通入反应室，但也可以分别通入其中，在反应室内混合。化学气相反应和薄膜的形成需要适当的温度和压力，因此需要通过温度调控系统控制加热装置来维持反应室内工件表面的温度，通过压力调控系统来确保反应室内的压力维持在工艺过程所要求的水平。对反应室和工件表面的加热的方式多种多样，图10-29 中给出常用的一些加热技术。图10-29（a）中为加热元件置于反应室外面，将反应室内的气体及待涂工件一起加热到化学反应所要求的温度，这种加热方式要求反应室壁的温度高于反应气体和工件的温度。由于反应室壁处于高温状态，因此称这种 CVD 设备为热壁式。这种装置常用于半导体工业中，反应室通常用石英玻璃制成。

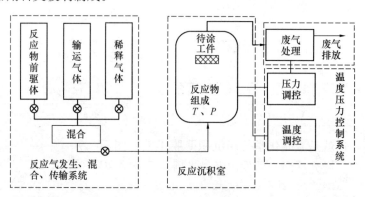

图 10-28　CVD 涂膜设备示意图

　　如果将图10-29（a）中的电热元件替换成连接高频发生器的感应线圈，并在石英管内放置石墨管，吸收感应线圈中高频电磁场的能量产生高温，则成为冷壁式化学气相沉积设备［（图10-29（b）]。待涂工件置于石墨管内。为了减小上下游反应气体浓度差别，工件表面相对于气流方向呈一倾斜角度。在石墨管和石英管之间安放管状电绝缘隔热屏，以降低热量向反应室外流失。冷壁式的特点是发热元件置于反应室内部，反应室壁保持在较低的温度。如果工件本身是能够导电的物体，在反应室内可以不安装专门的发热元件，让工件直接吸收高频电磁场的能量，使其温度升高至反应所需要的温度。

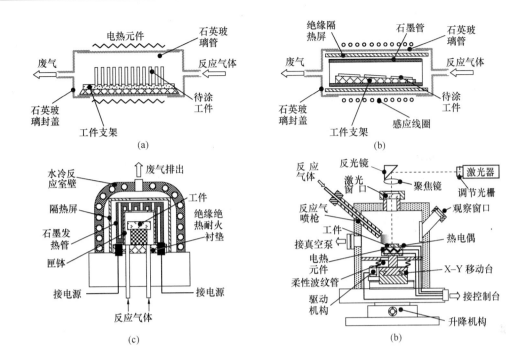

图 10-29 化学气相沉积薄膜工艺中各种对工件的加热技术

(a) 热壁式，电热元件壁外加热；(b) 冷壁式，感应加热；

(c) 反应室内装有石墨发热管的 CVD 装置；(d) 激光 CVD 沉积薄膜装置

使反应室内工件温度升高的方法除高频感应之外还有直接通电、红外辐射、激光等技术。图 10-29（c）表示用直接通电加热反应室内的管状石墨发热元件的 CVD 涂膜装置，石墨发热元件是在石墨管的柱面上分割出许多狭缝，使剩下的石墨形成首尾相连的导电发热带。待涂工件置于管状发热体的中央，在发热体与工件之间套有耐高温匣钵，可以使工件受热均匀并约束反应气流。反应室的外壁通水冷却。除石墨之外也可用电热丝作发热元件，在反应温度不高的场合也可用红外辐射器作加热元件。

如用能被工件表面吸收的激光照射工件表面，使之受热、升温，反应气体在表面发生反应，生成薄膜，这就是激光化学气相沉积薄膜工艺，图 10-29（d）为一种激光气相沉积薄膜装置的示意图。激光从激光器发出经过光栅、反光镜和聚焦镜，并通过反应室的激光窗口照射到工件上，对于红外激光可用 ZnS 作窗口材料。整个反应室与机座密封连接，基座安放在一个可微调的升降机构上，以便使激光束聚焦在待涂的面上。反应气体可采用两种方式进入反应室：可通过反应气喷枪将反应气体直接引导到待涂表面附近或者不用喷枪，将反应气体导入反应室，使其中充满反应气体。待涂工件安放在一个可以在 X—Y 两个方向移动的工作台上。安放工件的平台下面安装电热元件，可对工件表面加热，这样做有助于节约激光加热的能量和减小工件与涂层之间的温差，从而减少二者因热膨胀不同引起的变形和热应力。反应室同真空泵相连，以排除反应后的废气并控制反应室内的压力。在 CVD 过程中利用激光不仅可快速将工件表面加热到很高温度（500℃～2000℃），另一个作用是高能量的激光光子可以直接促进反应物气体分子分解为活性基团，从而加速成膜反应。在一些 CVD 工艺中用 SiH_4、CH_4 等气体做原料，这些气体的分解要求较高的能量，为此激光波长应小于

220nm，因此需要利用紫外波段的准分子激光器[83]。利用激光的优点是只加热工件表面的局部区域，因此仅在相应的局部区域形成薄膜，利用激光束与工件表面的相对运动，可制备各种具有精细图案的薄膜。例如通过控制图 10-29 中所示的 X－Y 移动工作台和基座升降机构的联合运动，可在工件表面沉积具有各种图案形状的薄膜。图 10-30 为利用激光 CVD 工艺在基片上沉积直条形碳膜［图 10-29（a）］和使两个局部区域的碳膜生长成碳纤维并互相交汇在一起形成如图图 10-29（b）所示的碳纤维构架[93]。

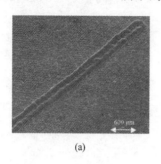
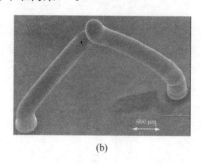

(a)　　　　　　　　　　　　　　　　(b)

图 10-30　利用激光 CVD 工艺在基片上制备各种形状的碳沉积层[93]

(a) 在基片上沉积直条形碳膜；(b) 在基片上沉积碳纤维构架

　　将射频或微波电磁场耦合到反应室内，使其中气体电离，形成等离子体，可促进气相沉积反应，这称为等离子增强化学气相沉积（PECVD）。等离子体内含有大量高能粒子，它们同反应气体分子碰撞，为化学反应提供活化能，引起反应气体的分解、电离或化合，并形成高活性基团，使得原来需要在高温下才能进行的化学反应可在不高的温度下进行，从而显著地降低了 CVD 过程中工件表面的温度。这样可以避免高温造成的薄膜与工件表面之间发生不希望的化学反应或扩散作用，从而防止薄膜或工件中发生材料结构变化和性能恶化，并可避免因薄膜与工件表面的较大温差而在薄膜内造成大的热应力和形变。PECVD 降低沉积温度的效果可从表 10-13[92] 中看出。图 10-31 为射频 PECVD 装置示意图。待涂工件置于由石英玻璃制成的反应室内，射频耦合线圈放置于反应室外面，它产生的交变电磁场在反应室内使反应气体发生电离，在反应气流的下游方向放置工件，即可获得薄膜的沉积。这种用高频线圈通过电感耦合产生等离子体可在环境气压下工作，所生成的等离子体中电子密度可高达 $10^{12}/cm^3$，形成高温等离子流，促进气相化学反应和形成薄膜。电感耦合 PECVD 的缺点是所产生的等离子体的均匀性较差，不易保证大面积薄膜的均匀沉积。图 10-32 为微波

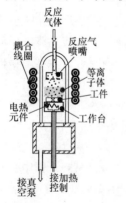
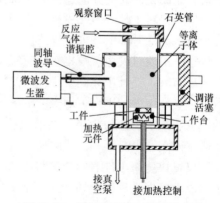

图 10-31　射频 PECVD 装置示意图　　　　图 10-32　微波 PECVD 装置示意图

PECVD 装置示意图。微波发生器产生频率为 2.45GHz 的微波，通过波导耦合到谐振腔中，形成微波驻波场。作为反应室的石英管穿过谐振腔的中央，反应混合气体从管的一端导入，在微波的作用下电离形成等离子体，等离子体被往下流动的气体吹向下游。带有加热元件的工作台置于等离子体的下游，待涂工件置于工作台上，在该处同等离子体相遇发生反应并沉积薄膜。微波 PECVD 反应室内的压力一般为 0.1～1kPa。

表 10-13　普通 CVD 和 PECVD 的沉积温度对比[93]

沉积物质	沉积温度/℃	
	普通 CVD	PECVD
外延 Si	1000～1250	750
多晶 Si	650	200～400
Si_3N_4	900	300
SiO_2	800～1100	300
TiC	900～1100	500
TiN	900～110	500
WC	1000	325～525

CVD 薄膜的质量（组成、结晶形态、致密性）以及成膜速率同反应室的气体压强及反应室内的温度，特别是工件表面的温度紧密相关。化学气相沉积薄膜的化学反应一般在待涂工件表面上发生。如果在远离工件的反应室空间中就进行化学反应，所生成的反应物固相颗粒或晶核最后并不一定降落到待涂表面上，即使落在待涂表面也很可能形成松散的沉积层，最终不能得到致密牢固的薄膜。气相内各种气体分子相距比较远，需要通过气体扩散，分子或原子互相碰撞才能发生反应，发生反应需要的能量比较高，反应率相对较低。另一方面，工件表面能够吸附气相组分，使之在表面富集。被吸附的各个反应组分很容易在表面扩散，发生反应需要的扩散距离远小于气相中的扩散距离，因此在表面上发生反应的几率高于气相中的反应几率。所生成的固相颗粒或晶核也容易通过表面扩散进行融合和烧结，从而形成致密薄膜。在固相表面进行化学反应也需要一定的活化能，但一般来讲低于气相反应的活化能，因此可以在表面温度较低的状态下进行高效率的反应。然而气相组分不仅能被吸附在固相表面，已经被吸附的组分也能够从表面解脱，离开表面回到气相中；反应产物中除成膜所需要的固相物质之外，常有其他成膜不需要的物质作为副产品附着在表面，这些副产品若不离开表面将会影响化学反应的继续进行，因此，必须使之尽快脱离表面回到气相中。从这样的分析可知：如果不考虑固相在表面上的融合和烧结（这两个过程是不可逆的），在表面上存在以下几个可逆反应：

$$反应组分（气相）\Longleftrightarrow反应组分（表面） \tag{10-4}$$

$$反应组分（表面）\Longleftrightarrow固相（表面）+副产物（表面） \tag{10-5}$$

$$副产物（表面）\Longleftrightarrow副产物（气相） \tag{10-6}$$

为了得到高质量的薄膜，必须尽量高效率地生成成膜物质并保留在表面上，因此需要使上面各个反应保持由左向右地进行（正反应）。其中式 10-5 主要通过温度来控制，而其余两个反应需要同时控制温度和压强两个参数来实现。绝大部分的表面化学反应的速率都随温度的升高而呈指数规律增大，然而表面温度升高将加速已吸附在表面的反应组分的解脱，离开表面，造成参加反应的物质不足，从而减缓化学反应。这两个过程的综合作用，使得气相沉积薄膜存在一个最佳温度区域。例如以 $TaCl_5 + C_3H_6 + H_2$ 为反应气体，以 Ar 气为载运气，在石墨上沉积 TaC 薄膜[94,95]，不同沉积温度下薄膜的显微结构如图 10-33 所示。在 1273K 下［图 10-33（a）］薄膜内晶体呈针状，晶体之间有许多孔隙，说明在此低温下薄膜表面反应：

$$6TaCl_5 + 2C_3H_6 + 9H_2 = 6TaC + 30HCl \qquad (10\text{-}7)$$

生成的 TaC 不够多，TaC 晶体不能充分发育，而且温度低也影响烧结过程的开展，因此在薄膜中只能形成针状晶体的酥松结构。当反应温度为 1473K，所形成的薄膜呈多面体紧密排列结构［图 10-33（b）］，说明在此温度下上述反应能在薄膜内产生足够多的 TaC 晶体并充分发育，而且发生充分烧结，从而形成致密薄膜。如反应温度高达 1673K，则薄膜内存在许多大的球形颗粒，球与球之间存在很大的孔隙［图 10-33（c）］。这是因为在高温下薄膜表面的反应物反而减少，另一方面，高温促使 $TaCl_5$ 在气相中直接被还原，形成 Ta 晶核，进而碳化形成 TaC，并在气相中相互团聚、长大成为松散的球形团聚粒子，这些团聚颗粒降落在基体表面，形成酥松的薄膜。

 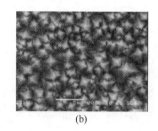 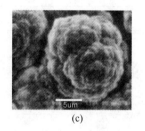

　　　　　　　　（a）　　　　　　　　　　　　（b）　　　　　　　　　　　　（c）

图 10-33　不同反应温度下形成的 TaC 薄膜的显微结构
（a）反应温度：1273K[94]；（b）反应温度：1473K[94]；（c）反应温度：1673K[95]

　　如果提高反应气体的分压，使 CVD 反应室内的压强增高，可以提高反应物的浓度，并促进反应物在表面吸附，从而增快反应速度。如果仅仅提高输运气体或稀释气体的分压，则降低反应室内反应气体的浓度，将导致沉积速度变慢，但可以使薄膜内晶体生长完整，形成单晶薄膜。采用低压 CVD（反应室压强低至 100Pa 左右）可使反应气体的扩散系数提高几个数量级，气体的流速提高 1～2 个数量级，并且降低反应室的压强可以加快反应副产物离开表面的速度，总的效果是提高了薄膜的沉积速率和薄膜的品质。此外，由于低压条件下气体分子的平均自由程较长，在气相中就发生成膜物质反应的几率小，这样反应主要在表面进行，可以在表面形成排列紧密、厚度均匀的薄膜。图 10-34 为利用甲基三氯硅烷（MTS）热分解在碳纤维上沉积 SiC 膜的厚度同反应室压强的关系[96]，沉积温度为 1250℃，利用氢气作为运载和稀释气体，在变动反应室压强时并保持 H_2 和 CH_3SiCl_3 的流量分别为 4L/min 和 1.05L/min。从图中明显看出沉积厚度（亦即沉积速率）随反应室压强增高而增大。用 CVD 工艺在单晶硅的（100）面上沉积金刚石薄膜，反应气体为 CH_4 和 H_2 的混合气（CH_4 的体积分数为 2%），基体温度 750℃[97]。反应室压强过高或过低都会使膜中非晶碳含量增高而金刚石成分降低，从而导致金刚石膜的红外透射率下降（图 10-35）。

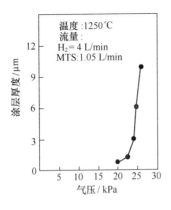

图 10-34 碳纤维上 SiC 涂层厚度同
反应室总气压的关系[96]

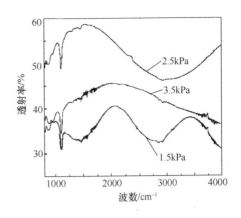

图 10-35 反应室压强对 CVD 金刚石薄膜
红外透射率的影响[97]

化学气相沉积薄膜所用的原料包括成膜所必需的反应气体（常称之为前驱气体）、运载气体和稀释气体。后面两种常用氩气、氢气（氢气也可能作为反应气体）和氮气等。常用的反应气体有低分子有机物，如烷烃、烯烃、金属卤化物和金属氢化物等，这些物质必须具有较低的沸点，容易分解。然而其中相当多一部分具有一定的毒性或腐蚀性，因此使用时需要采取防护措施。表 10-14 给出一些金属卤化物、氢化物和羰基化合物的熔点和沸点。对于气体前驱体，可以直接用管道将气体通入反应室，并用质量流量计控制每一种气体的流量和混合后气体的流量。整个供气系统如图 10-36（a）所示。然而，从表 10-14 可见，有一些前驱

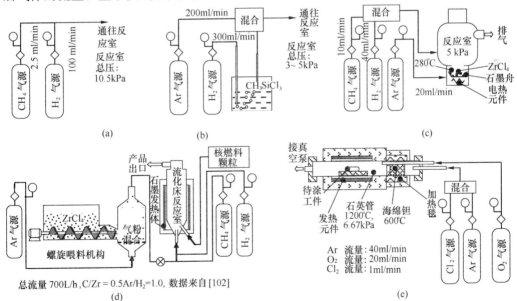

图 10-36 各种送气系统的构造示意图

（a）微波 PECVD 制备金刚石薄膜（图中数据来自［99］）；（b）热壁 CVD 制备 SiC 薄膜（图中数据来自［100］）；
（c）热壁 CVD 制备 ZrC 薄膜（图中数据来自［101］）；（d）利用螺旋喂料器和氩气将 ZrCl4 粉料直接送入反应室在核
燃料颗粒外制备 ZrC 涂层；（e）利用 Cl2 与 Ta 反应生成 TaCl5 在 SiC 上沉积 Ta2O5 薄膜[103]

以上各图中⪝表示气压测控，◇表示流量测控，⊗表示流量调节

体在室温下是液体或固体，因此需要加热使它们蒸发成气体，并先同运载气体混合后再输入反应室。需用液相或固相前驱体的供气系统如图 10-36（b）和图 10-36（c）所示。对于一些蒸气压很低的固相前驱体需要较高的温度才能产生足够高的蒸气分压，然而在输送过程中如果保温不好，很容易冷凝成固体堵塞管道，因此在需要使用这类高熔点、低蒸气分压的物质作前驱体的场合，通常可将固相粉末直接喷入反应室中，利用反应室内的高温使之气化，从而实现化学气相成膜［图 10-36（d）］。另一种解决的方法称为原位卤化反应法，即在一定的温度下将卤素气体、卤化氢或卤化烃类气体通过海绵态金属，两者反应生成金属卤化物气体，在运载气体的帮助下导入反应室［图 10-36（e）］。此外，在 PVD 工艺的涂膜腔室内通入一种反应气体，与 PVD 过程中溅射出的气相物质反应，生成氧化物、氮化物、硼化物等薄膜，这种工艺实际上也是气相化学反应成膜，但通常将此称为反应溅射工艺或反应 PVD 成膜工艺。如以金属铝为靶材，利用磁控溅射，同时通入 N_2/Ar 混合气，可沉积 AlN 薄膜。一种具体的工艺过程是：以纯度 99.99％的金属铝为靶材，当溅射室真空达到 5×10^{-3} Pa 时，将纯度为 99.9995％的氩气和氮气以 12∶8 的流量导入磁控溅射室，室内气压保持在 $0.2 \sim 1.0$ Pa，在 Si 基体的（100）面上沉积 AlN 膜。发现沉积速度随着气压的增大而下降，并且沉积速率较高时薄膜呈［002］择优取向，而沉积速率较低时薄膜呈［100］择优取向[98]。

表 10-14 用于 CVD 薄膜的前驱体物质的熔点和沸点[92]

物质	熔点/℃	沸点/℃	物质	熔点/℃	沸点/℃
$AlBr_3$	97.5	263	PH_3	—	-87
$AlCl_3$	190	1882.7(s)	H_2S	—	-60
BCl_3	-107.3	12.5	SbH_3	—	-17
BF_3	126.7	-99.9	H_2Se	—	3
CCl_4	-23	76.8	SiH_4	—	-111
CF_4	-184	-128	H_2Te	—	-2
$CrCl_2$	824	1300(s)	$RhCl_2RhO(CO)_3$	125	升华
$HfCl_4$	319	319(s)	$V(CO)_6$	65	分解
HfI_4	—	400(s)	$Cr(CO)_6$	164	180(dec)
$MoCl_5$	194	268	$Fe(CO)_5$	-20	103
HfF_6	17.5	35	$Ni(CO)_4$	-25	43
$NbCl_5$	204.7	254	$Mo(CO)_6$	150	180(dec)
ReF_6	18.8	47.6	$Ru(CO)_5$	-22	—
$SiCl_4$	-70	57.6	$W(CO)_6$	169	180(dec)
$TaBr_5$	265	348.8	$Os(CO)_5$	-15	—
$TaCl_5$	216	242	$Mn_2(CO)_{12}$	152	—
$TiCl_4$	-25	136	$Fe_2(CO)_9$	80	2.08
VCl_4	-28	148.5	$Co_2(CO)_8$	51	52(dec)
WCl_5	248	275.6	$Re_2(CO)_{10}$	170	250(dec)
WF_6	2.5	17.5	$Ir_2(CO)_8$	160	—
$ZrBr_4$	450	357(s)	$Re(CO)_4Cl_2$	—	250(dec)
$ZrCl_4$	437	331(s)	$Os(CO)_3Cl_2$	270	280(dec)
AsH_3	—	-55	$Ir(CO)_2Cl_2$	140(dec)	—
B_2H_6	—	-92	$Rt(CO)Cl_2$	195	300(dec)
GeH_4	—	-88	$Pt(CO)_2Cl_2$	142	210
NH_3	—	-33			

注：（s）—升华；（dec）—分解。

许多化学气相反应沉积薄膜的过程中会产生如 HCl、H_2 或 CO 等具有腐蚀性或可燃性气体副产物进入废气中。这种废气不能直接排入大气，必须在离开反应室后先对废气进行无害化处理，然后才能排放至大气中。对于酸性废气，通常将其导入碱性溶液中进行中和、吸收；对于可燃性气体，常将其燃烧。

第 5 节　液 相 成 膜

上述气相成膜工艺需要在具有一定气氛的腔室内进行，其中绝大部分都必须配备真空系统，因此所用设备比较复杂，而液相成膜工艺所用的设备比较简单，制造成本相对低廉。然而，液相成膜工艺最初在待涂工件表面生成的是液态膜，需要经过干燥、热处理（烧结）等一系列工艺步骤才能得到所需要的陶瓷膜，工艺流程比气相成膜长得多。

液相成膜以溶液或溶胶为前驱体，制造前驱体的原料包括金属的无机盐类或氢氧化合物、金属有机化合物（其中最常用的是金属的醇盐）。在待涂表面生成液相薄膜的方法主要有浸泡、提拉、离心铺展和喷涂等（图 10-37）。由于最初形成的是液相膜，必须利用加热、降压蒸发等手段使其中液体排出，再转变成为固相薄膜。在大多数情况下还需要进行热处理，才能获得所需要的薄膜组成和显微结构。

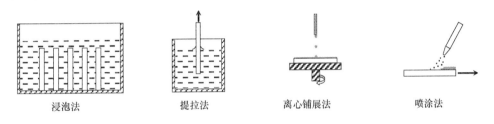

浸泡法　　　　提拉法　　　　离心铺展法　　　　喷涂法

图 10-37　液相成膜的各种工艺方法

以溶液为前驱体制造陶瓷薄膜所用的前驱体溶液通常为各种金属盐类的水溶液或有机溶液。如将浓度为 0.75mol/L 醋酸锌[$Zn(CH_3COO)_2 \cdot 2H_2O$]水溶液与氨基乙烷-乙二醇独甲醚溶液混合成透明的前驱体溶液，采用提拉法在玻璃板表面形成一层液膜，经过在 300℃下干燥，再在 500℃下煅烧，即成为 ZnO 薄膜[104]。通过调节反复提拉成膜和 300℃下干燥的次数可控制薄膜的厚度。

通过调控前驱体溶液的过饱和度可以在水溶液中直接沉积 TiO_2 薄膜[105]：将纯度为 99.99％的 $TiCl_4$ 在强烈搅拌下逐滴加入到 0℃的盐酸水溶液中，形成浓度为 $2\sim13\text{m mol/L}$ 的 $TiCl_4$ 透明溶液，其室温下的 pH 值为 1.10～1.45。然后把表面经过清洗、再经过等离子火焰氧化处理的单晶硅片垂直浸入溶液中，并将溶液加温到 60～90℃。由于 $TiCl_4$ 水解，在溶液中析出 TiO_2 晶核。其中一部分附着在单晶硅表面，由于溶液处于过饱和状态，这部分晶核生长，形成 TiO_2 薄膜。没有附着在硅表面的晶核则在溶液内生成水合 TiO_2 沉淀。为了溶液的过饱和度不随着 TiO_2 的析出而不断下降，每隔一定时间（如 1h）需要用新鲜的前驱体溶液去替换已出现沉淀的悬浮液，这样经过数次更换溶液，便在硅片的表面形成锐钛矿晶型的 TiO_2 薄膜 [图 10-38（a）]。TiO_2 薄膜的生成过程可笼统地用下面的反应式表示：

$$TiCl_4 + 2H_2O = TiO_2 + 4HCl \tag{10-7}$$

然而真实的反应过程并非如上式这么简单，$TiCl_4$ 的水解须经过一系列的中间产物，如

$\mathrm{Ti(OH)_2}^{2+}$、$\mathrm{Ti(OH)_3}^{+}$、$\mathrm{Ti(OH)_4}$ 等。因而前驱体溶液的过饱和度 s 可用下式定义[105]：

$$s = \left[\frac{a_{\mathrm{Ti(OH)_2^{2+}}} \cdot a_{\mathrm{Ti(OH)_3^+}} \cdot a_{\mathrm{Ti(OH)_4}} \cdot (a_{\mathrm{OH^-}})^3}{K_{\mathrm{p}}}\right]^{1/6} \tag{10-8}$$

式中各个 a_i 分别为溶液中每种组分的活度，K_{p} 为上述反应式平衡常数，可以根据反应的自由能计算出。

$\mathrm{TiO_2}$ 膜的显微结构同前驱体溶液的过饱和度 s 有关[105]：若 s 值大于 160，生成由纳米 $\mathrm{TiO_2}$ 颗粒堆积而成的致密薄膜 [图 10-38（b）]；如 s 值小于 80，则薄膜呈树枝状结构 [图 10-38（c）]，这种薄膜具有很大的比表面积。

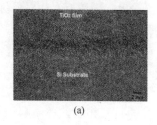 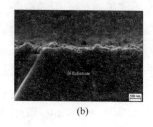 

（a）　　　　　　　　　　（b）　　　　　　　　　　（c）

图 10-38　在 $\mathrm{TiCl_4}$ 水溶液中直接形成的 $\mathrm{TiO_2}$ 薄膜[105]

（a）薄膜的 TEM 图像，显示锐钛矿结构，$s=162.6$；（b）由纳米 $\mathrm{TiO_2}$ 颗粒构成的致密薄膜，

$s=232.8$；（c）呈树枝状结构的 $\mathrm{TiO_2}$ 薄膜，$s=68.6$

利用水溶液中金属氧化物与金属含氟络合物之间的化学平衡关系，可以从溶液中直接在固/液界面沉积氧化物薄膜。例如在浓度为 $0.06\mathrm{mol/L}$ 的氟锆酸（$\mathrm{H_2ZrF_6}$）水溶液中浸入待涂工件（材质可以为硅片、石英玻璃、普通玻璃、金片或金丝等），再加入金属铝片，并在 30℃下保持 24h，在待涂表面便沉积出一层无定形 $\mathrm{ZrO_2}$ 薄膜[106]。生成 $\mathrm{ZrO_2}$ 膜的化学反应过程是 $\mathrm{H_2ZrF_6}$ 先在水中形成络合离子：$\mathrm{ZrF_x^{(x-2n)-}}$，并有下列平衡：

$$\mathrm{ZrF_x^{(x-4)-}} + 2\mathrm{H_2O} = \mathrm{ZrO_2} + x\mathrm{F^-} + 4\mathrm{H^+} \tag{10-9}$$

当在溶液内加入金属铝片，由于 Al 同溶液中 $\mathrm{F^-}$ 和 $\mathrm{H^+}$ 形成 $\mathrm{H_3AlF_6}$：

$$\mathrm{Al} + 6\mathrm{H^+} + 6\mathrm{F^-} = \mathrm{H_3AlF_6} + 1.5\mathrm{H_2} \tag{10-10}$$

使反应式（10-9）的平衡向右移动，生成 $\mathrm{ZrO_2}$。也可以向溶液中加入硼酸（$\mathrm{H_3BO_3}$）代替 Al 片来消耗溶液中的 $\mathrm{F^-}$ 和 $\mathrm{H^+}$ 离子，使上述平衡向右移动：

$$\mathrm{H_3BO_3} + 4\mathrm{H^+} + 4\mathrm{F^-} = \mathrm{BF_4^-} + 2\mathrm{H_2O} + \mathrm{H_3O^+} \tag{10-11}$$

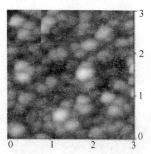

图 10-39　Si 片上 $\mathrm{ZrO_2}$ 薄膜的 AFM 图像，图中数字的量纲为 $\mu\mathrm{m}$[106]

薄膜经过用去离子水洗涤、干燥和 900℃热处理后便形成由细小的单斜 $\mathrm{ZrO_2}$ 颗粒紧密排列而成的致密薄膜（图 10-39）[106]。

以溶液为前驱体沉积陶瓷膜都需要经过在液相内析出固相颗粒这一过程，由于通常不同金属离子在同一液相内的溶度积并不相同，因此当需要制备多组分陶瓷膜时很难使不同组分在同一条件下同时析出固相颗粒，从而造成膜内组分分布不均匀，甚至不能得到所需要的多组分固相。如以溶胶为前驱体，通过溶胶-凝胶转变凝固成薄膜，其中各种组分不会发生偏析，始终保持分子水平上的均匀混合，因此很容易制造均匀的多组分陶瓷薄膜。

用钛酸四丁酯(Ti(OBu)₄)和乙醇(EtOH)配制成 Ti(OBu)₄ 浓度为 0.4mol/L 的溶液，再将乙酰丙酮(AcAc)和去离子水先后按照摩尔比 $TiO_2：AcAc：H_2O＝1：0.5：：1$ 加入到上述溶液中，并用硝酸调节混合溶液的 pH＝1.5，如此获得氧化钛溶胶。用提拉法在经过清洁处理的 Al_2O_3 陶瓷体表面制备氧化钛溶胶膜，先在室温中挥发胶膜中的液相，再经过 60℃下干燥处理形成凝胶膜，凝胶膜在 1000℃下烧结，形成 TiO_2 薄膜[107,108]。图 10-40 就是用上述溶胶-凝胶工艺在 Al_2O_3 基体上制备的 TiO_2 薄膜，从图可见薄膜由单层 TiO_2 晶粒致密排列构成，其厚度大约 50nm，XRD 表明 TiO_2 晶粒为金红石型。

在不断搅拌下将 AcAc 缓慢地加到锆酸四丙酯(Zr(OPr)₄)中，保持搅拌，待溶液温度降到室温后再将去离子水和醋酸钇(Y(C₂H₃O₂)₃·4H₂O)先后加到溶液中，保持四者的摩尔比 $Zr(OPr)_4：AcAc：H_2O：YAc_3·4H_2O＝1：1：3：0.173$。配制完毕后在 80℃下搅拌半小时，然后直接放入回旋干燥器内在 90℃、＜4kPa 下排除液相，得到 Y_2O_3 稳定的 ZrO_2 干凝胶粉料。将干凝胶粉加入 90%乙醇-10%1,5-戊二醇的混合液中，长时间搅拌，形成溶胶，溶胶中 ZrO_2-Y_2O_3 的质量浓度为 6%。用提拉法在氧化铝单晶(蓝宝石)基片上制备氧化锆薄膜，成膜的环境温度为 24℃、相对湿度为 20%，提拉速度为 33mm/min，然后在常温下干燥 2min，再在 500℃下保持 10min，如此反复 10 次再送入加热炉内于 1350℃下处理 24h，形成 Y_2O_3 稳定的 ZrO_2 薄膜(YSZ)，如图 10-41 所示[109]。从图可见所生成的氧化锆薄膜由单层 ZrO_2 晶粒致密排列构成，膜的厚度 0.3～0.4μm。

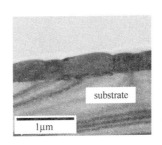

图 10-40　在 Al_2O_3 基体上用溶胶-
凝胶法制备 TiO_2 薄膜

图 10-41　溶胶-凝胶法在蓝宝石基片上
形成的 YSZ 薄膜[109]

用溶胶-凝胶工艺还可以在连续纤维表面制备陶瓷薄膜。例如在 Nextel-610[注]氧化铝/莫来石陶瓷纤维表面涂覆 Y_2O_3 稳定的 ZrO_2(YSZ)薄膜[110]：用上面所述的方法制备 YSZ 干凝胶，将其同适量去离子水搅拌混合，配制成含有 2%(质量浓度)YSZ 的溶胶。在其中加入适量十六烷基三甲基溴化铵(阳离子表面活性剂)，以改善陶瓷纤维表面的润湿性。将所制备的溶胶放入如图 10-42 所示的纤维涂膜设备的溶胶池内；陶瓷纤维先经过脱浆炉在 900℃下除去纤维表面的有机保护层，通过两组能够自由调节的导轮使纤维以 0.5m/min 的速度运动，并保持 0.1MPa 的张力；然后进入溶胶池，在纤维表面涂覆溶胶层；经过在空气中干燥形成凝胶膜后纤维进入煅烧炉，在 700℃下加热处理，形成氧化锆陶瓷膜(图 10-43)。

　　[注]　Nextel 是一种由美国 3M 公司生产的氧化铝/莫来石陶瓷纤维纱的商品牌号，其标号为 610 的纤维束包含 400 根 12μm 陶瓷纤维，Al_2O_3 含量 99%；标号 720 的纤维束包含 420 根 12μm 的陶瓷纤维，Al_2O_3 含量 85%。

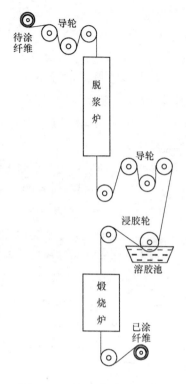

图 10-42　溶胶-凝胶法在连续
纤维表面制备陶瓷薄膜[110]

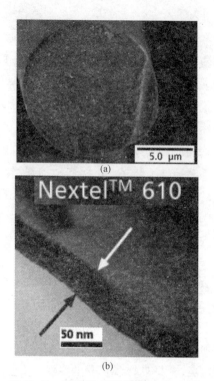

图 10-43　用溶胶-凝胶法在 Nextel-610
纤维上生成的氧化锆涂层[110]
(a) 涂有 ZrO$_2$ 的 Nxtel-610 纤维；(b) ZrO$_2$ 涂层放大图

　　由于单根陶瓷纤维很容易损坏、折断，因此连续陶瓷纤维通常都以许多纤维组成的陶瓷纤维束（纱）的形式存在。陶瓷纤维涂膜实际上是用陶瓷纤维束进行的，一根陶瓷纤维束中有数百根陶瓷纤维，在涂膜时由于毛细管力的作用，纤维与纤维之间的涂膜会桥联在一起，或者由于纤维之间空隙太小，而前驱液同纤维间的界面张力太大，前驱液无法渗入到纤维之间，造成膜层不完整。减少胶膜桥联的一种措施是当纤维表面涂上胶膜之后立即浸入同涂膜前驱液不相混溶的另一种液体中，使之排挤纤维上多余的前驱体液。使用排挤液不可能完全消除涂膜间的桥联，但可以显著地减少桥联。若前驱体液是水基溶胶（或溶液），排挤液可用不溶于水的醇类，如 1-辛醇；而对于乙醇基前驱液，排挤液可用烷烃类，如十六烷。为促使前驱液完全包裹纤维表面，可利用表面活性剂，如十六烷基三甲基溴化铵、聚乙二醇辛基苯基醚等，以降低前驱液与纤维间的界面张力。图 10-44 所示的纤维涂膜装置由盛液罐、涂膜嘴、前驱液回收罐、循环泵等组成。盛液罐中部安装有中

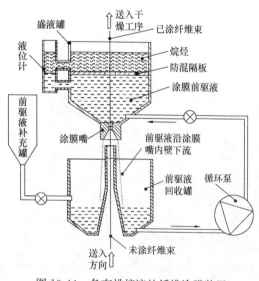

图 10-44　备有排挤液的纤维涂膜装置

央带孔的防混隔板，分割前驱液和排挤液。隔板下部盛放前驱液，其上部盛放排挤液，排挤液层的厚度一般为 2～3cm。盛液罐侧壁安装有液位计，用于显示并控制前驱液与排挤液之间的界面保持在防混隔板处。盛液罐的下部连接涂膜嘴，其中央有一小孔，孔的下端呈锥形扩展，小孔的孔径应该足够大，以保证纤维束从中穿过时不会碰到孔壁，但孔径也不能太大，以至让前驱液从该孔大量流出。涂膜嘴应该选用同前驱液的界面张力小的材料制造，或者在孔的内表面涂覆降低界面张力的涂层，以保证前驱液能够沿着孔的内壁向下流至下方的前驱液回收罐。流入回收罐的前驱液通过循环泵再回到上面的盛液罐。考虑到前驱液的损耗，需要从前驱液补充罐内补入一部分前驱液到回收罐。循环泵的流量受液位计控制，以维持前驱液同排挤液之间的界面稳定在防混隔板处。

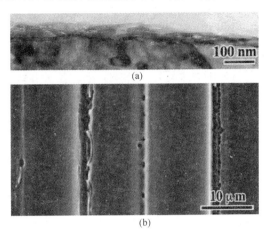

图 10-45 是用溶胶-凝胶工艺在 Nextel-720（见上页末注解）纤维束的每根纤维表面生成的 $LaPO_4$ 薄膜。制备工艺如下[111]：前驱液由 $La(NO_3)_3$ 和 P_2O_5 按 1∶0.5 的摩尔比溶入无水乙醇中制成，溶胶中 $LaPO_4$ 的质量浓度为 50g/L，黏度为 1.39mPa·s，密度为 $0.84g/cm^3$。排挤液为十六烷。纤维束以大约 1cm/s 的速度通过涂膜装置，经过空气中干燥，再通过最高温度为 1300℃ 的煅烧炉在氧化铝/莫来石纤维的表面生成独居石

图 10-45　在 Nextel-720 纤维表面的 $LaPO_4$ 涂膜[111]
(a) 为薄膜的局部；(b) 显示纤维之间的薄膜

（$LaPO_4$）薄膜。从图 10-45 可见涂层光滑，厚度也比较均匀，膜的厚度平均为 55nm。

第 6 节　陶　瓷　纤　维

所谓陶瓷纤维其严格的定义应该是：由无机非金属多晶体构成的细丝状材料。然而通常将耐高温的无机非金属非晶物质构成的纤维也包括在陶瓷纤维范畴之中，如用于高温隔热的铝硅酸盐纤维。从形态上分类，可将陶瓷纤维分为：散状纤维，其形态为棉絮状集合体，纤维粗细、长短不一，平直程度无特别规定；定长纤维，纤维呈直线状，长度划一，各根纤维的直径可有一定差别，但分布在一定的范围之内；连续纤维，每根纤维的直径均匀一致，长度可达十多米甚至更长。不同形态的陶瓷纤维由不同的工艺制造，即使同类型的纤维，由于其组成、纤维结构的不同，其制造工艺也各有差别。以下对不同形态的陶瓷纤维的制造工艺方法作一些介绍。

一、散状纤维的制造

散状纤维的制造方法主要有喷丝法和甩丝法。这两种工艺都是先将前驱液柱粉碎成微小液滴，进而在剪切力的作用下，使液滴拉伸成为细丝。液滴的黏度（η）、液滴的表面张力（σ）、液滴的速度（v）以及液滴与驱动介质（一般为空气）之间的摩擦力等诸多因素都对液滴拉伸成为细丝的过程有影响。其中液滴表面同驱动介质之间的摩擦力决定了液滴内部径向速度梯度（G）的大小。将半径为 r 的液滴拉伸成的丝所需要的能量至少应为 ηGr，显然此

能量应该大于液滴的表面张力（即表面能 σ），因此要求：

$$\eta Gr/\sigma > 1 \qquad (10-12)$$

只有在一个适当的 η 和 σ 范围内才能通过喷丝或甩丝工艺使液滴变成细丝。例如硅酸盐玻璃熔融体的表面张力一般为 $\sigma = 0.31 \sim 0.21 \mathrm{N/m}$[112]，可以将玻璃熔体的黏度控制在 $\eta = 5 \sim 15 \mathrm{Pa \cdot s}$[113] 范围内通过喷丝工艺制造硅酸盐纤维。然而纯氧化铝熔融体的表面张力高达 $0.695 \mathrm{N/m}$[114]，而熔融体的黏度一般不超过 $1\mathrm{Pa \cdot s}$，因此利用喷吹工艺通常只能获得球形氧化铝微珠，而不能得到氧化铝纤维。另一方面，η 和 σ 都与温度有关。由于熔体的组成不同，σ 随温度的变化可能增大也可能减小，但增大或减小的幅度都不大。液滴的黏度同温度呈指数关系，对温度变化非常敏感，因此熔体温度也是一个重要的工艺参数。此外，化学组成对熔体的黏度有很大影响，如上所述，纯氧化铝熔体的黏度很低，而铝硅酸盐熔体的黏度较高，并且 CaO 含量高的铝硅酸盐玻璃熔体的黏度对温度的变化率很大，即所谓的料性短，而含 MgO 或碱金属氧化物的熔体料性长，即黏度对温度的变化率不大。大多数铝硅酸盐的熔点在 1800℃ 以下，而玻璃棉的熔化温度更是低于 1400℃，因此用于制造隔热材料的铝硅酸盐纤维和玻璃棉都可以采用熔融喷丝或熔融甩丝工艺制造。

（一）熔融喷丝法

熔融喷丝工艺就是先根据陶瓷纤维的成分要求配制原料，投入熔化炉内熔化成液体，使熔融的液体流出，利用压缩空气或高压水蒸气将液流吹成纤维。用这种工艺可以大量生产玻璃棉、岩棉（矿棉）和各种硅酸铝纤维。表 10-15 列出不同种类纤维的化学组成范围。对于玻璃棉、岩棉之类熔化温度低的纤维，可以用各种燃煤、燃油或燃气炉来熔化原料，而熔化温度高的硅酸铝纤维需要用电阻炉熔化，其炉温可高达 2000℃ 以上。图 10-46 为电阻炉熔融喷丝工艺设备的示意图，炉体外壳为水冷金属壁，其内部用未熔化的原料作为隔热层，中央为熔融区；两根（单相电炉）或三根（三相电炉）带有水冷夹套的钼电极深入到熔融区中，通过大电流（数百安培）把熔融区加热到 1900 ～ 2200℃，使原料熔化，形成黏度较低的高温熔融体，在其外层是温度较低、但仍旧呈液态的熔融区，再外面便是未熔化的粉末状原料层。在熔化炉底部的中央安装有用耐熔金属（钨、钼、铼等）做成的流口，其内径一般为 5

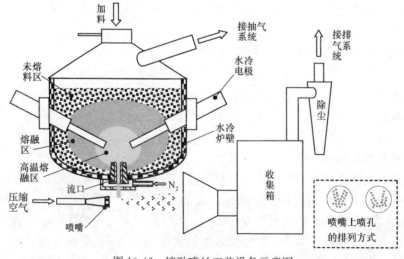

图 10-46　熔融喷丝工艺设备示意图

～20mm。由于耐熔金属在高温下很容易被氧化，因此在流口的底部需通氮气保护。熔液从流口向下流出形成液柱，压力为 0.4～0.5MPa 的压缩空气通过多孔喷嘴（见图 10-46 中右下方的示意图，其中每个喷孔直径为 1～2mm）喷出，形成高速气流把熔融的液柱分散成液滴，进而拉伸成纤维，在纤维形成的过程中同时被迅速冷却固化成固态纤维，并飞向收集箱。纤维积集在收集箱的阻挡网上，夹杂在气流中的粉尘、颗粒等由除尘设备进行分离收集。由于快速冷却，所形成的纤维通常都为非晶态（玻璃态）。喷丝工艺生成的硅酸铝纤维长度可达数十毫米，直径一般为 30～50μm。在所生成的纤维中通常含有约 8%～12% 的未被纤维化的直径数百微米至数毫米的渣球。

表 10-15 各种隔热陶瓷纤维的化学组成（质量分数%）

纤维种类	SiO_2	Al_2O_3	CaO	MgO	B_2O_3	Fe_2O_3	R_2O	ZrO_2	使用温度
玻璃棉	55～57	1～5	6～12	2～4	0～10	—	9～16	—	<400℃
熔渣棉	34～44	6～14	35～45	5～11	—	0.3～0.5	—	—	600℃
岩棉	42～48	12～16	9～20	7～11	—	5～13	—	—	600℃
普通硅酸铝	51	46	—	—	—	<1.0	<0.5	—	1000℃
高铝硅酸铝	47～45	52～55	—	—	—	<0.2	<0.2	—	1200℃
含锆硅酸铝	45～42	39～40	—	—	—	<0.2	<0.2	15～17	1350℃

（二）熔融甩丝法

甩丝法制造陶瓷纤维的工艺原理同喷丝法相似，但是熔融液柱分散并拉伸成丝的手段是通过两个或三个高速旋转的滚辊轮，利用离心力将液柱粉碎、拉伸成纤维。图 10-47 为三辊甩丝工艺示意图。熔融液流垂直向下流动，接触到直径为 100～200mm 的布料轮（A 轮）的表面，液流同接触点处的转轮半径大致成 75°夹角（图 10-47），熔融体粘附在高速转动的 A 轮的表面，被加速，并在心离力的作用下，被甩离表面、粉碎成液滴落在甩丝轮（B 轮）表面，被进一步加速、拉伸和冷却，同样在离心力作用下脱离 B 轮飞向另一个甩丝轮（C 轮）。在C 轮上再次加速、拉伸、高速甩出，由于空气的摩擦作用进一

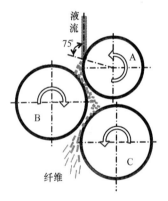

图 10-47 三辊甩丝工艺示意图

步拉伸成细丝。B 轮和 C 轮的直径是 A 轮的 1.5～3 倍。A 轮表面的线速度一般为 72～82m/s，B 轮表面的线速度为 90～115m/s，而 C 轮表面的线速度需高达 100～125m/s。三个飞轮之间的相互位置对甩丝有关键性的影响，需要精心调节到最佳位置。

甩丝工艺的产量远高于喷丝工艺，前者可高达 3000～5000 吨/年，而后者一般的年产量为 1000t 左右，但高产量的三流口喷丝工艺也可达 3000 吨/年。甩丝工艺所生产的硅酸铝纤维直径一般为 3～5μm，长度可达 100～200mm，渣球率 5%～8%，显然其质量优于喷丝工艺所生产的纤维。其中用二辊甩丝生产的纤维较细长，渣球率可小于 5%，而三辊工艺的纤维较粗，渣球率约为 8%[113]。

前面已经指出熔融喷丝和熔融甩丝工艺要求熔融体具有小的表面张力和较高的黏度。对于具有大的表面张力和低黏度的熔融体，如纯氧化铝、氧化锆之类熔融体就不能用上述工艺制造纤维。借鉴对金属熔液快速冷却抽丝制备金属纤维的工艺技术，20 世纪 90 年代美国首

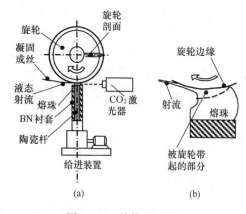

图 10-48　熔体抽丝工艺

先开发出高熔点、低黏度陶瓷熔融体的抽丝工艺技术。图 10-48a 为该工艺的示意图。由于所要制备的陶瓷纤维通常都是具有高熔点的材料，传统的加热熔融技术不能适应这种熔体抽丝工艺的要求，需要采用激光加热技术。为此，先根据所要制造的纤维的化学成分，制成直径为数毫米的烧结陶瓷杆，将此杆放在给进机构内，杆的顶端接受大功率连续激光的照射，使其熔化，在杆端形成一个液态的熔珠。在熔珠之上安放一个由耐熔金属（如金属钼）制成的高速转动的旋轮，该轮的边缘部分非常尖锐（轮边的厚度≤20μm）。轮的边缘浸入熔珠一定深度，高速旋转的轮缘带起一部分熔液，并在高速下拉伸成覆盖在轮边缘上的液态薄膜［图 10-48（b）］，进而在离心力作用下脱离旋轮边缘，形成一股射流，由于表面张力的作用，该射流的截面收缩成圆形或近似圆形。在进行上述过程的同时，旋轮边缘上的熔液以及被甩成的射流不断冷却，在离开旋轮不久即冷到熔点以下，于是射流固化成陶瓷纤维。由于冷却过程极快，所生成的纤维经常呈非晶态。采用激光加热的优点不仅可实现快速和高温，还可使加热区精确控制在很小的范围内，以保证陶瓷杆顶端熔化成液珠，但旋轮的大部分（除浸入液珠的区域之外）仍旧维持在室温附近，以造成被带起的熔体与旋轮之间有巨大的温差，有利于快速冷却。

直径均匀的射流仅能在一定的时间 t_{LF} 内稳定地存在，超过这一时间后射流直径会发生剧烈波动，最后因失稳而导致断裂，形成形状、大小、粗细不同的碎段。时间 t_{LF} 同熔体的黏度（η）、密度（ρ）、表面张力（γ）以及射流的直径（D）等因素有关[115]：

$$t_{LF} = 14 \left[\sqrt{\frac{\rho D^3}{\gamma}} + \frac{3\eta D}{\gamma} \right] \tag{10-13}$$

为了获得粗细均匀的纤维，必须使液态射流在小于 t_{LF} 的时间内凝固成纤维。另一方面，使温度为 T_i 的射流降至凝固点以下的温度 T_f，需要一定时间 t_{SD}。根据传热学原理可知 t_{SD} 同材料的热学性质有关[115]：

$$t_{SD} = -\frac{\rho D c_p}{12h} \ln \left[\frac{(T_f/T_i)^3 - (h + \sigma\varepsilon T_i^3)}{h + \sigma\varepsilon T_f^3} \right] \tag{10-14}$$

式中　c_p——射流的比热容；

$\quad\quad\varepsilon$——射流表面的辐射率；

$\quad\quad h$——射流与环境间的换热系数；

$\quad\quad\sigma$——斯蒂芬-波尔兹曼常量，$[\sigma = 5.67 \times 10^{-8} W/(m^2 K^4)]$。

由此可得到熔体抽丝工艺制造陶瓷纤维的工艺参数控制的基本数学关系：

$$\frac{\rho D c_p}{12h} \ln \left[\frac{(T_i/T_f)^3 - (h + \sigma\varepsilon T_i^3)}{h + \sigma\varepsilon T_f^3} \right] < 14 \left[\sqrt{\frac{\rho D^3}{\gamma}} + \frac{3\eta D}{\gamma} \right] \tag{10-15}$$

实际上，为了通过射流凝固成直径为 D 的均匀纤维，除需要精确调节控制熔体的密度、温度、黏度、黏度对温度的变化率、表面张力、换热系数、旋轮的温度等诸多因数之外，对旋轮浸入熔珠的深度、旋轮的旋转速度、旋轮边缘的宽度等因素也需要进行微妙的控制和调节。

旋轮带起熔液形成射流是这一工艺的关键所在。如果旋轮转速太慢，带起的熔液数量不足以连续供应飞离轮缘的射流，则射流被截断，最后仅形成散离的微小颗粒。只有旋轮带起足够多的熔液，并恰好保证供应射流的延伸，才能形成直径均匀一致的陶瓷细丝。如果旋轮带起的熔液过多，除了供应前方射流的延伸之外多余熔融体会以厚膜形态脱离旋轮。这部分熔体的体积大、冷却速度慢，在表面张力的作用下收缩成一个椭球形液珠，连接在射流后面，在此液珠之后的液膜又回到正常射流状态，其后由于又出现多余的熔体，因此又积累成大液珠。如此反复出现所谓的瑞利（Rayleigh）波形，最后凝固后形成串珠状陶瓷丝（图 10-49）。

通过对 $ZrO_2-Al_2O_3$、Al_2O_3-CaO、$ZrO_2-Al_2O_3-SiO_2$ 和 $ZrO_2-Al_2O_3-TiO_2$ 多个体系的实验发现旋轮带起的熔体的多少同其转速有关：能够形成直径均匀的纤维的旋轮边缘线速度应在 1.5～3m/s 范围内；当旋轮边缘的线速度<1m/s 时就很难形成纤维；而当速度>4m/s 时则出现明显的瑞利波形，并随速度的增大，直径不均匀性也随之增强；然而当速度>10m/s 时不均匀性反而随速度的增大而减弱[117]。图 10-49 中所示的瑞利波形纤维即是在旋轮速度为 10m/s 下生成的[116]。

采用熔体抽丝工艺可制造许多高熔点、低黏度熔融体的陶瓷纤维。所制造的纤维光滑均匀，直径为 10～20μm，具有很高的抗拉强度（表 10-16）。图 10-50 为熔体抽丝工艺制备的 ZrO_2-Al_2O_3-SiO_2 陶瓷纤维［图 10-50（a）］和 ZrO_2-Al_2O_3 纤维［图 10-50（b）］。纤维的化学组成列于表 10-16，制备时旋轮的速度为 1.5m/s。

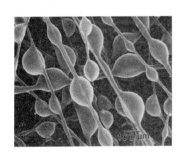
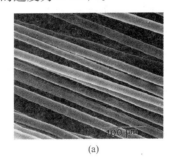
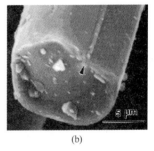

(a)　　　　　　(b)

图 10-49　具有瑞利波形的 ZrO_2-　　　图 10-50　熔体抽丝工艺制备的陶瓷纤维[116]

Al_2O_3-SiO_2 陶瓷纤维[116]　　　(a) ZrO_2-Al_2O_3-SiO_2 陶瓷纤维；(b) ZrO_2-Al_2O_3 陶瓷纤维

表 10-16　各种锆铝纤维的化学组成和力学性能[118]

纤维种类	ZA（ZrO_2-Al_2O_3）	ZAS（ZrO_2-Al_2O_3-SiO_2）	ZAT（ZrO_2-Al_2O_3-TiO_2）
ZrO_2（质量分数）/%	42.6	31.0	44.0
Al_2O_3（质量分数）/%	57.4	53.0	42.0
SiO_2（质量分数）/%	—	16.0	—
TiO_2（质量分数）/%	—	—	14.0
熔点/℃	1890	1780	1610
拉伸强度/MPa	2500	3000	3500
弹性模量/GPa	143±25	127±17	129±20

（三）溶液喷丝法和溶液甩丝法

以上所述的各种陶瓷纤维制造工艺都需要将原料先熔化成熔融液体，对于玻璃纤维和硅酸铝纤维，其熔制温度分别在 1500℃和 2000℃以下，技术难度和对设备的要求都不算高，而熔融法的产量非常高，因此用这种工艺生产上述纤维从技术经济性能上讲是非常合理的。然而制造像纯氧化铝、氧化锆等具有高熔点、低黏度的纤维，如用熔融工艺来制备，则如前面所述，需要用大功率连续激光加热并采用快速冷却射流抽丝技术。用这种工艺所生产的纤维虽然具有很高的质量，但技术难度很高，对设备的要求也很高，而单机产量却不大。因此除用于某些特殊场合外，这种工艺不适合生产用于量大面广的场合（如制造高温隔热材料）。为了避免从高温熔融体来制造陶瓷纤维，可以将制造纤维的原料先制成溶液或溶胶，利用这些常温液态物质通过喷吹或离心甩丝形成纤维。溶液法与上面所述的熔融工艺相比，不同之处是熔融工艺需要高温熔化，并通过降温使液态纤维固化成固态陶瓷纤维；而溶液法成丝时不需要高温，而且大多数溶液法是通过排除液态纤维内的液体介质（通常为水），使其凝固成为固态纤维。但也有一些通过溶液先转变成溶胶或液态树脂，利用这种黏性的溶胶或液态树脂进行喷丝或甩丝，再经过冷却凝固成固态纤维。对所形成的固态纤维需要在相当高的温度下进行热处理，排除纤维内的残余水分和有机介质，进而烧结形成陶瓷纤维。适用于溶液法的成丝工艺有溶液喷丝、溶液甩丝以及静电纺丝等工艺。

溶液法制备陶瓷纤维的关键是配制能够形成纤维的溶液、溶胶或液态树脂。一般来讲，水基溶液和溶胶的表面张力不会大于 0.1N/m，比硅酸铝融体的表面张力大约小 1 个数量级。它们的黏度在 1～10mPa•s，远远低于硅酸铝融体的黏度。为了满足成丝的基本条件（式 10-12），需要仔细调节所用液体的黏度和表面张力以及液滴同周围空气之间的速度差（此值决定了液滴内的速度梯度 G 的大小）。有人用醋酸氧锆水溶液为前驱体，利用添加聚乙烯醇和脂肪醇聚乙烯醚（平平加）分别调节溶液黏度和表面张力，通过二流喷嘴喷吹氧化锆纤维，结果发现[119]：对于表面张力为 0.05N/m 的溶液，若黏度为 0.012Pa•s，喷吹所得到的大部分为颗粒，仅极少一部分为纤维；而用黏度为 0.14Pa•s 的溶液，则可获得绝大部分为直径 1～2μm、长度＞10mm、表面光滑的纤维。同时发现，如将溶液的表面张力降到 0.04N/m，所生成的纤维直径变细，均匀度增高，而若将表面张力增大至 0.072N/m，则生成物中纤维含量减少而球形颗粒含量增高。溶液中前驱体的浓度对成丝的影响比较复杂，浓度的高低可以影响溶液的黏度和表面张力，从而影响成丝质量，更重要的是浓度直接决定了煅烧前纤维坯体内陶瓷固相的含量。浓度高，纤维坯体内固相含量高，烧结后可获得致密、高强的陶瓷纤维；反之则形成多孔、酥松、低强度的纤维，甚至煅烧后不能成为纤维而变成粉末。溶液内陶瓷前驱体的含量应控制在 20%（体积）以上（以转化成陶瓷的固相数量为基准）。常用于调节水基前驱溶液黏度的添加剂有聚乙烯醇、聚乙二醇、甲基纤维素（MC）、盐型羧甲基纤维素（CMC）等水溶性聚合物。将金属的醋酸盐或某些硝酸盐水溶液加热浓缩，也可形成适合成丝的黏性前驱液。将金属的柠檬酸盐溶解在乙二醇中，再加热使两者缩合，并用分馏装置排除溶液中的水分，并回流乙二醇，最后形成黏性树脂。这种树脂可溶于水，在室温下为固态，而在大约 80℃以上成为流动性很好的液态。通过控制这种液态树脂的温度可获得适合拉丝的前驱液，制备纤维。可利用这种树脂制造含有多组分陶瓷纤维。

常用的溶液法喷丝或甩丝的设备如图 10-51 所示。

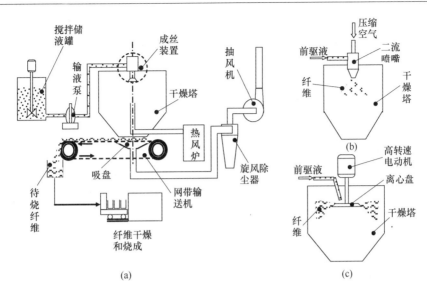

图 10-51 溶液制丝设备

（a）为整个装置图；（b）为喷丝装置；（c）为甩丝装置

溶液中前驱体的种类、浓度以及成丝过程中加热速度、液相从纤维内排出的速度这些因素的综合作用决定了所形成的是实心纤维还是空心纤维（图 10-52）。形成空心纤维的机理同喷雾热分解法制备粉料时形成空心球形颗粒的机理是相类似的[120]。对于饱和浓度低的前驱体，特别是随着温度的升高，饱和浓度急剧下降的前驱体，在液态纤维受热、液相从纤维内部向外排出的过程中，前驱体晶体首先在液态纤维的表面析出，如果形成刚性硬壳，此后从纤维内部继续排出液体并不能使纤维直径变小，随着液相的不断排出而留下空余体积，最后成为中空纤维。高温下饱和浓度高的前驱体，待其析晶时整个液态纤维因其中液相含量低，继续排除液相并不能留出更多的空间来形成中央空心结构。如果一开始液态纤维的直径就小，在其排除液相时，纤维内部浓度梯度不可能很大，表面与中心部分几乎同时析晶，这

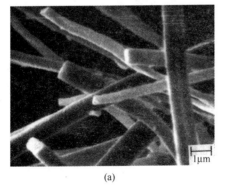

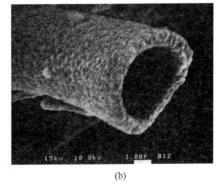

图 10-52 喷吹工艺制备

（a）ZrO_2 实心纤维；（b）ZrO_2 空心纤维（本图由张士昌 * 提供）

---

*张士昌（Shi-Chang Zhang）：美国 Missouri University of Science and Technology 材料科学与工程系资深科学家、副教授。

样也不会生成空心纤维。图 10-52 为用不同锆盐水溶液通过喷丝工艺制备的氧化锆纤维，其中图 10-52（a）生成实心纤维，而图 10-52（b）为空心纤维。

（四）溶液静电纺丝法

静电纺丝就是利用静电场对前驱液的引力来拉制纤维。虽然这一概念在 20 世纪 30 年代已经出现，但直到本世纪初才被用于拉制陶瓷纤维。利用静电纺丝制造陶瓷纤维首先需要制备黏度和表面张力适合纺丝的前驱体溶液或者熔融体。由于采用熔融体需要高温，从而带来许多技术上的麻烦和困难，因此目前大多数采用溶液或溶胶作为前驱液。

图 10-53 为静电纺丝装置的示意图。利用蠕动泵或活塞泵使前驱液慢速地从金属针管孔中流出，距针管数厘米至数十厘米的下方有一金属板，针管与金属板分别连接高压（一般为 10～30kV）直流电源的两个电极。从针管口流出的前驱液同时受到静电力、重力以及表面张力的作用，在针管出口处形成液锥（图 10-54）并在液锥的尖顶处拉伸成细长的液体射流。液锥内各部分的受力情况如图 10-55 所示，沿电力线方向的电场力 f_e 可分解为径向力 σ_e 和与液面相切的切向力 τ_e，其总的作用是将液柱向下和向外拉伸；另一方面，液体的表面张力的合力使液柱收缩，液体的黏滞力阻碍其向下流动，此外，重力则帮助向下流动。这些力达到平衡，就决定了液柱（射流）的直径。由于电场内的电力线由针管口到金属板呈发散形，因此随着射流的向下运动，上述各力的平衡不断地被破坏，又不断地建立新的平衡，如此变化使得射流的运动是一种螺旋摇摆式运动。射流的直径由下列方程规定[122]：

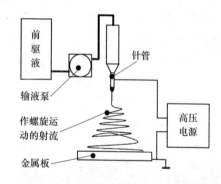

图 10-53 静电纺丝装置的示意图

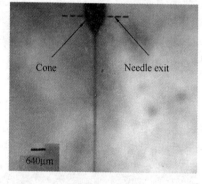

图 10-54 静电纺丝的液锥和射流[121]

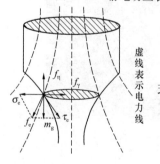

图 10-55 液锥处的受力示意图
m_g—重力；f_e—电场的合力；f_η—黏滞阻力；f_γ—表面张力的合力；τ_e—电场的切向分力；σ_e—电场的径向分力

$$\varepsilon\pi\gamma = 2\pi^2 h^3 \left(\frac{I - \pi E h^2 \sigma}{2Q}\right)^2 \left[2\ln\left(\frac{C}{h^3\sqrt{I - \pi E h^2 \sigma}}\right) - 3\right]$$

$$(10\text{-}16)$$

式中　ε——空气的介电常数；

γ——前驱液的表面张力；

h——射流的直径；

I——射流内的电流；

E——电场强度；

σ——射流的导电率；

Q——射流流量；

C——常数。

在射流向金属板运动的过程中由于液流内溶剂的蒸发或温度

的降低，液态射流凝固成固态，成为固态纤维。固态纤维经过干燥和煅烧，排除其中的液相和有机成分，并烧结成陶瓷纤维。图 10-56 所显示的氧化锆纤维是用粒径 5～10nm 的 ZrO_2 粉料先制成 20％(质量)的水基泥浆(pH = 3.5)。将此泥浆同 2 份聚乙二醇(平均相对分子质量为 8000)、1 份聚氧化乙烯(平均相对分子质量为 2×10^6)的水溶液混合。聚合物溶液中水与聚合物的体积比为 10：1，所形成的氧化锆-聚合物水基前驱液中氧化锆的质量含量为 3％。测得该前驱液的密度为 $1.069g/cm^3$，表面张力为 73mN/m，黏度为 $2.054Pa \cdot s$，电导率为 $4.5\times10^{-2}S/m$。在 11.6kV 的

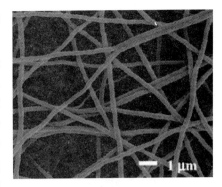

图 10-56　静电纺丝、1200℃煅烧后的
ZrO_2 纤维[121]

静电场下纺丝、1200℃下保温 1h 煅烧后形成氧化锆纳米纤维[121]。从图 10-56 可见纤维的直径大约为 $0.3\mu m$。用来调节纺丝前驱液的黏度和表面张力的水溶性高分子，除了聚氧化乙烯、聚乙二醇之外，常用的还有聚乙烯醇、聚对苯撑乙烯、聚乙烯吡咯烷酮等。前驱体内的陶瓷成分除了直接加入纳米陶瓷颗粒之外，更常用的是加入金属的醋酸盐、硝酸盐或可溶性金属有机化合物。例如用聚乙烯醇或聚氧乙烯和硝酸铝或者醋酸铝配制静电纺丝氧化铝纤维的前驱液。也可以将二乙二醇单乙醚及三仲丁氧基铝以物质的量之比1：2混合制成醇基前驱体，用来直接静电纺丝。

二、定长纤维的制造

制造定长纤维的一般做法是将连续纤维剪切成所要求的长度，然而由于连续陶瓷纤维的制造难度很高，先制造连续纤维再剪切成定长纤维不仅从技术经济上讲不合算，而且由于许多陶瓷纤维尚不能制成连续纤维，因此也就不可能用剪切的办法来得到定长纤维。最常用于制造定长陶瓷纤维的工艺有浸渍法和挤出法。

(一)浸渍法

浸渍法又叫外形复制法。该工艺将具有溶胀性的有机纤维织物，如黏胶纤维等作为模板，并用金属盐类溶液作为前驱液。有机纤维内部由无数交织在一起的微晶区与非晶区构成。采用一定的溶剂对纤维溶胀后，随着非晶区的膨胀，微晶之间的空间逐渐增大。把纤维浸渍在前驱液内，使溶液中金属离子扩散到纤维内部的微晶之间的非晶空隙中，直到空隙内外的金属离子含量达到平衡，金属离子沿着纤维方向顺序均匀分布。将包含金属离子的纤维干燥，使残余液相蒸发，然后缓慢煅烧，使有机组分热解、挥发，最后烧结得到具有一定强度的陶瓷纤维。浸渍法的不足之处是金属离子填充在有机纤维空隙中的几率是随机的，而且数量有限，因此浸渍后有机纤维内陶瓷成分含量较低，有机成分含量较高，所形成的陶瓷纤维气孔率较高，强度低。

通常采用金属盐类水溶液作前驱溶液，因此需要采用亲水性的黏胶纤维、棉纤维作模板，这类纤维在酸性水溶液中溶胀性大，有利于大量金属离子进入纤维内的非晶区。腈纶、丙纶之类疏水性纤维在水溶液中溶胀性差，吸收的金属离子少，不利于形成具有一定强度的陶瓷纤维。常用的溶胀工艺是把纤维浸泡在 pH 值为 3 左右的水中放置 0.5～1h。酸度过高容易损坏纤维，而酸度过低则溶胀程度不够。溶胀处理后将纤维浸渍在金属盐类的水溶液中数小时，温度维持在略高于室温(25～50℃)。浸渍液中金属离子的浓度通常为 0.5～2mol/L，浓度过低不

利于获得完整的陶瓷纤维，但也不宜采用接近饱和浓度的溶液，因为会引起金属盐类在纤维表面的析晶，在纤维之间形成盐桥。具有盐桥结构的浸渍体在经过高温煅烧后往往不能成为纤维状陶瓷烧结体。为了避免生成盐桥，需要将浸渍后的纤维取出，用离心甩除或用吸水纸在一定压力下将纤维表面残余的溶液吸除，再在空气中干燥。

在干燥和随后的煅烧过程中，饱含水分的有机纤维随着水分的排除和有机物的热解挥发，会发生巨大的收缩，从而使最终得到的陶瓷纤维呈卷曲状；甚至断裂。为此，在干燥和煅烧时应该对纤维施加一定的张力，如将纤维垂直悬挂，并在纤维的下端悬挂重物使纤维保持拉伸状态。制备氧化铝纤维常用的前驱溶液有硝酸铝、氯化铝的水溶液，而制备氧化锆纤维的前驱溶液有氧氯化锆、硝酸氧锆水溶液。为了稳定氧化锆晶相，需要将硝酸钇、硝酸铈或碳酸钙等稳定剂同时加入到溶液中。图 10-57 是美国一家公司用浸渍工艺制造的用于制造隔热材料的氧化锆纤维。

图 10-57　浸渍工艺制备的氧化锆纤维，右上方为两根纤维的局部放大图

（二）挤出法

利用注射成型工艺也可以获得定长的氧化锆纤维。例如用 Y_2O_3 稳定的超细氧化锆粉料（80％的颗粒直径<2μm）、聚丙烯酸铵为分散剂制备成固相体积含量为 43％的水基泥浆，利用活塞把泥浆从安装有孔径为 50μm 的多孔板的筒体内推出，直接进入装有作为凝固剂的丙酮池中。从多孔板的小孔中流出的泥浆流在丙酮池内失水凝固成纤维素坯（图 10-58）。纤维素坯经干燥、1530℃煅烧，形成氧化锆陶瓷纤维（图 10-59）。

图 10-58　注射工艺在丙酮中形成氧化锆纤维素坯[123]

图 10-59　注射工艺制备的氧化锆纤维[123]

利用注射工艺也可以制备钇铝石榴石纤维[124]：按 3∶5 的摩尔比例将水合乙酸钇 $[Y(O_2CCH_3)_3 \cdot 4H_2O]$ 和水合甲酸铝 $[Al(O_2CH)_3 \cdot 3H_2O]$ 溶入 100℃水中，同时在溶液内添加少量甲酸、乙二醇和异丁酸形成稳定的水溶液。将此溶液置于回转蒸发器内除去多余的水分，使溶液的黏度逐渐增高至适合注射成丝，此时溶液内盐类的浓度如转换成陶瓷固相大致为 28％（质量分数）。然后将此黏液置于注射筒内，以 0.05～0.50mm/min 的速度推进活塞，

使黏性液体从 $80\mu m$ 的小孔中射出到空气中，由于冷却和蒸发作用，射流很快凝固成纤维。这种纤维先悬挂在支架上在空气中干燥，然后以 $1℃/min$ 的速度加热，在 $100℃$ 和 $400℃$ 下分别保温 2h，再以 $15℃/min$ 加热到 $900℃$ 保温 2h，最后以 $30℃/min$ 加热到 $1500℃$ 保温 2h，形成陶瓷纤维(图 10-60)。对纤维素坯的加热控制非常关键，如果加热速度过快，使其中的水分和有机成分排出过快，很容易在纤维内部形成气孔、裂纹甚至呈空心管状。

如果用连续加压泵（如螺旋泵）取代活塞泵加压，并在喷丝孔下方设置一个绕丝轮，使注射出的纤维附着、缠绕在轮上。绕丝轮的旋转对从喷丝孔出来的射流施加一定的拉力，这样可生产连续纤维，并可通过调节转速来控制纤维直径的粗细。

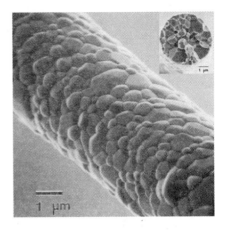

图 10-60　注射工艺制备的钇铝石榴石纤维，右上图为纤维的断面[124]

三、连续纤维

陶瓷连续纤维的制造工艺主要有纺丝法、气相沉积法和有机纤维热解法等。后两种方法主要用于制造非氧化物陶瓷纤维，其中利用有机纤维热解是非常成熟的工业化大规模制造碳纤维的工艺方法。纺丝法可分为熔融纺丝和溶液纺丝。玻璃纤维就是用熔融纺丝工艺制造的。通常陶瓷纤维的熔化温度远高于玻璃，熔化陶瓷的高温设备不但非常昂贵，也很难同纺丝工艺协调一致，而且许多陶瓷熔融体的黏度不高，不能满足纺丝工艺的要求，当前制造陶瓷连续纤维主要采用溶液纺丝法。也许今后随着熔体抽丝工艺的完善和发展，可以实现用熔融法制造高温陶瓷连续纤维。

无论是熔融纺丝还是溶液纺丝，其工艺原理是相同的。适合拉制纤维的高黏度溶液与熔融纺丝所用的熔融体一样都是一种玻璃态物质，其黏度随着液态温度的降低或溶剂的蒸发而升高，最后凝固成非晶态物质。纺丝过程必须在具有一定流动性的液态向非晶固态的转变过程中完成，在这一过程中黏度不断增高。按照流变学理论，纺丝溶液属于非牛顿型流体，其黏度随剪切速率的增大而降低。当这种流体通过纺丝孔时，由于流动截面变小而流速增大，溶液内分子在径向受到压缩，并顺着流动方向排列，从而增高流体内的形位能。流体一旦流出小孔，流动截面突然大增，流速降低，液体分子排列无序程度增大，形位能转变成膨胀

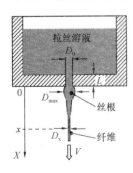

图 10-61　纤维形成过程示意图

功，使流体体积增大。同时速度的下降使流体的黏度增高，从而防止膨胀的流体碎裂，于是形成悬挂在纺丝孔下方的纺锤状球体，称为丝根（图10-61）。纺丝过程中这种在纺丝孔出口处出现液态细流胀大现象称为孔口胀大效应，常用丝根部位的最大直径（d_{max}）与纺丝孔直径 d_0 之比来描述孔口胀大效应的程度，通常 $d_{max}/d_0 = 1 \sim 2.5$。一般说来，溶液的黏度越高，液体通过纺丝孔时储存的形位能越多，因此孔口胀大效应越明显。另一方面，增大纺丝板孔的长径比 L/D_0 可以减小孔口胀大效应，增加 L/D_0 实际上是延长了液体在纺丝孔中的停留时间，使得溶液中因流动截面缩小而被迫顺流动方向排列的一部分分子有足够时间发生松弛，一部分形位能就转化

成热能，从而减少了流出孔口时的膨胀功。因此停留时间越长，孔口胀大效应越小。目前纺丝孔板的 L/D_0 可达 6，有利于减小孔口胀大效应。

在纺丝过程中，需要对孔口胀大型的丝根下端的液体细流施加张力，以增加切变速率，使液流变细。随着温度的降低和溶剂的蒸发，液流的黏度增高，当超过玻璃转变点后（黏度达到 $10^{12}\,Pa\cdot s$）便固化成固态纤维。根据物料平衡方程：

$$\rho_0 V_0 D_0^2 = \rho_x V_x D_x^2 \tag{10-17}$$

式中 ρ、V 和 D 分别为液流（或纤维）的密度、速度和直径，下标 0 和 x 分别表示纺丝孔处（$x=0$）和在距纺丝孔板 x 处的液流（或纤维）。在纺丝孔处的液流密度同 x 处的纤维的密度虽有差别，但并不很大，然而纺丝孔的直径一般为数百微米，而纤维的直径通常为 30~10μm，从上式可知 V_x 应远大于 V_0。为此需要对液流施加相当大的张力以加速其向下运动。然而如果所施加的张力过大，引起液流内剪切速率过大，当其弹性形变能达到克服黏滞阻力所需的能量时就会发生液流断裂。对于黏弹流体，可用弹性雷诺数 Re_N 来判断是否会发生流体断裂[126]。

$$Re_N = \tau \dot{\gamma} = \left(\frac{\eta_0}{\eta_a} - 1\right)^{1/2} \tag{10-18}$$

式中　τ——为流体的松弛时间；

　　　$\dot{\gamma}$——为剪切速率；

　　　η_0——为零剪切时的流体黏度（即将黏度－剪切速率曲线外推到 $\dot{\gamma}=0$ 时的黏度）；

　　　η_a——为流体的表观黏度。

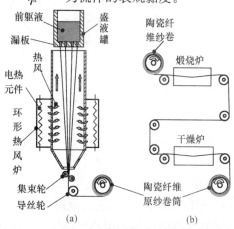

图 10-62　溶液法拉制陶瓷纤维纱示意图，
（a）从溶液纺丝；（b）陶瓷原纱的热处理

从上式可见黏度随剪切速率变化大的流体的 Re_N 大，当 Re_N 大于 5~8 时即发生流体断裂[126]。上式也表明形成纤维需要流体具有足够高的黏度，实验研究表明形成连续纤维的液体的黏度应不小于 3Pa·s。在实际生产中，拉制连续陶瓷纤维的胶体溶液的黏度通常需要高达55~83Pa·s[113]。

溶液法拉制陶瓷纤维纱的工艺如图 10-62 所示。其中图 10-62(a)表示纺丝过程：盛液罐中具有适合纺丝黏度的前驱体溶液从底部的漏板孔中流出，液流在原纱卷轮的牵引下被拉伸成细丝，并且在一定温度的热风(或冷风)下液流内大部分溶剂被蒸发，从而固化成纤维，经集束轮合并成原纱，原纱经导丝轮引导、缠绕到原纱卷筒上。图 10-62(b)表示缠绕在原纱卷筒上的陶瓷纤维原

纱被送入干燥炉进一步排除其中的液相，从干燥炉出来后再被导入煅烧炉进行排除原纱纤维中的有机物，进而烧结成为陶瓷纤维纱。由于原纱在干燥和煅烧过程中会发生较大的收缩，因此原纱从原纱卷筒上退出的速度和烧结后陶瓷纤维纱缠绕到陶瓷纤维纱卷筒上的速度并不相同，必须精细调节这两个速度的差别，以保证在干燥和煅烧过程中不会拉断纤维。

上述工艺适合生产各种硅酸铝、氧化铝、氧化锆多晶连续纤维。例如用金属铝粉和盐酸为主要原料，制造多晶氧化铝连续纤维，其工艺流程如图 10-63 所示。金属铝粉加入以水稀

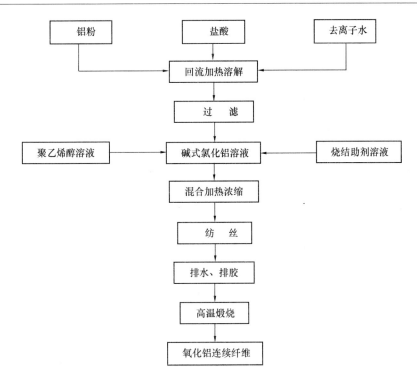

图 10-63 连续氧化铝纤维制备工艺流程

释的盐酸中，加热回流溶解，形成碱式氯化铝$[Al_2(OH)_nCl_{6-n}]$溶液，过滤除去不溶物后同聚乙烯醇水溶液、助烧剂水溶液混合，然后加热浓缩，形成水合碱式氯化铝胶体：

$$mAl_2(OH)_nCl_{6-n} + mxH_2O \longrightarrow [Al_2(OH)_nCl_{6-n} \cdot xH_2O]_m \qquad (10\text{-}19)$$

溶胶呈弱酸性，其密度为 $1.4 \sim 1.5 \text{g/cm}^3$，溶胶中按 $AlCl_3$ 计算的浓度大于 56%。当溶胶的黏度增高至 $55 \sim 80 \text{Pa·s}$，将这种溶胶送入纺丝机中纺丝，原丝先在 $500 \sim 800 ℃$ 温度下干燥和排除有机成分，再在 $1800℃$ 煅烧炉中烧结形成多晶氧化铝纤维纱。图 10-63 中所列出的助烧剂可由 Cu 和 Mg 的无机盐水溶液或 Cu 和 Cr 的无机盐水溶液或 Fe 和 Mg 的无机盐水溶液组成。在上述溶胶中也可以加入适量酸性硅溶胶作为溶胶改性剂和助烧剂。含有少量 SiO_2 的氧化铝纤维有助于提高纤维的强度，但降低纤维的耐高温性能。

连续氧化锆纤维也可以用类似的工艺制造。其中纺丝胶液可以用醋酸锆和甲酸制备[126]：将醋酸锆和硝酸钇（作为稳定剂氧化钇的原料）按所需比例溶入甲酸中，然后适当加热或降低液面的气压，使溶液中的甲醇蒸发。当溶液中溶质浓度达到 80% 以上，其黏度也达到了拉丝所要求的黏度，即可纺制纤维。所得纤维先经过慢速升温至 $400 \sim 800℃$ 进行排除水分和有机物，再快速升温至 $1200 \sim 1400℃$ 煅烧，形成氧化锆纤维。

纺制氧化锆连续纤维的前驱液还可以用聚乙酰丙酮化锆（polyacetylacetonate zirconium）来配制，具体做法如下[127]：在 $0 \sim 4℃$ 的温度下将含有 1.0mol/L 乙酰丙酮和 1.5mol/L 三乙胺的甲醇溶液逐步加到 0.6mol/L 氧氯化锆（$ZrOCl_2 \cdot 8H_2O$）的甲醇溶液中。溶解后在室温下搅拌 24h，再加入溶液体积一半左右的四氢呋喃，混合均匀后过滤除去其中的盐酸三乙基胺，并浓缩成黏稠液体。把这种黏稠液体加到己烷中，通过强力搅拌，获得白色的聚乙酰丙酮化锆（PAZ）沉淀。将 PAZ 溶入甲醇中，并加入 PAZ 质量 5% 的氧氯化锆以进一步提高锆的浓度，同时将作为稳定剂的 Y_2O_3 以硝酸锆的形式溶入上述溶液中。通过蒸发溶液内的甲醇，浓缩该溶液使其黏度达到纺丝要求。纺丝的工艺参数如下：温度15～25℃，压力 0.8～2.0MPa，黏度：50～100Pa·s。

气相沉积（CVD）技术常用于制造碳化硅、硼、氮化硼等连续陶瓷纤维。气相沉积制造陶瓷连续纤维需要用直径 10～30μm 的钨丝或碳纤维作芯材，利用 CVD 技术在芯材的表面沉积陶瓷涂层，当涂层达到足够厚度，便形成具有金属芯或碳芯的陶瓷纤维。图 10-64 为气相沉积制造陶瓷连续纤维装置的示意图。作为芯材的金属纤维或碳纤维首先需要经过预处理，以除去其表面的杂质（如氧化层），然后芯材被导入 CVD 反应室，沉积陶瓷膜。为了保证反应的均匀性，反应室不能很长，一次 CVD 沉积只能形成十多微米厚的涂层。为了获得更厚的膜层，需要使纤维连续经过数个 CVD 反应室，最终使纤维直径达到 100～200μm。通常还需要对所形成的陶瓷纤维进行后处理，以便在陶瓷纤维表面生成功能性保护膜。如在 SiC 纤维表面生成 BN 弱化界面膜，在 B 纤维表面生成 SiC 抗氧化保护膜。

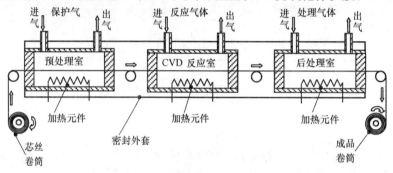

图 10-64　气相沉积法制造连续陶瓷纤维

SiC 连续纤维可以用直径约 15μm 的钨丝或直径约 35μm 的碳纤维作芯材。如用钨丝，须在 1200℃氢气氛中进行预处理，以除去表面的氧化层和其他杂质。如用碳纤维，则需要在 2500℃甲烷＋氩＋氢气气氛中进行预处理，以便在碳纤维表面形成 1～2μm 厚的热解石墨层。经过预处理的芯材被导入 CVD 反应室，沉积 SiC 膜。反应温度为 1200～1400℃，具体反应如下：

$$CH_3SiCl_3 \rule[0.5ex]{2em}{0.4pt} SiC + 3HCl \tag{10-20}$$

所生成的碳化硅为 β-SiC，经过多次沉积，最后形成直径达 100～1500μm 的碳化硅连续纤维。式（10-20）中的三氯甲基硅烷（CH_3SiCl_3）也可用其他氯硅烷如二氯甲基硅烷（CH_2SiHCl_2）、二甲基二氯硅烷［$(CH3)_2SiCl_2$］等替代。

制造硼纤维用直径 12μm 的钨丝为芯材，先在 1200℃氢气氛中进行预处理，以除去表面的氧化层和其他杂质。再进入 CVD 反应室，在 1150℃下同 $BCl_3 + H_2$ 混合气体反应：

$$2BCl_3 + 3H_2 \rule[0.5ex]{2em}{0.4pt} 2B + 6HCl \tag{10-21}$$

生成的硼沉积在钨丝表面，经过数个反应室的沉积，最终形成直径 100～1500μm 的钨芯硼纤维，其密度达 2.6g/cm^3，抗张强度和拉伸模量分别达 3.6 和 400GPa[128]。通常需要对所生成的硼纤维进行后续的化学处理和热处理，以消除纤维表面的缺陷和残余应力。为了提高硼纤维的抗氧化性能和界面性能，可利用 CVD 技术在纤维表面涂敷 SiC、B_4C 或 BN 膜。

为制造 BN 纤维可将硼纤维在空气中 560℃下热处理，转化成氧化硼纤维，再在 1000～

1400℃下氨气中处理 6h，就形成氮化硼（BN）纤维。

以上介绍的利用气相沉积技术制造非氧化物陶瓷连续纤维都需要有芯材，因此纤维的直径较粗，多数在 100μm 以上。为了制造更细的非氧化物陶瓷纤维，需要先用有机前驱体纺丝，再通过化学反应转化成所要求的陶瓷纤维。这种制造陶瓷连续纤维的工艺可称为有机纤维热解工艺。

早在 1978 年日本就研发出利用聚碳硅烷在 350℃下熔融纺丝，再在 1000℃真空或惰性气体中热解形成碳化硅纤维[129]。这一技术后来发展成商品名为 Nicalon 的碳化硅连续纤维系列产品。图 10-65 为 Nicalon 纤维的工艺流程图。

二甲基二氯硅烷与金属钠在二甲苯中脱氯缩合得到白色聚二甲基硅烷粉末。在氮气保护下聚二甲基二硅烷在反应釜中 400～450℃下经过常压高温裂解、重排、缩合，形成聚碳硅烷。聚碳硅烷首先需要在惰性气氛或真空中蒸馏，除去低分子的聚合物，使聚碳硅烷的相对分子质量达到 1000 以上，只有这种大相对分子质量的聚合物才适合熔融纺丝。然后将处于 350℃熔融状态的聚碳硅烷在多孔纺丝机上纺丝，数百根直径为 12～14μm 的纤维集束成纱并卷绕在卷筒上。纺成的聚碳硅烷纤维强度极低，必须进行不熔化处理。所谓不熔化处理就是将聚碳硅烷纤维束在空气中加热到 200℃进行氧化交联处理，或者在室温下置于臭氧中氧化交联处理，使得聚碳硅烷内的 Si-H 键大量转化成 Si-O-Si 键。经不熔化处理后的纤维在氮气保护下或真空中经 1100～1300℃烧成，形成连续碳化硅纤维。所生成的碳化硅纤维中主要成分是 β-SiC，此外还混有少量芳环碳和氧（形成 SiC_xO_y，$x+y=4$），其结构如图 10-66 所示[130]。

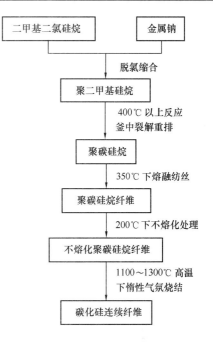

图 10-65　热解法制造碳化硅连续纤维工艺流程[113]

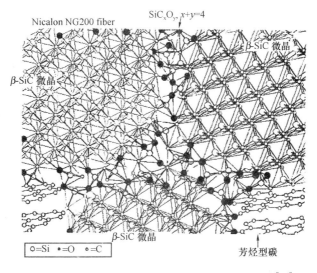

图 10-66　碳化硅连续纤维（Nicalon-NG200）的结构[130]

氮化硼连续纤维也可以用类似的方法制造。首先，以三氯化硼（BCl_3）和以六甲基二硅氮烷 [$HN(Si(CH_3)_2$] 为原料在正己烷（C_6H_{14}）中合成的聚硼氮烷前驱体，在 $-40 \sim -25℃$ 的低温下并在干燥氮气的保护下将 BCl_3 溶入正己烷中，然后缓慢加入 $HN(Si(CH_3)_2$，BCl_3 与 $HN(Si(CH_3)_2$ 的物质的量之比为 1∶2.3，经长时间搅拌，生成白色沉淀，然后使温度自然上升到室温使之高分子化，并继续不断搅拌，经过回流、过滤、蒸馏除去溶剂和杂质，再冷却，便得到聚硼氮烷。聚硼氮烷分子中有三种结构混合并存，如图 10-67 所示。在氮气保护下将聚硼氮烷加热到 $140 \sim 155℃$，便可熔融纺丝。所得到的聚硼氮烷纤维需要经过不熔化处理，即在 $60 \sim 120℃$ 温度下，将聚硼氮烷纤维先短时间（＜5min）置于 BCl_3 气氛中，再长时间（＞4h）置于 NH_3 气氛中。在 BCl_3 气氛中部分 B-Cl 与聚合物分子链上的 $2HN Si(CH_3)_3$ 基团反应，将硅甲基取代出，形成

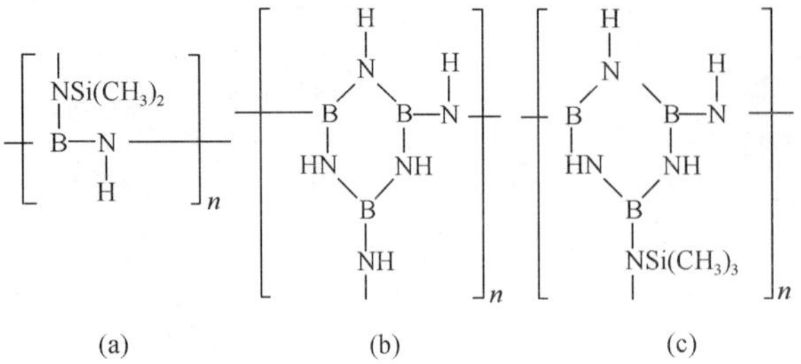

图 10-67　聚硼氮烷中的三种结构[131]

H_2N-BCl_2 结构。在 NH_3 气氛中两个 H_2N-BCl_2 与一个 NH_3 反应形成-NH-BCl-NH_2-BCl-NH-结构，该结构中的 BCl 与 NH_3 继续反应，最终形成了以 B、N 六元环为主的空间网状结构，成为不溶不熔的交联物。经不熔化处理后的纤维在氮气保护下加热到 800℃ 保温 $1 \sim 1.5h$，让纤维中的有机成分分解，再升温至 1600℃ 保温 $1 \sim 2h$，使 BN 烧结，便形成 BN 纤维。

一些国际上著名的陶瓷连续纤维的牌号、生产厂商及其性能列于表 10-17 和表 10-18 中。

表 10-17　氧化铝连续纤维的牌号和性能[130]

牌号	成分和形态	厂商	直径/μm	密度/(g/cm^3)	弹性模量/GPa	抗张强度/MPa	比强度/MPa	比模量/GPa
FP	α-Al_2O_3 纱	Du Pont	20	3.9	380	＞1400	＞360	97
PRD-166	Al_2O_3-ZrO_2 纤维	Du Pont	20	4.2	380	2070	490	90
Saffil RF	5%SiO_2-Al_2O_3 纤维	ICI	$1 \sim 5$	3.3	300	2000	600	90
Saffil HA	5%SiO_2-Al_2O_3 纤维	ICI	$1 \sim 5$	3.4	＞300	1500	440	＞90
Safimax-SD	4%SiO_2-Al_2O_3 纤维	ICI	3.0	3.3	300	2000	606	90
Safimax-LD	4%SiO_2-Al_2O_3 纤维	ICI	3.5	2.0	200	2000	1000	100
Sumika	15%SiO_2-Al_2O_3 纤维	住友化工	17	3.2	200	1500	470	62

续表

牌号	成分和形态	厂商	直径/μm	密度/(g/cm³)	弹性模量/GPa	抗张强度/MPa	比强度/MPa	比模量/GPa
Fiberfrax	50%SiO₂-Al₂O₃ 纤维	Carbo-unum	1～7	2.73	105	1000	360	38
Nextel-312	24%SiO₂-14% B₂O₃-Al₂O₃	3M	11	2.7	152	1720	640	56
Nextel-440	28%SiO₂-2% B₂O₃-Al₂O₃	3M	11	3.1	220	1720	550	71

表 10-18　一些连续纤维的牌号和性能[130]

牌号	成分	厂商	熔点/℃	密度/(g/cm³)	强度/MPa	弹性模量/GPa	伸长率/%
Fiber FF	99.9%Al₂O₃	Du Pont	2050	3.9	1448	380	0.4
Nextel	70%Al₂O₃/28%SiO₂/2%B₂O₃	3M	1850	2.7	1720	150	1.1
Nicalon	SiC/C/SiO₂	日本碳公司		2.6	2760	190	1.5
SCS-6	SiC/C 芯	Textron		3.0	3450	430	0.8
AS-4	石墨纤维	Textron		1.8	3800	230	1.5

第 7 节　陶　瓷　晶　须

所谓晶须就是纤维状单晶体。晶须的直径通常为数十纳米至数十微米，长度数十微米至数毫米，其长径比在 10 以上。大多数无机非金属晶须具有优良的耐高温性能，并具有高强度、高弹性模量、高耐腐蚀性能，被大量用于高性能树脂基、金属基、陶瓷基复合材料的制造中。由于一些晶须材料的高熔点、低密度以及晶须集合体的高孔隙率，因而是优良的热绝缘材料。

晶须通常都是从液相或气相中生成，晶须的合成需要经过气-固（V-S）或液-固（L-S）或气-液-固（V-L-S）等过程。TEM 观察可发现晶须的生长是沿平行于轴向的螺旋位错进行的（图 10-68）。

一、SiC 晶须的合成

通过碳热反应合成 SiC 晶须是一种常用的工艺方法。例如将表面喷涂含铁金属（如不锈钢）的石墨板置于反应室内，其周围放置 SiO₂ 和 C 的混合粉料，反应室被加热到 1400℃，同时通入 1%CH₄＋80%H₂＋10%CO＋9%N₂ 混合气体[133]。在还原性气氛中 SiO₂ 和 C 有如下反应：

$$SiO_2 + C \stackrel{}{=\!=\!=} SiO + CO \qquad (10\text{-}22)$$

同时石墨板表面的金属涂层因高温熔化而成为微小液珠，附着在石墨板表面。所生成的 SiO 和 CO 气体中的 Si 和 C 被含铁液珠吸收并溶入其中，并且在 Fe 的催化作用下生成 SiC。由于含

图 10-68　通过 SiCl＋CCl₄＋H₂ 气相反应生成的 2H-SiC 晶须的螺旋结构[132]

铁液珠内 SiC 的饱和浓度远低于 Si 和 C 的饱和浓度，因此 Si 和 C 不断溶入，而 SiC 从液珠内析出，在石墨板表面形成晶核，进而长成晶体，并将液珠提升至晶体顶部，离开石墨板。

图 10-69　通过 V-L-S 过程合成的 SiC 晶须
图中白色小球即凝固的含铁液珠
见左上角[134]

因为液珠的微小尺寸限制了 SiC 晶体向石墨板平面方向的扩张，当液珠被提升离开石墨板面后 SiC 晶体的生长只能沿垂直于表面的方向进行，从而成为细长的晶须。这种晶须生成的过程是一个典型的 V-L-S 过程。所生成的 SiC 晶须直径以及直径的均匀性取决于液珠的大小及其均匀性，一般而言晶须直径不大于 $4\sim6\mu m$，长度可达 10mm。又如以高纯石墨板作为碳源，在其表面铺一层 $Fe_{0.6}Si_{0.4}$ 合金粉作为催化剂，此层之上是作为硅源的 Si 粉。整个原料层置于真空炉内，抽真空至 $5\times10^{-3}Pa$，然后充入含有微量氧的氩气，并加热到 1650℃保温 3h，结果得到直径大致为 100nm 的 SiC 晶须，如图 10-69 所示。图中还显示出作为催化剂的含铁液珠凝固后形成的小球。XRD 显示晶须由沿 [111] 方向生长的 β-SiC（3C-SiC）构成。

如在原料中（即氧化硅与碳的混合物中）加入适量的卤化物，可以加速上述碳热反应，并直接从气相生成 SiC 晶须[135]。如加入 $NaF\cdot AlF_3$，SiO_2 与卤化物的最佳比例是 3∶1，如加入 NaF，则最佳比例为 1∶1（图 10-70）。在原料中加入硼会明显抑制晶须的生成，B 固溶入 SiC 能产生各向同性的缺陷，会降低 SiC 的表面扩散，从而阻止 SiC 沿单一方向生长，最后只能得到如图 10-71（b）所示的颗粒状晶体。在原料中加入过量的活性炭（如炭黑），可增强碳热还原反应的还原作用，这有助于在 SiC 内产生大量堆垛层错[图 10-71（c）]，从

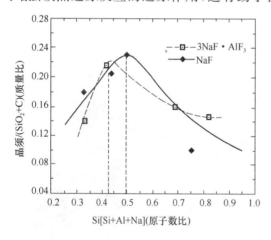

图 10-70　卤化物加入量对 SiC 晶须产量的影响[135]

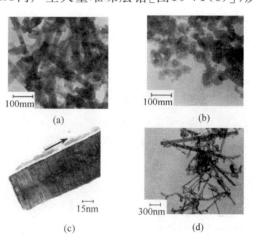

图 10-71　不同添加物对 SiC 晶须的影响[136]
（a）无添加物；（b）3%B（质量）；
（c）SiO_2∶C=1∶6，堆垛层错造成的纹理清晰可见；
（d）0.05%Fe（质量）

而促进晶须生长。在原料中加入少量 Fe（<4%），高温下由于铁熔化，使得合成晶须遵循 V-L-S 机理，这有助于晶须的生成 [图 10-71 (d)]，并且大大降低晶须内的堆垛层错。

稻壳中 SiO_2 含量高达 15%～20%，因此可以作为合成碳化硅晶须的原料。需要事先将稻壳转化为稻壳灰才能用于碳化硅的合成。通常有两种处理稻壳的方法，即将稻壳隔绝空气在 500～700℃ 下煅烧，得到碳化稻壳灰，其中 SiO_2 含量约占 50%～55%，其余主要是碳；如将稻壳在空气中煅烧，则得到 SiO_2 含量 90%～95%、C 含量约 4%～9%，其余为 Na、K、Mg、Ca、P_2O_5 等杂质的灰白色稻壳灰。用稻壳灰作为硅源同炭黑以及铁粉混合，催化剂可用铁粉，也可用氧化铁或铁的盐类。原料中炭黑的质量是稻壳灰的 2 倍，Fe 的含量为混合料的 2.5%。碳热反应在惰性气氛中、1400℃ 温度下进行。所生成的碳化硅晶须为 β-SiC，直径约为 0.2～0.5μm，长度在 100μm 左右。

碳化硅晶须也可以通过硅的有机化合物热分解来制造，如以甲基三氯硅烷为源气、氢气为载气、氩气其为稀释气，反应室压力保持在 6.67kPa，在 SiC、Mo 等材料做成的基板上可生成碳化硅晶须。这是 V-S 过程。甲基三氯硅烷受热分解的反应式为：

$$CH_3SiCl_3 \Longrightarrow SiC + 3HCl \tag{10-23}$$

上述反应在基板的某些活性点上被催化而加速进行，所生成的 SiC 通过在基板表面的二维生长形成晶核。晶核的出现降低了 SiC 沉积所需的能量，从而随着反应的不断进行，SiC 不断沉积在晶核上并沿最低能量面排列，最终成为晶须。为保证 SiC 沿最低能量面单向地生长，需要控制晶体的生长速度不能过快，为此反应物浓度不能过高，因此，在反应气体中加入氩气作为稀释气体来控制反应物的浓度。合成晶须的温度为 1100～1400℃，温度过高会引起 SiC 颗粒的生成，有的研究者指出 1100℃ 是比较合适的晶须合成温度[137]。所生成的晶须为 β-SiC，但是若气氛中含有少量氧气，则会形成 2H-SiC 晶须[138]。

在碳化硅晶须以及许多其他晶须中都能发现有许多弯折型、分叉型晶须存在，生成这类形状的晶须同晶须内堆垛层错的结构有关。就 β-SiC 晶须而言，存在三种不同形式的堆垛层错结构，如图 10-72 所示。晶须内的层错垂直于晶须生长方向 [图 10-72 (a)]、层错同生长方向成 35° 角 [图 10-72 (b)] 以及层错同时出现于 β-SiC 的三个不同的 {111} 面，它们互成 109.5° 交角 [图 10-72 (c)]。

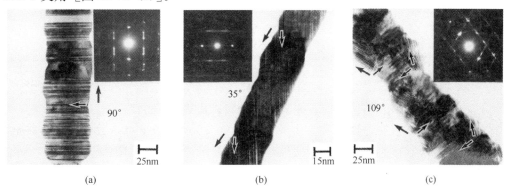

图 10-72　SiC 晶须内三种堆垛层错结构[139]

(a) 层错垂直于生长方向；(b) 层错同生长方向成 35° 角；

(c) 层错平行于三个不同的 {111} 面。各个图上角的

小图为对应的电子衍射斑点，电子束平行于〈110〉方向

SiC 晶须的结晶面同生长方向之间的关系取决于晶须的生长环境，包括生长速度、C 和 SiO 的供应量以及嵌入的堆垛层错类型和数量。由于 β-SiC 的 {111} 晶面具有最低的能量，因此 β-SiC 晶须中的层错最容易在 {111} 面上形成。碳原子富集区的强烈还原作用，能使 SiC 在同生长方向成 35°交角 (11$\bar{1}$) 晶面上快速沉积，因此形成上述 b 型结构的晶须。若这种 b 型晶须遇到稳定的过饱和 SiO 气流，使晶须的生长端头脱离碳富集区，则晶须的生长速度逐渐变小，生成的堆垛层错也就逐渐减少，导致生长面由 (11$\bar{1}$) 面转变成 (111) 面，晶须内层错结构从原来的 b 型转变成 a 型，而晶须的生长方向从原来的 [00$\bar{1}$] 转变为 [$\bar{1}\bar{1}\bar{1}$] 方向，于是晶须出现 125°的弯折 [图 10-73 (a)]。如果在晶须生长的开始阶段就分别同时沿着与两个晶面 [如 (11$\bar{1}$) 面和 (111) 面] 垂直的方向上生长，这样堆垛层错也就分别出现在垂直于晶须生长方向，即 [11$\bar{1}$] 和 [$\bar{1}\bar{1}\bar{1}$] 方向上，在这两个方向生长的晶须的汇集区内层错以 109.5°交角相交，于是形成弯折成 $180° - 109.5° = 70.5°$ 交角的 a 型结构的晶须，如图 10-73 (b) 所示。在 c 型结构晶须中存在三个不同的 {111} 互成 109.5°角晶面，有一部分这种低能量的晶面直接暴露在晶须的侧面，能起到晶种的作用，可以在这种地方开始生长新的晶面，并沿着与此垂直的方向生长，这样形成在 c 型晶须的某个部位以 109.5°角度接长出一 a 型结构的晶须，如图 10-73 (c) 所示。图 10-73 (d) 中显示 Y 形分叉晶须，这似乎是在一根具有 {111} 晶面左右对称倾斜结构的 b 型晶须的端头同时向两个不同方向（图中为 [1$\bar{1}$1] 和 [$\bar{1}$11] 方向）生长 a 型结构晶须形成的，a 型晶须之间的空间夹角应是 109.5°，而 a 型与 b 型晶须间的空间夹角应是 125.3°，图中是空间位置的 [100] 面上的投影，因此分别成为 90°和 135°[139]。

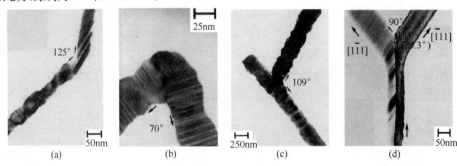

图 10-73　SiC 晶须的各种分叉结构[139]

二、AlN 和 TiN 晶须的合成

以高纯碳粉和高纯氧化铝粉为原料，按照 C：Al_2O_3＝2：1 的比例混合、压制成块，放在石墨炉内，通入高纯氮气，加热到 1800℃，通过碳热反应，可得到 AlN 晶须。晶须的直径 2～30μm，长度可达数厘米，其截面呈方形或六边形，图 10-74 为 AlN 晶须的光学显微镜图像[140]。

图 10-74　AlN 晶须[140]

将碳化有机纤维 [加入量为 12%～13%（质量）]、粒度为 1～2.5μm 的高纯氧化钛粉 [加入量为 80%～85%（质量）] 和金属钴和金属镁粉作为催化剂（总加入量为 2%～5%），混合均匀后盛在石墨舟内并置于石墨炉中，通入 N_2/Cl_2 混合气，快速加热到 1300℃，通过碳热反应，可获得 TiN 晶须。TiN 晶须的生成符合 V-L-S 机理。晶须的直径为 0.5～1.5μm，长径比可达 20～50。TiN 晶须存在两种类型：一种是沿［100］方向生长的截面呈圆形的单晶晶须［图 10-75（a）］，另一种是沿［110］方向生长的截面呈带凹陷的椭圆形的双晶晶须［图 10-75（b）］。

三、氧化铝晶须和莫来石晶须的合成

氧化铝晶须的合成工艺有多种。曾经有人在熔融的氧化铝中插入用耐熔金属（如金属钼）制作的毛细管，利用毛细管张力将熔融体吸到毛细管顶部，在毛细管的顶端形成一层熔融体薄层，其边缘受制于

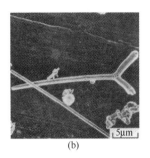

图 10-75　TiN 晶须
(a) 单晶晶须；(b) 双晶晶须[141]

毛细管的周边。在此液膜的顶部插入相应的晶种，并通过夹持晶种的提升杆，以一定的速度向上提升，当液膜及其周围处于适宜析晶的温度范围时，则在晶种下面析出晶体，并随晶种杆的上升而不断生长。由于液膜的边缘被毛细管口固定，因此向上生长的晶体的形状与毛细管的截面形状相同，其粗细也取决于毛细管口径的大小。这种方法称为 EFG 法，即边缘固定薄膜供料生长法（Edge-defined，Film-fed Growth）。整个工艺装置的示意图如图 10-76 所示。熔化氧化铝的钼坩埚置于双层石英管内，通过感应电流使石墨发热体发热加热坩埚，双

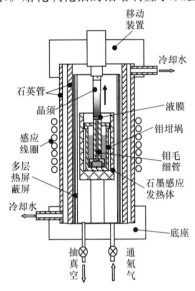

图 10-76　EFG 合成晶须装置（注意：晶须与设备的其他部分不成比例）

层石英管内通水冷却，内层石英管内先抽去空气，在同氩气保护氧化铝的熔化和析晶过程中，坩埚内垂直放置钼毛细管，其内径为 $250\mu m$。由于毛细管作用，熔融氧化铝被吸至管的顶部，形成一层氧化铝熔融体膜，安装在升降杆上的氧化铝晶种接触液膜，以 $2.5\sim25mm/min$ 的速度提升晶种。当液膜及其周围温度调节适当时即可在晶种上长出氧化铝晶须，其直径为数百微米，主要取决于毛细管口径，长度可达数厘米，纤维的抗张强度高达 3GPa[142]。从原理上讲这种工艺可以制造连续长纤维，而且并不限制于氧化铝，其他氧化物和非氧化物纤维也可以用这种方法制造。然而这种工艺基本上就是一种单晶生长工艺，生长速度不可能很快，从而影响生产率，同其他晶须制造工艺相比此法没有优势。然而，对于不要求数量，但要求高质量的或要求截面具有特殊形状的晶须，尚不失为一种有用的工艺。

利用 V-L-S 机理也可以制造氧化铝晶须。例如将多根直径 4mm、长约 1cm 的高纯铝丝垂直插在石英砂粉体床上。石英砂纯度为 99.9%，其中混合有一定数量的金属钴或镍或它们的氧化物。将粉体床加热到 1550℃并保温数小时，整个过程在氩气气氛中进行。待冷却后取出合成物，先经过筛分除去大部分石英砂，再先后用混合酸（35%HF＋65%HNO₃）和 HCl 处理，除去混杂在晶须中的石英砂及金属杂质，最后用水漂洗、烘干，得到陶瓷晶须。所生成的氧化铝晶须数量远多于安置在石英砂床上的金属铝丝的数量以及晶须的顶端存在球状物（图10-77），这些现象说明合成过程符合 V-L-S 机理。具体反应的详细过程尚不清楚，但应该包括一个

图 10-77　通过 V-L-S 机理制造的氧化铝晶须，
左上角显示晶须顶部连接有球形物[143]

铝热反应：

$$Al_{(s)} + SiO_2 \longrightarrow SiO_{(g)} + Si_{(l)} + AlO_{(g)} + Al_2O_{(g)} \tag{10-24}$$

生成气态的 $SiO_{(g)}$、$AlO_{(g)}$、$Al_2O_{(g)}$ 和液态 $Si_{(l)}$。作为催化剂的金属 Ni 在高温下熔化，并散布在石英砂中形成小的液珠，液态硅融入其中。气态的 $SiO_{(g)}$、$AlO_{(g)}$、$Al_2O_{(g)}$ 被这些小液珠吸收，并在其中发生反应，形成氧化铝析出：

$$SiO + AlO + Al_2O \longrightarrow Al_2O_{3(s)} + Si_{(l)} \tag{10-25}$$

如用 NiO 作催化剂，则由如下反应，生成液态金属镍：

$$AlO_{(g)} + NiO_{(s)} \longrightarrow Al_2O_{3(s)} + Ni_{(l)} \tag{10-26}$$

　　催化剂的加入量对晶须生成量有明显影响，不同的催化剂具有各自的最佳加入量，如图 10-78 所示。

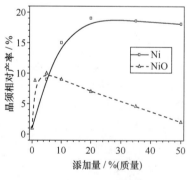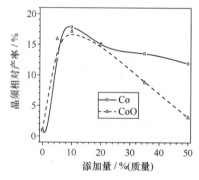

图 10-78　不同催化剂及催化加入量对 V-L-S 合成 Al_2O_3 晶须产率的影响[143]

　　$Al_2O_3 + SiO_2$ 的混合物在氟化物（如 AlF_3、HF、$CF_4 + H_2$ 等）的帮助下可以合成莫来石晶须。例如用溶胶-凝胶工艺先制备符合莫来石化学计量配比的 $Al_2O_3 + SiO_2$ 的凝胶混合物，将其干燥、粉碎，在其中加入 5mol% 的 AlF_3，再压成块体，或者将 AlF_3 放在 $Al_2O_3 + SiO_2$ 凝胶压制块体的旁边。密封加热到 1000～1600℃，即可获得莫来石晶须。所生成的晶须的直径大致在 7～10μm，长径比 10～25，并且直径随合成温度升高而增大，但其长度随温度升高而变小（图 10-79）。生成莫莱石的反应是通过气相进行的，可表达为：

$$2Al_2O_3 + 2SiO_2 + 2AlF_3 + 3H_2O = 3Al_2O_3 \cdot 2SiO_2 + 6HF \qquad (10-27)$$

反应式中的水是由干凝胶引入的。如以 $Al_2O_3 + SiO_2$ 混合物为原料，在隔绝空气的反应环境中通入 $CF_4 + H_2$，则先发生如下反应：

$$Al_2O_3 + 3CF_4 + 3H_2 = 2AlF_3 + 3CO + 6HF \qquad (10-28)$$

$$SiO_2 + 2CF_4 + 2H_2 = SiF_4 + 2CO + 4HF \qquad (10-29)$$

然后通过气相反应生成莫莱石：

$$6AlF_3 + 2SiF_4 + 13H_2O = 3Al_2O_3 \cdot 2SiO_2 + 26HF \qquad (10-30)$$

合成温度1300℃　　　　合成温度1600℃

图 10-79　不同合成温度下莫莱石晶须形貌[144]

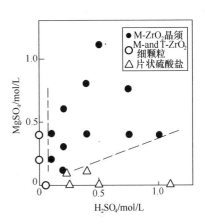

图 10-80　硫酸和硫酸镁加入量对水热合成氧化锆形貌的影响[145]

四、氧化锆晶须的合成

氧化锆晶须可以通过水热合成得到[145]，所用原料为氧氯化锆（$ZrOCl_2$）或碳酸氧锆（$ZrOO_3$）的水溶液，矿化剂为硫酸和硫酸镁（$MgSO_4$）。锆盐在溶液中的浓度为 $0.3 \sim 0.5 mol/L$，矿化剂硫酸和硫酸镁的浓度及两者的比例对能否生成晶须有很大关系，它们的加入量范围如图 10-80 所示。水热合成的温度 $150 \sim 200℃$，时间 $2 \sim 10d$。晶须的长轴平行于 〈101〉 方向，长度 100nm，宽度 $20 \sim 30nm$。

（五）钛酸钾晶须的合成

钛酸钾中 K_2O 与 TiO_2 的分子数比具有多种形式：$K_2O/TiO_2 = 1/1$、$1/2$、$1/4$、$1/6$、$1/8$、$1/10$、$1/12$，其中 $K_2Ti_4O_9$ 和 $K_2Ti_6O_{13}$ 可以形成晶须。四钛酸钾具有良好的化学活性，而六钛酸钾晶须具有熔点高（1300℃）、红外线反射率高（＞90%）、在高温下热传导率低等优良性能，因此可作优良的隔热材料。制备钛酸钾晶须主要有水热合成法和混合-干燥-煅烧（KDC 法）法，后者也可称为烧结法。

水热合成钛酸钾以锐钛矿（TiO_2）和氢氧化钾（KOH）水溶液为原料，将两者混合，置于高压釜中，加热、升压，在高温、高压下 TiO_2 溶解到水中，并同其中的 KOH 反应，生成钛酸钾：

$$nTiO_2 + 2KOH = K_2Ti_nO_{2n+1} + H_2O \qquad (10-31)$$

所生成的钛酸钾的具体分子式取决于所用原料内 TiO_2 与 KOH 的比例。从理论上讲当

TiO$_2$/KOH＝3 可获得 K$_2$Ti$_6$O$_{13}$，然而实际配料中需要保持 TiO$_2$/KOH＜3。水热反应的温度和压力一般保持在 350℃/14MPa 左右，反应时间需要数十小时。所生成的晶须直径可为 0.1～0.2μm，长径比大致在 100～1000。

KDC（Kneading-Drying-Calcination）法，即混合-干燥-煅烧法，合成钛酸钾晶须所用的原料是碳酸钾（K$_2$CO$_3$）和氧化钛（TiO$_2$），但也可以用水合氧化钛（TiO$_2$·nH$_2$O）取代氧化钛，以提高反应活性。将原料加适量水混合，然后压制成团块，经过干燥，最后在煅烧炉内加热，使原料内碳酸钾与氧化钛反应，生成钛酸钾晶须。KDC 法合成钛酸钾晶须的关键包括原料中 TiO$_2$ 与 K$_2$O 的比例、煅烧温度和保温时间。为了得到 K$_2$Ti$_6$O$_{13}$ 晶须，TiO$_2$/K$_2$O 应该为 6，但考虑到合成过程中碳酸钾有所损失，TiO$_2$/K$_2$O＝5.5 更为合适。晶须的生成是一个 SL 过程，从 K$_2$O-TiO$_2$ 相图（图 10-81）可知，若反应温度低于 1114℃，则 K$_2$Ti$_4$O$_9$ 会残留在反应产物内。另一方面，即使 TiO$_2$/K$_2$O 远小于 6（如 TiO$_2$/K$_2$O＝3），只要煅烧温度足够高，在最终产物中只有 K$_2$Ti$_6$O$_{13}$，而不会有 K$_2$Ti$_4$O$_9$，但同时有富钾的玻璃相存在。图 10-82 为按照 TiO$_2$/K$_2$O＝3 的比例配制的原料，在不同温度下煅烧后所形成的钛酸钾晶须。经 920℃煅烧得到的是 K$_2$Ti$_4$O$_9$ 晶须［图 10-82（a）］，而在 1110℃下煅烧得到的是 K$_2$Ti$_6$O$_{13}$ 晶须［图 10-82（b）］。煅烧温度过高，或煅烧时间过长，将导致晶须变得粗而短，甚至因长径比太小，失去晶须的形貌特征而成为柱状晶体。

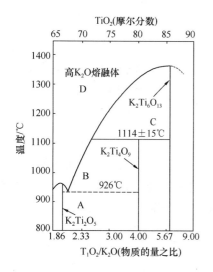

图 10-81　K$_2$O-TiO$_2$ 相图[146]

图 10-82　不同煅烧温度形成的钛酸钾晶须[147]
（a）煅烧温度 920℃晶须 K$_2$Ti$_4$O$_9$；
（b）煅烧温度 1100℃，晶须 K$_2$Ti$_6$O$_{13}$

第11章　耐高温陶瓷材料

耐高温陶瓷具有很高的熔化温度（＞1800℃），并在高温下具有足够的机械强度。此外，根据不同的应用场合，还要求材料具有相应的其他性能，如抗腐蚀性能、抗摩擦或冲刷性能、电绝缘性能等等。大量耐高温陶瓷作为耐火材料用于各种高温工业设备中，在航天、航空、核工业等领域更需要各种各样的耐高温陶瓷。就材料的类别来区分，耐高温陶瓷包括氧化物、碳化物、氮化物、硼化物等等。本章仅就应用比较广泛的氧化铝、氧化锆、氧化铬、碳化硅、氮化硅分别给予介绍。

第1节　氧　化　铝　材　料

氧化铝陶瓷是应用最广泛的耐高温陶瓷材料，它既可作为耐火材料被大量用于各种窑炉上，也用于其他高温设备上，作为电介质材料用于非高温环境的电子元件和设备中，以及作为耐磨部件用于各种机械设备中。

氧化铝的熔点为2045℃，致密氧化铝陶瓷的一些热学性能列于表11-1。

表 11-1　致密氧化铝陶瓷的热学性能[148]

温度 /℃	比热容 /[J/(g·K)]	导热系数 /[W/(m·K)]	热膨胀系数 /$\times 10^6$ K^{-1}	电阻率 /Ω·cm	蒸气压 /Pa
20	—	19.51		1×10^{16}	
95		13.94			
100	0.8623	—		2×10^{15}	
200		10.68		4×10^{14}	
300	0.9460	8.960	6.67	3×10^{13}	
400		7.871		1.6×10^{12}	
500	1.0025	7.076	7.30	1.3×10^{11}	
600		6.490		1.9×10^{10}	
700	1.0465	6.155	7.71	2.5×10^{9}	
800		5.694		3.5×10^{8}	
900	1.0800	5.317	8.06		
1000	—		8.40		
1100	1.1072		8.45		
1300	1.1323		8.69		
1500	1.1532		—		
1700	1.1721		9.06		
2360					799.93
2410					2399.8
2490					2933.1
2547					6666.1
2580					7332.7

氧化铝是以铝矾土（其主要成分为三水铝石 $Al_2O_3 \cdot 3H_2O$）为原料，用浓的氢氧化钠热溶液浸渍，将其中氧化铝反应成为铝酸钠溶液，提纯后使铝酸钠溶液水解，析出氢氧化铝，最后煅烧氢氧化铝，成为氧化铝。这种制取工艺称为拜耳（Bayer）法。如将铝矾土同碳酸钠、石灰混合，经过高温煅烧，生成铝酸钠固体，再用稀碱液溶解铝酸钠，然后使铝酸钠溶液水解，析出氢氧化铝（三水铝石），最后煅烧氢氧化铝，成为氧化铝。这种工艺称为烧结法。

氧化铝有多种晶形，从氢氧化铝煅烧所得到的氧化铝通常为 γ-Al_2O_3，在高温下 γ-Al_2O_3 会转变成 α-Al_2O_3。由于两者的密度不同（前者为 $3.60g/cm^3$，后者为 $3.99g/cm^3$），相变时会产生较大的体积变化，这样在烧结时便会引起制品开裂，因此制造氧化铝陶瓷必须以 α-Al_2O_3 为原料。三水铝石经过 1400℃ 煅烧，可转变成 α-Al_2O_3。由于高温的作用，1400℃煅烧后所生成的 α-Al_2O_3 晶粒很大，通常只能用于耐火材料的制造中。为了得到细晶粒的 α-Al_2O_3，需要利用矿化剂，降低上述相变反应的温度。或者把氢氧化铝先转变成其他分解温度低的盐类，生成非 γ 型氧化铝，就能够在较低的煅烧温度下再转变成 α-Al_2O_3。表 11-2 给出从氢氧化铝和其他铝盐转变成 α-Al_2O_3 的途径和完全转化成 α-Al_2O_3 的温度。

表 11-2　不同铝盐热分解的历程[149]

铝盐	分　解　历　程	完成 α-Al_2O_3 转变的温度/℃
三水铝石	$Al(OH)_3 \longrightarrow \gamma\text{-}AlO(OH) \longrightarrow \kappa\text{-}Al_2O_3 \longrightarrow \alpha\text{-}Al_2O_3$	1300
硫酸铝铵	$AlNH_4(SO_4)_2 \cdot 12H_2O \longrightarrow Al_2(SO_4)_3 \longrightarrow \gamma\text{-}Al_2O_3 \longrightarrow \alpha\text{-}Al_2O_3$	1250
氯化铝	$AlCl_3 \cdot 6H_2O \longrightarrow$ 无定形 $\longrightarrow \kappa\text{-}Al_2O_3 \longrightarrow \alpha\text{-}Al_2O_3$	1200
硝酸铝	$Al(NO_3)_3 \cdot 9H_2O \longrightarrow$ 无定形 $\longrightarrow \gamma\text{-}Al_2O_3 \longrightarrow \alpha\text{-}Al_2O_3$	1100

制造致密氧化铝陶瓷需用超细的 α-Al_2O_3 粉做原料，平均粒度为 $D_{50} = 0.3\mu m$ 的 α-Al_2O_3 粉，通过等静压成型或泥浆浇注成型并在低于 1600℃ 下烧成，可得到接近理论密度的陶瓷烧结体，其中晶粒平均直径只有 $5 \sim 6\mu m$（图 11-1）。由于水基氧化铝泥浆的 IEP，即 ζ-电位为零的 pH 值在 8 左右（图 11-2），因此配制浇注成型用的氧化铝水基泥浆必须保持酸性（pH＝3～5）或碱性（pH＝10～12）。如制备酸性泥浆，可仅用柠檬酸作为分散剂；如制备碱性泥浆，可用氨水把泥浆调到碱性，并用阿拉伯树胶或聚丙烯酸铵（或钠）作为表

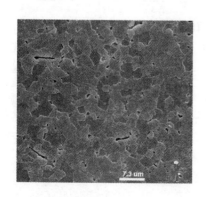

图 11-1　经等静压成型、1560℃下烧结的
氧化铝陶瓷（抛光表面）

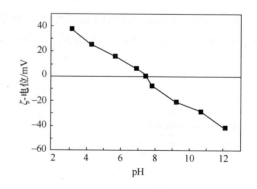

图 11-2　氧化铝泥浆的 ζ-电位[150]

面活性剂。为了限制烧成时氧化铝晶粒生长过大，可在原料内添加少量 MgO 抑制晶粒生长的添加剂，所需的添加量通常为氧化铝粉料质量的 $0.5\% \sim 0.1\%$。

前面介绍的各种陶瓷成型工艺都是用于致密氧化铝制品的成型，具体采用何种工艺，应根据制品的形状和尺寸来决定。一般而言，大尺寸、简单形状的制品可选用等静压成型，也可用泥浆浇注成型；形状复杂但尺寸不太大的制品常用泥浆浇注、凝胶注模等湿法成型技术；片状制品则采用流延成型工艺。

致密氧化铝陶瓷的烧结温度随所用 $\alpha\text{-Al}_2\text{O}_3$ 粉料的粒度、团聚程度不同而异，分散性良好平均粒度 $D_{50} \leqslant 0.3\mu m$ 的粉料烧结温度通常为 $1550 \sim 1600\,^\circ\text{C}$，而平均粒度在 $5 \sim 10\mu m$ 的一般粉料烧结温度至少要 $1700\,^\circ\text{C}$，甚至更高。为了降低烧结温度，通常在氧化铝原料内添加质量分数为 $0.5\% \sim 1.0\%$ 的 TiO_2，可将烧结温度降至 $1600 \sim 1700\,^\circ\text{C}$ 之间。含少量 TiO_2 的氧化铝材料内晶粒比较大，机械强度较低，脆性较高。

一般氧化铝制品在空气气氛中烧成，然而，如要求制品内部没有任何气孔（如氧化铝透明陶瓷），则必须在氢气气氛中烧成。其原因是 H_2 在氧化铝晶体内的扩散系数很大，气孔内的气体容易通过氧化铝晶粒扩散到制品外，从而获得内部无气孔的致密烧结体。而空气中的氮气和氧气在氧化铝晶体内的扩散系数比较小，包裹在氧化铝晶粒内的气孔中的空气来不及通过气体在晶粒内的扩散排到制品外，制品已达到烧结终点，从而使气孔永远保留在晶粒内部。

氧化铝耐火材料不需要完全致密，一般含有大约 $16\% \sim 18\%$ 的气孔，其体积密度为 $3.20 \sim 3.25\text{g/cm}^3$。高纯氧化铝耐火材料的 Al_2O_3 含量大于 99%，不到 1% 的杂质主要是 SiO_2 和 Fe_2O_3，也可特意加入 0.5% 左右的 TiO_2，以促进烧结。所用粉料质量的 45% 以上为粒径 $5 \sim 1\text{mm}$ 的致密烧结氧化铝颗粒或电熔氧化铝颗粒，另外大约 $30\% \sim 40\%$ 为粒度小于 $88\mu m$ 的 $\alpha\text{-Al}_2\text{O}_3$ 细粉，剩余的 $10\% \sim 20\%$ 为粒径 $<1\text{mm}$ 的致密烧结氧化铝或电熔氧化铝粗粉料。

片状氧化铝制品，如集成电路用的基片，需要用流延成型技术，通常用有机溶剂作载体配制成流延泥浆，基片的厚度一般为 $2 \sim 0.1\text{mm}$。

第 2 节　氧 化 锆 材 料

纯氧化锆 （ZrO_2）熔点高达 2988K，在熔点以下，在不同的温度范围氧化锆具有不同的晶型：单斜形 （$m\text{-ZrO}_2$），四方形 （$t\text{-ZrO}_2$）和立方形 （$c\text{-ZrO}_2$），它们之间互相转变的温度关系如下：

$$m\text{-ZrO}_2 \xleftrightarrow{1443\text{K}} t\text{-ZrO}_2 \xleftrightarrow{2643\text{K}} c\text{-ZrO}_2 \xleftrightarrow{2988\text{K}} 熔融\ \text{ZrO}_2 \qquad (11\text{-}1)$$

由于单斜氧化锆的密度为 5.56g/cm^3，而四方氧化锆的密度为 6.10g/cm^3，因此，$m\text{-ZrO}_2$ 与 $t\text{-ZrO}_2$ 之间的相变伴随有大约 9% 的体积变化，$m \to t$ 体积收缩，反之体积膨胀。为了避免在烧成氧化锆陶瓷过程中因上述 $m \to t$ 或 $t \to m$ 相变而引起制品开裂，需要在氧化锆原料内事先固溶进某些氧化物作为稳定剂，使室温下的氧化锆能以四方相(m)或立方相(c)的形式存在。常用的稳定剂有 CaO，MgO，Y_2O_3 和 CeO_2。图 11-3 分别为 ZrO_2 和 CaO、MgO、Y_2O_3、CeO_2 的二元相图，从这些相图上可决定所用稳定剂的加入量。

通过在氧化锆内添加稳定剂，使四方氧化锆在室温附近以介稳状态保留存在，当材料承

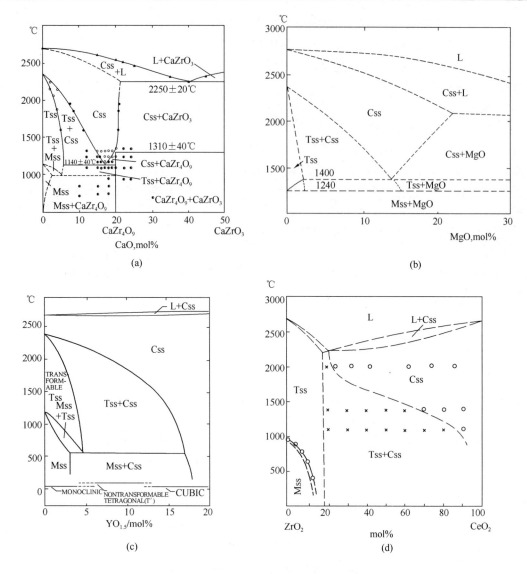

图 11-3　氧化锆与一些氧化物的二元相图

Css：立方固溶体，Mss：单斜固溶体，Tss：四方固溶体，L：液相

(a) ZrO₂-CaO 相图[151]；(b) ZrO₂-MgO 相图[152]；

(c) ZrO₂-Y₂O₃ 相图[153]；(d) ZrO₂-CeO₂ 相图[154]

受过高的应力时可发生 $m{\rightarrow}t$ 相变，吸收可引起断裂的能量或在应力区产生微裂纹，阻碍大裂纹的发展，从而实现氧化锆陶瓷的相变增韧作用。但是氧化锆的这种增韧作用只能在不太高的温度下才能有效，当温度接近 $m{\rightarrow}t$ 转变温度时，相变自发发生，从而丧失增韧作用。因此，在高温下各种氧化锆增韧陶瓷的韧性并不高，相反在 1400℃ 以上出现明显的超塑性，因此氧化锆增韧陶瓷不能用作高温结构材料。另一方面，氧化锆具有很高的熔点，化学稳定性也相当高，与大多数陶瓷材料相比，氧化锆的导热系数较小，因此氧化锆可以用于制造耐火材料和耐高温热障涂层。由于固溶了稳定剂的氧化锆晶体内存在大量氧空位，在高温下能够导电，但电阻率又不是特别小，因此可以用来制造高温电热元件。

市售氧化锆原料有三大类：1）直接从锆的无机盐类热分解得到的氧化锆粗粉料，这种氧化锆的纯度可以达到很高（>99%），粉料内氧化锆晶粒粗大，并且互相之间有轻度烧结，形成明显而强固的团聚结构。这种粉料主要用于化工领域，并不适合制造陶瓷和耐火材料。2）通过精细化学方法制造的氧化锆超细粉料，在制造过程中可根据用户的需要添加一定种类和数量的稳定剂，这种粉料常用于制造各种氧化锆增韧材料。已固溶了稳定剂氧化物的氧化锆晶粒直径一般为 20~60nm。这些粉料有两种形式，即适用于压力成型的经过喷雾造粒的球形团聚体粉料和适用于湿法成型的具有很好分散性的粉料，其中纳米晶粒形成的细小团聚体直径小于 1μm，并且容易在水中分散。3）由锆英石以碳粉为还原剂，在电弧炉内通过高温（2000℃以上）分解而得到的氧化锆，这种氧化锆原料的纯度远不如前面两种粉料，一般最多只能达到 98% 左右，其中主要杂质为 SiO_2。在制造过程中也可以添加稳定剂（如 CaO，MgO 等）得到含有稳定剂的立方或四方氧化锆。这种氧化锆通常称为脱硅锆，价格相对便宜，主要用于制造耐火材料。

由于氧化锆具有极高的化学稳定性，可作为耐火材料用于熔炼高温金属的坩埚和熔化玻璃的窑炉炉衬材料。小型致密的氧化锆坩埚和发热元件通常用全稳定的立方氧化锆粉料制成泥浆，采用注浆成型工艺做成素坯，再经过高温（>1700℃）烧结。大型氧化锆坩埚一般用具有一定级配的颗粒料采用压力成型或捣打成型，再高温烧结。

用于熔化玻璃池窑上的氧化锆耐火材料有两大品种：一种称为电熔锆刚玉（以符号 AZS 表示），其主要成分是斜锆石（ZrO_2）和刚玉（Al_2O_3），此外还有一部分玻璃相，其中 ZrO_2 含量 30%~40%，用电熔工艺制造，即用电弧炉熔化按照设计配比混合的原料，然后把熔融体铸入模具内，经冷凝和退火，形成块状电熔锆刚玉砖；另外一种称为氧化锆砖或高锆砖，其中 ZrO_2 含量在 90% 以上，其余为富含 SiO_2 的玻璃相，这种材料通常也用电熔工艺制造。以上两种类型材料也可以通过等静压成型、高温烧结方法制造。但是用烧结方法制造的砖不如电熔法制造的致密，因此抗熔融玻璃的侵蚀性能也不如后者。电熔锆刚玉砖的化学成分与基本物理性能列于表 11-3 中，电熔和烧结氧化锆砖的相应性能列于表 11-4 中。

表 11-3　电熔锆刚玉砖的化学成分和基本性能[155]

牌号	ZrO_2	SiO_2	Al_2O_3	Na_2O	其他	密度/（g/cm^3）	气孔率	玻璃相渗出率
AZS-33	33%	15%	50%	1.5%	0.5%	3.80	<1%	<2%
AZS-36	36%	13%	49%	1.4%	0.6%	3.90	<1%	<2%
AZS-41	41%	12%	45%	1.4%	0.6%	3.95	<1%	<2%

表 11-4　氧化锆砖的化学成分和基本性能 *

	ZrO_2	SiO_2	Y_2O_3	Al_2O_3	Na_2O	其他	密度/（g/cm^3）	气孔率	渗出率
烧结	90%	6.0%	2.0%	0.8%	0.2%	1.0%	5.10	0.5%	—
电熔	94%	4.0%	—	0.6%	0.3%	1.1%	5.35	0.7%	<1%

* 表内数据来自圣戈班（Saint-Gobain）公司的产品介绍。

氧化锆电热元件用添加 CaO、Y_2O_3 或 CeO_2 经高温煅烧或电弧熔融合成的立方氧化锆粉料为原料，采用泥浆浇注或凝胶注模成型成棒状或管状坯体，再经过高温（1750~1800℃）制成。用这种发热元件可制造 2000℃ 以上的高温电炉。

第 3 节　氧 化 铬 材 料

Cr_2O_3 含量在 90% 以上的氧化铬耐火材料具有极为优越的抗熔融玻璃和其他熔渣侵蚀

的性能，是建造无碱玻璃纤维熔窑和煤气化炉的关键耐火材料。

国内没有专门用于制造氧化铬耐火材料的氧化铬原料，通常以油漆工业中用的铬绿作为原料，其化学成分规格可参见化工标准 HG/T 2775—2010。铬绿中 Cr_2O_3 含量可达 99%，但其中常常含有极少量的硫酸盐杂质，硫酸根的存在会影响喷雾造粒泥浆的流动性。另外铬绿中 Cr_2O_3 颗粒虽然细小（平均粒径大约 $1\mu m$），但互相团聚，使得粉料的表观密度很小，如果直接用这种粉料压制产品，其素坯密度低，影响烧结致密化，通常需要对这种粉料进行处理，再用于耐火材料的生产中。首先可用热水洗涤粉料，除去其中的硫酸盐杂质，再利用球磨或搅拌磨研磨粉料，以破坏其中的团聚结构，然后用喷雾造粒，形成适合干压成型或等静压成型的粉料。也可以将铬绿粉做成小块或小球，利用电弧炉熔化，制造电熔氧化铬粉料和颗粒料，用以生产各种氧化铬砖。表 11-5 为电熔氧化铬粉料的技术规格。

表 11-5　电熔氧化铬粉料的技术规格[156]

成分＼牌号	DLS-97	DLS-98	DLS-99	LN
Cr_2O_3	≥97	≥98	≥99	≥99
Al_2O_3	≤1.2	≤0.8	≤0.6	—
Fe_2O_3	≤0.6	≤0.3	≤0.3	—
SiO_2	≤0.5	≤0.2	≤0.2	—
体积密度/（g/cm³）	≥4.9	≥5.0	≥5.0	≥4.77

氧化铬耐火材料根据对制品的密度要求和几何尺寸大小，可以用单轴压机（如油压机和摩擦压力机）或等静压机成型。生产玻璃纤维的氧化铬池壁砖的尺寸可达 $300mm \times 600mm \times 900mm$，这种砖必须用等静压成型。成型所用的粉料应该经过喷雾造粒，形成球形团聚体，以减少成型过程中的内摩擦力。通常在喷雾造粒用泥浆内加入聚乙二醇作为胶粘剂、聚丙烯酸钠（或铵）作为分散剂。喷雾造粒后粉料的粒度分布如图 11-4 所示。团聚体内氧化铬晶粒的平均直径大约为 $1\mu m$。

氧化铬耐火材料在烧成过程中需要控制窑炉内气氛的氧分压。如本篇第 9 章中图 9-18 所示，气氛中氧气浓度的体积分数如大于 10^{-11}，烧结体的密度就显著下降。因此在烧成时，当温度从 1400℃到保温（一般在 1600℃下保温）结束这一阶段必须减少助燃空气的输入，以保证窑炉内为重还原气氛。如用电炉烧成，就需要在这一阶段通入氮气或惰性气体。烧结完成后就不用再控制如此低的氧分压，在冷却阶段可以在一般大气气氛中进行。TiO_2 可以促进氧化铬的烧结，如图 11-5 所示。因此可以在氧化铬原料内加入 2%～3%TiO_2 的。为了

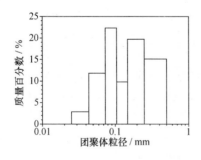

图 11-4　经喷雾造粒后 Cr_2O_3 团聚体的粒径分布

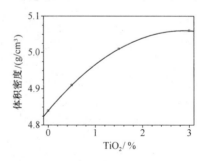

图 11-5　TiO_2 加入量对氧化铬烧结密度的影响[157]

提高材料的抗热震性，在有些氧化铬原料内添加 3%～5% 的锆英石粉。表 11-6 列出了一些氧化铬砖的主要化学组成和技术性能。

表 11-6　氧化铬耐火材料的技术指标*

指标	牌号	等静压制品				机压成型制品	
		CR-100	C-1215Z	CR94-HD	LIRR-HK95	CR94-GA	CR92-GB
化学组成/%	Cr_2O_3	95.7	91.2	94±1	92～94	94±1	92±1
	TiO_2	3.8	3.8	3.8±0.3		3.8±0.3	3.8±0.3
	ZrO_2	—	3.0		2.5～3.0		
	SiO_2	其他 0.5	其他 2.0	—	0.15～0.20	—	
	Fe_2O_3				0.15～0.20		
显气孔率/%		13.0	1.03	≤12	15～16	≤18	≤20
体积密度/(g/cm^3)		4.25	4.33	≥4.5	4.25～4.30	≥4.1	≥4.05
常温耐压强度/MPa		137.9	179.3	≥250	130～165	≥130	≥100
热膨胀系数×10^6/$℃^{-1}$		20～1300℃ 7.03	20～1300℃ 7.57		7.60	—	—
导热系数/$[W/(m \cdot K)]$		1000℃ 3.27	1000℃ 3.37		4.96	—	—
荷重软化开始温度/℃		—		≥1700	1700	≥1700	≥1700

* 表内数据取自 Corhart 公司、广州岭南耐火材料厂和洛阳耐火材料研究院产品介绍。

第 4 节　碳化硅材料

碳化硅（SiC）陶瓷材料具有耐高温、高温强度高、高温抗氧化性能强、导热系数较大而热膨胀系数较小而抗热震性能强、在室温下就能导电等优点，因此，被广泛地应用于冶金、电力、高温工程和航空航天等领域。碳化硅材料的一些典型性能可参见附录1，需要指出的是附录1所列性能是单纯用碳化硅制备的致密陶瓷的性能，实际的碳化硅制品因制造工艺不同，其组成和密度差别很大，因此制品的性能也各不相同。表 11-7 列出的是用不同工艺制造的碳化硅制品的典型性能。

表 11-7　碳化硅的典型性能[155]（标 * 的数据为 1200℃ 下测定）

性能	材料	黏土结合碳化硅	莫来石结合碳化硅	SiO_2 结合碳化硅	Si_3N_4 结合碳化硅（两种）	β-SiC 结合碳化硅	重结晶碳化硅	反应烧结碳化硅
体积密度/(g/cm^3)		2.4～2.6		2.78	2.65 / 2.80	2.70	2.62～2.72	≥3.0
显气孔率/%		14～18	14～16	5.8	16 / <11	15	≤15	～0
常温抗压强度/MPa		～100		150	150 / 580	162	300	850
抗折强度/MPa	20℃	20～25	34～38	48	40/160	48.3	90～100	260
	1400℃	～13	24～26	30～50	45/180 *	39.0	110～120	260 *
膨胀系数/$℃^{-1}$		$4.6×10^{-6}$		$4.8×10^{-6}$	$-/4.4×10^{-6}$	$4.3×10^{-6}$	$4.7×10^{-6}$	$4.5×10^{-6}$

续表

性能 \ 材料		黏土结合碳化硅	莫来石结合碳化硅	SiO₂ 结合碳化硅	Si₃N₄ 结合碳化硅（两种）	β-SiC 结合碳化硅	重结晶碳化硅	反应烧结碳化硅
导热系数/[W/(m·K)]	1000℃	11			16.0/—		24	40
	1200℃			16.2				20℃下 160
SiC 含量/%		>85	>70	89.8	72/66~80	87.76	>99	
SiO₂/%				8.9	Si₃N₄			
Al₂O₃%				0.5	20/20~30	0.42		含 Si 量 ~19%
Fe₂O₃%				0.3	0.7/—			
C%						0.45		

制造碳化硅陶瓷和耐火材料的原料需要人工合成，当前绝大多数碳化硅原料都是利用安奇生（Acheson）法生产。该法以石英砂和焦炭为原料，在高温下两者反应，生成 SiC：

$$SiO_2 + 3C \xrightarrow{\quad\quad} SiC + 2CO \tag{11-2}$$

在实际生产中通常用石英砂作为氧化硅的来源，石油焦作为碳源，另外还加入少量木屑和食盐。用碳砖砌成长条形的发热体，原料混合后填放在碳发热体的四周，通上大电流，在发热体周围产生 2000℃以上的高温，发生如式（11-2）所示的反应，生成碳化硅，并放出一氧化碳气体。在发热体周围所生长的 SiC 为充分结晶的 SiC 烧结团聚体，其中碳化硅晶粒巨大，在离发热体较远的地方因为温度较低，SiC 晶粒较细小，但反应不完全，其中夹杂有未反应的石英砂和碳粉以及一些金属杂质的熔融体或金属碳化物，更远处则是尚未反应的原料混合物。因此，用这种方法得到的产物需要通过筛选和除去杂质才能得到纯的碳化硅，再经过破碎、筛分（根据有些要求还要经过清洗除去破碎过程中带入的金属杂质），才获得适合制造碳化硅陶瓷和耐火材料的碳化硅粉料。用金属硅粉和石墨粉（或炭黑粉）混合，在惰性气氛的高温炉内煅烧，可获得很纯的碳化硅细粉料。但因为可控气氛的高温炉容量都很小，因此无法大量生产，而且所用的原材料价格远高于 Acheson 法所用的原材料，因此这一方法并没有应用在工业大生产中。此外，利用等离子体或激光加热硅烷（或 SiCl₄）和甲烷（或其他碳氢化合物）的混合气体可以生成晶粒尺寸在微米级甚至纳米级的高纯度碳化硅，然而这些方法所用的原料更贵，无法实现工业化生产，但可以供应特殊用途的需要。

从晶体结构来分析，碳化硅晶体可分为六方型（或菱面体）和立方型两大类。其中六方型（或菱面体）碳化硅又称 α-SiC，按其结构中堆垛顺序的不同，可演化出 160 多种晶形。立方型碳化硅又称 β-SiC，仅有一种结构。表 11-8 列出了常见的几种碳化硅晶型。在合成碳化硅时，当温度升至 1300℃以上即有 β-SiC 生成，当温度超过 2000℃，β-SiC 就转变成 α-SiC。

表 11-8　常见的 SiC 晶型[158]

类别	命名	晶体结构	堆垛顺序	晶格常数/nm
α-SiC	15R	菱面体	ABCBACABACBCACB……	$a=0.3073, c=3.7700$
	6H	六方	ABCACB……	$a=0.3073, c=1.5070$
	8H	六方	ABCABACB……	$a=0.3078, c=2.0108$
	4H	六方	ABCBABCB……	$a=0.3073, c=1.0053$
	2H	六方	ABABA……	
β-SiC	3C	面心立方	ABCABC……	$a=4.349$

　　碳化硅陶瓷的成型工艺并无特别之处，可根据制品的尺寸和形状，选用前面所介绍过的各种合适的陶瓷成型工艺。制造碳化硅陶瓷的主要关键在于烧结工艺。碳化硅是一种共价键物质，Si—C 键强度极高、方向性极强，在 2200℃ 以上的高温下又会发生分解和气化，因此纯碳化硅很难烧结成致密的烧结体。为此开发出许多专门用于碳化硅烧结的工艺技术，不同工艺制造出的碳化硅材料被赋予不同的名称，主要有：硅酸盐结合碳化硅材料、反应烧结碳化硅材料、无压烧结碳化硅材料、热压（或热等静压）烧结碳化硅材料、重结晶碳化硅材料等。

　　（一）硅酸盐结合碳化硅材料

　　所谓硅酸盐结合碳化硅就是把碳化硅原料与各种硅酸盐原料混合，利用硅酸盐在一定温度下产生液相，促进材料的烧结。可同碳化硅混合的硅酸盐有：黏土类、董青石、莫来石、氧化硅、长石等。材料内 SiC 含量在 70%～99%。SiC 含量在 80% 以下的材料属于低档碳化硅耐火材料，通常用在对耐温、抗热震性和强度要求不高的场合。用董青石结合的碳化硅材料内董青石含量在 15%～20%，其余为 SiC。莫来石结合的碳化硅材料以硅线石和黏土作胶结剂，其中硅线石加入量通常为 4% 左右，黏土为 6%。这两种材料具有很强的抗热震性，常用于制造可反复多次应用的坩埚和匣钵。上面这些以铝硅酸盐作结合剂的碳化硅材料有一个共同的缺点，就是材料长期处于 800～1200℃ 温度范围内会因 SiC 氧化而发生膨胀、开裂。其原因是在 1200℃ 以下 SiC 氧化生成 SiO_2，由于温度不够高，所生成的氧化硅尚不能与结合剂中的其他金属氧化物形成玻璃态液相，但可被 Al_2O_3、Fe_2O_3 等催化转变成方石英晶体，从而引起体积膨胀，从碳化硅晶粒表面脱落，形成新的 SiC 表面，使氧化作用不断进行，并造成材料酥松开裂。如气氛中有水蒸气存在，可加速这种氧化破坏作用。当温度超过 1200℃，SiC 氧化生成的 SiO_2 可以同结合剂中其他金属氧化物生成液态玻璃相，紧密覆盖在 SiC 颗粒表面，从而阻碍进一步氧化作用。如果温度在 800℃ 以下，则由于温度太低，氧化反应速度很慢，其破坏作用就很小。

　　为了改进硅酸盐结合碳化硅的抗氧化性能，提出了用钾长石作结合剂的配方：99% 的碳化硅和 1% 的钾长石粉混合。在 800～1200℃ 温度范围内的抗氧化性能明显提高，其原因是由于结合剂中有 K_2O，降低了碳化硅氧化所生成的氧化硅同其他金属氧化物形成液态玻璃的温度，而且与含 Na_2O 的玻璃不同，含 K_2O 的玻璃黏度比较高，包围在 SiC 颗粒表面的玻璃不容易流失，因此可以很好地起到阻碍进一步氧化的作用。也可用人工合成的 K_2O-Al_2O_3-SiO_2 玻璃粉来代替钾长石。以上所述的各种硅酸盐结合的碳化硅材料的烧成温度在 1350～1450℃ 范围内，碳化硅含量高的材料烧成温度也高。

　　氧化硅结合的碳化硅材料中 SiO_2 以硅石粉、石英粉或非晶态氧化硅微粉形式加入到碳化硅中，此外还需加入少量 CaO，MnO_2 或 V_2O_5 等作为矿化剂，以便在烧结过程中将一部分 SiO_2 转变成鳞石英和方石英。氧化硅粉与矿化剂的比例为 8：2 至 9：1。烧成温度在 1400～1500℃。这种材料的高温性能明显高于前面所述的几种硅酸盐结合碳化硅材料。氧化硅结合的碳化硅材料通常用于制造各种窑具材料。

　　（二）反应烧结碳化硅材料

　　反应烧结碳化硅材料——RBSC（reaction bonded silicon carbide），其制造工艺大致如下：将占总质量的 70%～90% 的以颗粒（大部分）和细粉（小部分）形式存在的 α-SiC 和 30%～10% 的炭黑粉（或其他炭粉）充分混合，再用任何一种陶瓷成型工艺制成素坯，经过干燥后，将素坯置于石墨坩埚底部的硅粉层之上，或埋在金属硅和碳化硅的混合粉料中，在惰性气氛中、1450～1600℃温度下烧成。在烧成过程中当温度超过金属硅的熔点（1414℃）后，硅粉熔化成液体。由于 SiC 的晶界能大约为 3460mN/m，而熔融硅同 SiC 的界面能为 1260mN/m[159]，因此熔融硅很容易快速渗入到素坯的孔隙中，在高温下熔融硅同素坯内的碳反应生成 β-SiC：

$$Si + C = SiC \tag{11-2}$$

在烧结过程中有化学反应发生，因此称为反应烧结。

上述反应伴随有大约 23.4% 的体积膨胀，能够填充素坯内的孔隙，因此这种材料可以做得非常致密。然而如果控制不当，则可能造成坯体变形或开裂。英国泡珀教授（P. Popper）提出通过控制素坯密度来获得致密 RBSC 材料。由于素坯由 C 和 α-SiC 组成，素坯的理论密度 ρ_b 可表达为[160]：

$$\rho_b = \frac{3.21}{1 + 2.33x} \tag{11-3}$$

式中　x——为素坯内碳的质量分数。

如果素坯的实际密度 ρ 明显大于 ρ_b，则表明素坯内含碳过多，如果这些碳全部同硅反应生成碳化硅，素坯内的孔隙体积容纳不下反应所产生的体积增加，因此引起试样开裂。另外，也可能在坯体表面层的碳与硅反应所生成的碳化硅将表面附近的孔隙完全充满，以致后续的熔融硅无法进一步渗入到坯体内部，使得反应烧结不能进行完全，从而在坯体内部留下大量未反应的碳。如果素坯的实际密度 ρ 明显小于 ρ_b，则表明素坯内所含的碳同硅反应后生成的碳化硅数量不足以完全填充坯体内的孔隙体积，因此反应烧结体是多孔的，或者剩余的孔隙被金属硅充满。无论是多孔的碳化硅烧结体或含有大量金属硅的碳化硅烧结体，材料的性能特别是高温力学性能都明显降低。因此，为获得高性能的 RBSC 材料，最好将素坯密度控制在略低于 ρ_b。

式（11-2）所示的反应是一个放热反应，如果反应速度过快，会迅速放出大量热量，使坯体的局部温度升高，引起所生成的 β-SiC 晶粒异常生长。或者大量迅速生成的 SiC 晶粒把渗硅通道完全堵塞，以致熔融硅不能继续向坯体内部渗透，最后坯体内部残留大量没有同硅反应的碳。为了避免上述问题，可用硅蒸气取代熔融硅进行反应烧结。在高温下硅的蒸气压同温度有如下关系[161]：

$$\log(P_{Si}) = 10.84 - 20800/T \tag{11-4}$$

式中　P_{Si}——为硅的蒸气压，Pa；

　　　　T——为温度，K。

由此式可知若温度为 1650℃，硅的蒸气压即达 1.05 Pa，因此可以把素坯架在熔融硅之上，在高温下使硅蒸气渗入坯体内部与碳发生反应。由于反应受硅蒸气扩散过程的控制，反应不像液硅与碳反应那样激烈，因此可以获得细晶粒的 SiC。并且，硅蒸气能进入更细小的孔隙，可深入到坯体内部各处同那里的碳反应，使整个坯体均匀而完全地实现反应烧结，极大地减少烧结体内的残余硅或残余碳数量。表 11-9 中的数据显示气相渗硅工艺所制备的反应烧结 SiC 试样性能明显优于液相渗硅工艺的试样[162]。反应烧结工艺可以获得非常致密的碳化硅材料，但这一工艺很难避免在材料内残留极少量的金属硅。由于硅的熔点仅为 1414℃，在 SiC 晶粒之间存有少量的 Si，导致当温度高于 1400℃时材料的强度就迅速下降。

表 11-9　不同工艺制备的反应烧结 SiC 试样的性能[162]

渗硅工艺	密度/ (g·cm⁻³)	室温抗弯强度/MPa
气相渗硅	3.09	640
气相渗硅	3.06	496
真空中液相渗硅	3.00～3.04	350～400
氩气氛中液相渗硅	3.03～3.07	350～400

如以 α-SiC 为骨料，同 α-SiC 细粉、金属硅粉及碳粉混合，以焦油沥青作胶结剂，经成型后在保护气氛中 1400～1600℃下进行反应烧结。这种工艺通常用于生产碳化硅耐火材料，称为自结合碳化硅材料，其性能见表 11-10。SiC 电热棒也是用这种工艺生产的，其工艺流程如图 11-6 所示。

图 11-6　碳化硅电热棒工艺流程

表 11-10　自结合碳化硅材料性能[155]

性能		产地 中国	日本	日本	日本	韩国
体积密度/ (g/cm³)		2.70	2.67	2.68	2.67	2.68
显气孔率/%		15	16	15.7	15.8	14
常温抗压强度/MPa		162	166.1	143	185	200
抗折强度/ MPa	20℃	48.3	37.1	34.3	46	51
	1400℃	39.0	42	29.4	39.2	51
20～1000℃膨胀系数/ K⁻¹		4.3×10⁻⁶	4.5×10⁻⁶	4.9×10⁻⁶	4.7×10⁻⁶	4.5×10⁻⁶
800℃导热率/ [W/ (m·K)]					29.5	
化学成分/ %	SiC	87.7	85.38	92.6	92.3	95
	SiO₂			2.5	7.1	
	Fe₂O₃	0.42	1.19			0.3
	C	0.45	0.36	1.0	1.2	

（三）氮化硅结合碳化硅材料

氮化硅结合碳化硅材料的制造工艺本质上也是反应烧结，所不同的是素坯中金属硅在高温下与氮气反应生成 Si_3N_4：

$$3Si + 2N_2 \Longrightarrow Si_3N_4 \tag{11-5}$$

所生成的 Si_3N_4 同坯体内的 α-SiC 粘结在一起，形成具有相当强度的烧结体。

氮化硅结合碳化硅的制造工艺大致如下：配料中 α-SiC 含量为 70%～85%，金属硅粉含量为 30%～15%，在 α-SiC 中粗颗粒同细粉的比例为 (70～80) : (30～20)。两者与胶结剂

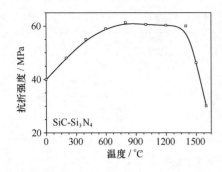

图 11-7　氮化硅结合碳化硅材料的抗
折强度与温度的关系[155]

充分混合后用压力成型(或其他成型工艺)成型素坯,控制素坯的密度在 2.5g/cm³ 左右,以保证氮气可以充分进入坯体内同硅进行反应。常用的结合剂有水系酚醛树脂或蜜胺树脂,加入量在 5% 左右。素坯经充分干燥后(含水量<0.5%),在氮气气氛的电炉内 1300～1350℃下氮化烧结。

氮化硅结合碳化硅材料在 1400℃ 以下有较高的机械强度,但是温度超过 1400℃后强度会急剧下降(图 11-7),这一特性限制了这种材料在高温工程中的应用。这种材料的典型性能列于表 11-11 中。氮化硅结合碳化硅材料具有良好的高温抗氧化性能和很高的对熔融的有色金属的抗侵蚀性(表 11-12),因此,这种材料常用作有色金属冶炼炉的炉衬、铝电解槽内衬和高炉中部内衬。

表 11-11　氮化硅结合碳化硅材料的性能[155]

性能		产地　中国	美国	英国	德国	日本
体积密度/（g/cm³）		2.76	2.62	2.55	2.60	2.55
显气孔率/%		12	15.5	19	16	13.2
常温抗压强度/MPa		234.8	—	—	150	151
抗折强度/MPa	常温	—	44.8	28.0	45.0	33.7
	1400℃	—	38.2	50.0	45.0	—
20～1000℃膨胀系数/ K⁻¹		—	4.9×10^{-6}	4.9×10^{-6}	4.0×10^{-6}	—
导热率/［W/ (m・K)]		—	—	15.8	11.14	17.7
化学成分/%	SiC	72.28	75	73	—	80.5
	SiO_2	—	0.5	—	—	8.7
	Si_3N_4	20.40	23.4	20	—	—

表 11-12　氮化硅结合碳化硅材料的抗侵蚀性能[163]

物　质	温度/℃	侵蚀时间/h	侵　蚀　情　况
铝	800	150	无侵蚀
铅	500	150	无侵蚀
锌	600	150	无侵蚀
铜	1150	24	液面线下无侵蚀,三相界面上有侵蚀,还原条件下无侵蚀
铸铁	1350	30	液面线下无侵蚀或溶解,三相界面上侵蚀成颈部,还原条件下无侵蚀
铝电解槽熔体	950	80	不浸润,无侵蚀
氯化钠	1000	30	无侵蚀
氢氧化钠	1000	1	侵蚀严重
硫酸钠	1000	1	侵蚀严重
氯气	900	4	无侵蚀
高炉熔渣	1450	30	24h 后完全溶解

注: 铝电解槽熔体的成分为: Na_3AlF_6:85%,CaF_2:6%,AlF_3:6%,Al_2O_3:3%。

（四）重结晶碳化硅材料

重结晶碳化硅材料又称再结晶碳化硅材料，其特点是不用任何烧结助剂，完全由碳化硅本身通过蒸发-凝聚烧结机理形成 α-SiC 晶粒互相直接连接的陶瓷（耐火）材料。根据烧结理论可知，材料在蒸发-凝聚的烧结过程中不会发生收缩，因此，烧结后制品中保留大量孔隙。

蒸发-凝聚烧结机理的主要特征是小颗粒晶粒表面因其曲率半径小，蒸气压比相同温度下大颗粒晶粒表面的蒸气压高，从而产生物质输运作用：物质从小颗粒表面蒸发，转移到大颗粒表面凝聚，最终小颗粒消失，大颗粒长大。通过蒸发-凝聚烧结必须具备两个条件，即素坯内存在大小差别相当大的固相颗粒和在烧结温度下固相具有较高的蒸气压。从第 8 章中可知，只有当温度达到 2500K 以上 SiC 才有比较高的平衡分压（表 8-13），因此重结晶碳化硅的烧成温度高达 $2200\sim2300℃$。通常在碳化硅粉料中都存在少量金属氧化物杂质，而且在 SiC 颗粒表面有 SiO_2 薄膜存在，在高温下这些杂质氧化物形成熔融的玻璃相包覆在每个 SiC 颗粒表面，阻碍 SiC 的蒸发，因此制造重结晶碳化硅材料的原料的纯度必须相当高（SiC 含量＞99％）。通常市售碳化硅原料达不到如此高的纯度，需要对原料进行 HF 酸处理。即使经过酸洗处理，在随后的混料、成型过程中碳化硅颗粒表面仍旧可能被氧化。为了除去颗粒表面的 SiO_2 薄膜，可以在成型料内加入 1％左右的碳粉，在高温下发生如下反应，消除 SiO_2 薄膜：

$$SiO_2 + 3C \Longrightarrow SiC + 2CO \tag{11-6}$$

由于重结晶碳化硅几乎没有烧成收缩，为了获得高性能制品，应该尽量提高成型素坯的密度。为此需要选择合适的成型工艺和设计合理的颗粒级配。成型粉料中必须有足够数量的 α-SiC 细粉。其含量至少占总量的 30％～40％，其粒度应小于 $44\mu m$，其中＜$5\mu m$ 的颗粒含量应不小于 25％。粉料的粒度级配同成型工艺有关，如采用压力成型或等静压成型工艺，除细粉以外，α-SiC 粗颗粒的最大粒度可为 1.5～0.5mm。如采用湿法（泥浆）成型工艺，则最大颗粒的粒度控制在 0.2～0.3mm 之间，而粒径＜$5\mu m$ 的细粉含量应不小于 50％。对于形状简单、强度要求不高的制品，可采用单轴液压成型工艺。对于要求具有高强度的形状简单的大型制品，则最好采用等静压成型。对于形状复杂的制品可用湿法成型工艺，如泥浆浇注和凝胶注模工艺。素坯在氩气气氛的电阻炉内烧成，烧成温度为 $2200\sim2300℃$。烧成

温度对制品的性能有明显影响（图 11-8），温度过低不利于蒸发-凝聚充分进行，造成材料烧结不充分，强度不高；温度过高，使得 SiC 大晶粒也急剧挥发，造成烧结体孔隙率增大，也导致强度降低。

重结晶碳化硅材料的高温强度高、导热性强、抗热震性优良、抗氧化性强，在氧化气氛中的最高使用温度达 1600℃。表 11-13 给出国内外一些重结晶碳化硅材料的性能。这种材料常用作高温陶瓷窑炉的辊道、烧嘴和窑具，是烧成大型电瓷绝缘子的必备辅助材料。

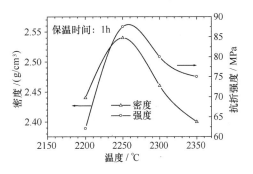

图 11-8　烧成温度对重结晶碳化硅材料
气孔率和抗折强度的影响
（此图数据来自参考文献 164）

表 11-13　重结晶碳化硅制品的性能[155]

性能 \ 产地		中国	中国	美国	德国	德国
体积密度/（g/cm³）		≥2.65	2.62～2.72	2.70	2.65	2.60
显气孔率/%		15～16	≤15	15	—	15
常温抗压强度/MPa		—	300	—	—	700
抗折强度/MPa	20℃	—	90～100	100	120	100
	1200℃	—	100～110	—	—	—
	1350℃	—	110～120	—	140	—
	1400℃	≥100	—	—	—	130
20～1000℃膨胀系数/K⁻¹		4.8×10⁻⁶	4.7×10⁻⁶	—	4.9×10⁻⁶	4.8×10⁻⁶
1000℃导热率/〔W/（m·K）〕		24	—	21（1200℃）	23	20（1400℃）
20℃弹性模量/GPa		—	—	—	230	210
SiC含量/%		＞99	＞99	99	＞99	＞99

（五）无压烧结碳化硅材料

　　无压烧结碳化硅材料就是指在烧结时不对试样施加压力，仅利用高温烧成的致密碳化硅材料。前面讨论过的用硅酸盐结合的碳化硅材料虽然在烧成时也不施加压力，但烧结后材料内存在大量熔点较低的硅酸盐物质，从而极大地降低了材料的高温性能，通常不将这些材料归在无压烧结碳化硅材料之列。由于碳化硅基本上是一种共价键物质，即使在 2000℃ 以上的高温下，C 和 Si 的自扩散系数也十分微小，因此如用纯度 100% 的 SiC 粉料，即使在极高的温度下也不能烧结到接近理论密度的致密烧结体。实际上无压烧结碳化硅都需要在高纯 SiC 原料内加入少量烧结助剂，以促进烧结致密化过程。在 SiC 粉料内添加少量碳（C）和硼（B）能明显促进碳化硅的烧结[165,166,167]。图 11-19 为添加或不添加 C 和 B 的 α-SiC 试样在氩气氛中不同温度下无压烧结后的理论密度的分数[167]。从图可见，不添加任何 B 和 C 的 α-SiC 试样，即使在 2200℃ 高温下烧成，其密度也明显低于理论密度的 70%；而试样内含有 0.36% 的 B 及 4.62 % 的 C，或 1.66%B 和 7.31%C，在同样的温度下烧结后密度可

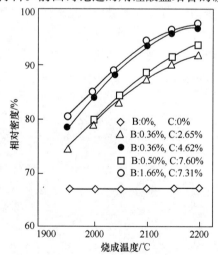

图 11-19　在不同温度下无压烧结含有不
添加量 B 和 C 的 α-SiC 试样的
理论密度的分数[167]

分别达到理论密度的 96.5% 和 96.9%。C 通常以碳黑粉形式引入，而 B 可以以元素硼或 B₄C 形式引入。B 和 C 可以固溶入 α-SiC 内，从而降低 SiC 晶粒间的界面能，使得 SiC 同气

孔间的表面能高于晶粒之间的界面能，因此增大固相烧结的推动力。碳粉的另一个作用是消除附着在 SiC 颗粒表面的 SiO$_2$ 薄膜，以保证 SiC-气孔的表面能高于 SiC 晶粒之间的界面能。另外，消除了 SiO$_2$ 薄膜后有利于 SiC 的晶界扩散，促进烧结。

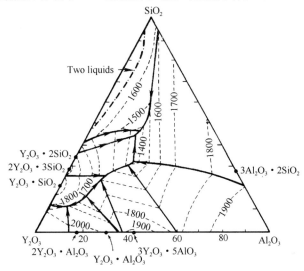

图 11-20 Al$_2$O$_3$-Y$_2$O$_3$-SiO$_2$ 相图[168]

为了进一步降低无压烧结碳化硅的烧结温度可以在碳化硅粉料内加入 Y$_2$O$_3$ 和 Al$_2$O$_3$ 作为复合烧结助剂。由图 11-20[168]可知：SiC 表面的 SiO$_2$ 薄膜可与 Y$_2$O$_3$ 和 Al$_2$O$_3$ 反应，大约在 1760℃下生成液相。这种液相能充分润湿 SiC 颗粒表面，促进碳化硅的液相烧结，即小颗粒 SiC 可溶入液相，并在大颗粒 SiC 表面析晶。

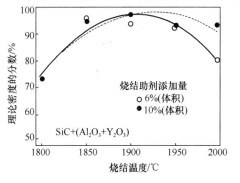

图 11-21 添加不同体积分数的 Y$_2$O$_3$ 和 Al$_2$O$_3$ 的无压烧结碳化硅的理论密度的分数同烧结温度的关系，添加剂内质量比 Y$_2$O$_3$：Al$_2$O$_3$=3：7[168]

图 11-21 中的烧结密度曲线指出，在 SiC 原料内加入体积百分数为 6%～10% 的 Y$_2$O$_3$ 和 Al$_2$O$_3$（两者的质量比为 Y$_2$O$_3$：Al$_2$O$_3$=3：7），在 1900～1950℃下烧成，材料的密度可达碳化硅理论密度的 97%～98%[168]。除采用 Y$_2$O$_3$＋Al$_2$O$_3$ 作为烧结助剂之外，还可以用 AlN＋Y$_2$O$_3$、Al$_4$C$_3$＋B$_4$C 和 Al$_3$BC$_3$ 等作为烧结助剂。AlN-Y$_2$O$_3$ 体系中存在低共熔点[169]，可在较低温度下出现液相，另外 AlN 可同 SiC 形成固溶体，因此，用 AlN＋Y$_2$O$_3$ 作为烧结助剂，可在 2000～2100 ℃下通过无压烧结获得接近理论密度 95%～99% 的碳化硅烧结体[170, 171]。以物质的量之比为 Al$_4$C$_3$：B$_4$C＝2：1 的比例将适量 Al$_4$C$_3$＋B$_4$C 加入 SiC 原料内，在高温下两者能生成 Al$_8$B$_4$C$_7$，该化合物可同 SiC 在 1780℃左右形成液相，从而在 1900～2100℃下实现碳化硅的液相烧结[172]。含有 10%（质量）Al$_3$BC$_3$ 的 SiC 可以在 1850℃、氩气氛下烧结成密度为理论密度 98% 的烧结体[173]。

前面已经指出，根据晶型不同，碳化硅可以分为 α-SiC 和 β-SiC。用 β-SiC 为原料的坯体

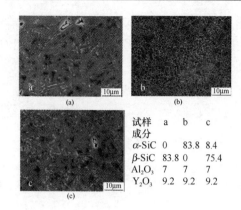

试样	a	b	c
成分			
α-SiC	0	83.8	8.4
β-SiC	83.8	0	75.4
Al_2O_3	7	7	7
Y_2O_3	9.2	9.2	9.2

图 11-22　以 α-SiC、β-SiC 及两者混合
物为原料的 SiC 试样在氩气氛
1850℃下烧结的显微结构[174]

在烧成过程中会转变成 α-SiC，虽然这种晶型的转变对材料的致密化并没有影响，但是用不同晶型的碳化硅原料制成的素坯经过无压液相烧结后其显微结构有明显的不同：以 β-SiC 为原料的坯体烧结后晶粒呈长条形，以 α-SiC 为原料的试样烧结后晶粒呈尺寸细小的短柱状［图 11-22 中（a）和（b）］。由于长条形晶粒结构妨碍致密化过程，因此，以 β-SiC 为原料的烧结体密度低于以 α-SiC 为原料的烧结体。如果在 β-SiC 粉料内加入少量 α-SiC 作为晶种引导 β-SiC→α-SiC 晶型转化，则烧结后材料的显微结构如图 11-22（c）所示：在细晶粒的机体内分布着相当数量的条形或大片状晶粒，这种结构有助于增强材料的断裂韧性，但往往同时降低材料的断裂强度，因此需要根据具体的烧结工艺（烧结助剂的种类和添加量、烧成温度、后续的热处理条件等），通过调节加入的 α-SiC 的粒度和数量来控制材料的显微结构，以获得既具有强的断裂韧性又具有高的断裂强度的碳化硅材料。

（六）热压烧结和热等静压烧结碳化硅材料

从上面的叙述中可知需要添加相当多的助烧剂，利用液相烧结才能使无压烧结碳化硅的密度达到理论密度的 98% 以上，如果助烧剂数量不够，或者不利用液相烧结而通过固相烧结（如添加 B_4C+C），则即使添加足够的助烧剂和足够高的温度，材料的烧结密度一般也只能达到理论密度的 96%~97%。添加太多的液相烧结助烧剂引起 SiC 晶粒之间存在过多的无定形（玻璃）相，从而明显降低材料的高温强度。为了提高高温强度，就必须尽量消除晶界上的玻璃相，也就是尽量少加液相烧结助烧剂或添加固相烧结助烧剂，同时要保证材料具有高的烧结密度（不小于理论密度的 99%）。要实现这一点就需要采用热压烧结或热等静压烧结。

热压烧结碳化硅一般在氩气氛中进行，所用的压力为 20~50MPa，温度 1800~2200℃。如采用固相烧结机理，则需要较高的热压温度，而液相烧结的热压温度一般在 2000℃ 以下。图 11-23 显示以 α-SiC 粉料为原料，添加 B_4C 和 C，通过固相烧结机理在氩气氛中、40MPa 和 2050℃保温 45min 所得到的材料的高温抗折强度，从图 11-23 可见热压烧结后材料的高温强度大于室温强度，直到 1400℃ 材料仍具有 500MPa 以上的抗折强度[175]。表 11-14 列出不同烧结助剂对在氩气中 28MPa / 2100℃保温 1h 的热压烧结碳化硅材料的密度、显微结构和断裂韧性的影响[176]。以平均粒径为 90nm 的 β-SiC 为原料，加入质量 3% 的粒径 450nm 的 α-SiC 为晶种，烧结助剂为 Al_2O_3（质量 7%）+ Y_2O_3（质量 2%）+CaO（质量 1%），在氩气气氛中经 1750℃/20MPa 保温 15min，热压后再在常压下 1850℃保温 4h 处理，所得到的碳化硅材料相对密

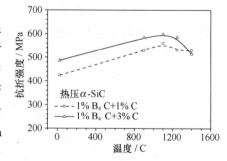

图 11-23　氩气氛中 40MPa 和 2050℃
保温 45min 热压 SiC 材料
的抗折强度同温度的关系[175]

表 11-14　各种烧结助剂对热压烧结碳化硅材料性能的影响[176]

碳化硅及添加剂含量（质量分数/%）								密度#/	晶粒尺寸/	晶粒长径比	K_{1C}^{*}/
SiC	Al	AlN	B_4C	C	Y_2O_3	Si_3N_4	Al_2O_3	(g/cm^3)	μm		$(MPa \cdot m^{1/2})$
98.35	1.65	0	0	0	0	0	0	3.20	1.7	2.9	4.7
98.37	0	0	1	0.25	0	0	0	3.19	3.6	3.2	2.4
97.5	0	2.5	0	0	0	0	0	3.21	1.1	2.2	3.5
95	0	5	0	0	0	0	0	3.21	0.7	2.6	3.7
96.75	2	0	1	0.25	0	0	0	3.18	7.8	5.1	3.9
95.75	2	1	1	0.25	0	0	0	3.18	11.2	3.7	3.2
97	0	2.5	0	0.5	0	0	0	3.21	1.8	2.0	3.4
96.25	2	0.5	1	0.25	0	0	0	3.18	8.1	4.1	3.4
95.25	2	1.5	1	0.25	0	0	0	3.18	4.1	5.6	3.5
96.25	1	1.5	1	0.25	0	0	0		3.5	3.8	2.9
94.75	2.5	1.5	1	0.25	0	0	0	3.18	4.6	5.7	3.4
94.25	3	1.5	1	0.25	0	0	0	3.18	3.8	6.4	3.2
95.75	2	0.5	1	0.25	0.5	0	0	3.19	8.3	4.2	5.6
96.5	2	1	0	0.25	0	0	0	3.18	2.4	3.2	3.3
96.25	2	0.5	1	0	0.25	0	0	3.19	2.4	3.2	4.5
96.25	2	0.5	1	0	0.25	0	0	3.19	2.8	3.9	4.5
95.5	2	1	1	0.25	0	0	0	3.19	9.4	3.3	5.0
95.25	2	1	0	0.25	0.5	0	0	3.19	10.1	3.4	5.3
95.5	2	1	1	0	0.5	0	0	3.19	1.8	2.9	4.4
96.75	2	0.5	0	0.25	0	0	0	3.20	7.2	5.4	3.9
96.25	2	1	0	0.25	0	0	0	3.20	7.1	5.5	4.8
95.75	2	1	0.5	0.25	0.5	0	0	3.20	11.0	3.2	5.6
93.47	0	1	1	0.25	0.5	0	3.78	3.22	1.2	2.5	3.6
92.64	4.5	0	1.33	0.25	0	1.28	0	3.16	3.8	5.5	3.1
96.25	2	1	0.5	0.25	0	0	0	3.19	2.1	3.2	4.6
96.5	2	0.5	0.5	0.25	0.25	0	0	3.19	9.2	5.1	5.2

＊单边切口梁法测定。

＃由于添加不同烧结助剂后材料的理论密度有所变化，根据对各试样的显微结构观察，认为所有试样的密度都已接近其理论密度的 99%。

度为 97.2%，断裂韧性达 5.5MPa·m$^{1/2}$。如热压后不经过 1850℃保温处理，则虽然材料的相对密度可达 98.1%，但是其断裂韧性只有 2MPa·m$^{1/2}$。相分析表明两者均为 β-SiC 相，但从图 11-24 的显微结构可见：未经过热处理的材料内绝大多数晶粒呈细小的粒状，而经过热处理的材料中晶粒呈长条形，并互相紧密交叉，因此其断裂韧性大大提高[177]。

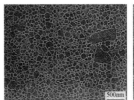
未经热处理

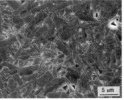
1850℃/4h 热处理

图 11-24　热压 SiC 材料的显微结构[177]

利用热等静压可以在较低的温度下获得致密高强度的碳化硅材料。热等静压碳化硅一般在氩气氛中进行。在进行热等静压之前，通常需要先成型素坯，再用高硅氧玻璃或耐高温金属（如钽、铂等）作包封材料，把素坯包封，并抽真空，将素坯内气体排除，然后才实行热等静压。在素坯与包封材料之间需要填充氮化硼粉料或碳箔，以防止碳化硅坯体同包封材料在高温下发生反应。

热等静压碳化硅的原料内常含有少量碳粉，以消除 SiC 粉料颗粒表面的 SiO_2 薄膜。此外还经常添加一定少量的烧结助剂，如 B 或 B_4C 之类，也可以加入氧化物烧结助剂。如所加的氧化物烧结助剂能同 SiC 粉料颗粒表面的 SiO_2 反应形成液相，则原料内也可以不加碳粉。例如用含有 0.60%（质量）B 和 7.31%（质量）C 的 α-SiC，粉料经压力注浆成型和在 1900℃ / 138MPa 下热等静压，可获得相对密度达 98% 的致密碳化硅材料，其抗折强度平均值为 576MPa，而用同样的原料和成型工艺，经 2200℃ 无压烧结的材料相对密度仅为 96%，抗折强度平均值为 428MPa[178, 179]。又如，在平均粒径 $1\mu m$ 的 α-SiC 粉料内加入 3%（质量）的 Al_2O_3 粉，经 1850℃ /200MPa/1h 热等静压后材料的密度达 $3.14g/cm^3$（即相对密度为 97.3%），抗折强度和断裂韧性分别为 582MPa 和 $5.7MPa \cdot m^{1/2}$；在相同的 α-SiC 粉料内加入体积 5% 的 β-SiC 晶须，用同样的热等静压工艺，可获得相对密度为 97%、抗折强度和断裂韧性分别为 595MPa 和 $6.7MPa \cdot m^{1/2}$ 的 SiC 晶须增韧 SiC 材料[180]。

第5节　氮化硅材料

氮化硅（Si_3N_4）是 20 世纪 60 年代发展起来的一种高温陶瓷材料，具有强度高、断裂韧性强、耐磨损、抗热震稳定性高、高温蠕变小、高温抗氧化性强等优良性能（表11-15）。氮化硅材料在 1200℃ 以下基本上不被氧化，但当温度高于 1400℃ 就迅速氧化，在将近 1900℃ 发生分解挥发，在 1700℃ 下的分解压即高达 0.14MPa。氮化硅陶瓷材料在耐火材料工业、机械制造工业、化学工业、核工业和航天航空工业中有广泛的用途，如氮化硅窑具、坩埚、热电偶套管、陶瓷轴承、高速切削刀具、柴油发动机预燃室内衬、电热塞、耐酸泵叶轮、密封环、核反应堆的支撑、隔离部件、导弹雷达天线罩等。

表 11-15　氮化硅材料的性能

项　目		量值	备　注	来源 *
抗折强度/MPa		920	烧结法制备，密度 $3.24g/cm^3$	181
断裂韧性/（$MPa \cdot m^{1/2}$）		7.5		
Weibull 模数		＞20		
弹性模量 / GPa		320		
高温抗折强度/MPa	1000℃	750		
	1200℃	500		
	1350℃	300		
硬度（HV20）/GPa		14.8		
1250℃/300MPa 蠕变速率×10^9 s^{-1}		0.39	反应烧结，密度 $3.416g/cm^3$，添加 Yb_2O_3，主晶相为 β-Si_3N_4	182
室温导热系数/［$W/（m \cdot K）$］		15～82	热压烧结试样，导热率数值取决于晶粒大小	183
热膨胀系数×$10^6 K^{-1}$	25～426℃	2.5	试样：Si_3N_4＋6%CeO_2	185
	438～721℃	3.6		
介电常数		9.12	纯 β-Si_3N_4，测量频率：10GHz	186

＊ 来源栏内的数字是参考资料的编号。

表 11-16　两种氮化硅晶体的基本特征

氮化硅	晶胞常数/nm	对称型	理论密度/ (g·cm⁻³)	晶粒形状
α-Si_3N_4	$a=0.7752$, $c=0.5619$	P31c	3.186	短柱状
β-Si_3N_4	$a=0.7607$, $c=0.2911$	P6₃/m	3.194	条状、针状

氮化硅有两种晶型，即 α-Si_3N_4 和 β-Si_3N_4，两者均属六方晶系，但对称型不同，两者的理论密度也稍有差别，晶体形状明显不同（表 11-16）。这两种氮化硅晶型的生成自由能可分别表示为[184]：

α-Si_3N_4：

$$\Delta G = -1167.3 + 0.594T \quad (kJ/mol) \tag{11-7}$$

β-Si_3N_4

$$\Delta G = -925.2 + 0.450T \quad (kJ/mol) \tag{11-8}$$

因此，对于 α-$Si_3N_4 \rightarrow \beta$-$Si_3N_4$ 的晶型转变反应的自由能变化可从下面的方程得到：

$$\Delta G = 242.1 - 0.144T \quad (kJ/mol) \tag{11-9}$$

从上式可知，当温度高于 1681.25K，氮化硅就可实现从 α 相向 β 相的转变。由于具有条状或针状晶体的显微结构有助于增强材料的断裂韧性，因此，在制备氮化硅材料时常以 α-Si_3N_4 为原料，利用烧结时的高温或事后的热处理，使材料中 α-Si_3N_4 转化为 β-Si_3N_4，以形成条状晶体互相交叉的显微结构。为了获得均匀分布的条状晶体，并控制晶体的尺寸，经常在 α-Si_3N_4 原料内加入适当数量的 β-Si_3N_4 针状晶体作为晶种，引导晶型转化。典型产品的性能列于表 11-17 中。

表 11-17　用不同工艺制造的氮化硅粉料的性能[14]

工艺方法	氧化硅氮化	硅粉氮化		气相法（SiCl₄＋NH₃）	
生产厂商	东芝	Stack		GTE	
牌　号	n	H₁	LC12	SN402	SN502
金属杂质总量/%	0.1	0.1	0.1	0.2	0.1
非金属杂质总量/%	4.1	1.7	1.7	4.6	1.1
α-Si_3N_4 含量/%	88	92	94	—	56
β-Si_3N_4 含量/%	5	4	3	—	3
无定形 Si_3N_4 含量/%	—	—	—	92	39
SiO_2 含量/%	5.6	2.4	3.0	7.5	1.9
比表面积（BET）/ (m²/g)	5	—	—	—	—
粒度/μm	0.4~1.5	0.1~3	0.1~1	0.1~1.5	0.2~2
松装密度/ (g/cm³)	0.20	0.37	0.40	0.18	0.10
振实密度/ (g/cm³)	0.43	0.64	0.87	0.26	0.26

氮化硅原料需要人工合成。能成为商品化生产的合成方法主要有三种：

（1）金属硅粉氮化法，即金属硅粉在氮气氛中加热到 1200~1400℃ 发生氮化反应：

$$3Si + 2N_2 == Si_3N_4 \tag{11-10}$$

上述反应是放热反应，因此需要控制反应温度不能过高，因为硅的熔点是 1415℃，如果反应温度达到或超过其熔点，硅粉发生熔化会把氮气输运的通道堵死，使反应窒息。这种方法所生成的氮化硅为 α-Si_3N_4 和 β-Si_3N_4 的混合物,并且随着反应温度的升高、时间的延长,其中 β-Si_3N_4 含量增多,但很难获得纯的 β-Si_3N_4 的粉料。

(2) 氧化硅碳热氮化法,即以硅石粉或石英粉以及焦炭粉为原料,在 1400℃左右 SiO_2 被 C 还原,再与氮气反应生成 Si_3N_4:

$$3SiO_2 + 6C + 2N_2 \rule[0.5ex]{1.5em}{0.4pt} Si_3N_4 + 6CO \tag{11-11}$$

上述反应所生成的氮化硅主要为 α-Si_3N_4。由于稻壳中 SiO_2 含量高达 20%,因此可利用稻壳焚烧后的灰(其中主要为 SiO_2,此外还有一部分碳)作为氧化硅原料,通过上述反应制备 Si_3N_4。稻壳灰内的氧化硅颗粒极细小,因此可获得超细 Si_3N_4 粉料[187]。

(3) 气相合成法,即以气态硅烷或硅的卤化物为原料在高温下(1000~1400℃)同氨气反应生成氮化硅:

$$3SiH_4 + 4NH_3 \rule[0.5ex]{1.5em}{0.4pt} Si_3N_4 + 12H_2 \tag{11-12}$$

$$3SiCl_4 + 4NH_3 \rule[0.5ex]{1.5em}{0.4pt} Si_3N_4 + 12HCl \tag{11-13}$$

气相法一般可获得纯度高的 α-Si_3N_4 粉,如果反应温度低(如 1000℃),则得到无定型 Si_3N_4,需要再在 1500℃下热处理,转化成 α-Si_3N_4。

氮化硅陶瓷可用各种陶瓷成型工艺成型,而由于氮化硅同碳化硅一样属于共价键化合物,因此它的烧结工艺同碳化硅陶瓷非常相似,主要有反应烧结、无压烧结、热压(或热等静压)烧结,由于 Si_3N_4 在 1900℃以上发生蒸发分解,不能用通过蒸发-凝聚过程实现的重结晶烧结。

(一) 反应烧结氮化硅

反应烧结氮化硅(Reaction Sintering of Silicon Nitride)简称 RSSN。以粒度小于 70μm 的金属硅粉[其中金属(Fe、Al)杂质应<0.5%]为原料,通过适当的成型工艺做成素坯,然后在氮气氛中 1100~1200℃温度下进行预氮化,使其中 5%~8%的 Si 转化成 Si_3N_4。预氮化时间根据素坯尺寸和氮化炉情况而定,一般数十分钟至一、两小时。素坯经过预氮化后具有一定强度,可对其进行机械加工,保证最终烧结制品的几何尺寸。然后将素坯送入氮化烧结炉,进行反应烧结,使坯体中金属硅同氮气按照式(11-10)反应,全部转化成氮化硅,同时生成的氮化硅晶粒发生烧结。硅粉氮化是放热反应法,在 1100~1300℃之间反应非常激烈,如果不注意控制反应的速度,引起成局部温度过高,超过金属硅的熔点(1415℃),而造成金属硅熔化成大的液滴堵塞氮气进入通道,使坯体深处的金属硅停止氮化;而且大量熔融硅积聚会发生液态硅的流动、从坯体内渗出、流失,最后在烧结体内形成大量空洞。为了避免这种弊病出现,在烧结时需要控制升温速度,通常在 600~1300℃采用阶梯式升温方式,即保温一段时间再升温一段时间,以便使反应热能够散发、维持坯体内温度分布均匀。也可以同时在氮气内添加氩气(体积比保持 Ar:N_2=1:3.5),降低氮气浓度,让反应分步并缓慢地进行。在 1100~1250℃之间反应主要生成 α-Si_3N_4,而在 1300~1500℃之间 α-Si_3N_4 转化成 β-Si_3N_4。反应烧结的时间根据坯体的几何尺寸(厚度)而定,一般需要数小时至数十小时。在素坯内添加氮化硅粉可起到骨架作用,并增加坯体的透气性,从而可加快反应烧结的速度,并有利于厚壁制品的烧结。反应烧结的气氛除用纯氮气之外,也可以用 H_2 + N_2 或 CO + N_2 的混合气,掺入的浓度一般为 2%~5%(体积分数)。H_2 或 CO 的存在可除去 Si 表面的 SiO_2 膜:

$$SiO_2 + H_2 \rule[0.5ex]{1.5em}{0.4pt} SiO + H_2O \tag{11-14}$$

$$SiO_2 + CO \Longrightarrow SiO + CO_2 \tag{11-15}$$

上述反应生成物 SiO 为气态，从 Si 颗粒表面挥发，暴露出新鲜的金属硅表面，从而促进氮化反应。此外，坯体内含有 0.5%～2% 的铁的氧化物或 0.1%～1% 的碱土金属氟化物，可催化金属硅的氮化反应。将某些氧化物（如 Al_2O_3、Y_2O_3 等）加到素坯内，在烧结过程中这些氧化物同 Si_3N_4 一起形成液相，促进烧结和致密化过程，并可使烧结温度降低。

经过反应烧结的氮化硅材料再一次放入氮气粉炉内，使炉内氮气压保持在 0.5～9MPa，将氮化硅材料加热到 1800～1900℃，再烧结一次，促使进一步致密化，最后烧结体的密度可达理论密度的 99%，材料的力学性能也大大提高。这种先反应烧结，再气压烧结的二步法烧结工艺又称为重烧结工艺。反应烧结和重烧结氮化硅材料的性能见表 11-18。

表 11-18　不同烧结工艺所得到的 Si_3N_4 陶瓷材料的性能

性　　能	反应烧结	重烧结	无压烧结	热压烧结	HIP 烧结	气压烧结
数据出处	14	14	14	14	191	192
显密度/(g/cm^3)	2.55～2.73	3.20～3.26	3.20	3.17～3.40	99.8% TD	3.33
显气孔率/%	10～20	<0.2	0.01	<0.1	—	—
抗弯强度/MPa	250～340	600～670	828	750～1200	540	645
抗拉强度/MPa	120	225	400	—	—	—
抗压强度/MPa	1200	2400	>3500	3600	—	—
抗冲击强度/$(N \cdot cm/cm^2)$	150～200	61～65	—	40～524	—	—
HR 硬度/GPa	80～85	90～92	91～92	91～93	(VH) 16	13
弹性模量/GPa	160	271～286	300	300	312	—
断裂韧性/$(MPa \cdot m^{1/2})$	2.85	7.4	5	5.5～6.0	3.1	6.55
Weibull 模数	12～16	28	15	13	—	—
热膨胀系数/$\times 10^6 K^{-1}$	(0～1400℃)2.7	(0～1400℃)3.55～3.6	(0～1000℃)3.2	(0～1400℃)2.95～3.5	—	—
导热系数/$[W/(m \cdot K)]$	8～12	—	—	25	—	—

（二）无压烧结氮化硅

无压烧结氮化硅又称常压烧结氮化硅，即烧结时炉内氮气的压力等于环境大气压。由于氮化硅是共价键性质物质，其互扩散系数极小，因此单纯的氮化硅素坯在常压下不可能烧结到完全致密，必须在素坯内添加一定数量的烧结助剂，烧结时形成液相，通过液相烧结来实现氮化硅材料的致密化。因此，常压烧结氮化硅的关键之一就是选用助烧剂的成分和数量。常用的助烧剂包括 MgO，BeO，Al_2O_3，Y_2O_3，La_2O_3，Sm_2O_3，CeO_2，ZrO_2，$MgAl_2O_4$，$Y_3Al_5O_{12}$，AlN 及这些氧化物的组合。无压烧结氮化硅的性能见表 11-18。

　　Al_2O_3 可以同 Si_3N_4 形成多种固溶体，其中阳离子与阴离子之比（$Al^{3+}+Si^{4+}$）/（$O^{2-}+N^{3-}$）= 3/4 的并具有分子式为 $Si_{6-x}Al_xO_xN_{8-x}$ 的固溶体称为 β'-SiAlON，它可以同多种具有不同阳离子/阴离子比的 Al_2O_3-Si_3N_4 固溶体共存（图 11-25）。以 β'-SiAlON 构成的陶瓷材料的性能与 β-Si_3N_4 陶瓷相仿，但前者的抗氧化性远高于后者，实际上可以在一般氧化性气氛中使用。因此在 Si_3N_4 粉料内加入一定数量的 Al_2O_3 和 AlN，在氮气氛中 1600～1700℃下烧结。在烧结过程中烧结助剂与 Si_3N_4 及其中的杂质生成液相，通过液相烧结致密化，随着 Al_2O_3 逐渐溶入 Si_3N_4 中形成 β'-SiAlON，剩余的液相在冷却后成为玻璃相或其他结晶相存在于氮化硅晶界上。

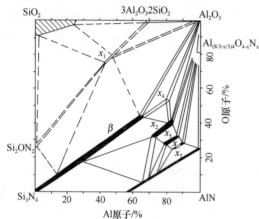

相	c/a	化学式
x_1	8/13	$Si_{16-x}Al_xO_{14+x}N_{12-x}$
		$Si_{6-x}Al_{x+y}O_xN_{8+y-x}$
β'	3/4	$Si_{6-x}Al_xO_xN_{8-x}$
x_4	3/4	$SiAl_5O_5N_3$
x_2	4/5	$Si_{6-x}Al_{2+x}O_xN_{10-x}$
x_5	5/6	$Si_{6-x}Al_{4+x}O_xN_{12-x}$
x_6	6/7	$Si_{6-x}Al_{6+x}O_xN_{14-x}$
x_7	8/9	$Si_{6-x}Al_{10+x}O_xN_{18-x}$

c/a 为阳离子/阴离子

图 11-25　Si_3N_4-AlN-Al_2O_3-SiO_2 四元系的 1760℃等温截面图[188]

图中黑色区域表示固溶体范围

　　在 Si_3N_4 中加入 1%～4% Y_2O_3，烧结过程中氧化钇与氮化硅反应先生成低熔点的 $3Y_2O_3Si_3N_4$，形成液相包围 Si_3N_4 颗粒，通过液相烧结实现致密化。当温度继续升高，液相同氮化硅进一步反应，析出高熔点的 Y-氮黄长石（$Y_2Si_3O_3N_4$）晶体，把晶界由液相（玻璃相）转化为高熔点的结晶相。添加 Y_2O_3 的无压烧结氮化硅材料具有较高的耐高温性能和良好的力学性能，但是由于氮化硅晶界上的 Y-氮黄长石在高温下容易氧化，同时发生 30% 的体积膨胀，因此这种材料的抗氧化性能很差。通过加入 SiO_2，使物质的量之比 Y_2O_3/SiO_2＞2，即配料成分落在 Si_3N_4-Y_2O_3-SiO_2 三元系相图的 Si_2ON_2-$Y_2Si_2O_7$-SiO_2 三角形内，则不会生成任何钇硅的氧氮化合物晶体，烧结体的抗氧化性能有所提高[189]。

　　如果采用 Y_2O_3 和 Al_2O_3 复合烧结助剂，则可抑制生成钇硅的氧氮化合物晶体，从而极大地改善抗氧化性能。Y_2O_3 的加入量为 4%～17%（质量），而 Al_2O_3 的加入量为 2%～8%（质量），在氮气中烧成温度为 1600～1700℃。所加入的 Al_2O_3 大部分（约 70%）溶入 Si_3N_4 形成 β'-Si_3N_4，其余部分同其他杂质一起形成散布于氮化硅晶界的氧氮硅玻璃相。

　　$MgO+Al_2O_3$ 是另一组常用的复合烧结助剂，也可以镁铝尖晶石（$MgAl_2O_4$）的形式加入。在加入 $MgO+Al_2O_3$（或镁铝尖晶石）的同时还需加入第三种烧结助剂，如 SiO_2（应将氮化硅中所含的氧化硅杂质一起计入）、Y_2O_3 或 CeO_2 等。如在含有 2.6% SiO_2 的 α-

Si_3N_4 中加入 1.8% Al_2O_3 和 1.4%MgO，经 200MPa 等静压成型，在氮气氛中 1780℃下保温 3h，可得到密度为 99%TD（理论密度）的致密试样，其断裂韧性和抗折强度分别为 6.1MPa·$m^{-1/2}$ 和 956.8MPa[190]。

（三）气压烧结氮化硅

所谓气压烧结（Gas Pressure Sintering，简称 GPS），就是烧结时氮气氛的压力大于环境大气压（0.1MPa），氮气压力可为 0.5～10MPa。在常压（10^5Pa）下氮化硅的分解温度为 1875℃，前面已经指出氮化硅在 1700℃以上挥发明显，因此氮化硅常压烧结温度不超过 1850℃。图 11-26 为以气相 Si 和 N_2 的分压为坐标的氮化硅相图[193]，从图 11-26 可见，如果使烧结环境中的氮气压升高，则可以抑制氮化硅的高温分解，从而可以将烧成温度提高到 1800℃以上，这样有助于致密化过程。另外，高氮气压促使氮气在高温下融入氮化硅晶界上的玻璃相中，含氮玻璃的高温黏度比较高，强度也高于不含氮的氧化物玻璃，因此，经过高氮气压下烧成，氮化硅陶瓷的力学性能有所提高，见表 11-18。气压烧结同常压烧结的具体过程是有差别的。在常压烧结或热压烧结中，α-Si_3N_4 通过液相烧结致密化过程快于 α-Si_3N_4 →β-Si_3N_4 的转变过程。在致密化开始时，α-Si_3N_4 溶入液相只是形成一些针状 β-Si_3N_4 的晶核。直到致密化结束，仅完成一小部分的 α-Si_3N_4→β-Si_3N_4 转变，因此需要继续保持在高温下，完成上述转变，形成由长条形 β-Si_3N_4 晶体纵横交错的显微结构。而在气压烧结过程中 α-Si_3N_4→β-Si_3N_4 转变速度大于致密化速度，因此烧结过程尚未结束，坯体内的氮化硅已经完全转变成 β-Si_3N_4 了。图 11-27 为气压烧结 β-Si_3N_4 陶瓷的显微结构，由图 11-27 中可见，β-Si_3N_4 呈长条形，各个晶粒的大小比较均匀。

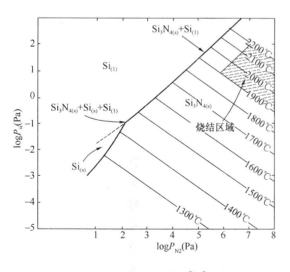

图 11-26　Si_3N_4 相图[193]

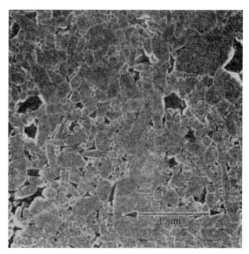

β-Si_3N_4＋5%Y_2O_3＋2%Al_2O_3，
氮气气氛，0.98MPa/1850℃，保温 1h

图 11-27　气压烧结氮化硅的显微结构[194]

（四）热压烧结和热等静压烧结氮化硅

在热压烧结和热等静压烧结过程中由于同时存在高温和压力双重作用，因此，可以加速氮化硅的烧结致密化过程，但烧结机理仍然是液相烧结，因此，无论热压还是热等静压烧结，仍需要烧结助剂，以便在烧结过程中形成液相。无压烧结所用的烧结助剂都可以用于热压和热等静压烧结。

热压烧结温度一般为 1700～1800℃，压力 30～50MPa。由于热压烧结与常压烧结一样，致密化速度大于 $\alpha\text{-Si}_3\text{N}_4 \rightarrow \beta\text{-Si}_3\text{N}_4$ 的转变速度，因此，如以 $\alpha\text{-Si}_3\text{N}_4$ 为原料，热压烧结的保温、保压时间应足够长，以便使材料内 $\alpha\text{-Si}_3\text{N}_4$ 充分转变为长条形的 $\beta\text{-Si}_3\text{N}_4$。热压氮化硅的一般性能见表 11-18。

热压氮化硅材料内 $\beta\text{-Si}_3\text{N}_4$ 的取向与加压方向有关：长条形氮化硅晶粒的长轴倾向于同加压方向垂直。图 11-28 为含 5‰Y_2O_3 的氮化硅经 N_2 气氛中 1750℃/49MPa，热压后试样垂直于加压方向的切面图 11-28（a）和平行于加压方向的切面图 11-28（b）的扫描电镜图像[195]，从图上虽然可看出，不同切面上长条形晶粒数量有所差别，但并不很明显。然而，分别对这两种平面的 X 射线衍射分析显示，垂直于加压方向切面上 $\beta\text{-Si}_3\text{N}_4$ 的（$hk0$）面的衍射强度显著大于平行面上给出的衍射强度[195]。热压氮化硅试样在不同方向上测得的导温系数数据也表明这种氮化硅晶粒随热压方向取向的特性。图 11-29 为含 5‰Y_2O_3＋2‰ Al_2O_3 的 Si_3N_4 在 1750℃/30MPa 条件下热压试样在垂直和平行于加压方向测量的导温系数同测量温度的关系[196]。由图 11-29 可见，垂直于加压方向上的导温系数明显大于平行方向上的导温系数。如果考虑到 Si_3N_4 晶粒的长轴方向同加压方向垂直，则这样的结果是非常合理的。添加不同烧结助剂的热压氮化硅的导温系数与温度的关系列于图 11-30[196]。

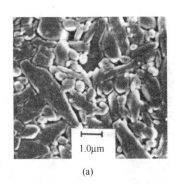

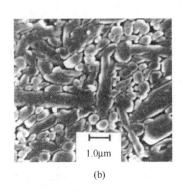

(a)　　　　　　　　　　　　　　(b)

图 11-28　Si_3N_4/5‰Y_2O_3 热压（1750℃ / 49MPa，
N_2 气氛）试样的显微结构[195]
（a）垂直于加压方向；（b）平行于加压方向

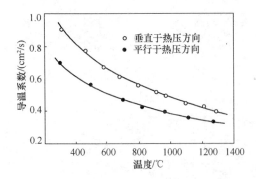

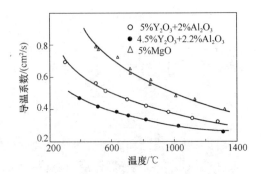

图 11-29　热压氮化硅（含 5‰Y_2O_3＋2‰Al_2O_3）
在不同方向上的导温系数[196]

图 11-30　不同烧结助剂的热压氮化硅
的导温系数同测量温度的关系[196]

利用热等静压烧结氮化硅可以减少烧结助剂的加入量，并且所用温度也比一般常压烧结稍低，通常热等静压的温度在 1750℃左右，压力为 100～160MPa。由于温度较低，烧结助剂量较少，产生的液相量也较少，因此，热等静压烧结的氮化硅材料内晶粒比较细小，但质地致密。在实施热等静压之前，需要预先把氮化硅粉料制成素坯，再用耐高温玻璃或金属（如金属钽、不锈钢）包封，并抽出其中空气。为了防止氮化硅同包封材料在高温下粘连，需要在素坯表面涂刷氮化硼保护层。另一种热等静压工艺是将成型好的素坯先用常压烧结或气压烧结至理论密度的 90%～95%，然后再进行热等静压。已达到理论密度 90%～95% 的预烧体中只存在封闭气孔，而不存在内外连通的开口气孔，因此，不用任何材料包封即可进行热等静压。通过热等静压可以进一步消除材料内部的封闭气孔，提高材料的致密性和力学性能。热等静压氮化硅材料的性能可参见表 11-18。

无论用何种烧结技术，制造氮化硅陶瓷有两个关键：

（1）α-Si$_3$N$_4$ 转化成 β-Si$_3$N$_4$ 的控制。材料应该以 β-Si$_3$N$_4$ 相为主要组成，因为 β-Si$_3$N$_4$ 呈长条形，由这种长条形晶体纵横交叉构成的显微结构可保证材料具有高的强度和断裂韧性。但是直接用长宽尺寸差别很大的 β-Si$_3$N$_4$ 粉料做原料，其分散性和流动性差，给粉料的处理和成型造成很多麻烦，不利于获得均匀而高密度的素坯。因此，通常用粒状 α-Si$_3$N$_4$ 做原料，通过烧结或烧结后的热处理，使 α-Si$_3$N$_4$ 转化成 β-Si$_3$N$_4$。在 α-Si$_3$N$_4$ 粉料内添加少量 β-Si$_3$N$_4$ 作为晶种，可促进 α 相向 β 相转化，并能生长出大的长条形晶体，以增强材料的断裂韧性。图 11-31 为在含有 5%Y$_2$O$_3$＋2%Al$_2$O$_3$ 的 α-Si$_3$N$_4$ 粉料中加入 2% 的 β-Si$_3$N$_4$（平均直径和长度分别为 1μm 和 4μm）作为晶种，经过 1850℃、0.9MPa 氮气压下气压烧结的氮化硅试样的显微结构。从图 11-31 可见，在平均长度 1～2μm 的针状晶体组成的致密基质内分布着一些平均长度 4～6μm 的柱状晶体，其中有一些长度超过 10μm。这些长柱状晶粒度具有一种核-壳结构，如图 11-31 中箭头所指，从而清楚地显示大晶体是由晶种生成、长大而成。这种材料的抗折强度高达 1000MPa，断裂韧性 8.4MPa·m$^{1/2}$[197]。

（2）晶界相的控制。氮化硅的烧结都需要依靠烧结助剂在高温下产生液相，实现致密化过程。如不加烧结助剂，以高纯度的氮化硅为原料，则只有热等静压烧结可获得充分致密的烧结材料。实际上每个 Si$_3$N$_4$ 颗粒表面都有一层氧化硅薄膜，因此，即使是高纯氮化硅，通常在其中也含有大约万分之几的 SiO$_2$，在热等静压条件下这些氧化硅熔化产生液相可分布到各个 Si$_3$N$_4$ 颗粒表面。液相烧结导致材料内氮化硅晶粒之间被玻璃相隔开。一般无压烧结氮化硅材料内玻璃相含量在 10% 左右。图 11-32 为添加 Y$_2$O$_3$ 和 AlN 的无压烧结 Si$_3$N$_4$ 的显

图 11-31　添加 2%β-Si$_3$N$_4$ 晶种的气压烧结
氮化硅材料的显微结构[197]

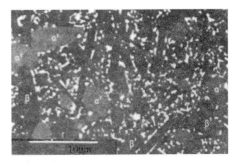

图 11-32　添加 Y$_2$O$_3$ 和 AlN 的无压烧结
Si$_3$N$_4$ 的显微结构[198]

微结构[198]，其中存在 α' 和 β' 两种氮化硅固溶体和含氮的玻璃相（图中白色部分）。图 11-33 为添加 0.5％Y_2O_3 和 0.5％Al_2O_3 的热等静压（1740℃／160MPa）氮化硅材料的透射电镜图像[199]，图上清楚地显示两个氮化硅晶粒之间存在玻璃相晶界和多个晶粒间被玻璃相填充。

氮化硅材料内晶界上存在的玻璃相一般为含氮的硅酸盐玻璃，其软化温度不超过1200℃，因此晶界为玻璃相的氮化硅材料在 1200℃ 以上其力学性能急剧降低。为了提高氮化硅材料的高温力学性能，需要提高氮化硅晶界相的高温黏度。常用的方法是通过调整烧结助剂的成分和含量，使晶界上的液相在烧结后期或在专门的热处理工艺中析出高熔点晶体，以提高晶界的软化温度。如果能够使晶界相完全转变成结晶相，则高温力学性能更高。例如在纯度为 99.5％ 的金属硅粉中添加 15％ 的（Y_2O_3＋La_2O_3），制成试样后在 0.1～1.5MPa 氮气中、1450℃ 下反应烧结，然后再在 6MPa/1600℃ 下气压烧结，如此得到的材料的显微结构如图 11-34 所示。从图 11-34 中可见，在 β-Si_3N_4 的晶界上除玻璃相之外尚存在熔点在1600℃ 左右的 $La_5(SiO_4)_3N$ 晶相。这种氮化硅材料直到 1400℃ 其断裂韧性和抗折强度分别可保持在 7.0MPa·$m^{1/2}$ 和 630MPa[200]。

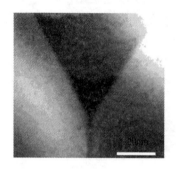 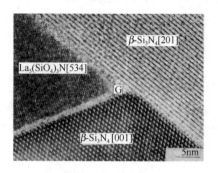

图 11-33　热等静压氮化硅的高
分辨透射电镜图像[199]

图 11-34　添加 Y_2O_3＋La_2O_3 的 RBSN-GPS
氮化硅材料晶界结构[200]

第12章　高导热陶瓷材料

大多数致密陶瓷材料在室温附近的导热系数不大于 50W/（m·K），并随温度升高而降低。然而一些由低相对原子质量元素构成的、晶体结构简单、键强大而非谐振性低的非金属物质具有很高的德拜温度和很小的格律内森常数，因此它们的导热系数很大。如 BeO、AlN、BN、SiC 室温下的导热系数分别可达 272、230、251、251W/（m·K），而金刚石（C）单晶的导热系数更高达 2723W/（m·K）。

第1节　氧 化 铍 材 料

氧化铍陶瓷材料作为高导热、电绝缘介质材料，在大功率微波电子器件以及集成电路基片方面有广泛用途，氧化铍也是反应堆的减速剂、反射层和核燃料的弥散剂的主要选用材料，此外也用来制造耐高温坩埚，用于高熔点金属的熔炼。

氧化铍（BeO）的晶体结构属于六方晶系纤锌矿结构，晶格常数为：$a = 0.268$nm，$c = 0.437$nm。密度为 3.02g/cm^3，熔点为 2570℃，275～1175K 范围内的等压比热容为[148]：

$$c_p = 36.38 + 1.528 \times 10^{-2} T - 1.310 \times 10^6 T^{-2} \quad \text{J/(mol·K)} \tag{12-1}$$

纯氧化铍致密材料的导热系数随温度变化呈现很大的变化，如图 12-1 所示。在室温附近的导热系数很大，0℃时的导热系数达 302 W/（m·K），但随着温度升高，导热系数迅速下降，当温度超过 350℃后导热系数降至 100 W/(m·K)以下。从图 12-1 的曲线可知：高温越高，导热系数随升温而下降的趋势越小。

BeO 以矿物铍石（bromellite）形态存在于自然界，不过铍石非常稀少，不足以成为供应工业用 BeO 的来源。当前制造氧化铍粉料的原料主要是绿柱石（beryl）和日光榴石（helvite），前者的理论分子式为 $Al_2Be_3(Si_6O_{18})$，其中

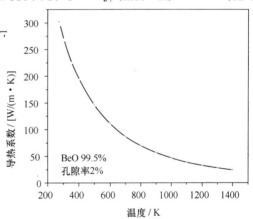

图 12-1　纯 BeO 致密烧结体的导热系数[201]

BeO 的理论含量为 13.96％；而后者为 $Mn_8(BeSiO_4)_6S_2$，其中 BeO 的理论含量为 13.52％。通常这些含铍矿石中含有相当数量的长石、云母等杂质，经过浮选后的精矿石中 BeO 含量在 10％～13％。铍矿石采用碱熔-硫酸浸取，将 BeO 同各种杂质分离，具体工艺流程如图 12-2 所示。通过图 12-2 的一系列步骤先得到氢氧化铍，再通过煅烧，得到氧化铍。煅烧温度对氧化铍的烧结活性有很大影响，从图 12-3 可见，不论烧结温度的高低，用经过在 1100℃左右煅烧的粉料可获得最高的烧结密度。其原因应该是，若煅烧温度过低，有一部分 Be(OH)$_2$ 尚未分解而残留在 BeO 粉料内，用这种粉料制成的试样在烧成时因 Be(OH)$_2$ 在高温时发生分解，产生气孔，阻碍致密化；如果煅烧温度过高，则生成的 BeO 晶粒生长过大，降低了烧结动力，

而且高温下氧化铍晶粒容易形成硬团聚体，破坏致密化过程。此外，BeO 粉料的颗粒大小显然也是影响烧结致密程度的一个重要因素。图 12-4 给出用三种不同粒度的氧化铍粉料制成的试样在不同温度下烧结的试样体积密度，可见粒度为 $2\sim3\mu m$ 的试样经高温烧成后具有高的烧结密度，而较粗的粉料即使经过高温烧成，其密度仍旧很低。

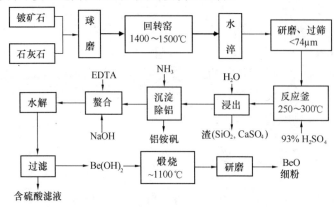

图 12-2　氧化铍的制取工艺流程

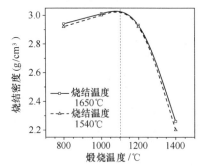

图 12-3　氢氧化铍煅烧温度对 BeO 烧结
密度的影响[202]

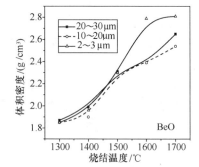

图 12-4　BeO 粉料粒度和烧结温度对其
烧结密度的影响[201]

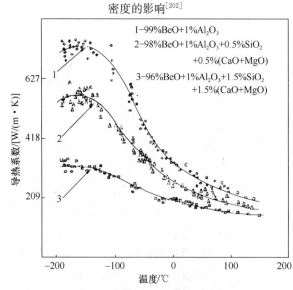

图 12-5　不同纯度 BeO 以及不同杂质含量
对陶瓷材料导热系数的影响[203]

为了得到具有高导热系数的氧化铍陶瓷材料，必须保证陶瓷材料具有极高的纯度，即必须将杂质控制在一定低的范围内，同时必须保证陶瓷材料具有极高的致密度，即必须将材料的孔隙率控制在很低的水平。氧化铍材料的导热系数对其中杂质的含量非常敏感，图 12-5 给出纯度分别为 99％、98％ 和 96％ 的 BeO 陶瓷材料的导热系数，这些材料的烧结密度已达到理论密度的 95.0％～95.7％。由图 12-5 可见，随 BeO 纯度的降低，材料的导热系数显著下降，并且在低温区（＜0℃）纯度对导热系数的影响特别显著。

国内根据材料中 BeO 的含量将氧

化铍陶瓷分为三种牌号，并对每种牌号的导热系数及其他性能作了规定，列于表 12-1 中。

表 12-1　氧化铍陶瓷的牌号和对应的性能（摘自 GB 5593—1996、SJ 20389—1993）

牌　　号	B95	B97	B99
BeO 含量/%	95	97	99
体积密度/（g/cm³）	≥ 2.80	≥ 2.80	≥ 2.85
100℃导热系数/［W/（m·K）］	≥ 146	≥ 160	≥ 176
抗折强度/MPa	≥ 100	≥ 140	≥ 145
介电常数（10GHz, 20℃）	6.5～7.5	6.5～7.5	6.5～7.5
直流击穿强度/（kV/mm）	12	15	15

我国电子陶瓷用氧化铍粉体材料规范 SJ 20867—2003 对氧化铍粉料划分出三个纯度等级：B-95、B-99 和 B-99.5，并规定了其中各种杂质含量的最大允许值，分别列于表 12-2 和 12-3 中。

表 12-2　B-95 粉料的杂质氧化物最大含量（质量%）

BeO 含量	杂质氧化物最大含量 / %						
	Al_2O_3	Fe_2O_3	CaO	MgO	SiO_2	Na_2O	K_2O
≥95	0.7	0.12	0.08	1.0	0.59	0.9	0.08

表 12-3　B-99 和 B-99.5 粉料的杂质元素最大含量（质量分数）

等　级	BeO/%	杂质元素最大允许含量 /10^{-6}								
		S	Al	Ca	Fe	Mg	Si	Na	K	B
B-99	≥99	1500	100	50	50	50	100	50	50	3
B-99.5	≥99.5	800	40	30	20	25	50	10	30	1

等　级	杂质元素最大允许含量 /10^{-6}									
	Cd	Cr	Co	Cu	Pb	Li	Mn	Mo	Ni	Ag
B-99	2	10	3	10	3	3	5	5	15	3
B-99.5	1	5	1	2	2	1	2	3	3	1

氧化铍陶瓷的烧结密度对材料导热系数的影响如图 12-6 所示，材料越致密，其导热系数越高，这是显而易见的。然而获得致密的 BeO 烧结体并非易事。首先，需要使用具有良好烧结活性的 BeO 粉料来制备坯体，所谓良好烧结活性：第一，粉料内颗粒尺寸应足够细小，如前面所述平均粒度一般应<2μm；第二，粉料内没有团聚或仅有在成型时可被破坏的轻度团聚；其次，需要选择合适的烧成温度，对于高纯 BeO 原料（BeO>99.9%）制成的坯体，需要在很高的温度下（通常需要 1700℃以上）才能烧结致密，然而如原料内含有少量杂质，则可明显降低烧成温度。表 12-4 列出了四种杂质含量不同的 BeO 粉料的成分和用这些原料压制成的试样，经过在干燥氢气

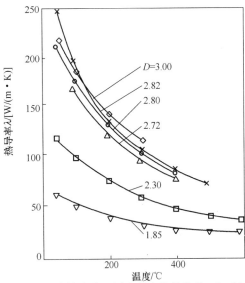

图 12-6　烧结密度（图内数字的单位为 g/cm³）对 BeO 陶瓷导热系数的影响[201]

气氛中 1430℃温度下烧结 1h 后的密度。从表 12-4 数据可看出：纯度为 99.97％的试样在所给出的烧成条件下只能烧结到理论密度的 75％，而纯度为 99.0％的试样则可烧结到理论密度的 99.2％，杂质对烧结的作用非常显著。就杂质种类而言，CaO，MgO，SrO，SiO_2 和 Li_2O 对促进 BeO 烧结致密化作用明显，然而 SrO 会引起 BeO 晶粒生长过大，从而影响材料的强度，添加 SiO_2 会破坏导热性能。在实际生产中通常采用添加多种烧结助剂，以便形成低共熔液相，通过液相烧结，降低氧化铍的烧结温度。表 12-5 给出几种国内电子工业用氧化铍陶瓷的化学成分、烧成温度和陶瓷的一些性能。

表 12-4　BeO 烧结试样的密度及杂质含量（数据取自文献［202］中图 3 和表 I）

试样编号	LP22	LP23	LP24	C5659
密度（理论密度％）	75	96.7	97.5	99.2
杂质总量/％	0.03	0.25	0.15	1.0
杂质及含量/10^{-6}				
Na	<100	400	300	2000
Mg	40	500	150	4000
Ca	25	50	50	2000
Al	25	200	<30	500
Si	50	400	400	300
B	2	15	15	<1
Fe	50	100	150	75
Ni	5	20	<5	100
Mn	5	100	10	400
Cr	10	400	50	200
Pb	10	10	8	5
Cu	15	30	30	1

表 12-5　电子工业用氧化铍陶瓷的化学成分、烧成温度和陶瓷的一些性能[201]

组成/％			抗折强度	体积密度	室温导热系数	烧成温度
BeO	Al_2O_3	MgO	MPa	g/cm³	W/（m·K）	℃
99.0	—	1.0	170	2.94	183.5	1680
99.0	0.5	0.5	180	2.94	193.2	1670
99.0	0.4	0.6	150	2.93	193.2	1670

　　烧成气氛对氧化铍陶瓷的致密化也有很大关系。由于空气中的氮气分子在氧化铍内的扩散很慢，因此一旦在烧结的后期坯体内气孔被正在生长的 BeO 晶粒包围、封闭，则孔隙内的气体很难通过体积扩散排除到烧结体外，从而在烧结体内保留有许多小气孔，造成低的烧结密度。另一方面，氢气的分子很小，在高温下比较容易通过 BeO 晶粒而排除到烧结体外。因此在氢气气氛中烧结可促进氧化铍材料的致密化。在真空下有利于孔隙内气体的排除，因此，真空烧结也有助于提高 BeO 烧结体的密度。并且，在真空条件下氧化铍坯体内的一些杂质可因挥发而被排除出坯体外，有利于氧化铍烧结体纯度的提高。在烧成过程中如果气氛

中存在水蒸气，则会破坏致密化过程。在 1000℃ 以上，固相 BeO 能与水蒸气反应，生成气相 Be（OH）$_2$：

$$BeO_{(s)} + H_2O_{(g)} = Be(OH)_{2(g)} \qquad (12-2)$$

这样不仅造成陶瓷坯体内 BeO 的挥发损失，而且气态氢氧化铍从坯体内排出会造成大量气孔，阻碍烧结过程中的致密化进程。表 12-6 中数据显示在干燥氢气中、1700℃ 下烧成 2h，可获得理论密度 95.2% 的 BeO 烧结体，但在含水（因此气氛中露点升高）的氢气中，按照同样条件烧成，BeO 烧结体的密度只能达到理论密度的 93.2% 或 88.4%。并且随水气的增多，密度下降。

表 12-6 水蒸气对 BeO 烧结的影响（条件：不同露点的 H$_2$ 气中 1700℃ /2h）[204]

氢气露点/ ℃	烧结密度 / (g/cm³)	相对丁理论密度/ %
21	2.67	88.4
−2	2.81	93.2
−40	2.88	95.2

铍是一种剧毒物质，含铍化合物进入人体内，可引起多种器官中毒发炎，并可导致死亡或引发癌症。皮肤直接接触水溶性铍化合物或含铍微粉轻则会产生炎症，重则造成皮肤溃疡。但一般情况下，在离开铍操作一段时间后这类皮肤炎症均可治愈。但直接接触烧制好的含铍致密陶瓷或含铍金属，并不会引起中毒。含铍化合物通过消化道进入人体可能引起肠、胃、肝等器官中毒，导致严重后果。如果吸入含铍物质的粉尘或蒸气（如氢氧化铍蒸气），则会引起严重后果。短期内吸入高浓度含铍化合物后，会引起急性呼吸道炎性病变，而长期吸入低浓度含铍化合物会在一定的潜伏期后发生以肺部肉芽肿或肺间质纤维化为主的病变，严重的将导致死亡。铍病的诊断标准可参见 GBZ 67—2002。氧化铍陶瓷的生产制造需要有严格的安全防护措施，包括：（1）尽量采用湿法工艺和装备除尘通风系统，以控制操作空间中的粉尘浓度，使之符合工业企业设计卫生标准 GBZ 1—2010。该标准规定车间（工作室）内含铍有毒物质的最高允许浓度为 $1\mu g/m^3$；（2）对废气、废水、废渣进行处理，达到排放标准后方可对外排放。根据大气铍污染物排放标准 GB 16297—1996，新建污染源的含铍物质最高允许排放浓度为 $0.012mg/m^3$，根据城镇污水处理厂污染物排放标准 GB 18918—2002，污水中总的铍含量最高允许排放浓度为 $2\mu g/L$；（3）操作人员需要有充分的个人防护，例如穿戴防护服、防护面具和橡胶手套等等。

第 2 节 氮 化 铝 材 料

氮化铝陶瓷材料具有高导热系数、低介电常数、高的绝缘电阻及热膨胀系数同硅相匹配，因此是一种理想的超大规模集成电路基片材料，此外氮化铝对砷化镓和铝、铁等金属的高温熔融体具有很强的抗侵蚀性，是一种很好的熔炼有色金属的耐火材料。

氮化铝是一种共价键化合物，属六方晶系纤锌矿结构，晶格常数为 $a=0.311nm$，$c=0.4978nm$，理论密度为 $3.26g/cm^3$。300～1800K 范围内的等压比热容为：

$$C_p = 45.94 + 3.347 \times 10^{-3} \times T - 14.98 \times 10^5 \times T^{-2}[J/(mol \cdot K)] \qquad (12-3)$$

氮化铝在 2000℃ 以下的高温非氧化气氛中稳定性很好，但在 2450℃ 下发生分解，AlN

在 800℃以上的抗氧化性很差。表 12-7 列出氮化铝陶瓷材料的一些重要性能的数值范围。

表 12-7　AlN 陶瓷的一般性能[205]

密度 /(g/cm³)	室温导热系数 /[W/(m·K)]	热膨胀系数 RT — 400C/℃⁻¹	击穿强度 /(kV/mm)	电阻率 /(Ω·cm)	介电 常数	抗折强度 /MPa
3.26~3.31	120~210	$(4.3{\sim}4.6)\times10^{-6}$	10~15	$10^{13}{\sim}10^{16}$	8.6~9.0	250~450

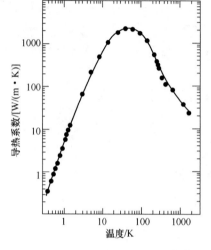

图 12-7　AlN 单晶的导热系数[206]

图 12-7 为单晶 AlN 在接近 0K 至 1700K 范围内的导热系数[206]。从图 12-7 可知，在低温下（30~100K）氮化铝单晶的导热系数高达 2000W/（m·K）以上，在室温附近导热系数可达 320W/（m·K）。作为多晶材料的 AlN 烧结体的室温导热系数曾测到可高达 260W/（m·K）的，但一般如能达到 210~230W/（m·K）已经算是很高了[205]。图 12-8 为在氮气氛中 1850℃/10h 下烧成的含 4%（质量）Y_2O_3 的 AlN 陶瓷材料在室温附近的导热系数。图 12-9 为 N_2 气氛中 1850℃下烧成的含 5%（质量）（$Sm_2O_3+Dy_2O_3$）的 AlN 陶瓷材料的低温导热系数。

在室温附近至摄氏数百度区间内 AlN 的导热系数主要受声子同晶格中铝空位 V_{Al} 之间的散射影响很大[209]：

$$\lambda = \frac{1}{A\sqrt{\Gamma T} + BT} \tag{12-4}$$

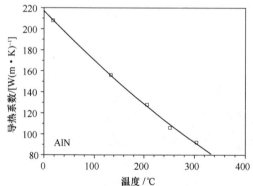

图 12-8　不同温度下 AlN+4%（质量）
Y_2O_3 材料的导热系数[207]

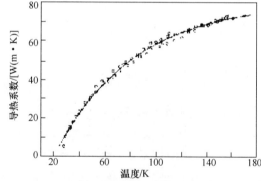

图 12-9　不同温度下 AlN+5%（质量）
（$Sm_2O_3+Dy_2O_3$）材料的导热系数[208]

式中 A 和 B 为与热力学温度 T 无关的常数，Γ 为声子散射截面，其值同缺陷浓度、晶格中缺陷位置上因缺陷引起的质量和体积变化等因素有关。

AlN 晶格中铝空位 V_{Al} 数量同进入晶格的氧原子数量有关：

$$3O \Longrightarrow 3O_N + V_{Al} \tag{12-5}$$

从上式可知在 AlN 晶格内每掺入 3 个 O 原子就生成 1 个 V_{Al}。虽然晶格中 O_N 数量比 V_{Al} 多，但是由于氧原子占据 AlN 晶格的 N 原子位置所引起的质量变化和体积变化不大，因此 O_N

对声子的散射截面并不大，从而 O_N 对 AlN 晶体导热系数降低的贡献不大。为提高 AlN 的导热系数，需设法降低 AlN 晶体内 V_{Al} 浓度。为此，最直观的措施就是采用低氧含量的氮化铝粉料来制造产品，表 12-8 列出用三种不同氧含量的氮化铝原料添加助烧剂 Y_2O_3 后在相同的温度和保温时间下烧制成的材料的室温导热系数，从表 12-8 中数据可见降低氮化铝原料内的氧含量明显地能够提高氮化铝陶瓷材料的导热系数。

表 12-8　不同氧含量的 AlN 原料在 1850℃/100min 烧成的材料的导热系数[210]

原料内氧含量 /%	Y_2O_3 添加量 /%	材料内 Y_2O_3/Al_2O_3	材料密度理论密度 /%	室温导热系数 /[W/(m·K)]
2.3	2	0.159	96.7	69.5
2.3	4	0.318	98.7	107.3
2.3	12	1.183	98.4	143.1
1.2	2	0.305	96.1	140.5
1.2	4	0.621	97.9	175.4
1.2	12	2.058	98.2	181.0
1.1	2	0.352	99.5	151.0
1.1	4	0.657	99.1	193.7

　　从表 12-8 中还可发现，增大 Y_2O_3 添加量也能显著提高材料的导热系数。按理说在氮化铝中加入氧化物将增高 AlN 晶格内氧的浓度，即可以使 O_N 浓度增大，从而引起 V_{Al} 增大，这样应该使材料的导热系数下降。实际上作为烧结助剂加入到氮化铝粉料中的氧化物所起的作用比较复杂，首先它促进烧结，提高烧结体的密度，从而有助于材料导热系数增大；其次，AlN 晶格内的氧原子可以认为是 Al_2O_3 固溶入 AlN 中，适当数量的氧化物混入到 AlN 中有可能同固溶在 AlN 中的 Al_2O_3 反应，在 AlN 的晶界上形成铝酸盐第二相，使 AlN 中 O_N 浓度减少，从而使 V_{Al} 浓度降低，导致 AlN 晶粒的导热系数增大。然而，由于这些铝酸盐的导热系数远低于氮化铝，如果在氮化铝晶界上形成的第二相数量太多而将氮化铝晶粒完全包裹，则起到阻碍传热的作用。图 12-10 显示添加不同稀土氧化物（Y_2O_3，Er_2O_3，Sm_2O_3）并经过 1850℃/100min 烧结的氮化铝陶瓷，其中生成的氧化物第二相数量对材料导热系数的影响。由

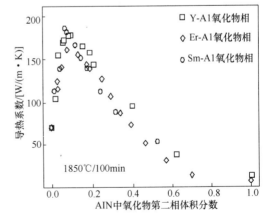

图 12-10　AlN 中不同第二相数量对导热系数的影响[211]

图 12-10 可见，这些含有稀土金属铝酸盐第二相的氮化铝陶瓷的导热系数均存在一最大值，在最大值之前氮化铝陶瓷的导热系数随第二相数量的增多而增高，超过此最大值后导热系数随第二相体积分数的增加而迅速降低。

　　降低 AlN 晶粒内 V_{Al} 浓度以提高导热系数的第三种措施是延长氮化铝的烧结时间，或者将氮化铝材料在氮气气氛或真空中长时间高温退火，使 AlN 晶格中的氧原子通过扩散排除

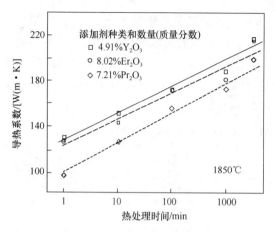

图 12-11 烧结时间对添加稀土氧化物的 AlN
导热系数的影响[211]

到晶粒之外，从而提高氮化铝的导热系数。图 12-11 显示延长烧结时间可增高氮化铝的导热系数。长时间在高温下退火还有可能使氮化铝晶界上的铝酸盐第二相转移到多个晶粒的交界处，使第二相孤立起来，从而降低热量通过氮化铝晶界传递的阻力。图 12-12（a）是添加 4%（质量）Y_2O_3 的 AlN 经 1900℃/2h 烧成后以 60℃/min 的速度降至 1600℃，并在此温度下保温 30min，再以 25℃/min 的速度降至室温，所制成的试样的扫描电镜图像；同样成分在相同条件下烧成 AlN 试样，但在最高温度保温结束后，以 3℃/min 的速度降温，并且中间在 1800℃下保温 30min，当温度达到 1600℃后以 25℃/min 的速度降至室温，所制试样的断面扫面电镜图像示于图 12-12（b）。从这两张图上可见，在快冷试样内第二相分布在 AlN 晶粒之间的晶界上，如图 12-12（a）中箭头所示；而在慢冷试样，第二相孤立地存在于几个 AlN 晶粒围成的转角处，如图 12-12（b）中的箭头所示。图 12-13 给出不同冷却速度的 AlN 试样的导热系数，结合图 12-12 的显微结构，从图 12-13 可清楚地看出：慢冷试样中第二相被孤立于多个晶粒的交界角落内，这种显微结构对通过 AlN 晶粒之间的热传导没有太大的影响，因此这种试样的导热系数高；而慢冷试样中第二相存在于氮化铝晶粒之间的晶界上，起到阻碍传热的作用，因此材料的导热系数明显低于前者。

图 12-12 AlN+4%Y_2O_3 经 1900℃/2min
烧成后试样断面的 SEM 图像[212]
（a）快冷却；（b）慢冷却

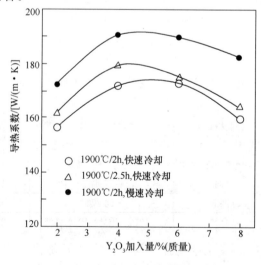

图 12-13 添加 Y_2O_3 的 AlN 经 1900℃不同保温时间、
不同冷却速度烧制的陶瓷的导热系数[212]

制造氮化铝陶瓷的原料需要人工合成，主要有三种合成工艺：

（1）铝粉直接氮化法，即用高纯金属铝粉在高纯氮气中加热至 1200℃左右，直接氮化成 AlN；

$$2Al + N_2 \xrightarrow{} 2AlN \tag{12-6}$$

在铝粉中需要加入少量 NaF 或 CaF$_2$ 作为催化剂，并可防止铝粉团聚。上述反应也可以在等离子体内进行，等离子体的高温使金属铝粉气化，再同氮气反应，然后凝聚成亚微米尺寸的 AlN 颗粒。

2）利用碳热反应还原氧化铝并同氮气反应生成 AlN：

$$Al_2O_3 + 3C + N_2 \xrightarrow{} 2AlN + 3CO \tag{12-7}$$

所用的原料为高纯、亚微米氧化铝粉和碳黑，两者混合均匀后在氮气中加热到 1100℃ 左右，保温数小时。生成物中除 AlN 之外尚有未反应的碳，需要将产物在 700～750℃ 干燥空气中加热，烧除残余碳，再在 1400℃～1500℃ 下的氮气中或真空中处理，除去 AlN 中的氧。所制造的氮化铝粉料的氧含量约 1%，金属杂质含量质量分数小于 3×10^{-4}，颗粒直径在 $1\mu m$ 以下。

（3）用铝的卤化物同氨反应生成 AlN：

$$AlCl_3 + NH_3 \xrightarrow{} AlN + 3HCl \tag{12-8}$$

上述反应在 1400℃ 下进行。由于反应物的纯度可以很高，因此该法可制备高纯度的 AlN，但是副产物是 HCl，具有很强的腐蚀性，用该工艺进行大量生产时需要在三废处理方面投入巨大成本。实际上真正用于大量生产 AlN 粉料的是前两种工艺。

AlN 能够同水反应生成氢氧化铝，特别是 AlN 粉料吸收空气中水分，在颗粒表面发生水解，从而增加氮化铝粉料内的氧含量。因此氮化铝粉料的储存、运输都需要注意避免接触潮湿空气。利用硬脂酸、山葡酸（$C_{22}H_{44}O_2$）之类具有长碳链的有机酸包裹 AlN 颗粒表面，可以有效地防止氮化铝粉料的吸潮、水解[213]。利用具有长碳链的表面活性剂对氮化铝颗粒的保护作用还可以防止 AlN 在水基泥浆中的水解，并可制备流动性很好的水基泥浆。集成电路基片是氮化铝陶瓷的一大用途，表 12-9 给出两种用于流延成型的氮化铝泥浆的配方。

表 12-9　流延成型用氮化铝泥浆配方[214]

功　能	水基泥浆		油基泥浆	
	物　质	加入量/%（质量）	物　质	加入量/%（质量）
陶瓷粉料	AlN	50.96	AlN	50.96
烧结助剂	Y$_2$O$_3$	1.02	Y$_2$O$_3$	1.02
烧结助剂	Dy$_2$O$_3$	1.53	Dy$_2$O$_3$	1.53
溶剂	水	16.97	2-丁酮+乙醇	49.08
分散剂	DP270*	0.20	磷酸三乙酯	0.61
结合剂	10%（质量）PVA 乳液	25.48	聚乙烯醇缩丁醛	4.91
增塑剂	乙二醇	3.82	聚乙二醇+邻苯二甲酸酯	2.45

* DP270 为一种聚丙烯酸酯分散剂的商品牌号，由法国 Rhodia 公司销售。

由于氮化铝是一种共价键物质，在 2400℃ 以上又容易分解，因此很难被烧结。如不添加烧结助剂，高纯 AlN 需要在 1900～2100℃ 热压才有可能获得致密烧结体。通常在氮化铝粉料中加入一定量的氧化物，利用液相烧结，可在 1750～1900℃ 范围内烧结成致密并具有相当高导热系数的陶瓷。烧结助剂种类有稀土氧化物、碱土金属氧化物、氧化硅等。图 12-14 给出不同种类和不同加入量的烧结助剂对 AlN 陶瓷导热系数的影响。

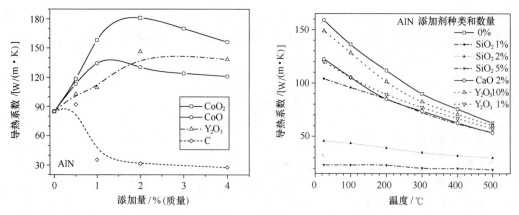

图 12-14　不同种类和不同加入量烧结助剂对 AlN 陶瓷导热系数的影响

（图中数据来自参考文献 215～217）

第 3 节　氮 化 硼 材 料

氮化硼除具有高的导热系数之外，还具有良好的耐高温性能和电绝缘性能，其介电常数小、微波频率下损耗低，目前被广泛应用于大功率电子器件的绝缘、散热方面，并且是一种很有前途的微波天线窗口防热材料。此外，由于其耐高温及良好的抗金属熔体的侵蚀性，也用于制造冶炼某些特殊金属的坩埚以及分子束外延坩埚。

氮化硼有两种晶型：六方纤维锌矿结构和立方闪锌矿结构。图 12-15 为氮化硼相图，从图可以知在高温高压下六方 BN 可以转化成立方 BN。实际上立方 BN 就是用六方 BN 经过高温高压合成的。立方 BN 虽然也具有比较高的导热系数，但更为突出的是其具有极高的硬度，是一种超硬材料，而六方 BN 却像石墨一样硬度很小。本书仅讨论六方 BN 材料。图 12-16 和图 12-17 分别给出立方 BN、六方 BN 垂直于 c 轴和平行 c 轴的导热系数同温度的关系。从图 12-17 可见六方 BN 垂直 c 轴方向，即在六方片状晶体的基面上导热系数很大；而在平行 c 轴方向上，即在六方片状晶体的厚度方向上导热系数较小，两者相差可达 100 倍。表 12-10 列出六方 BN 的一些基本性能。在温度区间 420～980K，六方 BN 的比热容与温度的关系可用下式表示[218]：

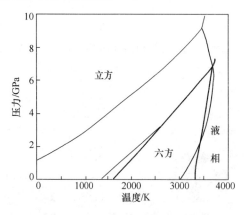

图 12-15　BN 相图，图中细线表示介稳相界[218]

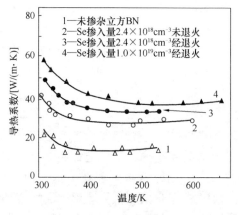

图 12-16　纯的和掺 Se 的立方 BN 导热系数

同温度的关系[220]

$$c_p = \frac{48.35T^4}{(T^2 - 8.37T + 68306)^2} \tag{12-19}$$

表 12-10　六方 BN 的基本性能[219]

性　　能	数　值	性　　能	数　值
硬度（Knoop）/ MPa	205	体电阻率 / (Ω·cm)	1×10^{13}
理论密度 / (g/cm³)	2.27	1MHz 下介电损耗	0.0004
介电强度 / (kV/mm)	35	室温导热系数 / [W/(m·K)]	55
介电常数	4.2	热膨胀系数 / ℃⁻¹	1.2×10^{-6}

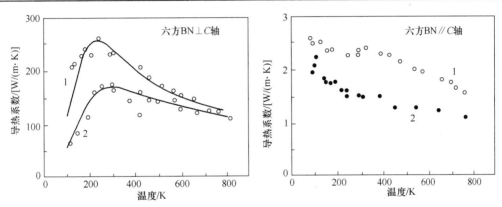

图 12-17　六方 BN 不同方向上的导热系数同温度的关系[221]
（导热方向示于图内）

制造氮化硼陶瓷的粉料需要人工合成，BN 的合成工艺主要有下述几种：

（1）碳热还原氮化法

将硼酐（B_2O_3）同碳粉混合，置于石墨坩埚内，通入氮气，在高温下发生如下反应生成 BN：

$$B_2O_3 + 3C + N_2 = 2BN + 3CO \tag{12-20}$$

（2）等离子体合成法

以硼砂（$Na_2B_4O_7 \cdot 10H_2O$）和尿素[$CO(NH_2)_2$]为原料，在 2000℃以上的高温下，通过如下反应生成 BN：

$$Na_2B_4O_7 \cdot 10H_2O + 2CO(NH_2)_2 = 4BN + Na_2O + 14H_2O + 2CO_2 \tag{12-21}$$

由于反应温度高、时间短，所生成的六方 BN 晶体完整、细小，同时纯度很高。

（3）硼砂法

反应式（12-21）也可以在 900～1200℃的氨气中进行，这就是所谓的硼砂/尿素法。由于反应温度较低而时间较长，所生成的 BN 不如在等离子体中得到的晶体完整、细小。同时，受盛放原料的坩埚材料以及窑炉内衬的影响，所生成的 BN 的纯度也不如等离子加热的高，一般需要经过酸洗等步骤提纯。

硼砂也可同氯化铵在氨气中 1000℃下反应生成 BN，这称为硼砂/氯化铵法：

$$Na_2B_4O_7 + 2NH_4Cl + 2NH_3 = 4BN + 2NaCl + 7H_2O \tag{12-22}$$

在实际操作中先将硼砂在负压下加热到 450℃左右进行真空脱结晶水，氯化铵在低于

120℃温度中干燥，然后将两者球磨、混合，压制成团块，放入通氨气的加热炉中进行反应，生成物经过粉碎、酸洗、水洗、醇洗，最后得到高纯度的 BN 粉料。按照此工艺生产的 BN 粉料的平均颗粒尺寸为 0.3～0.5mm，BN 含量达 99.16％，B_2O_3、Fe_2O_3 和 Na_2O 含量分别为 0.25％，0.05％，0.1％[222]。

（4）硼酐法

硼酐（B_2O_3）在高温（900～1000℃）下同氨气反应可得到 BN：

$$B_2O_3 + 2NH_3 === 2BN + 3H_2O \tag{12-23}$$

硼酐也可同氰化物反应生成 BN：

$$B_2O_3 + 2NaCN === 2BN + Na_2O + 2CO \tag{12-24}$$

（5）前驱体法

上面提出的一些合成工艺所用原料都有含氧的无机盐类或氧化物，这些原料内或多或少均含有各种微量金属杂质，这将影响所合成的 BN 的纯度，不能满足要求超高纯 BN 的应用场合。近年来正在探索利用含硼有机物为前驱体，合成高纯 BN 的工艺。例如以硼吖嗪（$H_3B_3N_3H_3$）为原料，将硼吖嗪在低温下浓缩在容器中，经密封后再逐步升温至 1200℃，硼吖嗪分解形成 BN：

$$nH_3B_3N_3H_3 === 3nBN + 1.5nH_2 \tag{12-25}$$

硼吖嗪是一种无色易挥发性气体，其分子内硼原子和氮原子相间连接形成六边形环，在高温和一定压力下热解直接形成六方结构的 BN。硼吖嗪可以通过下面的反应合成：

$$3NaBH_4 + 3NH_4Cl === H_3B_3N_3H_3 + 3NaCl + 9H_2 \tag{12-26}$$

氯化硼同氨气反应生成 BN 也是前驱体法的一种，BCl_3 在 NH_3 中反应，先生成硼的氨基络合物：

$$BCl_3 + 6NH_3 === BCl_3 \cdot 6NH_3 \tag{12-27}$$

然后分解成 B（NH_2）$_3$：

$$BCl_3 \cdot 6NH_3 === B（NH_2）_3 + 3NH_4Cl \tag{12-28}$$

在 130℃胺基硼部分解：

$$2B（NH_2）_3 === B_2（NH）_3 + 3NH_3 \tag{12-29}$$

当继续加热到 900～1200℃形成 BN：

$$2B_2（NH）_3 === 2BN + NH_3 \tag{12-30}$$

氮化硼是一种共价键化合物，而且氮化硼粉体中 BN 晶粒呈薄片状，其六方基底面的表面能远低于薄片侧面（六方柱面）的表面能，这种粉体的烧结驱动力非常低。为制备致密的氮化硼陶瓷，通常需要在 BN 原料内添加烧结助剂，通过液相烧结或热压烧结实现 BN 的致密化。氮化硼原料中常常含有少量氧，并以 B_2O_3 的形式分布在 BN 晶粒的表面。BN 中存在适量的 B_2O_3 能够提高烧结密度，但是残留在 BN 中的氧化硼会吸收大气中的水分，发生潮解，并引起材料性能下降。因此氮化硼的烧结助剂必须能够同 B_2O_3 反应，在高温下生成液相，冷却后成为不水解的稳定物质。常用的烧结助剂有 SiO_2（以石英玻璃粉形式加入）、CaO（以 $CaCO_3$ 形式加入）、AlN 等。B_2O_3 也可以作为烧结助剂，但必须同其他助剂联合使用，以防止游离 B_2O_3 残留在氮化硼陶瓷材料中。表 12-11 给出采用 B_2O_3 和 CaO 组成的复合烧结助剂的热压氮化硼的烧结工艺和所得产品的性能。作为对比，表中还给出不加烧结助剂的 99.5％BN（其中 0.25％的 B_2O_3 是作为杂质存在于原料中）的热压制品的性能。由

表 12-11 可见，加入 B_2O_3＋CaO 复合烧结助剂既保证热压制品的高密度又可降低热压温度和压力，这为实际操作带来很大便利。B_2O_3 和 CaO 在高温形成液相，冷却后成为 $Ca_2B_2O_5$，因不存在游离的 B_2O_3，消除了吸水潮解的问题。AlN 也可作为 BN 的烧结助剂，并能降低材料的吸潮性。AlN 同 BN 原料内的 B_2O_3 杂质发生如下反应：

$$B_2O_3 + 2AlN =\!=\!= Al_2O_3 + 2BN \tag{12-31}$$

但是 AlN 的帮助烧结作用并不高，有人[223]在 BN 原料内加入质量分数为 10％AlN 和 9％ Y_2O_3 以及 1％CaF_2，在氮气气氛中 2000℃/40MPa 热压，并保持 5h，所得到的陶瓷材料的密度仅为 1.79g/cm^3。

表 12-11　热压 BN 的工艺和性能[222]

配方（质量/%）			热压工艺参数		性　能	
BN	B_2O_3	CaO	温度/℃	压力/MPa	密度/（g/cm^3）	抗压强度/MPa
99.16	0.25	—	1900	45	2.0	69
93.5	5.0	1.5	1650	10	2.20	170
95	3.5	1.5	1700～1750	20	2.15	101
98	1.5	0.5	1750～1800	28	2.08	80

即使添加烧结助剂，并利用高温，但无压烧结很难获得致密的 BN 烧结体。表 12-12 给出 BN 粉料中 Al_2O_3、AlN 和 Y_2O_3 的不同添加量，这些粉料经 200MPa 等静压成型后在氮气气氛中不同温度下保温 2h 烧成，烧成后的密度如图 12-18 所示。从图 12-18 可见，无论添加剂如何变化以及烧成温度的高低，烧成后样品的密度都只有理论密度的 59％～63％。

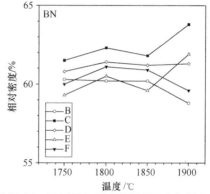

图 12-18　不同添加剂含量的 BN 在各温度下无压烧结后的密度[224]

表 12-12　无压烧结 BN 中添加剂的加入量（质量分数%）[224]

编　号	BN	Al_2O_3	AlN	Y_2O_3
B	70	20	10	0
C	90	5	3.3	1.7
D	80	10	6.6	3.4
E	70	15	9.9	5.1
F	60	20	13.2	6.8

在 BN 粉料内添加金属 Al 粉、Ti 粉或 TiB_2 粉经 1850～2000℃/300MPa 热压可获得具有导电性能又具有可机械加工性能的 BN-AlN-TiB_2 复合材料。这种材料的密度为 2.8～3.1g/cm^3，显气孔率＜10％，电阻率（8～10）×10^{-4} Ω · cm，热膨胀系数（4～6）×10^{-6}℃$^{-1}$，可在 1850℃高温下应用。这种材料被大量应用于真空感应加热金属蒸发涂膜装置中的大电流蒸发器坩埚。

利用化学气相淀积技术，将三氯化硼（BCl_3）和氨气（NH_3）混合、并用高纯氮气稀释后通入 CVD 炉内，在 1800～2000℃高温下，发生如下反应：

$$BCl_3 + NH_3 \rule[0.5ex]{1.5em}{0.4pt} BN + 3HCl \tag{12-32}$$

所生成的 BN 沉积在炉内石墨制成的模具表面，随着反应时间的延长，在模具表面形成一定厚度的致密 BN 层，冷却后将 BN 层从模具上脱出，便成为具有接近 BN 理论密度的氮化硼制品，这种氮化硼称为热解氮化硼。热解氮化硼是各向异性的，BN 晶体的 c 轴垂直于沉积面，其性能见表 12-13。

表 12-13　热解氮化硼的性能[225]

密度	硬度（Knoop）	比热容		导热系数/[W/(m·K)]			介电强度
g/cm³	MPa	J/(g·K)		方向	a	c	室温油浸
2.15～2.19	1500	200℃	1.55	200℃	60	1.66	kV/mm
		500℃	1.63	300℃	54	1.66	600

第 4 节　碳化硅材料

在本篇第 11 章第 4 节内已经指出 SiC 晶体具有多种晶型。表 12-14 列出了不同晶型 SiC 以及碳化硅陶瓷在室温下的一些主要性质。图 12-19 给出三种不同晶型 SiC 晶体在低温下的导热系数，图 12-20 给出 6H 晶型 SiC 在高温下的导热系数。

表 12-14　不同晶型 SiC 的物理性质[226, 227]

性　能	晶型　测试条件	3C	2H	4H	6H
密度/(g/cm³)	300K	3.2143	3.214	—	3.24878
体积模量/(dyn/cm²)	300K	$2.5×10^{12}$	—	$2.2×10^{12}$	$2.2×10^{12}$
导热系数/[W/(m·K)]	300K	320		370	490
热膨胀系数/K⁻¹	300K/单晶	$3.8×10^{-6}$	—	—	—
	300K/陶瓷	$2.47×10^{-6}$	—	—	—
	300K,⊥c	—	—	—	$4.3×10^{-6}$
	300K,//c	—	—	—	$4.7×10^{-6}$
介电常数	300K/直流	9.75			⊥c：9.66 //c：10.3
德拜温度/K		β-SiC：1430		α-SiC：1200	
比热容/[J/(g·K)]	20℃	β-SiC：0.7116		—	
	200℃	β-SiC：0.9209		—	
	1000℃	β-SiC：1.1721		—	
	1400～2000℃	β-SiC：1.2558		—	
	700℃			α-SiC：1.1302	
	1550℃			α-SiC：1.4651	
波长 0.9μm 下辐射率	2073K	0.94			

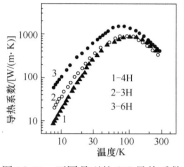

图 12-19　不同晶型的 SiC 导热系数
同温度的关系[226]

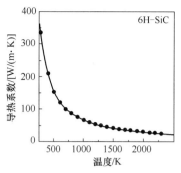

图 12-20　六方碳化硅（6H-SiC）的导热系数
同温度的关系[228]

　　碳化硅材料受电子或其他高能粒子辐照后会在 SiC 晶格内产生点缺陷，增强了对声子的散射，从而使材料的导热系数变小。随着辐照时间的延长或剂量的增高，晶格内产生更多的点缺陷，形成点缺陷聚集体，进而点缺陷聚集体不断长大，在晶格内形成大片无定形区域，这样导热系数进一步下降。图 12-21 为纯度＞99％的热压 6H-SiC（密度为 $3.21 g/cm^3$）经受不同粒子（表 12-15）照射后的导热系数同测量温度的关系[229]。从图 12-21 可见，SiC 材料经过辐照后其导热系数明显下降。显然，辐照粒子的种类、能量以及辐照剂量对导热系数的下降程度有很大关系，但辐照时材料的温度具有更大的影响。对照图 12-21 和表 12-15 可知，辐照时材料温度高的试样的导热系数下降程度小于在较低温度

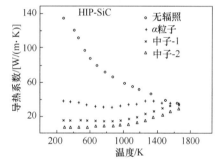

图 12-21　经不同粒子（见表 12-15）辐照
后热压 SiC 材料的导热系数[229]

下经受辐照的试样，这是因为只有在较低的温度下 SiC 内才可能因辐照而形成无定形区域，在较高温度下辐照只能形成点缺陷。实际上不同晶型的 SiC 对于不同粒子的辐照具有不同的临界温度，低于该温度才能在晶格中生成无序区域，高于该温度只能形成点缺陷。如用 200keV 电子轰击 β-SiC 的临界温度是 293K[230]。经过辐照的材料长时间处于临界温度之上，则其导热系数会逐渐升高。在 1300～1500K 下长时间退火，能够大致恢复到原来的导热系数。由于 SiC 是建造原子聚变和裂变反应器的候选材料，同时也是宇航飞行器的结构材料之一，因此，在进行有关设计时必须考虑辐照对 SiC 导热系数的影响。

表 12-15　不同粒子的辐照条件[229]

粒子种类	α 粒子	中子-1	中子-2
粒子流量/（n/cm^2）	1×10^{17}	5×10^{20}	4×10^{19}
最大能量/MeV	100	100	＞0.1
能量范围/MeV	0～100	0.1～100	—
辐照温度/K	700	600	353
损伤剂量/dpa*	0.001	0.5	0.07

＊ bpa 是材料辐照损伤的单位，表示在所给剂量下每个原子平均的离位次数。

　　在碳化硅原料合成时经常会混入或有意加入一些杂质，常见的杂质有氮、磷、铝、铁等，或者为了获得致密烧结体在碳化硅坯体中添加烧结助剂如硼、铝、氮化铝、氮化硼等。所有这些杂质或其中一部分会溶入碳化硅晶体内，使碳化硅成为一种半导体。因此常温下SiC 陶瓷的电阻率不大，通常为 $10^{-1} \sim 10^4$ Ω・cm。这样就限制了碳化硅作为高导热绝缘材料，特别是在高温下既需要高导热又需要电绝缘的场合的应用。

　　研究发现在纯碳化硅粉料中加入少量 BeO 作为烧结助剂，通过热压烧结可获得致密SiC，这种陶瓷材料在常温下具有很高的导热系数和电阻率。例如在平均粒度为 $2\mu m$ 的纯 α-SiC 粉料中加入质量分数为 2%、粒度为 $2\mu m$、纯度为 99.5% 的 BeO 粉料，混合均匀后以100MPa 压力压制成圆片，再在真空热压炉内以 2050℃ 温度和 30MPa 压力热压烧结成密度3.18g/cm³ 的烧结体。这种材料的室温导热系数和电阻率分别为 270W/（m・K）和 4×10^{13}Ω・cm[231]。这种材料的其他性能见表 12-16。

　　在室温及室温以上，SiC 的导热主要受声子散射控制，如 SiC 晶体内溶入大量杂质，则可使导热系数显著降低。但是 BeO 或 Be 在 SiC 中的溶解度很低，作为助烧剂的 BeO 在烧结终止后大部分分布在 SiC 的晶界上或三晶粒交汇处，形成第二相［图 12-22（a）和（c）］，并且将原来存在于 SiC 中的其他杂质，如 Si、Al、Ti、Fe 等也吸引到富铍的第二相中［图12-22（b），由于 Be 元素的相对原子质量太小，在 EDS 上不出现 Be 元素的电子能谱］，提高了 SiC 晶粒的纯度，从而保证材料的高导热系数。图 12-23 给出含有 1% Be 的热压 SiC 在5～1300K 温度区间的导热系数，这种材料的密度为 3.212g/cm³，平均晶粒直径为$5.6\mu m$[233]。作为对比，图中还给出纯 SiC 单晶（其中含有 N 原子 1×10^{17}/cm³）、Al 掺杂SiC 单晶（Al 原子含量为 4×10^{19}/cm³）以及添加 $Al_2O_3 + Y_2O_3$ 的热压 SiC 陶瓷的导热系数。从图可见，在高温（800K 以上）下含 Be 热压 SiC 材料的导热系数同纯 SiC 单晶一致。由于高温下阻碍导热主要的因素来自声子的散射，两者导热系数相同说明引起声子散射的杂质数量在这两种材料内大致相等，这就说明在添加 Be 的 SiC 内 Be 和其他杂质并不集中在SiC 晶粒内。在低温下两者的导热系数差别随温度下降而越来越大，表明低温下晶界对声子散射越来越占据重要的地位。单晶材料不存在晶界，因此其导热系数显著大于含有大量晶界的陶瓷材料。含 Be 热压 SiC 材料的导热系数高于掺 Al 的 SiC 单晶，更大大高于添加 Al_2O_3＋Y_2O_3 的热压 SiC 陶瓷，也体现了杂质对导热系数的影响。

表 12-16　热压烧结 2%（质量）BeO-SiC 材料的性能[231]

密度 /（g/cm³）	导热系数 /［W/（m・K）］	热膨胀系数 /K⁻¹	抗折强度 /MPa	电阻率 /（Ω・cm）	介电常数 （1MHz）
3.18	270	3.7×10^{-6}	450	$>4\times10^{13}$	42

　　分布在碳化硅晶界上的富铍第二相具有较大的电阻率，从而使材料整体电阻率增大。此外，在晶界附近的 SiC 晶格中有少量 Be 原子渗入，Be 原子作为受主杂质可在晶界附近的晶格中产生空穴，然而原料 SiC 因有氮原子溶入，是 n 型半导体，即晶格内存在多余电子，碳化硅的导电就是通过这些电子实现的。现在在晶界附近出现带正电的空穴，中和了晶格内原有的导电电子，造成 SiC 晶界附近缺少导电载流子，在晶界附近形成所谓的耗尽层，可阻碍电流通过。图 12-24 给出含有质量分数 2%（3.2 mol%）BeO 的热压 SiC 材料［密度为 3.11

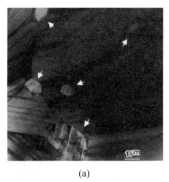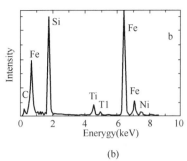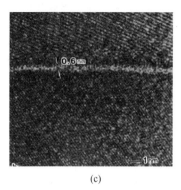

(a)　　　　　　　　　　(b)　　　　　　　　　　(c)

图 12-22　SiC 的导热[232]

(a) 中箭头所指为存在于 SiC 晶粒交界处和晶粒内部的第二相；(b) 对三晶粒交汇处的第二相的电子能谱
(EDS) 分析；(c) 显示两个 SiC 晶粒之间存在厚度 0.6nm 的晶界相

(g/cm³)〕的电阻率同温度的关系曲线。根据图中的数据可得到这种材料的电阻率（ρ）同温度（T）的关系：

$$\rho = \rho_0 \exp\left(\frac{E_a}{k_B T}\right) \tag{12-33}$$

式中 ρ_0 为常数，活化能 $E_a = 0.822\text{eV}$，k_B 是波尔兹曼常数。

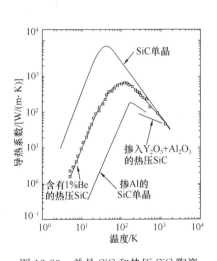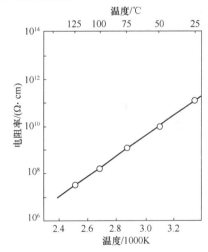

图 12-23　单晶 SiC 和热压 SiC 陶瓷
材料的导热系数[233]

图 12-24　含 2%（质量）BeO 的 SiC 陶瓷
材料的电阻率[234]

第 5 节　金 刚 石 薄 膜

金刚石由碳原子组成，每个 C 原子都以 sp^3 杂化轨道与另外 4 个 C 原子形成共价键，构成正四面体，正四面体互相连接形成三维复合面心立方结构。单位晶胞由 8 个 C 原子组成，每个原胞中含有 2 个不等价的 C 原子。天然金刚石分为 I 和 II 两种类型，每个类型中又分出 a、b 二个亚型。I 型金刚石中主要杂质是氮，并且数量较多，可达 1% 左右。如果溶解在金刚石晶格内的 N 原子成对地或更多 N 原子构成聚集结构分布在晶格中，这种类型的金刚石称为 Ⅰa 型，其外观特征是无色透明。98％的天然钻石都属于 Ⅰa 型。如果金刚石中的 N 原子是单独地分布在晶格内，则成为 Ⅰb 型，这类金刚石呈黄色或浅褐色。氮原子含量很低的金刚石为 Ⅱ 型。其中无其他杂质者为 Ⅱa 型。若由于在生成金刚石时因发生塑性变形而在晶格内存在结构畸形，这类 Ⅱa 型金刚石呈粉红色、红色或褐色。在天然金刚石中有大约 1.8％属于这种类型。含有硼原子的 Ⅱ 型金刚石为 Ⅱb 型，呈冷蓝色或铁灰色，在自然界仅有 0.1％的钻石属于 Ⅱb 型。Ⅱb 型金刚石是 p 型半导体，而其他类型的金刚石都是电绝缘体。表 12-17 列出了金刚石的一般物理性能。金刚石的热膨胀系数在 0℃下为 5.6×10^{-7}。在常温常压下金刚石处于亚稳状态，在 1200℃以上金刚石向石墨转化的速度逐渐明显，但实际上在无氧环境中金刚石可以存在到 3000℃。在空气中加热到约 700℃金刚石开始燃烧。

表 12-17　金刚石的性能[235]

密度 / (g/cm³)	平均原子体积 / (nm³)	弹性模量 / (GPa)	平均声速 / (km/s)	德拜温度（T_D） /K	T_D 下的导热系数 / [W/ (cm·K)]
3.51	5.64×10^{-3}	564	14.4	1900	1.8

金刚石的比热容随温度变化如图 12-25 所示。图 12-26 显示几种天然的和人工合成的金刚石的导热系数同温度的关系，金刚石中杂质含量列于表 12-18 中。根据这些数据可以看出金刚石中杂质（氮）含量对其导热系数影响很大：氮原子含量为 $1.5 \times 10^{16}/cm^3$ 的人工合成金刚石在 65K 下的导热系数高达 17500W/ (m·K)，而人工合成的氮原子含量为 $3.5 \times 10^{20}/cm^3$ 的金刚石在 85K 下的导热系数仅为 1900W/ (m·K)。

碳具有两种稳定的同位素，即 ^{12}C 和 ^{13}C，它们在自然界的丰度分别为 98.9％和 1.1％，因此天然金刚石和一般人工合成的金刚石中 ^{13}C 的含量为 1.1％。如果用由 ^{12}C 构成的高纯甲烷为原料，通过 CVD 合成和高温、高压下单晶生长，获得富 ^{12}C、贫 ^{13}C 的金刚石[238]，这种金刚石的导热系数远大于一般金刚石。如 ^{13}C 含量分别为 0.07％和 0.5％的合成金刚石在 25℃下的导热系数分别为 3320 和 2600W/ (m·K)[238]，^{13}C 含量为 0.1％的合成金刚石在温度 104K 下的导热系数可高达 41000W/ (m·K)[239]。图 12-27 给出 ^{13}C 含量为 0.1％的合成金刚石和自然丰度（^{13}C 含量为 1.1％）的一般金刚石在不同温度下的导热系数。

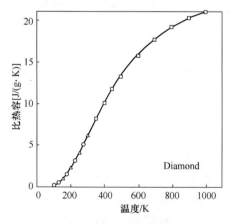

图 12-25　金刚石的比热容同温度的关系[236]

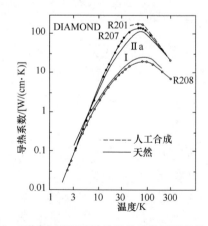

图 12-26　不同金刚石试样的导热系数同温度的关系[237]

表 12-18　金刚石试样内杂质 N 的含量[237]

试样	R201	R207	R208	I	IIa
N 原子数/cm³	1.5×10^{16}	9×10^{18}	3.5×10^{20}	1.7×10^{20}	$\sim1\times10^{19}$

IIa 的数据取自参考资料 235。

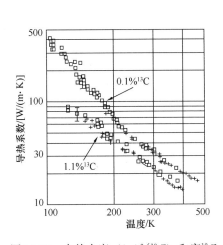

图 12-27　自然丰度（$1.1\%^{13}C$）和富^{12}C
金刚石的导热系数[239]

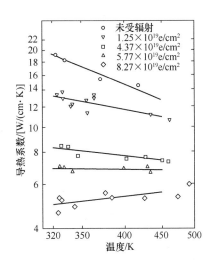

图 12-28　经不同剂量电子辐射的 IIa 型金刚石
在不同温度下的导热系数[240]

　　金刚石受辐照后因晶格内产生大量缺陷而导致导热系数下降。图 12-28 显示金刚石的导热系数随电子辐照剂量的增加而下降。在一定的高温下退火可部分消除因辐照生成的缺陷，从而使导热系数有所回升，这种效应在经受高剂量辐照的样品上更为明显。从图 12-28 可见，经受高剂量辐照的试样随测量温度的升高导热系数降低减少，甚至呈增大趋势，即是退火作用造成。表 12-19 给出多个经高能电子照射以及未经照射的 I 型、IIa 型和 IIb 型金刚石在 320K 和 450K 温度下的导热系数。

表 12-19　经高能电子照射以及未经照射的金刚石的导热系数[240]

编号	类型	未照射导热系数 /[W/(cm·K)]		电子能量 /MeV	总剂量 /(10^{19}e/cm²)	照射后导热系数 /[W/(cm·K)]	
		320K	450K			320K	450K
1	IIa	20.3	12.3	1.50	0.31	16.7	11.1
3	IIa	19.0	12.5	1.50	1.87	10.3	8.3
4	IIa	19.0	12.5	1.50	0.94	13.5	10.3
6	IIa	19.1	12.6	1.50	1.25	13.2	10.9
8	IIa	19.8	11.8	1.50	3.12	9.5	7.9
8	IIa	—	—	1.50	3.12	9.5	7.0
18	IIa	19.2	12.7	1.50	1.25	13.2	10.9
18	IIa	—	—	1.50	4.37	8.3	7.4
18	IIa	—	—	1.50	5.77	6.9	6.8

续表

编号	类型	未照射导热系数 /[W/(cm·K)]		电子能量 /MeV	总剂量 /(10^{19} e/cm²)	照射后导热系数 /[W/(cm·K)]	
18	Ⅱa	—	—	1.50	8.27	5.0	5.6
25	Ⅱa	19.4	12.5	1.50	2.50	9.8	8.5
48	Ⅱb	20.1	11.7	1.50	0.31	16.7	3.7
84	Ⅰ	8.3	6.3	1.50	3.12	3.5	3.7
86	Ⅰ	7.6	5.9	1.50	3.12	3.0	3.7
a，b	ⅡⅠa	19.0	12.7	0.90	2.50	12.4	9.9
c	Ⅱa	20.4	13.0	0.60	2.50	15.4	11.2
d	Ⅱa	19.6	11.9	0.60	5.31	11.5	9.5

金刚石是 100%共价键物质，因此其粉体集合体在常压下几乎不能烧结成致密体。同时由于金刚石的稀缺和昂贵，用陶瓷工艺制造金刚石陶瓷并不现实。当前被应用于各个技术领域的主要是基于 CVD 工艺的金刚石薄膜。

CVD 工艺制备金刚石薄膜所用的主要原料是高纯碳氢化合物气体和氢气，最常用的碳氢化合物是甲烷（CH_4），也可以用乙烷（C_2H_6）、丙烷（C_3H_8）、乙炔（C_2H_2），甚至甲醇（CH_3OH）、乙醇（C_2H_5OH）和丙酮（C_3H_6O）等。这些碳氢化合物在高温下分解出碳：

$$C_xH_y \Longrightarrow y/2H_2 + xC \tag{12-34}$$

由于在一般条件下石墨比金刚石更稳定，因此反应分解出的碳沉积到基体表面应该为石墨或无定型碳。然而，实际上在表面沉积的碳的晶形受表面能的控制。如果在反应气体中存在原子氢，它很容易同碳形成化学吸附。碳原子之间可能按 sp^3 键互相联结，形成金刚石结构，也可能像石墨结构那样按 sp^2 键互相联结，形成石墨结构。热力学计算表明[241]：具有 sp^3 键结构的碳原子簇化学吸附氢原子后形成的表面具有最低的表面能，而且当 sp^3 键结构的碳原子簇体积足够小时其稳定性也更高。因此在碳沉积过程中发生如下反应，生成金刚石：

$$H + C_2^{sp^2} \Longrightarrow HC_2^{sp^3} \tag{12-35}$$

式中 $C_2^{sp^2}$ 和 $C_2^{sp^3}$ 分别表示石墨和金刚石的晶格单胞，下标 2 表示每个单胞内有 2 个碳原子，上标分别表示石墨和金刚石中的化学键。随着沉积过程的继续进行，单胞上吸附的氢与环境中的原子氢结合生成氢分子，并形成新的一层金刚石碳层，该层表面仍旧需要吸附氢原子，以维持低的表面能：

$$HC_2^{sp^3} + H + 2C \Longrightarrow 2(C_2^{sp^3}) + H_2 \tag{12-36}$$

$$H + C_2^{sp^3} \Longrightarrow HC_2^{sp^3} \tag{12-37}$$

从上面的反应式可见，在金刚石的沉积过程中原子氢不断消耗，因此需要保证有足够的原子氢供应，否则新表面缺乏吸附氢原子，将导致表面能升高，从而不能生成金刚石，只能生成石墨或其他形式的碳层。图 12-29 给出当生成吸附原子氢的金刚石（111）面的自由能与生成石墨（0001）面的自由能相等时原子氢的活度随温度而变化的关系。在某一温度下如果原子氢的活度在图中给出的曲线之上，则表示吸附原子氢的金刚石（111）面的自由能低于石墨（0001）面的自由能。因此在这种温度和原子氢活度下能保证生成金刚石沉积层。

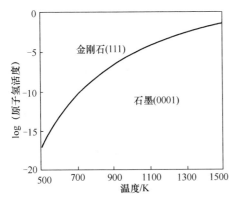

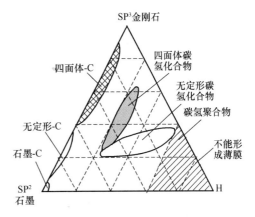

图 12-29　吸附原子氢的金刚石（111）面与石墨
　　（0001）面的自由能平衡图，图中原子氢
　　活度的量纲为 atm（大气压）[242]

图 12-30　不同键型的 C 和原子 H 的三元相图[243]

由上面的叙述可知原子氢在合成中起着重要作用，在沉积薄膜的温度下必须有充分的原子氢供应才能保证生成金刚石薄膜。然而原子氢的供应量也不能过分，从不同键型的 C 和原子 H 的三元相图（图 12-30）上可见：如果原子氢数量太大，则所得到的是碳氢化合物膜而不是金刚石膜，或者根本不能形成薄膜。通过分解氢气可获得原子氢，因此为了精确控制原子氢的供应量，一方面需要控制反应气体中氢气的浓度和氢气与碳氢化合物的比例，另一方面还需要提供足够的能量使氢气分解。提供能量的方式有高温加热、电磁场激发和激光激发等。沉积基体的组成、表面状态和温度对所制备的金刚石膜的质量有很大影响。立方 BN 同金刚石具有相同的晶体结构，化学键也极为相似，因此容易在其表面制备金刚石膜；反之，以 Co 作结合剂的 WC 硬质合金，由于金属钴对生成石墨起催化作用，因此在这种合金表面很难形成金刚石膜，必须事先用盐酸将表面的金属钴除去，再用金刚石粉末研磨经过酸腐蚀的表面，才能在其上形成金刚石膜。在光滑的表面上形成金刚石晶核的密度极低，以致难以形成连续的薄膜。通常需要用金刚石研磨粉对表面进行研磨，在表面形成许多细微的沟槽，促进金刚石晶核在这些沟槽的尖锐的边缘、棱角处生长。用金刚石研磨粉可在研磨的沟槽处留下具有 sp^3 键型的碳原子团，成为金刚石晶核的生成点，从而增大成核速度，如用其他磨料，则没有这种功效。基体表面形成晶核的密度同表面温度有关，温度过低不利于快速大量地形成晶核，但温度过高会导致晶粒生长速度过快而不均匀，造成在膜内留下许多空洞。通常基体表面的温度需控制在 600～1100℃，当温度超过 1200℃就会使金刚石向石墨转变。

制备金刚石薄膜的具体工艺包括热丝 CVD 工艺、等离子增强 CVD 工艺、晶体外延生长工艺、氧炔焰工艺等。

热丝 CVD 工艺制备金刚石薄膜的成本较低、设备简单，而且比较容易制备大面积薄膜和实现工业化生产。所用的原料有多种选择，如可以用甲烷和氢气，其中 CH$_4$ 的浓度为 2%～5%，也可以用丙酮和氢气，其中 C$_3$H$_6$O 的体积浓度为 0.5%。反应室压力保持在 3～4kPa。用可调脉冲电流通过钨丝或钽丝，形成 2000～2200℃高温使氢气分解产生原子氢。安放待沉积基体的工作台装备有加热和水冷系统，以便控制待沉积表面的温度保持在 700～1000℃。

图 12-31 为用微波等离子增强 CVD 在直径 3 英寸硅片上制备的 $3.61\mu m$ 厚金刚石膜表面的 SEM 图像。所用的微波等离子增强 CVD 设备的频率为 2.45MHz，功率 1.5kW。反应气体为纯度 99.999% 的氢气和甲烷，两者的流量比为 225：1，硅片置于用感应加热的工作台上，表面温度保持 720℃，反应腔压力为 2kPa[244]。

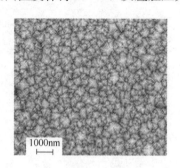

图 12-31　在硅片上沉积的金刚石
薄膜表面的显微结构[244]

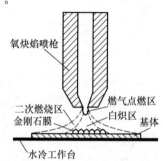

图 12-32　氧炔焰制备金刚石薄膜

电弧或氧炔焰产生的高温等离子体温度在 3000℃ 以上，足以使氢气分子分解成氢原子，这样可以直接在空气环境中制备金刚石膜。尤其是采用氧炔焰的工艺所要求的设备简单、便宜，而且沉积速度比前面介绍的几种工艺大 1～2 个数量级。该工艺存在的问题是乙炔消耗量很大，产率不高，并且膜的质量和均匀性不易控制。

图 12-32 表示用氧炔焰喷枪沉积金刚石膜的工艺。氧气和乙炔混合气体从喷枪口急速喷出，被周围的高温点燃，在喷口前形成一个很小的点燃区；当燃烧速度与燃气速度达到平衡，便进入白炽区，在该区进行如下反应：

$$C_2H_2 + O_2 === 2CO + H_2 \tag{12-38}$$

温度可达 3100℃。在该区的外围，周围空气流入帮助燃烧：

$$CO + H_2 + O_2 === CO_2 + H_2O \tag{12-39}$$

由于白炽区的高温可使一部分 H_2 分解成 H 原子，继而还原 CO 成碳：

$$CO + H_2 === C + H_2O \tag{12-40}$$

碳原子沉积到基体表面，并吸附 H 形成金刚石原子簇，开始金刚石的成核-生长过程。

氧炔焰制备金刚石膜需要一定的工艺条件，除必需的高温之外，O_2/C_2H_2 的流量比和沉积表面的温度非常重要，如图 12-33 所示。只有当 $O_2/C_2H_2 > 0.97$，表面温度在 600～900℃ 之间才有可能获得高质量的薄膜，而在更窄的范围内可得到透明的金刚石薄膜[245]。

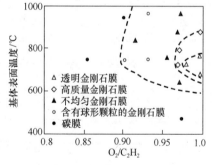

图 12-33　火焰法制备金刚石
膜的有效区域[245]

金刚石薄膜具有许多优异性能，如高硬度、高导热性以及全光学波段的透光性等，可用于制造耐磨涂层、热沉器件、光学窗口、高温半导体及声学、电子器件。

第13章 隔热陶瓷材料

隔热陶瓷是指能够阻碍热传导、减少热交换作用的陶瓷材料。隔热陶瓷也被许多人称为绝热陶瓷，然而现实中不存在能够将热交换完全杜绝的材料，因此，笔者认为用"隔热"取代"绝热"比较合理。作为隔热材料的导热系数一般至少应小于$1W/(m \cdot K)$，许多优质隔热材料的导热系数都远小于$0.1W/(m \cdot K)$。致密陶瓷材料在室温附近的本征导热系数绝大多数都大于$1W/(m \cdot K)$，因此这类材料不可能成为隔热材料。在第1篇第4章的第9节中指出，当陶瓷体内含有大量小孔隙，可以把通过固相传递的热流量降低到极小，从而使整个陶瓷/空气复合体的导热系数变得很小。因此，大多数隔热陶瓷是由陶瓷和空气组成的二相复合体，即多孔陶瓷。用于高于环境温度、防止热量向环境中发散损失的隔热材料通常称为保温材料，而用于低于环境温度、防止环境中热量流入设备中引起该设备内部温度上升的隔热材料则称为保冷材料。多数陶瓷材料具有耐高温的特性，因此大多数隔热陶瓷材料被用作保温材料。多数保冷材料由制造方便、价格相对低廉的有机泡沫材料制成。本章主要讨论用于隔热、保温场合的各种多孔陶瓷材料的导热特性和制备工艺技术。

第1节 用天然多孔原料制造的隔热材料

制造多孔隔热陶瓷的天然多孔原料主要有硅藻土、膨胀珍珠岩和膨胀蛭石等。

一、硅藻土保温砖

硅藻土是由古代硅藻遗体构成的一种硅质沉积岩，显微镜观察显示硅藻土内含有大量数十微米的硅质藻壳，每个藻壳中具有许多极细微的孔隙（图13-1），因此这种材料具有很低的导热系数。硅藻土的主要成分是蛋白石（非晶质含水硅酸），其次是黏土矿物（伊利石、水云母、黑云母等）、石英、长石和有机质。硅藻土中SiO_2通常占60%以上。优质硅藻土中SiO_2可达94%。表13-1列出了我国出产的几种硅藻土的化学成分和物理性能。

图13-1 硅藻土的形貌[246] 右下角为单个藻壳内的孔隙结构[247]

表13-1 硅藻土的化学成分和物理性能[246]

产地	SiO_2	Al_2O_3	Fe_2O_3	MgO	CaO	烧失量/%	松散密度/(g/cm³)	比表面积/(m²/g)	孔径/nm	气孔率/%
吉林	92.75	2.57	0.50	0.19	1.24	2.89	—	—	—	—
云南	84.56	3.77	0.56	0.49	0.46	—	0.41	3.43	50～30	≥65
山东	74.56	9.04	3.94	0.83	1.37	5.66				
浙江	64.80	16.40	2.31	—	—	5.98				

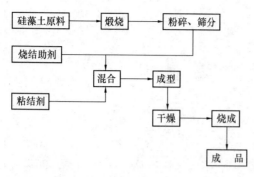

图 13-2　硅藻土保温砖的制造工艺

硅藻土受热到 50℃ 以上其内部含水硅酸中的水分开始挥发，到 500℃ 以上水分挥发殆尽，在由无定形氧化硅组成的硅藻壳内留下无数细小孔隙，在 1000℃ 以上无定形氧化硅开始向方石英转变，并有明显收缩。硅藻土开始发生烧结的温度取决于纯度，纯的硅藻土到 1300℃ 以上才开始烧结，而含有较多杂质的硅藻土在 800℃ 就开始烧结。

由于硅藻土制品的耐热特性和烧结温度在很大程度上取决于所用硅藻土的纯度和杂质的成分及含量，制造硅藻土保温砖所用的硅藻土原料要求其中 SiO_2 含量高于 70%，密度为 0.2～0.3 g/cm^3。硅藻土保温砖用可塑法成型，整个制造工艺流程如图 13-2。如果硅藻土内含有一定数量的黏土，则硅藻土细粉加水混合均匀后即具有足够的可塑性，所成型的素坯也具有足够的强度，不用另加结合剂。如用较纯的硅藻土，则需要另外加入黏土作结合剂。素坯经过干燥后在 900～1100℃ 下烧成。烧成温度随硅藻土内杂质的种类和数量而异。对于较纯的硅藻土可加入适量 CaO 作为烧结助剂和矿化剂，以降低烧结温度，并促使 SiO_2 转化成鳞石英，以便提高砖的耐热性能和降低重烧收缩。一般硅藻土砖的烧成温度如果超过 1100℃，会使其中的 SiO_2 转化成方石英，这种砖在使用时再被加热到 230℃ 会发生 β 方石英向 α-方石英的转变，伴随有 2.8% 的体积膨胀，容易造成砖体破坏。鳞石英在 150～300℃ 温度区间发生的晶型转化仅产生 0.2% 的体积变化，因此将硅藻土内的 SiO_2 转化成鳞石英能够提高砖体的体积稳定性。但是如果硅藻土内含有较多的铝、铁等杂质，烧成时产生的液相能促进方石英的生成，而不能形成鳞石英。

一般硅藻土保温砖的最高使用温度不超过 1000℃，但一些高纯度、高质量硅藻土砖可以使用到 1200℃。表 13-2 列出了一些硅藻土砖的主要性能。硅藻土制品的热膨胀系数为 (0.90～0.97)×10^{-6}，耐火度为 1280℃ [248]。

表 13-2　硅藻土保温砖级别和主要性能

级　别	GG-0.7a	GG-0.7b	GG-0.6	GG-0.5a	GG-0.5b	GG-0.4
容重/（g/cm^3）	≤ 0.7	≤ 0.7	≤ 0.6	≤ 0.5	≤ 0.5	≤ 0.4
导热系数/［W/（m·K）］（300±10）℃	≤ 0.20	≤ 0.21	≤ 0.17	≤ 0.15	≤ 0.16	≤ 0.13
抗压强度/MPa	≥ 2.5	≥ 1.2	≥ 8	≥ 8	≥ 6	≥ 8
保温 8h 线性变化≤2% 的温度 / ℃	900	900	900	900	900	900

二、膨胀蛭石及其制品

蛭石是一种含水的镁铝硅酸盐次生变质矿物，由黑（金）云母经水热质变或风化作用形成。蛭石的化学式可写成 $Mg_x(H_2O)_4\{(Mg,Fe)_{3-x}[(Al_{1-y},Fe_y)Si_3O_{10}](OH)_2\}$，其理论化学组成为 SiO_2：36.71%，MgO：24.62%，Al_2O_3：14.15%，Fe_2O_3：4.43%，H_2O：20.9%。蛭石属单斜晶系，其晶体结构中二层硅（铝）氧四面体通过水化镁氧八面体或水化铝氧八面体联结成双四面体层。各双四面体层之间通过水分子以氢键与四面体层的桥氧相连，层间水分子彼此又以弱的氢键相互连接，部分水分子围绕层间 Mg 离子形成配位八面体，成为水合络合离子 $[Mg(H_2O)_6]$，并在结构中占有固定的位置，另外尚有部分水分子呈游离状态。Fe 作为杂质可取代 Al 进入铝氧四面体或铝氧八面体中，而层间的 Mg 离子也有可能部分被 Ca 离子取代。

蛭石加热至 110℃时大约有一半的层间水脱失，剩余的水 400℃以下脱除，以 $(OH)^-$ 形式存在的结构水在 500～850℃之间脱失。如果将经过预热的蛭石迅速投入 1000℃高温中，其层间水迅速蒸发气化，产生巨大膨胀压力使蛭石的隔层分开，造成 20～30 倍的巨大体积膨胀，原来致密的蛭石颗粒（图 13-3 的左图）变成具有明显层状开裂的酥松颗粒（图 13-3 的中图），即所谓的膨胀蛭石。其密度从加热前的 2.3～2.8g/cm³，降低至＜0.5 g/cm³。图 13-3 的右图是放大 5000 倍的扫描电镜图像，从图可见膨胀蛭石内具有大量缝隙和细微的小孔隙。膨胀蛭石的这种大量细小薄层孔隙结构导致其具有很低的导热系数〔0.05～0.07W/ (m·K)〕。根据我国建材行业标准 JC/T 441—2009，将膨胀蛭石按照颗粒级配分为 5 类，每一个类别中按照性能指标分为三个级别，对它们的技术要求列于表 13-3 中。

图 13-3　左：未经煅烧的蛭石外观；中：经煅烧膨胀的蛭石外观；右：放大 5000 倍后显示层间分离结构
（左、中图来自商品广告，右图来自文献 249）

表 13-3　JC/T 441—2009 规定的膨胀蛭石的分级和技术指标

等级	优等品	一级品	合格品
体积密度 /（g/cm³）	0.1	0.2	0.3
含水率/ %	≤ 3	≤ 3	≤ 3
导热系数 /〔W/ (m·K)〕	0.062	0.078	0.095

按照颗粒级配的分类									
1		2		3		4		5	
筛孔 / mm	累计筛余 /%	筛孔 / mm	累计筛余 /%	筛孔 / mm	累计筛余 /%	筛孔 / mm	累计筛余 /%	筛孔 / mm	累计筛余 /%
10	30～80	10	10	5	0～10	2.5	0～10	1.25	0～5
2.5	80～100	1.25	90～100	2.5	40～90			0.25	60～90
—	—	—	—	0.63	90～100	0.25	90～100	0.16	90～100

膨胀蛭石颗粒较大，每个颗粒充满开裂的细小薄层，强度很低。因此膨胀蛭石比较适合以填充料的形式来隔热保温。然而也可以将膨胀蛭石颗粒同适量的水泥、水玻璃或沥青等结合剂混合，采用轻压或震动成型，再经过烘烤做成块状、管状定型制品。不过在运输和安装过程中这些制品比较容易损坏，并扬起粉尘。膨胀蛭石的定型制品受压后变形很大，因此不宜用于承重结构。建材行业标准 JC/T 442—2009 规定了在 −40～800℃温度范围内使用的各种形状的水泥膨胀蛭石制品的分类和技术要求。各类膨胀蛭石制品的技术性能分别列于表 13-4、13-5 和 13-6 中。

表 13-4　石棉硅藻土水玻璃蛭石制品的技术性能[248]

性　能	数值	性　能	数值
体积密度 / (g/cm³)	≤0.4	耐压强度 / MPa	0.39
导热系数 / [W/ (m·K)]	0.10	最高使用温度 / ℃	<900

表 13-5　水泥膨胀蛭石制品的技术性能[248]

性　能		指　标		
体积配比/ %	水泥	9	15	20
	蛭石	91	85	80
体积密度 / (g/cm³)		0.30	0.40	0.55
耐压强度 / MPa		0.2	0.52	0.113
常温导热系数/ [W/ (m·K)]		0.076	0.087	0.110
导热系数方程/ [W/ (m·℃)]		$(0.076 \sim 0.110) + 0.00020T$		
含水率 / %		≤20		
24h 质量吸水率 / %		≥90		
最高使用温度 / ℃		<600		
尺寸允许误差 /mm		长度：±5		
		宽度：±3		
		厚度：−1，+3		
		内径：2～9		

表 13-6　水玻璃膨胀蛭石制品的技术性能[248]

性　能	指　标			
体积密度 / (g/cm³)	0.30	0.35	0.40	0.45
耐压强度 / MPa	0.34	0.54	0.64	0.83
常温导热系数 / [W/ (m·K)]	0.079	0.081	0.084	0.093
导热系数方程 / [W/ (m·℃)]	$(0.079 \sim 0.093) + 0.00020T$			
含水率 / %	≤2			
最高使用温度 / ℃	<900			
尺寸允许误差 / mm	长度：±5			
	宽度：±3			
	厚度：−1，+3			
	内径：2～9			

　　蛭石的熔点因其化学成分不同而异，大致为 1370～1400℃，因此作为保温材料的膨胀蛭石本身的最高使用温度可达 1200℃。因受所用结合剂的影响，膨胀蛭石定型制品的最高使用温度往往不超过 1150℃。膨胀蛭石在−30℃的低温下仍旧保持强度不变，也无任何变形，并且经受多次冻融交替也不会破坏，因此可作为保冷材料用于低温设备和冷库中。

　　三、膨胀珍珠岩及其制品

　　珍珠岩是火山喷发出的酸性熔融岩浆遇水急剧冷却，熔融体黏度迅速增高，大量水蒸气来不及从岩浆内逸散而保留在内部，形成一种玻璃质岩石。珍珠岩矿包括珍珠岩、黑曜岩和松脂岩。三者的区别在于珍珠岩具有熔岩冷凝时形成的圆弧形裂纹（称珍珠岩结构），形如无数珍珠聚结在一起而得名，其含水量2%～6%；松脂岩具有独特的松脂光泽，含水量6%～10%；黑曜岩具有玻璃光泽与贝壳状断口，含水量一般小于2%。珍珠岩的密度为2.2～2.4g/cm³，耐火度为1280～1360℃，化学成分见表13-7。

表13-7　珍珠岩的化学成分[155]　　　　　　单位：质量分数/%

产地	SiO₂	Al₂O₃	MnO	Fe₂O₃	CaO	MgO	K₂O	Na₂O	H₂O⁺	烧失量
河北	72.79	12.40	0.03	2.04	0.77	0.36	3.12	3.90		4.18
辽宁	70.72	12.82	0.10	2.17	0.90	0.56	3.54	3.58		5.58
日本	75.88	13.51	0.03	1.25	0.28	0.04	4.16	3.08	0.95	
美国	69.8	14.7	—	2.1	1.5	1.1	4.0	2.8	4.0	

　　膨胀珍珠岩就是将珍珠岩破碎、筛分成一定的颗粒大小，迅速通过1100～1300℃高温区，使其达到玻璃软化温度，内部的水分迅速蒸发、气化，爆发出巨大压力，使颗粒的体积急剧膨胀，内部形成蜂窝状结构（图13-4）。普通的膨胀珍珠岩颗粒内的气孔有相当大的一部分为与外界相通的开口气孔［图13-5（a）］。这种材料的导热系数虽然很小，但大量开口气孔使材料的吸水、吸湿能力极强，从而影响其工艺性能和施工性能和在潮湿环境中的应用性能。如果采用电炉加热，精确控

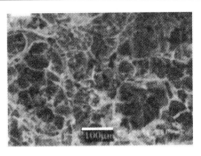

图13-4　膨胀珍珠岩内部的
蜂窝状结构[250]

制炉温和炉内温度分布，实现对珍珠岩颗粒的梯度加热和滞空时间的精确控制，使颗粒表面熔融，膨胀气体通向外部的气孔被熔融体封闭，而内部仍保持蜂窝状结构，这样形成表面致密光滑的形状不规则的颗粒，这种产品称为闭孔膨胀珍珠岩。在干燥环境中上述两种产品本身的导热系数差别很小，但在潮湿环境中前者的导热系数明显大于后者。而且由于闭孔膨胀珍珠岩吸水率小，在成型或施工时用水量大大减少，而干燥时间大大缩短。此外还有一种称为膨胀玻化微珠的产品，这是以松脂岩为原料，利用与制造闭孔膨胀珍珠岩相类似的工艺制造所得的一种表面玻化封闭、光泽平滑的细粒径球状颗粒体［图13-5（b）］，它的各项技术性能优于前面所述的两种膨胀珍珠岩产品。这三类产品的性能列于表13-8中。

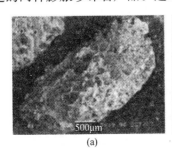
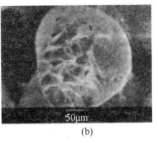

(a)　　　　　　　　　　　　　(b)

图13-5　（a）膨胀珍珠岩颗粒；（b）膨胀玻化微珠，部分表面损坏，可看到内部蜂窝结构[250]

表 13-8　开口、闭口膨胀珍珠岩以及膨胀玻化微珠的性能[251]

性　能	开口膨胀珍珠岩	闭口膨胀珍珠岩	膨胀玻化微珠
密度/（g/cm³）	0.070～0.250	0.120～0.200	0.050～0.120
导热系数/［W/（m·K）］	0.047～0.074	0.045～0.058	0.028～0.054
吸水率/%	480～360	84～38	50～20
漂浮率/%	＜80	＞90	＞98
1MPa 压力下体积损失率/%	76～80	35～65	30～60

建材行业标准 JC/T 209—1992 规定了膨胀珍珠岩的分类和技术要求，按照堆积密度大小，将膨胀珍珠岩分为 5 个标号，每个标号内又根据其物理性能分成优等品、一等品和合格品 3 个等级，见表 13-9。

表 13-9　JC/T 209—1992 规定的膨胀珍珠岩的分类和技术要求

标号	堆积密度最大值/（kg/m³）	质量含水量最大值/%	粒度/%				导热系数最大值/［W/（m·K）］		
			5mm孔筛余量	0.15mm孔最大通过量			(25±5)℃		
			所有	优等品	一级品	合格品	优等品	一级品	合格品
70	70	2	2	2	4	6	0.047	0.049	0.051
100	100	2	2	2	4	6	0.052	0.054	0.056
150	150	2	2	2	4	6	0.058	0.060	0.062
200	200	2	2	2	4	6	0.064	0.066	0.068
250	250	2	2	2	4	6	0.070	0.072	0.074

表 13-10　膨胀珍珠岩定型制品的配比和性能[248]

结　合　剂	425♯水泥	水玻璃	磷酸盐	沥　青
珍珠岩容重/（g/cm³）	0.08～0.15	0.06～0.15	0.06～0.09	0.08～0.12
结合剂:珍珠岩（体积比）	1:（10～14）	1:（1.3～1）	1:（18～22）	1:（10～12）
压缩比	1.6～1.8	1.8～2.2	2～2.5	1.8～2.0
烘干容重/（g/cm³）	0.3～0.4	0.2～0.3	0.2～0.25	0.4～0.5
吸湿率*/%	0.87～1.55（24h）	17～23（湿度＞93%，20d）		
吸水率/%	110～130（24h）	120～180（96h）		
导热系数/［W/（m·K）］	0.058～0.087	0.056～0.065	0.044～0.052	0.070～0.081
耐压强度/MPa	0.49～0.98	0.59～1.18	0.49～0.98	0.69～0.98
最高使用温度/℃	≤600	600～650	1000	

表 13-11 GB/T 10303—2009 规定膨胀珍珠岩制品的技术性能要求

项　目		性　能　要　求				
标号		200		250		350
产品等级		优等品	合格品	优等品	合格品	合格品
体积密度/（kg/m³）		≤200		≤250		≤350
导热系数 [W·(m·K)⁻¹]	（298±2）K	≤0.060	≤0.068	≤0.068	≤0.072	≤0.087
	（623±2）K 仅对 S 类适用	≤0.10	≤0.11	≤0.11	≤0.12	≤0.12
抗压强度/ MPa		≥0.40	≥0.30	≥0.50	≥0.40	≥0.40
抗折强度/ MPa		≥0.20	—	≥0.25	—	—
质量含水率/ ％		≤2	≤5	≤2	≤5	≤10
S 类 623K 烧成线收缩率		< 2％				
憎水率/ ％（憎水型适用）		> 98				

上述各种膨胀珍珠岩产品可以直接作填充料使用，也可以同水泥或其他结合剂，如水玻璃、磷酸或黏土等混合后经成型、烘干，做成定型制品。膨胀珍珠岩本身作为保温材料的最高使用温度为 1000℃，作为保冷材料的最低温度为－200℃。表 13-10 列出用不同结合剂制造的膨胀珍珠岩定型产品的配比和性能。

国家标准 GB/T 10303—2009 规定膨胀珍珠岩制品根据其有无憎水特性分为憎水型和普通型两种类型，每种类型又按照制品密度分为 200、250、350 三个标号。此外，根据制品用途还分成两类：建筑用膨胀珍珠岩隔热制品（用 J 表示）和设备、管道及工业窑炉用膨胀珍珠岩隔热制品（用 S 表示）。各个标号的制品的技术性能要求见表 13-11。

第 2 节　轻质多孔耐火材料

天然多孔原料虽然具有良好的隔热性能，但是它们的熔点不高，因此大多数只能在 1000℃以下使用，少数可达 1000℃以上，但一般不会超过 1200℃。此外有一些用天然多孔原料制成的隔热制品的强度不高。为了适应高温下的隔热保温场合的需要和具有足够的强度，开发出许多人造多孔陶瓷/耐火材料。其中以各种耐火材料为原料的多孔定型耐火材料统称为轻质耐火材料，大量应用于各种隔热保温场合。轻质耐火砖的材质有多种体系，包括黏土系、高铝系、氧化铝系、莫来石系、氧化硅系、钙长石系、氧化镁系、氧化锆系、碳化硅系等。获得轻质多孔结构的技术方法主要有在原料内加入可燃物、发泡剂，以及采用人造多孔骨料颗粒等。

在原料中加入可燃物，在烧成时分布在素坯内的可燃物颗粒受热燃烧，产生气体排出，在砖内留下许多气孔，这种方法称为可燃法。常用的可燃物有软木屑、木炭粉、无烟煤粉、焦炭粉、木素粉等。可燃物的性状和加入量对所制造的轻质耐火砖的性能有很大影响。素坯内可燃物量越多，烧成后的体积密度越小，两者呈线性关系，而可燃物的种类对此没有明显的影响。可燃物的加入量对烧成收缩有显著影响：每一种可燃物都有一个极限加入量，当加入量超过此值，随着可燃物加入量的增加，烧成收缩剧烈增大，而在极限值之下，烧成收缩随可燃物加入量的增加而缓慢变化［图 13-6（a）］，从图可见，对于软木屑、无烟煤、气化焦，极限值分别为 70%、50%～60%、53%。不同的可燃物在耐火原料中的分散均匀性不同，如木屑同黏土泥浆能够较好地混合，但稻壳在黏土泥浆中分散性不好，因此添加前者制造的轻质黏土砖的强度显著高于用后者做可燃添加物的轻质黏土砖。不同可燃物在素坯内完全燃烧的程度不同：木屑、纸屑、炭粉等在素坯内能够完全燃烧，而煤粉不容易达到完全燃烧，经常会在坯体内残留未烧尽的焦炭，从而影响轻质耐火砖的体积密度和强度。图 13-6（b）给出几种添加不同可燃物的轻质黏土砖的密度与强度的关系。可燃物的粒度大小以及粒度分布对制品性能也有很大影响。加入大粒度可燃物，最终在轻质砖内留下大的孔隙，使其体积密度变小，但强度也较低，同时大气孔不利于降低导热系数；反之，加入小粒度可燃物可获得相反的效果，然而大量细小的可燃物不容易同耐火原料混合均匀，如果减少加入量，则最终砖体的密度变高，导热系数也可能增大。理想的可燃物颗粒应该具有大小颗粒合理的粒径分布，能够形成密堆积骨架，耐火原料颗粒可以填充在这个骨架的孔隙内，当可燃物燃烧干净后，形成耐火材料的蜂窝状结构。图 13-7 给出添加具有不同粒度分布的褐煤的黏土砖的密度和强度。

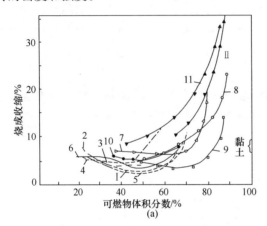
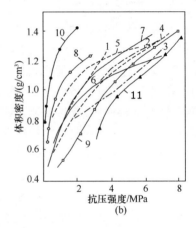

图 13-6　不同可燃物对轻质黏土砖烧成收缩（a）和密度-强度（b）的影响[155]

1—烟煤；2—粉煤；3—长烟煤；4—石油焦；5—气化焦；6—石墨；7—锯末；8—泥煤；

9—软木屑；10—稻壳；11—纸

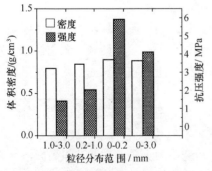

图 13-7　不同粒径的褐煤对黏土砖密度、
强度的影响

（此图根据资料 155 中数据绘制）

不同的成型工艺需要采用不同的可燃添加物。木屑（锯末）和木炭粉常被用于可塑法成型，木屑的加入会降低可塑性，并使泥料产生较大的弹性和烧成收缩，导致制品变形。木炭粉则无木屑的缺点，但它不易烧尽，为了帮助炭粉完全燃烧，可在炭粉中混入木屑，比例大致为木屑：炭粉=1：（5～7），木屑需要通过 3mm 筛孔，而炭粉通过 1.5～2.5mm 筛孔。煤粉、焦炭粉和木素粉适合于半干压成型，其中木素粉燃烧彻底，在泥浆中分散性好，也可用于泥浆成型。

添加可燃物的素坯在烧成时应注意气氛的控

制。可燃物的完全燃烧需要充足的氧气，木屑在450℃就会分解出可燃气体，开始燃烧，而炭粉和煤粉开始燃烧的温度较高，需要到600℃左右。任何含碳物质在缺氧环境中当温度达到900℃以上会逐渐致密化，使氧化燃烧速度大大减慢。因此，为了保证素坯内可燃物完全燃烧，不残留固体碳在坯体内部，在烧成时400~1100℃升温区间保持高度富氧气氛，并控制升温速度，以便让可燃物有足够时间氧化烧尽。

用可燃法制造轻质黏土砖的工艺流程如图13-8所示。耐火原料包括黏土熟料和可塑黏土两部分，要求原料中Al_2O_3含量30%~46%。可燃物由木炭粉和锯末屑组成。各种原料的配比列于表13-12中。准确称取出的各种原料先在轮辗机内干混，再送入双辊搅拌机同水及结合剂一起混练成泥团，经过一定时间困料，均化水分后送入挤泥机制成泥坯。可以直接将泥坯切割成砖坯，也可以将泥坯放到模具中压制成所要求形状的制品素坯。混练泥料时所加水量根据所用黏土的特性和可燃物加入量而定，一般在25%~35%。常用的结合剂有纸浆废液和糊精水溶液等。制品的烧成温度为1250~1350℃，在400~1100℃区间必须保持强氧化气氛，使可燃物完全燃烧。

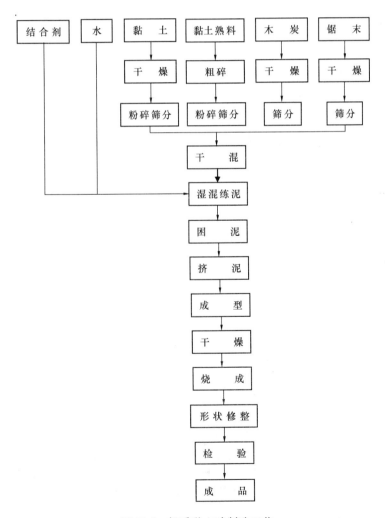

图13-8 轻质黏土砖制造工艺

表 13-12　轻质黏土砖配方组成[252]

熟　料	黏　土	可燃物
65%～80%颗粒>0.54mm	70%以上颗粒<0.5mm	锯末：木炭 = 1：（5～7）
15%～25%	30%～40%	30%～45%

　　在耐火原料构成的泥浆中制造大量气泡，形成固-液-气三相均匀混合物，用这种混合物注入模具内，并使之固化形成含有大量气泡的耐火材料素坯，这种工艺方法称为泡沫法。该法有两个关键，即制备高固相含量、具有良好流动性的耐火材料泥浆，制备稳定的气-液两相泡沫。对于泥浆制备问题已在本篇第 9 章内讨论过。这里介绍稳定泡沫的制备。

　　稳定泡沫的制备主要靠表面活性剂，泡沫法制造轻质耐火材料工艺中最常用的造泡表面活性剂是松香皂，其他尚有戊酮、明胶、蛋白、干酪胶等，但松香皂的效果最好。松香皂的制作方法如下：按质量比称取松香 31%、氢氧化钠 6.1%、水 62.9%，搅拌加热到 70～90℃，进行皂化反应，生成松香酸钠即松香皂。如在皂化过程中加入适量甲醛或苯酚＋硫酸，可形成大分子发泡剂，所制得的泡沫孔径细小，稳定性好。一般的松香皂在使用时需要加入一定量的木胶、石膏或明矾作泡沫稳定剂。另外，加入硫酸铝可将松香皂内的钠离子置换成铝离子，降低素坯内 Na_2O 的含量，其化学过程如下式所示：

$$\text{(松香皂结构)} + Al_2(SO_4)_3 \Longrightarrow \text{(铝皂结构)} + 1/2\,Na_2SO_4 \tag{13-1}$$

　　图 13-9 为制造轻质高铝砖的工艺流程。以松香皂：水＝ 1：4 的质量比投入打泡机，再加入适量木胶＋明矾，经强力搅拌形成容重为 $0.4～0.06\text{g/cm}^3$ 的泡沫备用。按照质量比高

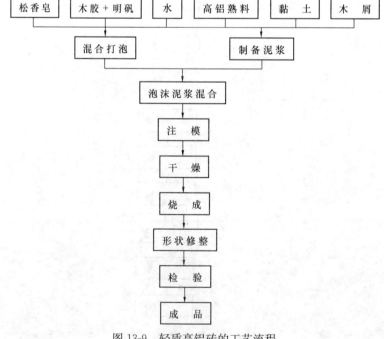

图 13-9　轻质高铝砖的工艺流程

铝熟料：黏土：水＝6：4：(2.4~2.7)配制泥浆，其中熟料颗粒应小于0.2mm。为了增大泥浆的稠度和有利于素坯干燥，再加入固相质量3%~5%的木屑。泥浆同泡沫在慢速搅拌机中混合，两者的质量比为泥浆：泡沫＝1：(0.25~1.5)，同时控制整个泡沫泥浆中的水分在35%~37%之间。把泡沫泥浆注入钢模后，应防止剧烈震动，否则会在素坯内生成大气泡，并使熟料颗粒下沉。素坯连同模具一起在40℃左右温度下保持18~20h进行固化、干燥，然后出模，把素坯放入80~90℃干燥箱内干燥2~3d。经过干燥的素坯放入窑烧成，烧成温度应根据所用的原料而定，一般在1300~1350℃。由于砖内含有大量气孔，经高温烧成后砖体会有较大变形，需要用各种工具对其形状和尺寸进行修正，以达到产品的要求。

上述两种工艺也可以用于制造轻质氧化铝砖、轻质莫来石砖、轻质硅砖等其他材质体系的隔热保温材料，但烧成温度需要根据具体材料进行调整。

根据国家标准GB 3994—2005的规定，将轻质黏土隔热砖按照其体积密度分成7个牌号，它们的性能指标列于表13-13中。根据国家标准GB 3995—2006的规定，将轻质高铝隔热砖分为低铁高铝质隔热耐火砖和普通高铝质隔热耐火砖两大类，对每类又按照其体积密度分成6个牌号，它们的性能指标列于表13-14和3-15中。根据冶金行业标准YB/T 386—1994的规定，将轻质硅质隔热砖按照其体积密度分成4个牌号，它们的性能指标列于表13-16中。高温莫来石隔热耐火砖的性能指标、氧化铝隔热耐火砖的性能指标、钙长石轻质隔热耐火砖的性能指标、氧化锆轻质隔热耐火砖的性能指标以及碳化硅轻质隔热耐火砖的性能指标分别列于表13-17、表13-18、表13-19、表13-20和表13-21中。

表 13-13 国家标准 GB 3994—2005 规定的黏土质隔热耐火砖的技术要求

指 标	NG135-1.3	NG135-1.2	NG135-1.1	NG130-1.0	NG125-0.8	NG120-0.6	NG115-0.4
体积密度/(g/cm³)	≤ 1.3	≤ 1.2	≤ 1.1	≤ 1.0	≤ 0.8	≤ 0.6	≤ 0.4
常温耐压强度/MPa	≥ 5.0	≥ 4.5	≥ 4.0	≥ 3.5	≥ 3.0	≥ 2.0	≥ 1.0
加热线变化≤1%的温度/℃	≥ 1350	≥ 1350	≥ 1350	≥ 1300	≥ 1250	≥ 1200	≥ 1150
平均温度(350±25)℃导热系数/[W/(m·K)]	≤ 0.55	≤ 0.50	≤ 0.45	≤ 0.40	≤ 0.35	≤ 0.25	≤ 0.20

表 13-14 国家标准 GB 3995—2006 规定的低铁高铝质隔热耐火砖的技术要求

指 标	DLG180-1.5	DLG170-1.3	DLG160-1.0	DLG150-0.8	DLG140-0.7	DLG125-0.5
Al₂O₃/%	≥ 90	≥ 72	≥ 60	≥ 55	≥ 50	≥ 48
Fe₂O₃/%	≤ 1.0					
体积密度/(g/cm³)	≤ 1.5	≤ 1.3	≤ 1.0	≤ 0.8	≤ 0.7	≤ 0.5
常温耐压强度/MPa	≥ 9.5	≥ 5.0	≥ 3.0	≥ 2.5	≥ 2.0	≥ 1.5
加热线变化≤1%的温度/℃	1800	1700	1600	1500	≤ 2%的温度 1400	≤ 2%的温度 1250
平均温度(350±25)℃导热系数/[W/(m·K)]	≤ 0.80	≤ 0.60	≤ 0.40	≤ 0.35	≤ 0.30	≤ 0.20

表 13-15　国家标准 GB 3995—2006 规定的普通高铝质隔热耐火砖的技术要求

指　　标	LG140-1.2	LG140-1.0	LG140-0.8	LG135-0.7	LG135-0.6	LG125-0.5
Al_2O_3/%	$\geqslant$48					
Fe_2O_3/%	$\leqslant$2.0					
体积密度/(g/cm³)	$\leqslant$1.2	$\leqslant$1.0	$\leqslant$0.8	$\leqslant$0.7	$\leqslant$0.6	$\leqslant$0.5
常温耐压强度/MPa	$\geqslant$4.5	$\geqslant$4.0	$\geqslant$3.0	$\geqslant$2.5	$\geqslant$2.0	$\geqslant$1.5
加热线变化$\leqslant$2%的温度/ ℃	1400			1350		1250
平均温度(350±25)℃导热系数/[W/(m·K)]	$\leqslant$0.55	$\leqslant$0.50	$\leqslant$0.35	$\leqslant$0.30	$\leqslant$0.25	$\leqslant$0.20

表 13-16　冶金行业标准 YB/T 386—1994 规定的轻质硅质隔热耐火砖的技术要求

指　　标		GGR-1.00	GGR-1.10	GGR-1.15	GGR-1.20
SiO_2/%		$\geqslant$91	$\geqslant$91	$\geqslant$91	$\geqslant$91
体积密度/(g/cm³)		$\geqslant$1.00	$\geqslant$1.10	$\geqslant$1.15	$\geqslant$1.20
常温耐压强度/ MPa		$\geqslant$2.0	$\geqslant$3.0	$\geqslant$5.0	$\geqslant$5.0
重烧线性变化	1550℃/2h	—	—	$\leqslant$0.5	$\leqslant$0.5
	1450℃/2h	$\leqslant$0.5	$\leqslant$0.5	—	—
0.1MPa 下荷重软化开始温度/ ℃		$\geqslant$1400	$\geqslant$1420	$\geqslant$1500	$\geqslant$1520
(350±25)℃下导热系数/[W/(m·K)]		$\leqslant$0.55	$\leqslant$0.60	$\leqslant$0.65	$\leqslant$0.70

表 13-17　高温莫来石隔热耐火砖的性能[253]

指　　标	MJ-1400-0.6	MJ-1400-0.8	MJ-1400-1.0	MJ-1500-0.6	MJ-1500-0.8	MJ-1500-1.0
Al_2O_3/%	$\geqslant$50	$\geqslant$50	$\geqslant$50	$\geqslant$68	$\geqslant$68	$\geqslant$68
Fe_2O_3/%	$\leqslant$1.0			$\leqslant$0.8		
体积密度/(g/cm³)	$\leqslant$0.6	$\leqslant$0.8	$\leqslant$1.0	$\leqslant$0.6	$\leqslant$0.8	$\leqslant$1.0
常温耐压强度/MPa	1.96	3.92	7.84	1.96	3.92	7.84
荷重软化开始温度/ ℃	1300	1350	1400	1350	1400	1450
耐火度/ ℃	1750	1750	1750	1790	1790	1790
1400℃重烧线性变化/ %	<1.0	<0.8	<0.8	<1.0	<1.0	<1.0
350 ℃下导热系数/[W/(m·K)]	0.26			0.27		

表 13-18　氧化铝隔热耐火砖的性能[253]

Al_2O_3含量/ W%	90.2~91.6	1000℃导热系数/[W/(m·K)]	0.6~0.8
体积密度/(g/cm³)	1.2	0.1MPa 下荷重软化开始温度/ ℃	1530~1590
常温耐压强度/ MPa	8~10	抗热震性(1000℃◄►空冷次数)	$\geqslant$50
1000℃/3h重烧线性变化/ %	0.01~0.03		

表 13-19 钙长石轻质隔热耐火砖的性能[155]

产 地		美国	美国	日本	日本	中国	中国
化学组成/%	Al_2O_3	30	39	—	—	38.9	54
	SiO_2	44	44	—	—	44.5	43
	CaO	15.4	16.0	—	—	11.7	3.0
	Fe_2O_3	0.4	0.4	0.7	0.7	0.7	0.5
体积密度/(g/cm³)		0.465	0.496	0.47	0.51	0.50	0.50
抗压强度/MPa		0.75	1.00	0.8	1.0	1.1	3.5
抗折强度/MPa		0.75	0.96	0.7	0.9	1.0	—
重烧线性收缩率/%		0 (1066℃)	0 (1230℃)	0.04 (1200℃)	0.05 (1300℃)	—	< 2 (1450℃)
导热系数/[W/(m·K)]	350℃	—	—	0.15	0.16	—	0.15
	264℃	—	—	—	—	0.12	—
最高使用温度/℃		1100	1260	1200	1300	—	1400

表 13-20 轻质氧化锆隔热耐火砖的性能[248]

指标	编号	1	2	3	4
成分/%	ZrO_2	90	—	—	85.4
	CaO	8	—	—	9.86
体积密度/(g/cm³)		2.61~2.66	1.00~1.35	1.62~1.72	1.90
显气孔率/%		50	75~85	65~70	64
高温收缩率/%	1800℃	0.1~0.6	—	—	—
	1600℃	—	0.15	0.1	—
抗压强度/MPa		23.0~42.7	8.8~12.7	11.8~13.7	11.3
荷重软化开始温度/℃		1340~1420/0.2MPa	1450/0.1MPa	>1580/0.1MPa	—
导热系数[W/(m·K)]	1200℃	0.73~0.81	—	0.34	—
	90℃	—	—		0.51

表 13-21 轻质碳化硅隔热耐火砖的性能[248]

焦炭加入量/%		30	40	20	20
体积密度/(g/cm³)		1.43	1.16	0.30~1.05	0.31~1.00
显气孔率/%		48.6	57.5	63~90	61~85
荷重软化开始温度/℃		1600/0.1MPa	1630/0.1MPa	1540~1560	1620~1660
导热系数/[W/(m·K)]	1000℃	—	—	0.31	0.83
	800℃	1.63	0.93	—	—
抗压强度/MPa		4.12	1.57	1.47~8.83	0.98~13.24
热稳定性（空冷次数）		9	10	6~10	11~20
热膨胀系数×10⁶/K⁻¹	20~1200℃	6	6	—	—
	1000℃	—	—	0.27	0.27

需要指出：钙长石轻质隔热耐火砖并非直接用现成的钙长石原料来制造，因为在自然界中很

少存在纯的钙长石矿。钙长石与钠长石可以形成连续的固溶体，在自然界钙长石通常与钠长石共生或混入一些其他碱金属或碱土金属硅酸盐。因此需要通过人工合成钙长石来制造隔热材料。

钙长石属三斜晶系，理论密度为 2.76 g/cm³，化学式可写成 $CaAl_2Si_2O_8$，各组分的理论含量为 CaO：20.1%，Al_2O_3：36.7%，SiO_2：43.2%。激光法测定钙长石陶瓷的室温导热系数（修正到100%理论密度）为 1.503W/(m·K)[254]，熔点为1550℃。制造钙长石的主要原料有高岭土、叶蜡石、蓝晶石、黏土熟料等作为铝和硅的来源，而用碳酸钙、石膏作为钙的来源，有时还用氧化铝或氢氧化铝来调节或补充配料中铝的含量。并可加入铝酸钙水泥，既作为铝和钙的来源，又作为成型的凝固剂和结合剂。在原料中加入一部分（大约10%～15%）黏土熟料的主要作用是降低多孔材料的烧成收缩。既可以用泡沫法，也可以用可燃法来制造钙长石轻质隔热砖。钙长石还可以同莫来石复合制成钙长石-莫来石复合轻质隔热材料，这种材料比纯钙长石轻质砖有更高的荷重软化温度。

按照钙长石的化学计量及所用原料的化学成分，计算各出各种原料的用量，经过充分混合（如用可燃法工艺，则将可燃物加入原料后再混合）。如用泡沫法工艺，则将混合好的原料与事先制备的泡沫混合，成型后经过干燥，再送入窑炉内烧成。合成钙长石的开始温度大约在1100℃到1350℃可全部完成。因此钙长石隔热砖的烧成温度为1300～1400℃。在原料内添加少量（<1%）助烧剂（ZnO、CaF_2 等）可降低烧成温度。

钙长石轻质隔热砖的使用温度一般不高于1350℃，如果砖中氧化铝含量高、玻璃相数量少或莫来石-钙长石复合隔热砖，则可以在1400～1450℃下使用。钙长石轻质隔热材料能够承受还原介质的作用，并具有良好的抗热震性和抗剥落性，因此广泛应用于炼铁热风炉、机械工业的渗碳炉、石油化工的乙烯裂解炉、制氢、加氢炉、碳黑炉、石灰窑、煤气和电力工业的循环流化床等设备的隔热保温。

微孔六铝酸钙是20世纪90年代由德国材料专家开发并由美国铝公司（Alcoa）大量生产的一种耐高温、低导热耐火骨料，目前被广泛用于钢铁、石化、玻璃、陶瓷等工业以及其他工程技术的高温设备上。六铝酸钙（CaO·6Al_2O_3，简写成 CA_6）本身是一种耐高温铝酸盐，其中含 CaO8.4%、$Al_2O_3$91.6%。从相图可知它在1830℃发生转熔，生成刚玉和铝酸钙液相[255]。微孔 CA_6 骨料以 Al_2O_3 和 $CaCO_3$ 或 Ca(OH)$_2$ 为原料，通过1500℃左右烧结合成、破碎、筛分等一系列步骤制成。微孔 CA_6 骨料是主要由薄片状 CA_6 晶体及少量二铝酸钙（CA_2）和 α-Al_2O_3 构成的团聚体，在团聚体内片状晶体互相交叉构成许多空隙（图13-10）。通常按照其颗粒大小分为 6～3mm、3～1mm、1～0mm 等几个等级。

图13-10　微孔 CA_6 骨料中片状 CA_6 晶粒

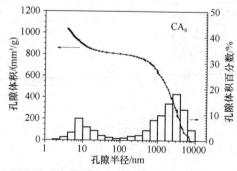

图13-11　微孔 CA_6 骨料中孔隙半径分布

图 13-11 为用压汞测孔仪测定的粒度为 3～1mm 的微孔 CA_6 颗粒中的孔隙半径分布。从图 13-11 可知大部分孔隙的直径在 1.4～14μm 之间，另外有少部分纳米孔，其直径在 8～80nm。根据 CA_6 的理论密度（3.78g/cm³）和图 13-11 中给出的总的孔隙体积，可计算出 CA_6 骨料颗粒的体积孔隙率和体积密度分别为 80.6％和 0.7 g/cm³。微孔 CA_6 颗粒内含有如此大量的微米和纳米级孔隙，在高温下对红外辐射产生很大的散射作用，因此其高温导热系数很小。图 13-12 为牌号 SLA-92 的微孔 CA_6 同一些商品隔热材料的导热系数比较，从图可见在高温下（＞1200℃）微孔 CA_6 的导热系数远低于常用的轻质黏土砖和氧化铝空心球砖，甚至还略优于陶瓷纤维材料。表 13-22 列出微孔 CA_6 骨料（SLA-92）的一些基本性能。

微孔 CA_6 骨料适合于制造耐高温隔热浇注料，其使用温度可达 1600℃以上。表 13-23 列出三种微孔六铝酸钙隔热浇注料的配比和制备工艺，表 13-24 给出这三种浇注料的性能。

表 13-22 微孔 CA_6 骨料(SLA-92)的基本性能[256]

	Al₂O₃	92.5～93.5
	CaO	6～7
化学成分 /％	Na₂O	0.2～0.4
	SiO₂	0.05～0.07
	Fe₂O₃	0.03～0.04
	MgO	0.05～0.30
体积密度/(g/cm³)		0.65～0.8
导热系数 /[W/(m·K)]	25℃	0.15
	1400℃	0.50

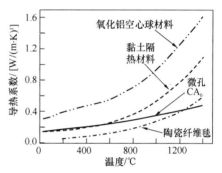

图 13-12 微孔 CA_6 和其他隔热材料的导热系数比较[256]

表 13-23 微孔 CA_6 浇注料试样的配比和工艺[257]

编 号		MIX-16/1	P9	P14
化学成分/％	Al₂O₃	88.4	88.7	86.2
	CaO	10.4	8.1	8.3
	Na₂O	0.54	1.40	2.02
	P₂O₅	0.01	1.26	2.77
	Fe₂O₃	0.05	0.04	0.04
	SiO₂	0.11	0.11	0.14
	MgO	0.51	0.45	0.54
微孔 CA_6 骨料（SLA-92）/％（质量）		70	93	80
氢氧化铝 /％（质量）		—	—	5
铝酸钙水泥 /％（质量）		30	5	10
磷酸钠 /％（质量）		—	2	5
表面活性剂（外加）/％（质量）		1.0	1.0	0.5
0.5％ 纤维素水溶液（外加）/％（质量）		60±10	60±10	60±10
成型方式		震动成型 30～60s，在模具内凝固 24h 后出模		
干燥方式		室温/ 90%湿度下 24h，再在 110℃干燥 24h		
烧成温度/保温时间 / ℃,h		1500 / 5		

表 13-24　几种微孔 CA₆ 浇注料的性能[257]

性　　能		MIX-16/1	P9	P14
体积密度/（g·cm⁻³）	110℃	1.10	0.97	0.95
	250℃	—	0.97	1.07
	450℃	—	0.98	1.06
	1000℃	1.02	0.99	0.93
	1500℃	1.03	0.97	0.92
抗折强度/ MPa	110℃	0.8	0.5	0.7
	250℃	1.5	0.4	0.6
	450℃	0.6	0.6	0.5
	1000℃	0.5	0.7	0.6
	1500℃	0.7~1.9	0.3~0.8	0.5~0.7
抗压强度/MPa	110℃	5.0	1.1	6.7
	250℃	4.3	1.6	4.7
	450℃	4.7	1.9	4.3
	1000℃	4.1	1.9	1.0
	1500℃	7.6	3.4	1.9
重烧线变化率/%	110℃	0	0	0
	250℃	0	0	−0.09
	450℃	0	0	+0.04
	1000℃	0	0	0
	1400℃	−0.06	+0.27	+0.09
	1500℃	−0.68	+0.26	+0.17

第 3 节　陶 瓷 空 心 球

　　利用陶瓷空心球构建成的材料具有很高的气孔率，因此其常温下的导热系数很小，但在高温下由于辐射传热的增强，导热系数变大。根据式 4-76 可知，减小空心球的直径可按比例地减小热辐射对导热系数的贡献，因此用于高温场合的隔热材料应该选用直径小的陶瓷空心球。当前用来制造隔热材料的陶瓷空心球主要有粉煤灰漂珠、膨化玻璃微珠、氧化铝空心球和氧化锆空心球四种，膨化玻璃微珠已经在本章第 1 节中讨论过，本节主要讨论其余三种。

　　一、粉煤灰漂珠

　　粉煤灰漂珠是燃煤锅炉内煤粉在燃烧后其中无机物（主要是 Al_2O_3 和 SiO_2）在高温火焰中熔化、随烟气向外排出的过程中凝固形成的玻璃质中空球状体。粉煤灰中一般含 50%～80% 的空心玻璃微珠，其中直径为 0.3～200μm 的占总量 20%。空心微珠按其密度可分为沉珠（密度＞1g/cm³）与漂珠（密度＜1g/cm³）两种。漂珠的壁厚大致为 1－5μm，而沉珠的壁厚较大，强度比漂珠高。漂珠的主要化学成分为 50%～65% SiO_2、25%～35% Al_2O_3，

此外尚含有少量 Fe_2O_3、CaO 和 TiO_2。沉珠中 SiO_2 和 Al_2O_3 含量比漂珠低，而其他杂质含量比漂珠高。漂珠空腔内所包含的气体主要是 $15\%\sim41\%N_2$ 及 $58\%\sim85\%CO_2$。漂珠的容重为 $0.3\sim0.7g/cm^3$，耐火度可达 $1600\sim1700℃$，莫氏硬度为 $6\sim7$，静压强度可达 $70\sim140MPa$。因此用漂珠制造的隔热材料的性能比膨胀珍珠岩、硅藻土、膨胀蛭石等材料优越。表 13-25 列出国内外一些粉煤灰漂珠的性能。

表 13-25 粉煤灰漂珠的一般性能[155]

性	能	中国济宁	美 国	英 国	波 兰
化学成分/%	SiO_2	58.50	59.5	55.0	$49.5\sim61.0$
	Al_2O_3	34.06	30.0	26.0	$26.0\sim30.0$
	Fe_2O_3	2.30	3.4	9.9	$4.2\sim10.8$
	CaO	1.65	0.9	3.5	$0.2\sim4.5$
	MgO	1.08	0.3	1.6	$1.1\sim1.6$
	R_2O	2.01	4.4	4.0	$0.54\sim6.0$
	TiO_2	0.7	1.5	—	—
	烧失量	0.3	—	—	—
体积密度 / (g/cm³)		0.37		0.3	$0.3\sim0.4$
导热系数 /[W/(m·K)]	500℃	0.123			
	1000℃	0.159		0.10	
	1100℃	0.168			
耐火度 / ℃		1690			

漂珠可以用来制造定型隔热耐火材料，也可以作为浇注料的一种原料，还可以制造轻质隔热混凝土。制造定型隔热材料需要在漂珠中加入结合剂，如耐火水泥、磷酸铝、硫酸铝、水玻璃等，通常还需加入一定量的黏土、耐火熟料和有机粘结剂以调节成型性能并提高耐火度。有些场合还加入可燃物进一步提高制品的气孔率。成型工艺大多采用压制成型或震动成型。素坯经干燥后根据所用的结合剂的特性，送入窑炉内，在一定温度下煅烧。以磷酸铝或黏土作结合剂的素坯煅烧温度较高，大致为 $1100\sim1200℃$，而用水玻璃的素坯的煅烧温度不超过 900℃，以耐火水泥做结合剂的通常只需经过高于室温下的养护。表 13-26 列出了三种以粉煤灰漂珠为原料的轻质隔热砖的性能。

表 13-26 漂珠轻质隔热砖的性能[155]

漂 珠 来 源		平顶山电厂	济宁电厂	南昌电厂
化学成分/%	SiO_2	50.84	53.00	58.10
	Al_2O_3	40.21	36.42	29.80
	Fe_2O_3		1.80	2.90
	CaO		1.96	
	MgO		0.22	
体积密度/ (g/cm³)		0.60	0.40	0.78
气孔率/%		—	84	47

续表

漂 珠 来 源		平顶山电厂	济宁电厂	南昌电厂
抗压强度/MPa		5.7	1.8	8.2
荷重软化开始温度/℃		—	1130	1130
耐火度/℃		1650	1610	1630
导热系数/ [W/ (m·K)]	380℃	—	0.16	—
	500℃	0.18	—	0.25
	1000℃	—	—	0.32

二、氧化物陶瓷空心球

目前大量生产并广泛用来制造耐高温隔热材料的陶瓷空心球主要有两种，即氧化铝空心球和氧化锆空心球。这两种空心球都采用熔融喷吹工艺进行工业化大量生产。工艺和所用设备类似陶瓷纤维的熔融喷丝工艺（见本篇第 10 章第 6 节）。由于氧化铝和氧化锆的熔点均在 2000℃ 以上，因此需要用大功率高温电弧炉熔化原料。熔融体被 0.6～0.8MPa 的高压空气流粉碎成为小液滴，如果熔融体的黏度足够低，而表面张力足够大，则微小液滴在表面张力的作用下收缩成球体。如果熔融体的表面张力不够大，则可能被气流拉伸成细丝（纤维）。成为球体的液滴受到其外部高速气流漩涡的负压作用，体积发生一定程度的膨胀，从而在液滴内部产生空洞，同时液滴的外表面首先被冷却凝固成固体，其内部的熔融体随后冷凝并伴随体积收缩，由于球体外表面已经凝固不可能变更其几何尺寸，只能使内部液体向球壁收缩，进一步扩大球体内的空心结构。从上面的分析可知，具有黏度对温度的变化率大的熔融体有利于形成空心球。氧化铝和氧化锆的熔融体的表面张力和黏度的特征就符合形成空心球的要求，因此，只要保证熔融体具有足够高的温度，就很容易被高速空气流吹成空心球，并且气流速度越高，形成的空心球的直径越小。

纯氧化铝制成的空心球壁比较薄，在混合和成型空心球制品时容易发生球体破碎，为此，可在氧化铝内加入少量 SiO_2 或 Fe_2O_3、TiO_2 等氧化物，以增大空心球壁的厚度，从而提高球的强度。图 13-13 显示 Al_2O_3 空心球中 SiO_2 含量对球体抗压强度的影响。从图 13-13 可见，SiO_2 含量在 0.1%～0.2% 之间的氧化铝空心球的强度最低，当 SiO_2 超过 0.2% 后增大球内 SiO_2 含量可增高强度。然而如果 SiO_2 含量高达 10% 以上，则会明显降低熔融体的表面张力，并使黏度对温度的变化率变小，这样的熔融体容易被吹成纤维而不能形成空心球。

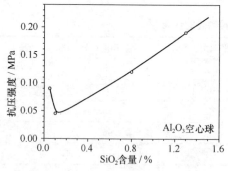

图 13-13　Al_2O_3 空心球中 SiO_2 含量
对球体抗压强度的影响[155]

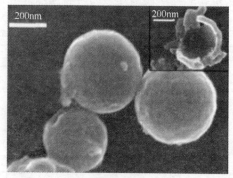

图 13-14　模板法制备的纳米氧化铝空心球
右上角显示球壁厚度[258]

氧化锆空心球的制备工艺包括将 ZrO_2 粉同作为稳定剂的 CaO 或 CaO＋MgO 混合，稳定剂的加入量通常为 4%～7%，混合均匀后压制成团块，在大功率电弧炉内熔化，保持熔融体的温度足够高（＞2600℃）以保证熔融体有良好的流动性从喷口流出，并被高速气流吹成为小液滴。

表 13-27 列出几种用熔融喷吹工艺生产的氧化铝空心球和氧化锆空心球的化学成分和物理性能。空心球的直径 0.2～5.0mm，不同生产厂商有各自的粒度分级标准，但直径大于 5mm 的空心球通常不用于制造隔热材料，因为无论在制造定型或不定型隔热材料时大的空心球容易被磨损、破碎，而且大孔径材料在高温下辐射传热强烈，降低隔热性能。

除熔融喷吹法之外，还有其他许多方法也可以制备氧化铝和氧化锆空心球以及其他陶瓷空心球，如模板法、喷雾热解法、喷雾造粒-烧结法等。模板法是利用直径为数百纳米的有机物球体（一般用碳球）做模板，将它们同铝盐或锆盐溶液混合，使溶液中金属离子吸附在碳球表面，经过过滤、干燥和在氧化气氛中煅烧得到氧化物空心球。图 13-14 以胶体碳球为模板、硝酸铝的乙醇溶液为铝源、经过在氧气中 550℃ 煅烧的纳米无定形氧化铝空心球[258]。从图 13-14 可见，球的直径为 350～400nm、壁厚约 50nm。这种工艺目前尚处在研究阶段，而且生产成本极高，迄今为止也未见有被应用于隔热材料制造中的报道。

表 13-27　氧化铝和氧化锆空心球的物化性能

材　　质		氧化铝	氧化铝（美国）	氧化锆	氧化锆
化学成分/%	Al_2O_3	99.2	99.2	0.4～0.7	≤0.3
	SiO_2	0.7	0.60	0.5～0.8	≤0.2
	Fe_2O_3	—	0.02	—	≤0.25
	Na_2O	—	0.15	—	—
	CaO	—	0.01	3～6	—
	Y_2O_3	—	—	—	4～5/8～10
	ZrO_2	—	—	92～97	98.5*
	其他	0.1	0.02	—	—
相组成		刚玉	刚玉	立方	四方/立方
填充密度 /（g/cm³）		0.5～0.8	0.59	1.6～3.0	—
真密度/（g/cm³）		3.94	—	6.0	5.9～6.1
粒度/ mm		—	3.35～0.85	—	5.0～0.2
熔点 / ℃		2040	—	2550	—
导热系数/[W/(m·K)]	1000℃			0.3	
	1100℃	<0.465			
最高使用温度/ ℃		<2000		2430	2200

* $ZrO_2＋Y_2O_3$ 的总量。

喷雾热解法是将一定浓度的金属盐类水溶液通过喷嘴雾化成微小液滴，喷入一高温区，液滴中的水分蒸发，进而发生热分解，最终成为氧化物颗粒。为了形成空心球形颗粒，需要选用具有低饱和浓度、并具有负的浓度温度系数（即温度升高溶解度降低）的盐类。当这种溶液的液滴进入高温区，液滴外表面因温度升高而首先析出固相形成一层外壳，其尺寸不再变动，随着液滴内部水分的蒸发,在其中央出现空洞。图 13-15 为用 1mol/L 醋酸锆水溶液经喷雾热分解得到的无定形氧化锆空心球形颗粒[120]。从图 13-15 可见,球体直径为 5~2μm,球壁厚度大约为 0.5μm。用这种工艺制造的陶瓷空心球直径很难超过 100μm,尺寸过大就会形成不规则形状的颗粒,而且球形颗粒的强度不高,很容易在制造隔热材料的工艺过程中被破碎。

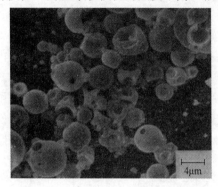

图13-15 喷雾热解法制备的氧化锆空心球[120]

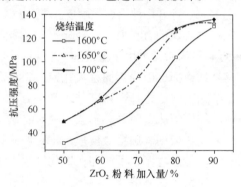

图 13-16 氧化锆空心球材料的抗压强度同所加 ZrO_2 细粉数量的关系[260]

喷雾造粒-烧结法即以陶瓷粉料为原料,先配制成泥浆,利用喷雾干燥器制成球形颗粒。为了调节颗粒内部的孔隙率,可在泥浆中添加一定数量的造孔剂(如炭粉、有机物微球等),也可以利用粉料本身的颗粒级配特性,不添加任何造孔剂。然后将球形颗粒高温烧结,得到多孔的陶瓷球。为了制造直径数毫米的多孔球,需要使用搅拌成球机。在一面不断搅拌、一面喷入结合剂溶液的状态下,将含有造孔剂的陶瓷粉料团聚成小球体。表 13-28 为用烧结法制造的莫来石多孔球与熔融喷吹法制造的氧化铝空心球的性能比较。从表 13-28 中可见,烧结法制备的莫来石多孔球的孔隙率大致同熔融喷吹法制造的氧化铝空心球相当,但前者的强度明显高于后者。

表 13-28 烧结莫来石多孔球与熔融喷吹氧化铝空心球的性能比较[155]

粒径 / mm	3.0~5.0		1.5~3.0		0.5~1.5	
材质	莫来石	氧化铝	莫来石	氧化铝	莫来石	氧化铝
有缺陷球/ %	13	40	17	25	25	30
球形度/ %	93	55	87	61	81	56
填充密度/ (g/cm³)	0.64	0.73	0.72	0.83	0.78	0.82
总气孔率/ %	61	63	59	61	53	64
耐冲击性=冲击后残存好球数/总球数	0.80	0.78	0.83	0.75	0.89	0.68

陶瓷空心球可以直接作为高温设备的隔热填充料,也可以制成定形隔热耐火制品或不定型隔热浇注料。由于陶瓷空心球本身几乎无烧结性,因此,无论是定形制品还是作为浇注料,都需要将一定级配的空心球同一定数量的作为高温结合剂的陶瓷细粉混合。

氧化铝空心球常用的高温结合剂有 α-Al_2O_3 细粉(形成氧化铝结合的氧化铝空心球制品)、氧化硅粉+黏土或硅线石或氧化铝粉(形成莫来石结合的氧化铝空心球制品)、黏土+氧化硅或氮化硅粉(在氮气中高温烧成形成 SIALON 结合的氧化铝空心球制品)。氧化铝结合的氧化铝空心球材料纯度高,耐火度也高,但抗热震性较差,强度也不高。莫来石结合的氧化铝空心球材料和SIALON结合的氧化铝空心球材料的抗热震性好、强度也高,但耐火度不如纯氧化铝空心球材料。此外,还可以在氧化铝结合的氧化铝空心球配料中加入3%～5%的工业磷酸或磷酸铝溶液,经振动成型后在900℃下煅烧,形成磷酸铝结合相,这种材料的抗压强度可达11MPa,荷重软化温度超过1700℃。定形氧化铝空心球制品中空心球同作为高温结合剂的细粉的质量比大致为(60～70):(40～30)。空心球的粒度按照粗、细球数量多、中间尺寸球数量少的原则设计级配比例,同时混合球料的堆积密度控制在0.7～0.9g/cm³。制品的烧成温度因结合剂而异,莫来石结合的烧成温度大致为1500～1600℃,纯氧化铝结合的烧成温度至少1700℃。

氧化锆空心球定形制品的制造工艺与上述相仿,以稳定氧化锆细粉(<10μm)或单斜氧化锆细粉加4%～6%CaO(粒度同前)作为高温结合剂,也可以用稳定氧化锆细粉及磷酸作结合剂。空心球同氧化锆细粉的质量比例为(60～80):(40～20),烧成温度大致为1700℃或更高。制品的强度同所加入的氧化锆细粉量有关,如图13-16所示。表13-29给出几种氧化铝空心球和氧化锆空心球定形制品的性能。

用氧化铝空心球制备浇注料,常加入纯铝酸钙水泥作为常温和中温结合剂,加入量在15%左右,同时加入一定量的氧化铝细粉,此外可加入3%～5%的氧化硅微粉以改善浇注料的流动性并帮助提高中温强度。所有细粉的总量保持在30%左右,以保证空心球的数量达到70%。也可以在氧化铝空心球和氧化铝细粉的混合料中加入10%左右的磷酸铝溶液、用铝酸钙水泥(外加3%～5%)作为凝固剂来配制浇注料,这种浇注料的耐高温性能优于前面的用铝酸钙水泥做结合剂的浇注料。氧化锆空心球浇注料中以直径5～0.2mm的氧化锆空心球为骨料和稳定氧化锆细粉为原料,两者比例为(70～80):(40～20),用磷酸或磷酸盐水溶液做结合剂,电熔氧化镁粉或铝酸钙水泥做凝固剂。

表13-29 几种氧化铝空心球和氧化锆空心球定形制品的性能[155, 259]

制品种类		氧化铝空心球制品				氧化锆空心球制品
		纯度88%	高纯	SIALON结合	莫来石结合[259]	
化学成分/%	Al₂O₃	≥88	≥99	≥70	90.33	—
	SiO₂				7.2	≤0.2
	Fe₂O₃	≤0.3	≤0.15	氮含量≥5	0.64	≤0.2
	ZrO₂+稳定剂	—	—	—	—	≥98
体积密度/(g/cm³)		1.30~1.45	1.45~1.65	≤1.5	1.29	≤3.0
气孔率/%					64.3	
抗压强度/MPa		10	9	15	11.9	8
荷重软化开始温度/℃		1650	1700	1700	—	1700
1600℃/3h重烧线变化/%		±0.3	±0.3		—	±0.2
热膨胀系数/K⁻¹(室温~1300℃)		8×10⁻⁶	8.3×10⁻⁶			
导热系数/[W/(m·K)](测量温度/℃)		<0.9 (800)	<1.0 (800)	<1.1 (1000)		<0.5 (800)
1100℃↔水冷次数			≥	≥5	>20	
最高使用温度/℃		1650	1800	1600	—	2000~2200

第 4 节　微孔硅酸钙

微孔硅酸钙隔热材料可分为低温型和高温型两种。这两种类型材料除了化学成分都属于硅酸钙之外，其具体的化学组成、晶型组成和显微结构都不相同。根据国家标准 GB/T 10699—1998，在低温型（Ⅰ型）和高温型（Ⅱ型）中按照产品的密度又分成几个牌号，各个牌号的主要物理性能分别列于表 13-30 和 13-31 中。

低温型微孔硅酸钙隔热材料的最高工作温度为 650℃，主要成分是雪钙石，亦称托贝莫来石（tobermorite），其分子式可写为 5CaO·6SiO$_2$·5H$_2$O，材料的实际化学组成除 CaO、SiO$_2$、H$_2$O 之外还有从原料中带入的 Al$_2$O$_3$ 和 Fe$_2$O$_3$。高温型微孔硅酸钙隔热材料由硬硅钙石（xonotlite）组成，分子式可写为 6CaO·6SiO$_2$·H$_2$O，最高工作温度可达 1000℃。

低温型微孔硅酸钙材料的典型的化学成分列于表 13-32。所用原料包括硅质原料、钙质原料、水和增强纤维四大部分。表中所列的 Al$_2$O$_3$ 和 Fe$_2$O$_3$ 是杂质，主要由硅质原料引入。硅质原料主要有硅藻土、石英粉、沸石等，钙质原料主要是生石灰。增强纤维用中碱或耐碱玻璃纤维，同时添加少量木质或棉质纸浆以帮助玻璃纤维在料浆内均匀分散。早期曾用石棉作为增强纤维，但是自从发现石棉纤维对人体有害之后已禁止添加石棉纤维。

表 13-30　低温型（Ⅰ型）微孔硅酸钙隔热材料的性能（摘自 GB/T 10699—1998）

牌　号			170	220	270
体积密度/（kg/m³）			≤170	≤220	≤270
质量含湿率/%			≤7.5	≤7.5	≤7.5
抗压强度/MPa			≥0.40	≥0.50	≥0.50
抗折强度/MPa			≥0.20	≥0.30	≥0.30
导热系数/[W/（m·K）]	平均温度	100℃	≤0.058	≤0.065	≤0.065
		200℃	≤0.069	≤0.075	≤0.075
		300℃	≤0.081	≤0.087	≤0.087
		400℃	≤0.095	≤0.100	≤0.100
		500℃	≤0.112	≤0.115	≤0.115
		600℃	≤0.130	≤0.130	≤0.130
最高使用温度下	最高温度/℃		650	650	650
	线收缩率/%		≤2.0	≤2.0	≤2.0
	剩余抗压强度/MPa		≥0.32	≥0.40	≥0.40
	开裂情况		无贯穿裂纹	无贯穿裂纹	无贯穿裂纹

表 13-31　高温型（Ⅱ型）微孔硅酸钙隔热材料的性能（摘自 GB/T 10699—1998）

牌　号	140	170	220	270
体积密度/（kg/m³）	≤140	≤170	≤220	≤270
质量含湿率/%	≤7.5	≤7.5	≤7.5	≤7.5
抗压强度/MPa	≥0.40	≥0.40	≥0.50	≥0.50

续表

牌 号		140	170	220	270
抗折强度/MPa		≥0.20	≥0.20	≥0.30	≥0.30
导热系数/[W/(m·K)]	100℃	≤0.058	≤0.058	≤0.065	≤0.065
	200℃	≤0.069	≤0.069	≤0.075	≤0.075
	300℃	≤0.081	≤0.081	≤0.087	≤0.087
	400℃	≤0.095	≤0.095	≤0.100	≤0.100
	500℃	≤0.112	≤0.112	≤0.115	≤0.115
	600℃	≤0.130	≤0.130	≤0.130	≤0.130
最高使用温度下	最高温度/℃	1000	1000	1000	1000
	线收缩率/%	≤2.0	≤2.0	≤2.0	≤2.0
	剩余抗压强度/MPa	≥0.32	≥0.32	≥0.40	≥0.40
	开裂情况	无裂纹	无裂纹	无裂纹	无裂纹

（"导热系数"栏第二列表头为"平均温度"）

表 13-32　低温型（Ⅰ型）微孔硅酸钙隔热材料的典型化学组成

成分	CaO	SiO_2	Al_2O_3	Fe_2O_3	H_2O
质量/%	30～32	35～37	7～9	1.5～2.5	17～19

低温型（Ⅰ型）微孔硅酸钙隔热材料的制造工艺流程如图 13-17 所示。生石灰经加水消化后形成石灰浆（氢氧化钙浆），用筛网过滤除去其中大颗粒杂质（主要是不能水化的碳酸钙），再同一定数量的硅藻土（或石英粉、沸石）、水玻璃（模数为 2.4～3.3）以及定长玻璃纤维/纸浆搅拌混合。所用的硅藻土内 SiO_2 含量应＞65%、180 目筛余＜10%。加入水玻璃的作用是促进硅藻土同氢氧化钙在 120℃ 左右进行溶胶-凝胶反应，生成水合硅酸钙凝胶（CSH），并且有利于压滤成型。添加到料浆中的玻璃纤维直径＜20μm、长度 1～2cm。玻璃纤维/纸浆的加入总量为料浆质量的 2%～5%，其中玻璃纤维:纸浆约为 10:1。经过加热凝胶化后的料浆送入用金属滤板做成的压滤模具内，以大致 1～3MPa 压力排除料浆内多余的水分并形成湿坯，然后送入蒸压釜内，在温度 180～190℃、压力 1.0～1.3MPa 下进行水热反应，将 CSH 转化成针状雪钙石晶体。完成水热反应后从蒸压釜出来的坯体内仍旧含有

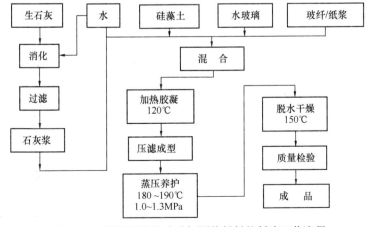

图 13-17　低温型微孔硅酸钙隔热材料的制造工艺流程

大量水分，须在干燥室内脱水，干燥室的入口温度在 150℃左右，出口温度大约为 50℃。经过干燥脱水后这种低温型微孔硅酸钙隔热材料的显微结构如图 13-18 所示，内部含有大量气孔，固相部分主要是针状雪钙石晶体。

图 13-18　低温型微孔硅酸钙隔热材料的显微结构　图 13-19　高温型微孔硅酸钙隔热材料的显微结构

高温型微孔硅酸钙材料由硬硅钙石晶体 [$Ca_6Si_6O_{17}(OH)_2$] 组成，硬硅钙石在 1100℃左右发生分解脱出结晶水，转变成硅灰石：

$$Ca_6Si_6O_{17}(OH)_2 \Longrightarrow 6CaSiO_3 + H_2O \qquad (13-1)$$

因此，高温型微孔硅酸钙的工作温度不可能超过 1100℃，通常将这种材料的最高工作温度定为 1000℃。图 13-19 为这种材料的显微结构，从图可见，材料由大小不等的球形团聚体构成，每个球形团聚体内包含许多硬硅钙石针状晶体以及由针状晶体围成的大量孔隙，这种显微结构可以使材料的气孔率高达到 90% 以上，同时保持相当高的强度和刚性。

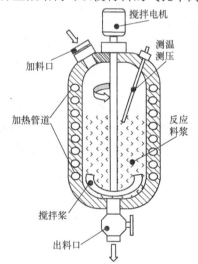

图 13-20　动态水热反应釜

为了使硬硅钙石晶体形成球形团聚体结构，需要采用所谓动态水热合成技术，即把作为原料的氧化硅、氢氧化钙和水放在带有搅拌装置的水热反应釜（图 13-20），在高温高压下不断搅拌，形成球形团聚体。在一定温度和压力下 SiO_2 和 $Ca(OH)_2$ 溶入水中并发生反应，首先生成半晶态 C-S-H（Ⅱ）（水化硅酸钙），随着温度的升高，再转化为 C-S-H（Ⅰ）絮箔状的半晶态凝胶。温度进一步升高，则结晶为雪钙石 [$Ca_5Si_6O_{12}(OH)_{10}$]，最后由雪钙石转化为硬硅钙石 [$Ca_6Si_6O_{17}(OH)_2$]。当反应釜内料浆的温度低于 110℃时，SiO_2 在水中的溶解度很小，为了保证固相颗粒在液相中悬浮并促进传热和传质，须保持高速搅拌。温度高于 110℃时，氧化硅的溶解度增大，生成大量箔状 C-S-H 凝胶。并随着温度的升高，在 C-S-H 凝胶中生成晶核，进而先形成雪钙石针状晶体，当温度超过 180℃后，随着更多的 Ca 离子参加反应，逐渐转变成针状的硬硅钙石晶体，在 220℃左右全部转变成硬硅钙石。

在动态水热反应釜中，料浆在旋转的搅拌叶的驱动下产生大量尺度大小不同的涡流（漩涡）。在水热合成过程的开始阶段生成的絮箔状 C-S-H 凝胶内部具有大量水分，能够很好地随涡流一起运动。由于漩涡内外存在速度梯度，C-S-H 凝胶在速度梯度的作用下，表面受到

图 13-20 标注：搅拌电机　测温测压　加料口　加热管道　反应料浆　搅拌桨　出料口

剪切力矩 M 的作用[261]：

$$M = 4\pi\mu d_{p}^3 \left| \frac{du}{dy} \right| (1 - 0.0384Re_{s})^{3/2} \tag{13-2}$$

式中搅拌雷诺数为：

$$Re_{s} = \rho \left| \frac{du}{dy} \right| \cdot d_{p}^2 / \mu \tag{13-3}$$

速度梯度：

$$\left| \frac{du}{dy} \right| = \frac{D\pi N/60}{D/2} = \frac{\pi N}{30} \tag{13-4}$$

式中 μ 为浆料的黏度，d_p 为团聚体直径，ρ 为浆料的密度，D 为旋转直径，N 为转速。C-S-H 凝胶在上述剪切力矩的作用下，由絮片状被卷成为球形颗粒。所形成的球状团聚体大小同最小漩涡的尺寸相关，最小漩涡直径小，则团聚体的直径也小。另一方面，剪切力矩越大，包卷成球的作用力越大，所形成的球体小而紧密，反之则球大而疏松。最小漩涡尺寸同搅拌速度有关，因此通过控制搅拌速度可控制最终硬硅钙石球形团聚体的直径。图 13-21 是通过实验得到的动态水热合成中硬硅钙石团聚体的直径随搅拌速度减小而增大的数据。由大的球形团聚体构成的微孔硅酸钙隔热材料具有很低的密度和极低的导热系数，同时又具有较高的强度，因此，制造高质量硬硅钙石型隔热材料时，希望合成具有大的球形团聚体的硬硅钙石料浆。

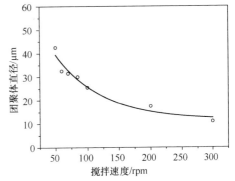

图 13-21 动态水热合成中不同搅拌
速度下团聚体直径[261]

虽然在生成 C-S-H 凝胶阶段已经形成球形团聚体，但是 C-S-H 凝胶球的强度很低，极容易变形和破碎，因此必须使其转变成针状晶体结构的球形团聚体才能稳定地存在，并最终赋予隔热材料一定的强度。为了促进由 C-S-H 凝胶转变成硬硅钙石晶体，并使之良好地生长发育，需要在水热合成过程中添加适当的矿化剂。常用的矿化剂有氧氯化锆、硝酸锶、乙酸锰、氯化钙等。图 13-22 和 13-23 分别给出添加氢氧化锶和氧氯化锆对制品密度的影响。氢氧化锶是以硝酸锶的形式加入到反应前的料浆中，由于其中含有大量氢氧化钙，因此硝酸锶加入后即转化成氢氧化锶。从图 13-22 和图 13-23 中可看出，矿化剂的加入量有一定的范围，只有在此范围内才能获得大的球形团聚体，从而使最终制品具有很低的密度和很小的导热系数。

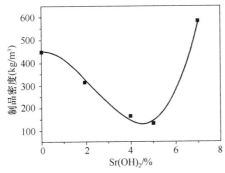

图 13-22 氢氧化锶加入量对硬硅钙石
隔热材料密度的影响[262]

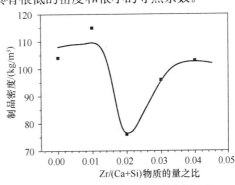

图 13-23 锆离子加入量对硬硅钙石
隔热材料密度的影响[263]

图 13-24 给出高温型微孔硅酸钙隔热材料的整个制造工艺流程。主要原料包括碳酸钙、硅灰（非晶型 SiO_2）、水和矿化剂（如硝酸锶），辅助原料有定长玻璃纤维和纸浆。由于原料的纯度对能否高质量地合成硬硅钙石球形团聚体有很大关系，因此，通过煅烧碳酸钙，以得到生石灰（CaO），然后加入充分的水消解成 Ca（OH）$_2$（石灰浆）。如果能保证生石灰的纯度，也可以直接用生石灰做原料（省去煅烧石灰的工序）。为了确保合成出硬硅钙石，关键有两点：（1）严格保持料浆中 CaO：SiO_2 物质的量之比为 1。如 CaO：SiO_2＜1，则会在产物中出现雪钙石晶体；反之，如 CaO：SiO_2＞1，则在产物中出现其他硅酸钙物质（如 $5Ca_2SiO_4 \cdot 6H_2O$）[262]；（2）水热合成温度和压力至少需保持在 220℃和 2MPa，并保持足够的反应时间。作为反应原料之一的水应足够多，一般反应料浆中所加水的质量是固相质量的 28～32 倍。水太少，导致料浆黏度过高，不利于形成球形团聚体；水过多，则降低产率。在合成好的硬硅钙石料浆内加入玻璃纤维和纸浆，其加入量和比例同制造低温型硅酸钙材料相仿。成型前对料浆加热，可降低料浆的黏度，有利于压滤成型坯体的均匀性。压滤成型的压力大致为 1～3MPa。经压滤成型后的坯体内仍旧含有大量水分，需要在 150℃左右的干燥室内烘干。如果成型料浆内球形团聚体足够大，并且成型时水分滤出充分，则干燥前后制品的几何尺寸几乎没有变化，干燥收缩率≤1%。过大的干燥收缩表明所合成的料浆内没有形成足够大的球形团聚体或者甚至存在过多的尚未结晶的凝胶。

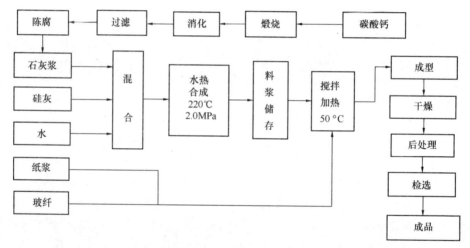

图 13-24　高温型微孔硅酸钙隔热材料制造工艺流程

用硬硅钙石料浆经过传统的压滤成型工艺只能制造厚度大于 10mm 的弧形隔热制品，原因是当制品的厚度很薄时，一次成型所需料浆数量不多。由于料浆少，在压滤过程中随着水分的流失，上下模具尚未到位，料浆就因失去流动性而不能填满整个模具空间（图 13-25）。为了制造厚度＜10mm 的制品，可利用一个专门的平板抽滤成型装置，在该装置的滤网上先铺一层滤纸，将配好的含玻璃纤维和纸浆的硬硅钙石料浆倒入，通过真空抽滤，将料浆内多余水分滤出，在滤纸上形成厚度大约 2mm 左右的料层薄片。将该料层薄片从平板抽滤成型装置中取出，并立即按照压滤成型模具的尺寸要求，裁割成大小正好能铺满下模的薄片，并以滤纸向上的方式放铺入模具内，待安放妥当后，揭去料层薄片上的滤纸，然后根据制品厚度要求顺序安放第二层、第三层等等，最后加压成型，进一步排除料层内的水分，并使各料层挤压成一体。成型后在模型内原位鼓吹热风干燥，直至水分完全排除。在模型内干燥可以防止干燥引起的变形。用上述方法制造了外圆直径为 467mm 按照 120°分割的厚度为 4mm、长度为 400mm 的弧形瓦（图 13-26）。该制品的体积密度为 1.50g/cm³，抗折强度 3.2MPa，400℃的导热系数为 0.045W/（m·K）。

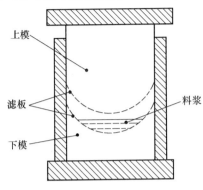

图 13-25　压制薄壁制品的料浆太少
不能填满整个模具空间

上模　滤板　下模　料浆

图 13-26　薄壁微孔硅酸钙弧形瓦

无论低温型和高温型微孔硅酸钙隔热材料都可以通过在表面涂刷有机硅醇憎水剂，形成憎水型隔热材料，按照 GB/T 10699—1998 的规定，憎水型微孔硅酸钙隔热材料的憎水率应≥98％。

低温型微孔硅酸钙隔热材料主要用在石油管道、电力蒸汽管道的保温隔热，工作温度通常不超过 400℃。高温型微孔硅酸钙隔热材料主要用于高温窑炉或化工设备的保温隔热，如玻璃池窑外壁保温、水泥工业窑外分解设备的保温等。由于高温型材料中除少量玻璃纤维之外全部由硬硅钙石构成，制品的耐高能粒子的辐照性能很强，因此，也用于核能工业的设备和管路的保温隔热。此外，球形硬硅钙石料浆可以制造隔热涂料或同陶瓷纤维制成复合型隔热材料。

第 5 节　陶瓷纤维材料

陶瓷纤维材料包括陶瓷棉、陶瓷纤维毯、陶瓷纤维毡、陶瓷纤维纸、陶瓷纤维板、陶瓷纤维模块、陶瓷纤维纺织品等。这些陶瓷纤维材料都具有很高的气孔率，其中许多材料可高达 90％以上，因此，这些材料的导热系数很小，同时仍旧保持连续完整固体的特点，具有一定的强度。

一、陶瓷棉

利用熔融喷丝或熔融甩丝工艺（见本篇第 10 章第 6 节）制造散状陶瓷纤维，将其收集打包，即成陶瓷棉。陶瓷棉可作为填充材料用于隔热保温，但绝大部分各种品种的陶瓷棉用来当做制造陶瓷纤维毯、毡、纸、板等纤维制品的原料。表 13-33 列出常见的各种陶瓷棉的主要性能。

表 13-33 中最后两行所列的陶瓷棉同其前面各种陶瓷棉的最大不同处在于它们的化学成分主要由碱土金属的硅酸盐组成，而其余的陶瓷棉都是由铝硅酸盐组成。缺少铝的碱土金属硅酸盐在人的体液中有较高的溶解度，因此，这些纤维如进入人体，容易被吸收，对人体几乎没有危害。铝硅酸盐纤维在体液中的溶解度较低，因此，一旦进入体内，特别是如较大量

地被吸入人体，将会在肺中滞留很长时间，从而引起肺部病变。石棉纤维几乎不溶解在体液中，因此，对人体危害很大，目前在大部分场合已被禁止使用。

表 13-33　各种陶瓷棉的性能

产地	名称或牌号	主要化学成分	纤维直径/μm	填充密度/（g/cm³）	最高使用温度/℃	渣球含量/%
中国	岩棉	Al_2O_3：12～16，SiO_2：42～48，CaO：9～20，MgO：7～11，Fe_2O_3：5～13	2～20	0.15～0.20	<600	4～8
中国	矿渣棉	Al_2O_3：6～14，SiO_2：34～44，CaO：35～45，MgO：5～11，Fe_2O_3：0.3～0.5	6～8	0.1～0.15	<600	6～10
浙江	硅酸铝棉	Al_2O_3：52，Al_2O_3+SiO_2：95，Fe_2O_3：<0.2	3.0	—	1260	—
浙江	锆硅酸铝	Al_2O_3：35，Al_2O_3+SiO_2：85，Fe_2O_3：<0.3，ZrO_2：14.5	2.8	—	1420	8～12
苏州	Isowool-HP	Al_2O_3：47.1，SiO_2：52.3	2.6	0.06～0.20	1260	—
苏州	Isowool-1400	Al_2O_3：35，SiO_2：49.7，ZrO_2：15	2.8	0.06～0.20	1400	—
苏州	Isowool-1500	Al_2O_3：40，SiO_2：58.1，Cr_2O_3：1.8	2.65	—	1500	—
洛阳	莫来石棉	Al_2O_3：67～76，SiO_2：15～24	2～7	—	1350	<5
洛阳	氧化铝棉	Al_2O_3+SiO_2>99，SiO_2：5	5	—	1600	<5
美国	ALBF-1	Al_2O_3+SiO_2>99，SiO_2：5	3	0.09～0.19	1650	忽略不计
美国	ZYBF-1	ZrO_2+HfO_2+Y_2O_3：>99	3～6	0.24～0.64	1900	忽略不计
中国	氧化锆棉	ZrO_2+HfO_2+Y_2O_3：>99	<8	—	>1650	
美国	Isofrax1260C	SiO_2：70～80，MgO：18～27，微量元素：0～4	2～3	0.64	1260	—
英国	Superwool	SiO_2：62～68，CaO：26～32，MgO：3～7，其他<1	1.4～3.0	0.05～0.24	1100	—

　　陶瓷纤维及其制品的最高使用温度远低于纤维本身的熔融温度，如莫来石的熔化（或转熔）温度在 1800℃以上，而莫来石纤维及其制品的最高使用温度一般在 1400℃左右。其原因在于原来是无定形的（玻璃态）陶瓷纤维在远低于其熔融温度下（大致在 950℃左右）就会发生析晶，并随温度的升高析晶加剧。在高温下纤维内晶体长大，从而使纤维变脆，并导致纤维断裂，最后变成粉末状，失去纤维材料的特有性能。因此，普通硅酸铝纤维在将近 1400℃时，虽然并不发生熔融，但发生明显收缩和变脆，稍一受力即成粉末。因此，其最高使用温度只有 1250～1300℃。降低硅酸铝纤维内杂质（主要是 Fe_2O_3 和 TiO_2）的含量可提高开始析晶的温度，从而有助于提高这类纤维的高温性能。对于多晶形陶瓷纤维，如氧化铝、莫来石、氧化锆纤维，在 1400℃以上的高温下纤维内晶粒开始合并、长大，并且晶粒长大的速度随温度的升高呈指数关系增大。图 13-27 为经过不同温度处理的莫来石纤维的

SEM 图像，从图可见，未经高温处理的原始纤维内晶粒细小，即使放大到 40000 倍也难分辨出晶粒的轮廓，而经 1400℃下处理 6h 后晶粒大小大致为 0.5μm 左右，如经过 1600℃/6h 处理后，纤维内晶粒长大至 1～2μm。多晶材料的强度与其内部晶粒尺寸大致成反比关系，因此随着晶粒增大，纤维强度急剧下降，导致断裂、粉化。此外，在高温下纤维之间互相接触处发生烧结，从图 13-28 中可看到，经 1600℃处理 6h 后莫来石纤维相交处有明显的颈部生长现象。在高温下纤维之间的烧结引起纤维制品发生明显收缩，从而丧失隔热作用。图 13-29 显示氧化锆纤维中晶粒直径随热处理温度的升高成指数关系增大。当温度升至 1400℃以上，纤维内氧化锆晶粒生长速度急剧增大。

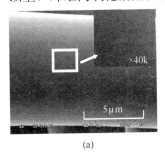 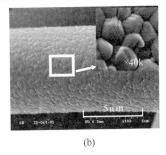 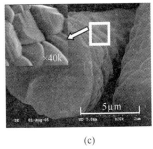

(a)　　　　　　　　　　　　(b)　　　　　　　　　　　　(c)

图 13-27　不同热处理后莫来石纤维内晶粒尺度变化

(a) 未处理；(b) 1400℃/360min；(c) 1600℃/360min[264]

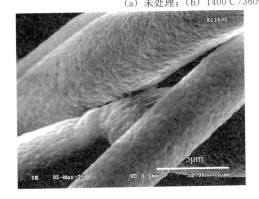 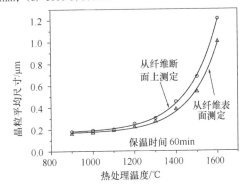

图 13-28　经过 1600℃/360min 处理后
莫来石纤维之间发生烧结

图 13-29　ZrO_2纤维内晶粒直径随热处理温度上升而增大[265]

二、陶瓷纤维毯

陶瓷纤维毯柔软而富有弹性，具有较高的抗拉强度，用于各种热工设备和窑炉的隔热保温，也大量用于制造陶瓷纤维模块。制造陶瓷纤维毯须用具有良好柔软性的陶瓷纤维，其直径为 2～3μm，长度<50mm，直径≥0.25mm 的渣球含量<8%。

用干法针刺工艺制造陶瓷纤维毯，既可采用熔融喷丝工艺制造的纤维，也可用熔融甩丝工艺制造的纤维。图 13-30 为同熔融喷丝工艺相连的陶瓷纤维毯的工艺和设备示意图。经高速气流喷吹而成的陶瓷纤维在负压（真空）作用下均匀地沉积在集棉网上，形成具有一定厚度的棉坯，经针刺定形，成为陶瓷纤维毯。

利用电阻炉熔融喷丝形成陶瓷纤维的过程已在本篇第 10 章第 6 节中讨论过。如图 13-30 (a) 所示，陶瓷纤维在纤维收集器内被气流导入除渣球机，含有渣球的纤维经过三个带叶片

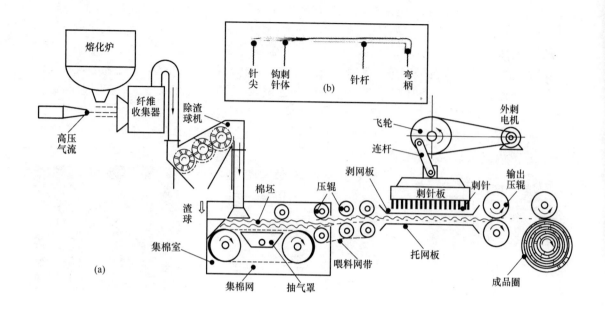

图 13-30

(a) 真空针刺陶瓷纤维毯的工艺设备示意图；(b) 刺针结构

的旋转辊轮，由于纤维同渣球在气流内所受的气动力差别很大，渣球向下沉降，通过滤网沉积在除渣球机底部，最后被排出；纤维能够漂浮在气流中，继续前进，进入集棉室。经过除渣机，可使陶瓷纤维中渣球含量从 16%～25%降至 5%左右。进入集棉室内的纤维受到置于集棉网下面的抽气罩的负压作用而沉积在集棉网上，并经过辊轮滚压，形成蓬松而均匀的棉坯，通过喂料网带继续送至针刺机中。针刺机的主电机带动飞轮旋转，通过曲柄-连杆机构驱动针板和刺针一起做上下往复运动。当针板向下运动时，刺针刺入棉坯，棉坯紧靠托网板。当针板向上运动时，棉坯与刺针之间的摩擦使棉坯和刺针一起向上运动，棉坯紧靠剥网板，这样使得棉坯上下波浪式向前推进。针刺机的刺针由弯柄、针杆、针叶（带许多钩刺的针体部分）和针尖四部分组成［图 13-30 (b)］。刺针刺入棉坯和从棉坯中拔出都带动棉坯内一部分纤维随刺针上下运动，造成水平方向和垂直方向上纤维互相缠结，使棉坯形成三维整体，并赋予纤维毯一定的强度。根据体积密度和几何尺寸，陶瓷纤维针刺毯具有多种规格，见表 13-34。表 13-35 列出各种典型陶瓷纤维毯的主要化学成分、物理性能、使用温度及生产厂商。

表 13-34　陶瓷纤维针刺毯的规格[113]

体积密度/（g/cm³）		0.048，0.064，0.096，0.128，0.160，0.192
几何尺寸/mm	厚度	12.5，20，25，30，40，50
	宽度	300，400，600，900，1200
	长度	950，1200，2100，2400，3600，4500，7200，7500，7800，15000

表 13-35　各种典型陶瓷纤维毯的主要化学成分、物理性能、使用温度

类　型		氧化硅	硅酸铝	硅酸铝	锆硅酸铝	铬硅酸铝	莫来石	高纯氧化铝	硅酸钙镁	硅酸钙镁
厂商		Johns Manville	Isolite	邦尼耐纤	Morgan	Isolite	Isolite	Zircar	Unifrax	Morgan
牌号		Q-Fiber	1260-KL	BN-1220	Cerachem ZrBlanket	1500-ACE	1600-Blanket	Saffil-LDmat*	Insulfrax-S	Superwool＋
分类温度/℃		—	1260	1260	1430	1500	1600	—		1260	1200
使用温度/℃		<982	<1200	<1200	<1300	<1500	<1600	≤1650	≤1100	<1200
体积密度/（g/cm³）		0.048, 0.064, 0.096	0.064, 0.096	0.128	0.064, 0.128	0.128, 0.160	0.096, 0.128	0.064, 0.096	0.064, 0.128	0.064, 0.096, 0.128, 0.160
抗拉强度/kPa			—	40	75	—	—	—	27.5～48.2	75
加热24h线收缩/%	1000℃		−1.5	—					0.8	
	1100℃		−2.3	—						1.2
	1200℃							0.0		
	1400℃				≤4.0			2.2		
比热容/（J/g·K）	1000℃		—					1.047	1.0	
	1090℃				1.13					
	1400℃									
导热系数/［W/(m·K)］	400℃	0.088	0.07	0.084	0.09			0.07		0.08
	600℃	0.140	0.10	—	0.15	0.08	0.08	(315℃)		0.12
	800℃		0.14	0.16	0.23	0.12	0.12	0.13		0.18
	1000℃		0.20	0.23	0.30	0.16	0.16	(760℃)		0.25
	1200℃	—						0.23		
化学成分/%	Al_2O_3	0.068	46	46—47	35	40.0	72	95		
	SiO_2	98.5	52	51—52	50	58.1	28	5	61～67	62～68
	ZrO_2		—		15.2	—	—	—		
	Cr_2O_3					1.8				
	Fe_2O_3	0.060	1.0		合计 0.15			—		
	TiO_2									
	CaO	0.25			合计 0.05				27～33	26～32
	MgO	0.20							2～7	2～7
	R_2O	0.090			0.10					

*　美国 Zircar 公司生产的 Saffil-LD 多晶氧化铝毯以短切 Saffil 氧化铝长丝为原料，这种氧化铝长丝用溶胶-凝胶工艺制造，单丝的抗拉强度可达 1.5GPa。

三、陶瓷纤维毡

陶瓷纤维毡与陶瓷纤维毯的区别在于前者含结合剂，利用结合剂使纤维互相结合并获得一定形状、强度和良好的加工性能；而后者不含结合剂，采用针刺工艺成型，具有良好的柔软性。对制造毡所用的陶瓷纤维的要求比制造纤维毯稍低：直径 $3\sim4\mu m$，长度 $\leqslant100mm$，大于 $0.25mm$ 的渣球含量 $10\%\sim12\%$。陶瓷纤维毡被大量用于制造各种隔热零配件，如垫圈、密封垫、衬板等。陶瓷纤维毡的生产工艺可分为干法和湿法两种，不同的工艺方法使用不同类型的结合剂。

陶瓷纤维干法毡是在制造过程中通过对陶瓷纤维表面喷涂热固性树脂结合剂，经集棉、辊压形成棉坯，加热处理棉坯，纤维表面的树脂固化，纤维在交结点被固定，形成互相交织的三维网状结构，使陶瓷纤维毡具有固定的形状、优良的弹性和一定的强度，并改善了纤维毡的耐水、耐酸碱性能。干法陶瓷纤维毡所用的树脂为水溶性热固型酚醛树脂。干法陶瓷纤维毡制造工艺包括：电阻炉熔融、喷丝或甩丝成纤、除去渣球、纤维表面喷涂热固性树脂、集棉成坯、预压、固化定型、冷却、剪切、打卷、包装等工序。其中陶瓷纤维的制造、收集、除渣球以及棉坯成形等工序同前面的干法针刺毯制造工艺相仿。与干法针刺毯工艺的主要不同之处在于增加了纤维表面的树脂喷涂、纤维毡的固化定形和冷却等关键工序。

喷涂在陶瓷纤维表面的所用的热固性树脂结合剂由树脂、偶联剂、固化剂、防尘剂和溶剂等组成。其中热固性树脂通常采用苯酚甲醛树脂，其技术要求如下：相对密度（20℃）$1.13\sim1.16$，pH 值 $7.5\sim8.2$，游离甲醛含量 $11.0\%\sim12.5\%$，游离酚含量 $<1.2\%$，固含量 $39.5\%\sim43.0\%$，灰分 $<0.6\%$，稀释度 $\geqslant1500$，黏度（25℃）$<0.04Pa\cdot s$。常用 γ-氨基丙基三乙氧基硅烷（KH550）作为偶联剂，其分子中有一个亲无机物质（陶瓷纤维）的极性基团和一个亲有机物质（树脂）的非极性基团。通过偶联剂中这两个基因使酚醛树脂与陶瓷纤维牢固结合。配制偶联剂水溶液时，应先将树脂同水混合，再加入硅烷，随配随用。固化剂（交联剂）能促使低分子苯酚甲醛树脂在一定高的温度下联结在一起，形成高分子固态树脂。常用固化剂有硫酸铵、尿素及氨水等。为降低陶瓷纤维在成纤、压缩、剪切、包装等工序中所产生的尘埃，通常用一种专用的乳化矿物油作防尘剂，乳液内矿物油的含量为 $2.5\%\sim6.5\%$。要求这种矿物油的燃点高于 $300℃$，并且在 $220℃$（树脂的固化温度）下不挥发。防尘剂的作用是提高制品的柔软性和弹性，防止陶瓷纤维因受力而断裂产生碎片（粉尘）。配制结合剂的溶剂是钙镁离子含量小于 $0.03\times10^{-3}mol/L$ 的软水，在结合剂内水的含量 $>60\%$。

干法制造陶瓷纤维毡的工艺如图 13-31 所示。在经过除渣球的陶瓷纤维随气流向集棉室的输送路途中串联有结合剂喷涂室，在该处安装有呈环形分布的多个压力喷嘴，将结合剂喷成雾滴状并均匀地包覆在纤维表面。进入集棉室的散状纤维在抽风机负压的作用下均匀沉降、铺盖于集棉网带上，网带上棉坯厚度由网带速度来调节。在集棉室出口设有压辊，以实现集棉器出口的密封和棉坯的压实。从集棉室抽气罩抽出的空气中含有一定量的树脂短纤维，须通过旋风除尘器将其中树脂短纤维分离出来，再通过抽风机排入大气。经预压的树脂棉坯送入固化炉完成棉坯内热固性树脂的固化，使制品定型并达到要求的厚度。固化炉以热空气为加热介质，热风送入固化炉下部沿炉长度方向排列的数个热风管中，并从管壁小孔中喷出，自下而上地穿过板条式输送机的各个板条上的小孔，实现对棉坯的加热，并使树脂固化。纤维毡的厚度通过调节固化炉内上下板条式输送机之间的距离来保证。酚醛树脂的固化

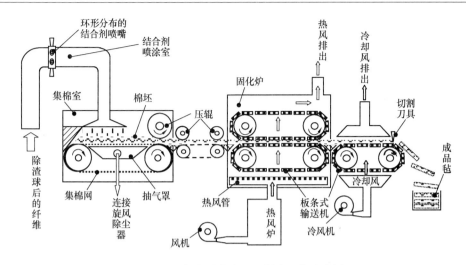

图 13-31 陶瓷纤维毡干法制造工艺示意图

温度为 220℃。固化炉的热工制度随产品及所用树脂的不同而不同,但最低炉温应高于 180℃,以防止部分树脂因得不到固化而导致制品粘结在板条输送机上;而最高温度不能超过 260℃,否则会引起树脂分解和燃烧。纤维毡从固化炉出来,在冷却输送机上被鼓风强制冷却,使制品温度降至 50℃ 以下,再经过剪切分割,并进一步被冷却至常温,然后包装成品。典型的干法陶瓷纤维毡的性能列于表 13-36 中。

表 13-36 干法陶瓷纤维毡的性能[113]

使用温度/℃		$\leqslant 1000$
密度/(g/cm³)		0.08, 0.10, 0.12, 0.15
加热线收缩变化/%(1150℃,24h)		$\leqslant 4$
抗拉强度(密度 0.08g/cm³)/kPa		53
憎水率/%		$\geqslant 98$
密度为 0.08g/cm³ 毡的导热系数/[W/(m·K)]	70℃	0.042
	300℃	0.085
	500℃	0.137
化学成分/%	Al_2O_3	$\geqslant 45$
	$Al_2O_3 + SiO_2$	$\geqslant 96$
	Fe_2O_3	$\leqslant 1.2$
	$Na_2O + K_2O$	$\leqslant 0.7$
尺寸规格/mm		1200×600×(20~50),900×600×(20~50)

陶瓷纤维毡的湿法成型工艺的关键是用有机或无机(或两者合用)结合剂与陶瓷纤维配制成一定浓度的棉浆,经真空吸滤成型或压滤成型、干燥等工序制成固定尺寸的毡板或固定宽度的连续毡卷。常用的有机结合剂包括:甲基纤维素、聚乙烯醇、聚乙酸乙烯酯乳液、阳离子淀粉、人造乳胶等;无机结合剂有水玻璃、硅溶胶、铝溶胶、聚氯化铝、铝铬磷酸盐、硫酸铝、磷酸铝等。

湿法工艺制成的陶瓷纤维毡具有较高的强度和良好的弹性,但制品在使用的加热过程中，随着温度的升高，毡内有机结合剂被逐渐烧除，强度显著降低，丧失有机结合剂后依靠纤维相互交织，毡仍旧能保持原有形状。如果毡内含有无机结合剂，则在使用时即使有机结合剂燃烧、分解殆尽，无机结合剂尚能维持一定强度。但是添加无机结合剂的纤维毡柔软性差，特别是厚度较大的毡不能弯曲，实际上这种陶瓷纤维毡同陶瓷纤维板没有太大的差别。湿法制造固定尺寸的陶瓷纤维毡的详细工艺描述可参见陶瓷纤维板的制造工艺，湿法制造固定宽度的陶瓷纤维薄毡的工艺可参见陶瓷纤维纸的制造工艺。表 13-37 给出湿法真空成型陶瓷纤维毡的性能。

表 13-37　湿法真空成型陶瓷纤维毡的性能[113]

产品类型		标准型	高纯型	高铝型	含锆型
分类温度/℃		1260	1260	1400	1400
使用温度/℃		1000	1100	1200	1300
密度/（kg/m³）		130，160，190，220			
加热 24h 线收缩	线收缩/%	3	3	3	3
	加热温度/℃	1000	1100	1200	1300
导热系数/［W/（m·K）］	250℃	0.071	—	—	—
	350℃	—	0.121	—	—
	550℃	0.152	0.152	0.152	0.152
	700℃	—	—	0.20	0.20
化学成分/%	Al_2O_3	46	47～49	52～55	39～40
	$Al_2O_3+SiO_2$	97	99	99	—
	ZrO_2	—	—	—	15～17
	$Al_2O_3+SiO_2+ZrO_2$	—	—	—	99
	Fe_2O_3	<1.0	0.2	0.2	0.2
	Na_2O+K_2O	≤0.5	0.2	0.2	0.2
几何尺寸/mm		900×600×（10～50），600×400×（10～50）			

*　测试毡的密度为 0.22g/cm³。

四、陶瓷纤维纸

陶瓷纤维纸以散状喷吹陶瓷纤维为原料，并加入一定比例的结合剂、填料及助剂等添加物，借鉴传统造纸生产工艺的原理和装备制造而成。陶瓷纤维纸具有表面平整、结构均匀、柔韧性高、密度低、导热系数小、强度高等特性，不仅广泛用于高温隔热，还被用于密封、吸音及过滤等技术领域。

制造陶瓷纤维纸要求用具有良好柔软性的陶瓷纤维，其直径和长度应分别≤2μm 和≤10mm，小于 0.25mm 的渣球含量<5%。采用不同化学成分（不同分类温度）的陶瓷纤维棉为原料，可制造适合于不同温度下使用的各种陶瓷纤维纸。目前大量生产的是以硅酸铝纤维为原料的陶瓷纤维纸，这种纸被广泛用于各种热工设备和窑炉的隔热。在一些高温技术领域需要在 1400℃以上的高温下工作的陶瓷纸，这就需要用高纯氧化铝纤维或氧化锆纤维来制造。

首先须用打浆机或疏解机将陶瓷纤维棉均匀地分散在水中。图 13-32 和图 13-33 分别为间歇式打浆机和疏解机的结构示意图。图 13-32 所示的水力打浆机主体是一个圆筒形料槽，纤维棉原料和水从上面投入，其底部中央安装有电机带动的旋转叶轮，底部四周有若干固定叶片，用以增强打碎棉团的作用。槽底本身为多孔网板，可以让分散好的料浆通过，并从出料口流出。高速旋转的叶轮将与之接触的棉团击碎，同时叶轮旋转在水中搅起的巨大漩涡起到撕碎棉团的作用，棉团内的渣球质量远大于陶瓷纤维，不能漂浮在水中，因而很快沉入槽底，从排渣口排出。由于陶瓷纤维脆性很大强度却不高，因此，在水力打浆机内强力的粉碎作用下很容易将陶瓷纤维折断、粉碎，却不能将棉团完全撕裂成单根纤维。为了充分分散棉团内的陶瓷纤维，需要将经过短时间水力打浆机分散的棉浆送入疏解机，进一步撕拆仍旧纠缠在一起的纤维。图 13-33 为疏解机结构示意图，其主体是一个卧式圆锥形筒体，进料口位于圆锥的小头端，以切线方向进入筒内，由叶轮旋转带动筒内料浆旋转，并沿轴线方向循环，在旋转叶轮上的叶片和水中激起的涡流作用下棉团内纤维被疏解，形成纤维均匀分散在水中的料浆，经过滤板从出料口排出，棉团内夹杂的渣球因受离心力作用沿锥形筒壁向筒的大头端集中，并从重型杂质出口排出。棉团内如夹杂有比陶瓷纤维轻的杂质，则聚集在旋转轴线处，可通过轻型杂质出口被引出筒外。疏解机对纤维伤害很轻，而疏解纤维团的能力较强，可使陶瓷棉团得到充分疏解并均匀分散在水中。为了帮助纤维分散，并防止分散开的纤维重新团聚，可以仔细调控料浆的 pH 值并加入适当的分散剂，常用的分散剂是低分子量（碳链数 18～22）的聚丙烯酸铵（或钠）溶液。

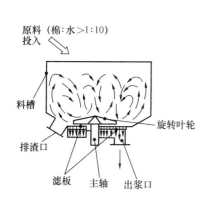

图 13-32　打浆机结构示意图[266]

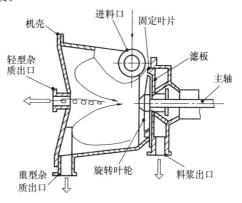

图 13-33　疏解机结构示意图[266]

　　从疏解机中出来的料浆内应该基本上不含渣球，如果料浆内仍旧含有渣球，则需要用锥形除渣器把其中的渣球分离出来。锥形除渣器类同于旋风除尘器，只是其介质是水而后者的介质是空气。经过上述机械充分分散的陶瓷纤维料浆被送入配浆池，同时将粘结剂、增稠剂、分散剂和填料加入其中，一起混合均匀，并用水进一步稀释至陶瓷纤维在料浆中的浓度为 0.3%～1.0%。粘结剂可用聚乙烯醇、纤维素等，增稠剂常用分子量 2M 左右的聚丙烯酰胺，分散剂仍旧为聚丙烯酸盐。是否在制浆内加入填料取决于对纸的性能的要求，如要求所制造的纸光滑，密度高，则可在制浆内加入陶瓷细粉，如氧化铝粉、氧化锆粉，或黏土。加入填料会增大纸的导热系数，因此，如要求陶瓷纤维纸的导热系数小，则不加或少加填料。图 13-34 为配浆池结构示意图，配浆池是一个底部倾斜的多边形（如长方形）筒体，在接近其底部最深处安装一用电机推动的高速搅拌桨。池中料浆受搅拌桨的驱动，形成如图 13-34 所示的径向（水平方向）、轴向环流（垂直方向），并在轴向环流周围产生许多小涡流。由于微小涡流瞬时速度变化引起湍流扩散，促进了液相内各种组分的充分混合。这种具有卧式推进搅拌器的配浆池具有搅拌强烈、对纤维损伤小的特点。

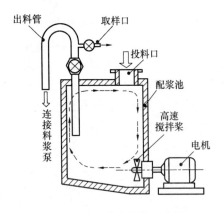

图 13-34　配浆池结构示意图

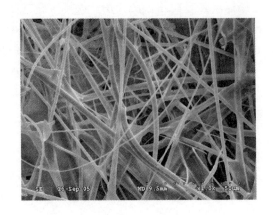

图 13-35　硅酸铝纤维纸的显微结构

大批量生产陶瓷纤维纸可以用连续式长网造纸机，图 13-36 为这种设备的示意图。在配浆池内配制好的造纸料浆通过料浆泵（隔膜泵）输送到高位槽。高位槽内设有若干块隔板。第一块隔板控制高位槽内料浆的液位高度，当料浆液位超过此隔板高度时，料浆即从高位槽溢流口自动流回配浆池。其余几块隔板的作用是稳定料浆流。经稳流后的料浆从高位槽排浆口排出，通过管道进入流浆箱的第一分隔室底部，并迅速充满该室。当料浆液位达到第一分隔室上部后越过翻浆隔板进入第二分隔室，然后由第二分隔室下部转入第三分隔室。浆料在箱内反复换向可减少纤维絮聚，并减小流浆箱内各部位横向速度差。第三分隔室底部是流浆口，它与成型网的斜网段平行，料浆在此稳速地流到斜网上。流浆口的端部（即第三分隔室的顶端）为唇板，其紧邻斜网的边缘深入料浆内，并与网面平行，以此控制料浆均匀地铺满整个网面。唇板可以上下移动，以便调节同网面的距离，以此控制料浆在网面上的厚度。料浆均匀地流铺到斜网面上，在重力作用下其中水分通过网眼下泄到网下的集水池内，网带在网辊的驱动下向前移动，将料浆层带到成型网的水平段，继续下泄水分，逐渐形成含有大量水分的纸坯，进入真空脱水区。在该区的网带下安装有数个真空脱水箱，利用箱内的负压，将纸坯内水分吸入真空脱水箱中，并通过管道系统排入集水池内，收集的水可以循环使用。经过真空脱水后，纸坯内纤维浓度达到 12%～18%。在成型网后面设置施胶网，其构造与成型网基本相同。在施胶网的前部安装专用施胶设备，将稀释的胶水喷涂在湿纸坯的表面。

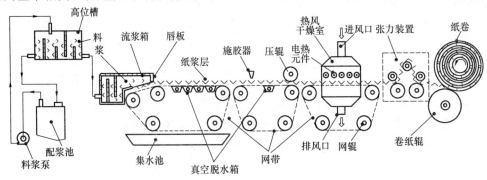

图 13-36　连续式长网造纸机结构示意图

施胶后的纸坯通过网带下面的真空脱水箱，在负压的作用下使胶水沿着纸坯厚度方向均匀地渗透到纸坯各处，同时被纸坯内的水分稀释。多余的胶水从纸坯中渗出，进入网下的真空箱内，然后再流入胶槽收集起来继续使用。施胶后的纸坯经过施胶网部尾部压辊加压定型。经过施胶后纸坯被送到干燥网带上，此时纸坯内仍含 $65\% \sim 75\%$ 的水分，这些残留水分难以用机械方法除去，只能通过加热将这些水分从纸坯中蒸发出来。因此将干燥网紧接在施胶网后面，干燥网带穿过电热干燥箱，空气从箱的顶部吸入箱内，被电热元件加热，然后由上往下吹过纸坯，对其加热，其中水分受热蒸发，随气流从干燥箱底部排出。在长网造纸机的末端是辊筒式卷纸机构，将连续干燥后的陶瓷纤维纸卷成纸卷。在卷纸机构与干燥网之间安装有张力装置，使得卷纸时纸带内有一定的张力，以保证纸卷的质量。

用长网造纸机制造的陶瓷纤维纸质地均匀，表面平整。图 13-35 为市售分类温度 1260℃ 的硅酸铝纤维纸的显微结构。表 13-38 给出当前一些商品陶瓷纤维纸的性能和化学成分。

表 13-38　一些陶瓷纤维纸的性能和化学成分（数据来自相应生产厂商广告资料）

厂　　商		浙江德清	Isolite	Isolite	Zircar	Morgan
牌号		BN-1350	1260ACE	1500ACE	APA-2	607HT-paper
分类温度/℃		1350	1260	1500	—	1300
使用温度/℃		≤1200	<1260	<1500	1600	1250
体积密度/（g/cm³）		0.2	0.16	0.21	0.14	
有机物含量/%		6	8	8	0	
高温线收缩/%						900℃/1.5
			1260℃/3.0		1425℃/0	1100℃/2.0
				1500℃3.0	1540℃/2	1200℃/5.0
抗拉强度/MPa		0.5	0.65	0.65		—
导热系数 /［W/（m·K）］	400℃	0.07	0.06			
	600℃	0.09	0.09	0.08		
	800℃	0.12	0.12	0.12		
	1000℃	—	0.17	0.16		
化学成分 /%	Al_2O_3	52~55			95	—
	SiO_2	44~47			5	61~67
	CaO					27~33
	MgO					2~7
厚度范围/mm		1, 2, 3, 5	0.5, 1, 2, 3, 4, 5	0.5, 1, 2, 3, 4, 5	1.27	

图 13-37 石英玻璃纤维-微孔硅酸钙复合纸的外观

像长网造纸机这样的连续式造纸机产量极高，不适合于小批量生产或实验室制造少量样品。如制造少量纸品，可以仿照上述方法制备纸浆，然后根据样品尺寸制造一个框形筛网，在筛网上铺放薄尼龙布，通过手工抄纸，在尼龙布上形成纸浆坯，再将筛网置于尺寸相配的真空器上，抽滤除去纸坯内的一部分水分，最后将纸坯连同尼龙布一起从筛网上剥下。先在 $30 \sim 40 ℃$ 下干燥，然后剥离尼龙布，将陶瓷纤维纸压平。笔者和同事曾用 3mm 长、直径 $16 \mu m$ 的石英玻璃纤维和棉质纸浆为原料（两者质量比为 11 ：4），微孔硅酸钙作为填料（填料用量为所有纤维质量的 4 倍），用上述手工成型方法制造石英纤维-微孔硅酸钙复合纸，其外形和显微结构分别示于图 13-37 和图 13-38。这种纸的密度为 $0.12g/cm^3$，拉伸强度为 192N/m，图 13-39 为纸的导热系数与温度的关系。

图 13-38 石英玻璃纤维-微孔硅酸钙的显微结构

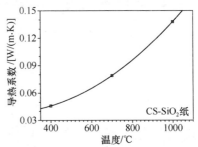

图 13-39 石英玻璃纤维-微孔硅酸钙复合纸的导热系数

五、陶瓷纤维模块

陶瓷纤维模块又称陶瓷纤维组件，是用陶瓷纤维针刺毯经过折叠、压缩并用紧固件固定成方块状的纤维制品。这种制品具有很低的导热系数、优良的热稳定性及抗热震性。模块在使用前处于预压缩状态，在炉衬砌筑完毕，模块上的捆扎带拆除后，模块的回弹膨胀使得模块互相挤紧，成为无缝隙炉衬，并可补偿纤维炉衬的高温收缩。利用陶瓷纤维模块砌筑工业窑炉具有施工简单迅速、节省人力和工时等优点。用模块砌筑的窑炉质量轻、蓄热量小、抗风蚀性强，而且维修方便。按照陶瓷纤维模块的结构，主要有 Z 形模块、T 形模块、U 形模块、切块层叠式模块、复合式模块等多种品种。

Z 形模块是最早出现并应用最广泛的一种模块结构。这种模块是用 25mm 厚的陶瓷纤维毯裁剪成一定的宽度和长度，按图 13-40（a）的方式折叠成 14 层或 16 层块体状，在块体端部纤维毯折转处内分别埋放两根支承梁，支承梁的中央焊接上起紧固作用的楔形薄片［图 13-40（b）］，薄片的尖端从折头处穿出。安装支承梁后，对折叠块体加压，使其压缩 15%，即 14 层块体压成 300mm 厚，而 16 层的压成 335mm 厚，压缩后在模块两侧用木夹板作护套，并用塑料带扎紧定形。在模块背面的中央垂直于折缝方向放置安装槽，并使楔形薄片的尖端穿出安装槽上的狭缝，用紧固件使薄片同安装槽紧连在一起［图 13-40（c）］。安装槽上设有一个可滑动的钢夹，通过它把模块和炉壳钢板固定在一起。待所有模块在炉内安装完毕，拆除捆扎在模块上的塑料带和木夹板，由于纤维毯回弹使得模块之间互相挤紧，连成

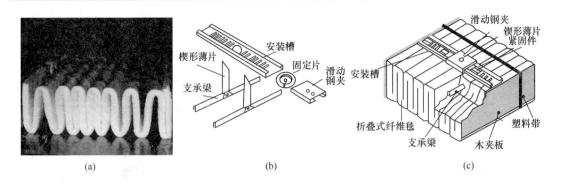

图 13-40　Z 型陶瓷纤维模块的结构（其中 b，c 图摘自参考资料 113）
(a) Z 形模块的折叠方式；(b) Z 形模块用的锚固件；(c) Z 形模块结构图

整体。

T 型模块中纤维毯的折叠方式与 Z 型模块相同，但所采用的固定机构与后者不同。在 T 型模块中采用由耐热钢制成的针杆状支承梁，穿透各折叠纤维毯层，并与平置于模块背面的耐热钢板连接，通过此钢板将模块固定在炉壳内壁上（图 13-41）。模块安装完毕后拆除捆扎带，通过纤维毯的回弹挤紧，消除模块之间的缝隙，所有金属紧固件都藏在纤维毯里面而避免直接接触高温。

U 型模块中针刺毯加工成 U 形折叠褶条（图 13-42），将褶条对称地从金属支承梁两端串入，褶条串好后将固定螺栓穿入支撑梁中央孔内，然后压缩至要求的体积密度和纤维模块尺寸，两侧用木夹板和塑料袋捆扎。安装时采用专用工具，将螺栓 U 型模块和支承梁一起固定于窑炉炉壳钢板上。

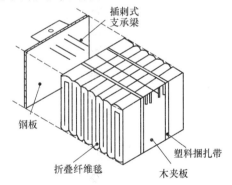

图 13-41　T 型陶瓷纤维模块结构

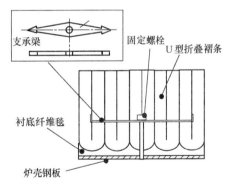

图 13-42　U 型陶瓷纤维模块结构

图 13-43 为切块层叠式陶瓷纤维模块的结构示意图。纤维毯（或毡）被裁割成许多长方形条块，重叠在一起；锁紧板的固定翼插入纤维块中间，支承梁穿过固定翼上的圆孔，将纤维块与锁紧板连接成一个整体；压缩坌放好的纤维块落至要求的体积密度和模块尺寸，两侧用木质夹板保护，最后用塑料带捆扎。模块安装时将锁紧板对准炉壳上的扣闩，使模块通过锁紧板牢固地紧固在炉壳钢板上。

将不同耐热性能的陶瓷纤维毯相间排列、折叠或重叠，就组成复合式模块。如图 13-44 表示用两种不同陶瓷纤维毯组成的 Z 型复合模块。将耐温性能高的纤维毯置于模块的外表面，而将导热系数低、隔热性能好的纤维毯夹在中间，这样使得整个模块既具有高的耐温性能（高温收缩小）和高的强度，又有良好的隔热性能。

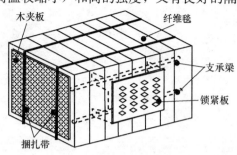

图 13-43　切块层叠式陶瓷纤维模块

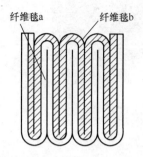

图 13-44　复合式陶瓷纤维模块[113]

表 13-39 给出当前一些商品陶瓷纤维模块的性能。

表 13-39　一些商品陶瓷纤维模块的性能（数据来自相应生产厂商广告资料）

生产厂商	分类温度 /℃	容重 /(g/cm³)	抗拉强度 /MPa	重烧线收缩率/% （℃/h）	导热系数 [W/(m·K)]	化学成分/%				规格尺寸 /mm
						Al₂O₃	SiO₂	Fe₂O₃	ZrO₂	
浙江欧诗漫	1000	0.16～0.26	0.04	1.4,(1000×24)	0.20	41.5	54.5	<1.0	—	300×300× (150～350)
	1260			1.3,(1150×24)	0.18	47.1	52.1	0.2	—	
	1420			1.5,(1300×24)	0.17	35.0	50.0	0.2	14.5	
	1600			0.5,(1500×24)	0.16	72.0	27.2	0.1	—	
	1600			0.5,(1500×24)	0.16	72.0	27.2	0.1	—	
浙江德清	1050	0.19～0.24			44	52	—	—		300×300× (150,200, 250,300)
	1260				46～47	51～52	—	—		
	1400				52～55	44～47	—	—		
	1425				35.0	49.7		15.0		
Morgan	1260 折叠	0.16 0.19 0.22		1.0,(1100×24)	0.20					300×300× (150,200, 250,300)
	1260 切块			1.0,(1100×24)	0.21					
	1425 折叠			1.1,(1200×24)	0.21					
	1425 切块			1.1,(1200×24)	0.20					
Isolite	1260	0.13, 0.16			0.19					300×300× (150～300)
	1400	0.16		−0.5,(900×24)	0.17					
	1500	0.16		−1.0,(1000×24)	—					
	1600	0.10, 0.13			0.18					

六、陶瓷纤维板

　　陶瓷纤维板是一种刚性陶瓷纤维制品。具有密度低、导热系数小的特点，又有一定强度和规则的几何形状，可以直接用作炉膛内衬材料。美国目前的航天飞机外表面的防热瓦也是一种特殊的陶瓷纤维板。

陶瓷纤维板的制造工艺与陶瓷纤维毡湿法制造工艺相似：用合适的打浆机将陶瓷纤维、结合剂（包括无机结合剂和有机结合剂）、分散剂和水打成稀料浆，通过抽滤成型或压滤成型，形成具有一定几何形状的湿坯，再经过干燥和热处理，最后用专用设备对半成品切割、磨削、钻孔等进行精加工，形成具有精确外形和尺寸的制品。为了减小纤维板的高温收缩率和降低高温下通过热辐射的导热作用，可在成型料浆内加入耐高温陶瓷粉料（如氧化铝粉、莫来石粉、氧化锆粉）。用来制造陶瓷纤维板的纤维有硅酸铝纤维、莫来石纤维、氧化铝多晶纤维、氧化锆纤维。自从开发出对人体基本无害的体液可溶性硅酸镁（钙）纤维后，也有用这类纤维制造的纤维板。然而这类纤维板的耐温性能不强，一般使用温度不超过1100℃。硅酸铝纤维主要由玻璃相构成，它的耐温性能也不强，因此一般的硅酸铝纤维板的使用温度不超过1300℃。为了提高硅酸铝纤维板的使用温度，可把莫来石多晶纤维或氧化铝多晶纤维同硅酸铝纤维混合制成混合纤维板，这种板的高温线性收缩随多晶纤维加入量的增加而减小（图13-45）。各种硅铝质纤维板和几种氧化锆多晶纤维板的典型性能分别列于表13-40和表13-41中，表13-42给出几种硅酸镁（钙）纤维板的性能。图13-46显示用于1700～1800℃的氧化铝纤维板和氧化锆纤维板的显微结构。

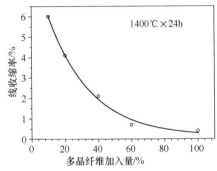

图13-45　硅酸铝纤维板内多晶纤维加入
量对加热线收缩率的影响[133]

图13-46　用于1700～1800℃的氧化铝纤维板
和氧化锆纤维板的显微结构
（a）氧化铝纤维板；（b）氧化锆纤维板

表13-40　各种硅铝质纤维板的性能（数据来自相应生产厂商广告资料）

名　称	硅酸铝	硅酸铝	混合型硅酸铝	莫来石	氧化铝	氧化铝
牌号	B1000	B1260	1400board	1600board	1700HA	SALI
生产厂商	欧诗漫	欧诗漫	Isolite	Isolite	Isolite	Zircar
分类温度/℃	1000	1260	1260	1600	1700	—
使用温度/℃	≤1000	≤1200	≤1260	≤1600	≤1700	1700
体积密度/(g/cm³)	0.30～0.60		0.25	0.18	0.30	0.48
加热线收缩率/% （加热温度×小时）	<2 (800×24)	<2 (1100×24)	<−1.4 (1200×24)	<+1.4 (1600×24)	<−0.6 (1700×24)	<−3.0 (1700×24)
不同温度下 导热系数 [W/(m·K)]	400℃/0.07	—	—	—	800℃/0.10	800℃/0.25
	600℃/0.11	600℃/0.08	600℃/0.10	600℃/0.10	1000℃/0.12	1075℃/0.31
	800℃/0.17	800℃/0.12	800℃/0.14	800℃/0.14	1200℃/0.15	1350℃/0.34
	—	1000℃/0.16	1000℃/0.20	1000℃/0.18	1400℃/0.18	1650℃/0.39

续表

名　称		硅酸铝	硅酸铝	混合型硅酸铝	莫来石	氧化铝	氧化铝
抗折强度/MPa		—	—	0.5	0.2	0.7	2.07
化学成分/%	Al_2O_3	>35	>42	>52	>58	>85	80
	SiO_2	61	56	47	41	14	20
	Fe_2O_3	0.2	0.2	—	—	—	—
	R_2O	—	—	—	—	—	—
	烧失量	—	—	6.0	5.0	0.1	—
几何尺寸/mm		900×600,厚度 5,10,15,20,25,……,50				900×600×25	9×12,18×24 厚度:0.5, 0.75,1,1.5,.2 单位:英寸

表 13-41　各种氧化锆纤维板的性能(数据来自美国 Zircar 公司的产品资料)

牌　号		ZYFB		ZYZ	FBC	FBD
最高使用温度/℃		2200		1650	2000	2200
体积密度(g/cm³)		0.48	0.96	0.48	1.12	1.44
有无结合剂		无		$ZrSiO_4$	无	无
加热线收缩率/% (加热温度×保温小时)		0~1.0,0~0.5 (1650×1)		1~2 (1650×1)	0~0.5 (1650×1)	1700×1:0, 2000×1:2
RT-1425℃的热膨胀系数/K^{-1}		$10.7×10^{-6}$		$9×10^{-6}$	$10.7×10^{-6}$	$10.7×10^{-6}$
不同温度下导热系数 [W/(m·K)]	400/℃	0.08	0.16	0.09	0.16	0.24
	800/℃	0.11	0.19	0.11	0.19	0.28
	1100/℃	0.14	0.22	0.14	0.22	0.31
	1400/℃	0.19	0.25	0.19	0.25	0.33
	1650/℃	0.24	0.27	0.23	0.27	0.35
抗折强度/MPa		0.59		0.89	5.86	8.27
化学成分/%	ZrO_2+稳定剂 Y_2O_3	>99		—	>99	>99
	ZrO_2	—		87	—	—
	Y_2O_3	8		8	8	8
	SiO_2	—		5	—	—
	烧失量					
几何尺寸/mm		8″×8″,10″×10″,12″×12″,14″×14″　厚度:0.5″,0.75″,1″,1.5″,2″				

表 13-42　可溶性硅酸镁(钙)陶瓷纤维板的性能[113]

牌　号	BlOCk607-800	BlOCk607-1000	BlOCk607-1100	Z-CAL1800	Z-MAG-2300	Insulfrax
生产厂商	Morgan	Morgan	Morgan	Zircar	Zircar	Saint-Gobain
分类温度/℃	800	1000	1100	982	1260	1260
使用温度/℃	<800	<1000	<1100	900	1000	1000

牌 号		BlOCk607-800	BlOCk607-1000	BlOCk607-1100	Z-CAL1800	Z-MAG-2300	Insulfrax
体积密度 g/(cm³)		0.32	0.32	0.32	0.29	0.24	
加热线收缩率/%	870×24	1.2			0.95	0.95	
	1000×24		1.2	1.0			
	1100×24			0.8			
	1260×24						<3.5
导热系数 [W/(m·K)]	400℃	0.08	0.10	0.08			
	500℃	0.09	0.11	0.10			
	600℃	0.11	0.13	0.11			
抗折强度/MPa		0.7	0.8	0.8	0.595	0.595	
化学成分		$SiO_2+MgO+CaO \geqslant 99\%$					
几何尺寸/mm		1000×900,1200×900　厚度:25,50,75,100,150					

美国航天飞机上的防热瓦(图13-47)就是一类特殊的陶瓷纤维板,防热瓦有多种品种规格,材质也各不相同。早先航天飞机防热瓦中大约有两万多块用直径 $1.2 \sim 4.0 \mu m$、长度约 32mm、纯度高达 99.62% 的石英玻璃纤维制成。分为 LI-900 和 LI-2200 两个牌号[267]。LI900 用硅溶胶作结合剂,而 LI-2200 经过 1370℃烧结。它们的显微结构如图13-48所示,LI-2200 中含有少量 SiC 颗粒,以增加材料对红外线的散射,从而降低热传导。这两种防热瓦的性能列于表13-43中。

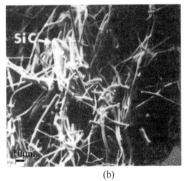

(a)

(b)

图 13-47　航天飞机防热瓦外形

图 13-48　航天飞机防热瓦的显微结构

(a)-LI-900;(b)-LI-2200[268]

表 13-43　两种防热瓦的性能

性 能	LI-900	LI-2200
密度/(g/cm³)	144	352
气孔率/%	94	90
导热系数/[W/(m·K)]	0.017～0.052	0.017～0.052
厚度方向强度/kPa	166	483
几何尺寸/mm	203×203 或 152×152　厚度 25.4～217	

除用于固定的底面之外,防热瓦的其余各面均涂有耐热防水涂层。涂层有两种类型:一种为含 Al_2O_3 和 SiO_2 组成的涂层,呈白色,可在 650℃下工作;另一种含 SiB_4 的硼硅酸盐玻璃组成的涂层,呈棕黑色,可使用到 1260℃。

七、陶瓷纤维纺织品

陶瓷纤维纺织品种类繁多,包括陶瓷纤维布、带、绳、盘根、套管等。陶瓷纺织品除具有良好的隔热性能之外还具有一定的强度、抗机械振动和冲击性能。

制造陶瓷纤维纺织品所用的陶瓷纤维必须具有高强度,可纺率应达 60% 以上,要求纤维直径大于 $3\mu m$、长度大于 70mm。纤维越细其柔软性越好,因此,纺织用陶瓷纤维的直径不超过 $20\mu m$,通常普遍使用由甩丝工艺制造的直径在 $4\sim6\mu m$ 之间的陶瓷纤维。为了提高纤维纺织强度和可纺性能,需要将陶瓷纤维同 15%~20% 的有机纤维混合,再经过梳棉、纺纱等工序制成生产陶瓷纤维纺织品所需的陶瓷纤维纱。此外,根据产品使用温度的不同,在纺纱及合股的工序中可引入耐热合金丝或无碱玻璃纱等增强材料,以提高陶瓷纤维纱的抗拉强度。当前已有多种陶瓷连续长纤维生产,用这类连续长纤维可直接纺成陶瓷纱供制造纺织品使用。各种陶瓷纤维纺织品的制造工艺流程如图 13-49 所示。

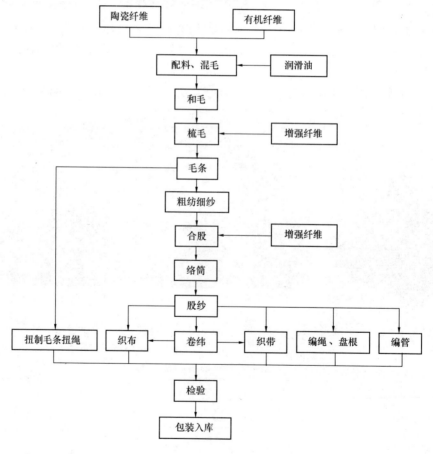

图 13-49　陶瓷纤维纺织品工艺流程[113]

由硅酸铝纤维同作为增强材料的耐热合金丝或无碱玻璃纤维混合纺纱制成的陶瓷纤维布可在 600~1000℃温度下使用,被广泛应用于工业窑炉、高温管道及反应釜的隔热、热辐射屏蔽、炉口幕帘、防火门帘、高温除尘器的过滤材料和高温操作及消防劳保用品(如手套、靴套、围裙等)。硅酸铝纤维布的性能列于表 13-44。

表 13-44 硅酸铝非晶纤维布的性能[113]

性能＼类型		玻璃纱增强纤维布	耐热合金丝增强纤维布
增强材料		无碱玻璃纤维纱	耐热合金丝
分类温度/℃		1000	1260
使用温度/℃		650	1000
密度/(g/cm³)		0.50	
有机物含量/%		≤10	
含水量/%		≤2	
断裂强度/N	经向	≥1900	
	纬向	≥1020	
主要成分/%	Al_2O_3	46	
	SiO_2	51	
产品规格/mm	宽幅布	宽2200,厚2,3	
	中幅布	宽1000,厚2,3	
	窄幅布	宽500,厚2,3	

分类温度为 1260℃或更低的硅酸铝纤维基本上由玻璃相组成,这类纤维具有相当高的室温抗拉强度,但是当温度超过玻璃软化温度后纤维的强度就会急剧下降,因此非晶形的硅酸铝纤维纺织品的使用温度通常不超过 1000℃。为了提高陶瓷纤维布的使用温度,需要采用多晶陶瓷纤维制造纺织品。常用的多晶陶瓷纤维有氧化铝纤维、莫来石纤维和氧化锆纤维。其中氧化铝多晶纤维又分为 γ-Al_2O_3 多晶纤维和 α-Al_2O_3 多晶纤维,前者往往从硼硅酸铝配料中生成,纤维中除 γ-Al_2O_3 晶体之外还伴随有大量玻璃相,因此,这种纤维的高温强度虽然比非晶态硅酸铝纤维高,但提高有限。此外,多晶纤维在加热过程中如出现明显的晶体生长,则会显著降低强度,因此一些纯 α-Al_2O_3 多晶纤维在高温下强度反而没有 α-Al_2O_3＋莫来石多晶纤维高。将单纯由玻璃相组成的纤维粗纱、γ-Al_2O_3＋玻璃相组成的纤维粗纱、单一莫来石纤维粗纱、单一 α-Al_2O_3 纤维粗纱和 α-Al_2O_3＋莫来石纤维粗纱在不同温度下保温 1.5min,然后测定拉伸强度,再算出强度损失,图 13-50 为测试结果,从图可见,α-Al_2O_3＋莫来石纤维粗纱具有最高的高温强度,而玻璃质纤维的强度到 1200℃就丧失殆尽。纯 α-Al_2O_3 多晶纤维在 1300℃

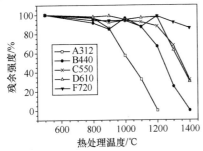

试样编号	化学成分/%			晶相组成
	Al_2O_3	SiO_2	B_2O_3	
A312	62.5	24.5	13	非晶相
B440	70.0	28.0	2	γ-Al_2O_3, 莫来石, 玻璃
C550	73.0	27.0	--	γ-Al_2O_3, 非晶态 SiO_2
D610	>99			α-Al_2O_3
F720	85.0	15.0		α-Al_2O_3, 莫来石

图 13-50 各种多晶陶瓷纤维粗纱经过 1.5min 热处理后的强度损失[269]

以下强度损失很小,但在 1300℃以上纤维内晶体发生长大,从而使强度急剧下降。相反,含有少量 SiO_2 的氧化铝纤维由大量 $\alpha\text{-}Al_2O_3$ 晶体和少量莫来石晶体组成,莫来石的存在能够在高温下抑制 $\alpha\text{-}Al_2O_3$ 晶体生长,从而使这种纤维在高温下仍旧能保持相当高的强度。

多晶陶瓷纤维布主要用于高温窑炉、高温仪器设备的隔热、窑炉口幕帘、航空航天发动机和一些武器装备的内部隔热、热辐射屏蔽。表 13-45 列出一些多晶陶瓷纤维布的性能和规格。

表 13-45　多晶陶瓷纤维布的性能规格(数据来自相应厂商的广告资料)

牌　号		BF-40	CF-40	D-19	XN-625	Kao Tex-2500	ALK-15	ZYW-15
生产商		3M	3M	3M	3M	Morgan	Zircar	Zircar
编织方式		机织缎纹	机织缎纹	机织缎纹	机织缎纹	机织缎纹	针织	机织平纹
化学成分 /%	Al_2O_3	70.0.	73.0	>99	85.0	72.0	>99	—
	SiO_2	28.0	27.0	—	15.0	14.0	0.09	—
	B_2O_3	2.0	—	—	—	2.0	—	—
	ZrO_2	—	—	—	—	—	0.42	92
	Y_2O_3	—	—	—	—	—	—	8
纤维熔融温度/℃		1800	1800	2000	1800	1800	2015	2593
最高使用温度/℃		1200				1370		2200
厚度/mm		0.97	0.94	0.48	0.56	0.89	0.38	0.38
幅宽/m		0.91	0.91	0.91	0.91	0.91	304	304
单位质量/(g/m²)		895	936	654	637	915	—	271
密度/(g/cm³)							0.49	0.76
孔隙率/%							88.0	87.0
拉伸强度 (N/cm)	经向	610	610	540	320	360	0.65lb/in 宽度	1.0lb/in 宽度
	纬向	460	460	460	320	230		
导热系数(温度℃) /[W/(m·K)]		0.130(200)						
		0.142(400)						
		0.183(800)						
加热收缩/% (℃/h)							7 (1650/1)	
加热失重/% (℃/h)							1.4 (950/1)	

幅宽小于 100mm 的编织物称为编织带。陶瓷纤维编织带是由耐热合金丝或无碱玻璃纱增强的陶瓷纤维纱编织而成。陶瓷纤维编织带的主要用途包括各种工业热工设备的隔热、热辐射屏蔽,管道、电缆绝缘隔热包覆,螺栓法兰连接处隔热等。陶瓷纤维编织带的性能列于表13-46 中。

陶瓷纤维绳可分为陶瓷纤维编绳和陶瓷纤维扭绳两类。前者由用陶瓷纤维纱线扭制而成的芯材和包覆在芯材外面的外包层组成,外覆层用耐热合金丝或无碱玻璃纱增强的陶瓷纤维纱编织而成;后者又分为陶瓷纱线扭绳和陶瓷毛条扭绳两种。陶瓷纱线扭绳用由耐热合金丝或无碱玻璃纱增强的陶瓷纤维纱用扭绳机扭制而成;陶瓷纤维毛条扭绳则采用多支陶瓷纤维毛条(粗纱)用扭绳机扭制而成。编绳具有体积密度高、结构紧密、弹性小等特点,常用于工业窑炉和高温设备的膨胀缝的密封以及高温管道和阀门密封盘根。陶瓷纱线扭绳和毛条扭绳体积密度低、弹性强,但密封性差,因此一般仅用作高温设备、高温阀门、管道的隔热包扎和电缆槽、板、桥架的防火绝缘包扎。各种陶瓷纤维绳的性能列于表13-47中。

用由耐热合金丝或无碱玻璃纤维纱增强的陶瓷纤维纱还可以织成陶瓷纤维管套,主要用于电线、电缆和管道的热屏蔽和防火。陶瓷纤维管套的性能列于表13-48中。

表13-46 陶瓷纤维编织带的性能[113]

性能 \ 种类		玻璃纤维纱增强纤维带	耐热合金丝增强纤维带
使用温度/℃		＜650	＜1000
有机物含量/%		≤10	≤10
断裂强度/N	经向	1900	1900
	纬向	1020	1020
化学组成/%	Al_2O_3	46	46
	SiO_2	51	51
规格	厚/mm	2,3	
	宽或直径/mm	10,20,30,40,50,60,70,80,90,100	
	长/m	30,50	

表13-47 各种陶瓷纤维绳的性能[113]

性能 \ 种类		圆编绳		方编绳		纱线扭绳		毛条扭绳	
分类温度/℃		1260		1260		1260		1260	
纱线增强材料		无碱玻纤纱	耐热合金丝	无碱玻纤纱	耐热合金丝	无碱玻纤纱	耐热合金丝	无碱玻纤纱	耐热合金丝
使用温度/℃		650	1000	650	1000	650	1000	650	1000
体积密度/(g/cm³)		0.55～0.60		0.55～0.60		0.20～0.40		0.20	
有机物含量/%		≤10							
含水率/%		≤2							
化学组成/%	Al_2O_3	46							
	SiO_2	51							
规格	圆编绳	直径 5,6,8,10,12,15,16,18,20,25,30,35,40,45,50mm 长度 50～100m							
	方编绳	边长 5,6,8,10,12,15,16,18,20,25,30,35,40,45,50mm 长度 50～100m							
	纱线扭绳	直径 5,6,8,10,12,15,16,18,20,25,30,35,40,45,50mm 长度 30～100m							
	毛条扭绳	直径 20mm 长度 50～100m/卷							

表 13-48　各种陶瓷纤维套管的性能[113]

表 13-48　各种陶瓷纤维套管的性能[113]

性能 \ 种类		玻璃纤维纱增强套管	耐热合金丝增强套管
使用温度/℃		<650	1000
有机物含量/%		≤10	≤10
化学组成/%	Al_2O_3	46	
	SiO_2	51	
套管内径/mm		13，19，25，38，51，63，76，102	

第 6 节　纳米孔隔热材料

根据第 1 篇中式 4-31 可知：当多孔材料中孔隙直径同包含在孔隙内的气体分子的自由程相当时，材料通过孔隙内气体的导热会极大地降低，纳米孔隔热材料就是根据此原理开发出来的。当年美国为了解决再入大气层时飞行器的热防护问题，于 20 世纪 60 年代开发出最早的纳米孔隔热材料，那是一种以纳米氧化硅为主并掺有作为增强材料的玻璃纤维和作为遮挡红外线的氧化钛颗粒的纳米孔材料，其商品名为 Min－K[270]。这种材料早先曾用于美国的水星、双子座和阿波罗航天计划中，后来逐渐扩展到许多其他需要隔热保温的领域，如飞机上数据记录器（黑匣子）的防火隔热层、钢水包保温层、炼铝电解池的隔热保温、燃料电池的保温外壳等。表 13-49 列出当前几种纳米孔隔热材料的性能规格，图 13-51 和 13-52 分别显示商品牌号为 Promalight-320 的纳米孔材料的显微结构和孔隙直径分布。

表 13-49　几种纳米孔隔热材料的性能（数据摘自厂商广告资料）

牌　号			Min-K2000	FlexibleMin-K1801	Promalight-320	
生产厂商			Thermal Ceramics（Morgan group）		Promat	
特征			刚性板	芯材为 Min-K 外包石英玻纤布并绗成 1″方格	刚性板	
使用温度/℃			982	982	950	
表观密度/（g/cm³）			—	0.128，0.160，0.256	0.22～0.33	
加热收缩/%（℃/h）			1.5（982/4）	—	1.3（900）	
压缩强度/MPa	压缩量	最大	—		3.9	
		5%	0.82		—	
		8%	1.31		—	
		10%	—	—	0.9	
弯曲强度/MPa			—	—	0.15	
比热容/[J/（g·K）]			0.963（204℃）	0.963（204℃）	1.05	
导热系数/[W/（m·K）]	204℃		0.029	厚度：3.175mm　6.35mm	200℃	0.023
				0.041　　0.036		
	427℃		0.036	0.049　　0.044	400℃	0.026
	649℃		0.058	0.064　　0.058	600℃	0.030

续表

牌 号		Min-K2000	FlexibleMin-K1801		Promalight-320	
导热系数 / [W/ (m·K)]	871℃	0.078	0.088	0.083	800℃	0.036
	982℃	—	0.103	0.097		
化学组成 /%	SiO₂	59.7	主要成分		77～80	
	TiO₂	37.1	次要成分		—	
	SiC	—	—		15～20	
几何尺寸/mm		300×300, 900×450 厚度 9.4～75	3×3, 3×4 厚度 1/2, 3/8, 3/16, 1/4, 1/8 英寸		1000×610× (5～50)	

图 13-51　Promalight-320 的显微结构右上
角为局部 10 万倍放大图

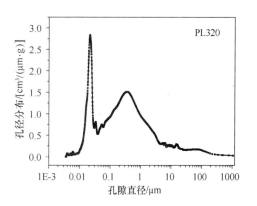

图 13-52　Promalight-320 的
孔隙直径分布

目前绝大部分实际可用的纳米孔隔热材料都以纳米氧化硅为原料，刚性的纳米氧化硅隔热材料中除纳米 SiO_2 之外还需要加入 20%～30%的红外消光剂，以增大材料对红外热辐射的不透明度，从而降低辐射传热作用。常用的红外遮光剂是 TiO_2，颗粒度在 0.5～3μm 之间，粒度过粗会破坏材料中的纳米孔结构。除 TiO_2 之外也可用碳粉（如石墨细粉或碳黑粉）、SiC、ZrO_2 或锆英石粉。不同消光剂对降低热辐射作用各异，图 13-53 给出了纯纳米氧化硅压制板以及分别添加 20%石墨粉和 30%TiO_2 的纳米氧化硅压制板在不同温度下的导热系数。含石墨粉材料在 700℃以上出现明显氧化、烧失，因此其导热系数迅速增大。图 13-54 为纳米孔 SiO_2＋石墨粉材料中孔隙直径分布，从图可知这种材料内大多数孔隙的直径在 45nm 左右，此外尚有部分尺寸在 30nm 和 70nm 左右的孔隙。由于空气中各种气体分子的平均自由程在 70nm 上下，因此该材料内绝大部分的孔隙直径都小于气体分子平均自由程，从而极大地降低了孔隙内气体的热传导，同时材料中的石墨粉对红外线有很强的消光作用，大大降低了热辐射传热，于是是该材料具有很小的导热系数。

纳米氧化硅是塑料、橡胶和精细化工等工业中的一种重要原料，其纯度一般都大于92%（其余主要是烧失物），一次颗粒直径为 20～60nm，BET 比表面积在 200m²/g 以上。纳米氧化硅粉料分亲水型和憎水（亲油）型两种。亲水型粉料遇水即水解成硅酸凝胶，如果水多则成为二氧化硅溶胶，从而破坏了原来粉料中的纳米孔隙结构。在再干燥过程中随着水

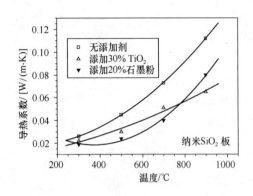

图 13-53　不同添加剂对纳米孔氧化
硅材料导热系数的影响[271]

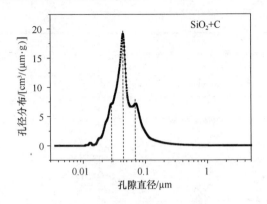

图 13-54　纳米孔 SiO₂＋C 材料中
孔隙尺寸的分布[271]

分的排除，纳米氧化硅颗粒发生严重团聚，虽然团聚体内部仍旧含有纳米孔隙，但团聚体之间存在大量微米甚至毫米级孔隙。因此，使用亲水型纳米氧化硅粉料制造隔热材料时，不能在其中添加任何含水液体。另一方面，如果在其中添加油性液体，则由于油性液体无法润湿纳米氧化硅颗粒的亲水表面，使得液体与粉料不能很好地混合均匀。因此亲水型氧化硅粉料在油性液体中因被液相排斥而互相聚集在一起，无法制成均匀的油性泥浆。乙醇的极性虽然比水弱，但是其羟基仍旧能够同纳米氧化硅颗粒表面反应，因此它也属于水性液体。憎水型纳米氧化硅的工艺特性则同亲水型正好相反。纳米氧化硅的这种特性给隔热材料的成型带来一定的麻烦，不能像一般的陶瓷工艺那样在粉料中加入一定数量的溶液作为润滑剂和结合剂进行半干压成型，更无法制成均匀的泥浆，采用注浆成型或压滤成型。通常需采用干压成型来制备纳米氧化硅隔热型材。然而由于粉料中颗粒极细小，因而内摩擦极大，需要施加极大的压力才能压缩纳米粉料，使之形成具有一定强度的粉料集合体。即使这样，压力在粉体内的传递和分布也很不均匀，从而造成素坯内部密度分布不均匀。采用这种干压成型工艺更无法制造复杂形状的制品。为改进纳米氧化硅的成型工艺，研究人员进行了许多努力，其中一个办法[272]是采用憎水型纳米氧化硅为原料，并在其中添加 2％的玻璃纤维和 10％针状硬硅酸钙晶须（将用水热合成的高温型微孔硅酸钙颗粒粉碎得到）以及 20％炭黑粉或 30％TiO₂细粉，将此混合物投入含有十二烷基苯磺酸钠和浓度为 5％的硅溶胶的水溶液中，并强力搅拌，在搅拌过程中大量气泡被裹入到液体中，憎水的氧化硅颗粒聚集在气泡表面，硬硅钙石晶须和玻璃纤维则分散在气泡周围的水中，并限制过大气泡的形成，整个固/液/气体系变成含有大量小气泡的假塑性三相泡沫料浆。泡沫料浆中如固相含量过低，在压滤成型时硬硅钙石晶体和玻璃纤维数量不足以阻挡泡沫从模具缝隙挤出，大量纳米氧化硅颗粒随气泡被排除出模具之外；如固相含量太高，则泡沫料浆黏度高、流动性差，造成料浆无法均匀填充模具。当固相含量为 10％～15％时料浆具有很好的浇注和压滤性能。把这种泡沫料浆倒入压滤成型的模具中，以 2.6MPa 压力压滤成型，料浆内有足够数量的硬硅钙石晶体和玻璃纤维聚集在模具缝隙附近，阻止气泡流失，但可以让水分通过这些固相构成的缝隙排出模具之外。并且随着水分被滤出，料浆内大量微米级气泡被压缩、变小、最终消失，形成大量纳米孔隙。干燥后压滤成型坯体的密度为 0.45g/cm³，压缩变形达 5％和 8％时的强度分别为0.6MPa 和 1.3MPa。这种材料的压缩强度与表 13-49 中所列的 Min-K 2000 相仿。

纳米氧化硅粉俗称白炭黑，可以通过多种工艺方法制造：

（1）气相反应法：这是工业化生产白炭黑的主要工艺之一。以四氯化硅或其他氯硅烷气体在氢氧焰的高温气流中反应生成烟雾状二氧化硅：

$$SiCl_4 + 2H_2 + O_2 = SiO_2 + 4HCl \qquad (13-5)$$

所生成的纳米 SiO_2 颗粒漂浮在气流中不易捕集，须将其引入聚集器中，利用强烈扰动的湍流将纳米颗粒聚集成较大的絮状团聚体，然后经过旋风分离器收集，再送入脱酸塔，利用含氨的空气或湿热空气吹洗，以除去残留在 SiO_2 团聚体中的 HCl。气相法制造的纳米氧化硅粉料的性能列于表 13-50 中。

表 13-50 气相法制造的纳米氧化硅粉料性能

型 号		HN-300（中国）	QS-102（德国）	QS-30（德国）	K-200（韩国）
类型		憎水	憎水	憎水	亲水
化学成分 /%	SiO_2	≥99.8	>99.9	>99.9	≥99.8
	Fe_2O_3	≤0.003	<20ppm	<20ppm	≤0.003
	Al_2O_3	≤0.05	<20ppm	<20ppm	≤0.05
	TiO_2	≤0.03			≤0.03
BET 比表面积/（m^2/g）		300±25	200±20	300±30	200±20
一次颗粒直径/nm		—	12	7	—
加热失重 /%	105℃	≤1.5	<1.5	<2.0	≤1.5
	1000℃	≤2.0	—	—	≤1.5
密度/（g/cm^3）		（表观）0.03~0.06	（表观）0.05	（表观）0.05	（表观）0.05
325 目筛余/%		≤0.05	≤0.01	≤0.01	≤0.05
pH 值		3.6~4.3	4.2	4.2	3.7~4.7

（2）碳热反应法：石英砂在电弧炉中用焦炭还原成一氧化硅，然后，一氧化硅在空气中氧化成二氧化硅：

$$SiO_2 + C = SiO + CO \qquad (13-6)$$

$$2SiO + O_2 = 2SiO_2 \qquad (13-7)$$

以上两种方法均可生产颗粒细小、团聚程度轻、容易分散的纳米氧化硅粉料，其缺点是第一种方法所用原料价格比较贵，而碳热法的能耗比较高。

（3）沉淀法：以稀释的硅酸钠水溶液为原料，加入某种无机酸，当溶液 pH 值达到 6~8 范围内便形成硅酸溶胶，再加热到一定温度使硅酸胶体缩合，形成水合氧化硅凝胶：

$$Na_2SiO_3 + 2H^+ = H_2SiO_3 + 2Na^+ \qquad (13-8)$$

$$H_2SiO_3 + (n+1) H_2O = SiO_2 \cdot nH_2O \qquad (13-9)$$

$$mSiO_2 \cdot nH_2O = mSiO_2 \cdot pH_2O + (n-p) H_2O \qquad (13-10)$$

形成凝胶后的料浆在压滤机中过滤、洗涤和吹扫成为滤饼，滤饼主要由氧化硅凝胶构成，原来溶胶中的钠离子随滤液排除。滤饼再同水搅拌成浆料，送入喷雾干燥器除去水分，成为固态粉料。沉淀法中所用的无机酸有硫酸、盐酸、硝酸、碳酸（通入二氧化碳）。不同的酸所生成的凝胶形态有所不同，从而影响凝胶内钠离子的清除，进而影响生产率和产品的质量，其中采用硫酸的效果比较好。沉淀法很难完全清除凝胶内的钠离子，使得所生产的纳米氧化硅纯度不能很高，同时水基凝胶经过干燥除水会造成严重的团聚，即使将干燥后的粉料进行研磨，最终得到的也是坚硬的微米或亚微米粒径的纳米氧化硅团聚体。沉淀法生产的纳米氧化硅粉料的性能列于表 13-51 中。

表 13-51　沉淀法制造的纳米氧化硅粉料性能

型　　号		LL-300	Zeosil15	Zeosil25Gr	Tixosil383
化学成分 /%	SiO$_2$	≥93.0	92.0	93.0	93.0
	Fe$_2$O$_3$	<100ppm	—	—	—
BET 比表面/（m^2/g)		180～210	240	125	260
加热失重 /%	105℃	4.0～7.0	6.0	6.0	7.0
	1000℃	≤7.0	4.5	4.0	4.5
密度/（g/cm^3)		—	（压紧）0.30	（压紧）0.30	（压紧）0.17
325 目筛余/%		—	0.5	0.5	≤0.5
pH 值		5.8～7.0	6.9	6.7	6.9

（4）气凝胶法：用气凝胶法制造的纳米氧化硅粉体中团聚结构比较疏松，颗粒之间构成纳米孔隙。具体的制备工艺可参见后文关于气凝胶的制备工艺。

另一种形式的纳米孔隔热材料就是气凝胶，气凝胶是一种纳米固体粒子充分分散在气相中，又互相聚结构成一种具有纳米孔的网络结构（图 13-55）的轻质非晶固态材料，其孔隙率高达 80%～99%，孔隙直径在 100nm 以下。就隔热保温应用而言，气凝胶材料主要有氧化物气凝胶和碳气凝胶。在氧化物气凝胶中研究和应用最多的是氧化硅气凝胶。气凝胶具有极小的导热系数，但是其强度也极低，而且制造工艺比较复杂，当前还没有实现大规模的工业化生产。作为隔热保温用途的气凝胶主要用于航天和军工武器领域。图 13-56 为氧化硅气凝胶的外观，表 3-52 列出氧化硅气凝胶的一些物理性质。

图 13-55　气凝胶中纳米网络结构示意图

图13-56　氧化硅气凝胶外观[273]

氧化物气凝胶的制备分为两个主要步骤：首先制备湿凝胶，然后将湿凝胶干燥，除去残留在湿凝胶内的液体，同时保持凝胶内的网络结构。

湿凝胶的制备可利用一般的溶胶-凝胶工艺实现。如以正硅酸四乙酯（TEOS）为原料，同含有适量水和催化剂（常用盐酸）的乙醇混合，使之发生水解反应生成硅酸溶胶：

表 13-52 氧化硅气凝胶的各种物理性质[275]

性 质		数 值	备 注
表观密度/(g/cm³)		0.003～0.35	
比表面积/(m²/g)		200～1600	BET 法
固相含量/%		0.13～15	—
平均孔径/nm		～20	BET 法
颗粒直径/nm		2～5	TEM 观察
折射指数		1.0～1.05	—
耐温/℃		500	当温度>500℃开始出现收缩，>1200℃出现烧结
热膨胀系数/K⁻¹		$(2.0～4.0)×10^{-6}$	超声波法测定
表观导热系数 /[W/(m·K)]	纯 SiO₂ 气凝胶	0.017	室温、常压
	纯 SiO₂ 气凝胶	0.008	室温、真空(<1.33kPa)
	SiO₂+9%C 气凝胶	0.0135	室温、常压
	SiO₂+9%C 气凝胶	0.0042	室温、真空(<1.33kPa)
Poisson's 比		0.2	—
弹性模量/Pa		$10^6～10^7$	
拉伸强度/kPa		16	试样密度为 0.1g/cm³
断裂强度因子/(kPa·m^{1/2})		～0.8	试样密度为 0.1g/cm³
介电常数		～1.1	试样密度为 0.1g/cm³
介质声速/(m/s)		100	试样密度为 0.07g/cm³

$$Si(OC_2H_5)_4 + 4H_2O \Longrightarrow Si(OH)_4 + 4C_2H_5OH \qquad (13-11)$$

然后硅酸溶胶互相脱水缩聚：

$$2Si(OH)_4 \Longrightarrow (HO)_3Si-O-Si(OH)_3 + H_2O \qquad (13-12)$$

$$(HO)_3Si-O-Si(OH)_3 + Si(OH)_4 \Longrightarrow (HO)_3Si-O-Si(OH)_2 \qquad (13-13)$$
$$\underset{Si(OH)_3}{\overset{\mid}{\underset{\mid}{O}}} + H_2O$$

······ ······ ······ ······

像式（13-12）和式（13-13）那样的缩聚反应不断进行，最终构成以硅氧键－Si－O－Si－为主体的网络结构，形成凝胶。在水解反应开始不久，缩聚反应就也开始了，因此在溶胶-凝胶过程的大部分时间内这两种反应是同时进行的，并且在已经缩聚的硅氧链上的未水解部分可继续水解。水解反应和缩聚反应均受反应物之间的浓度比、pH 值以及反应温度的控制。在酸性条件下硅酸单体的缩聚反应较慢，形成聚合物状的硅氧键，最终得到弱交联、低密度网络的凝胶。而在碱性条件下硅酸单体水解后迅速缩聚，生成相对致密的胶体团聚体，这些胶体团聚体相互联结形成网络结构的凝胶。通常在溶胶-凝胶过程的开始阶段，加入酸性催化剂，使体系的 pH 值保持在 2 左右，以形成尽量多的弱交联硅氧键网络，然后在溶胶尚未凝结前加入碱性催化剂，升高 pH 值，以形成致密的胶体团聚体网络结构。如果

pH 值过大（>8.5），胶体颗粒以及网络表面会发生重新溶解，然后再重新缩合凝聚。这种反复进行的过程也存在于凝胶的老化和干燥过程中，造成凝胶的比表面积减小，网络内孔径分布及组成网络的胶体颗粒半径的分布变窄。

氧化硅凝胶还可以用水玻璃为原料来制备，水玻璃远比正硅酸酯便宜，因此是一种很有商业价值的工艺方法。水玻璃是一种可溶性碱金属硅酸盐，又称泡花碱。水玻璃可分为钠水玻璃（$Na_2O \cdot nSiO_2$）和钾水玻璃（$K_2O \cdot nSiO_2$），分子式中的系数 n 称为水玻璃模数，表示水玻璃中的氧化硅和碱金属氧化物的分子数比（摩尔数比）。n 一般在 1.5～3.5 之间。水玻璃模数越大，固体水玻璃越难溶于水，$n=1$ 时常温水即能溶解，而 $n>3$ 时只能溶于高压热水中。通常水玻璃以水溶液形态出售，其中碱金属硅酸盐的浓度用溶液的密度来表示。一般商品水玻璃的模数为 2.4～3.3，密度为 1.36～1.50g/cm³。为制备氧化硅凝胶，可采用模数为 3 左右的水玻璃液，用 4～6 倍于水玻璃的去离子水稀释，在室温下将稀释液通过充满强酸性苯乙烯阳离子交换树脂柱，除去水玻璃中的钠离子和其他阳离子。处理后的溶液 pH 值在 2.0～3.0 之间，然后加入 0.1～0.5mol/L 的氢氧化钠溶液调节 pH 值至 4～5，将溶胶倒入聚乙烯模具中，在室温或略高于室温（30～50℃）下静置一段时间，使溶胶转化成凝胶，并在同样的温度下老化约 4～5h。

湿凝胶内饱含大量液体，要得到气凝胶，必须设法将这些液体除去。在传统的干燥过程中（如加热或减压干燥），由于气/液间表面张力的存在，随着水分的排除，会导致凝胶中网络结构缩塌，并造成材料收缩和碎裂。为了在干燥后仍保持凝胶中的网络结构，必须极大地降低凝胶内的气/液表面张力，最好使气/液表面张力为零。利用具有低表面张力的有机液体置换湿凝胶内原来的含水液体可以大大降低凝胶网络内液相的表面张力。例如把上述用水玻璃为原料制备的湿凝胶先浸泡在无水乙醇内，每隔 16h 更换一次乙醇，反复 3～4 次以便尽量将凝胶内水分置换出来，然后将湿凝胶放到六甲基二硅醚[$(CH_3)_3SiOSi(CH_3)_3$，简写为 HMDSO]和盐酸（HCl）混合液（HCl：HMDSO=0.8：1）中，在 60℃下浸泡 24h。常压下将处理后的凝胶分别在室温和 120℃下各干燥 2h，再以 3℃/min 的速度升温至 180℃保温，直至完全干燥，再自然冷却至室温后便可制得 SiO_2 气凝胶块体[273]。HMDSO 不仅表面张力小，而且它和盐酸反应生成三甲基氯硅烷[$Si(CH_3)_3Cl$ 的速度简写为 TMCS]，三甲基氯硅烷可同凝胶中胶体颗粒表面的亲水的硅羟基团（≡Si—OH）反应，生成憎水性甲基硅氧基团 [≡Si—O—Si(CH_3)_3]，避免了亲水性硅羟基之间发生缩聚脱水而引起网络坍塌，同时使原来亲水性气凝胶转换成憎水性气凝胶。用来置换和表面改性的处理液，除上述六甲基二硅醚和盐酸混合液之外，也可用乙醇+三甲基氯硅烷+庚烷（C_7H_{16}）混合液或 HMDSO+TMCS 混合液进行对凝胶的液相置换和憎水处理。

利用超临界干燥工艺可以将湿凝胶内的液体完全排除同时又保持凝胶原来的网络结构。该工艺的要点是首先用干燥介质（液相）替换湿凝胶中存在的液相，然后将凝胶连同干燥介质置于高压容器内密封加热，使容器内的气压和温度超过干燥介质的临界点。在这样的环境中气液界面消失，表面张力不复存在。在超过临界点的温度下通过容器的排泄阀释放干燥介质，当容器内压力下降到与周围环境大气压相等，再开始降温至室温，此时存在于凝胶中的干燥介质已排除殆尽，变成干燥的气凝胶。由于凝胶内的液相是在超临界状态下排出，不存在表面张力，因此，凝胶网络的毛细管壁在排液时也不承受表面张力的压缩，网络结构也就不受破坏。水在临界点的温度和压力分别为 374℃、22MPa，如用水为干燥介质，对设备的耐温和耐压要求十分苛刻，因此通常不用水作为干燥介质。常用的超临界干燥介质有甲醇（临界点为239.4℃、8.09MPa）和二氧化碳液体（临界点为31.064℃，7.38MPa）。由于甲醇易燃且对人体有害，故目前大规模制备时大多采用二氧化碳干燥。为了将湿凝胶内的液体被液态CO_2置换出去，须将待干燥的湿凝胶置于高压釜内，封好高压釜后通入液态二氧化碳，在一定压力和温度下多次反复替换釜中以及凝胶内部的液体，当凝胶内液体替换完全后，即升温至40℃、10MPa左右的超临界状态，保持数小时，使CO_2流体完全充满凝胶孔洞，随后开启泄压阀，以0.2MPa/min的速度将釜内压力降至常压，然后自然冷却至室温，打开釜取出干凝胶[274]。

碳气凝胶是由碳纳米颗粒相互连接成为网络而构成的一种气凝胶，网络中碳颗粒直径为3～20nm，孔隙率达80%～98%，孔隙平均尺寸小于1～50nm，比表面积可高达600～1100m²/g，常温、常压下导热系数为0.012W/(m·K)[276]。碳气凝胶除了可用作隔热材料之外，因其具有良好的导电性（电导率为5～40S/cm），成为一种理想的大容量双电层电容器的电极材料，可用于新型储能设备中。

利用高活性多官能团的酚类与醛在稀溶液中凝胶化，然后干燥脱除凝胶内溶剂再碳化便获得碳气凝胶。因此，碳气凝胶制备技术包括三个主要步骤：有机凝胶的制备，有机凝胶中液相的排除（干燥）以及经过干燥的有机凝胶的碳化。早期利用间苯二酚和过量甲醛在水中在碱催化剂帮助下发生加成和缩聚反应，形成凝胶。具体做法是将间苯二酚[$C_6H_4(OH)_2$]和甲醛（HCHO）以1:2的摩尔数比混合，加入去离子水作为溶剂（水的加入量决定了最终气凝胶的密度），并以适量碳酸钠（Na_2CO_3）作为催化剂，充分搅拌使反应溶液混合均匀，然后移至密闭容器内加热到85℃，经过数天时间的溶液-凝胶过程，便生成红色透明的凝胶[276]。上述过程中水的加入量有很大作用，必须使水中有机单体的浓度<30%，这样有机单体的交联反应就不能形成紧密的三维网络结构的聚合物，而是首先形成了许多悬浮在水中的胶粒，胶粒间通过布朗运动相互碰撞聚集成团簇，团簇表面的官能团互相发生交联反应，成为由胶粒互相联结而成的空间网状结构，作为溶剂的水充满网络间的空间，于是成为凝胶。上述凝胶也可用间苯三酚[$C_6H_3(OH)_3$]同甲醛来制备，间苯三酚比间苯二酚更容易与甲醛反应生成凝胶，从而缩短完成凝胶过程的时间。此外还可以用蜜胺（三聚氰胺）＋甲醛、酚醛树脂＋糠醛、2，4-二羟基苯甲酸＋甲醛等作为制备碳气凝胶的原料。表13-53列出用不同原料制备的碳气凝胶的基本特性。

表13-53 不同原料制备的碳气凝胶的特性[277]

所用原料	密度/(g/cm³)	粒径/nm	比表面积/(m²/g)	孔径/nm
间苯二酚＋甲醛	0.05～0.80	3～20	600～800	1～50
蜜胺＋甲醛	0.10～0.80	—	875～1025	<50
热塑性酚醛树脂＋糠醛	0.10～0.50	<10	350～600	<50
酚类同分异构物混合物＋甲醛	0.10～0.34	—	508	<50

为排除有机凝胶内的液体，需对其进行干燥。比较成熟的工艺是超临界干燥。对于以间苯二酚＋甲醛为原料制得的凝胶，可先将其在45℃的0.125%三氟醋酸溶液中浸泡3d，以洗去碳酸钠溶液并促进凝胶内胶粒之间的进一步交联，有利于提高碳气凝胶的强度。然后在45℃的丙酮中浸泡4d，使残留在凝胶内的水分转移到丙酮中。最后将丙酮注入超临界干燥器的干燥缸内，再把经丙酮除水的凝胶浸入其中，关闭干燥器，并降温至4～6℃，再通入

液态 CO_2，经过多次置换，将丙酮置换成液态 CO_2 包围在凝胶周围，让凝胶在其中浸泡 2d。然后升温至 40℃，容器内压力随之升高到 7.5～8.5MPa，超过了二氧化碳的临界点。随后打开泄气阀，缓慢排除二氧化碳。当干燥器内压力降至环境压力后开始降温，当温度达到室温后即可打开干燥器，取出有机气凝胶[276]。

有机气凝胶在惰性气氛（氮气或氩气）下、700～1100℃ 范围内碳化得到碳气凝胶。各个碳化工艺参数对碳气凝胶结构和性能有不同程度的影响，影响作用大小顺序为升温速率＞碳化温度＞碳化时间。在 700℃ 左右进行碳化，碳气凝胶的孔隙率、孔隙体积以及比表面积达到最高值。碳气凝胶的密度随碳化升温速率的提高而增大并随碳化温度的提高而降低。碳气凝胶的电导率随碳化温度的升高而增大，但碳化温度超过 1000℃ 后则变化不大。

第 7 节　梯度复合隔热材料

当前所有的隔热材料都有一个特点，即具有很低导热系数的材料的耐高温性能都不很理想，例如前一节中的纳米孔材料，其导热系数能够低于静止空气的导热系数，但最高使用温度都不超过 1000℃。另一方面，能够在高于 1600℃ 以上工作的隔热材料的导热系数都远大于 0.1W/(m·K)，例如氧化锆纤维板可以在 2200℃ 的高温下使用，但其 1650℃ 下的导热系数达 0.24W/(m·K) 或更高（表 13-41）。碳泡沫材料在惰性气氛中能耐 3000℃ 的高温，而其导热系数为 0.25～25W/(m·K)[278]。隔热材料这一特性往往不能满足一些要求苛刻的隔热场合。例如要求厚度仅为 10～20mm 的隔热材料的热面能够经受 2000K 以上的高温，而冷面温度需低于 500K，即能够在隔热材料内形成 100K/mm 左右的平均温度降。为实现这种隔热要求，需要材料的耐高温特性能够达到 2000K 或更高，而包括传导和辐射的综合导热系数（表观导热系数）仅为 0.1W/(m·K) 左右。然而，没有一种单一材料能够满足这样的要求。这样便提出了梯度复合隔热材料的概念。所谓梯度复合隔热材料就是根据隔热材料在工作时的沿厚度方向的温度变化选用不同材质的隔热材料，使之既能适应该区域的温度环境，不致因所处温度过高而使材料破坏，同时又尽可能保持低的表观导热系数，以便形成最大的温度降。这种材料从厚度方向看其材质是变化的，从热面到冷面其耐高温性能下降而导热系数变小。一般而言，梯度复合隔热材料沿厚度方向至少可分为三个区域，即同热面高温接触的高温区、同冷面低温（或环境温度）接触的低温区以及处于这两个区域之间的中温区。处于高温区的材料一般选用耐温可达 2000K 或更高的材料，其导热系数允许 ＞0.2W/(m·K)；处于中温区的材料选用耐温＞1500K 而导热系数在 0.1W/(m·K) 左右或更小的材料；低温区的材料耐温可以不超过 1200K，但导热系数应＜0.07W/(m·K)。图 13-57(a) 和 (b) 所示为两种梯度复合隔热材料的具体例子，图中给出各层材料的材质和厚度，其中石英纤维/硅酸钙复合纸请参见本章第 5 节。对这两种梯度复合材料进行隔热效果试验，具体方法是：按照图示结构制备 100mm×100mm 见方的试样，这两个试样的厚度分别为 8.5mm 和 8.0mm，在试样的碳纤维织布面上安放一直径 80mm、厚 7mm 的开槽石墨片（开槽是为了使中心部分热量集中垂直向下传递），石墨片表面用 CVD 工艺制作 SiC 涂层，厚度约 0.1mm。用氧炔焰加热石墨片表面，使其保持在 1800℃，每隔 0.5min 测量并记录石墨表面及试样冷面（即玻璃纤维胶布）上的温度。石墨的表面和试样冷面的温度变化分别示于图 13-58 和 13-59 中。另外，为了比较，用单一耐高温氧化铝纤维毡和碳纤维毡分别制备了试样，并按照同样的方式试验隔热效果，测量结果分别示于图 13-60 和 13-61 中。

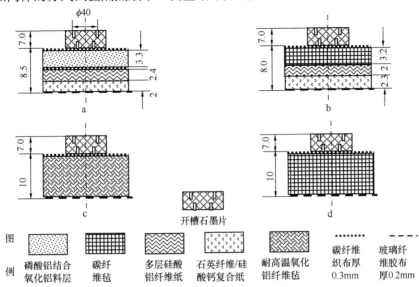

图 13-57　两种梯度复合隔热材料(a 和 b)以及单一耐高温氧化铝纤
维毡(c)和单一碳纤维毡(d)的结构(单位：mm)

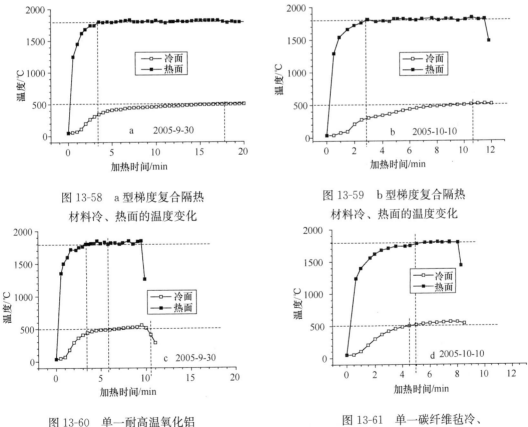

图 13-58　a 型梯度复合隔热
材料冷、热面的温度变化

图 13-59　b 型梯度复合隔热
材料冷、热面的温度变化

图 13-60　单一耐高温氧化铝
纤维毡冷、热面的温度变化

图 13-61　单一碳纤维毡冷、
热面的温度变化

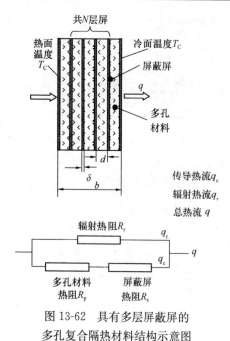

图 13-62　具有多层屏蔽屏的
多孔复合隔热材料结构示意图

从图 13-58 和 13-59 可见，当这两种梯度复合隔热材料的热面温度达到并保持在 1800℃，其冷面分别需要经过 15、7.8min 才达到 500℃，并且从冷面的升温趋势可推测冷面温度将在稍高于 500℃达到恒定。从图 13-60 可见单一耐高温氧化铝纤维毡试样的热面达到 1800℃后大约只经过 2.5min 其冷面温度便达到 500℃，并且此后冷面温度呈现继续上升趋势；从图 13-61 可见单一碳纤维毡试样的热面尚未达到 1800℃，其冷面温度就已经达到 500℃，此后冷面温度也呈现继续上升趋势。注意到这两种单一材料试样的厚度稍大于前面两种梯度复合隔热材料的厚度，因此，梯度复合材料的隔热效果是非常明显的。

随着温度的升高，多孔隔热材料内通过热辐射传递的热量越来越多，因此，用于高温隔热场合必须考虑采取降低热辐射的施。前面已经讨论过，在纳米孔材料中添加吸收和散射红外辐射的颗粒状材料来降低热辐射对传热的贡献。另一种更为有效的方法是利用低辐射率的屏蔽屏来阻挡红外辐射的传递。大多数表面未被氧化的金属具有很小的辐射率(表 13-54)，因此可在多孔隔热材料内放置多层金属屏来阻挡热量通过辐射传递，这就构成多孔陶瓷/金属箔复合隔热材料，图 13-62 为其结构示意图。

表 13-54　一些金属材料的辐射率[279]

物质 ＼ 温度/℃	38	260	538	1090	2760
碳膜		0.95			
石墨	0.41	0.47	0.54	0.64	0.73
铝(被氧化)	0.1～0.2	0.23	0.33		
金	0.02	0.02	0.03	0.03	
钼	0.06	0.08	0.11	0.18	0.43
铂		0.06	0.10	0.19	0.28
铂黑	0.93	0.96	0.97	0.97	0.97
纯铁	0.06	0.08	0.13	0.22	
铁(被氧化)	0.63～0.79	0.66～0.80	0.75～0.84		
纯镍	0.04	0.06	0.10	0.16	
镍(被氧化)	0.31	0.46	0.67		
钛	800℃/0.31	1050℃/0.33	1300℃/0.40		
钨	25℃/0.024	100℃/0.032	500℃/0.071	1000℃/0.15	2000℃/0.28
石墨碳	100℃/0.76	500℃/0.71			

如图 13-62 所示，由 $N+2$ 个金属屏和多孔材料组成一种复合隔热材料，每个金属屏厚度为 δ，互相之间距离为 d，隔热材料的总厚度为 b，传热面积为 A，热流垂直该面，沿厚度方向传递，冷、热面温度分别为 T_C 和 T_H。如果仅考虑金属屏蔽屏对传热的影响，可以写出如下的热流密度方程式：

$$q_r = \frac{n^2 \sigma A\ (T_H^4 - T_C^4)}{(N+1)\left(\dfrac{2}{\varepsilon}-1\right) + (a+2s)(N+1)\dfrac{d}{2}}$$

(13-14)

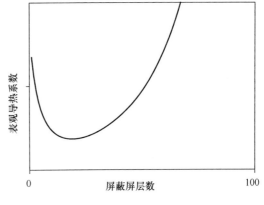

图 13-63 具有多层屏蔽屏的隔热材料的表观导热系数随屏蔽屏数量的变化

式中 q_r 为辐射传热的热流密度，n 为屏蔽层之间的多孔材料的折射指数，ε 为屏蔽屏的热辐射率，σ 为斯蒂芬-波尔兹曼常数，a 和 s 分别为多孔材料的吸收系数和散射系数。根据图 13-62 所显示的几何关系有下列关系式：

$$(N+1)d = b-(N+2)\delta \tag{13-15}$$

式(13-14)显示辐射屏蔽屏的层数越多就使 q_r 越小，即隔热效果越好。然而实际情况并非如此，因为除辐射传递热量之外，尚有通过传导传递的热量(q_c)，总的热流密度应是两者之和，如图 13-62 中的等效热阻图所示。其中 $N+1$ 层多孔材料的总热阻 R_p 和 $N+2$ 层屏蔽屏的总热阻 R_s 分别为：

$$R_p = \frac{(N+1)d}{A\lambda_p} = \frac{b-(N+2)\delta}{A\lambda_p} \tag{13-18}$$

$$R_s = \frac{(N+2)\delta}{A\lambda_s} \tag{13-17}$$

其中 λ_p 和 λ_s 分别为多孔材料和屏蔽屏的导热系数。

$$q_c = \frac{T_H - T_C}{R_p + R_s} = \frac{A\ (T_H - T_C)}{\dfrac{b-(N+2)\delta}{\lambda_p} + \dfrac{(N+2)\delta}{\lambda_s}} \tag{13-18}$$

另一方面，总的热流密度 q 可用整个复合隔热材料的表观导热系数 λ_a 来表示：

$$q = \frac{A\ (T_H - T_C)}{b/\lambda_a} \tag{13-19}$$

根据以上这些关系式，可得到复合隔热材料的表观导热系数 λ_a 的表达式：

$$\lambda_a = \frac{n^2 \sigma\ (T_H^2 + T_C^2)\ (T_H + T_C)}{\dfrac{N+1}{b}\left(\dfrac{2}{\varepsilon}-1\right) + (a+2s)\left[\dfrac{1}{2} - (N+2)\dfrac{\delta}{b}\right]} + \frac{\lambda_p}{1-(N+2)\left(1-\dfrac{\lambda_p}{\lambda_s}\right)\dfrac{\delta}{b}}$$

(13-20)

在满足式(13-15)的范围内表观导热系数 λ_a 并不随 N 单调变化，而是如图 13-63 那样有一个极小值。该值既与材料的各个物理性质参数有关，又同隔热材料的总厚度 b 以及屏蔽屏厚度与总厚度之比 δ/b 有关。将各种相关的材料参数代入式(13-20)，通过作图方式或求极值的方法可得到使导热系数最小所需要的屏蔽屏层数。

利用上一节所述的方法：以憎水型纳米氧化硅、硬硅钙石晶须和硅酸铝纤维为原料先制备泡沫浆料，再用抽滤成型工艺制备厚度为 1.5mm 的薄片，用 7 片这种薄片与 6 片厚度为

0.1mm 的金属钼箔相间叠放、压制再经过干燥得到厚度 10mm、含有 6 层金属钼屏蔽屏的复合材料试样(图 13-64)。为了对比，用相同工艺制备了不含屏蔽屏、同样厚度的纳米氧化硅试样。分别对这两种试样单面加热，同时测定冷、热面的温度。图 13-64 为测试装置示意图，测试结果示于图 13-65。从图 13-65 可见，带有 6 层辐射屏蔽屏的材料的冷热面温差显著大于无辐射屏蔽屏的材料，而且随着热面温度的升高，这两种材料的温差差别增大。图中还给出利用有限元法计算得到的温差值[280]，由图可见，计算值与实测值相差不大。

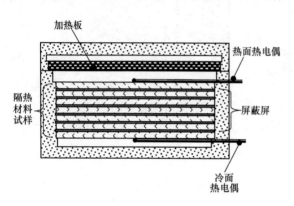

图 13-64　带有金属屏蔽屏复合隔
热材料的隔热效果试验装置

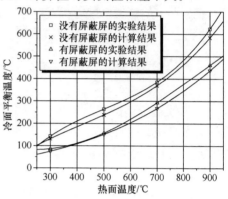

图 13-65　纳米氧化硅材料和带屏蔽屏
纳米氧化硅材料的隔热效果对比[280]

第14章 低膨胀系数陶瓷材料

大部分陶瓷材料(包括无机玻璃)的热膨胀系数在 $10^{-6}K^{-1}$ 数量级上,比大多数金属材料和有机工程材料的热膨胀系数小 1~2 个数量级,然而在许多要求对温度微小变化有高度稳定性的场合(如精密仪器、精密机械、航天和航空、光学和电子工程等领域),一般陶瓷材料的热膨胀特性仍然不能满足要求。在上述场合常常要求材料的热膨胀系数 $<1\times10^{-6}K^{-1}$,甚至要求热膨胀系数为零。此外,降低材料的热膨胀系数可以极大地减小温度剧变时对材料内部诱发的热应力,从而大大提高材料的抗热震性能,而高抗热震性能对许多耐火材料和制品非常重要。因此,低膨胀系数乃至零膨胀系数陶瓷材料对于高新技术工程领域和传统技术工程领域都具有广泛的用途。

在第 1 篇第 7 章第 3 节和第 6 节中已经讨论了陶瓷和玻璃材料的热膨胀系数与材料结构的关系。本章将讨论低膨胀和零膨胀系数陶瓷材料的制造工艺问题。

第 1 节 石英玻璃及熔融石英陶瓷

石英玻璃是最早也是应用最广泛的一种低膨胀系数材料,在室温附近普通石英玻璃的膨胀系数只有 $(5\sim6)\times10^{-7}K^{-1}$。熔融石英陶瓷是用石英玻璃为原料,通过陶瓷成型工艺制造成素坯,再经过烧成形成石英玻璃的致密烧结体。熔融石英陶瓷的膨胀系数比石英玻璃的高,大致为 $10\times10^{-7}K^{-1}$ 左右,并且材料不透明,然而同其他陶瓷材料相比,熔融石英陶瓷的抗热震性能极高。

由于石英玻璃的低膨胀特性,在精密光学设备(如高精度光栅尺、大规模集成电路光蚀刻设备的光源投入和成像系统)、大型天文望远镜镜片、大口径激光器镜头、宇航器窗口等领域有广泛应用。此外,石英玻璃还具有优良的光学特性和介电特性,因此在电光源、光导纤维以及半导体工业等领域也有广泛用途。熔融石英陶瓷不仅膨胀系数低、抗热震性能强,而且由于利用陶瓷工艺生产制造,因此可以制造大尺寸或复杂形状的制品,如熔化多晶硅的大型匣钵、玻璃成型辊道、耐高温模具、雷达天线罩等。

图 14-1 显示从 $-230℃$ 到 $+1040℃$ 温度范围内普通石英玻璃的膨胀系数随温度变化情况,由图可见,石英玻璃在很低的温度下其膨胀系数为负值,从 250℃直到接近其玻璃软化点,膨胀系数在 $(4.5\sim6)\times10^{-7}K^{-1}$ 范围内变化。该图还

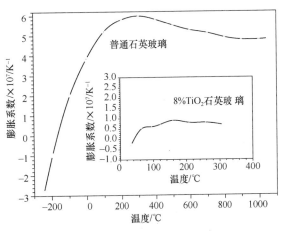

图 14-1 普通石英玻璃和掺 8%TiO₂ 石英玻璃的膨胀系数[281,282]

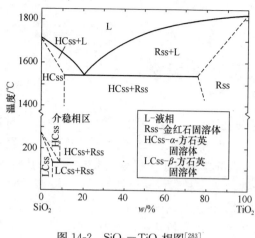

图 14-2　SiO₂-TiO₂ 相图[283]

给出掺 8% TiO₂ 的石英玻璃的膨胀系数，从图可见，添加 TiO₂ 后石英玻璃的膨胀系数降低将近一个数量级，可小至 $0.8 \times 10^{-7} \mathrm{K}^{-1}$。掺 TiO₂ 石英玻璃的膨胀系数变小的机理在第 1 篇第 7 章第 6 节中曾讨论过，TiO₂ 掺入量对石英玻璃膨胀系数的影响可参见第 1 篇第 7 章中图 7-21。制造这种 TiO₂ 掺杂石英玻璃的一个关键是必须使 Ti 离子进入由氧离子构成的四面体空隙内，形成 TiO₄ 钛氧四面体结构，并同玻璃中硅氧四面体一起组成均匀的 Ti-O-Si 网络结构。根据 SiO₂-TiO₂ 相图[283]（图 14-2）可知，在富硅区存在 TiO₂ 溶于方石英内的固溶区，在固溶体内钛离子置换硅氧四面体内的硅离子，构成 TiO₄ 四面体。固溶体的液相线一直延伸到 TiO₂ 含量超过 20%、温度高于 1530℃ 的区域。因此，在这个范围内通过高温均匀熔化然后快速冷却，有可能制成掺 TiO₂ 石英玻璃。利用 CVD 工艺，使 SiO₂ 和 TiO₂ 先在气相中混合均匀，再熔制成玻璃，是制造 TiO₂ 掺杂透明石英玻璃的有效途径。

石英玻璃的一些物理性能列于表 14-1 内，图 14-3 和图 14-4 分别给出石英玻璃的导热系数和比热容随温度变化而变化的情况。图 14-3 表明，当温度超过 500℃ 后由于辐射传热作用明显增强，石英玻璃的导热系数随温度的继续升高而急剧上升。

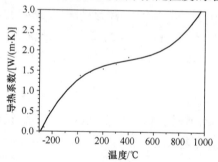

图 14-3　石英玻璃的导热系数[281]

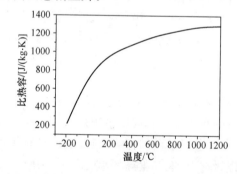

图 14-4　石英玻璃的比热容[281]

表 14-1　石英玻璃的性质[281]

性　　质	透明石英玻璃	不透明石英玻璃
密度/(g/cm³)	2.203	2.07~2.12
弹性模量/MPa	7.25×10^{4}	—
泊松比	0.17	—
抗压强度/MPa	1150	~500
抗张强度/MPa	50	~40
抗弯强度/MPa	67	~67
莫氏硬度	5.5~6.5	—

续表

性　　质		透明石英玻璃	不透明石英玻璃
显微硬度/(N/mm^2)		8000～9000	—
介电常数		3.70(10^6Hz)，3.81(3×10^{10}Hz)	3.50(10^6Hz)，3.62(3×10^{10}Hz)
介电损耗 ×10^4	1KHz	<5	6～20
	1MHz	<1	5～15
	1GHz	<1	4～12
	30GHz	4	—
介电强度/kv/mm		25～40(20℃)，4～5(500℃)	15～20(20℃)，2～3(500℃)

　　制造石英玻璃的原料有天然水晶、硅石、石英砂以及用于人工合成高纯氧化硅的化工原料，如四氯化硅、各种氯硅烷等。天然水晶中 SiO_2 含量在 99.9% 以上，是制备石英玻璃的优良原料，但是地球上水晶矿藏量并不丰富，分布也极不均匀，而且天然水晶在光学、电子学领域有更重要的用途，用来熔化玻璃未免可惜。硅石和石英砂的主要成分就是 SiO_2，纯度高的硅石中 SiO_2 含量可高达 99.85%，可用于制造半透明石英玻璃。然而制造透明石英玻璃需要使用 SiO_2 含量高于 99.9% 的原料，例如电光源用透明石英玻璃要求 SiO_2 含量达 99.99%，而半导体工业用透明石英玻璃要求 SiO_2 含量达 99.999%，一些特殊产品对纯度要求更高。因此需要对天然硅石和石英砂进行除杂质提纯。一般提纯工艺包括选矿、水淬、粉碎、磁选、酸洗、中和、水洗、烘干等步骤，最后形成杂质含量不超过 20×10^{-6}～50×10^{-6}、粒度在 0.01～0.5mm 的分级产品。对于要求纯度更高的产品就需要采用高纯四氯化硅或其他氯硅烷为原料，通过气相 CVD 合成工艺来制造。

　　石英玻璃的制造方法大致可分为熔制法、气炼法和气相合成法三类。

　　所谓熔制法即通过加热将原料熔化成熔融体，然后成型出玻璃制品。由于石英玻璃的熔化温度极高（>1800℃），在传统玻璃窑炉内无法使其均匀熔融。一般采用电加热方法来熔融石英玻璃，即把原料置于石墨坩埚（或炉腔）内，利用电阻加热、电弧加热、中频或等离子加热手段熔化成石英玻璃。通常在真空环境中进行熔制，以利于熔融体内气泡的排除。真空熔制的温度大致为 1800～2000℃、压力为 0.1～10Pa。熔制法主要用于制造各种石英玻璃管材和棒材。

　　所谓气炼法就是以氢氧焰为热源将氧化硅粉料熔化并沉积在靶材上制成石英玻璃制品的工艺方法。图 14-5 为气炼法制造一端封口的石英玻璃管的示意图。氢气和氧气通入燃烧器内燃烧产生 2000℃高温火焰，制造石英玻璃的原料以粉体状态同时喷入燃烧器，被高温火焰熔化，沉积在由相同石英玻璃制造的空心杯状靶材上，氢氧焰同时加热靶材，使沉积在表面的熔融石英粉料与靶材融合成一体，不断旋转靶材，使石英粉料均匀沉积，并且移动固定靶材的机床头，使石英管随着沉积过程的延续而不断增长。采用氢氧焰而不用含碳燃料加热的原因是防止碳进入石英玻璃内，影响制品的光学性能和因生成 SiC 晶核引发石英玻璃析晶。

　　采用气炼工艺也可以制造大尺寸圆柱状石英玻璃（称为石英玻璃砣），图 14-6 是这种工艺的示意图。大尺寸石英玻璃砣大多采用立式气炼工艺，这种安排方式可以安装多个燃烧喷嘴和送料管，并可以使熔砣除作旋转和下降运动以外还可以水平移动，从而有利于提高玻璃

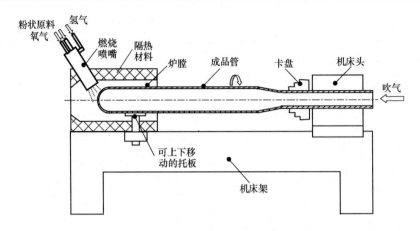

图 14-5　气练法制备石英玻璃管示意图[281]

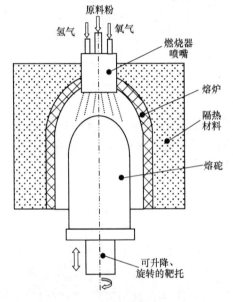

图 14-6　立式气练制石英玻璃砣示意图[281]

制品的内在品质均匀性。但是立式气练不宜熔制很长（高）的制品。立式气练设备包括一个下部开口的熔炉、熔炉的顶部安装有一个或几个带有中央送料管的氢氧燃烧喷嘴、炉内有安放靶材的可以旋转以及上下、前后运动的靶托。石英玻璃靶材顶部位于燃烧器高温区，当炉温足够高时送入具有一定粒度范围的粉状原料，原料被氢氧焰熔化，在靶材上堆积，并且在重力和靶材旋转产生的离心力作用下熔融体往下流淌，随着熔融体远离高温区，其温度下降而黏度升高，最终凝固在已成型的砣的周围，使砣的直径增大。如果靶材下降速度过快，熔融体来不及充分往下流淌就凝固，则砣的直径增加不多而高度明显增大。调节靶材的下降速度和送料速度，当两者达到平衡时熔体顶面就会始终恒定在高温区，并在特定设计的熔炉温度场的制约下保持砣的直径和高度的均衡增长，成型为具有符合设计要求尺寸的玻璃砣。专门设计的大型立式气练炉可制造直径 1m 或更大的石英玻璃砣。

　　利用氧化硅原料制造石英玻璃，即使原料经过精心提纯，制品的纯度仍旧不能满足许多要求高纯度石英玻璃的场合。为此发展出气相合成石英玻璃制造工艺。该工艺在原理上与陶瓷 CVD 工艺相仿，设备与气练法相似。该工艺所用的主要原料是 $SiCl_4$ 或其他氯硅烷，$SiCl_4$ 在氢氧焰中在石英玻璃靶材表面附近发生反应生成 SiO_2（式 13-5），所生成的 SiO_2 沉积在靶材表面，因为反应在气相中进行，因此在靶材表面沉积得非常均匀。同气练法一样，气相合成工艺也分为卧式和立式两种。利用不同靶材可以制造石英玻璃管材、棒材或玻璃砣。图 14-7 为气相合成工艺的气路流程以及与之相配的燃烧喷嘴的示意图。气相合成所用的燃烧喷嘴与气练法相似，也用石英玻璃制造，在圆柱形外筒内有许多环形排列的吹氧细管，在中心位置是送料管，外筒顶部是氧气室与氧气源相连，氧气进入氧气室后再经过吹氧细管达到外筒出口处的反应室，外筒两侧有进氢管同氢气源相连，氢气沿着外筒内壁和吹氧细管之间的空隙流到反应室，在该处氢和氧反应产生高温氢氧焰。作为原料的四氯化硅由另一路氢气带入位于中央的送料管，并直接送到反应室同氢氧焰混合后直达位于喷嘴口下方的靶材表面，在该处反应成 SiO_2 并沉积到靶材表面。如在送料管内添加金属蒸气，或另用一送料管将金属盐类溶液直接喷入反应室中，则可实现掺杂石英玻璃的制造。目前采用立式气相合成工艺可以制造直径 1.5m 的巨大石英玻璃砣。

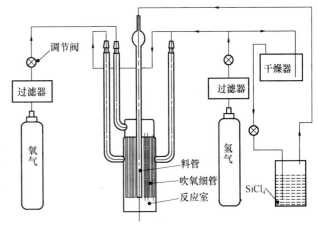

图 14-7　石英玻璃气相合成的喷嘴和气路流程

氢氧焰是制造石英玻璃的基本加热手段，然而氢氧焰会造成 OH 基团溶入石英玻璃内，严重降低玻璃对红外光的透光率。为避免 OH 基团溶入玻璃内，可用高频等离子加热或激光加热等手段取代氢氧焰。

利用气相合成工艺制造的石英玻璃具有高度的光学均匀性，可用于制造高远紫外透过率玻璃和高耐辐照玻璃，通过掺杂 TiO_2 可制造零膨胀玻璃和各种波段的滤光玻璃。

熔融石英陶瓷又称石英玻璃陶瓷简称石英陶瓷，它以熔融石英或石英玻璃为原料，采用陶瓷工艺制造。石英陶瓷具有耐高温、热膨胀系数小、热稳定性好、介电性高等一系列的优良特性，因此在许多工业领域有广泛用途。例如在耐火材料工业中可以制造玻璃水平钢化炉用石英陶瓷辊、浮法玻璃窑用闸板砖、浮法玻璃退火炉用空心辊、玻璃成型料碗、匀料筒、搅拌棒、料盆、旋转管，在冶金工业中可以制造铸钢用浸入式水口、金属带材热处理炉用空心辊、太阳能电池多晶硅铸锭用大型坩埚、有色金属冶炼用水口、塞棒、流槽、坩埚、焦炉炉门，此外还可以用来制造精密机械仪器的工作平台和导弹雷达天线罩。

熔融石英陶瓷所用的原料是石英玻璃（一般选用石英玻璃厂的废损料）或将高纯石英原料经熔化、水淬得到的无定形致密氧化硅粉料。熔融石英陶瓷制品可以分为两大类，一种以熔融石英为主要原料，同时添加其他成分，如黏土、铝矾土、焦宝石等以帮助烧结并改善成型工艺性能，制品内 SiO_2 含量在 90% 以下，晶相组成中有相当一部分为鳞石英。实际上这种制品算不上真正意义上的熔融石英陶瓷材料，更接近氧化硅质耐火材料，主要用于制造抗热震匣钵和各种窑具。表 14-2 给出一种以 50% 熔融石英和 50% 多种黏土混合组成的可塑泥料制成的匣钵的性能，据说其多项性能指标优于莫来石-堇青石匣钵[284]。

表 14-2　由熔融石英和黏土制成的抗热震匣钵的性能[284]

收缩率/%	容重/ (g/cm³)	显气孔率/%	抗折强度/MPa	一次热震后强度保持率/%	膨胀系数（RT-110℃）×10⁶/K⁻¹	荷重软化温度/℃
5.5	1.65	31	7.76	90-96	1.07	1380

另一种是以高纯熔融石英为原料，添加极少的烧结助剂或不添加任何无机化合物，采用陶瓷工艺制造、SiO_2 含量 >95% 或更高的陶瓷材料。这种材料具有很低的膨胀系数（≤1×

$10^{-6}\mathrm{K}^{-1}$），从而具有极高的抗热震性和尺寸稳定性，并且由于高纯而具有优良的化学稳定性。这类材料是真正意义上的熔融石英陶瓷材料，主要应用于上面指出的许多高技术领域。

烧结是制造熔融石英陶瓷的一个关键步骤，通过烧结既要使制品致密、具有一定的强度，又要防止在烧结过程中无定型氧化硅析晶。一旦石英玻璃转变成方石英或鳞石英，制品的膨胀系数就会大增，失去熔融石英陶瓷的主要优点。并且由于所析出的晶体与残剩在制品内的石英玻璃的膨胀系数差别很大，在烧成的冷却过程中会产生很大的热应力，导致制品开裂、破坏。

从 SiO_2 相图（图 14-8）可知，石英玻璃作为亚稳状态的过冷熔体存在于图中 $O\text{-}C'$ 线之上的大片区域，在将近 870℃ 到 1713℃ 范围内石英玻璃随时有可能转变成方石英、鳞石英或石英。然而由于动力学方面的原因，温度越低其析晶速度越慢，以至于实际上不发生析晶。实际上在 1200℃ 以下石英玻璃不发生析晶，当温度升到 1250℃ 以上就会出现可观的鳞石英晶体。另外，如果石英玻璃内存在杂质或表面接触其他晶相，则可以加速析晶速度，因此熔融石英陶瓷的烧结温度不应该超过 1250℃。这一温度相对于 SiO_2 的熔点（1713℃）而言是很低的，因此由温度诱发的烧结推动力偏低。在 1200℃ 左右的温度下纯 SiO_2 中不会出现液相，体积扩散率也非常小，表面扩散率虽然较大，但是根据烧结理论可知，仅靠表面扩散不可能排除坯体内部的气孔，因而不能完成致密化过程。实际上熔融石英陶瓷的烧结致密化主要靠黏滞流动[286]。根据黏滞流动烧结机理，坯体在烧结过程中相对密度增高的速率 $\mathrm{d}\rho/\mathrm{d}t$ 可用下式表示[285]：

$$\frac{\mathrm{d}\rho}{\mathrm{d}t} = \frac{3\gamma}{2\eta r}(1-\rho) \tag{14-1}$$

式中 γ 和 η 分别为烧结体的表面张力和黏度，r 为烧结体内颗粒的半径。如烧结前坯体的密度为 ρ_0，对上式积分可得到烧结体的相对密度 ρ 同烧结时间 t 的关系：

$$\ln\frac{1-\rho}{1-\rho_0} = -\int \frac{3\gamma}{2\eta r}\mathrm{d}t \tag{14-2}$$

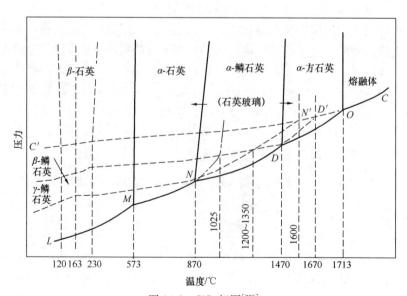

图 14-8　SiO_2 相图[285]

或
$$\rho = 1 - (1 - \rho_0) \exp \left(- \int \frac{3\gamma}{2\eta r} \mathrm{d}t \right) \tag{14-3}$$

由上式可见为获得高的相对密度的烧结体，需要有高的素坯密度 ρ_0、素坯内的颗粒具有小的半径 r、烧结体黏度 η 要低、表面张力 γ 要高。落实到具体的工艺设计，则要求采用细粉料为原料、制备高致密度的素坯和采用尽可能高的烧成温度（因为黏度随温度的升高而下降）。由于表面张力主要取决于材质本性，一旦材质固定，γ 很难有变化，因此一般并不对表面张力进行调控。

为了获得熔融石英细粉，通常需要将原料放在球磨机或搅拌磨机内研磨，研磨后粉料内直径 $5\mu m$ 的颗粒应占 $25\% \sim 60\%$。由于通常采用湿法研磨，粉料过细会造成硅溶胶含量增加，引起脱水困难。在粉料内保持一定数量的较大颗粒，形成粉料粒径的多模分布有利于提高素坯的密度。因此常采用二次加料研磨工艺，即将一部分原料先经较长时间的细磨，然后加入剩余的原料继续研磨，后加入的料研磨时间较短，粒度就较粗，同先加入的料形成粗细搭配的双模分布。表 14-3 为制造熔铸多晶硅用的大型石英坩埚的料浆内熔融石英颗粒粒度要求。

表 14-3　浇注成型大型石英坩埚的料浆内熔融石英颗粒分布要求

粒径/μm	>3	>6.5	>16	>35	>58
含量/%	90	75	50	25	10

为了获得高密度的素坯，大型熔融石英陶瓷通常采用等静压成型、泥浆浇注成型。对于尺寸较小的制品也可以采用其他成型工艺，如凝胶注模成型和半干压成型。用湿法成型工艺需要制备固相含量高、流动性好的料浆；压力成型需用喷雾造粒粉料，因此也要求先制备流动性好、浓度高的料浆。熔融石英泥浆内固含量可达 $60\% \sim 80\%$，料浆的密度 $>1.9 g/cm^3$。为了使高固相含量的料浆具有良好的流动性，需要精心调节料浆的 pH 值，并添加合适的分散剂。流动性良好的 SiO_2 料浆的 pH 值在 $2 \sim 5$ 之间。pH 值大于 5 可引发料浆内生成硅胶，使黏度大增。可用乳酸作为分散剂，其加入量应与调节料浆 pH 值结合起来控制，加入量一般为氧化硅粉料量的 0.5% 左右。如果所制备的料浆用于凝胶注模工艺，应注意在酸性料浆内不能加入碱性催化剂（如四甲基乙二胺），需要采用对料浆加温的方式来控制凝聚。对于等静压成型，压力一般为 $100 \sim 250 MPa$，应注意控制粉料内水分含量在 $0.3\% \sim 1.0\%$ 之间，粉料内缺少水分不利于球状团聚颗粒的塑性压碎，而水分太高，粉料中会产生二次团聚使粉料流动性变差，导致成型时压缩不均匀，坯体变形、开裂。

熔融石英陶瓷的烧结温度一般在 $1200 \sim 1250 ℃$，过高的烧结温度会引起析晶，破坏材料的性能。然而这样的烧结温度常常不能获得致密的烧结体，为此可考虑添加烧结助剂，以促使坯体烧结。常用的烧结助剂有 Si_3N_4、B_4C、H_3PO_4 和 H_3BO_3 等。

添加 $0.5\% \sim 1.5\%$ 氮化硅的熔融石英坯体在 $1150 \sim 1200 ℃$ 温度下烧成，石英陶瓷的强度和体积密度随氮化硅添加量的增多和烧结温度的提高而增大，而显气孔率随氮化硅添加量的增多和烧结温度的升高而减小，在该温度范围内 Si_3N_4 不会引起石英玻璃的析晶[287]。

H_3PO_4 或 H_3BO_3 对烧结的促进作用是因为 P_2O_5 或 B_2O_3 同 SiO_2 形成低共熔物，温度在 $1000 ℃$ 以下就出现液相，大大降低了体系的黏度，有利于坯体内气孔的迁移和排出。需要指出：这里液相对烧结的促进作用应该仍旧在黏滞流动烧结机理范围内，而非传统意义上的液相烧结。因为传统意义的液相烧结须经过溶解—析晶过程，这样，熔融石英便转化成结晶态石英（如方石英或鳞石英），但实际上烧成后坯体内并没有大量晶态石英出现。因此，这些添加剂的作用是使熔融石英颗粒表面因接触添加剂而在较低温度下出现液相薄层，坯体内部的孔隙被这些低黏度的液相薄层包围，从而可以通过黏性流动使气孔从坯体内排出。H_3BO_3 的加入量为 $1\%\sim5\%$，而 H_3PO_4 的加入量以 P_2O_5 计算为 $2\%\sim5\%$。H_3PO_4 和 H_3BO_3 具有抑制石英玻璃析晶作用，因此添加这些烧结助剂的坯体可在较高的温度（如 1350℃）下烧成，以获得致密、高强的制品[288]。用 B_4C 作烧结助剂的机理同 H_3BO_3 相仿，即在坯体内生成的 B_2O_3 在 SiO_2 表面生成液相。B_4C 的添加量为 $1\%\sim1.5\%$。须注意，过量的 B_2O_3 会形成高膨胀系数的富 B_2O_3 玻璃相，在坯体内形成裂纹，使制品的密度和强度下降。

也可以事先合成具有低熔点、低膨胀系数的玻璃粉料作为熔融石英陶瓷的烧结助剂。表 14-4 列出两种作为烧结助剂的玻璃粉料的化学成分范围，它们的加入量为 $5\%\sim7.5\%$，经过 1200℃烧成后制品的相对密度 $>95\%$，吸水率为 $0.2\%\sim0.3\%$。

气氛对石英陶瓷烧结也有较大影响，氧化气氛下烧成容易形成方石英析晶，因此，为避免石英陶瓷中出现方石英组分，宜采取中性气氛或还原气氛烧成。

表 14-4　熔融石英陶瓷的烧结助剂化学成分

编号	碱金属氧化物（MgO，CaO，BaO）	SiO_2	Al_2O_3	B_2O_3	Li_2O
I	—	$70\%\sim80\%$	$12\%\sim18\%$	—	$8\%\sim12\%$
II	$15\%\sim20\%$	$40\%\sim55\%$	$8\%\sim12\%$	$30\%\sim36\%$	—

第 2 节　锂铝硅系陶瓷和微晶玻璃

在第 1 篇第 7 章中已经讨论过锂辉石和锂霞石具有各向异性的热膨胀特性，它们的多晶集合体呈现极低甚至为负的热膨胀系数。在 Li_2O-Al_2O_3-SiO_2 体系中有一系列晶体都具有这种特性。图 14-9 为 Li_2O-Al_2O_3-SiO_2 相图[289]，在 $Li_2O\cdot Al_2O_3$-SiO_2 连线上存在锂霞石（$Li_2O\cdot Al_2O_3\cdot 2SiO_2$）、锂辉石（$Li_2O\cdot Al_2O_3\cdot 4SiO_2$）、锂正长石（$Li_2O\cdot Al_2O_3\cdot 6SiO_2$）和透锂长石（$Li_2O\cdot Al_2O_3\cdot 8SiO_2$）四种晶相。这些晶体具有各向异性的热膨胀特性，从而由这些晶体组成的材料具有极低的或者负的热膨胀系数。例如锂霞石从室温至 800℃的平均热膨胀系数为 -0.39×10^{-6} K^{-1}[290]、多晶锂辉石从室温至 1000℃的平均热膨胀系数为 0.9×10^{-6} K^{-1}[291]、透锂长石从 20℃至 800℃的平均热膨胀系数为 -0.3×10^{-6} K^{-1}[292]。实际上在 900℃以上的高温下从锂霞石到透锂长石基本上是一连续固溶区（见相图中线段 AD），可用 Li_2O

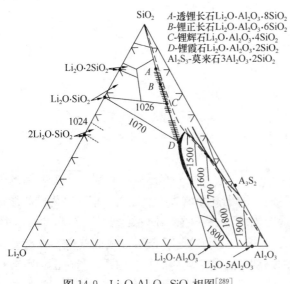

图 14-9　Li_2O-Al_2O_3-SiO_2 相图[289]

· Al_2O_3 · $nSiO_2$ 统一表示，其中 SiO_2 的含量从 $n=2$ 到 $n=10$ 连续变化。因此，这些锂铝硅酸盐材料可统称为 LAS 材料。

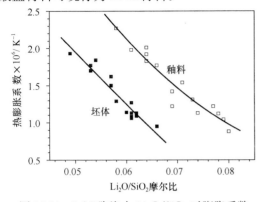

图 14-10　LAS 陶瓷中 Li_2O/SiO_2 对膨胀系数的影响（根据参考资料 293 中数据绘出）

用上述各种 LAS 材料可以制出多种低膨胀、零膨胀甚至负膨胀的陶瓷材料或微晶玻璃材料。热膨胀系数很低的材料具有很高的耐热震的特性，因此可用 LAS 材料制造炊具、餐具、实验室用加热器具、高温热交换器以及雷达天线罩等。某些 LAS 微晶玻璃的膨胀系数将近为零并且具有良好的透明性，可用于制造天文望远镜、高精度光栅尺、精密机械基座、高温电光源玻璃和高温窗口。

LAS 陶瓷或微晶玻璃中的锂元素可从天然的矿物原料引入（如锂辉石、锂霞石和透锂长石等），也可以利用化工原料引入（如碳酸锂）。表 14-5 列出一些含锂矿物的化学组成。除作为主要原料的含锂矿物或无机化工原料之外，尚需添加其他原料一起成型成陶瓷或熔化成玻璃。在制造 LAS 陶瓷时通常需要加入各种黏土、长石、滑石或氧化铝、铝矾土等原料；如需要对陶瓷坯体上釉，则还需要制备含锂的低膨胀釉料以便同含锂坯体匹配。配制釉料通常用锂辉石或透锂长石，再添加普通钾（钠）长石、硅砂（SiO_2）、滑石、石灰石等原料；制造 LAS 微晶玻璃时基本上以含锂矿物为主，再适当添加硅砂、黏土、长石、滑石、硼砂等以调节玻璃的化学组成，此外还需加入作为成核剂的氧化钛、氧化锆、氧化锌等。

表 14-5　含锂矿物的化学组成　　　　　　　　单位：质量%

名称	产地	SiO_2	Al_2O_3	Fe_2O_3	TiO_2	CaO	MgO	K_2O	Na_2O	Li_2O	I. L.
透锂长石	非洲	77.32	16.48	0.08	0.06	0.15	0.04	0.15	0.55	4.45	0.81
锂辉石	澳洲	67.40	22.60	0.10	0.13	0.25	0.30	0.56	0.44	6.40	1.01
锂辉石		67.85	21.80	0.15	—	0.18	0.22	0.76	0.53	7.13	0.72
锂辉石	新疆	68.92	22.03	0.43	—	0.08	—	0.52	0.50	6.80	0.73
锂辉石	河南	18~20	71~76	<0.1	—	<0.6	0.2~0.4	1~2	—	1.5~2	—
锂长石	江西	71.36	16.75	0.04	—	1.66	0.02	3.41	2.22	1.36	2.96
锂长石		56~57	22~23	0.15~0.18	—			2.5~3.5	5.0~6.0	3.5~4.5	

制造 LAS 陶瓷的通常做法是将含锂矿物同其他硅酸盐原料混合，制成适合陶瓷成型的泥料或泥浆，再用适当的成型技术制成素坯。如陶瓷表面需要用釉层保护，则需要制备釉料施覆于素坯表面，然后再进行烧成。如釉烧温度同坯体的烧成温度不一致，则需要先烧成素坯，再施釉，然后进行釉烧。釉层的厚度一般控制在 0.1~0.3mm，小于 0.1mm 的釉层容易开裂，而大于 0.4mm 的釉层容易变得粗糙无光泽。表 14-6 列出一些 LAS 陶瓷的化学成分配比以及坯体和釉层的烧成温度与物理性能。这些配方适合于制造炊具等日用陶瓷制品，如耐热震烧锅，这种烧锅可以从 800℃ 高温直接投入室温水中而不开裂。

LAS 陶瓷的热膨胀系数同材料内 Li_2O/SiO_2 物质的量之比有关，如图 14-10 所示，LAS 陶瓷坯体和釉层的膨胀系数随 Li_2O/SiO_2 物质的量之比的增大而变小。单纯地提高坯体中 Li_2O 含量并不能保证 LAS 陶瓷材料具有小的膨胀系数，因为陶瓷内除有含锂晶相之外尚有玻璃相和其他晶相（如石英、长石之类），如果这些晶相的数量多，就会增大材料的膨胀系数。增大 Li_2O/SiO_2 物质的量之比，材料内多余的 SiO_2 被吸收到含锂晶相内，形成富 SiO_2 的固溶体，从而减少陶瓷内其他晶相和玻璃相的数量使材料的膨胀系数变小。

制造 LAS 陶瓷普遍用锂辉石为原料，然而自然界中的锂辉石是低温型 α-锂辉石，如直接用它做陶瓷原料，在烧成时当温度达到 1100℃ 左右时 α-锂辉石转变成高温型 β-锂辉石，并伴有 30% 的体积变化，这将导致坯体的开裂或变形。为了避免这一点，必须将 α-锂辉石事先在 1100~1200℃ 下煅烧，使其转变成 β-锂辉石，然后才能配制陶瓷原料。透锂长石无相变问题，因此可直接用来配制陶瓷原料。

表 14-6　LAS 陶瓷坯体和釉层的化学成分及物理性能[293,294,295,296]

组成或性能		坯　体				釉　层			
		1-坯	2-坯	3-坯	4-坯	1-釉	2-釉	3-釉	4-釉
化学成分质量/%带（ ）为摩尔分数	SiO_2	61.86	62.50	(4.651)	66.52	65.39	锂辉石 42	(8.750)	65.01
	Al_2O_3	27.65	25.28	(0.977)	23.20	12.66	长石 15	(0.965)	15.00
	Fe_2O_3	0.42	1.14	(0.023)	0.29	0.14	石英 10	(0.002)	0.33
	CaO	0.21	0.12	(0.052)	0.51	1.01	熔块 25	(0.016)	6.56
	MgO	1.45	0.22	(0.048)	1.56	2.42	高岭土 5	(0.0194)	1.12
	K_2O	1.07	0.91	(0.024)	0.43	0.49	氧化锌 3	(0.016)	2.28
	Na_2O	0.38	0.51	(0.060)	0.15	0.36		(0.071)	0.95
	Li_2O	3.06	3.05	(0.307)	3.45	4.63		(0.699)	2.86
	ZnO	—	—		—	4.07		(0.003)	
	BaO	—	—		—	3.77		(0.001)	
	ZrO_2	—	—		—	3.16			
	TiO_2			(0.007)					
	I. L.	4.42	6.23		6.17	1.68		—	6.02
烧成温度/℃		—	1240~1260	1310	1270	—	1240~1260	1310	1270
膨胀系数×10^6/K^{-1}		—	1.5~2.0	0.95	2.1~2.5			0.88	2.0~2.3
抗热震性/从高温（℃）到室温水中		200	800		600				
抗折强度/MPa				82					
显微硬度/（kg/mm^2）								525	
白度								67.8	

利用单一的含锂晶相也可以烧制 LAS 陶瓷。例如，有人[290]用非晶氧化硅、α-氧化铝和碳酸锂为原料，经混合后在 950℃ 下通过固相反应合成 β-锂霞石，在合成的 β-锂霞石粉料中添加 3% Li_2O-GeO_2（两者的质量比为 1:9）玻璃粉作为烧结助剂，经等静压成型后再在 1020℃ 下烧成 2h，得到密度为 2.366g/cm^3（为理论密度的 99%）的 β-锂霞石陶瓷，这种材

料的膨胀系数为（20～800℃）$1.2 \times 10^{-6} K^{-1}$，抗折强度和断裂韧性分别达 214MPa 和 $2.5MPa \cdot m^{1/2}$，介电常数和介电损耗分别为 5.5 和 7.5×10^{-3}。

　　LAS 微晶玻璃是另一大类 LAS 材料。LAS 微晶玻璃内的晶体有三种类型，即 β-锂霞石固溶体、β-锂辉石固溶体和 β-石英固溶体。这些含锂铝硅酸盐固溶体可用分子式 $Li_2O \cdot Al_2O_3 \cdot nSiO_2$ 统一表示。当 $2 \leqslant n \leqslant 3$ 就是 β-锂霞石固溶体，当 $3.5 \leqslant n < 6$ 就是 β-锂辉石固溶体，当 $6 \leqslant n < 10$ 就是 β-石英固溶体。从图 14-9 可知当 $n = 8$，即 $Li_2O \cdot Al_2O_3 \cdot 8SiO_2$ 就是透锂长石，因此 β-石英固溶体也可认为是类似透锂长石固溶体，但是 β-石英固溶体中常含有 Mg^{2+}、Zn^{2+} 等二价金属离子，而透锂长石中不含这些二价离子。从 β-锂辉石固溶体到 β-石英固溶体，其中氧化硅的含量是连续变化的，并且随着 SiO_2 含量的增高，微晶玻璃的膨胀系数变小。

　　LAS 微晶玻璃的透光性取决于其中微晶的折射率和晶粒大小。Apetz 等人[297]利用在均质基体中均匀分布平均晶粒尺寸为 r 的球形粒子模型，并根据 Rayleigh－Gans－Debye 光散射理论提出这种体系的直线透射率 T_L 可表示为：

$$T_L = \frac{1 - R_s}{\exp\left(\dfrac{3\pi^2 r \Delta n^2 d}{\lambda_0^2}\right)} \tag{14-4}$$

式中 R_s 为样品表面对光的反射损失，Δn 为材料内晶粒的折射率与基体的折射率之差，d 为试样的厚度，λ_0 为入射光的波长。影响微晶玻璃的透射率的因素可以用此式来分析。由式（14-4）可见，要使微晶玻璃变得透明（即 T_L 大），应使 r 和 Δn 尽量小。LAS 微晶玻璃内的基质玻璃相富含 SiO_2，其折射率大致为 1.573[298]，锂辉石的折射率为 1.660～1.676，而透锂长石的折射率为 1.544～1.549，显然透锂长石微晶玻璃的透光性能远高于锂辉石的透光性能，实际上也只有采用类似于透锂长石的 β-石英固溶体晶体的微晶玻璃才能成为透明的材料，而锂辉石微晶玻璃由于对光的散射作用强烈，因此只能透光而不能透明，成为乳白色材料。锂霞石的折射率为 1.570～1.587，其 Δn 很小，因此锂霞石微晶玻璃也可以成为透明材料。然而锂霞石晶粒在 a、c 方向的膨胀系数差别极大（$\alpha_a = +9.2 \times 10^{-6} K^{-1}$，$\alpha_c = -17.6 \times 10^{-6} K^{-1}$），这种局部不同方向上膨胀系数的巨大差别导致在微晶化过程的冷却阶段在基质玻璃相内产生巨大应力，从而导致晶粒与玻璃基质之间开裂，生成大量微裂纹。这种微裂纹对光有很大的散射作用，因此大大降低材料的透射率。如要利用锂霞石制造透明微晶玻璃，就必须使玻璃内锂霞石晶体的尺寸非常小，以减小因局部不同方向的膨胀系数差别而引起的应力。然而一般的微晶工艺形成的锂霞石晶体并不小，因此就不容易获得透明的锂霞石微晶玻璃。

表 14-7　LAS 微晶玻璃的化学组成[298, 299, 300, 301]　　　　　　　　单位：质量%

成　分	配比范围	锂辉石质	透明锂辉石质	锂霞石质
SiO_2	45～78	66.0	65～70	46.6
Al_2O_3	18～35	18.0	20～25	32.0
CaO	0～2	—	—	1.5
MgO	0～5	1.0	1.5～2.5	0.7
K_2O	0～2	1.0	0～2	—
Na_2O	0～2	1.0	0～2	—

续表

成　分	配比范围	锂辉石质	透明锂辉石质	锂霞石质
Li_2O	3～10	4.0	4～8	9.7
BaO	0～2.5	2.5	—	1.5
ZnO	0～2	2.0	0.5～2.0	—
ZrO_2	0～4	2.5	2～4	2.5
TiO_2	0～4	3.5	2～4	3.5
P_2O_5	0～2	—	—	—
B_2O_3	0～2	—	—	2.0
As_2O_3	0～2	1.0	—	—
Sb_2O_3	0～2	—	0～2	—

　　LAS 微晶玻璃的制造工艺流程如图 14-11 所示。表 14-7 给出锂辉石质 LAS 微晶玻璃的化学组成范围和两个锂辉石微晶玻璃以及一个锂霞石质微晶玻璃的具体化学成分配比。前面已经指出，若要在微晶玻璃内形成 β-锂辉石固溶体或 β-石英固溶体，分子式 $Li_2O \cdot Al_2O_3 \cdot nSiO_2$ 中的 n 应该在 3.5～10 之间，这相当于配料内 SiO_2 含量在 60%～78% 之间。在此范围内微晶玻璃具有很小的膨胀系数（$\pm 1.5 \times 10^{-7} K^{-1}$）。同时，如要形成透明微晶玻璃，$n$ 值通常需要在 6 到 8 之间，即相当于配料内 SiO_2 含量为 70%～78%。当配料内 SiO_2 含量超过 80%，在材料内就有石英晶相析出，无论析出的是方石英还是磷石英，它们的膨胀系数远大于锂铝硅酸盐矿物的膨胀系数，因此，就不能成为低膨胀系数材料。若 SiO_2 含量低于 50%，则在微晶玻璃内形成锂霞石晶体，也可以成为低膨胀或负膨胀材料。配料内 Li_2O 和 Al_2O_3 是构成锂铝硅酸盐晶相的另外两种重要组分，也对微晶玻璃内晶相的种类有控制作用。其中 Li_2O/SiO_2 的重要性在上面已经讨论过。Al_2O_3/SiO_2 也必须保持一个正确的比例，此值过小会影响锂铝硅盐晶相的数量，而稍微超过化学计量的 Al_2O_3 会转入玻璃相内。Al_2O_3 过多会提高玻璃的熔化温度，并且有可能生成莫来石晶体，从而破坏低膨胀性能。配料中的碱金属氧化物以及 MgO、CaO、BaO 等可以降低玻璃熔化温度并使熔融玻璃黏度降低，有助于在澄清阶段熔融体内气泡的排出。B_2O_3 既能促进玻璃的熔化，又可提高微晶玻璃内玻璃相的强度。As_2O_3 和 Sb_2O_3 能够促进气泡从熔融体内排出，这两种氧化物还是玻璃的脱色剂，有助于提高微晶玻璃的透明度。ZnO、ZrO_2、TiO_2 和 P_2O_5 是微晶玻璃的成核剂，其用量必须合适，过少导致析晶数量不足，过多则使晶体生长过快、生成的晶粒粗大，以致影响制品性能。单独用 ZrO_2 作晶核剂会阻碍 SiO_2 进入 β-锂辉石晶格，同时使玻璃黏度增大，使成核和晶化温度升高。TiO_2 和 ZnO 是比较理想的成核剂，又能降低玻璃的黏度。通常采用多种成核剂适当搭配的方式加入到配料中。

　　LAS 微晶玻璃的熔化温度比较高，一般在 1600℃ 左右。配料完全熔化后还需要在高温下保持一定时间，使熔融体内的气泡排出，这称为澄清。经过澄清后的玻璃熔融体慢速冷却

图 14-11　LAS 微晶玻璃的制造工艺

到熔融体的黏度为 $10^4 \sim 10^6 \mathrm{Pa \cdot s}$ 之间，即进入成型操作，具体的成型技术根据制品形状和尺寸而定，如压延、注模、拉管等。成型后制品冷却到室温后需要将其放入退火炉内进行退火处理，退火温度大致在 550℃ 左右，在此温度下保温数小时。在退火温度下玻璃体的黏度在 $10^{12} \sim 10^{13} \mathrm{Pa \cdot s}$ 之间，足以松弛成型时在制品内残留的热应力。经过退火处理的 LAS 制品内仍旧没有微晶出现，需要将制品放在晶化炉内进行析晶处理。制造透明的 β-石英固溶体（透锂辉石）微晶玻璃，需要将制品以中等速度（如 5℃/min）升温至 600 ∼ 750℃，在此温度下保温 1 ∼ 2h，在制品内析出足够数量的晶核，然后快速升温（如 50 ∼ 100℃/min）至 800 ∼ 850℃、保温 1 ∼ 2h 进行晶化处理，使晶核成长为直径为数十纳米的微晶颗粒（图 14-12），这种微晶玻璃对不同波长的光的透射率曲线示于图 14-13。制造乳白色的 β-锂辉石或锂霞石微晶玻璃，其工艺与上述基本相同，但晶化生长温度为 1050 ∼ 1300℃。由于晶核成长的温度较高，因此生成的微晶颗粒尺寸较大，可达 100μm 或更大，同时很可能在制品内产生一定数量的微裂纹。需要指出的是，如果将已经在 800 ∼ 850℃ 晶化处理的透明 LAS 微晶玻璃继续升温至 900℃ 以上，则制品内 β-石英固溶体会转化成锂辉石固溶体，并且晶粒长大，从而使原来透明的材料失透，成为乳白色。微晶化处理后的制品有的还需要进行必要的机械加工，或进行表面装饰处理，最后成为正式产品。

图 14-12　LAS 微晶玻璃的晶粒形貌[298]

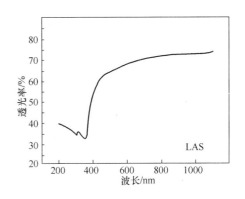

图 14-13　LAS 微晶玻璃的透光率[298]

　　LAS 微晶玻璃的一般物理性能大致如下：密度 ∼2.5g/cm³，室温下导热系数和比热容分别为 ∼1.46W/(m·K) 和 0.8J/(g·K)，抗折强度：透明材料 80 ∼ 100MPa，乳白材料 100 ∼ 200MPa，介电常数 7.4 ∼ 8，介电损耗 (15 ∼ 30)×10⁻³。图 14-14 为德国 Schott 公司

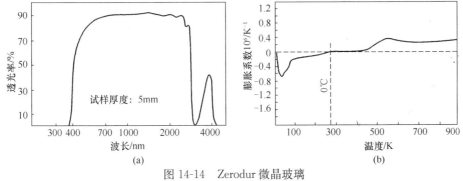

图 14-14　Zerodur 微晶玻璃

(a) 透光率　(b) 膨胀系数（数据来自广告资料）

出品的商品牌号为 Zerodur 的透明微晶玻璃的透光率曲线(a)和不同温度下膨胀系数曲线(b)。从图 14-14 中可见该产品在可见光波段有较高的透光率,在 273～400K 温度范围内膨胀系数几乎为零。

第 3 节　零膨胀系数和负膨胀系数陶瓷材料

零膨胀系数和负膨胀系数(即热缩冷胀)材料在许多高技术领域有重要用途,如用于望远镜、大功率激光器、光纤通讯等,使系统的精确光聚焦与光路准直不受温度涨落的影响;用于精密机械和精密光学仪器中消除热膨胀影响的温度补偿装置;由于热应力同膨胀系数的绝对值成比例,为消除热应力就需要采用零膨胀系数材料,可用于大功率微电子器件、高性能航空涡轮发动机的气密装置等。

负膨胀系数陶瓷材料主要有复合磷酸盐、钨(或钼)酸盐两大类。此外,一些具有钙钛矿结构的物质在其铁电－顺电相变或反铁电－顺电相变时也发生热缩冷胀现象,但这种热缩冷胀仅发生在相变的狭窄温度范围内,即使通过掺杂等手段使相变温度变宽,出现负膨胀的温度范围仍旧十分有限,并且适用的温度范围常常不是过高就是过低,这给实际应用带来很大的不便。本书认为这种相变引起的尺度或体积变化不属于传统意义上的热膨胀或热收缩,因此本书不讨论这类材料。

在第 1 篇第 7 章内已经讨论过具有 $A_xZ_2P_3O_{12}$ 形式的三方晶型复合磷酸盐(其中 Z 可以是 Zr 或 Ti,A 是碱金属或碱土金属离子,$x=1$ 或 $1/2$),其 c 轴以及与 c 轴垂直的六方面上的 a 轴方向的膨胀系数符号相反,并且差别较大,从而使得这种类型的化合物的体积膨胀系数很小或者为负值。$A_xZ_2P_3O_{12}$ 复合磷酸盐的典型代表是 $NaZr_2P_3O_{12}$,因此通常用 NZP 来表示这一类化合物。另外具有 AM_2O_8 形式的立方晶型氧化物(其中 M 为 W 或 V 离子,A 可以是 Zr、Hf、Th、Lu 和 Sc 等离子)具有各向同性的负的膨胀系数。如果单独用上述这类化合物为原料就可能得到具有负膨胀系数的陶瓷材料;如将这类具有负膨胀系数的化合物同其他具有正膨胀系数的物质适当配比,使正、负膨胀互相抵消,则可能得到零膨胀系数陶瓷材料。此外,如将具有 a 轴膨胀系数为正、c 轴膨胀系数为负的 NZP 型磷酸盐同另一种具有 a 轴膨胀系数为负、c 轴膨胀系数为正的 NZP 型磷酸盐复合成固溶体,则可以获得低膨胀系数的陶瓷材料。如 $CaZr_2P_3O_{12}$ 的 a、c 轴方向的膨胀系数分别为 $-5.1\times10^{-6}K^{-1}$ 和 $9.9\times10^{-6}K^{-1}$,$SrZr_2P_3O_{12}$ 的 a、c 轴的膨胀系数分别为 $3.6\times10^{-6}K^{-1}$ 和 $-1.2\times10^{-6}K^{-1}$,将两者复合成 $(Sr_{1/2}Ca_{1/2})Zr_4P_3O_{24}$ 固溶体,其 a、c 轴方向的膨胀系数则分别为 $-0.7\times10^{-6}K^{-1}$ 和 $1.1\times10^{-6}K^{-1[302]}$。一些 NZP 型磷酸盐的平均线膨胀系数和沿 a、c 轴方向上的膨胀系数数据列于表 7-9。

制备 NZP 型磷酸复盐陶瓷首先需要根据所要求的膨胀系数来设计材料的成分,再根据所确定的成分来合成所需要的磷酸复盐,然后利用合适的陶瓷工艺成型和烧成,最后得到所希望的制品。

NZP 型晶体的平均线膨胀系数 α 可根据其 a、c 轴向膨胀系数 α_a 和 α_c 来估算:

$$\alpha = \frac{2\alpha_a + \alpha_c}{3} \tag{14-5}$$

对于由两种 NZP 型磷酸复盐组成的固溶体的平均线膨胀系数大体上可先用组分 1 和组分 2

的 a、c 轴向线膨胀系数 α_{a1}、α_{c1} 和 α_{a2}、α_{c2} 以及各组分所占据的摩尔分数 x_1 和 x_2 来计算出固溶体在 a、c 轴方向的膨胀系数 α_a、α_c：

$$\alpha_a = x_1\alpha_{a1} + x_2\alpha_{a2} \tag{14-6}$$

$$\alpha_c = x_1\alpha_{c1} + x_2\alpha_{c2} \tag{14-7}$$

其中
$$x_1 + x_2 = 1 \tag{14-8}$$

根据所计算出的 α_a、α_c 再按照式(14-5)求出平均线膨胀系数 α。需要指出，所求出的 α 不见得准确，仅能提供大致参考，准确值需要先制备试样再实际测定。如果利用 NZP 型磷酸复盐的负膨胀系数，同其他正膨胀系数材料复合来降低复合材料的膨胀系数，则最终复合材料的膨胀系数可利用第 1 篇第 7 章第 4 节内的各种计算多组分材料膨胀系数的公式来估算。

NZP 型磷酸复盐的合成有多种工艺路线，比较实用而且有可能大量生产的有固相反应合成、共沉淀合成和水热合成。固相反应合成一般以碱金属或碱土金属的碳酸盐、氧化锆(或其他四价氧化物)和磷酸二氢铵等粉体为原料，以丙酮或乙醇为介质，将原料按化学式计量称取、投入球磨混合，再经过干燥、排除丙酮或乙醇后在 $600\sim900\,℃$ 温度下热分解排除氨和二氧化碳，然后进一步升温到 $1200\sim1400\,℃$ 并保温较长时间进行固相反应，生成所需要的 NZP 型磷酸复盐。经过高温反应后所得到的产物呈团块状，必须用球磨机或搅拌磨机进行湿磨，并经过干燥处理以形成可供成型和烧成的陶瓷粉料。固体反应法的优点是简便易行，但往往难以保证产品的纯度。

共沉淀合成工艺采用水溶性的碱金属或碱土金属盐类、氧氯化锆(或其他可溶性四价金属盐类)以及磷酸二氢铵或磷酸为原料，室温下按化学式计量将碱金属或碱土金属盐类溶入四价金属盐类水溶液中，另外配制含磷酸根原料的水溶液，在连续搅拌状态下将后者逐渐加入到前者之中，随即生成白色沉淀。对沉淀物洗涤，尽量除去其中的硝酸根、氯、铵等杂质离子，然后干燥，再经过 $700\sim900\,℃$ 煅烧，即得到所要求的磷酸盐粉料。沉淀过程中的 pH 值对产物的化学成分有很大影响，只有在 pH＞6 的情况下才能实现 $Z(H_2PO_4)_4$ 和 $A(H_2PO_4)_n$ 共沉淀，形成均匀的混合物。若 pH＜6，四价金属的磷酸二氢盐 $[Z(H_2PO_4)_4]$ 可以完全沉淀，然而碱金属或碱土金属的磷酸二氢盐能部分溶解在酸性水溶液内，这样沉淀物就会失去准确的化学计量配比，导致在最终产物内存在杂相(如 $Zr_2P_2O_9$ 或 ZrP_2O_7)。最终粉料内颗粒的大小和团聚程度取决于煅烧温度和洗涤过程中是否将杂质离子排除干净。煅烧温度过高导致晶粒长大，粉料粒度就不可能细小，但温度过低则不能完全排除沉淀物内的水分和 OH 基团。洗涤不完全，则经煅烧后在沉淀物内的颗粒之间会保留大量盐桥，形成强度极高的团聚体，使粉料的烧结性能大大降低。

水热合成制造 NZP 型磷酸复盐工艺所用的原料与共沉淀法相同，并且可像共沉淀法一样先制造符合化学计量配比的 $Z(H_2PO_4)_n$ 和 $A(H_2PO_4)_n$ 共沉淀物，然后将此共沉淀物放入带有聚四氟树脂衬的高压反应釜内，密封加热到 $230\sim350\,℃$ 并保持数十小时，使原来的沉淀转化成 $A_xZ_2P_3O_{12}$ 型磷酸复盐晶体。水热反应也可以在溶液内进行，就是把所需的原料按照化学计量配比制成水溶液放在水热反应釜内，在上面所述的温度、压力下反应，直接析出所需要的 NZP 复合磷酸盐。从理论上讲，水热合成工艺可以得到晶形发育完整的细小颗粒，并且颗粒之间团聚程度很小。这要求严格控制水热合成的工艺条件，并且往往还需要添加矿化剂(常用氟化物)帮助合成。如果这些条件控制不当，则水热合成所得到的就不一定是所要求的化合物，或者产物内伴随有一定数量的杂质相。

表 14-8　在不同种类的 NZP 型磷酸盐陶瓷使用的烧结助剂及其使用条件[303,304]

NZP 材料成分	原料制备工艺	烧结助剂成分	加入量/(质量)%	烧结后的相对密度	烧成条件温度/℃/保温时间/h
$CaZr_4P_6O_{24}$	固相反应	MgO	3	99.0%	1200/5
$CaZr_4P_6O_{24}$	固相反应	ZnO	5	98.3%	1100/5
$SrZr_4P_6O_{24}$	固相反应	MgO	5	95.0%	1300/
$SrZr_4P_6O_{24}$	溶胶凝胶	MgO	1	97.0%	1200/
$K_{0.6}Sr_{0.7}Zr_4P_6O_{24}$	共沉淀	Nb_2O_5	2	95.75%	1350/2

　　NZP 型磷酸复盐陶瓷的成型工艺可采取一般陶瓷成型工艺，其中并没有特殊的困难之处。这种材料的烧结温度在 1300℃ 上下，烧成温度高于 1400℃ 时，磷酸盐有可能发生分解。含有碱金属的 NZP 型磷酸盐结构中存在快离子通道，导致碱金属离子可以快速扩散，因此这类陶瓷比较容易烧结。例如 $Na_3Zr_2PSi_2O_{12}$ 可在 1230℃ 下烧结到理论密度的 97%[303]。然而含有碱土金属的 NZP 材料就很难单独烧结到完全致密，通常需要采用烧结助剂，通过液相烧结机制来实现致密化。常用的烧结助剂有 MgO、ZnO、和 Nb_2O_5 等，表 14-8 列出一些烧结助剂的应用实例。采用不同烧结助剂、在不同温度下烧成后的 $KZr_2P_3O_{12}$ 陶瓷的密度如图 14-15 所示。由这些数据可知，不同烧结助剂的作用大小不等，所对应的最佳烧成温度也各不相同。添加 ZnO 的烧成温度较低，加 MgO 的烧成温度较高，而加 Nb_2O_5 和 Fe_2O_3 要求更高的烧成温度。

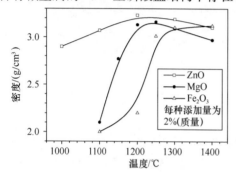

图 14-15　不同烧结助剂对
$KZr_2P_3O_{12}$ 陶瓷烧结密度的影响
（在各个烧成温度下保温 2h）[306]

　　烧结助剂不仅促进致密化，而且也促进烧结过程中晶体长大。由于 NZP 型晶体各个方向的膨胀系数不相同，如果晶粒过大，在烧成的冷却过程中陶瓷体内相邻晶粒之间会产生很大的局部热应力，导致晶粒之间开裂，并降低陶瓷材料的强度。在热膨胀各向异性材料中存在一个自发产生微裂纹的临界粒径 d_{cr}，当晶粒尺寸大于 d_{cr}，晶粒间在热应力作用下发生开裂。d_{cr} 同晶粒之间最大膨胀系数差 $\Delta\alpha_{max}$、温度降 ΔT 以及材料的弹性模量 E 和晶粒界面能 γ 有关[305]：

$$d_{cr} = \frac{k\gamma}{E\Delta\alpha_{max}^2\Delta T^2} \tag{14-9}$$

式中 k 为与晶粒几何形状相关的系数。表 14-9 给出一些 NZP 型材料的临界晶粒尺寸。当烧结体内晶粒尺寸小于 d_{cr} 时，热应力不足以使晶粒之间发生开裂，此时材料的膨胀系数接近于晶格的平均热膨胀系数。当烧结体内晶粒尺寸大于或等于 d_{cr} 时，坯体内出现微裂纹。在烧结体再次受热时这些微裂纹可以起到膨胀缓冲空间的作用，晶粒膨胀使微裂纹闭合吸收了膨胀量。在宏观上体现为材料的热膨胀系数变小，甚至由正值转变成负值。晶粒越大这种效应越强烈，图 14-16 表示 $CaZr_2P_6O_{24}$ 材料的膨胀系数随晶粒直径的增大而由正值逐渐转变成负值。

表 14-9　NZP 型材料的临界晶粒尺寸[305]

NZP 材料成分	临界晶粒直径/μm
$CaZr_4P_6O_{24}$	2.0
$KZr_2P_3O_{12}$	5.5
$Na_{0.25}Nb_{0.75}Zr_{1.25}P_3O_{12}$	9.0
$KTi_2P_3O_{12}$	13
$NbZrP_3O_{12}$	21
$SrZr_4P_6O_{24}$	>50

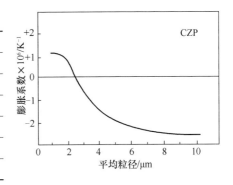

图 14-16　$CaZr_2P_6O_{24}$ 材料中晶粒直径对膨胀系数的影响[307]

钨(或钼)酸盐具有负膨胀系数的机理在第 1 篇第 7 章内已经讨论过。它们可分为两种类型：(1)AM_2O_8型，其中 M 为 W^{6+} 或 Mo^{6+}，A 为四价金属离子(如 Zr、Hf 等)；(2)$A_2M_3O_{12}$ 型，其中 M 为 W^{6+} 或 Mo^{6+}，A 为三价金属离子(如 Al、Y、Fe 和稀土元素等)。第一类钨酸盐包括 ZrW_2O_8、HfW_2O_8、$ZrMo_2O_8$、$HfMo_2O_8$。从图 14-17(a)可知，ZrW_2O_8 的热力学稳定温度区间在 1105～1257℃。当温度低于 1105℃ 时，ZrW_2O_8 会分解成 ZrO_2 和 WO_3。然而若将 ZrW_2O_8 从 1105℃ 以上急速冷却到 780℃ 以下，ZrW_2O_8 能够以亚稳态存在。亚稳态的 ZrW_2O_8 有 α-ZrW_2O_8 和 β-ZrW_2O_8 两种晶型。它们均为立方晶系，但前者属 $P2_13$ 空间群，后者属 Pa-3 空间群。由于在 α-ZrW_2O_8 中 WO_4 四面体沿[111]方向有序取向，因此称 β-ZrW_2O_8 为有序相。随着温度的升高至 171℃ 以上，WO_4 四面体的这种有序取向遭到破坏，就转变成 β-ZrW_2O_8，称为无序相。因此在 171℃ 的 $\alpha \leftrightarrow \beta$ 可逆转变也称为有序-无序相变。该相变所引起的晶胞参数变化不大，仅使两者的负膨胀系数的数值有所差别(表 14-10)。此外在室温和 0.2GPa 压力下，α-ZrW_2O_8 转变为 γ-ZrW_2O_8(正交晶系 $P2_12_12_1$)，并伴随 4.98% 的体积收缩。HfW_2O_8 的情况与 ZrW_2O_8 类似，仅各个相变温度有所不同，如图 14-17(b)所示。表

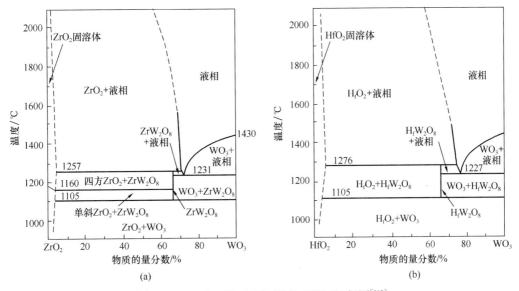

图 14-17　ZrO_2-WO_3(a)和 HfO_2-WO_3(b)相图[308]

(图内数字为温度℃)

14-10给出这两种钨酸盐在不同温度范围内的膨胀系数、相变温度和压力。

表 14-10　钨(钼)酸盐在不同温度区间的膨胀系数、相变温度和压力[309、310、311]

晶　型	温度范围/K	膨胀系数×10^6/K^{-1}	$T_{\alpha-\beta}$/℃	$P_{\alpha-\gamma}$/GPa
α-ZrW$_2$O$_8$	0.3～400	−9.4	171	0.21
β-ZrW$_2$O$_8$	400～700	−5.5		—
γ-ZrW$_2$O$_8$	20～300	−1.0	—	0.21
α-H$_f$W$_2$O$_8$	90～300	−8.8	195	0.62
β-H$_f$W$_2$O$_8$		−5.5		
立方 ZrMo$_2$O$_8$	11～573	−4.9	—	0.7
立方 H$_f$Mo$_2$O$_8$	77～573	−4.0	—	0.7

由于立方 ZrW$_2$O$_8$ 和 H$_f$W$_2$O$_8$ 存在有序↔无序相变，虽然相变前后负膨胀特性保持不变，但相变前后的膨胀系数并不相同，在相变温度附近膨胀系数出现突然改变，这给实际应用带来不利。相比之下在亚稳的立方 ZrMo$_2$O$_8$ 和 H$_f$Mo$_2$O$_8$ 中并没有有序－无序相变，因而它们的膨胀系数不出现突变。亚稳立方 ZrMo$_2$O$_8$ 和 H$_f$Mo$_2$O$_8$ 的膨胀系数数据也列于表 14-10中。另一方面，在环境温度和压力下 ZrMo$_2$O$_8$ 和 H$_f$Mo$_2$O$_8$ 的稳定相为三方晶型[312]，它们在 a 轴方向上膨胀系数为负值，而在 c 轴方向为很大的正值，两者相差达一个数量级(表 14-11)，因此总体上看这类三方晶系的钼酸盐呈正膨胀特性，并且具有相当大的膨胀率，它们不属于负膨胀材料的范畴。

表 14-11　三方 ZrMo$_2$O$_8$ 和 H$_f$Mo$_2$O$_8$ 的膨胀系数[308]

温度范围/℃	膨胀系数×10^6/K^{-1}					
	H$_f$Mo$_2$O$_8$			ZrMo$_2$O$_8$		
	a 轴方向	c 轴方向	体积膨胀	a 轴方向	c 轴方向	体积膨胀
25～200	−3.1	90.1	83.3	−1.1	82.4	80.4
200～700	−7.9	39.6	23.5	−6.4	42.9	29.8
25～700 平均值	−6.6	53.1	39.4	−5.0	54.0	43.2

A$_2$M$_3$O$_{12}$型三价金属钨(或钼)酸盐在环境温度和压力下为单斜晶型(P2$_1$/c)，当温度升高至环境温度之上，发生晶型转变，由单斜晶型转变成正交晶型(Pnca)。单斜型三价金属钨(或钼)酸盐为正常的正膨胀系数材料，而正交晶型的三价金属钨(或钼)酸盐在三个晶轴方向上的膨胀系数有正有负，总体上呈现负膨胀特性。大体上讲，具有正交结构的 A$_2$M$_3$O$_{12}$型晶体中三价金属离子的半径越大负膨胀效应也越大。表 14-12 给出多种 A$_2$M$_3$O$_{12}$型晶体的膨胀系数、相变温度范围和 A^{3+} 半径。

表 14-12　一些 A$_2$M$_3$O$_{12}$型晶体的膨胀系数、相变温度范围和 A^{3+} 半径[309, 313,314,315]

物　质	A^{3+} 半径 */nm	相变温度范围/℃	膨胀系数×10^6/K^{-1}			
			a 轴方向	b 轴方向	c 轴方向	平均(体积)
单斜 Cr$_2$Mo$_3$O$_{12}$	0.062	25～450	8.87	9.12	13.05	9.8(27.9)
正交 Cr$_2$Mo$_3$O$_{12}$	0.062	500～800	−0.5	6.8	−1.5	−9.4(5.5)

续表

物　质	A^{3+}半径 * /nm	相变温度范围 /℃	膨胀系数×10^6/K^{-1}			
			a轴方向	b轴方向	c轴方向	平均(体积)
单斜 $Fe_2Mo_3O_{12}$	0.065	25～500				9.7
正交 $Fe_2Mo_3O_{12}$	0.065	550～800				−14.8
单斜 $Al_2Mo_3O_{12}$	0.053	25～200				8.7
正交 $Al_2Mo_3O_{12}$	0.053	500～800				−2.8
正交 $Al_2W_3O_{12}$	0.053	25～900	−2.63	6.36	0.088	(3.74)
正交 $Sc_2W_3O_{12}$	0.075	30～800	−3.2	−4.0	−1.5	−1.9(−5.7)
正交 $Lu_2W_3O_{12}$	0.085	127～650	−9.9	−2.2	−8.3	−6.8
正交 $Y_2W_3O_{12}$	0.089	50～700	−3.42	−8.68	−7.13	−7.0(−19.15)
正交 $Yb_2W_3O_{12}$	0.086	50～700	−1.43	−4.92	−7.01	−6.38(−12.53)
正交 $Er_2W_3O_{12}$	0.089					−6.74

＊　离子半径数据来自参考文献 316。

$A_2M_3O_{12}$型钨酸盐中的 A 位离子也可以用等量的二价、四价金属离子去填充,如用碳酸镁、氧化铪和氧化钨按照 1：1：3 的物质的量之比混合、压成块状后在空气中于 1100℃下煅烧,可生成 $MgH_fW_3O_{12}$。该化合物在 400K 以下为单斜晶型($P2_1/a$),在 400K 以上单斜晶型转变成正交晶型(Pnma)。正交晶型的 $MgH_fW_3O_{12}$ 从温度 400K 直到其分解温度 873K 具有负膨胀特性,其 a, b, c 三个晶轴方向的膨胀系数分别为 $-5.2×10^6K^{-1}$、$+4.4×10^6K^{-1}$、$-2.9×10^6K^{-1}$,平均线膨胀系数为 $-1.2×10^6K^{-1}$,而体积膨胀系数为 $-3.7×10^6K^{-1}$[317]。

上述各种四价、三价钨酸盐或钼酸盐都需要通过人工合成获得,以氧化物和碳酸盐为原料通过高温固相反应合成是传统的制备工艺。然而 AM_2O_8 型钨(或钼)酸盐在室温附近只能以亚稳态存在,它们的热力学稳定态仅存在于 1100℃以上的高温下,并且稳定态的温度范围很窄,如 ZrW_2O_8 的热力学稳定态仅存在于 1105～1257℃ 之间,在 1257℃ 以上即熔化成液相。因此如用固相反应合成 ZrW_2O_8,必须首先将反应物加热到 1200℃ 左右,并且保持相当长的时间,以便使反应完全进行,然后快速淬冷至 780℃ 以下,使生成物作为热力学亚稳相而保存下来。这种合成工艺带来两个问题:(1)从高温快速淬冷不仅要求使用比较复杂的设备和技术措施,而且如控制不当就有可能使反应产物分解;(2)在 1200℃ 左右的温度下长时间保温,氧化钨会有严重的挥发,从而改变合成反应的进程,并导致改变生成物的化学组成。因此,用固相反应合成工艺很难得到很纯的 ZrW_2O_8 或 $H_fW_2O_8$。此外,采用固相反应工艺也不能得到纯的立方 $ZrMo_2O_8$ 或 $H_fMo_2O_8$,而只能得到稳定的三方或单斜晶相,或立方相与三方或单斜的混合物。总之,固相反应工艺不是制备这些 AM_2O_8 型钨酸盐或钼酸盐的最佳工艺选择。实际上这类物质可以通过热分解相应的水合碱式盐来得到。例如在 400℃ 下煅烧 $ZrMo_2O_7(OH)_2 \cdot 2H_2O$ 可获得纯的立方型 $ZrMo_2O_8$:

$$ZrMo_2O_7(OH)_2 \cdot 2H_2O \Longrightarrow ZrMo_2O_8 + 3H_2O \qquad (14-10)$$

　　煅烧温度对产物的晶型有很大影响。如在 350℃ 下煅烧，出现正交 $ZrMo_2O_8$ 晶相；如在 450℃ 下煅烧，则生成三方 $ZrMo_2O_8$ 晶相。此外，能否获得纯立方 $ZrMo_2O_8$ 晶相还同制备 $ZrMo_2O_7(OH)_2 \cdot 2H_2O$ 的工艺条件有关[318]。同样，立方 ZrW_2O_8 可以通过在 $500\sim600$ ℃ 下煅烧水合碱式钨酸锆 $ZrW_2O_7(OH)_2 \cdot 2H_2O$ 得到。

　　作为前驱体的锆的水合碱式钨（或钼）酸盐可以通过共沉淀法、溶胶-凝胶法和水热合成法制取。所用的锆质原料可以是氧化锆（$ZrOCl_2 \cdot 8H_2O$）或硝酸氧锆[$ZrO(NO_3)_2 \cdot 5H_2O$]，钨质原料通常用钨酸铵[$(NH_4)_5H_5[H_2(WO_4)_6] \cdot H_2O$，钼质原料常用钼酸铵[$(NH_4)_6Mo_7O_{24} \cdot 4H_2O$]或钼酸钠（$Na_2MoO_4 \cdot 2H_2O$）。例如将氧氯化锆和钨酸铵分别配制成一定浓度的水溶液，然后以物质量之比 Zr∶W＝1∶2 的比例，将两者在不断搅拌状态下加入到盐酸水溶液内，并保持整个混合物的 pH＝4，所得白色沉淀经去离子水洗涤，再在 100℃ 下干燥，即得到 $ZrW_2O_7(OH)_2 \cdot 2H_2O$。这种方法操作比较简单，但是所得到的碱式钨酸锆晶体发育不充分，这种前驱体经煅烧后往往不能得到纯的立方 ZrW_2O_8。更可取的方法是将上述白色沉淀再同盐酸水溶液混合，使混合物内 HCl 浓度在 6mol/L 左右，这样形成透明的酸性溶胶，利用水浴和回流装置长时间加热回流溶胶，在回流过程中溶胶内再次生成沉淀，回流结束后将沉淀干燥，便得到晶态 $ZrW_2O_7(OH)_2 \cdot 2H_2O$。用同样的方法，以硝酸氧铪[$H_fO(NO_3)_2 \cdot 5H_2O$]代替氧氯化锆则可制造 $H_fW_2O_7(OH)_2 \cdot 2H_2O$。如果以钼酸钠（$Na_2MoO_4 \cdot 2H_2O$）为原料则可制备 $ZrMo_2O_8$。回流工艺需要很长时间，如将酸性溶胶密封在水热反应釜内通过水热反应在 $160\sim200$ ℃ 下合成 $ZrW_2O_7(OH)_2 \cdot 2H_2O$ 或 $ZrMo_2O_7(OH)_2 \cdot 2H_2O$，则所需时间就大大缩短，并且产物的晶体发育完整良好。酸性环境对生成这些碱式钨（钼）酸盐类是很重要的条件，但是并非任何酸都起有利的作用。例如制备 $ZrMo_2O_7(OH)_2 \cdot 2H_2O$，如加入硫酸或醋酸得到的是无定型沉淀，经煅烧后只能形成三方型 $ZrMo_2O_8$。加入硝酸的作用同加入盐酸一样，所生成的碱式钼酸盐经煅烧后形成立方型 $ZrMo_2O_8$，但可能夹杂有一部分无定型的 $ZrMo_2O_8$。而加入高氯酸，则最终可得到不含其他相的全部立方 $ZrMo_2O_8$[310]。除了制备碱式盐时需要提供适当的酸性条件之外，保持正确的原料配比和回流温度对最终产物的晶相组成也有很大关系。例如分别在 50℃、70℃、100℃ 下回流得到 $ZrMo_2O_7(OH)_2 \cdot 2H_2O$，经过 400℃ 煅烧后，前两者产物中存在三方型 $ZrMo_2O_8$，而 100℃ 下回流物在同样温度下煅烧后，产物全部为立方型 $ZrMo_2O_8$[318]。

　　三价钨酸盐或钼酸盐一般采用固相反应法来制备，所用原料多为各种氧化物和碳酸盐，各种原料按化学式计量配比后经充分研磨混合，然后在 $900\sim1200$ ℃ 下煅烧，长时间保温（$12\sim48$h），还可以采用二次煅烧处理，即先将混合物压成团块，在较低温度下（如 $700\sim800$ ℃）煅烧 $6\sim8$h，冷却后将煅烧体研磨成粉，再压成团块，再在 $900\sim1200$ ℃ 下煅烧 $10\sim20$h，重新研磨成粉备用。二次煅烧的主要目的是增加固相反应的均匀性，以便获得单一的高纯晶相结构的 $A_2M_3O_{12}$。

　　$A_2M_3O_{12}$ 型盐类也可以通过共沉淀法来制备。例如以 $Na_2WO_4 \cdot 2H_2O$ 和 $Y(NO_3)_3 \cdot 6H_2O$ 为原料，将两者分别配制成一定浓度的水溶液，按物质的量之比 Y∶W＝2∶3 的比例，将含钇溶液加入到钨酸钠溶液中，并不断搅拌，即生成沉淀，长时间搅拌沉淀物，以保证反应充分，然后静止一段时间，再滤去清液，并用去离子水清洗沉淀，再经 $80\sim100$ ℃ 干燥和 800℃ 下煅烧，即获得钨酸钇 $Y_2W_3O_{12}$[315]。用共沉淀工艺可在较低温度下煅烧沉淀物得到单一的正交晶型的 $A_2W_3O_{12}$ 型粉体，从而避免固相反应工艺需要高温煅烧而引起的氧化钨或氧化钼的挥发损失。

用 $A_2M_3O_{12}$ 型粉料可以制成致密陶瓷材料，例如采用固相反应合成的 $Sc_2W_3O_{12}$ 粉料经压力成型后在 1100℃下烧结 10h 可形成致密的烧结体[314]，其负膨胀特性和烧结体的断面显微结构如图 14-18 所示。AM_2O_8 型物质在室温附近呈亚稳状态，而稳定态仅出现在紧邻其转熔分解的高温区，因此需要采用淬冷技术才能获得具有立方 AM_2O_8 相的致密烧结体。通常把它们同其他物质混合制成复合材料，并通过调节材料中具有负膨胀系数的 $A_2M_3O_{12}$ 型组分与其他具有正膨胀系数组分的比例，可以控制复合材料的膨胀系数。例如将 ZrO_2 和 ZrW_2O_8 按不同比例混合，再加入 0.25%～0.8% 的 Al_2O_3 作为烧结助剂，在空气中于 1200℃下保温 48h，烧结成致密的 $ZrO_2 + ZrW_2O_8$ 陶瓷[319]，其膨胀系数随 $ZrO_2/(ZrO_2 + ZrW_2O_8)$ 比值的变化而变化（图 14-19）。

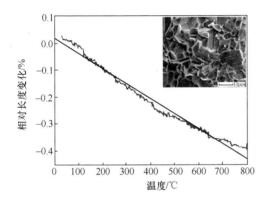

图 14-18　$Sc_2W_3O_{12}$ 陶瓷材料的
负膨胀特性及显微结构[314]

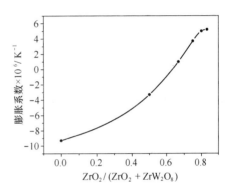

图 14-19　$ZrO_2 + ZrW_2O_8$ 材料的膨胀
系数与 ZrO_2 含量的关系[319]

第 4 节　钛酸铝陶瓷

钛酸铝（Al_2TiO_5）晶体的理论密度为 3.73g/cm³，属正交晶系，其三个晶轴方向的膨胀系数分别为 $11.8 \times 10^{-6}K^{-1}$、$19.4 \times 10^{-6}K^{-1}$、$-2.6 \times 10^{-6}K^{-1}$[155]。各个方向上膨胀系数的巨大差别使得钛酸铝陶瓷在烧结过程的冷却阶段陶瓷体内部产生复杂的热应力，并导致产生大量微裂纹。当烧结体再次被加热升温时微裂纹发生愈合，体积变小，而在冷却时微裂纹又一次张开，体积增大，因此钛酸铝陶瓷具有很低的膨胀系数和优良的抗热震性能。钛酸铝的熔点约为 1850℃（图 14-20），因此，钛酸铝陶瓷是一种耐高温、抗热震、低膨胀材料。然而，由于这种材料内部存在大量微裂纹，其强度不高。

钛酸铝陶瓷可用来制作的产品包括测温热电偶保护套管、冶金工业用水口、过滤器、通气管、铸铝工业的升液管、汽车发动机排气管、排气蜗壳及汽车尾气净化处理用蜂窝状催化剂载体，以及陶瓷工业用高级窑具等既需要耐高温又要求能够经受反复冷热快速变化场合的各种高温设备的零部件。

从图 14-20 可知，钛酸铝在大约 1150℃以下会分解成 TiO_2 和 Al_2O_3。实际上当温度到达 1250℃附近钛酸铝即开始分解，在 1100～1150 ℃其分解速度达到最大值，此后随温度下降分解速度也变小，在 750℃以下分解速度很小，以致钛酸铝可以在室温至 750℃之间长期保存。显然钛酸铝的这种特性会妨碍将其作为耐高温材料使用。一般需要在钛酸铝内添加稳定剂，以防止其在 1250～750 ℃之间发生分解。常用的稳定剂有 MgO、Fe_2O_3、SiO_2 和 ZrO_2 等。图 14-21 显示添加 MgO 的 Al_2TiO_5 的分解温度范围同 MgO 含量的关系。Al_2TiO_5 的分解符合成核-生长机理，Al^{3+} 离子在晶格内的扩散控制分解反应的速度[321]。在 Al_2TiO_5 中加入 MgO 会形成固溶体 $Mg_xAl_{2(1-x)}Ti_{1+x}O_5$，晶格结构变得复杂，阻碍 Al^{3+} 离子在晶格内的扩散，从而抑制分解。在 Al_2TiO_5 中加入 Fe_2O_3 也有类似的作用。在 Al_2TiO_5 中加入 SiO_2 后有一部分 Si^{4+} 进入钛酸铝内形成固溶体 $Al_{6(2-x)/(6+x)}Si_{6x/(6+x)}TiO_5$，阻碍 Al^{3+} 离子在晶格内的扩散，使分解速度降低。ZrO_2 也能溶入钛酸铝内，但溶解度很小（饱和溶解度为 2%），然而也可阻碍 Al^{3+} 离子在晶格内的扩散，从而抑制分解。莫来石加到钛酸铝中也会有一部分 Si^{4+} 进入钛酸铝晶格内，从而抑制钛酸铝的分解。这些稳定剂不仅可防止或降低钛酸铝在 1250～750 ℃之间发生分解，而且有助于钛酸铝的烧结。

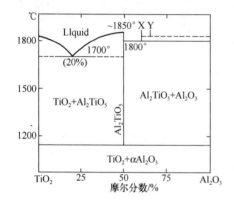

图 14-20　TiO_2 － Al_2O_3 相图[320]

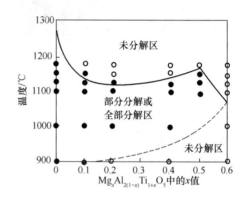

图 14-21　Al_2TiO_5 中 MgO 含量对其分解温度的影响[321]

钛酸铝陶瓷材料的低膨胀系数在很大程度上取决于其内部微裂纹的几何尺寸和数量，这两者都同陶瓷材料中晶粒大小有关。当晶粒尺寸大于材料的临界晶粒尺寸（式 14-9）时才能够产生微裂纹。在相同温差下晶粒尺寸减小，钛酸铝晶粒各晶轴方向上的膨胀（或收缩）量的差异就小，由此引起的内应力也小，从而产生的微裂纹数量减少、尺寸也变小，其结果是膨胀系数将增大。材料内晶粒尺寸增大则有相反的效果。图 14-22 为用不同厂商制造的钛酸铝陶瓷材料测定的膨胀系数同材料内晶粒平均尺寸的相关曲线，可明显看出材料的膨胀系数随晶粒平均直径的增大而降低的关系。

制造钛酸铝陶瓷材料首先需要合成 Al_2TiO_5 粉料，适合大量生产的合成方法为固相反应法和共沉淀法，其他如溶胶－凝胶法、气相合成法等虽然所得粉料性能优越，但制造成本太高，至今

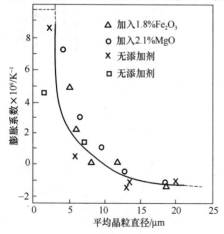

图 14-22　钛酸铝陶瓷的膨胀系数同晶粒平均直径的关系[322]

仍不适应陶瓷和耐火材料制造的成本要求。

固相合成工艺所用原料为氧化铝粉（常用 Al_2O_3 含量＞98.5％的工业氧化铝）和钛白粉（TiO_2 含量＞99％）。按化学剂量配比将这二种原料以及稳定剂一同投入球磨机内研磨混合。所用稳定剂的加入量随稳定剂种类不同而各异，一般用量范围为 5％～15％。莫来石同钛酸铝可组成复合陶瓷，其加入量可高达 60％，但莫来石需加到已合成好的钛酸铝中，而不是在合成前加到氧化铝与氧化钛的混合物内。混合后的粉料被压制成团块，然后放入煅烧窑内煅烧。热力学计算表明下列反应在温度高于 1280℃能自发进行[323]：

$$\alpha\text{-}Al_2O_3 + TiO_2 = \beta\text{-}Al_2TiO_5 \tag{14-11}$$

因此合成钛酸铝的煅烧温度需高于此温度。通常煅烧温度为 1350～1500℃，温度过高将引起晶粒长大，不利于随后的陶瓷烧结。充分煅烧后的团块有 14％的体积收缩。煅烧须用氧化气氛，在还原气氛中 Ti^{4+} 被还原成 Ti^{3+}，会促进钛酸铝的分解。

共沉淀法以可溶性铝盐和钛盐为原料，先配制成水溶液，然后以化学计量比将两者混合，加入沉淀剂溶液，生成钛酸铝或其水合物沉淀。例如，分别配制一定浓度的 $Ti(SO_4)_2$、$Al_2(SO_4)_3$ 和 NH_4HCO_3 水溶液，按化学式计量比将前两种溶液混合，再将 NH_4HCO_3 水溶液作为沉淀剂加入混合液中，使溶液 pH 值达到 6.0～6.5，生成沉淀，将此沉淀洗涤、过滤，在 1350℃下煅烧 1.5 h，得到粒径为 70～100nm 分布均匀的 Al_2TiO_5 粉料。

表 14-13　烧结钛酸铝的性能[155]

牌号 性能	AT-10	LC	TF	M	218
体积密度/（g/cm^3）	3.26	3.49	3.59	3.14	3.31
吸水率/％	2.68	8.2	5.4	1.4	11.2
抗折强度/MPa	22～28	10	15	17	—
膨胀系数/K^{-1}	$0.67×10^{-6}$	$-0.5×10^{-6}$	$-0.8×10^{-6}$	$-0.8×10^{-6}$	$<1.5×10^{-6}$
导热系数/[W/（m·K）]	1.27	0.98	1.04	1.16	—

钛酸铝陶瓷的成型可采用各种陶瓷成型工艺，常用的工艺有压力成型、等静压成型、注浆成型等。钛酸铝陶瓷的烧成温度在 1400～1550℃之间，需采用氧化气氛以防止钛酸铝分解。表 14-13 列出几种钛酸铝烧结体的性能。表 14-14 给出按物质的量之比 1∶1∶0.031 配比的 Al_2O_3、TiO_2 和 Fe_2O_3 混合物经 1350℃下煅烧 2h，得到的 Al_2TiO_5 粉料中加入不同数量的莫来石粉末，采用热压烧结工艺（1300℃/17MPa），得到的钛酸铝-莫来石复合材料的性能。

表 14-14　钛酸铝-莫来石复合材料的性能[324]

莫来石加入量/（质量）％	0	15	30	45	60
膨胀系数（RT—500℃）/K^{-1}	$1.2×10^{-6}$	$0.7×10^{-6}$	$1.5×10^{-6}$	$3.5×10^{-6}$	$5.0×10^{-6}$
抗折强度/MPa	75	—	109	134	172
断裂韧性/MPa·$m^{1/2}$	3.57	—	—	—	2.76
开口气孔率/％	6.7	10.6	5.3	5.0	7.9
体积密度（g/cm^3）	3.61	3.40	3.52	3.44	3.19

第 5 节　董青石材料

董青石的化学式为 $2MgO \cdot 2Al_2O_3 \cdot 5SiO_2$（简写为 $M_2A_2S_5$），其中 MgO、Al_2O_3 和 SiO_2 的质量分数分别为 13.78%、34.86% 和 51.36%。董青石属六方晶系，密度为 2.50～2.52g/cm^3，其 a、b 晶轴方向的膨胀系数为正值，c 轴方向则为负值，多晶烧结体的膨胀系数为 $(2\sim3) \times 10^{-6}K^{-1}$，在陶瓷材料中属于低膨胀系数材料，并具有良好的抗热震性能。因此，董青石常用于需要优良抗热震性的陶瓷窑具、铸铝用升液管、汽车尾气净化器中蜂窝状催化剂载体以及耐热电绝缘元件的制造。

自然界存在的董青石中含有相当数量的 Fe_2O_3，因此天然董青石的化学式通常写成 $(Mg, Fe)_2Al_3[AlSi_5O_{18}]$，其密度为 2.53～2.78$g/cm^3$，主要存在于片麻岩或含铝量较高的片岩中。由于含有铁，天然董青石很少被用于制造陶瓷或耐火材料。制造陶瓷、耐火材料所用的不含铁的董青石（$2MgO \cdot 2Al_2O_3 \cdot 5SiO_2$）需要人工合成。

董青石合成工艺可分为两大类，即原位合成和粉料合成。所谓原位合成，就是将合成董青石所需要的原料和制造陶瓷或耐火材料的原料统一设计成单一的配方，在制品烧成过程中在坯体内生成符合设计要求数量的董青石，最后成为董青石制品；所谓粉料合成，即在制造董青石制品之前先制备具有各种粒度的董青石粉料，再把它同其他原料混合、成型、烧成，做成符合要求的陶瓷或耐火材料制品。

从理论上讲，如把配比合适的氧化铝、氧化硅、氧化镁混合、压制成块，经过煅烧就可生成董青石，然而为了控制制造成本，通常不用这些氧化物，而是采用价格远为便宜的高岭土（黏土）、滑石以及氧化铝（铝矾土）或菱镁矿或水镁石。根据图 14-23 可知，董青石（$M_2A_2S_5$）的组成点既位于偏滑石（M_3S_4）-偏高岭土（AS_2）-氧化铝组成的三角形之内，也位于由偏滑石（M_3S_4）-偏高岭土（AS_2）-氧化镁组成的三角形之内。因此配料组成点也必须位于这两个三角形之一的范围内。配料组成点如果与董青石的组成点 $M_2A_2S_5$ 重合，则可以形成单一的董青石而不产生其他物相。然而实际上合成董青石粉料时常使配料点落在既靠近 $M_2A_2S_5$ 的组成点又处于 SiO_2-$M_2A_2S_5$ 连线附近或 AM（尖晶石- $MgAl_2O_4$）-$M_2A_2S_5$ 连线附近的区域。如果组成点在 SiO_2-$M_2A_2S_5$ 连线附近，则配料内 SiO_2 含量偏高。并且若配料点在 SiO_2-$M_2A_2S_5$ 连线的左侧，从相图可知最终产物为董青石（$M_2A_2S_5$）、方石英（SiO_2）和顽火辉石（MS），或董青石、顽火辉石和镁橄榄石（M_2S）。顽火辉石（$MgSiO_3$）随温度不同有不同的晶形并伴随有体积变化，这是制造陶瓷或耐火材料所不希望的。若配料点位于 SiO_2-$M_2A_2S_5$ 连线的右侧，则最终产物中有董青石（$M_2A_2S_5$）、方石英（SiO_2）和莫来石 $Al_6Si_2O_{13}$（即 A_3S_2），莫来石的熔点高而膨胀系数不大，因此，对制品的耐火度和机械性能有改进作用，但方石英的膨胀系数较大，因此，如合成的董青石原料内存在方石英，会使制品的膨胀系数变大、抗热震性下降。然而，通常合成董青石所用的原料中除 Al_2O_3、SiO_2、MgO 之外尚存在其他杂质或特意加入的矿化剂，这些物质与 SiO_2 在高温下形成液相，促进合成反应进行，冷却到室温后，液相转变成玻璃相，但这种含有大量 SiO_2 的玻璃相的膨胀系数明显大于董青石本身，因此，设计董青石配方时最好不要选择富 SiO_2 区域。如配料点位于 AM-$M_2A_2S_5$ 连线附近，根据落点的具体位置，可有三种情况：内落在 $M_2A_2S_5$- Mg_2S-$M_4A_5S_2$（假蓝宝石，化学式为 $Mg_4Al_{10}Si_2O_{23}$）三角形内，则最终产物有董青石、镁橄榄石、

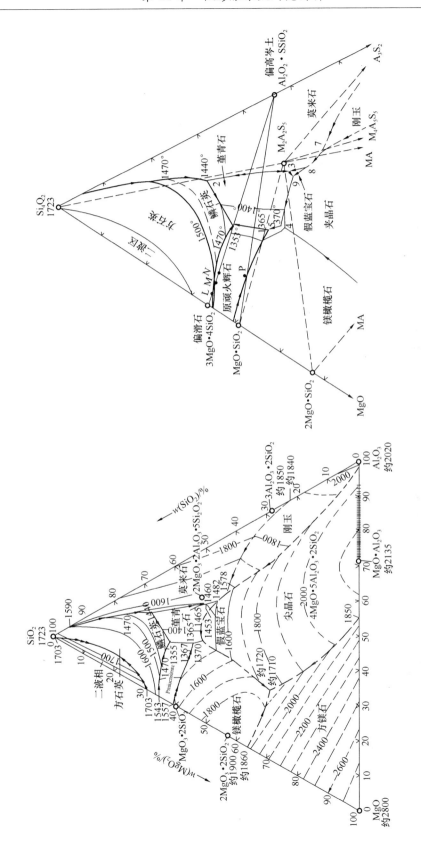

图 14-23 SiO₂—Al₂O₃—MgO 相图，右图为局部放大图[285]

假蓝宝石；如果落点在 MA-$M_2A_2S_5$-$M_4A_5S_2$ 组成的三角形内，则最终产物是堇青石、尖晶石、假蓝宝石；若落点在 $M_2A_2S_5$-$M_4A_5S_2$-Al_3S_2 组成的三角形内，则产物为堇青石、假蓝宝石、莫来石。假蓝宝石在 1482℃ 发生转熔，生成莫来石、尖晶石和液相，而堇青石在 1465℃ 出现转熔生成液相和莫来石。因此这两种晶相的耐火性能接近。如合成原料内含有其他杂质，在高温下假蓝宝石很容易同这些杂质形成液相，冷却后则成为玻璃相。从制造耐火材料角度考虑，将合成堇青石的配料点设计在 AM-$M_2A_2S_5$ 连线附近比较可取。由于堇青石在 1465℃ 便转熔分解，而合成温度过低会导致反应不能充分完成，因此堇青石的合成温度范围非常窄。如用杂质少的原料，合成温度通常在 1400～1450℃ 之间；如采用原位合成工艺，因需要考虑到出现液相过多会造成制品变形甚至倒塌，因此烧成温度通常限制在 1380～1430℃ 之间。为了扩展烧结温度范围和降低堇青石合成温度，可在原料内添加矿化剂，常用的矿化剂有钾长石、$BaCO_3$、$PbSO_4$ 等。某些杂质，如 CaO、Fe_2O_3、TiO_2 和 Na_2O 或 K_2O，能与原料主晶相形成固溶体或生成液相，有利于堇青石的形成，降低合成温度和加速合成反应的进行。有研究[325]表明用黏土、滑石和氧化铝为原料合成堇青石，原料中一些杂质应该控制在：CaO 在 2.2%～2.7%，TiO_2 在 1.0%～1.5%，Fe_2O_3 在 0.8%，Na_2O+K_2O≤0.9%，这些杂质在所列出的范围内对堇青石的合成和烧结以及材料的抗热震性有帮助作用。如采用纯度高的苏州土（高岭土）、滑石粉和工业氧化铝粉为原料，理论上三者的配比应是 45%、41% 和 14%，实际生产中不同厂商采用不同的原料，成分波动各不相同，通常配比范围是黏土 30%～45%、滑石 30%～45%、氧化铝 10%～30%。除用黏土、滑石和氧化铝体系可合成堇青石之外，也可用黏土、滑石、菱镁矿和石英砂（SiO_2），水镁石[$Mg(OH)_2$]、黏土、石英砂和氧化铝，黏土、绿泥石（$5MgO·Al_2O_3·3SiO_2·4H_2O$）和石英砂，黏土、蛇纹石（$3MgO·2SiO_2·2H_2O$）和氧化铝等不同体系合成堇青石原料或烧制堇青石制品。表 14-15 为国内一些厂商公布的合成堇青石的化学成分。表 14-16 给出一些通过原料合成制造堇青石制品的原料配比以及相应制品的一些性能。

表 14-15　国内生产的堇青石原料成分

牌号	化学成分/%					堇青石含量/%	粉料密度/（g/cm³）
	Al_2O_3	SiO_2	MgO	CaO	Fe_2O_3		
S—1	35～37	48～51	13～15	≤0.5	≤0.8	≥90	≥1.85
S—2	35～37	48～51	13～15≤	≤0.5	0.5	≥95	≥1.90
X—1	35.5	50	13.5	—	—	≥95	≥1.90

表 14-16　堇青石制品的原料配比和性能[14]

	编号	1	2	3	4	5	6
原料/%	高岭土	72.3	67.9	67.9	50.0	41.0	50.0
	滑石	21.9	14.7	14.7	9.2	44.0	50.0
	绿泥石				40.8		
	Al_2O_3					15.0	
	$MgCO_3$	5.5	17.4	17.4			
	$BaCO_3$		10				
	$PbSO_4$			10			

续表

性能	编　　号	1	2	3	4	5	6
	烧成温度/℃	1343	1298	1316	1232	1316	1316
	吸水率/%	2.2	7.8	8.9	0.5	9.1	1.8
	膨胀系数/K^{-1}（100～900℃）	1.04×10^{-6}	1.73×10^{-6}	1.21×10^{-6}	1.49×10^{-6}	1.49×10^{-6}	0.81×10^{-6}

单纯的堇青石材料耐温性能不高，在 1465℃ 便转熔分解，而且强度很低，抗热震性并不优良，通常改进的办法是制成堇青石-莫来石复合材料。根据相平衡原理，要形成莫来石与堇青石二相结构，配料组成点应落在图 14-23 中 $M_2A_2S_5$-A_3S_2 连线上，并且必须位于莫来石的初晶区内。配料点离莫来石组成点 A_3S_2 越近，最终制品内莫来石成分就越多；反之，如离堇青石组成点 $M_2A_2S_5$ 越近，则最终制品内堇青石含量就越高。但事实上由于原料中存在其他杂质，而且各种化学成分也不可能完全均匀分布，因此，实际配料组成点通常落在 $M_2A_2S_5$-A_3S_2 连线附近。若配料点处于该连线的上方，坯体内除堇青石和莫来石之外还存在 SiO_2，当加热到堇青石、莫来石和石英三相共存点（图 14-23 右图中的点 2）温度（1440℃）时出现液相，配料点离该三相点越近而离 $M_2A_2S_5$-A_3S_2 连线越远则液相数量越多。若配料点处于该连线的下方，坯体内除堇青石和莫来石之外还存在假蓝宝石（$M_4A_5S_2$），当温度升到堇青石、莫来石和假蓝宝石三相共存点温度（图 14-23 右图中的点 3）1460℃ 时出现液相，同上述情况相仿：配料点离该三相点越近而离 $M_2A_2S_5$-A_3S_2 连线越远则液相数量越多。陶瓷或耐火材料在烧成时出现的液相数量一般不应该超过 30%，由此可决定堇青石-莫来石复合材料的理论配料组成和烧成的最高温度。由于实际的配料内存在杂质或特意加入的矿化剂，实际烧成温度应低于上述理论烧成温度。表 14-16 中 1 号、2 号和 3 号配方都落在莫来石初晶区内，其中 1 号位于 $M_2A_2S_5$-A_3S_2 连线上方，而 2 号和 3 号位于连线的下方；5 号非常接近堇青石的组成点，理论上讲，烧结后材料内只有堇青石而没有其他晶相；6 号位于偏滑石（M_3S_4）-偏高岭土（AS_2）连线的中点附近，该点位于堇青石的初晶区内，也在堇青石-石英-顽火辉石三角形内，如果烧结后材料内残留较多的顽火辉石，则该材料的热稳定性不会太高；由于不清楚所用的绿泥石的具体化学组成，因此无法估计 4 号配方的在相图中的位置。

作为制造堇青石-莫来石窑具材料的具体工艺实例介绍如下[326]：以海城滑石、广西高岭土和河南铝矾土为原料分别合成堇青石-莫来石复合骨料、堇青石-莫来石复合结合粉料、莫来石骨料和堇青石结合粉料，各种原料的化学成分以及各种合成料的具体配比分别列于表 14-17 和 14-18。

表 14-17　原料化学成分[326]　　　　单位:%

成分\原料	SiO$_2$	Al$_2$O$_3$	Fe$_2$O$_3$	K$_2$O	NA$_2$O	CaO	MgO	烧失量
海城滑石	60.75	0.30	0.08	0.06	—	0.57	32.46	5.68
广西高岭土	47.94	36.18	0.53	1.01	0.46	0.32	0.08	13.45
河南矾土	19.38	77.32	0.81	0.82	0.21	0.19	0.16	—

表 14-18　合成料配比　　　　　　　　　　　　　　单位：%

原料 合成料	海城滑石	广西高岭土	河南矾土
堇青石-莫来石复合骨料	9.63	28.15	62.23
莫来石骨料	0	24.5	75.5
堇青石-莫来石复合结合粉料	28.88	35.45	35.68
堇青石结合粉料	38.50	39.10	22.40

按照表 14-18 给出的数据分别配制莫来石-堇青石复合骨料和莫来石骨料，分别经过球磨机混合、压制团块，然后在 1550℃ 下煅烧 6h，再破碎、筛分成各种颗粒度的骨料粉备用。按照表 14-18 给出的数据分别称取、混合堇青石-莫来石复合结合剂粉料和堇青石结合剂粉料，这两种粉料无需经过煅烧，但经过研磨混合后需通过 250 目筛。按表 14-19 所给出的配比分别制备 A、B 两种成型料。

表 14-19　成型料的配制　　　　　　　　　　　单位：%

原　料	粒　度	A	B
堇青石-莫来石复合结合骨料	3～1 mm	45	—
	<1mm	30	—
堇青石-莫来石复合结合剂粉料	250 目	25	—
莫来石骨料	3～1mm	—	45
	<1mm	—	30
堇青石结合剂粉料	250 目	—	25

配制好的成型料分别在 10MPa 压力下压制成型，坯体干燥后以 10℃/min 的速率升到烧结温度（1340～1380℃），保温 6h。所得制品的性能列于表 14-20 中。

表 14-20　A、B 两种类型的堇青石-莫来石复合材料的性能[326]

种类	烧成温度 /℃	抗弯强度 /MPa	气孔率 /%	体积密度 /（g/cm³）	膨胀系数 /K⁻¹	1100 ℃～室温水 中循环次数
A	1380	11.50	27.1	2.06	3.83×10^{-6}	73
B	1360	10.34	28.6	2.03	3.81×10^{-6}	19

堇青石还可以制成微晶玻璃材料。堇青石微晶玻璃的配方设计与上述堇青石陶瓷的配方类似，配料点应选择在靠近 $M_2A_2S_5$ 点的富 Al_2O_3 或富 MgO 区域。选择这种区域可使材料的膨胀系数变小。为了降低熔融玻璃的黏度，需要在配料内加入助熔剂，如硼酸、磷酸、氧化铅和氧化铋等；为了使玻璃析晶，还必须在配料内加入成核剂，如氧化钛、氧化锌或氧化锆。典型的堇青石微晶玻璃的化学组成（质量%）如下[327] MgO：13.10，Al_2O_3：33.11，SiO_2：48.79，P_2O_5：2.5，B_2O_3：2.5。各种原料及添加剂混合均匀制成配合料，加热熔融，熔融温度取决于配料的组成，特别是其中助熔剂的种类和含量，一般熔融温度为 1400～1600℃，熔融体经澄清均化后采用玻璃成型工艺，如拉制、压延、吹制、铸模等，形成制品，然后在 700℃ 左右退火，消除成型冷却时在制品内的残余应力，在 800℃ 左右保温成核，

再快速升温至 900～1050℃使晶核生长，形成微晶玻璃。

微晶玻璃制品也可以用陶瓷工艺制造。先将原料加热到 1400～1600℃熔融成玻璃，然后将熔融体快速倒入冷水中淬冷成玻璃碴，烘干后研磨过 250 目筛成为玻璃粉料。然后采用各种陶瓷工艺成型成素坯，送入窑内大约在 900～1100℃下烧结，在烧结升温和保温过程中同时完成堇青石微晶的成核与生长。烧成温度取决于所用玻璃的黏度随温度变化的关系以及成核剂的种类和数量。

第15章　红外陶瓷材料

从传热角度来看，红外辐射是一种传热方式，而红外陶瓷材料就是对红外辐射传递能量有明显影响的陶瓷材料。所谓影响包括有利于红外辐射传播（如红外辐射率高或对红外线透明）、不利于红外辐射传播（如红外辐射率低）和阻碍红外辐射传播（如反射、吸收或散射红外线）。不同功能的红外陶瓷材料在热工设备、节能、隔热、航天、军工等许多领域有广泛的用途。

第1节　高红外辐射及高红外吸收陶瓷材料

整个红外辐射的波长处于可见光的红光波段外缘到毫米波之间，根据波长不同，可将红外辐射分为近红外（波长为 $0.77\sim3\mu m$）、中红外（波长为 $3\sim6\mu m$）、远红外（波长为 $6\sim40\mu m$）和甚远红外（波长为 $>40\mu m$），当波长接近 1mm 时，则成为微波（图 15-1）。根据波长同能量的关系：$E=hc/\lambda$（其中 λ 为波长，h 为普朗克常量，c 为光速）可知，近红外对应的能量范围是 $1.61\sim0.41eV$，因此这部分红外辐射同物质内电子能量的分布，即电子能带结构中的禁带宽度有很大关系。中红外、远红外以及甚远红外对应的能量低，它们同物质内声子的能量分布有关，也就是同晶格振动（包括化学键和偶极子的伸缩、扭转、弯曲）有关。

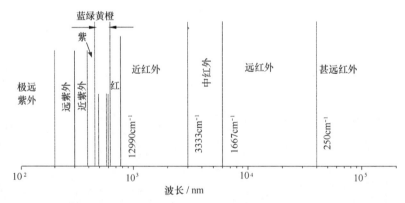

图 15-1　红外辐射的波长分布

图 15-2 分别给出一些过渡金属氧化物和 II、III、IV 族金属氧化物的光谱辐射比随波长而变化的分布图，图 15-3 为一些非氧化物陶瓷的光谱辐射比随波长而变化的分布图。图 15-4 给出氧化锆在 $600\,^\circ\!C$ 和 $1027\,^\circ\!C$ 下的光谱辐射比数据。图 15-5 给出堇青石和钛酸铝在不同温度下的全波段和分波段辐射比。表 15-1 给出莫来石陶瓷在不同红外波段的辐射比。

从这些图表的数据可见，陶瓷材料在小于 $4\mu m$ 波段的红外辐射比较弱，在中、远以及甚远红外波段的辐射比较强。绝大多数氧化物、碳化物、硼化物的禁带宽度大于 $2eV$，因此，由这些物质构成的陶瓷材料在近红外的辐射很弱，即在近红外有小的辐射比。另一方面，

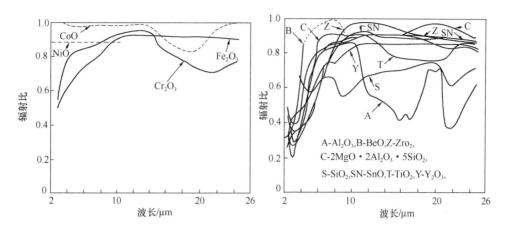

图 15-2 一些过渡金属氧化物（左）和Ⅱ、Ⅲ、Ⅳ族金属氧化物（右）的光谱辐射比[58]

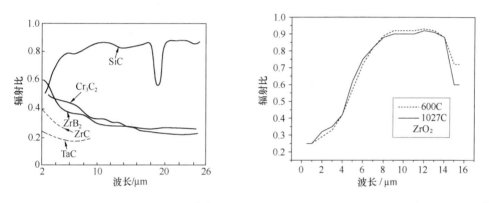

图 15-3 非氧化物陶瓷的光谱辐射比[58]　　图 15-4 ZrO₂ 在 600℃和 1027℃下的光谱辐射比[328]

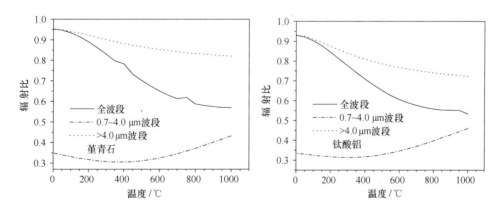

图 15-5 董青石（左）和钛酸铝（右）在不同温度下的辐射比（数据来自 328）

大多数陶瓷材料由离子键或共价键化合物构成，具有很高的键强，这些物质格波的光学分支主要分布在 10~100μm 的远红外和甚远红外区域，因此，在远和甚远红外区有高的辐射强度，即大的辐射比。

　　通常将辐射比大于 0.8 的材料称为高红外辐射材料，这种材料特别适用于制造热辐射器，用于对物料的加热、干燥和红外医疗器械。可以将红外陶瓷制成致密的烧结体用于上述各种场合，但更多的是将红外陶瓷制成涂料，涂敷在需要辐射红外线的元件表面。由于金属材料的红外辐射比都比较小，在其表面涂敷红外陶瓷涂层后可极大地提高热辐射效率。红外陶瓷涂层可以以釉料或搪瓷形式烧结在红外辐射元件表面，也可以制成油漆，涂刷在元件表面。

表 15-1　莫来石在不同波长下的辐射比（50℃下测试）[328]

全波长	≤8μm	(8.55±1) μm	(9.50±1) μm	(10.6±1) μm	(12.0±1) μm	(13.5±1) μm	≤14.0μm
0.88	0.93	0.94	0.94	0.93	0.92	0.93	0.92

　　除一些过渡金属氧化物或稀土金属氧化物之外，大多数陶瓷材料在近、中红外的辐射比并不高，或者在某些波段辐射比下降，如 SiC 在 $12\mu m$ 附近和 $18\sim20\mu m$ 处辐射比下陷（图15-3）。为了扩展高辐射比的波段范围或弥补某一波段辐射比下陷，可以把在不同波段具有高辐射比的物质配合在一起，互相取长补短，形成在全波段都具有高辐射比的材料。所采用的配合工艺有机械混合，或将混合物烧结在一起，甚至通过高温反应，形成新的化合物。从图 15-2 可知，Fe_2O_3 在 $8\mu m$ 以下的中、近红外波段辐射比较小。如果将 Fe_2O_3 同在中近红外波段有很高的辐射比的氧化物 CO_2O_3、MnO_2、CuO 等混合，经烧结后可获得在 $2.5\sim25\mu m$（波数为 $4000\sim400cm^{-1}$）近、中、远红外波段都有高辐射比的材料（图 15-6）。这种由多种过渡金属氧化物组成的陶瓷粉料常用于制备高辐射红外涂层，表 15-2 列出几种由过渡金属氧化物组成的涂层配方[58]，它们在 $2\sim15\mu m$ 范围内的辐射比大于或接近 0.9。过渡金属氧化物也可以添加到其他陶瓷材料内以增加或改善陶瓷体的红外辐射性能。例如，在堇青石材料内加入 Fe_2O_3、Cr_2O_3、MnO_2、NiO、CuO 等氧化物可以显著提高堇青石陶瓷在近、中红外波段的辐射比[59]，图 15-7 显示无添加剂的堇青石陶瓷对 $5\mu m$ 以下波长的辐射比很小。如在制造堇青石陶瓷的配料中加入表 15-3 所列的 Fe_2O_3、Cr_2O_3、NiO、MnO_2、CuO，经 1150℃ 烧成后，陶瓷材料在 $5\mu m$ 以下的辐射比明显提高。从图 15-7 还可以看出，如果先

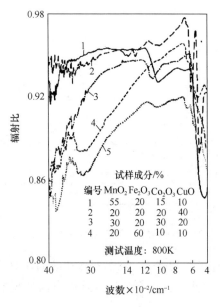

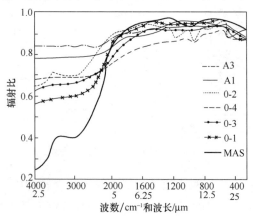

图 15-6　过渡金属氧化物复合体的辐射比[329]　图 15-7　堇青石及堇青石/过渡金属氧化物的辐射比[59]

将过渡金属氧化物混合、煅烧，形成尖晶石型粉料后再加入到董青石原料内，然后烧制成陶瓷，其近、中红外辐射比明显高于直接把金属氧化物粉料加到原料内一起烧制的材料。添加过渡金属氧化物的董青石陶瓷或莫来石陶瓷常用来制造各种远红外加热器。氧化锆和锆英石在远和甚远红外波段具有很高的辐射比，但在中红外和近红外波段的辐射比不高，在这两种材料内添加过渡金属氧化物可提升它们在中、近红外的辐射比。表 15-4 给出几种氧化锆或锆英石的复合涂料的配方组成[14]。

表 15-2　由过渡金属氧化物组成的涂层配方（数据来自参考资料 58）

编　　　号	Fe_2O_3	MnO_2	CuO	CoO
1	80	15	—	5
2	—	80	10	10
3	60	15	—	25

表 15-3　高辐射比董青石陶瓷的配比[59]

	编　　　号	A3	A1	0-2	0-4	0-3	0-1	MAS
配方组成 /%	董青石原料	70	70	60	75	70	80	100
	MnO_2	18	18	20	15		20	—
	Fe_2O_3	6	3	20	5	20	—	—
	Cr_2O_3	—	3	—	5	10	—	—
	NiO	3	3					
	CuO	3	3					
金属氧化物加入方式		注 1	注 1	注 2	注 2	注 2	注 2	—
烧成温度/℃		1150	1150	1150	1150	1150	1150	1150
保温时间/min		20						

注：1. 先将各种金属氧化物混合，装入坩埚内于 1100℃下保温 30min，冷却后球磨 1h，然后同董青石粉料混合、成型、烧成。

　　2. 各种金属氧化物与董青石粉料直接混合然后成型、烧成。

表 15-4　含有氧化锆或锆英石的红外陶瓷涂层的组成（数据来自参考资料 14）

	编　　　号	1	2	3	4	5	6	7	8
质量分数 /%	氧化锆	—	40～90	—	—	—	—	—	—
	锆英石	60～85	—	50～80	86	76	70	68	45
	黏土	10～15	5～20	10～25	10	20	25	20	30
	Fe_2O_3				2.5	2.0	2.5	2.0	15
	Mn_2O_4					1.0	0.5		10
	MnO_2				1.5	1.0	0.5	10	
	Cr_2O_3						0.5		
	NiO						0.5		
	CaO	5～10	0～5				0.5		
	TiO_2		5～10	10～30					
	SiO_2		0～30						

　　SiC 在中、远红外波段都有很高的辐射比，在近红外波段的辐射比也比较高，因此是一种较为理想的广谱红外辐射材料，但是它在 $18\sim20\mu m$ 处辐射比下陷（图 15-3）。如果将 SiC 粉料同水玻璃（硅酸钠）混合制成涂料，这种涂层在 $18\sim20\mu m$ 处的辐射比就能够保持在 0.8 以上（图 15-8）。高效碳化硅红外辐射涂层的配制工艺已在本篇第 10 章中讨论过（表 10-5），在第 11 章第 4 节中给出烧结碳化硅陶瓷的制造工艺。碳化硅本身极耐高温，在近、中、远红外各个波段都有较高的辐射比，因此适合在高温环境中的辐射传热应用，如高温电热元件、航天飞行器再入大气层的热防护涂层等。

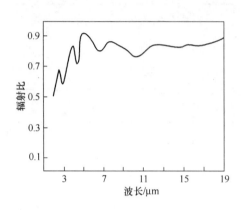 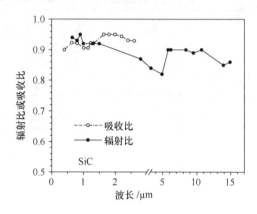

图 15-8　水玻璃粘结 SiC 的辐射比[328]　　　图 15-9　SiC 的光谱辐射比和光谱吸收比（数据来自 330）

　　在第 1 篇第 6 章中已经指出：根据基尔霍夫定律，在相同温度下材料的辐射比 ε 等于吸收比 α。因此，具有高辐射比的陶瓷材料也是具有高吸收比的材料。但需要注意，ε＝α 的前提是材料表面具有漫射的灰体特性。灰体的一个重要特征就是当温度固定不变时其吸收比同波长无关，即对于不同波长的辐射、吸收比相等。如果这一条件不能被满足，则 ε＝α 的结论就不成立。现实中的所有材料不可能完全满足灰体的定义，但如果选择适当的波长范围，多数材料的吸收比就有可能不随波长的改变而变化或变化很小，因此，在该波段内可以将材料看作灰体。但是在很宽的波长范围内（如从可见光到甚远红外），绝大多数材料都呈现出选择性吸收，因此，在大范围内 ε≠α。少数材料如炭和 SiC 在一个比较宽的波长范围内辐射比和吸收比都保持在很高的水平，大体上符合 ε＝α。图 15-9 给出 SiC 的光谱辐射比和光谱吸收比。

第 2 节　低红外辐射及红外反射陶瓷材料

　　一般将辐射比小于 0.5 的材料称为低辐射材料。由于在红外波段许多材料都可以被看做灰体，而灰体的辐射比同其吸收比相等：ε＝α；另一方面，任何材料的吸收比 α、反射比 ρ 和透射比 τ 之和为 1：$α＋ρ＋τ＝1$。对于不透明材料（$τ＝0$）则有 $ρ＝1－α$，因此，低辐射的不透明材料就具有高的反射比。根据表达界面上反射率同介质的折射率 n 关系的菲涅尔公式（见第 1 篇第 6 章第 3 节），由介质 1 垂直射到介质 2 表面的反射率为：

$$\rho=\frac{(n_2-n_1)^2}{(n_2+n_1)^2} \tag{15-1}$$

　　　其中　　　　　　　　　　　　　$n^2＝\in\cdot\mu$　　　　　　　　　　　　　　(15-2)

式中 n 为传播介质的折射率，$\in$ 为介质的介电常数，μ 为介质的导磁率。如果红外辐射从空气中射到介质 2 表面，则 $n_1 = 1$，从式（15-1）和式（15-2）可知，对于介电常数 $\in$ 大或导磁率 μ 大的物质，其红外辐射的反射比 ρ 也大，而吸收比 α 就小（对不透明物质），因此辐射比也低。

对于金属物质，其反射比同导电率有关：

$$\rho \approx 1 - 2\sqrt{\frac{2\omega \in_0}{\sigma_e}} \tag{15-3}$$

式中 σ_e 为导电率，ω 为红外辐射的圆频率，$\in_0$ 为真空介电常数。由此式可见，金属导电率越大，反射率也越高，根据 $\alpha = 1 - \rho$ 和 $\varepsilon = \alpha$ 可知，金属的辐射比很小，并且随 σ_e 的增大而 ε 降低。图 15-10 列出几种高导电率的金属膜的反射率。从图 15-10 中可见，这些金属对波长大于 $0.6\mu m$ 的辐射的反射率都高达 0.90 以上。

在无机非金属材料中具有低的红外辐射比的材料主要有硒化物、硫化物、氟化物以及某些氧化物半导体材料。图 15-11 为 ZnSe 在不同温度下的光谱辐射比、光谱吸收比和光谱反

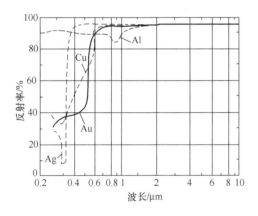

图 15-10　几种金属膜的反射率[328]

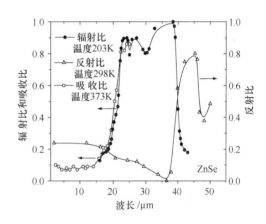

图 15-11　不同温度下 ZnSe 的辐射比、
反射比和吸收比（数据来自 330）

射比。由图 15-11 可见，ZnSe 在 $<20\mu m$ 和 $>40\mu m$ 波段具有很低的辐射比，吸收比随波长的变化也与此相仿，而反射比在 $>40\mu m$ 波段较高，同辐射比的变化相对应。反射比在 $<20\mu m$ 波段并不大，这是因为材料对 $<20\mu m$ 波段的红外辐射有较高的透射比，同时图中各曲线的测试温度各不相同。图 15-12 和图 15-13 分别为在不同温度下 CaF$_2$ 和 ZnS 的光谱辐射比和光谱吸收比，从图可见，CaF$_2$ 对波长 $<6\mu m$ 的中、近红外辐射的辐射比和吸收比较小，并且温度对低辐射比的截止波长有明显影响。ZnS 对 $>14\mu m$ 的远红外具有很高的辐射比和吸收比，而对 $<12\mu m$ 的红外辐射的辐射比和吸收比很小。图 15-14 为纯度为 99.9% 的烧结 TiO$_2$ 在不同温度下的光谱辐射比和光谱反射比。从图可知，TiO$_2$ 在 $<3\mu m$ 的近红外波段和 $6\sim14\mu m$ 的远红外波段的辐射比较小，与此对应的反射比较大。从图 15-15 可知，ZrO$_2$ 在 $<6\mu m$ 的近、中红外波段的辐射比较小，而在 $>8\mu m$ 的远红外波段辐射比较大，与此对应的反射比则在近、中红外较大，而在远红外较小。氧化钛和氧化锆的这种特性被用在纳米孔隔热材料中散射红外辐射（见本篇第 13 章第 6 节）。

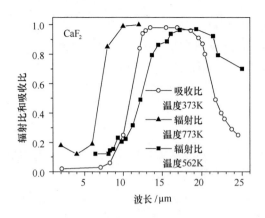

图 15-12　CaF$_2$ 在不同温度下的辐射
比和吸收比（数据来自 330）

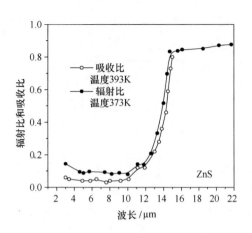

图 15-13　ZnS 在不同温度下的辐射比
和吸收比（数据来自 330）

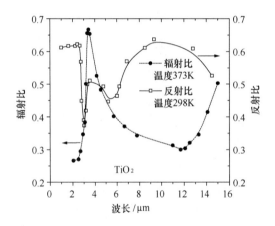

图 15-14　TiO$_2$ 在不同温度下的辐射
比和反射比（数据来自 330）

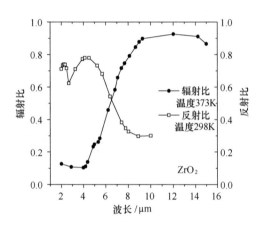

图 15-15　ZrO$_2$ 在不同温度下的辐射
比和反射比（数据来自 330）

　　氧化铟（In$_2$O$_3$）具有很高的红外反射比（图 15-16），并可以制成透明薄膜，因此是一种重要的高反射红外辐射材料。在掺杂半导体氧化物中通过掺杂，控制其内部载流子浓度、载流子迁移率和载流子之间碰撞频率，可以调节材料的红外反射比以及高透射区与高反射区之间界限的频率位置。Sn 掺杂 In$_2$O$_3$（ITO）是一种 n 型简并半导体，由于杂质能级的引入，导致禁带变窄。而高浓度掺杂（SnO$_2$ 含量可达 10% 左右）可使其导带低端能级被电子充满，从而使禁带向高能态伸展，这种效应被称为卜斯坦-莫斯效应（Burstein-Moss effect），该效应造成吸收光谱往短波方向移动。卜斯坦-莫斯效应同载流子浓度（N）的 2/3 次方成正比，并使 ITO 在可见光区的透射比达 85% 以上，同时将吸收光辐射的波长界限提升至 345nm（对应的禁带宽度 E_g 约为 3.5eV）。红外光波长较长，其能量小于禁带宽度，因此没有本征吸收，但是由于材料内存在大量自由载流子，当红外辐射的频率同自由载流子的振荡频率（w_p）相当时，入射电磁波与自由载流子发生共振，自由载流子吸收增强，对红外辐射的反射率也急剧增大。频率 w_p 确定了 ITO 的透射区的频率和红外反射区的频率界限，并可表达为[332]：

$$w_p = \sqrt{\frac{Ne^2}{\epsilon_0 \epsilon_\infty m_c^*}} \tag{15-4}$$

式中 N 为自由载流子的浓度，e 为电子的电量，m_c^* 为导电粒子的有效质量，ϵ_0 为真空介电常数，ϵ_∞ 为材料在光学频率下的介电常数。由上式可知：随载流子浓度的增高，频率界限 w_p 增高，即向短波方向移动。从图 15-17 中可知，ITO 的光谱反射比由高变低的转折处所对应的波长 $[\lambda_p = 2\pi c/(nw_p)$，这里 n 为介质的折射率，c 为光速] 随材料的方块电阻变小而向短波方向移动。不同方块电阻是由于 ITO 中 SnO_2 掺加量不同造成的，SnO_2 掺加量越高，载流子的浓度越高，方块电阻就越小。为了使 ITO 薄膜在近红区具有高的红外反射比，需要控制 $\lambda_p \leqslant 0.77\mu m$，对应的自由载流子浓度约为 $2.25 \times 10^{21} cm^{-3}$。薄膜的红外反射比同薄膜是否为晶体或非晶体关系不大，主要取决于薄膜的电导率。由于薄膜内载流子浓度高、电阻率低，表现出类似金属的性质，因此可借用金属在红外区的反射理论，将薄膜在红外区的反射比表示为[334]：

$$R = 1 - \frac{4\pi \epsilon_0 c}{e} \cdot \frac{1}{Nd\upsilon} \tag{15-5}$$

式中 d 为薄膜厚度，υ 为载流子的迁移率，其余符号同前。薄膜的方块电阻为：

$$r_\square = 1/[eNd\upsilon] \tag{15-6}$$

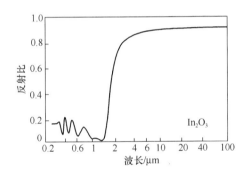

图 15-16　In_2O_3 的光谱反射比[331]

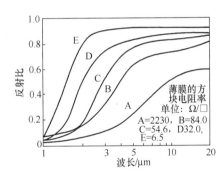

图 15-17　具有不同方块电阻率的 ITO 的光谱反射比[333]

由上两式可见，薄膜的方块电阻 $r_\square$ 越小，其红外反射比 R 越大。图 15-17 中不同掺杂量的 ITO 膜的反射比随其方块电阻的减小而增高，验证了上述方程的正确性。除 ITO 薄膜之外，掺铝氧化锌（ZAO）也可以制成对可见光透明并反射 $2\mu m$ 以上红外辐射的导电薄膜，其可见光的透射比可达 0.9 左右，而红外反射比随薄膜制造工艺参数的变化，在 $0.4 \sim 0.8$ 之间变动[335, 336]。从图 15-18 和图 15-19 可见磁控溅射工艺参数对所制备的 ZAO 薄膜的光谱反射比和透射比的显著影响。

　　低红外辐射比（或高红外反射比）材料主要用来制作涂层或薄膜，覆盖在其他具有高辐射比（吸收比）材料的表面，以降低对红外线的吸收和辐射，或增强对射到表面的红外线的反射。把低红外辐射材料制成涂料，采用涂刷或喷涂工艺在物体的表面形成较厚的涂层是一种比较简单的制备涂层的方法。在涂料中除含有低红外辐射物质之外，还必须包含成膜基料、调整流变性能的助剂等其他物质，其中一些物质，特别是一些有机物，对红外线具有很高的辐射比，因此，最后形成的涂层的辐射比（即吸收比）不一定很低，或反射比不一定很高。

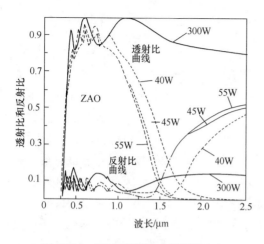

图 15-18　ZAO 薄膜的光谱透射比和
反射比，溅射功率示于图内[335]

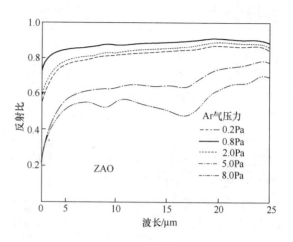

图 15-19　不同氩气压力下 ZAO
薄膜的光谱反射比[336]

采用各种物理或化学方法（见本篇第 10 章）将具有低红外辐射比的物质直接沉积在物体表面，形成薄膜，则可以避免上述问题，获得高质量的低红外辐射膜。

高反射红外辐射涂料由功能填料、着色颜料、成膜基料、溶剂和各种助剂（包括催化剂、成膜剂、增稠剂、消泡剂等）等组成。要求这些材料都具有高的红外反射能力，才能保证所形成的涂层具有高的红外反射比。在高反射（低辐射）红外涂料中功能填料和着色颜料是其主要组分，必须具有很小的红外辐射比和很高的红外反射比。可选用上述各种半导体化合物或金属粉末作为功能填料。如采用金属粉末，其颗粒形状应该为厚 $1 \sim 5\mu m$ 的鳞片状，而不要采用细小颗粒状粉末。后者没有整体反射红外线的效果。而且细小的金属颗粒的化学稳定性较差，容易氧化或与其他物质发生化学反应。如图 15-10 所示，高导电率金属具有极高的反射红外辐射能力，但它们对可见光也具有很高的反射率，而且金属填料的密度明显高于非金属材料，这些特性不符合某些应用的要求（如用作隐身材料）。

上面所述半导体非金属化合物对红外辐射的反射能力比高导电金属略差，而且对红外波长有选择性吸收，然而这类化合物在可见光波段呈现各种颜色或对可见光透明，这一特性给涂层带来新的应用价值。实际上许多高反射或低辐射红外涂料中功能填料是由多种物质混合组成的，这样可以照顾到多种要求、互相取长补短，达到性能平衡。着色颜料赋予涂层具有所要求的颜色，如选用具有颜色的功能填料，则两者就合二为一。此外，还须考虑功能填料和着色颜料的颗粒对红外辐射的散射作用，若颗粒直径 d 远小于波长 λ（$d/\lambda < 0.1$），颗粒对入射辐射的散射属于瑞利散射，其散射系数同 λ 的 4 次方成反比。由于红外辐射的波长较长（$> \sim 1\mu m$），因此瑞利散射对红外线的散射作用很小。对于 d/λ 在 $0.1 \sim 10$ 之间的颗粒，散射类型属于米氏散射，其散射系数可表达为[337]：

$$\xi_s = \frac{\pi}{4} KC_s d^2 \qquad (15-7)$$

式中 d 为散射粒子的直径，C_s 为散射粒子的体积浓度，K 为散射面积比（即每个散射粒子的红外散射截面积与该粒子的横截面积之比）。由于粒子的红外散射截面积是波长的复杂函数，如果此值为未知，则无法用式（15-7）进行具体的计算。然而若 $\pi d/\lambda \gg 1$ 并且粒子的折射率远大于 2，则 $K=2$[337]。这样就可以利用上式来估计颗粒对射入的红外线的散射作用大小。由于填料和颜料颗粒分散在基质中，被颗粒散射的红外辐射一部分被基质吸收，剩余部分离开涂层，成为反射红外线。对于波长为 λ 的红外辐射，当颗粒直径符合下列关系式时，反射红外线的强度最高[338]：

$$d = \frac{0.90\lambda\,(m^2+2)}{\pi\cdot n_m\,(m^2-1)} \tag{15-8}$$

式中 m 为散射率，$m=n_p/n_m$，n_p 和 n_m 分别为颗粒和基料的折射率。表 15-5 列出一些功能填料和颜料的折射率、反射率和颜色。大多数红外涂料中采用有机树脂作为基料，树脂的折射率一般为 $1.45\sim1.50$。

表 15-5　一些功能填料和颜料的光学性能[339]

材　　料	折射率	反射率	颜色
金红石（TiO$_2$）	2.76	0.80	白
锐钛矿（TiO$_2$）	2.52	0.79	白
ZnO	2.20	0.45	白
Al$_2$O$_3$	1.76	—	白
Fe$_2$O$_3$	2.30		红
SiO$_2$	1.46	—	白
SnO$_2$	—	0.59	白
BaSO$_4$	—	0.32	白
CaCO$_3$	—	0.48	白
滑石粉	—	0.45	白
高岭土	—	0.46	白
堇青石	—	0.50	灰白
直径 55μm 空心玻璃微珠	—	0.48	白
直径 44μm 空心玻璃微珠	—	0.44	白

表 15-6　一些树脂的太阳光吸收比（α_s）[339]

树　脂	α_s	树　脂	α_s
有机硅-丙烯酸树脂	0.19	环氧树脂	0.25
有机硅-醇酸树脂	0.22	聚氨酯树脂	0.26
丙烯酸树脂	0.24		

　　成膜基料的作用是将功能填料颗粒胶粘成表面光滑的膜层，并同基体牢固结合。选择成膜基料时须考虑选用结构中少含 C—O—C、C＝O、O—H 等吸热基团的物质。表 15-6 列出对太阳光的吸收比较小的一些树脂，这些树脂可以作为涂料的成膜基料。

　　填料、着色颜料和成膜基料必须充分分散在溶剂中，形成均匀、具有一定流动性和触变性的涂料。溶剂在涂层的干燥阶段被排出，使固态膜层牢固地附着在所要覆盖的基体表面上。如果有少量溶剂残留在膜层内，有可能影响对红外辐射的反射或吸收性能，或者在环境因素的作用下使膜内有机聚合物降解。因此要求溶剂在干燥工序中排除干净。常用的溶剂有酯类、醚类、烃类和醇类，对于水基涂料则用水作溶剂。在涂料内填料和着色颜料总的体积浓度存在一个临界值（CPVC），当浓度低于 CPVC 时增大浓度可增高涂层对红外辐射的反射能力，超过 CPVC 后基料树脂就不能将颜料和填料粒子之间的空隙完全充满或不能充分包裹所有的粉料颗粒，最终在膜层内残留大量空隙，使膜层的光学性能降低，同时也降低膜层在基体上的附着力。涂料内填料和着色颜料总的体积同基料的体积之比一般为(3～4)：1，此时膜层有最高的反射比。

在配制同太阳辐射有关的涂料时还必须注意控制 α_s/ε_h 值（α_s 为涂层对太阳辐射的吸收比，ε_h 为涂层本身的半球红外辐射比）。由于太阳辐射主要集中在近红外到紫外波段（图15-20），波长小于 $0.77\mu m$ 的辐射占总量的 54%，而大于 $3\mu m$ 的辐射仅占总体的 3%。如采用具有选择性吸收（或辐射）的物质制造涂料，使涂层对太阳光的吸收比 α_s 很小，而对中、远红外的辐射比 ε_h 很大，则在阳光照射下吸收的太阳辐射能不多，而且能将吸收的太阳能最大限度地以红外形式辐射出基体之外，从而降低因吸收太阳能而引起的温度升高。亦即 α_s/ε_h 值小的涂层可防止所覆盖的基体表面被太阳光加热到很高温度。反之，如采用 α_s/ε_h 值很大的涂层，则能够尽量吸收来自太阳光的能量，并尽量不使其通过热辐射散发到外界，这样就可使涂层所覆盖的表面升到很高温度。表 15-7 列出一些物质对太阳光的吸收比。表 15-8 给出几种树脂的 α_s 和 ε_h 值。具有高反射比（低吸收比）的填料分散在成膜基料中，被填料颗粒散射的阳光有很大一部分被基料吸收，填料与基料的折射率相差越大，基料所吸收的散射能量就越少，而被反射出的膜外的能量越多。因此，用于防止被太阳烤热的控温涂料，除需保持尽量低的 α_s/ε_h 值之外，还需使涂层中填料与基料的折射率之差尽量大。因有机树脂的折射率在 1.45～1.50 之间，变化不大，为获得大的折射率差，就需要选用高折射率物质作填料。从表 15-5 可知，金红石和锐钛矿具有很高的折射率，是制造这类涂料的首选填料。然而如果用在空间飞行器的表面防止太阳辐射造成飞行器表面过热，则不能用上述两种 TiO_2 材料而要采用 ZnO，因为 TiO_2 对紫外线的稳定性不如 ZnO。如在 ZnO 颗粒表面包裹 K_2SiO_3 层，可以进一步增强对紫外线的稳定性。

早年美国伊利诺伊斯理工学院研究院（IITRI）开发的一种用于轨道飞行器表面防太阳辐射控温涂料（牌号 S-13G）[340]，其中采用表面包覆 K_2SiO_3 的 ZnO 颗粒（通过 80 目筛）为功能填料，室温硫化硅橡胶 RTV-602（GE 公司生产的一种聚二甲基硅烷树脂）为基料，溶剂为甲苯＋二甲苯＋异丙醇＋正丁醇的混合物，催化剂为 SRC-05（GE 公司生产的一种碱性催化剂），其配制流程如图 15-21 所示。建议的涂层厚度为 0.12～0.20mm。涂刷后 4～6h 固化，16h 后完全成膜。这种膜层的起始太阳吸收比 α_s＝0.190，起始半球吸收比 ε_h＝0.880，α_s/ε_h＝0.216；膜层经紫外线照射 1000ESH（当量太阳小时*）后膜层的太阳吸收比变化 $\Delta\alpha_s$ 仅为 0.03。

我国卫星用防太阳辐射控温白色涂料有许多品种，其中牌号为 S781 的涂料的耐紫外辐照性能比较优良。该涂料用耐紫外辐照的聚甲基硅树脂为基料，ZnO 为填料，两者质量比为 1：(3～4)，这种涂层的 α_s＝0.15，ε_h＝0.87，α_s/ε_h＝0.172；膜层经紫外线照射 2500ESH 后 α_s 相对变化率为 10%～18%；经 0.6MeV、$1\times10^4\ cm^{-2}$ 累积通量的电子辐照和 6.8MeV、$14.7\times10^{10}\ cm^{-2}$ 累积通量的质子辐照后，膜层的 α_s 相对变化小于 10%[341, 342]。

---

*　1 当量太阳小时相当于地球大气层外太阳辐照 1 小时的能量。

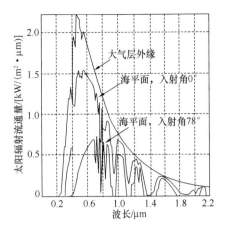

图 15-20　太阳的辐射光谱[343]

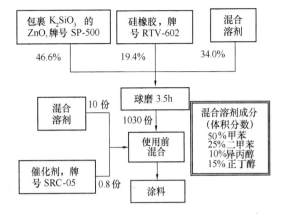

图 15-21　航天器用 S-13G 涂层的配制流程

表 15-7　一些物质对太阳光的吸收比[330]

物　质	温度/K	α_s	物　质	温度/K	α_s
Al_2O_3	298	0.210	$ZrSiO_4$	298	0.268
BeO	298	0.115	$BaZrSiO_5$	298	0.161
MgO	298	0.168	$CaZrSiO_5$	298	0.115
ZnO	298	0.153	$MgZrSiO_5$	298	0.102
SiO_2	298	0.025	$ZnZrSiO_5$	298	0.123
TiO_2	298	0.106	ZnS	298	0.226
ZrO_2	298	0.276	SiC	298	0.879

表 15-8　几种树脂的 α_s 和 ε_h 值[344]

树脂	丙烯酸树脂	聚氨酯	加成硅橡胶	甲基硅树脂
α_s	0.25	0.24	0.16	0.12
ε_h	0.83	0.87	0.89	0.85

　　虽然高反射比的白色涂料能使整个可见光波段的反射比达到最大，从而最大限度地降低太阳辐照下物体的温度，但是由于对外观色彩有各种不同的要求，用于建筑物外墙以及户外工业设备的防太阳辐射控温涂料不可能全部用白色涂料。用于这些场合的防太阳辐射控温涂料主要通过使近红外反射比最大化来降低太阳辐照下物体的温度。近红外热辐射占太阳总辐射能量的近 50%，所以，抑制了近红外热辐射就可以阻挡大部分来自太阳的热辐射的能量。此外，这类涂料并不经受外层空间的高能粒子的辐照，对于抗紫外线辐照要求也远低于用在航天器上的涂料。因此，设计涂料中填料和基料的成分有较大的选择余地，如表 15-6 中所列的各类树脂都可被选用。除有机树脂之外，还可选用无机盐，如水玻璃、硅酸钾、硅溶胶、磷酸盐等作基料。由于耐辐照不再是首要选材标准，具有更高反射比和价格比 ZnO 便宜的 TiO_2 是最常用的功能填料。此外碳酸钙（尤其是轻质碳酸钙）、空心玻璃微珠、高岭土、滑石粉等也是常用的功能填料，它们对红外辐射的反射效果及总体隔热效果按上列顺序依次下降。要求颜色填料对红外线有小的吸收和尽量大的散射，其散射能力同色料与基料的

折射比 $m=n_p/n_m$ 有关，m 应尽量大，另外还需根据式（15-8）控制色料的颗粒大小。一些半导体材料在红外波段具有很大的折射率，如 Ge 在 $1.8\sim20\mu m$ 波段折射率为 4，PbTe 在 $3.5\sim40\mu m$ 波段折射率为 5.5，ZnS 在 $0.4\sim20\mu m$ 波段折射率为 2.35。

利用各种物理或化学方法在物体表面形成低红外辐射薄膜的一个重要实例就是就是制造低红外辐射玻璃（即所谓 Low-E 玻璃）。建筑物上应用 Low-E 玻璃，在夏季低辐射玻璃可以使大部分的可见光通过、进入室内，但把太阳光中以及周围建筑物吸收太阳能所产生的中、远红外辐射阻挡在外，从而防止室内温度升高。在冬季低辐射玻璃可以强烈反射室内取暖设施、室内物体以及人体发出的长波红外线，防止室内红外线向窗户外辐射，从而阻止热量通过玻璃窗向外散失。因此低辐射玻璃窗可以双向调节室内温度，极大降低空调和暖气的负荷。据统计，在建筑物上使用普通中空玻璃窗比采用单层玻璃窗节能 50% 左右，而使用低辐射中空玻璃窗比普通单层玻璃窗节能可达 75% 左右。

低红外辐射玻璃上的薄膜材质有银膜、氧化锡（SnO_2）薄膜、掺锑的 SnO_2 薄膜（TAO 膜）、掺氟的 SnO_2 薄膜（TFO 膜）、掺锡的 In_2O_3 薄膜（ITO 膜）、氧化锌 ZnO 薄膜、掺铝的 ZnO 薄膜（ZAO 膜）。其中 ITO 膜具有极好的导电性能，大量用于工程技术领域，而 ZAO 膜生产成本较低，主要用于窗玻璃上。

Low-E 玻璃按生产工艺可分为在线法和离线法两类。在线法就是在浮法玻璃生产线上利用高温使相关的金属盐类热分解沉积在玻璃表面，所生成的膜层较硬，牢固度好，耐磨性好。在线法生产的低辐射玻璃能像普通玻璃一样储存、切割，可钢化和弯曲，既可单片使用，也可做成中空、夹层玻璃使用。离线法是玻璃经过裁割离开生产线后，用磁控溅射、真空蒸镀、溶胶-凝胶等工艺在玻璃片或玻璃制品表面涂（镀）制低红外辐射膜。离线镀制的膜层耐磨性和牢固度较低，储存期较短，防湿方面也不理想，不可暴露在空气中单片使用，必须加工成中空夹层等复合产品才能使用，同时也不能进行热处理，否则会损坏金属层。离线法的优点在于所生成的膜的光学性能和隔热性能比较好，并且各项技术指标可以通过改变制备工艺参数进行有效调节。

在线法涂膜实施的部位在浮法玻璃生产线的锡槽、过渡辊或退火窑的前端，玻璃表面温度在 $400\sim700℃$ 之间（图 15-22）。在线法成膜的具体工艺包括热喷涂、喷雾热分解和化学气相沉积（CVD）。

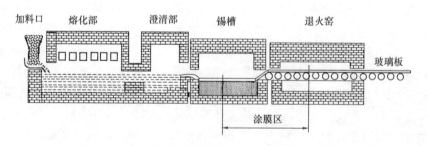

图 15-22　低辐射玻璃在线成膜工作区域

热喷涂工艺是将涂层原料制成颗粒直径为 $1\sim30\mu m$ 的微粉，通过喷枪直接喷在移动的热玻璃表面，此时玻璃表面温度为 $400\sim600℃$，靠玻璃本身的热量将粉料气化并发生热分解反应，在玻璃表面淀积金属氧化物膜层。所用的涂层原料包括金属氧化物（如 ZnO，

SnO_2，TiO_2，In_2O_3 等）、金属卤化物（如 $SnCl_4$，$TiCl_4$ 等）、金属有机化合物（如乙酰丙酮盐、醋酸盐、醇盐等）。如将涂层原料预先溶解在液体中制成溶液，再通过喷枪喷向玻璃板，溶液微滴先发生溶剂蒸发，继而热分解生成氧化物，再沉积在玻璃表面形成薄膜，这就是喷雾热分解工艺。所用的溶剂有水、氨水、醋酸、乙醇、丙烯酸、二甲基甲酰胺、乙烯双胺、丙烯双胺、丁胺、丙烯胺等。喷枪作垂直于玻璃板运动方向的往复运动，喷枪同玻璃板的夹角为 $30°\sim75°$，整个喷涂装置如图 15-23 所示。喷雾介质一般用经过过滤的压缩空气，或能阻止氧化和燃烧的化学惰性气体（如 N_2）或它们与空气的混合气体，气压一般为 0.15 $\sim0.4MPa$。

浮法玻璃生产线的锡槽尾段内部正好提供了化学气相沉积工艺所要求的温度和气氛，因此 CVD 工艺就在这一部位进行。常用的原料是气态金属卤化物或有机金属化合物（如金属的氟化二丁盐或金属的氧化二丁盐），以氮气为载气，经配气后以均匀的层流通过分布在锡槽中的反应器，并在玻璃表面热解、淀积，形成氧化物薄膜。

离线法是在玻璃板或其他玻璃制品离开生产线以后，再用真空蒸镀、磁控

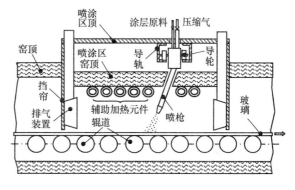

图 15-23　在线喷涂装置[345]

溅射和溶胶-凝胶等工艺在玻璃制品表面涂制薄膜。这些涂膜工艺的详细介绍见本篇第 10 章。一般低辐射玻璃表面的涂膜为多层结构：在玻璃表面与主体功能膜之间须先涂一层主要成分为 SiO_xC_y 或纯 SnO_2 的中间层，其作用是抑制玻璃基体中的碱金属离子扩散到半导体氧化物功能膜中引发光学性能改变。如用金属作为功能膜，由于金属膜的厚度很薄，并且金属容易同周围环境中的其他物质发生化学反应，因此，必须在金属膜之上，常再涂一层保护膜，以防止金属膜变质或机械损伤。例如采用射频磁控溅射法在玻璃基片上沉积 $TiN_x/Ag/TiN_x$ 低辐射膜。表面保护层 TiN_x 厚度为 32nm、内层 TiN_x 膜厚为 16nm，Ag 层厚度为 16nm。这种低辐射膜的可见光透过率达 85%，远红外反射率为 92%，辐射比为 0.0925[346]。又如一种商品镀银低辐射玻璃[347]，其低辐射膜为四层结构：TiO_2（厚度 30nm）/Ti（厚度 3nm）/Ag（厚度 3nm）/SnO_2（厚度 30nm）/玻璃。采用真空镀膜工艺，纯度均为 99.99% 的 Ti 靶和 Ag 靶的直径为 100mm，靶基距为 15cm；工作气体为纯度 99.999% 氩气，反应气体为纯度 99.999% 氧气，反应溅射时 Ar：O_2 = 2：1；镀膜腔的本底气压为 $5.0×10^{-3}Pa$，镀制 TiO_2 和 Ag 时工作气压保持在 0.79 Pa；镀 TiO_2 膜时溅射源功率密度为 $3.1W/cm^2$，镀 Ag 膜时功率密度为 $1.23W/cm^2$；沉积速率（nm/min）分别为 Ti：3、Ag：110、TiO_2：3.4；沉积温度为常温；反应溅射 Ag 层和 Ti 阻挡层时均采用直流磁控溅射，溅射电流控制在 0.5A；TiO_2 和 SnO_2 膜采用射频磁控溅射，以提高成膜速率，射频功率为 300W。典型的低辐射涂膜玻璃的光谱反射比和光谱透射比如图 15-24 所示。图中还给出普通平板玻璃的对应性能以及太阳的辐射光谱，以便比较。从图可见：在可见光部分，镀银低辐射玻璃同普通玻璃的透射比差别很小，但在近红外部分前者显著下降，而后者仍旧保持高透射比；在中远红外部分，镀银低辐射玻璃有很高的反射比，但普通玻璃的反射比却很

低。图 15-25 是牌号为 Tech15 的低辐射玻璃的法向透射比和入射角为 8°的反射比曲线，这种玻璃是利用热解沉积工艺在钠钙玻璃表面制备掺氟氧化锡（SnO_2：F）膜，膜层具有三层结构：玻璃/SnO_2/SiO_2/SnO_2：F。

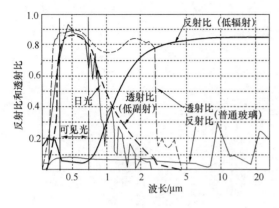

图 15-24　普通玻璃和镀银低辐射玻璃的
透射比和反射比[348]

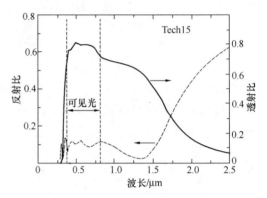

图 15-25　涂 SnO_2：F 玻璃的
透射比和反射比[349]

第 3 节　透红外陶瓷材料

透红外陶瓷材料主要用来制造各种红外发射或接受系统中的镜头、窗口和传输光纤，应用于红外探测、成像、遥感遥测、制导以及红外测距和测温等工程技术领域。能够让红外辐射透过的材料其辐射比（吸收比）和反射比必定很低。透红外材料品种较多，不同材质的材料透过红外辐射的波长各有不同。表 15-9 列出一些氧化物、硫化物、卤化物以及Ⅵ、Ⅴ、Ⅵ族元素化合物的红外透射范围。

表 15-9　透红外辐射材料的特性[328]

材　料	5μm 折射率	透射波段/μm	晶型	膨胀系数/K	溶解度/（mg/L）
ZnS	2.3	0.4~14	立方	6.7×10^{-6}	6.9
ZnSe	2.57	0.55~15	立方	7.8×10^{-6}	不溶
ZnTe	2.58	≥20	立方	—	溶解
CdSe	2.50	0.6~18	立方	—	不溶
CdTe	2.85	2.0~28	立方	4.5×10^{-6}	不溶
GaAs	3.27	2.0~26	立方	6.0×10^{-6}	不溶
GaSb	3.82	2.0~10	立方	6.2×10^{-6}	不溶
GaP	2.94	0.5~7.0	立方	—	—
InSb	4.80	7.5~26	立方	5.0×10^{-6}	不溶
InAs	3.46	4.0~10	立方	4.0×10^{-6}	不溶
InP	3.08	0.9~20	立方	4.5×10^{-6}	不溶
AlSb	3.20	1.1~25	立方	4.0×10^{-6}	与水蒸气反应
金刚石	2.0	0.2~80	立方	—	不溶

续表

材料	5μm 折射率	透射波段/μm	晶型	膨胀系数/K	溶解度/(mg/L)
Si	3.45	2.0~10	立方	4.2×10^{-6}	不溶
Ge	4.00	2.0~20	立方	5.5×10^{-6}	不溶
PbS	5.0	4.0~15	立方	—	不溶
PbTe	5.6	5.0~20	—	9.02×10^{-6}	不溶
As_2Se_3	2.78	0.8~18	玻璃	21.0×10^{-6}	不溶
As_2S_3	2.4	0.6~13		24.6×10^{-6}	0.5
Ge-As-Se	2.48	<15		25.0×10^{-6}	不溶
CeO_2	2.2	0.4~16	立方	—	不溶
Y_2O_3	1.87	0.3~16		—	不溶
Gd_2O_3	1.82	0.3~15		—	不溶
Ta_2O_5	2.1~2.25	0.35~10	玻璃	—	不溶
ZrO_2	1.97~2.05	0.34~12		—	不溶
GeO	2.0	13.0~16		—	—
Na_3AlF_6	1.35	0.2~14		—	—
ThF_4	1.50	0.2~15	玻璃	—	—
PbF_2	1.75~1.98	0.25~17		—	640
SrF_2	1.44	6.0~10	立方	—	110
CaF_2	1.23	0.15~12	立方	18.38×10^{-6}	16.0
BaF_2	1.35	0.25~14	立方	—	1200
KBr	1.30	<30	立方	30.0×10^{-6}	高度溶解
NaCl	1.40	<30	立方	30.0×10^{-6}	高度溶解

红外透射比 (τ) 数据可以根据实际测定的同一试样的反射比数据 (ρ)，再把材料对红外辐射的吸收部分除去而计算出：

$$\tau = (1 - \rho^2)\exp(-\xi_a \cdot b) \tag{15-9}$$

式中 ξ_a 为材料的吸收系数，b 为试样的单位厚度。

从形态上分类，透红外辐射材料有单晶材料、多晶（陶瓷）材料、玻璃和薄膜。许多高质量红外镜头用单晶材料制造以保证光学质量，但是单晶材料常常受到制造尺寸小的局限。在一些要求大尺寸的场合，如大型窗口、红外望远镜镜片，主要选用多晶陶瓷材料和玻璃材料。透红外薄膜主要涂在其他光学元件表面以改进光学系统的性能。

碳几乎全部吸收可见光，但是在某些中、远红外波段却非常透明（图 15-26）。金刚石作为一种由碳构成的晶体，从紫外到远红外波段均具有良好的透射性。由于金刚石具有最高的硬度、极高的强度和耐腐蚀抗磨损性能，使其成为最理想的红外窗口保护膜材料。金刚石膜的质量决定其红外透射性能的高低，要获得高透射比的金刚石膜，必须优化金刚石膜的沉积工艺条件。以甲烷和氢气为反应气体，利用 CVD 工艺在单晶硅上制备金刚石薄膜，当碳源体积浓度为 2%、反应室压强为 2.5 kPa 和衬底温度为 750 ℃时，所生成的金刚石膜的红外透射率最高可达 58%（图 15-27）。

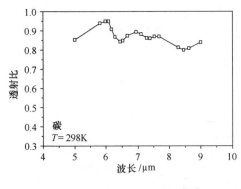

图 15-26　碳的法向透射比[330]

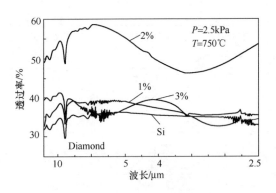

图 15-27　单晶硅及不同碳体积浓度下 VCD
金刚石膜的红外透过率[97]

单晶硅熔点高（1420℃），强度也比较高，在 1.5～6mm 波段内有较高的透射率（图 15-27），因此适合制造在高于室温环境中使用的红外透镜。表 15-9 中列出许多Ⅵ、Ⅴ、Ⅵ族元素化合物晶体，其中有一些化合物对红外线的透过能力并不高，如图 15-28 所示几个磷化物、锑化物和碲化物，它们在室温下（298K）的法向透射比都在 0.5 以下。在第 1 篇第 6 章第 5 节内曾经讨论过电磁波在介质内传播的消光系数同介质的导电率有关，介质导电率越大，消光系数就越大，因此，电磁波的透过率也越小。由此可知，如果介质内部因存在杂质使其导电率增大，则介质的红外透射比就降低。图 15-29 显示当 InSb 成为 p 型或 n 型半导体材料后其透射比明显低于高纯 InSb。

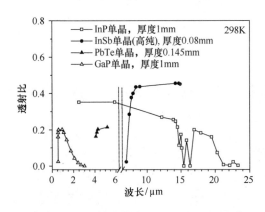

图 15-28　几种Ⅴ、Ⅵ族元素化合物
的法向透射比[330]

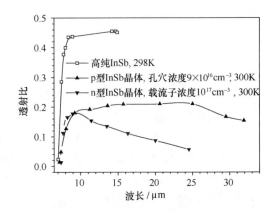

图 15-29　不同类型的 InSb 晶体
的法向透射比[330]

硒化物（硒化锌、硒化镉等）是一类常用的透红外材料。如 ZnSe 在 1～18μm 波段具有较高的透射比，尤其在 10～15μm 波段其透射比可达 0.7（图 15-30）。CdSe 从近红外到远红外（0.76～20 μm）都有较高的透射比（图 15-31）。这些材料可以通过 CVD 工艺制成薄膜，也可以利用热压或热等静压工艺制成块体材料，将 CVD 工艺和 HIP 工艺联合起来则可以制备透明的薄片状材料。例如将 ZnSe 粉料置于金属钼模具内于真空下先预热至 1210℃，再在 980℃、210 MPa 下热压，可得到浅棕色透明 ZnSe 块体。如果先用 CVD 工艺在金属钼基板

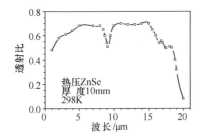

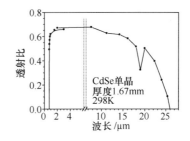

图 15-30　多晶 ZnSe 的法向透射比[330]　　　　图 15-31　单晶 CdSe 的法向透射比[330]

表面沉积 ZnSe 厚层，然后放入热等静压炉内，先抽真空排除厚层内气体，再在氩气气氛中 1000℃、205MPa 下热等静压，可得到透明的致密 ZnSe 薄片。

ZnS 用于制造红外光学镜头、导弹和卫星的 $8 \sim 12 \mu m$ 波段红外窗口材料。烧结多晶 ZnS 在不同波长范围内的法向光谱透射比示于图 15-32，由图 15-32（a）可见该材料在 $3 \sim 12 \mu m$ 范围内透射比都在 0.6 以上，而图 15-32（b）显示该材料在 $200 \sim 860 \mu m$ 甚远红外范围内的透射比也可达到 $0.4 \sim 0.56$。ZnS 的化学稳定性和抗热震性较高，能在 $-200 \sim 800℃$ 的温度下使用，但是该材料的强度和硬度不高，并且容易受雨滴的冲蚀。ZnS 材料可以通过 CVD 工艺、热压或热等静压工艺制造。热压工艺要求用高纯度的 ZnS 粉料，以保证光学性能，粒度大致在 $5 \mu m$ 左右以保证致密性。热压温度为 $770 \sim 960℃$，压力为 $150 \sim 300 MPa$，热压时间 $10 \sim 30 min$，时间过短导致致密化过程不充分，影响制品的透明程度，但超过 30min 的长时间加压对改进制品的质量也无明显的帮助。

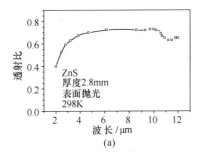

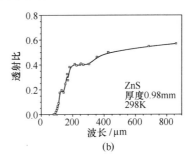

图 15-32　多晶 ZnS 在不同波段内的法向透射比[330]

碱土金属氟化物是一类透红外性能较优良的物质，它们不仅透红外辐射，在可见光波段也具有相当强的透射能力，因此，是制造许多光学仪器设备以及遥感器镜头的必选材料。氟化镁多晶陶瓷从紫外到中远红外的法向光谱透射比以及在甚远红外直到毫米波范围的透射比分别示于图 15-33（a）和（b）中，从图可见：MgF_2 陶瓷从近红外到波长为 $9 \mu m$ 的远红外都具有较高的透过能力，尤其在波长 $1.5 \sim 7.5 \mu m$ 范围内，其透射比可高达 $0.8 \sim 0.9$。在远红外波段，特别是波长大于 $9 \mu m$ 的透射比很低，实际上在 $12 \sim 80 \mu m$ 波段基本上不透红外线，但是当波长超过 $100 \mu m$ 后透射比又开始升高，在 $300 \sim 1000 \mu m$ 波段的透射比超过 0.5（图 15-33）。此外 MgF_2 在可见光波段以及紫外波段也有一定的透过能力。由于可见光和紫外光的波长短，在该两个波段的透光性能还受晶界散射和材料内气泡等杂质散射的影响，从而材料的显微结构，如晶粒大小、是否存在气泡及气泡的大小、有无微量杂质相等因素，对

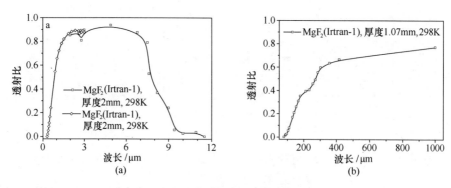

图 15-33　MgF₂ 陶瓷在不同波段的法向透射比[330]

（图内 Irtran 为美国柯达公司制造的一系列透红外材料的商品牌号）

透光性能有很大影响。

　　CaF_2 陶瓷从紫外波段直到毫米波的透射比随波长而变化的情况与 MgF_2 陶瓷相仿，但在各个波段透射比的起始和截止波长值两者有所不同（图 15-34）。图 15-34（a）给出两种不同来源的 CaF_2 陶瓷的法向光谱透射比，两条曲线所出现的差别显示制造工艺对陶瓷红外透射比的影响。

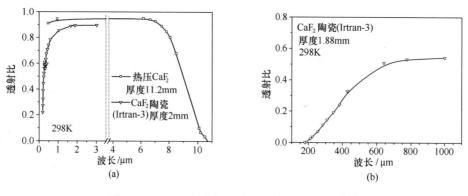

图 15-34　CaF₂ 陶瓷在不同波段的法向透射比[330]

　　图 15-35 给出 BaF_2 陶瓷和单晶从紫外到远红外波段的法向透射比。从图 15-35 可见，这种材料在中、远红外的透射比明显低于前面两种材料，但 BaF_2 单晶在紫外和可见光波段的透射能力明显高于前面两种材料。由于缺少多晶 BaF_2 陶瓷在紫外和可见光波段的数据，因此，这种差别是材料的本质造成的还是陶瓷与晶体之间的显微结构差别造成的，这里无法作进一步分析。

　　图 15-36 是热压 LaF_3 陶瓷的红外法向光谱透射比数据，这也是一种优良的透红外陶瓷材料，由于 LaF_3 不溶于水，而碱土金属氟化物溶于水，并且 LaF_3 陶瓷具有耐高温和高的抗热震性能，因此这是一种优良的透红外材料。

　　MgF_2 为四方晶型、LaF_3 为六方晶型，都具有双折射特性，因此，这些物质的单晶通常不用于制造光学镜头和窗口，而这些物质的多晶陶瓷，由于陶瓷材料内部无数微小晶体的无序排列，抵消了双折射，因此可以用来制造光学元件。CaF_2 和 BaF_2 都是立方晶型，无双折射，因此，既可用单晶也可用陶瓷来制造光学元件。鉴于单晶的尺寸受制造工艺和设备的

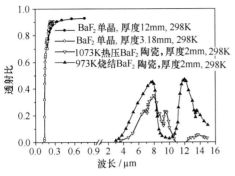

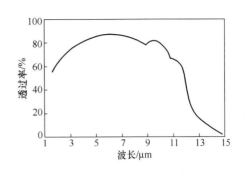

图 15-35　BaF₂ 陶瓷和单晶的法向透射比[330]　　　　图 15-36　热压 LaF₃ 陶瓷的红外法向透过率[328]

限制，用陶瓷工艺制造，适应的范围更加宽广。由于大多数氟化物的熔点不太高，并且其中一些在不高的温度下就会发生分解，因此，烧结温度不能太高；又由于氟化物在烧结时表面扩散系数比较大，造成晶粒长大速度高于致密化速度，因此，在常压下氟化物很难被烧成致密材料。为了获得致密无孔隙的光学材料，通常需要采用热压或热等静压工艺进行烧结。氟化物粉料容易受潮或吸附水气，原料中微量的氧或氢氧根会严重影响陶瓷的红外性能，此外，如粉料内混有其他微量杂质，如有机物、金属或其盐类，也影响最终材料的光学性能。为此，在成型烧结之前须对氟化物粉料进行净化处理。一般可在原料粉末中加入 NH₄F，混合均匀后装入有盖容器内，置于 400～600℃ 温度下煅烧 1～2h，使原料内水分蒸发并使微量金属盐类杂质转化成氟化物，从原料中排出。也可以将原料粉末装在敞开的坩埚内，置于专门的氟化炉内，通入氟气于 400～600℃ 温度下进行氟化提纯。如原料内混有有机物，可先将原料置于 500～800℃ 的氧化气氛下将有机物烧去，然后再进行氟化处理。氟化物陶瓷的热压工艺大致为：温度 700～900℃，压力 150～275MPa，保温保压时间 10～30min，气氛一般采用真空或氩气。

　　许多氧化物在可见光和近、中红外波段具有很高的透射性能。图 15-37 为石英玻璃的法向光谱透射比，从图可见，从近紫外到 2.5μm 的近红外，石英玻璃的透射比都在 0.8 以上，其中 0.3～2.0μm 范围内的透射比大于 0.9。氧化铝单晶在近紫外到可见光波段的法向透射比在 0.6～0.8 之间，在 1～4μm 的近、中红外波段透射比可达 0.8 上下。用高压电火花放电烧结的氧化铝陶瓷的在线测量法向透射比在可见光波段明显低于单晶材料，但在近红外波段两者差别不大（图 15-38）。所谓在线测量透过比（τ_l）就是直接用仪器测出的某种波段辐射透过试样的透射比，由于辐射经过试样时有一部分被散射而没有被测量仪器测定到，因此在线测量透射比 τ_l 小于一般利用反射比计算得到的总体反射比 τ。两者的关系可用下式表示：

$$\tau_l = \tau \cdot \exp(-\xi_s \cdot b) \tag{15-2}$$

式中 ξ_s 为材料的散射系数，b 为试样厚度。

　　图 15-39 为 MgO 单晶和多晶陶瓷在室温下的法向光谱透射比，由图可知，氧化镁晶体从可见光到波长为 6μm 的近、中红外都有很高的透射比，而 MgO 陶瓷在可见光范围透射性能不如单晶材料，但对红外辐射的透射性能可延伸到 9μm 范围，即到达一部分远红外波段范围。

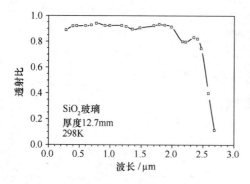

图 15-37　石英玻璃的法向透射比[330]

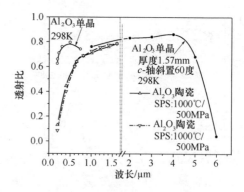

图 15-38　Al_2O_3 单晶的法向透射比[330] 和
电火花烧结陶瓷的在线法向透射比[350]

含有 Y_2O_3 的四方氧化锆陶瓷对 $1\sim7\mu m$ 的红外辐射有较高的透射性能，图 15-40 是采用在真空（10^{-3} torr）中电火花放电烧结（1050℃ 保持 10min）含 3mol% Y_2O_3 的四方 ZrO_2 陶瓷（TZP）以及烧结后再经过在空气中 900℃/2h 退火试样的在线测量光谱透过率曲线。在线测量光谱透过率（I）同在线测量光谱透射比的关系是：

$$I = 100\tau_I\% \tag{15-11}$$

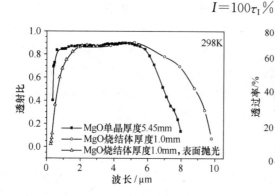

图 15-39　MgO 的法向透射比[330]

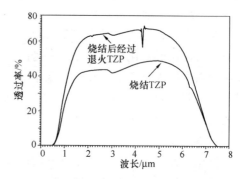

图 15-40　含 3% Y_2O_3 的四方 ZrO_2
陶瓷的在线法向透过率[351]

由图 15-39 可见，烧结 TZP 材料对红光具有不太高的透射性，但是对近、中红外有较高的透射性，而且经过退火后四方氧化锆对红外辐射的透射性明显增强。经过退火的四方氧化锆在 $4.5\mu m$ 处出现一个吸收峰，其原因被认为是在退火过程中 CO_2 渗入陶瓷体内所致[351]。

图 15-41 给出在不同温度下热压莫来石陶瓷在 $2.5\sim7.0\mu m$ 范围内的透过率。热压所用的原料为高纯度 Al_2O_3 和 SiO_2 混合粉料，其中 Al_2O_3 含量为 72.3%。粉料置于石墨模具内先在负压下（13Pa）1100℃ 保持 1h 以排除粉料内气体，然后加热到各热压温度（1630、1680、1710 和 1780℃），并加压到 55MPa 保持 1h，冷却后再在空气中加热到 1370℃，保持 50h 以消除试样内残留的碳。对于在 1780℃ 温度下热压的试样，除碳工艺是在空气中 1780℃ 下保持 3h。由图 15-41 可见，热压温度对莫来石陶瓷材料的红外透射性能有很大影响。对试样的显微结构研究发现，在 1630℃ 下热压的试样非常致密（密度为 $3.17g/cm^3$），并且结构很均匀，绝大部分莫来石晶粒尺寸为 $0.3\mu m$，仅存在极少数长条形大晶粒，气孔

大小为 0.1μm 而且数量非常少，在少数莫来石晶粒交汇处存在富硅的玻璃相，这种材料具有比较高的透过率。随着热压温度的增高，莫来石材料内晶粒尺寸变大，并且生长成长条形晶粒，玻璃相数量随热压温度的增高而增多，当热压温度达到 1780℃，材料内玻璃相含量可达 6%，这样材料的光学不均匀性明显增大，从而大大降低红外透射性能。实际上 1780℃ 热压的莫来石材料在 2.5～7.0μm 波段几乎成为不透明材料[352]。图中显示莫来石的透过率曲线在 4.3μm 处有一下降峰，这对应于莫来石在同一波长处的吸收峰，这个吸收峰同硅氧四面体有关。莫来石属于正交晶系，具有双折射特性，因此在可见光范围内只能成为乳白色半透明材料。

镁铝尖晶石（$MgAl_2O_4$）熔点高达 2135℃，属于立方晶系，因此不像其他一些非立方晶系的耐高温材料（如氧化铝、莫来石等）具有双折射特性，从而引起光学各向异性。镁铝尖晶石陶瓷具有很高的强度和硬度，在 0.25～5μm 范围内具有良好的透射性能（图 15-42）。这种材料的化学稳定性也非常高，并且从室温到其熔点的整个温度范围内没有晶型变化。因此，这种陶瓷材料可以用于需要耐高温的宽频带电磁波窗口、导弹头部保护罩和透明装甲材料。图 15-42 中 B0 表示用高纯镁铝尖晶石粉料，均匀混入 0.75%LiF，混合粉料放在直径 100mm 的石墨模具内热压（1650℃/20MPa/3h）烧结成 φ100mm×10mm 柱体，再从该柱体上钻取出、切割出 φ25mm×6mm 圆片作为透过率的测试试样。图中其余编号的试样（B1～B5）都是先按照上述热压烧结工艺制成 φ25mm×6mm 圆片，再经过热等静压处理，处理的工艺条件见表 15-10。由图 15-42 可见，同经过热等静压处理的试样相比，未经热等静压处理的镁铝尖晶石试样在 0.25～5.0μm 范围内的透射比较低，特别在可见光波段的透射比明显低于经过热等静压处理的试样。热压试样的显微结构中显示 LiF 在尖晶石晶粒的晶界上和三晶粒交汇处富集，对入射进来的光线有较强的散射作用。经过热等静压处理后可减轻 LiF 在晶界和三晶粒交汇处的富集，从而降低对入射光的散射，使透射比增大。经 1900℃ 热等静压处理可以极大地消除晶界和晶粒交汇处的杂质富集，并且使尖晶石晶粒长大，因此这种试样具有很高的透射比。在较低温度（1500℃ 和 1700℃）下热等静压处理的试样的显微结构相互之间差别不大，因此它们的透射比也差别不大。

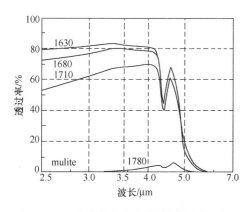

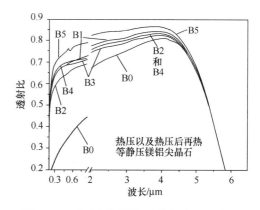

图 15-41　热压莫来石陶瓷的透过率，样品厚度 1.01mm，热压温度示于图内[352]

图 15-42　热压-热等静压镁铝尖晶石陶瓷的透射比，图内各符号见正文说明[353]

表 15-10 热压镁铝尖晶石陶瓷试样的热等静压处理条件[353]

试样编号	HIP 压力/MPa	HIP 温度/℃	保持时间/h
B1	100	1500	6
B2	200	1500	6
B3	100	1700	6
B4	200	1700	6
B5	200	1900	6

钇铝石榴石（$Y_3Al_5O_{12}$，简写为 YAG）属立方晶系，是又一种耐高温复合氧化物，其熔点为 1950℃。无论是单晶还是致密的多晶陶瓷 YAG 对近紫外到中红外波段的电磁波都有较高的透射比（图 15-43），因此，可以用作高速航空、航天飞行器窗口材料和导弹头部保护罩。掺稀土金属氧化物的 YAG 是固态激光器材料。用超细、高纯氧化铝和氧化钇粉料作为制造 YAG 的原料，按照 YAG 的分子式准确配比氧化铝和氧化钇粉料，经过均匀混合、采用传统的陶瓷成型工艺（如泥浆浇注、凝胶注模、等静压或流延成型等），然后在负压下高温（1700～1900℃）烧成，即可获得致密的 YAG 陶瓷。YAG 单晶一般采用熔体提拉法制造。在图 15-43 中 B、C、D 试样所用的原料包括按照化学计量配比的氧化铝和氧化钇粉料以及 0.144%SiO_2（以硅酸乙酯的乙醇溶液形式加入），原料经均匀混合后通过喷雾造粒，再用 140MPa 压力等静压成型，然后在 1.3 kPa 的低压下分别在 1700，1750 和 1800℃温度下保持 5h 烧结[354]。由图 15-43 可见，YAG 陶瓷的透射比随烧结温度的增高而增高。在 1800℃下烧结的多晶陶瓷材料的透射比在紫外和可见光波段与单晶 YAG 相差很小，而在近、中红外波段两者几乎相等。

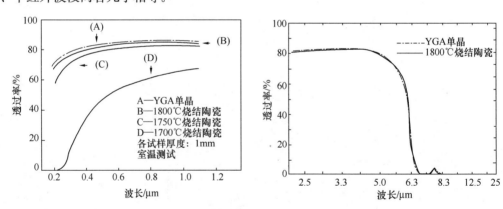

图 15-43 YGA 单晶和烧结陶瓷体在不同波段的透光率[354]

第 4 节 太阳能集热器红外材料

太阳能集热器是将太阳辐射能量转化成热能的关键设备。在本章第 2 节中已经指出：太阳辐射的能量主要集中在近红外到紫外波段，其中波长小于 3μm 的辐射能流占总量的 97%，而紫外波段的辐射能流约占 8%（图 15-20），因此太阳能的利用主要是收集可见光和近红外波段的辐射能量。太阳能集热器实质上是一种利用太阳辐射能加热工质（一般是液体或空

气）的热交接器，主要有平板型和聚焦型两种
形式。

平板型太阳能集热器主要由吸热板、集热管、
透明盖板、绝热层和金属外壳几部分构成，如图
15-44 所示。阳光通过透明盖板照射到吸热板上，
吸热板因吸收光能而温度升高，同时加热与吸热板
相连的集热管内的流体工质，通过工质的定向流
动，将其所吸收的热量送至需要利用的地方。吸热
板同集热管的连接有多种方式，图中所示为集热管
埋设在吸热板内部，也可以将集热管焊接在吸热板

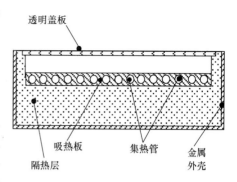

图 15-44 平板型太阳能集热器示意图

下表面，或者将集热管紧密排列，直接利用管壁作为吸热面。吸热板与集热管作为一个整体
同集热器的金属外壳之间用隔热材料填充，以减少热量损失。透明盖板将吸热板的上表面同
外界隔开，以防止吸热板上表面通过对流传热损失热量，同时保护吸热板不受外界的机械损
伤或化学侵蚀。一些简易集热器常采用在吸热板表面涂保护层来取代透明盖板。

为了增强吸热板对太阳辐射的吸收同时尽量减少吸热板本身的热辐射损失，要求吸热板
表面对太阳辐射具有选择性吸收，即比值 α_s/ε_h 应尽量大（α_s 为表面对太阳辐射的吸收比，
ε_h 为表面本身的半球红外辐射比）。一般吸热板用金属制成，其 ε_h 比较小，但金属通常对可
见光有很强的反射作用，因此其 α_s 也不大。为使吸热板表面具有高的 α_s/ε_h，需要在其表面
覆盖具有高 α_s/ε_h 的涂层。涂层可以采用涂刷、喷涂、浸渍等工艺生成。如本章第 2 节所述，
一般涂料由功能填料、颜色填料、成膜基料和溶剂等组成。其中功能填料和颜色填料能够保
证具有很大的 α_s/ε_h 值，然而成膜基料和溶剂大多为有机物质或具有高红外吸收比的无机物
质（如含有氢氧根、硅酸根、磷酸根），这导致在涂层内保留相当数量的高红外吸收物质，
造成涂层的 ε_h 增大、α_s/ε_h 值变小。表 15-11 给出一些用于太阳能集热器的涂料的组成和性
能，从表中可见这些涂料形成的涂层的 α_s/ε_h 值虽然大于 1，但许多涂料的 α_s/ε_h 值仅在 1～2
之间；另一方面，利用化学方法、电镀工艺或物理沉积技术，在吸热板表面直接生成金属氧
化物、金属硫化物或细小金属颗粒，则可获得具有很大 θ_s/ε_h 值的选择性吸收薄膜。表 15-12
列出这类薄膜的种类、制造工艺和光学性能。在文献资料 355 中具体介绍了这类黑色金属氧
化物的制备方法。

表 15-11　太阳能集热器用涂料的组成和性能[328]

组　　成	填料数量	α_s	ε_h	α_s/ε_h
CdTe-聚丙二醇酯/Al	—	0.85	0.65	1.3
CdTe-乙烯丙烯二烯	30%（体积）	0.85～0.88	0.8～0.4	1～2
Fe$_2$O$_3$-硅橡胶-硅酸盐		0.9	0.28	3.2
FeMn -CuO$_2$-聚丙烯	30%（体积）	0.95	0.90	1.05
PbS-沥青	—	0.91～0.94	0.34～0.58	2.7～1.6
PbS-乙丙橡胶（温度<200℃）	质量比＝1：1.5	0.85～0.91	0.22～0.35	4～2.6
PbS-醋酸丁酯（温度<280℃）	质量比＝1：1.5	0.85～0.90	0.23～0.40	3.7～2
PbS-硅氧烷/Al	—	0.90	0.40	2.0
PbS-聚丙烯	30%（体积）	0.92	0.80	1.1

续表

组　　成	填料数量	α_s	ε_h	α_s/ε_h
PbS-乙烯丙烯二烯	30%（体积）	0.91	0.68	1.3
Sb_2Se_3-乙烯丙烯二烯	30%（体积）	0.80	0.53	1.4
Si-乙烯丙烯二烯	30%（体积）	0.79	0.56	1.4
$Cu-Cr_2O_x$-乙烯丙烯二烯	20%（体积）	0.92	0.36	2.5
PbS- 炭黑- 丙烯酸		0.91	0.50	1.8
黑硝基苯涂料		0.90	0.43	2.1

表 15-12　各种选择性吸收薄膜的制造工艺和特性[355]

种类	底材	制备工艺	α_s	ε_h（温度/℃）	破坏温度/℃	耐久性
氧化铜黑	铜	化学处理	0.87～0.91	0.13～0.16（<100）	200	易潮解为铜绿
氧化铜黑	铝	化学处理	0.89～0.93	0.11～0.17（80）	200	易潮解为铜绿
氧化铁黑	铁	化学处理	0.86～0.90	0.07～0.1（90）	—	—
锌黑	锌	电镀＋化学处理	0.90	0.10	—	—
钴黑	钴	电镀＋化学处理	0.90	0.27（140）	—	—
镍黑	镀锌铁皮	电镀	0.81～0.89	0.12～0.18	—	—
镍黑	玻璃	真空沉积	0.80	0.03	—	—
二层镍黑	镍	电镀	0.96	0.07（100）	280	不抗湿
铬黑	镍	电镀	0.92～0.96	0.085～0.12（100）	450	良好
铬黑	亮镍	电镀	0.87	0.09	—	—
铬黑	钢	电镀	0.95	0.14	320	—
铬黑	镀锌铁皮	电镀	0.95	0.14	>425	—
铬黑	玻璃	真空沉积	0.90	0.09	—	—
镍上铬黑	钢	电镀	0.95	0.09（100）	400	—
镍上铬黑	铝	电镀	0.87	0.09	—	—
PbS＋丙烯酸酯	镀锌铁皮	涂刷	0.90	0.40	—	—

吸热板表面选择性吸收要求对阳光的短波区的光谱吸收比尽量接近于 1，而在长波区的光谱吸收比（亦即单色发射比）尽量接近于 0。长波区与短波区的分界处的波长称为截止波长 λ_c。λ_c 变大，吸收太阳辐射的波段增宽，吸热板表面对太阳辐射的总吸收量增加。然而吸热板表面发射能量的波段也变宽，所以其总发射比也加大，从而通过辐射散热的损失也增加。但吸收太阳能的增量与热辐射损失的增量并不相等，两者之差的大小同截止波长有关。当此差值达到最大时集热器的热效率最高，显然集热器的热效率是 α_s、ε_h 和 λ_c 的函数。根据热量平衡关系可给出集热器的热效率 ζ 表达式[356]：

$$\zeta = \alpha_s - \frac{\sigma(T_p^4 - T_0^4)}{(\varepsilon_p^{-1} + \varepsilon_0^{-1} - 1)E_s} - \frac{h(T_p - T_0)}{E_s} \quad (15-12)$$

式中 E_s 为投射到吸热板上的太阳辐射力；α_s 为吸热板的太阳吸收比；ε_p 为吸热板的发射比，可将其等同为 ε_h；ε_0 为环境的发射比；h 为吸热板与环境的对流换热系数；T_p 和 T_0 分别为吸热板和环境的温度；σ 为斯蒂芬-波尔兹曼常量。α_s 和 ε_h 都是波长的复杂函数，因此从理论上讲，可以通过对上式求极值的方法来求得最高热效率下的最佳截止波长 λ_{cm}，但实际上很难通过解析方法来求出。如果假定 E_s 不随波长而变化，并且吸热板表面具有理想的选择性吸收（其特征为吸收比同波长的关系，如图15-45 内右上角小图中的曲线所示），通过简化计算可得到如图15-45 所示的在不同 E_s 值下的最佳截止波长 λ_{cm} 与吸热板温度的关系曲线。从图15-45 可知：高的吸热板温度要求有小的截止波长，同时太阳辐射力变化对 λ_{cm} 影响不大。

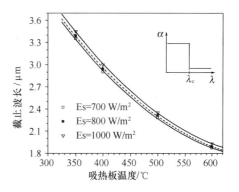

图 15-45　截止波长同吸热板温度的关系
（根据文献资料 356 数据绘出）

对于制造吸热板上方的透明盖板的材料，要求对太阳辐射的短波光线（包括紫外、可见和近红外）具有很高的透射比，但对中、远红外波段具有很小的辐射比，因此，应该用前面所述的低辐射玻璃来制造透明盖板，这样可以使占太阳辐射能量绝大部分的辐射通过透明盖板投射到吸热板上，同时透明盖板对吸热板所发射出的红外线的吸收和向外界的发射尽量少，以减少通过透明盖板向外界流失的热量。然而通过在玻璃表面涂膜的方法制成的低辐射玻璃尽管能提高玻璃盖板的保温性能，但同时也会降低阳光透过性，因此，对改善总的热效率效果并不明显。大多数太阳能集热器上的透明盖板仍用普通无机或有机玻璃制造。表15-13 列出一些可以用作透明盖板的材料的性能。

表 15-13　透明盖板材料的性能[355]

性　　能		普通玻璃	丙醛酸酯	聚碳酸酯	钢化玻璃	聚氟乙烯	氟化异丙烯
厚度/mm		3～4	2～3	3	5	0.1	0.065
密度/（g/cm³）		2.51	1.22	1.22	2.51	1.42	2.00
连续使用温度/℃		725			725	150	120
导热系数/[W/(m·K)]		0.791			0.791	0.128	
太阳辐射	透射比	0.87	0.88	0.76	0.87	0.91	0.955
	反射比	0.08	0.09	0.16	0.09	0.08	0.04
	吸收比	0.05	0.02	0.08	0.04	0.01	0.005
红外辐射	透射比	0.02	0.02	0.05	0.05	0.2～0.3	0.50
	反射比	0.13	0.08	0.05	0.03	0.07	0.04
	吸收比	0.85	0.90	0.92	0.92	0.59～0.73	0.40

聚焦型太阳能集热器是利用凹面或凸面镜收集太阳的直射辐射能量，由于吸热面积远远小于采光面积，所以热损失少，适用于高温集热。聚焦方式包括反射聚焦和透射聚焦。后者主要利用相当于凸面镜的菲涅尔透镜聚光，而反射聚焦所用的凹面镜的镜面有旋转抛物面、抛物柱面、球面、圆锥面等多种形式。其中旋转抛物面具有较强的聚光特性，可获得较高的温度，因此广泛用于需要高温或高效率场合，而球面或抛物柱面镜的制造比较方便，常用于要求不高的场合，如烧水、煮饭用的太阳灶上。

图15-46 为聚焦型太阳能灶的结构示意图，主要由反光镜、锅圈、支架和调节手把等部件构成。通过转动调节手把可调节反光镜倾角，使其对准太阳，让阳光直射到凹面镜上，并经过反射聚焦到位于凹面镜上方的锅圈上，锅圈吸收太阳辐射能，并将其传递给置于锅圈中的炊具内。这种结构形式的太阳灶也可用于采集太阳能来为其他设备（如暖气片、制冷机等）提供能量。在这种太阳能集热器的锅圈内放置的就不是炊具而是充满流体工质的集热容器，通过管-泵系统将集热容器内流体工质同需要能量的设备连接成一封闭循环回路，不断

将聚焦到集热器上的太阳辐射能传送到该设备中。

所谓太阳炉就是一种强烈聚焦的太阳能集热器。图 15-47 表示一种反射型太阳炉，其反射镜为旋转抛物面，集热坩埚置于抛物面的焦点上，反射镜由许多块玻璃镜组成，每块玻璃镜安放在一个可独立调节的单元支架上，这些可调节支架固定在反射镜支架上。电动太阳跟踪机构调节反射镜支架的高低角和方位角，从而可自动跟踪和对准太阳。每个独立可调节支架单元可保证安装在其上的反射镜单元所反射的阳光对准焦点位置，也可以故意偏转某些单元偏离焦点，从而减少聚焦到集热坩埚上的能量，以此控制集热坩埚的加热程度。另一种控制反射到集热坩埚上能量的方法是在凹面反射镜与坩埚之间安放一个位置可调的控温桶，用以阻挡一部分反射光线投射到集热坩埚上。通过调节控温桶与镜面间的距离，可改变从反射镜投射到集热坩埚上的辐射通量，从而调控集热坩埚所吸收的能量。实际上控温桶起了控制反射光通量的光圈作用。之所以不用遮光板而用控温桶是因为可以在桶内盛放冷却液，以保证控温桶的温度不致过高。强力聚焦的太阳炉可产生高达 3000℃以上的高温，能够迅速熔化许多用其他设备很难熔化的高熔点物质。

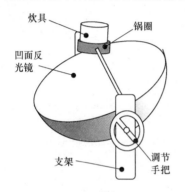
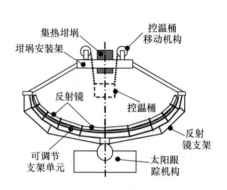

图 15-46　聚焦型太阳能灶示意图　　　　　图 15-47　太阳炉结构示意图

聚焦型太阳能集热器的反射镜需用对太阳光具有高反射比的材料制造，常用的材料有镀银玻璃镜、经过阳极氧化处理的高纯抛光铝板、真空镀铝聚酯薄膜等。后两种材料价格便宜，但容易损坏或受腐蚀，因此寿命不长，特别是镀铝聚酯膜的寿命只有 2～3 年。普通玻璃镜虽然耐磨损和腐蚀，但反射比不太高（一般<0.8）。如在表面抛光的玻璃上镀银膜，可以提高反射比。由于焦点处温度可高达 3000℃以上，一般耐高温材料难以经受如此高的温度，因此只有少数熔点在 3000℃以上的材料方可制造太阳炉的集热坩埚，如石墨、氮化硼（BN）和金属钨等。其中金属钨熔点 3410℃，在 2000℃以上高温下从紫外到近红外钨的辐射比大约在 0.4 左右[279]，因此相应的吸收比也不高，而且金属钨很容易氧化。氮化硼熔点大致在 3100～3300 ℃，从图 15-48 可见，BN 在可见光和近红外波段的辐射比不大，因此，这种材料对短波段阳光的吸收

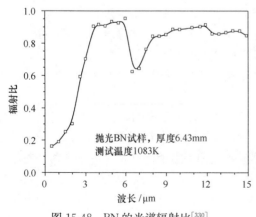

抛光 BN 试样，厚度 6.43mm
测试温度 1083K

图 15-48　BN 的光谱辐射比[330]

比也不高，从而影响吸收太阳能的效率，另外氮化硼容易吸潮，并且高温下也会发生氧化。石墨的熔点高达3600℃，而且热解石墨比较抗氧化，然而从图15-49可见不同形态的热解石墨的光谱辐射比差别很大。首先，垂直于石墨晶体c轴的晶面的辐射比较高，而垂直于另两个方向的晶面的辐射比较小，特别在可见光和近红外波段，两者相差很大；其次表面粗糙程度对辐射比也有影响，粗糙度高的辐射比小。由于同一波长下吸收比与辐射比相等，因此上述规律对热解石墨的吸收比也适用。由此可知，制造高温太阳炉集热坩埚的比较理想的材料是在石墨坯体上沉积一层适当厚度的热解石墨，并控制沉积层的粗糙度，保持表面光滑。关于上述这些材料的高温氧化问题，可通过在集热坩埚周围择放惰性气体以保护石墨坩埚不受氧化。图15-50为我国在20世纪60年代制造的一台直径8m的高温太阳炉的照片[357]。其镜面为抛物面形，由228块玻璃反光镜组成，每块反光镜分别安装在各自的金属构架上，可以独立进行调节。反光镜用6mm厚双面抛光玻璃制造，首先将玻璃片放在具有规定曲率的模具上热弯整形，然后单面镀银，并在银膜外面电镀铜保护层。整个镜面安放在金属结构的支架上，由自动控制和跟踪机构通过电机操纵镜面对准太阳，在金属构架的底部安装两个配重以保证倾斜的镜面保持平衡。

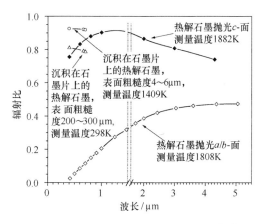

图15-49 不同热解石墨的光谱辐射比[330]

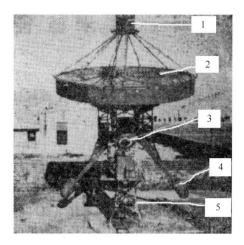

图15-50 高温太阳炉[357]

1—工作台（安放集热坩埚）；2—镜面；3—驱动机构；4—配重；5—支架

第5节 燃气红外辐射器

燃气红外辐射器是利用低压煤气、天然煤气或其他可燃性气体，如甲烷、丙丁烷、乙炔等作燃料，燃气从喷嘴喷出与一次空气混合后在多孔陶瓷板表面成无焰燃烧，使多孔陶瓷板呈灼热状态，向外发射出大量的红外辐射能。图15-51为一种小型煤气红外辐射器的结构图。燃气红外辐射器不需要二次空气，燃烧完全，因此不仅热效率高，而且节能环保。由于红外辐射具有很强的穿透力，燃气红外辐射器特别适用于各种物料的干燥、脱水，也可用于玻璃工业的钢化、整型、退火等热处理设备中，还可用于室内取暖和工业及家用烘烤炉。

多孔陶瓷燃烧板（图15-52）是燃气红外线辐射器的主要组件。陶瓷板上孔眼的形状、直径以及孔间距需根据实现无焰燃烧的要求和燃气的种类来进行设计。孔眼的总面积约

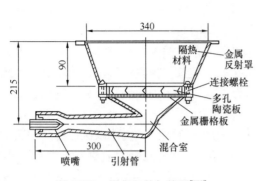

图 15-51 燃气红外加热器[358]

图 15-52 燃气红外辐射器用多孔陶瓷燃烧板

占多孔陶瓷板面积的 $40\%\sim50\%$，对于一般城市煤气和工业用焦炉煤气，孔的直径为 $1.0\sim1.2mm$，实现了无焰充分燃烧的多孔陶瓷燃烧板的温度在 $800\sim1000℃$。例如以压力为 $9.5\sim11kPa$ 的城市煤气作燃料实现无焰充分燃烧的陶瓷燃烧板的温度大致为 $850℃$。如果采用天然气等热值高的燃气，或高压力、大流量的燃气，则多孔陶瓷燃烧板的温度较高。根据维恩位移定律（式 6-47）可知，在该温度范围内最强辐射的波长在 $2.70\sim2.27\mu m$ 之间，因此，要求多孔陶瓷燃烧板在该波长范围内，即在近红外波段具有尽量高的辐射比。为了实现稳定的无焰燃烧，多孔陶瓷燃烧板的导热系数不能太高，以防止大量热量散失，一般要求陶瓷燃烧板的导热系数不大于 $0.58W/(m\cdot K)$。由于点火后陶瓷板的升温极快，而一旦关闭燃气，降温也极快，而且在实际使用过程中时常需要频繁开、停红外辐射器，因此要求多孔陶瓷燃烧板具有较高的抗热冲击性能。为此要求陶瓷板具有适当高的强度和尽量低的热膨胀系数。制造多孔陶瓷燃烧板必须满足以上各种要求，此外尚需考虑制造成本。通常选用在近红外波段具有较高辐射比的堇青石质陶瓷作为制造多孔陶瓷燃烧板的材料，如果在其中添加适当数量过渡金属氧化物，其辐射比可达 0.8 左右或更高（图 15-7）。同时堇青石材料的膨胀系数较小，导热系数也较低，能够较好地符合上述各种要求。

多孔陶瓷燃烧板通常采用挤压工艺或热蜡浇铸工艺成型。如采用堇青石质材料，陶瓷板的烧成温度在 $1200\sim1300℃$。表 15-14 是一种多孔陶瓷燃烧板的具体配方和化学成分。从化学成分可知该陶瓷属于堇青石质陶瓷。原料中加入焦炭粉是为了在烧结体内生成微孔以降低材料的导热系数，采用热蜡浇铸成型，陶瓷的烧成温度为 $1230\sim1250℃$，烧成后在多孔陶瓷板的表面涂刷粒度 $<88\mu m$ 的 Fe_3O_4 水基稀料浆，以增大多孔陶瓷板的辐射比，涂层厚度约 $0.2mm$。

表 15-14 多孔陶瓷板的配方和化学成分[358]

木节黏土	水曲柳黏土	滑石	石棉灰	焦炭粉
25%	50%	25%	外加 13%	外加 13%

SiO_2	Al_2O_3	Fe_2O_3	CaO	MgO	TiO_2	Na_2O+K_2O
52.81%	20.11%	1.55%	4.21%	9.93%	8.60%	1.73%

第 6 节 红外隐身陶瓷材料

现代武器的攻击力在很大程度上取决于对攻击目标的精确捕捉,所谓精确捕捉就是要精确确定目标的形状特性和位置。捕捉目标的基本手段是感知同目标相关的电磁波和声波信息,后者主要用于水下目标的确定,在陆地、天空和太空中主要依靠对电磁波,包括光波、红外辐射波和微波的侦察技术。所谓红外隐身,就是使侦察系统无法收集到足够强和足够明确的、能够指示目标位置和形状特征的红外辐射信号,以致探测不到目标的存在。红外隐身技术包括降低目标红外辐射的红外隐蔽技术、阻挡或干扰目标发出的红外辐射使其不被侦察系统接受到的红外屏蔽技术和改变目标的红外辐射特征以扰乱侦查系统,使其作出错误判断的红外伪装技术。每一种技术都需要选择具有相应红外特性的材料。

空气对红外线并非完全透明。大气中氮和氧这两种气体都是由相同原子组成的双原子分子,没有固有电偶极矩,所以都不吸收红外线。然而大气中还存在一定数量的二氧化碳、水蒸气和气态氮氧化合物,在高层大气中还存在臭氧分子,这些气体分子都是极性分子,因此能吸收某些波长的红外线。实际上每种极性分子气体都具有多个特有的红外吸收谱带。此外,组成云和雾的微小水滴的直径在 $0.5\sim80\mu m$ 之间,它们能够强烈散射红外线。大气中这些气体和液体微滴的综合作用是红外辐射只要在大气中经过几米长的距离,波长同吸收光谱带一致的红外辐射就被那些气体吸收掉或因散射而降低强度。实际上几米厚的大气对于波长 $15\mu m$ 以上的红外辐射是不透明的。由于大气对红外辐射的选择性吸收作用,结果在大气层中仅存在几个对红外辐射高度透明的区域,称为大气红外窗口,它们之间被高吸收区域分开。图 15-53 是在距海平面 1828m 高度上沿水平方向测定的大气窗口[337]。从图 15-53 可见,对红外线高度透明的窗口共有 5 个: $0.5\sim1.3\mu m$, $1.6\sim1.9\mu m$, $2.0\sim2.3\mu m$, $3.2\sim4.8\mu m$ 和 $8\sim13\mu m$。对于大多数在地球大气层内的目标,红外侦察系统通常利用上述窗口中的 $2\sim2.5\mu m$、$3.2\sim4.8\mu m$ 和 $8\sim13\mu m$ 三个波段中的一、二个波段的红外辐射。设计红外隐身材料需要根据大气红外窗口的波长范围来考虑选材问题。

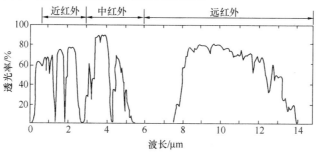

图 15-53　在距海平面 1828m 高度上沿水平方向测定的大气透过率[337]

红外隐蔽技术就是尽量降低目标物体的红外辐射力,使目标与背景之间的红外辐射强度差异接近为零。由斯蒂芬-波尔兹曼定律可知,物体的红外辐射力同其温度的四次方成正比,因此,降低目标物的温度是红外隐蔽技术首先需要考虑的技术措施。在目标物上安装隔热层或控温装置可以实现对物体表面温度的操纵和控制,这些内容超出本章的主题范围,因此这里不作进一步的讨论。另一方面,目标物发出的红外辐射还与物体表面的辐射比成正比,因此，降低物体表面的辐射比可显著提高其红外隐蔽能力，通常采用在表面覆盖低辐射比的涂层或薄膜来实现。

在本章第 2 节内已经指出许多半导体硫化物、硒化物在波长 $<14\mu m$ 波段的辐射比都比较小，因此用这些化合物，如 ZnS、CdS、ZnSe 等，调制成的涂料覆盖物体表面，或采用各种成膜技术，在物体表面覆盖这些化合物的薄膜，可以有效地降低物体的红外辐射强度。金属粉末涂层的红外辐射比大致为 $0.3\sim0.5$，因此也可以降低物体表面的红外辐射比。通常采用价格便宜的金属铝粉制备涂料，加入量一般为 20% 左右。涂层内金属颗粒的形状对涂层的辐射比有很大影响，按降低涂层辐射比作用由大到小的顺序可排列如下：鳞片状（直径 $1\sim100\mu m$、厚度约 $1\mu m$），棒状（直径 $0.1\sim10\mu m$、长度 $1\sim100~\mu m$），球状（直径 $1\sim100\mu m$）。ITO、ZAO 等掺杂半导体氧化物在 $2\mu m$ 以下波段具有很高的透射比和低的反射比，在 $2\mu m$ 以上波段具有很高的反射比和低的透射比（图 15-16、图 15-18 和图 15-19），根据 $\alpha+\rho+\tau=1$ 以及 $\varepsilon=\alpha$ 的关系，这类掺杂半导体氧化物从可见光到远红外波段都具有较低的辐射比。同时这类掺杂半导体氧化物的导电率比较大，高频电磁波（微波）在其表面的反射率 ρ_e 可表达为[359]：

$$\rho_e = \frac{\left(1-\sqrt{\dfrac{2\omega\varepsilon_0}{\sigma}}\right)^2+1}{\left(1+\sqrt{\dfrac{2\omega\varepsilon_0}{\sigma}}\right)^2+1} \tag{15-13}$$

式中 ω 为微波的频率，ε_0 为真空的介电常数，σ 为材料的直流电导率。从上式可知 ρ_e 在

$$\sqrt{\frac{2\omega\varepsilon_0}{\sigma}} = \sqrt{2} \tag{15-14}$$

即当 $\sigma=\omega\varepsilon_0$ 时对微波的反射比有极小值：$\rho_e=0.1715$。通过调节掺杂量可以实现对 σ 的大小进行控制，从而获得对微波具有低反射率的材料，因此，采用这些掺杂半导体氧化物可以实现红外/雷达复合隐身。掺锡氧化铟半导体（ITO）中 SnO_2 的掺入量为 5mol% 左右时涂料在 $8\sim14\mu m$ 波段的红外辐射比最低（图 15-54），而涂料内 ITO 的含量在 25% 时涂层具有最小的辐射比（图 15-55）。

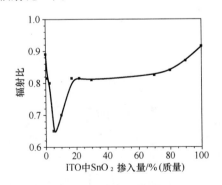

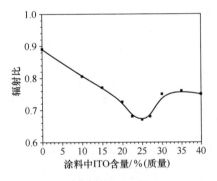

图 15-54　ITO 中 SnO_2 掺入量对
涂层辐射比的影响[360]

图 15-55　涂料中 ITO 含量
对辐射比的影响[360]

涂料内粘合剂（成膜基料）的种类和用量对涂层的辐射比有较大影响。较为理想的有机结合剂有 KRATON 树脂（一种聚乙烯与聚苯乙烯的共聚物）、氯化聚苯乙烯、氟碳树脂、

二甲基硅酮树脂、烯烃类树脂、氯丁橡胶、异丁烯橡胶、无机磷酸盐粘合剂等。在上述几种粘合剂中 KRATON 树脂具有最低的辐射比。

低辐射比薄膜是另一类红外隐蔽材料，通常采用真空镀膜工艺或磁控溅射工艺制备薄膜，膜的厚度一般小于 $1\mu m$，薄膜的辐射比明显低于大多数红外隐蔽涂料。主要的红外隐蔽膜有：金属膜、电介质-金属复合膜、掺杂半导体膜、类金刚石膜等。金属膜结构简单，厚度为 $10\sim20\mu m$，其红外辐射比通常小于 0.11，同金属涂层一样，金属薄膜对雷达波的反射较强，不利于对雷达波的隐身。电介质-金属复合膜的典型结构为半透明氧化物面层/金属层/半透明氧化物底层，总厚度为 $10\sim20\mu m$，整个薄膜的辐射比为 0.1 左右。还可以制成多层氧化物膜，通过改变膜层厚度可调整薄膜的颜色。掺杂半导体膜如 ITO、ZAO 等，膜厚约为 $0.5\mu m$，通过控制掺杂物种类和数量可使半导体膜的辐射比降到 0.1 以下，并可实现与激光、雷达波隐蔽的兼容。类金刚石碳膜一般用 CVD 工艺制备，厚度约为 $1\mu m$，膜层的辐射比为 $0.1\sim0.2$。类金刚石碳膜耐高温，可用在目标物表面某些高温区，降低该处的红外辐射。类金刚石碳膜的缺点是比较脆，表面不耐污染，并且制备成本高。

红外屏蔽技术是通过在目标物与侦察系统之间释放能够衰减红外辐射的烟雾或气溶胶，使侦察系统无法接受足够强的目标红外信号。烟雾和气溶胶对红外辐射的屏蔽作用主要有吸收和散射。根据波格尔（Bouguer）定律，波长为 λ、强度为 $I_{0\lambda}$ 的红外辐射通过厚度为 L 的烟幕层后，由于被烟幕层内颗粒的吸收和散射，强度下降到 I_{λ}：

$$I_{\lambda} = I_{0\lambda}\exp\left(-\xi L\right) \tag{15-15}$$

式中 ξ 为衰减系数，$\xi=\xi_{a,\lambda}+\xi_{s,\lambda}$ \hfill (15-16)

$\xi_{a,\lambda}$ 和 $\xi_{s,\lambda}$ 分别为微粒的单色吸收系数和单色散射系数。

在第 1 篇第 6 章第 5 节已经指出，烟幕层内颗粒大小对散射系数有很大影响，当颗粒直径 D 远大于红外波长 λ 时，即 $\pi D/\lambda>50$ 时，成为无选择性散射，即波长对 ξ_s 无影响。由于烟幕内颗粒浓度不很高，并认为颗粒是漫灰体，这样在红外辐射传递方向上颗粒的相互遮盖作用可忽略不计，通过烟幕层的红外辐射的能量只受到颗粒的吸收，但必须考虑颗粒的反射作用，从某一颗粒上反射出的能量又为其他颗粒吸收或反射，因此，总有一部分反射能量最终加入到透射能量中。这种含有大颗粒的烟幕衰减系数可以表达为[361]：

$$\xi = \frac{C\sqrt{12\varepsilon-3\varepsilon^2}}{2Dd} = \frac{CF\sqrt{12\varepsilon-3\varepsilon^2}}{2A} \tag{15-17}$$

式中 C 为烟幕中颗粒的质量浓度；d 为颗粒本身的密度；F 为颗粒的比表面积；D 为颗粒的直径；A 为根据 D 和 d 转化成比表面积时的颗粒的形状因子，对于球形颗粒 $A=6$；ε 为颗粒表面的辐射比。

如烟幕内颗粒较小 $[\pi D/\lambda=(1\sim50)]$，而颗粒表面为非灰体，则需要用米氏散射理论来处理散射问题，并考虑选择性吸收。米氏散射理论的数学处理非常复杂，一般将问题转化成先用其他办法求出参加散射的每一种颗粒的散射面比 $K(\lambda)$（见第 1 篇第 6 章第 5 节），然后利用式（6-92）求出 $\xi_s(\lambda)$。根据煤灰颗粒群对锅炉烟气的衰减系数的影响研究，含有较小颗粒群 $[\pi\cdot D/\lambda=(1\sim50)]$ 的烟气的衰减系数可用如下的经验公式表示[361]：

$$\xi = Y\cdot\Omega\cdot\left(\frac{D_a}{\lambda_{max}}\right)^{1/3}\cdot F\cdot C \tag{15-18}$$

式中 D_a 为颗粒群的平均直径；λ_{max} 为投射辐射的主波长（最大强度处波长）；Y 为同颗粒性

质有关的经验常数；Ω 为选择性影响参数。

如果将整个烟幕层沿着红外线的投入方向分成许多层，则当投入辐射穿过烟气的前面几层时，由于选择性散射和吸收，某些波长的辐射能量衰减得多，而不发生散射和吸收或少发生散射和吸收的波长的能量衰减得少，所以经过前几层后的投射红外线在穿过后面各层时能量散耗就小，这就好像后面几层对射来的红外辐射的衰减作用小，这样烟幕层总体的衰减系数比无选择性情况下的衰减系数小。为此需要在计算的公式内引入 Ω 参数来加以修正。Ω 同烟幕内颗粒的浓度以及烟幕层的总厚度以及颗粒的光学特性有关。

如烟幕内颗粒更小（$\pi D/\lambda < 0.1$），则烟幕内颗粒的散射问题需要用瑞利散射理论来分析。瑞利散射的散射系数可按第 1 篇中式（6-89）求出，即：

$$\xi_{s,} = 24\pi^3 N_p \left(\frac{n^2-1}{n^2+1}\right)^2 \frac{V^2}{\lambda^4} \tag{15-19}$$

式中 N_p 为散射颗粒的个数浓度；n 为散射颗粒的折射率；V 为散射颗粒的体积；λ 为入射波长。

红外屏蔽烟幕通常用于对飞机、舰船和战车的隐身，干扰对目标物的侦察。喷气飞机的发动机喷管的红外辐射波长主要分布在 $2\sim5\mu m$ 波段，不混合冷却气体的排气尾烟的温度可达 $1200K\sim1500K$，其红外辐射波长主要分布在 $1.8\sim2.7\mu m$ 和 $3\sim5\mu m$ 波段。一般机体蒙皮的温度较低，大致在 $300\sim400K$，因此蒙皮辐射的红外线主要在 $7.3\sim10\mu m$ 波段，但高超音速飞机表面的某些区域温度可高达 $840K$，可发出 $3\sim5\mu m$ 波段的红外线。战舰的烟囱和排气管表面温度可达 $400\sim550K$，其红外辐射波长主要分布在 $4\sim5\mu m$ 波段。战车的外表温度一般在 $280\sim350K$，因此它们的红外辐射在 $8\sim10\mu m$ 波段。应根据所要屏蔽的对象的红外辐射的波长来设计红外屏蔽烟幕的组成材质和颗粒尺寸。烟幕中颗粒成分有鳞片状铝粉、石墨粉、高岭土粉、滑石粉以及各种高吸收比的陶瓷粉。颗粒的选择除需要考虑材料的吸收比、折射率、粒径大小等光学参数之外，还要求粉料具有易分散性和能够在空中停留很长时间。对于前者主要通过对粉料内颗粒进行表面处理或添加防止团聚的分散剂（如炭粉、滑石粉等）来实现；对于后者需要选择密度低的物质或空心颗粒，以造成颗粒下降受到的空气阻力大于颗粒本身受到的重力。镀铝空心玻璃纤维是一种比较优良的烟幕屏蔽材料。对于舰船还可以采用喷淋大面积的水幕将舰艇笼罩起来，达到既降温又产生屏蔽的效果。

实现红外伪装的基本措施是根据背景红外辐射特征，通过调整目标表面红外辐射比，或改变目标表面各区域的表观温度分布，使目标表面整体或局部红外辐射强度和波长发生改变，造成红外成像探测系统无法将目标从背景图像中区分开来，或所形成的目标红外图像完全不同于目标物的真实图像，使侦察系统无法正确识别。

目标的伪装主要用迷彩伪装网、迷彩服等覆盖在目标的表面，或直接使用具有不同辐射比的涂料在目标表面形成迷彩伪装。所谓红外迷彩就是将目标表面进行图案设计，将表面分割成形状不规则的区域，分别填入具有不同红外辐射比和反射比的材料，使目标表面发出的红外图像产生分割效应，消除目标红外图像的典型轮廓特征，同背景的红外辐射趋于一致，从而使侦察系统不能识别。对于环境为绿色植物的地表目标，通常可见光涂料比绿色植物的红外反射率低，必须提高涂料的红外反射比。红外模拟绿色植物背景的涂料有以下几种：ZnO_2 与 Cr-Co-TiO_2 复合成的青绿色涂料，它具有与叶绿素相同的可见光和近红外波段的反射比；具有类似叶绿素特性的 Cr_2O_3-CoO-Sb_2O_3 涂料，在 $1.0\sim1.1mm$ 处具有最大反射比的锌酸钴绿；将 Cr_2O_3、CoO、TiO_2 和 ZnO 按 $1:2:5:0.7$ 的摩尔数比混合并煅烧后所制得的深绿色料，它具有与叶绿素相当的红外反射比；将 4 份 CdZnS、1 份 $Sb:SnO_2$（ATO）同 1.25 份绿色颜料配制成的绿色涂料，具有较低的辐射比。涂料的成膜剂有过氯乙烯树脂、苯乙烯改性醇酸树脂、氨基改性醇酸树脂、聚氨酯和聚丙烯酸酯等。表 15-15 为美国用于飞机上可剥离迷彩涂料的具体配方。

表 15-15　用于飞机上可剥离迷彩涂料的配方[342]　　单位：质量分数/%

组成 ＼ 颜色	褐色	中绿	灰色	绿色
聚丙烯酸酯	50	50	49.3	40
TiO_2	9	10	14	—
铁黄	10	4.25	—	—
铁红	2	—	—	—
Cr_2O_3	4	10	—	—
硅胶	8.33	8.33	—	7.0
滑石粉	16.67	16.67	15	15
炭黑	—	0.5	1.7	—
酞菁蓝	—	0.25	—	0.7
Sb_2S_3	—	—	—	5.5
甲苯	—	—	20	20
中铬黄	—	—	—	11.8

利用控温装置操纵覆盖在目标表面的红外迷彩瓦，使其按照背景的红外辐射特征或人为设计的特征发出或不发出红外线，从而使目标辐射出的红外图像淹没在背景红外辐射之中，或造成假的红外图像，以此迷惑侦察系统。例如瑞典 BAE 系统公司（BAE Systems Co.）开发出一项红外隐身技术，利用表面涂敷特殊红外涂料的六边形金属板覆盖在目标物表面，通过安装在目标物上的红外相机感知周围环境的红外线图像，并控制安装在目标物内的加热-冷却系统使各块金属板的温度能够独立地快速变化，从而调整其红外辐射特征。这样可使被伪装的目标的红外图像完全隐没在背景之中或形成不同于目标本身形象的其他物体的图像，如图 15-56 所示。

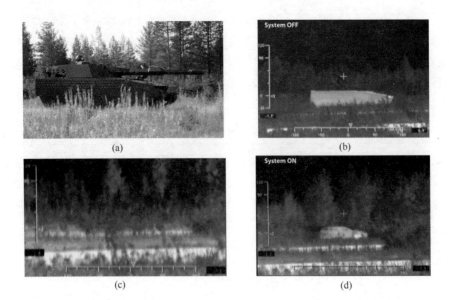

图 15-56　BAE 系统公司的红外伪装技术（照片来自 BAE 系统公司的宣传材料）

（a）为挂装红外伪装板的轻型坦克的外貌；（b）为控制系统关闭情况下的红外成像，可明显看出坦克的外形；（c）为控制系统开启，红外伪装起作用，坦克外形从红外成像中消失；（d）为根据事先设计的图像开启控制系统，在红外成像中原来坦克的外形变成小轿车的形象

参 考 文 献 （三）

[1] W. H. Rhodes. Agglomerate and Particle Size Effects on Sintering Yttria-Stabilized Zirconia (J). *J. Am. Cer. So.*, 64(1). 1981：19-22.

[2] 迟卓男，李懋强. 陶瓷粉末中团聚结构的研究(J). 无机材料学报，4(4)，1989：330-332.

[3] Maoqiang Li, Dunzhong Hu, and Zhuonan Chi. Determination of Agglomerate Strength in Zirconia Powders (C). //*Ceramic Powder Science* Ⅳ, ed. by G. L. Messing, et al., Am. Cer. Soc., 1991：377-385.

[4] M. Hillert. Theory of Normal and Abnormal Grain Growth (J). *Acta Met.*, 13 (3), 1965：227-238.

[5] G. R. Chol. Influence of Milled Powder Particle Size Distribution on Microstructure and Electrical Properties of Sintered Mn-Zn Ferrites (J). *J. Am. Cer. Soc.* 54(1), 1971：34-39.

[6] Seong-Jai Cho, Yun-Cheol Lee, Kyung-Jin Yoon, *et al.*. Effect of Coarse-Powder Portion on Abnormal Grain Growth during Hot Pressing of Commercial-Purity Alumina Powder (J). *J. Am. Cer. Soc.*, 84 (5), 2001：1143-1147.

[7] Li Maoqiang. Fundamentals of Sintering Dolomite (J). *China's Refractories*, 5(4), 1996：3-7.

[8] Seong-Hyeon Hong and Doh-Yeon Kim. Effect of Liquid Content on the Abnormal Grain Growth of Alumina (J). *J. Am. Cer. Soc.*, 84 (7), 2001：1597-1600.

[9] So Ik Bae and Sunggi Baik. Determination of Critical Concentrations of Silica and/or Calcia for Abnormal Grain Growth in Alumina (J). *J am. Cer. Soc.*, 76(4), 1993：1064-1067.

[10] F. F. Lange and M. M. Hirlinger. Grain Growth in Two-Phase Ceramics：$A_{12}O_3$ Inclusions in ZrO_2 (J). *J. Am. Cer. Soc.*, 70 (11), 1987：827-830.

[11] J. D. French, M. P. Harmer, H. M. Chan, and G. A. Miller. Coarsening-Resistant Dual-Phase Interpenetrating Microstructures (J). *J. Am. Cer. Soc.*, 73 (8), 1990：2508-2510.

[12] R. J. Brook. Fabrication Priciples for the Production of Ceramics With Superior Mechanical Properties (C). //*Proc. British Ceramic Society, Engineering with Ceramics*, v.32, ed. by R. W. Davidge, British Ceramic Society, 1982.

[13] R. J. Brook. Controlled Grain Growth (C). //*Ceramic Fabrication Processes*, v.9, ed. by F. F. Wang, Academic Press, New York, 1976.

[14] 钦征骑等. 新型陶瓷材料手册(M). 南京：江苏科学技术出版社，1996.

[15] P. D. Ownby and G. E. Jungquist. Final Sintering of Cr_2O_3 (J). *J am. Cer. Soc.*, 55 (9), 1972：433-636.

[16] Р. А. Беляев. Окись бериллия (М). Атомиздат, 1980.

[17] Cheol-Woo Jang, Joosun Kim, and Suk-Joong Kang. Effect of Sintering Atmosphere on Grain Shape and Grain Growth in Liquid-Phase-Sintered Silicon Carbide (J). *J. Am. Cer. Soc.*, 85 (5), 2002：1281-1284.

[18] Sang-Ho Lee, E. R. Kupp, G. L. Messing, *et al.*. Hot Isostatic Pressing of Transparent Nd：YAG Ceramics (J). *J. Am. Cer. Soc.*, 92 (7), 2009：1456-1463.

[19] 井上洁. 新じ金属加工法 – 高エネルギ密度加工法のすべて(M). シヤペツクス，1987：97-103.

[20] 罗锡裕，杨凤环，谭益钦，高一平，彭先奇. 电火花烧结技术及应用(J). 粉末冶金技术，10(3)，

1992：189-194.

[21]　高一平，周水生，脱海双等．GDS-Ⅰ型电火花烧结机技术鉴定资料（R）．钢铁研究总院（北京），1980.

[22]　罗锡裕．放电等离子烧结材料的最新进展（J）．粉末冶金工业，11（6），2001：8-16.

[23]　S. Meir, S. Kalabukhov, N. Froumin, M. P. Dariel, *et al.*. Synthesis and Densification of Transparent Magnesium Aluminate Spinel by SPS Processing (J). *J. Am. Cer. Soc.*, 92 (2), 2009：358-364.

[24]　W. H. Sutton. Microwave Processing of Ceramic Marerials (J). *Am. Cer. Soc. Bull.*, 68(2), 1989：376-386.

[25]　吴明英，毛秀华．微波技术（M）．西安：西安电子科技大学出版社，1989.

[26]　W. H. Sutton. Microwave Firing of High Alumina Ceramics (C). //*Microwave Processing of Materials*, vol. 124, ed. by W. H. Sutton, M. H. Brooks and I. J. Chabinsky, Materials Research Society, Pittsburgh, 1988：287-295.

[27]　S. Reed. Introduction to the Principles of Ceramic Processing (M). John Wiley & Sons, Inc., Toronto, 1988.

[28]　B. Van Groenou and R. C. D. Lissenburg. Inhomogeneous Density in Die Compaction：Experiments and Finite-Element Calculations (J). *J. Am. Cer. Soc.*, 66(9), 1983：C-156-C-158.

[29]　盛厚兴，同继锋．现代建筑卫生陶瓷工程师手册（M）．北京：中国建筑工业出版社，1989.

[30]　R. E. Mistler. Tape Casting：The Basic Process for Meeting the Needs of the Electronics Industry (J). *Am. Cer. Soc. Bull.*, 69(6), 1990：1022-1026.

[31]　R. R. Landham, P. Nahass, H. K. Bowen, et al.. Potential Use of Polymerizable Solvents and Dispersants for Tape Casting of Ceramics (J). *Am. Cer. Soc. Bull.*, 66(10), 1987：1513-1516.

[32]　李标荣．电子陶瓷工艺原理（M）．广州：华中工学院出版社，1986.

[33]　张小锋，刘维良，毛杜松．堇青石陶瓷基片水基流延成型工艺与性能研究（J）．陶瓷学报，30（3），2009：308-312.

[34]　李懋强．硅酸盐泥浆的注浆胶凝成型机理分析及其素坯的致密度．稀有金属材料与工程（J），31 增刊 1，2002：66-69.

[35]　Graule T J, Baader F H, Gauckler L F. Shaping of ceramic green compacts direct from suspensions by enzyme catalyzed reactions (J). *Ceramic Forum International/Berichte der Deutschen Keramischen Gesellschaft*, 71, 1994：317-323.

[36]　B Balzer and L. J. Gauckler. Novel Colloidal Forming Techniques：Direct Coagulation Casting (A). //*Hand Book of Advanced Ceramics*, V. I, *Material Science* (M), pp. 453-458, Ed. by S. Somiaya., *et al*, Elsevier Academic Press, London, 2003.

[37]　R. J. Hunter. Foundations of Colloid Science, v. I (C). Oxford Science Publications, 1986.

[38]　李懋强，彭炳林，杨文颐．注浆胶凝法陶瓷成型工艺．材料导报专辑（第十一届全国高技术陶瓷学术会议论文集），2000：113-115.

[39]　李懋强、杨文颐、彭炳林．传统硅酸盐陶瓷泥浆的胶凝注浆成型工艺．硅酸盐学报，32（6），2004：704-708.

[40]　O. O. Omatete, M. A. Janney, and R. A. Strehlow. Gelcasting-A New Ceramic Forming Process (J). *Am. Cer. Soc. Bull.*, 70(10), 1991：1641-1649.

[41]　陈玉峰．博士论文：碳化硅/炭黑水基料浆凝胶注模成型的研究（D）．北京：中国建筑材料科学研究总院，2003.

[42]　M. A. Janney, O. O. Omatete, C. A. Walls, *et al.*. Development of Low-Toxicity Gelcasting Systems (J). *J. Am. Cer. Soc.*, 81(3), 1998：581-591.

［43］ F. J. Schnettler，F. R. Monforte，and W. W. Rhodes. Cryochemical Method for Preparing Ceramic Materials（A）. // *Science of Ceramics*（C），v. 4，pp. 79-90，ed. by G. H. Stewart，British Ceramic Society，London，U. K.，1968.

［44］ 唐婕. 硕士论文:水基碳化硅/炭黑料浆冷冻浇注成型工艺研究（D）.北京,中国建筑材料科学研究总院,2003.

［45］ K. Araki and J. W. Halloran. Room-Temperature Freeze Casting for Ceramics with Nonaqueous Sublimable Vehicles in the Naphthalene-Camphor Eutectic System（J）. *J. Am. Cer. Soc.*，87（11），2004：2014-2019.

［46］ 唐绍裘译. 注射成型(原文作者 J. R. G. Evans)(A). //材料科学与技术丛书 17A 卷-陶瓷工艺(第Ⅰ部分)(C)，p227-268,主编:师昌绪、柯俊、R. W. Cahn,北京:科学出版社,1999.

［47］ M. J. Edirisinghe and J. R. G. Evans. Rheology of Ceramic Injection Moulding Formulations（J）. *Br. Cer. Trans. J.*，86(1)，1987：18-22.

［48］ 谢志鹏,杨金龙,黄勇.陶瓷注射成型的研究（J）.硅酸盐学报,26(3),1998:324-330.

［49］ LI Maoqiang. Preparation of Ultrafine Powders（A），*The Third International Symposium on Refractoreis*(C). Beijing，China，1998：27-30.

［50］ Maoqiang LI. Making Fluorophlogopite Ceramics Through Ceramic Processing（A）. *High-Performance Ceramics* IV，Part 3，（*Key Engineering Materials* V. 336-338）（C），ed. by Pan Wei，et al，Trans Tech Publications，Zuerich，Switzerland，2005：1833-1835.

［51］ 郭宜祐,王喜忠.喷雾干燥(M).北京:化学工业出版社,1983.

［52］ 罗秉江,郭新有译.粉体工程学(M)（原文为:川北公夫,小石真纯,種谷真一,《概论粉体工学》).武汉:武汉工业大学出版社,1991.

［53］ 韩行禄.不定形耐火材料[M].北京:冶金工业出版社,1994.

［54］ 吴武华,齐同瑞等.连铸中间包涂料的发展趋势(J).鞍钢技术,No. 4,2003:16-18.

［55］ 吴华杰,程志强,王文仲等.镁钙质和镁质中间包涂料对钢液洁净度的影响(J).耐火材料,36（3），2002:145-147.

［56］ R. W. Ricker and E. F. Osborn. Additional Phase Equilibrium Data for the System CaO-MgO-SiO₂（J），*J. Am. Cer. Soc.*，37(3)，1954：133-139.

［57］ 窦刚,李友胜,李楠等.含石灰石的镁橄榄石质中间包涂料的性能研究（J）.耐火材料,44(2),2010:108-110.

［58］ 川口将德.赤外放射素子(J).セラミックス,23(4),1988:300-304.

［59］ 殷庆立. 硕士论文:过渡金属氧化物对董青石材料红外性能的影响（D）. 北京,中国建筑材料科学研究院,1991.

［60］ 邓再芝,谢勇.电极防氧化涂层的研究(J).大型铸锻件,No2,2005:6-8.

［61］ 李燕红.低熔点防氧化涂料的研制和应用(J).中国陶瓷工业,16(3),2009:8-11.

［62］ 成来飞、张立同、徐永东、周万城.液相法制备碳-碳复合材料 Si-W 涂层表面氧化层的结构（J）.硅酸盐学报,25(5),1997:537-541.

［63］ 方勖华,易茂中,左劲旅,张红波.航空刹车用自愈合抗氧化涂层的制备及性能（J）.材料导报,20(Ⅵ),2006:261-263.

［64］ 周家斌,付志强,梁彤祥等.高温气冷堆燃料元件基体石墨的 SiC/SiO₂ 抗氧化涂层研究(J).金属热处理,33(4),2008:27-30.

［65］ 周健儿,李家科,江伟辉.FeCrAl 合金表面高温抗氧化陶瓷涂层的制备(J).硅酸盐学报,33(9),2005:1089-1093.

［66］ 张平,王海军等.高效能超音速等离子喷涂系统的研制(J).中国表面工程,No. 3,2003:12-16.

［67］　L. L. Shaw, S. Jiang, P. R. Strutt, *et al.*. The Dependency of Microstructure and Properties of Nano-structured Coatings on Plasma Spray Conditions (J). *Surface and Coatings Technology*, v. 130, 2000: 1-8.

［68］　G. Montavon, Z. G. Feng, and M. Domaszewski, *et al.*. Influence of The Spray Parameters on The Transient Pressure Within a Molten Particle Impacting onto a Flat Substrate (C). //*Proc. of the 1st United Thermal Spray Conference*, Indianapolis U. S., 15-18 Sept. 1997, 1998: 627-633.

［69］　李京龙, 李长久. 等离子喷涂熔滴的瞬时碰撞压力研究(J). 西安交通大学学报, 33(2), 1999: 30-34.

［70］　R. McPherson. A Model for The Thermal Conductivity of Plasma Sprayed Ceramic Coatings (J). *Thin Solid Films*, v. 112, 1984: 89-95.

［71］　Y. Z. Xing, C. J. Li, G. J. Yang, *et al.*. Influence of Substrate Temperature on Microcrack Formation in Plasma Sprayed Yttria-Stabilized Zirconia Splats (J). *Key Engineering Materials*, v. 373-374, 2008: 69-72.

［72］　田丽, 李京龙, 林谦生. 含有复合过渡层的等离子喷涂 ZrO_2 热障涂层(J). 西北工业大学学报, 11(4), 1993: 515-519.

［73］　W. Chi and S. Sampath. Microstructure-Thermal Conductivity Relationships for Plasma-Sprayed Yttria-Stabilized Zirconia Coatings (J). *J. Am. Cer. Soc.*, 91 (8), 2008: 2636-2645.

［74］　韩志海, 王海军, 徐滨士, 刘明. 超音速等离子喷涂制备梯度功能热障涂层的特点(J). 有色金属(冶炼部分), 增刊, 2006: 51-56.

［75］　E. Kadyrov and V. Kadyrov. Gas Detonation Gun for Thermal Spraying (J). *Adv. Mater. Proc.*, 148 (2), 1995: 21-24.

［76］　卢国辉, 潘振鹏, 曾鹏等. 美国与乌克兰爆炸喷涂装置的结构与特点(J). 新技术新工艺, No5, 2000: 35-37.

［77］　I. Glassman. *Combustion*, 3rd ed. (M). New York : Academic Press, 1966: 221-256.

［78］　唐建新, 张爱斌, 陈建平等. 爆炸喷涂工艺原理分析(J). 材料保护, 33(9), 2000: 33-34.

［79］　谢光荣, 潘振鹏, 卢国辉. 第聂泊—3 型爆炸喷涂设备技术性能研究(J). 机械开发, 107(3), 1997: 47-49.

［80］　Y. A. Kharlamov. Detonation Spraying of Protective Coatings (J). *Materials Science and Engineering*, v. 93, 1987: 1-37.

［81］　Peiling Ke, Qimin Wang, Chao Sun, *et al.* Stresses and Microstructural Development of Thermal Barrier Coatings Using AIP/D-gun Two-Step Processing (J). *J. Am. Cer. Soc.*, 90 (3) 2007: 936-941.

［82］　柯培玲, 武颖娜, 孙超等. 爆炸喷涂空心球形氧化锆热障涂层的抗热冲击性能(J). 金属学报, 40(11), 2004: 1179-1182.

［83］　唐伟忠. 薄膜材料制备原理、技术及应用(第 2 版)(M). 北京: 冶金工业出版社, 2003.

［84］　王英华, 李晓萍, 射频溅射 Y-ZrO_2 薄膜的研究(J). 真空科学与技术, 13(6), 1993: 398-404.

［85］　纪艳玲, 李建平, 张建苏等. 发动机涡轮导向叶片热障涂层性能研究(J). 航空制造工程, No. 3, 1997: 5-7.

［86］　徐惠彬、宫声凯、刘福顺. 克兰巴顿焊接研究所的电子束物理气相沉积技术(J). 航空制造工程, No. 7, 1997: 6-8.

［87］　刘福顺、宫声凯、徐惠彬. 大功率 EB-PVD 陶瓷热障涂层的研究与应用(J). 航空学报, V21 S, 2000: S30-S34.

［88］　郭洪波、彭立全、宫声凯、徐惠彬. 电子束物理气相沉积热障涂层技术研究进展(J). 热喷涂技术, 1(2), 2009: 7-13.

［89］　U. Schulz, B. Saruhan, C. Leyens, et al.. Review on Advanced EB-PVD Ceramic Topcoats for TBC

Applications (J). *Int. J. Appl. Cer. Tech.*, 1(4), 2004: 302-315.

[90] D. D. Hass, A. J. Slifka And H. N. G. Wadley, Low Thermal Conductivity Vapor Deposited Zirconia Microstructures (J), *Acta Materialia*, 49(6), 2001: 973-983.

[91] K. L. Choy. Chemical Vapour Deposition of Coatings (J). *Progress in Materials Science*, 48(2), 2003: 57-170.

[92] H. O. Pierson. *Handbook of Chemical Vapor Deposition (CVD)*, *Principles*, *Technology*, *and Applications (2nd edition)* (M). William Andrew Publishing, LLC, New York, 1999.

[93] W. J. Lackey, D. Rosen, C. Duty, *et al.*. Laser CVD System Design, Operation, and Modeling (J). *Ceramic Engineering and Science Proceedings* 23(4), 2002: 23-33.

[94] 陈招科,熊翔,李国栋,黄伯云等. 化学气相沉积 TaC 涂层的微观形貌及晶粒择优生长(J). 中国有色金属学报,18(8), 2008: 1377-1382.

[95] 李国栋,熊翔,黄伯云等. 温度对 CVD-TaC 涂层组成、形貌与结构的影响 (J). 中国有色金属学报,15(4), 2005: 565-571.

[96] W. J. Lackey, J. A. Hanigofsky, A. Prasad, et al.. Continuous Fabrication of Silicon Carbide Fiber Tows by Chemical Vapor Deposition (J). *J, Am. Cer. Soc.*, 78 (6), 1995: 1564-1570.

[97] 王鸿翔,左敦稳,徐峰等. 工艺条件对金刚石膜红外透射率影响的研究(J). 材料科学与工艺,18(3), 2010: 321-325.

[98] 邢涛,王波,严辉等. 磁控反应溅射制备择优取向氮化铝薄膜(J). 物理实验,25(12), 2005:11-14.

[99] T. Tsubota, S. Tsuruga, T Saito et al. Epitaxial Growth of Diamond on an Iridium (100) Substrate by Microwave Plasma Assisted Chemical Vapor Deposition (C). // R. N. Johnson, W. Y. Lee et al, ed., *Properties and Processing of Vapor-Dposited Coatings*, *MRS Symposium Proc.*, v555, Warrendale PA USA, 1999: 333-338.

[100] 刘荣军、张长瑞、周新贵等. 化学气相沉积 SiC 涂层生长过程分析(J). 无机材料学报,20(2), 2005: 425-429.

[101] Yiguang Wang, Qiaomu Liu, Litong Zhang, et al.. Deposition Mechanism for Chemical Vapor Deposition of Zirconium Carbide Coatings (J). J. Am. Cer. Soc., 91 (4), 2008: 1249-1252.

[102] Chao Liu, Bing Liu, Chunhe Tang, et al.. Preparation and Characterization of Zirconium Carbide Coating on Coated Fuel Particles (J). *J. Am. Cer. Soc.*, 90 (11), 2007: 3690-3693.

[103] D. W. Graham and D. P. Stinton. Development of Tantalum Pentoxide Coatings by Chemical Vapor Deposition (J). *J. Am. Cer. Soc*, 77(9), 1994: 2298-2304.

[104] Masashi Ohyama, Hiromitsu Kozuka and Toshinobu Yoko. Sol-Gel Preparation of ZnO Films with Extremely Preferred Orientation Along (002) Plane from Zinc Acetate Solution (J). *Thin Solid Films*, 306, 1997: 78-85.

[105] Guangneng Zhang, B. K. Roy, L. F. Allard, and Junghyun Chow. Titanium Oxide Nanoparticles Precipitated from Low-Temperature Aqueous Solutions: II. Thin-Film Formation and Microstructure Developments (J). *J. Am. Cer. Soc.*, 93 (7), 2010: 1909-1915.

[106] Masayasu Uemura, Minoru Mizuhata, Akihiko Kajinami and Shigehito Deki. Novel Fabrication of High-Quality ZrO_2 Ceramic Thin Films from Aqueous Solution (J). *J. Am. Cer. Soc.*, 88 (10), 2005: 2923-2927.

[107] 陈玉峰,李懋强. 薄膜型 TiO_2 氧敏传感器的制备(M). 郭景坤、高孝洪编,高性能陶瓷论文集. 北京: 人民交通出版社,1998: 90-94.

[108] Maoqiang Li and Yufeng Chen. TiO_2 Thin Film Oxygen Sensors (J). *Ferroelectrics*, 195, 1997: 149-153.

[109]　B. Butz, H. Störmer, R. Krüger, et al. . Microstructure of Nanocrystalline Yttria-Doped Zirconia Thin Films Obtained by Sol-Gel Processing (J). *J. Am. Cer. Soc.* , 91 (7), 2008: 2281-2289.

[110]　R. Krüger, M. J. Bockmeyer, P. C. Löbmann, et al. . Continuous Sol-Gel Coating of Ceramic Multifilaments: Evaluation of Fiber Bridging by Three-Point Bending Test (J). *J. Am. Cer. Soc.* , 89 (7), 2006: 2080-2088.

[111]　E. Boakye, R. S. Hay, and M. D. Petry. Continuous Coating of Oxide Fiber Tows Using Liquid Precursors: Monazite Coatings on Nextel 720™ (J). *J. Am. Cer. Soc.* , 82 (9), 1999: 2321-2331.

[112]　L. Shartsis and A. Smock. Surface Tensions of Some Optical Glasses (J). *J. Am. Cer. Soc.* , 30(4), 1947: 130-136.

[113]　崔之开. 陶瓷纤维(M). 北京:化学工业出版社,2005.

[114]　J. J. Rasmussen and R. P. Nelson. Surface Tension and Density of Molten Al_2O_3 (J). *J. Am. Cer. Soc.* , 54 (8), 1971: 398-401.

[115]　F. T. Wallenberger, N. E. Weston, K. Motzfeldt, and D. G. Swartzfager. Inviscid Melt Spinning of Alumina Fibers: Chemical Jet Stabilization (J). *J. Am. Cer. Soc.* , 75 (3), 1992: 629-636.

[116]　M. Allahverdi, R. A. L. Drew and J. O. Strom-Olsen. Wetting and Melt Extraction Characteristics of ZrO_2-Al_2O_3 Based Materials (J). *J. Am. Cer. Soc.* , 80 (11), 1997: 2910-2916.

[117]　M. Allahverdi, R. A. L. Drew and J. O. Strom-Olsen. Melt-Extracted Oxide Ceramic Fibers —the Fundamentals (J). *J. Mater. Sci.* ,31(4), 1996: 1035-1042.

[118]　M. Allahverdi, R. A. L. Drew and J. O. Strom-Olsen. Melt Extraction and Properties of ZrO_2-Al_2O_3-Based Fiberd (J). *Ceram. Eng. Sci. Proc.* , 16(5), 1995: 1015-1025.

[119]　周晓东、古宏晨. 喷雾热分解法制备氧化锆纤维的过程研究 (J). 无机材料学报,13(3), 1998: 401-406.

[120]　Shi-Chang Zhang and G. L. Messing. Synthesis of Solid, Spherical Zirconia Particles by Spray Pyrolysis (J). *J. Am. Cer. Soc.* , 73 (1), 1990: 61-67.

[121]　H. B. Zhang and M. J. Edirisinghe. Electrospinning Zirconia Fiber From a Suspension (J). *J. Am. Cer. Soc.* , 89 (6), 2006: 1870-1875 .

[122]　W. Sigmund, J Yuh, J. C. Nino, et al. . Processing and Structure Relationships in Electrospinning of Ceramic Fiber Systems (J). *J. Am. Cer. Soc.* , 89 (2), 2006: 395-407.

[123]　HE Shunai and LI Maoqiang. Injection of Aqueous Slurry for Making Zirconia Fiber (J). *China's Refractories* , 18(2), 2009: 19-22.

[124]　Yin Liu, Zhi-Fan Zhang, J. Halloran and R. M. Laine. Yttrium Aluminum Garnet Fibers from Metalloorganic Precursors (J). *J. Am. Ceram. Soc.* , 81 (3), 1998: 629-645.

[125]　郭大生. 聚酯纤维科学与工程(M). 北京:中国纺织出版社, 2001.

[126]　潘梅,刘久荣,许东等. 由醋酸锆前驱体制备 ZrO_2 连续纤维的过程及研究(J). 无机材料学报,16(4), 2001: 729-732.

[127]　He-Yi Liu, Xian-Qin Hou, Dong Xu, Duo-Rong Yuan, et al. . Fabrication of High-Strength Continuous Zirconia Fibers and Their Formation Mechanism Study (J). *J. Am. Ceram. Soc.* ,87 (12), 2004: 2237-2241.

[128]　赵稼祥. 硼纤维及其复合材料(J). 纤维复合材料,No. 4, 2000: 3-5.

[129]　S. Yajima, Y. Hasegawa, J. Hayashi and M. Imura. Synthesis of Continuous Silicon Carbide Fiber With High Tensile Strength and High Young's Modulus (J). *J. Mater. Sci.* ,13(12), 1978: 2569-2576.

[130]　T. F. Cooke. Inorganic Fibers-A literature Review (J). *J. Am. Ceram. Soc.* , 74 (12), 1991: 2959-

2978.

[131] 向阳春、陈朝辉、张光友等. 聚硼氮烷先驱体制备氮化硼陶瓷纤维的研究(J). 高技术通讯, No. 2, 1998：. 38-41.

[132] N. SETAKA and M. ESHRI. Evidence for 2H-SiC Whisker Growth by a Screw Dislocation Process (J). *J. Am. Ceram. Soc.*, 52 (7), 1969：400.

[133] J. V. Milewski, F D. Gac, J. J. Petrovic, and S R Skaggs. Growth of Beta-Silicon Carbide Whiskers by VLS Process (J). *J Mater Sci*, 20(4), 1985：1160-1166.

[134] 翟蕊, 杨光义, 潘颐等. FeSi 熔体中 SiC 晶须的 VLS 生长(J). 复合材料学报, 24(5), 2007：97-102.

[135] L. Wang, H. Wada and T. Y. Tien. Synthesis of SiC Whiskers from SiO$_2$(C). // ed. by G. L. Messing, Shin-ichi Hirano and H. Hausner, *Ceramic Transaction v. 12：Ceramic Powder Science Ⅲ*, Westerville, OH, USA, The Am. Cer. Soc., 1990：291-298.

[136] Won-Seon Seo and Kunihito Koumoto. Effects of Boron, Carbon, and Iron Content on the Stacking Fault Formation during Synthesis of β-SiC Particles in the System SiO$_2$-C-H$_2$(J). *J. Am. Ceram. Soc.*, 81 (5), 1998：1255-1261.

[137] 孟凡涛, 杜善义, 张宇民. 化学气相沉积工艺制备碳化硅晶须的研究 (J). 人工晶体学报, v. 39 增刊, 2010：131-134.

[138] Nobuo Setaka and Koichi Ejiri. Influence of Oxygen on Growth of 2H-Sic Whiskers (J). *J. Am. Ceram. Soc.*, 52 (1), 1969：60-61.

[139] Won-Seon Seo, Kunihito Koumoto and Shigeo Aria. Morphology and Stacking Faults of β-Silicon Carbide Whisker Synthesized by Carbothermal Reduction (J). *J. Am. Ceram. Soc.*, 83 (10), 2000：2584-2592.

[140] P. G. Caceres and H. K. Schmid. Morphology and Crystallography of Aluminum Nitride Whiskers (J). *J. Am. Ceram. Soc.*, 77 (4), 1994：977-983.

[141] T. A. Nolan, R. A. Padgett, R. W. Nixdorf, et al.. Microstructure and Crystallography of Titanium Nitride Whiskers Grown by a Vapor-liquid-Solid Process (J). *J. Am. Ceram. Soc.*, 74 (11), 1991：2769-2775.

[142] H. E. LaBelle Jr. and A. I. Mlavsky. Growth of controlled profile crystals from the melt：Part I-Sapphire filaments (J). *Mater. Res. Bul.* 6(7), 1971：571-579.

[143] V. Valca'rcel, C. Cerecedo, and F. Guitia'n. Method for Production of α-Alumina Whiskers via Vapor-Liquid-Solid Deposition (J). *J. Am. Ceram. Soc.*, 86 (10), 2003：1683-1690.

[144] Kiyoshi Okada and Nozomu Otuska. Synthesis of Mullite Whiskers and Their Application in Composites (J). *J. Am. Ceram. Soc.*, 74 (10), 1991：2414-2418.

[145] Y. Murase and E. Kato. Crystallization of Monoclinic ZrO$_2$ Particles of Anisotropic Shape by Thermal Hydrolysis (C). // Edited by S. Somiya, N. Yamamoto, and H. Yanagida, *Advances in Ceramics, Vol 24, Science and Technology of Zirconia Ⅲ* American Ceramic Society, Westervik, OH, 1988：217-220.

[146] Y. Fujiki. Growth of Mixed Fibers of Potassium-Tetratitanate and Tititanate by Slow-Cooling Calcination Method (J). *Yogyo Kyokaishi*, v. 90, 1982：624-626.

[147] Ningzhong Bao, Liming Shen, Xin Feng and Xiaohua Lu. High Quality and Yield in Potassium Titanate Whiskers Synthesized by Calcination from Hydrous Titania (J). *J. Am. Ceram. Soc.*, 87 (3), 2004：326-330.

[148] 顾民生, 宋慎泰编译. 高级耐火氧化物材料(M). 北京：中国工业出版社, 1964.

[149] 李懋强, 胡敦忠. 从不同铝盐制得的氧化铝粉料的性能(J). 硅酸盐通报, 6(5), 1987：79-84.

[150]　马景陶,谢志鹏,黄勇等.水溶性高分子聚丙烯酰胺对氧化铝注凝成型的影响(J).硅酸盐学报,30(6),2002:716-720.

[151]　V. S. Stubican and J. R. Hellman. Phase Equilibria in Some Zirconia Systems (C) . //*Advances in Ceramics vol.3: Science and Technology of Zirconia*, Am. Ceram. Soc. , 1981:25.

[152]　C. F. Grain. Phase Relations in the ZrO2-MgO System (J). *J. Am. Ceram. Soc.* , 50 , (6), 1967:288-290.

[153]　R. A. Miller, R. G. Smialek. Phase Stability in Plasma Sprayed Partially Stabilized Zirconia-Yttria (C) //*Advances in Ceramics vol.3: Science and Technology of Zirconia*,Am. Ceram. Soc. , 1981:241.

[154]　Н. А. Торопов,В. П. Барзаковский, В. В. Лапин, Н. Н. Курцева. *Диаграммы Состояния Силикатных Систем Справочник* (M). Изд. Наука, Москва, 1965.

[155]　李红霞.耐火材料手册 (M).北京:冶金工业出版社,2007.

[156]　胡宝玉,徐延庆,张宏达.特种耐火材料实用技术手册 (M).北京:冶金工业出版社,2005.

[157]　李懋强、张淑颖、杨瑞莲.致密氧化铬耐火材料的制造工艺 (C) // 1997年全国耐火材料综合学术会议论文集,中国金属学会耐火材料分会、中国硅酸盐学会耐火材料分会,包头,1997:88-92.

[158]　王晓刚.碳化硅合成理论与技术(M).西安:陕西科学技术出版社,2001.

[159]　W. P. Minnear. Interfacial Energies in the Si/SiC System and the Si+C Reaction (J). *J. Am. Ceram. Soc.* , 65(1) ,1982:C10-C11.

[160]　P. Popper. The Preparation of Dense Self-Bonded Silicon Carbide (C) // P. Popper ed. *Special Ceramics*. Academic Press, New York, 1960:209-219.

[161]　Takahiro Tomooka, Yoshiyuki Shoji and Tsuneo Matsui. High Temperature Vapor Pressure of Si (J). *J. Mass Spectrom. Soc. Jpn.*, 47(1), 1999:49-53.

[162]　江东亮,潘振甦等.反应烧结碳化硅陶瓷材料的研究(J).无机材料学报,3(2),1988:130-138.

[163]　N. K. Reddy and J. Mukerji. Silicon Nitride-Silicon Carbide Refractories Produced by Reaction Bonding (J). *J. Am. Ceram. Soc.*,74(5) ,1991:1139-1141.

[164]　于风华、李建辉.陶瓷窑用重结晶碳化硅窑具的制造 // 郭景坤、高孝洪编,高性能陶瓷论文集[M].北京:人民交通出版社,1998:169-174.

[165]　S. Prochazka. The Role of Boron and Carbon in the Sintering of Silicon Carbide (C) // ed. by P. Popper,*Special. Ceramics*, v. 6, Stoke-on-Trent, Br. Cer. Res. Ass. , 1975:171-181.

[166]　S. Prochazka and R. M. Scanlan. Effect of Boron and Carbon on Sintering of SiC (J). *J. Am. Cer. Soc.* , 58 (1-2), 1975:72.

[167]　S. Dutta. Densification and Properties of α-Silicon Carbide (J). *J. Am. Cer. Soc.* , 68 (10), 1985:C269-C270.

[168]　M. A. Mulla and V. D. Krstic. Low Temperature Pressureless Sintering of β-Silicon Carbide with Aluminum Oxide and Yttrium Oxide Additives (J). *Am. Cer. Soc. Bull.*,70(3), 1991:439-443.

[169]　Zhen-Kun Huang and T. Y. Tien. Solid-Liiquid Reaction in the Si_3N_4-AlN-Y_2O_3 System under 1MPa of Nitrogen (J). *J. Am. Cer. Soc.* , 79(6), 1996:1717-1719.

[170]　王静、张玉军、龚红宇.无压烧结碳化硅研究进展(J).陶瓷,No. 4, 1980:17-19.

[171]　K. Streckera, S. Ribeiro, F. Oliveira,*et al*. Liquid Phase Sintering of Silicon Carbide with AlN/Y_2O_3, Al_2O_3/Y_2O_3 and SiO_2/Y_2O_3 Additions (J). *Materials Research* , 2, (4), 1999:249-254.

[172]　Y. Inomata, H. Tanaka, Z. Inoue, and H. Kawabata. Phase Relation in the SiC-Al_4B_3-B_4C System at 1800℃ (J). *Yogyo-Kyokai-Shi*, 88(6), 1980:353-355.

[173]　Sea-Hoon Lee, Yoshio Sakka, Hidehiko Tanaka and Yutaka Kagawa Wet Proces-sing and Low-Temperature Pressureless Sintering of SiC Using a Novel Al_3BC_3 Sintering Additive (J). *J. Am. Ceram.*

Soc., 92(12), 2009: 2888-2893.

[174] Young-Wook Kim, Mamoru Mitomo and Hideyuki Emoto. Effect of Initial α-Phase Content on Microstructure and Mechanical Properties of Sintered Silicon Carbide (J). *J. Am. Cer. Soc.*, 81 (12), 1998: 3136-3140.

[175] 江东亮,潘振甦等. 热压碳化硅陶瓷材料的研究(J). 硅酸盐学报,9 (2),1981: 133-141.

[176] D. A. Ray, S. Kaur, R. A. Cutler and D. K. Shetty. Effects of Additives on the Pressure-Assisted Densification and Properties of Silicon Carbide (J). *J. Am. Ceram. Soc.*, 91(7), 2008: 2163-2169.

[177] Young-Wook Kim, Mamoru Mitomo and Hideki Hirotsuru. Microstructural Development of Silicon Carbide ContainingLarge Seed Grains (J). *J. Am. Cer. Soc.*, 80 (1), 1997: 99-105.

[178] S. Dutta. Improved Processing of α-SiC (J). *Adv. Cerm. Mater.*, 3(3), 1998: 257-262.

[179] S. Dutta. High Strength Silicon Carbides by Hot Isostatic Pressing (C) // *Proc. of 3rd Int'l Sym. on Ceramic Materials and Components for Engines*, ed. by V. J. Tennry, Las Vegas, NV, Am. Cer. Soc., 1988: 683-695.

[180] 佘继红、江东亮、谭寿洪、郭景坤. 碳化硅陶瓷及其复合材料的热等静压烧结研究(J). 无机材料学报, 11(4), 1996: 646-651.

[181] E. Gugel and G. Woetting. Silicon Nitride-From the Past to the Future: The Career of an Exceptional Engineering Material (C) // ed. by D. S. Yan, X. R. Fu and S. X. Shi, *5th Int'l Symp. Ceramic Materials and Components for Engines*, Singapore, World Scientific Pub., 1995: 175-183.

[182] W. A. Sanders and L. E. Groseclose. Flexural Stress Rupture and Creep of Selected Commercial Silicon Nitrides (J). *J. Am. Ceram. Soc.*, 76(2), 1993:553-556.

[183] A. de Pablos, M. I. Osendi, * and P. Miranzo. Effect of Microstructure on the Thermal Conductivity of Hot-Pressed Silicon Nitride Materials (J). *J. Am. Ceram. Soc.*, 85(1), 2002: 200-206.

[184] 于之东、刘大成. 氮化硅陶瓷的烧结 (J). 中国陶瓷,35(3), 1999:21-23.

[185] K. S. Mazdiyasni and R. Ruh. High/Low Modulus Si_3N_4-BN Composite for Improved Electrical and Thermal Shock Behavior (J). *J. Am. Ceram. Soc.*, 64(7), 1981: 415-419.

[186] Jun-Qi Li, Fa Luo, et al.. Influence of Phase Formation on Dielectric Properties of Si_3N_4 Ceramics (J). *J. Am. Ceram. Soc.*, 90(6), 2007: 1950-1952.

[187] 王华,戴永年. 用稻壳制备氮化硅超微粉的研究(M).昆明:云南科技出版社,1997.

[188] L. J. Gauckler, H. L. Lukas and G. Petzow. Contribution to the Phase Diagram Si_3N_4-AlN-Al_2O_3-SiO_2 (J). *J. Am. Cer. Soc.*, 58(7-8), 1975: 346-347.

[189] F. F. Lange, S. C. Singhal, and R. C. Kuznicki. Phase Relations and Stability Studies in the Si_3N_4-SiO_2-Y_2O_3 Pseudoternary System (J). *J. Am. Cer. Soc.*, 60(5-6), 1977: 249-252.

[190] 黄智勇,刘学建,黄莉萍等. 添加 Mg-Al-Si 体系烧结助剂的氮化硅陶瓷的无压烧结 (J). 硅酸盐学报, 32(2), 2004: 139-143.

[191] lsao Tanaka, G. Pezzotti, Yoshinari Miyamoto, et al.. Hot Isostatic Press Sintering and Properties of Silicon Nitride without Additives (J). *J. Am. Cer. Soc.*, 72(9), 1989: 1656-1660.

[192] H. Z. Zhang and S. T. Zhao. The Processing Optimization of Some Sintering Aids for GPS-Si_3N_4 Ceramics (C) // ed. by D. S. Yan, X. R. Fu and S. X. Shi, *5th Int'l Symp. Ceramic Materials and Components for Engines*, Singapore, World Scientific Pub., 1995: 239-242.

[193] C. Greskovich and S. Prochazka. Stability of Si_3N_4 and Liquid Phase(s) During Sintering (J). *J. Am. Cer. Soc.*, 64(7), 1981: C96-C97.

[194] M. Mitorno, M. Tsutsumi and H. Tanaka, et al.. Grain Growth During Gas-Pressure Sintering of β-Silicon Nitride (J). *J. Am. Cer. Soc.*, 73(8), 1990: 2441-2445.

[195] A. Tsuge, K. Nishida and M. Komatsu. Effect of Crystallizing the Grain-Boundary Glass Phase on the High-Temperature Strength of Hot-Pressed $Si_3 N_4$ Containing $Y_2 O_3$ (J). *J. Am. Cer. Soc.*, 58(7-8), 1975: 321-326.

[196] 奚同庚,陈绮桃,倪鹤林等.热压氮化硅的导热行为及其与工艺因素、显微结构关系的研究(J).硅酸盐学报,10(3), 1982: 241-249.

[197] Kiyoshi Hirao, Takaaki Nagaoka, M. E. Brito, and Shuzo Kanzaki. Microstructure Control of Silicon Nitride by Seeding with Rodlike β-Silicon Nitride Particles (J). *J. Am. Cer. Soc.*, 77(7), 1994: 1857-1862.

[198] M. H. Lewis. Microstructural Engineering of Ceramics for High-Temperature Application (C) // ed by R. E. *Tressler et al.*, *Tailoring Multiphase and Composite Ceramics*, *Materials Science Research* vol. 20, New York, Plenum Press, 1986: 713- 730.

[199] P. Burger, R. Duclos and J. Crampon. Microstructure Characterization in Super- plastically Deformed Silicon Nitride (J). *J. Am. Cer. Soc.*, 80(4), 1997: 879-885.

[200] F. Y. Wu, H. R. Zhuang, X. R. Fu, et al.. Silicon Nitride Ceramic Piston Crown for Uncooled Diesel Engine (C) // ed. by D. S. Yan, X. R. Fu and S. X. Shi, 5th *Int'l Symp. Ceramic Materials and Components for Engines*, Singapore, World Scientific Pub., 1995: 745-750.

[201] 高陇桥.氧化铍陶瓷(M).北京:冶金工业出版社,2006.

[202] J. F. Quirk, N. B. Mosley, and W. H. Duckworth. Characterization of Sinterable Oxide Powders: I, BeO (J). *J. Am. Cer. Soc.*, 40(12), 1957: 416-419.

[203] M. Burk. Thermal Conductivity of Beryllia Ceramics from-200 to 1500℃ (J). *J. Am. Cer. Soc.*, 46(3), 1963: 150-151.

[204] E. A. Aitken. Initial Sintering Kinetics of Beryllium Oxide (J). *J. Am. Cer. Soc.*, 43(12), 1960: 627-633.

[205] L. M. Sheppard. Aluminum Nitride: A Versatile but Challenging Material (J). *Am. Ceram. Soc. Bull.*, 69(11), 1990: 1801-1812.

[206] G. A. Slack, R. A. Tanzilli, R. O. Pohl, J. W. Vandersande. The intrinsic thermal conductivity of AlN (J). *J. Phys. Chem. Solids* 48(7), 1987: 641-647.

[207] T. B. Jackson, K. Y. Donaldson and D. P. H. Haselman. Temperature Dependence of the Thermal Diffusivity/Conductivity of Aluminum Nitride (J). *J. Am. Cer. Soc.*, 73(8), 1990: 2511-2514.

[208] 饶荣水,庄汉锐,蔡咏虹,王惠.氮化铝陶瓷低温热导率的实验研究(J).低温与超导, 31(3), 2003: 41-45.

[209] B. Abeles. Lattice Thermal Conductivity of Disordered Semiconductor Alloys at High Temperatures (J). *Phys. Rev.*, 31(5), 1963: 1906-1911.

[210] A. V. Virkar, T. B. Jackson and R. A. Cutler. Thermodynamic and Kinetic Effects of Oxygen Removal on the Thermal Conductivity of Aluminum Nitride (J). *J. Am. Cer. Soc.*, 72(11), 1989: 2031-2042.

[211] T. B. Jackson, A. V. Virkar, K. L. More and R. B. Dinwiddie, Jr.. High-Thermal- Conductivity Aluminum Nitride Ceramics: The Effect of Thermodynamic, Kinetic, and Microstructural Factors (J). *J. Am. Cer. Soc.*, 80(6), 1997: 1421-1435.

[212] Weon-Ju Kim, Do-Kyung Kim and Chong-Hee Kim. Morphological Effect of Second Phase on the Thermal Conductivity of AlN Ceramics (J). *J. Am. Cer. Soc.*, 79(4), 1996: 1066-1072.

[213] Makoto Egashira, Yasuhiro Shimizu, and Yasuhiro Ishikawa, et al.. Effect of Carboxylic Acid Adsorption on the Hydrolysis and Sintered Properties of Aluminum Nitride Powder (J). *J. Am. Cer. Soc.*, 77(7), 1994: 1793-1798.

[214] Xiaojun Luo, Wenlan Li and Hanrui Zhuang, et al.. Comparison of Aqueous and Non-Aqueous Tape Casting of Aluminum Nitride Substrates (J). *J. Am. Cer. Soc.*, 88(2), 2005: 497-499.

[215] Yasuhiro Kurokawa, Kazuaki Utsumi, and Hideo Takamizawa. Development and Microstructural Characterization of High-Thermal-Conductivity Aluminum Nitride Ceramics (J). *J. Am. Cer. Soc.*, 71 (7), 1988: 588-594.

[216] P. S. de Baranda, A. K. Knudsen and E. Rub. (1) Effect of CaO on the Thermal Conductivity of Aluminum Nitride (J), (2) Effect of Silica on the Thermal Conductivity of Aluminum Nitride (J). *J. Am. Cer. Soc.*, 76(7), 1993: 1751-1771.

[217] P. S. de Baranda, A. K. Knudsen and E. Rub. Effect of Yttria on the Thermal Conductivity of Aluminum Nitride (J). *J. Am. Cer. Soc.*, 77(7), 1994: 1846-1850.

[218] V. L. Solozhenko. Properties of Group III Nitrides (C) // EMIS *Data-reviews Series*, No. 11, ed. by J. H. Edgar, INSPEC, The Institution of Electrical Engineers, London, 1994: 43-70.

[219] D. A. Lelonis. Boron Nitride Powder-A Review (C) //*Ceramic. Technology International*, ed by I. Birk, London, Sterling Publications Ltd, 1994: 57-61.

[220] В. Б. Шипило, И. П. Гусева, Г. П. Попельнюк. Электро- и Теплопроводность β-BN (J). *Неорганические Материалы*, 22(3), 1986: 418-421.

[221] A. Simpson and A. D. Stuckes. The thermal conductivity of highly oriented pyrolytic boron nitride (J). *J. Phys. C: Solid State Phys.* 4 (13), 1971: 1710-1718.

[222] 李敏超. 氮化硼陶瓷热压烧结的研究(J). 建材研究院院刊, No. 2, 1979: 23-26.

[223] 杜帅,李发,刘征. AlN-BN 复合陶瓷的研究(J). 硅酸盐通报, 14(3), 1995: 31-34.

[224] 叶乃清,曾照强,苗赫濯. BN-YalON 复合陶瓷的烧结行为(J). 硅酸盐学报, 26(2), 1998: 256-268.

[225] 赵凤鸣,黄运衡. 热解氮化硼增锅的研制及其在分子束外延中的应用(J). 硅酸盐通报, 5(5), 1986: 28-32.

[226] G. L. Harris. Properties of Silicon Carbide (C) // *EMIS Datareviews Series* N13, ed. by G. L. Harris, Institution of Electrical Engineer, London, UK, 1995.

[227] Yu. Goldberg, M. E. Levinshtein, S. L. Rumyantsev. *Properties of Advanced Semiconductor Materials GaN, AlN, SiC, BN, SiC, SiGe* (M), John Wiley & Sons, Inc., New York, 2001: 93-148.

[228] O. Nilsson, H. Mehling, R. Horn, D. Hofmann, et al.. Determination of the thermal diffusivity and conductivity of monocrystalline silicon carbide (300-2300 K) (J). *High Temperatures-High Pressures*, 29(1), 1997: 73-79.

[229] M. Rohde. Reduction of the Thermal Conductivity of SiC by Radiation Damage (J). *J. Nuclear Materials*, 182(6-7), 1991: 87-92.

[230] M. Ishimaru, In-Tae Bae and Y. Hirotsu. Electron-Beam-Induced Amorphization in SiC (J). *Phys. Rev. B*, 68(14), 144102, 2003.

[231] Y. Takeda, K. Usami, M. Ura et al.. Grain Boundary Structure of High Resistivity SiC Ceramics With High Thermal Conductivity (C) // ed. by M. F. Yan and A. H. Heuer, *Advances in Ceramics v. 7: Additives and Interfaces in Electronic Ceramics*, Columbus, Ohio, USA, Am. Cer. Soc., 1983: 253-259.

[232] H. Nakano, K. Watari, K. Ishizaki, K. Urabe, et al.. Microstructural characterization of high-thermal-conductivity SiC ceramics (J). *J. European Ceram. Soc.* 24 (11), 2004: 3685-3690.

[233] K. Watari, H. Nakano, K. Ishizaki, et al.. Effect of Grain Boundaries on Thermal Conductivity of Silicon Carbide Ceramic at 5 to 1300 K (J). *J. Am. Cer. Soc.*, 86(10), 2003: 1812-1814.

[234] S. Ogihara, K. Maeda, Y. Takeda, and K. Nakamura. Effect of Impurity and Carrier Concentrations

on Electrical Resistivity and Thermal Conductivity of Sic Ceramics Containing BeO (J). *J. Am. Cer. Soc.*, 68(1), 1985: C16-C18.

[235] G. A. Slack. Thermal Conductivity of Pure and Impure Silicon, Silicon Carbide, and Diamond (J). *J. Appl. Phys.*, 35(12), 1964: 3460-3466.

[236] Sir C. V. Raman. The heat capacity of diamond between 0 and 1000K (J). *Proc. Indian Acad. Sci.* A46, 1957: 323-332.

[237] G. A. Slack. Nonmetallic Crystals with High Thermal Conductivity (J). *J. Phys. Chem. Solids*, 34(1), 1973: 321-335.

[238] T. R. Anthony, W. F. Banholzer, L. Wei, P. K. Kuo, et al.. Thermal Diffusivity of Isotopically Enriched ^{12}C Diamond (J). *Phys. Rev. B*, 42(2), 1990: 1104-1111.

[239] L. Wei, R. L. Thomas, T. R. Anthony, W. E. Banholzer, et al.. Thermal Conductivity of Isotopically Modified Single Crystal Diamond (J). *Phys. Rev. Letters*, 70(24), 1993: 3764-3767.

[240] E. B. Burgemeister. High-Temperature Thermal Conductivity of Electron-Irradiated Diamond (J). *Phys. Rev. B*, 21(6), 1980: 2499-2504.

[241] P. Badziag, W. S. Verwoerd, N. R. Greiner, et al.. Nanometer Sized Diamonds are More Stable than Graphite (J). Nature (London), v. 343(6255), 1990: 244-245.

[242] W. A. Yarbrough. Vapor-Phase-Deposited Diamond-Problems and Potential (J). *J. Am. Cer. Soc*, 75 (12), 1992: 3179-3200.

[243] J. Robertson. Deposition and Properties of Diamond-like Carbon (C) // ed. by R. N. Johnson, W. Y. Lee, et al., *Properties and Processing of Vapor-Deposited Coatings*, *Mat. Res. Soc. Symp. Proc.*, v. 555, 1999: 291-301.

[244] J. Philip, P. Hess, J. E. Butler, et al.. Elastic, Mechanical, And Thermal Properties Of Nanocrystalline Diamond Films (J). *J. Appl. Phys.*, 93(4), 2003: 2164-2171.

[245] 黄树涛,张志军,姚英学,袁哲俊.燃烧法沉积高品质透明金刚石薄膜的研究(J). 人工晶体学报, 28 (1), 1999: 74-78.

[246] 马鸿文. 工业矿物与岩石(第二版)(M). 北京:化学工业出版社,2005.

[247] 黄成彦,刘师成,程兆第,毛毓华. 中国湖相化石硅藻图集(M). 北京:海洋出版社,1998.

[248] 徐烈. 绝热技术(M). 北京:国防工业出版社,1990.

[249] 胡光锁,李政一,朱永平,张伟刚.高膨胀率高质量蛭石粉体研制-II蛭石热膨胀过程(J). 过程工程学报, 6(5), 2006: 763-767.

[250] 方萍,吴懿,龚光彩. 膨胀玻化微珠的显微结构及其吸湿性能研究(J). 材料导报,23(5), 2005: 112-114.

[251] 杨晓华,陈传飞,杨博等. 玻化微珠与闭孔膨胀珍珠岩的性能比较(J). 新型建筑材料,No. 4, 2009: 42-44.

[252] 王维邦. 耐火材料工艺学(第 2 版)(M). 北京:冶金工业出版社,2005.

[253] 刘麟瑞,林彬荫. 工业窑炉用耐火材料手册(M). 北京:冶金工业出版社,2001.

[254] 胡建辉. 硕士论文:新型钙长石/莫来石复相轻质耐高温材料的制备及性能研究 (D). 北京:中国地质大学,2010.

[255] Alag Atlas (2nd ed.) ISBN-3-514-00457-9 (K), Düsseldorf, Verlag Stahleisen GmbH, 1995: 39.

[256] D. van Garsel, V. Gnauck, Kriechbaum, T. G. Swansinger, G. Routschka. New Insulating RawMaterial for High Temperature Application (C) // *Proc. 41th Inter'l Colloquium on Refractories*, Aachen, Germany, 1998: 122-128.

[257] D. van Garsel, B. Andreas and V. Gnauck. Long Term High Temperature Stability of Microporous

Calcium Hexaluminate Based Insulating Materials (C) // *Proc. The 6th United Inter'l Technical Conference on Refractories*, Berlin, 1999：181-186.

[258] 庞利萍、赵瑞红、郭奋、崔文广. 新型氧化铝空心球的制备及表征(J). 物理化学学报，24(6)，2008：1115-1119.

[259] 李德树、卢中强、赵继增. 高抗热震性氧化铝空心球砖的研制(J). 耐火材料，31(5)，1997：284-285.

[260] 陈常练，沈强，张联盟等. 具有密度梯度氧化锆多孔陶瓷的制备研究(J). 稀有金属材料与工程，36(增刊1)，2007：553-556.

[261] 梁宏勋，李懋强. 动态水热合成中搅拌对生成硅酸钙球形团聚体的作用(J). 中国粉体技术，8(4)，2002：1-5.

[262] 李懋强，陈玉峰，梁宏勋等. 超轻微孔硅酸钙绝热材料的显微结构和工艺控制(J). 硅酸盐学报，28(5)，2000：401-406.

[263] 郑骥，倪文，肖晋宜. 硬硅钙石动态水热法合成及其微观形貌控制(J). 材料科学与工程学报，26(2)，2008：161-164.

[264] 何顺爱，李懋强. 高温处理莫来石纤维微观观察(J). 稀有金属材料与工程，36(增刊1)，2007：298-301.

[265] 何顺爱. 博士论文：氧化锆纤维和制品的制备及烧结研究(D). 北京：中国建筑材料科学研究总院，2008.

[266] 黄石茂，伍健东. 制浆与废纸处理设备(M). 北京：化学工业出版社，2002.

[267] (1) L. J. Kerb; C. A. Morant, R. M. Calland, and C. S. Thatcher. The Shuttle Orbiter Thermal Protection System (J), (2) W. Schramm *HRSI and LRSI-the Early Years* (J), (3) *J. D. Buckley, G. Strouhal, and J. J. Gangler*. Early Development of Ceramic Fiber Insulation for the Space Shuttle (J). *Am. Cer. Soc. Bull.*, 60(11), 1981：1188-1200.

[268] D. J. Green. Fracture Toughness/Young's Modulus Correlation for Low-Density Fibrous Silica Bodies (J). *J. Am. Cer. Soc.*, 66(4), 1983：288-292.

[269] 3M Nextel™ Ceramic Textiles Technical Notebook, [98-0400-5870-7] (DB/OL), 3M com. http://www.3M.com/ceramics.

[270] S. Speil. Low Density Thermal Insulations for Aerospace Applications (J). *Appl. Mater. Res.*, 3(4), 1964：239-242.

[271] Shi Xinga, Zhang Shichao, Chen Yufeng, Li Maoqiang, et al. . Effects of Infrared Scattering Powders on the Thermal Properties of Porous SiO_2 Insulation Material (J). *Key Engineering Materials* Vol. 434-435, 2010：689-692.

[272] Shi Xing, Ouyang Shixi, Chen Yufeng, and Li Maoqiang. Fabrication of nano-porous SiO_2 by filter pressing of Foamed slurry (C) // *The 7th China International Conference on High-Performance Ceramics*, Xiamen, China, 2011.

[273] 刘光武，周斌，祖国庆等. 水玻璃为源的超疏水型 SiO_2 气凝胶块体制备与表征(J). 硅酸盐学报，40(1)，2012：160-164.

[274] 刘国强，杨儒，李敏. CO_2 超临界干燥制备 SiO_2 气凝胶(C) //中国化工学会(IESC)2006年年会，2006：608-614.

[275] P. M. Norris and S. Shrinivasan. Aerogels：Unique Material, Fascinating Properties and Unlimited Applications (C) // ed. by W. Begell, D. Butterworth, et al. *Annual Review of Heat Transfer*, v. 14, Redding, CT, USA, 2005：385-408.

[276] 蒋伟阳，张波，王珏等. 间二苯酚-甲醛有机气凝胶的结构控制研究(J), 材料科学与工艺，4(2)，1996：70-74.

[277] 文越华,曹高萍. 炭凝胶的研究进展 (J). 炭素, No. 2, 2002：32-36.

[278] 居建国、李文晓、薛元德. 碳泡沫材料及其在航天航空中的应用 (J). 上海航天, No. 2, 2008：42-45.

[279] 葛绍岩. 金属及其他物质的热辐射性质表(M). 北京：科学出版社,1958.

[280] 石兴,欧阳世翕,陈玉峰,李懋强,张世超. 纳米孔 SiO_2 多层隔热材料的制备和结构优化设计(J). 材料工程,增刊 2, 2010：316-318.

[281] 王玉芬、刘连城. 石英玻璃 (M). 北京：化学工业出版社,2006.

[282] 建筑材料科学研究院石英玻璃室. 低膨胀系数测定仪(J). 硅酸盐学报, 6(3), 1978：166-175.

[283] R. W. Ricker And F. A. Hummel. Reactions in the System TiO_2-SiO_2；Revision of the Phase Diagram (J). *J. Am. Cer. Soc.*, 34 (9), 1951：271-279.

[284] 彭秀新、杨鑫功、王金宝. 熔融石英质匣钵的研制(J). 山东陶瓷, 18(1), 1995：19-22.

[285] 浙江大学等. 硅酸盐物理化学 (M). 北京：中国建筑工业出版社,1980.

[286] D. W. Johnson Jr., E. M. Rabinovich, J. B. Macchesney, and E. M. Vogel. Preparation of High-Silica Glasses from Colloidal Gels：II, Sintering (J). *J. Am. Cer. Soc.*, 66(10), 1983：688-693.

[287] 郑仕远、罗永明、李荣堤. 氮化硅对石英陶瓷性能的影响(J). 佛山陶瓷, No. 1, 2000：9-10.

[288] 杨德安、沈继耀、朱海强. 加入物对石英陶瓷烧结和析晶的影响(J). 耐火材料, 28(4), 1994：201-203.

[289] E. M. Levin, C. R. Robbins and H. F. McMurdie. Phase Diagrams for Ceramists (M). Columbus, OH，Am. Cer. Soc., 1964.

[290] Toshio Ogiwara, Yoshimasa Noda, Kazuo Shoji, et al.. Low-Temperature Sintering of High-Strength β-Eucryptite Ceramics with Low Thermal Expansion Using Li_2O-GeO_2 as a Sintering Additive (J). *J. Am. Cer. Soc.*, 94 (5), 2011：1427-1433.

[291] S. Knickerbocker, M. R. Tuzzolo, and S. Lawhorne. Sinterable β-Spodumene Glass-Ceramics. *J. Am. Cer. Soc.*, 72 (10), 1989：1873-1879.

[292] S. Mandal, S. Chakrabarti, S. K. Das, et al. Synthesis of low expansion ceramics in lithia-alumina-silica system with zirconia additive using the powder precursor in the form of hydroxyhydrogel(J). *Ceramics International*, 33(2), 2007：123-132.

[293] 刘虎,李月明,洪燕等. 透锂长石质低膨胀陶瓷的研究(J). 硅酸盐通报,29(5), 2010：1179-1183.

[294] 吴明亮、邱锐彬. 锂辉石质耐热砂锅的研制(J). 陶瓷, No. 12, 2005：24-26.

[295] 李璋. 高耐热陶瓷煲的研制(J). 山东陶瓷, 33(2), 2010：28-33.

[296] 王世兴. 耐热白砂锅的研制(J). 工程陶瓷,No. 8, 2000：24-26.

[297] R. Apetz, M. P. B. van Bruggen. Transparent Alumina：a Light-Scattering Model (J). *J. Am. Cer. Soc.*, 86(3), 2003：480-486.

[298] 郑伟宏,程金树,楼贤春,刘健. 透明零膨胀 LAS 系微晶玻璃的制备和研究(J). 硅酸盐通报, 25(5), 2006：60-63.

[299] 赵恩录,宁红兵,杨晨等. Li_2O-Al_2O_3-SiO_2 系超耐热低膨胀微晶玻璃的研制(J). 玻璃,No. 5, 2002：7-8.

[300] 蒲永平,杨文虎,黄建. 玻璃组成对 Li_2O-Al_2O_3-SiO_2 系统微晶玻璃膨胀系数的影响(J). 硅酸盐通报, 26(1), 2007：150-153.

[301] 康利军,刘彤,苏志梅等. β-锂霞石负膨胀微晶玻璃的制备技术及结构特征(J). 功能材料, 36(6), 2005：825-827.

[302] S. Y. Limaye, D. K. Agrawal, R. Roy, Synthesis, Sintering and Thermal Expansion of $Ca_{1-x}Sr_xZr_4(PO_4)_6$(J). *J. Mater. Sci*, 26(1), 1991：93-98.

[303] 徐刚,马峻峰,沈志坚,丁子上. NZP 族陶瓷材料的合成与烧结(J). 现代技术陶瓷,No. 4, 1999：3-4.

[304] 郭兴忠、杨辉等. $K_{0.6}Sr_{0.7}Zr_4P_6O_{24}$ 陶瓷的烧结、热膨胀及力学性能(J). 浙江大学学报(工学版)，38 (7)，2004：926-930.

[305] Iwao Yamai and Toshitaka Ota. Grain Size-Microcracking Relation for $NaZr_2(PO_4)_3$ Family Ceramics (J). *J. Am. Cer. Soc.*，76(2)，1995：487-491.

[306] Toshitaka OTA and Iwao YAMAI. Low-Thermal-Expansion $KZr_2(PO_4)_3$ Ceramic (J). *Yogyo-Kyokai-Shi*，95 (5)，1987：531-537.

[307] 陈玉清，韩高荣，葛曼珍，丁子上. 近零膨胀陶瓷材料的设计(J). 中国陶瓷，34(1)，1998：1-2.

[308] L. L. Y. Chang, M. G. Scroger, B. Philips. Condensed Phase Relations in the Systems ZrO_2-WO_2-WO_3 and HfO_2-WO_2-WO_3 (J). *J. Am. Cer. Soc.*，50(4)，1967：211-215.

[309] A. K. Tyagi, S. N. Achary. Thermal Expansion and Phase Transitions in Framework Structured Compounds (J). 硅酸盐学报，37(5)，2009：703-714.

[310] C. Georgi. Low-Temperature Solution Syntheses and Structure Control of AM_2O_8 Oxide Powders (A =Zr, Hf; M=Mo, W)：A Review (J). 硅酸盐学报，37(5)，2009：667-674.

[311] Metals Handbook：Properties and Selection：Nonferrous Alloys and Pure Metals (M)，by American Society for Metals, Metals Park, OH, USA, 1979.

[312] M. Auray, M. Quarton, P. Tarte. Crystal data for two molybdates $M^{IV}(MoO_4)_2$ with $M^{IV}=$ Zr, Hf (J). *Powder Diffr.*，2，1987：36-39.

[313] Tomoko Suzuki and Atsushi Omote. Negative Thermal Expansion in $(HfMg)(WO_4)_3$ (J). *J. Am. Cer. Soc.*，87 (7)，2004：1365-1367.

[314] 朱君君，程晓农，杨娟. $Sc_2(WO_4)_3$ 负热膨胀材料合成及其热性能(J). 功能材料，42(3)，2011：553-556.

[315] 黄远辉，杨海涛，尚福亮 $Y_2(WO_4)_3$ 和 $Yb_2(WO_4)_3$ 的制备及其负热膨胀性能(J). 中国钨业，23(5)，2008：23-29.

[316] 张孝文，薛万荣，杨兆雄. 固体材料结构基础(M). 北京：中国建筑工业出版社，1980.

[317] A. M. Gindhart, C. Linda and M. Green. Polymorphism in the Negative Thermal Expansion Material Magnesium Hafnium Tungstate (J). *J. Mater. Res.*，23(1)，2008：210-213.

[318] 王明松、张跃等. 负膨胀材料立方 $ZrMo_2O_8$ 合成研究(J). 中国稀土学报，vol. 21 增刊，2003：94-97.

[319] Eiki Niwa, Shuhji Wakamiko, Takaaki Ichikawa, et al.. Preparation of Dense Cosintered ZrO_2/ZrW_2O_8 Ceramics with Controlled Thermal Expansion Coefficient (J). *J. Cer. Soc. Japan*，112(5)，2004：271-275.

[320] A. M. M Lejus, D. Goldberg, A. Rercolerschi. New Compounds Formed Between Rutile-TiO_2 and Oxides of Trivalent And Quadric-Valent Metals (J). *C. R. Hebd. Seances. Acad. Sci*，263(20)，1966：1223-1226.

[321] V. Buscaglia and P. Nanni. Decomposition of Al_2TiO_5 and $Al_{2(1-x)}Mg_xTi_{(1+x)}O_5$ Ceramics (J). *J. Am. Cer. Soc.*，81(10)，1998：2645-2653.

[322] F. J. Parker and R. W. Rice. Correlation between Grain Size and Thermal Expansion for Aluminum Titanate Materials (J). *J. Am. Cer. Soc.*，72 (12)，1989：2364-2366.

[323] M. S. J. Gani and W. McPherson. The enthalpy of formation of aluminum titanate. *Thermochimica. Acta* (J). 7 (3)，1973 :251-252.

[324] 刘志恩、袁建君、方玉. 钛酸铝基陶瓷复合材料的研究(J). 硅酸盐学报，23(3)，1995：297-284.

[325] 阮玉忠、华金铭、吴万国、于岩. 原料杂质对董青石窑具晶相结构与性能的影响(J). 结构化学，16(6)，1997：427-433.

[326] 周曦亚、田道全、英廷照. 新型董青石-莫来石窑具材料的研究(J). 硅酸盐通报，No. 3，1997：34-37.

[327]　S. P. Hwang and J . M. Wu. Effects of Composition on Microstructural Development in MgO-Al$_2$O$_3$-SiO$_2$ Glass-Ceramics (J). *J. Am. Cer. Soc.*, 84 (5), 2001: 1108-1112.

[328]　任卫等. 红外陶瓷(M). 武汉：武汉工业大学出版社, 1999.

[329]　杨钧、汤大新、王卉、董玺娟. 锰、铁、钴、铜氧化物陶瓷及其复合体的红外与热应力性质(J). 硅酸盐学报, 18(4), 1999: 322-328.

[330]　Y. S. Touloukian and D. P. DoWitt. Thermal Radiative Properties Nonmetallic Solids-Thermophysical Properties of Matter, vol. 8, IFI/Plenum, New York, 1972.

[331]　袁文麟. 多波段伪装材料(J). 红外与激光技术, No. 2, 1994: 18-22.

[332]　T. J. Coutts, D. L. Young, and X. Li. Characterization of Transparent Conducting Oxides (J). *MRS Bulletin*, 25(8), 2000: 58-65.

[333]　陈猛, 白雪冬, 闻立时等. In$_2$O$_3$：Sn (ITO)薄膜的光学特性研究(J). 金属学报, 35(9), 1999: 934-938.

[334]　G Frank, E Kauer, H Köstlin. Transparent heat-reflecting coatings based on highly doped semiconductors (J). *Thin Solid Films*, 102(1-3), 1981: 107-118.

[335]　王文文, 刁训刚, 王峥, 王天民. 直流磁控溅射 ZnO：Al 薄膜的光电和红外发射特性(J). 北京航空航天大学学报, 31(2), 2005: 236-241.

[336]　付恩刚, 庄大明, 张弓. 掺铝氧化锌薄膜的红外性能及机制(J). 金属学报, 41(3), 2005: 333-336.

[337]　白长城. 红外物理(M). 北京：电子工业出版社, 1989.

[338]　郭舜(译). 空间环境中的被动温度控制(M). 北京：国防工业出版社, 1975——原著为 R. M. Van Vliet, Passive Temperature Control in the Space Environment, Macmillan Co, 1965.

[339]　王科林, 徐娜. 太阳热反射隔热涂层及其发展趋势(J). 现代涂料与涂装, 12(2), 2009: 18-22.

[340]　Marshall Space Flight Center, Improved Thermal Paint Formulation (R), *NASA Tech Brief*, B71-10180, Springfield, VA 22151, USA, the National Technical Information Service, 1971.

[341]　谭必恩, 郝志永, 曾一兵, 张廉正. 低太阳吸收率加成型有机硅热控涂层的研制(J). 中国空间科学技术, No. 3, 2001: 16-22.

[342]　战风昌, 李悦良等. 专用涂料(M). 北京：化学工业出版社, 1988.

[343]　蔡隆明. 传热学(第四版)(M). 台北：兴业图书股份有限公司, 1979: 262-264.

[344]　赵飞明, 张廉正, 宋学军等. 低太阳吸收率 α_s、高发射率 ε 有机硅热控涂层进展(J), 宇航材料工艺(J). No3, 1998: 11-1 4.

[345]　李成存. 玻璃在线热喷涂镀膜工艺及预留热喷涂区的设计(J). 山东建材, No. 1, 1997: 17-20.

[346]　蒋攀、黄佳木、郝晓培、董思勤. 制备工艺参数对 TiNx / Ag/ TiNx 低辐射膜性能的影响(J). 材料导报, 24(11), 2010: 87-91.

[347]　张波、张建新、蔡伟. 低辐射建筑节能玻璃研究进展(J). 玻璃与搪瓷, 36(6), 2008: 34-40.

[348]　G. Bräuer. Large area glass coating (J). Surface and Coatings Technology, 112(1-3), 1999: 358-365.

[349]　K. Von Rottkay and M. Rubin. Optical Indices of Pyrolytic Tin-Oxide Glass (J). *Mater. Res. Soc. Symp. Proc.*, 426, 1996: 449-456.

[350]　Salvatore Grasso, Byung-Nam Kim, Yoshio Sakka, et al. Highly Transparent Pure Alumina Fabricated by High-Pressure Spark Plasma Sintering (J). *J. Am. Cer. Soc.*, 93 (9), 2010: 2460-2462.

[351]　Haibin Zhang, Zhipeng Li, Byung-Nam Kim, Yoshio Sakka, et al.. Highly Infrared Transparent Nanometric Tetragonal Zirconia Prepared by High-Pressure Spark Plasma Sintering (J). *J. Am. Cer. Soc.*, 94 (9), 2011: 2739-2741.

[352]　S. Prochazka and F. J. Klug. Infrared-Transparent Mullite Ceramic (J). *J. Am. Cer. Soc.*, 66 (12), 1983: 874-880.

[353]　G. Gilde, P. Patel, D. Blodgett, et al.. Evaluation of Hot Pressing and Hot Isostastic Pressing Param-

eters on the Optical Properties of Spinel (J). *J. Am. Cer. Soc.*, 88 (10), 2005：2747-2751.

[354] A. Ikesue, I. Furusato. Fabrication of Polycrystalline, Transparent YAG Ceramics by a Solid-State Reaction Method (J). *J. Am. Cer. Soc.*, 78(1), 1995：225- 228.

[355] 董仁杰、彭高军. 太阳能热利用工程(M). 北京：中国农业科技出版社，1996.

[356] 余其铮. 辐射换热基础(M). 北京：高等教育出版社，1990.

[357] 杨仲青. 8 米直径高温太阳炉的建造(J). 硅酸盐学报，5(2)，1966：119-122.

[358] 建筑材料科学研究院陶瓷室工艺组. 陶瓷质红外线辐射器的研究(J). 建筑材料工业，No. 7，1963：15-21.

[359] 郭硕鸿. 电动力学(M). 北京：高等教育出版社，1979.

[360] 王自荣、余大斌、叶熙等. ITO 涂料在 8～14μm 波段红外发射率的研究(J). 红外技术，21(1)，1999：41-44.

[361] 余其铮. 辐射换热基础(M). 北京：高等教育出版社，1990.

附　　录

附录 1　主要工程陶瓷材料的热学性能（括弧内为测量温度）

材　料	密度 /(g/cm³)	熔点 /℃	膨胀系数 /×10⁶ K⁻¹	导热系数 /[W/(m·K)]	比热熔 /[J/(kg·K)]	辐射比 *
各种微晶玻璃	2.4~5.9		5~17	(400K) 2.0~5.4 (1200K) 2.7~3.0	795~1298	(300K) 0.9
Pyrex 玻璃	2.52		4.6	(400K) 1.3 (800K) 1.7	(100K) 335 (700K) 1170	(100K) 0.85N (900K) 0.85N (1100K) 0.75N
Al_2O_3-刚玉	3.98	2030	7.2~8.6	(400K) 27.2 (1400K) 5.8	830	(100K) 0.75N (1000K) 0.53N (1600K) 0.41N
Cr_2O_3	5.21		7.5	10~33	(300K) 670 (1000K) 837 (1600K) 879	0.91N
$3Al_2O_3 2SiO_2$ -莫来石	2.8	1810	5.7	(400K) 5.2 (1400K) 3.3	620	(1200K) 0.5N (1500K) 0.65N
$2MgO·2Al_2O_3·5SiO_2$-董青石	2.50 （体积密度）	1450	2.0	4	710	
TiO_2	4.25		9.4	(400K) 8.8 (1400K) 3.3	(400K) 799 (1700K) 920	(450K) 0.83 T (1300) 0.89 T
ZrO_2（掺 MgO，四方相）	6.05	2720	(373K) 8.3 (1073) 10.5	2.93	400	
ZrO_2（稳定立方相）	5.8	2500~2600	13.5	(400K) 1.7 (1600K) 1.9	(400K) 502 (2400K) 669	(1200K) 0.4N (2000K) 0.5N
CeO_2	7.26		13	(400K) 9.6 (1400K) 1.2	(300K) 370 (1200K) 520	(1300K) 0.65 T (1550K) 0.45 T
TiB_2	4.5~4.62		8.1	(300K) 65~120 (2300K) 54~122	(300K) 632 (1400K) 1165	(1000K) 0.8N (1400K) 0.85N (2800K) 0.4N
TiC	4.92		7.4~8.6	(400K) 33 (1400K) 43	(293K) 544 (1366K) 1046	(800K) 0.5N (1500K) 0.85N (2800K) 0.38N

续表

材　料	密度 /(g/cm³)	熔点 /℃	膨胀系数 /×10⁶ K⁻¹	导热系数 /[W/(m·K)]	比热熔 /[J/(kg·K)]	辐射比*
TaC	14.4~14.5		6.7	(400K) 32 (1400K) 40	(273K) 176 (1366K) 293	(1600K) 0.2N (3000K) 0.33N
Cr₃C₂	6.70		9.8	19	(273K) 502 (811K) 837	
SiC(六方 α 相)	3.21	2700 分解	4.3~5.6	(400k) 63~155 (1400K) 21~33	628~1046	(400k) 0.85N (1800k) 0.80N
SiC(CVD,立方 β 相)	3.21		5.5	(400K) 121 (1600K) 34.6	(400K) 837 (2000K) 1464	
Si₃N₄(六方 α 相,烧结)	3.18	1900 分解	3.0	(400K) 9~30	400~1600	(600K) 0.9N (1300K) 0.8N
Si₃N₄(六方 β 相,热压) Si₃N₄(六方 β 相,反应烧结)	3.19	1900 分解	8.0	(400K) 24	(273K) 628	(800K) 0.4N
TiN	5.43~5.44			(1773K) 67.8 (2573K) 56.9	(1366K) 1046	(1400K) 0.8N (2100K) 0.5N (3000K) 0.33N
C(石墨颗粒)	2.21	0.1~19.4 (方向性)	1.67~518.8 (方向性)	711~1423		(1366K)0.8 T
Fe(铸铁)	5.5~7.8		8.1~19.3	46~52	460	

* 辐射比数值后面的符号：N 表示法向辐射，T 表示半球全辐射。

　本表数据来自：由 American Ceramic Society 编辑的 Ceramic Source'87 v.2 和 Ceramic Source'90 v.5。

附录 2　在不同温度下一些氧化物的真比热容 (c_p) 和平均比热容 ($\overline{c_p}$) 数据

单位：J/(g·K)

温度/K	SiO₂		Al₂O₃		Fe₂O₃		FeO		MgO		MnO₂		CaO	
	c_p	$\overline{c_p}$	c_p	$\overline{c_p}$	c_p	$\overline{c_p}$	c_p	$\overline{c_p}$	$c_{p,}$	$\overline{c_p}$	c_p	$\overline{c_p}$	c_p	$\overline{c_p}$
273	0.670	0.670	0.720	0.720	0.615	0.615	0.699	0.699	0.871	0.871	0.762	0.762	0.737	0.737
373	0.795	0.783	0.925	0.837	0.724	0.674	0.737	0.720	1.017	0.954	0.825	0.787	0.820	0.783
473	0.963	0.850	1.026	0.908	0.800	0.720	0.758	0.733	1.088	1.005	0.879	0.812	0.858	0.812
573	1.026	0.900	1.088	0.959	0.854	0.753	0.766	0.745	1.134	1.042	0.929	0.833	0.883	0.833
673	1.067	0.938	1.130	0.996	0.904	0.787	0.783	0.753	1.164	1.067	0.975	0.858	0.896	0.846
773	1.105	0.967	1.164	1.026	0.954	0.816	0.795	0.758	1.189	1.088	1.013	0.879	0.908	0.858
873	1.134	0.992	1.193	1.051	1.000	0.841	0.808	0.766	1.206	1.109	1.047	0.900	0.921	0.867
973	1.160	1.013	1.218	1.076	1.047	0.867	0.816	0.774	1.226	1.122	1.076	0.917	0.929	0.875
1073	1.189	1.034	1.239	1.093	1.088	0.892	0.825	0.779	1.243	1.139	1.097	0.933	0.938	0.883
1173	1.210	1.051	1.260	1.109			0.837	0.783	1.256	1.151	1.113	0.946	0.946	0.892

续表

温度/K	SiO$_2$		Al$_2$O$_3$		Fe$_2$O$_3$		FeO		MgO		MnO$_2$		CaO	
	c_p	$\overline{c_p}$	c_p	$\overline{c_p}$	c_p	$\overline{c_p}$	c_p	$\overline{c_p}$	c_p	$\overline{c_p}$	c_p	$\overline{c_p}$	c_p	$\overline{c_p}$
1273	1.235	1.072	1.281	1.126					1.273	1.160	1.126	0.959	0.950	0.896
1373	1.256	1.084	1.302	1.143					1.285	1.172			0.959	0.900
1473	1.281	1.101	1.323	1.155					1.302	1.180			0.963	0.908
1573	1.302	1.113	1.340	1.168					1.314	1.193			0.971	0.913
1673	1.323	1.130	1.360	1.180					1.327	1.201			0.980	0.917

真比热容（c_p）是物质在温度 T 下所吸收的热量 Q 对温度的导数：$c_p = \dfrac{dQ}{dT}$

平均比热容（$\overline{c_p}$）是物质的温度从 T_1 升至 T_2 所吸收的总热量对该温度范围的平均值：$\overline{c_p} = \dfrac{Q}{T_2 - T_1}$

表中数据来自：奚同庚. 无机材料热物性学 [M]. 上海科学技术出版社，1981.

附录3　在不同温度下一些材料的导热系数数据

材料	体积密度 /(g/cm³)	理论密度 /(g/cm³)	气孔率 /%	导热系数/[W/(m·K)]									
				373K	473K	673K	873K	1073K	1273K	1473K	1673K	1873K	2073K
Al$_2$O$_3$	3.69~3.79		4.5~7.3	28.88	21.26	12.56	8.707	6.865	5.860	5.274	5.233	5.777	7.242
		3.97	0	30.26	22.52	13.14	9.125	7.200	6.153	5.526	5.484	6.070	7.577
CaO	3.03		3.75	13.94	10.13	8.372	7.577	7.284	7.116	—	—	—	—
		3.32	0	15.24	11.09	9.167	8.288	7.995	7.786	—	—	—	—
BeO	2.7~2.86		4.67~9.95	209.3	166.6	88.32	44.79	25.74	19.34	16.45	15.57	14.48	14.73
		3.01	0	219.8	174.6	92.93	46.88	27.00	20.30	17.25	16.37	15.15	15.45
Mg$_2$SiO$_4$ 橄榄石	2.22		31.1	3.684	3.098	2.470	2.051	1.842	1.674	1.633	1.591		
		3.2	0	5.379	4.521	3.583	2.980	2.679	2.436	2.369	23.11		
石墨	1.55		30.2	124.7	101.7	78.70	64.46	53.58	43.95	38.51	—		
		2.22	0	178.3	144.8	112.2	92.09	76.19	62.37	54.84	—	—	—
MgO	3.29~3.48		2.8~8.1	34.45	27.00	15.78	11.01	8.121	6.698	5.860	5.777	6.572	9.042
		3.58	0	36.00	28.26	16.49	11.51	8.498	6.991	6.112	6.028	6.865	9.460
Al$_6$Si$_2$O$_{13}$ 莫来石	2.79		11.4	5.400	4.898	4.186	3.809	3.600	3.516	3.433	3.433		
		3.15	0	6.112	5.526	4.730	4.312	4.069	3.977	3.851	3.876		
Al$_6$Si$_2$O$_{13}$ 莫来石	2.81		29.8	4.060	3.600	3.098	2.846	2.721	2.679	2.679	2.679		
		3.15	0	5.798	5.149	4.395	4.060	3.893	3.830	3.830	3.830		
NiO	5.05		25.7	9.209	7.367	5.316	4.186	3.433	3.140	—	—	—	—
		6.8	0	12.39	9.921	7.158	5.693	4.605	4.479	—	—	—	—
MgAl$_2$O$_4$ 尖晶石	3.27		7.65	13.81	11.93	9.418	7.493	6.153	5.358	5.023	—		
		3.54	0	14.94	12.89	10.21	8.121	6.656	5.777	5.442	—		

材料	体积密度 /(g/cm³)	理论密度 /(g/cm³)	气孔率 /%	导热系数/〔W/(m·K)〕									
				373K	473K	673K	873K	1073K	1273K	1473K	1673K	1873K	2073K
UO₂	8.00		26.7	7.326	5.944	4.312	3.307	2.763	2.553	—			
		10.9	0	9.795	7.953	5.777	4.416	3.705	3.412	—	—		
TiO₂	4.11		3.5	6.279	4.814	3.767	3.474	3.265	3.181	3.181			
		4.26	0	6.530	4.994	3.914	3.617	3.391	3.307	3.307	—		
ThO₂	8.07		16.75	8.539	7.032	0.4981	3.642	2.846	2.553	2.093	2.051		
		9.69	0	10.26	8.539	5.986	4.353	3.407	3.056	2.507	2.453		
ZrSiO₄ 锆英石	3.69		18.6	—	4.605	4.186	3.767	3.474	3.307	3.181	3.098		
		4.56	0	—	5.693	5.191	4.646	4.312	4.094	3.935	3.834		
ZnO	3.72		34.0	—	11.30	7.409	4.605	3.600	—	—	—		
		5.66	0	—	17.12	11.22	6.991	5.463	—	—	—		
ZrO₂	5.22~5.35		12.3~14.4	1.674	1.716	1.758	1.800	1.884	1.967	2.051	2.093		
		6.1	0	1.951	1.959	2.051	2.097	2.198	2.290	2.390	2.440		

表中数据来自：奚同庚. 无机材料热物性学（M）. 上海科学技术出版社，1981.

附录4　一些二元化合物的德拜温度和热膨胀系数测定值

物　　质			BeO	CaO	UP	UN	US	BN	BP	WC	TiN
德拜温度 /K			1461	543	410	663	335	1587	1187	1042	867
膨胀系数 ×10⁶/ K⁻¹	温度 /K	293	6.3	11.2	7.8	7.4	11.1	1.8	2.9	3.7	6.3
		1000	12.8	13.6	9.6	10.4	12.9	5.9	5.4	5.1	10.0

表中数据来自：稻场秀明，山本敏博. 物质のデバイ温度. Netsu Sokutei, 10 (4), 1983：132-145.

附录5　相关的测量标准

1. 比热容测定

GB/T 3140—2005　纤维增强塑料平均比热容试验方法

2. 导热系数测定

GB/T 3139—2005　纤维增强塑料导热系数试验方法（玻璃钢导热系数试验方法）

GB/T 3399—1982　塑料导热系数试验方法　护热平板法

GB/T 3651—2008　金属高温导热系数测量方法

GB/T 5990—2006　耐火材料　导热系数试验方法（热线法）

GB/T 5598—1985　氧化铍瓷导热系数测定方法

ZB/T 8722—2008　石墨材料中温导热系数测定方法

GB/T 10294—2008　绝热材料稳态热阻及有关特性的测定　防护热板法

GB/T 10295—2008　绝热材料稳态热阻及有关特性的测定　热流计法

GB/T 10296—2008　绝热层稳态传热性质的测定　圆管法

GB/T 10297—1998　非金属固体材料导热系数的测定 热线法

GB/T 13475—2008　绝热稳态传热性质的测定标定和防护热箱法

GB/T 5990—2006　耐火材料导热系数试验方法（热线法）

GB/T17911—2006　耐火材料陶瓷纤维制品试验方法

GB/T 22476—2008　中空玻璃稳态 U 值（传热系数）的计算及测定

GB/T 22588—2008　闪光法测量热扩散系数或导热系数

YB/T 4130—2005　耐火材料　导热系数试验方法（水流量平板法）

JC/T 675—1997　玻璃导热系数试验方法

YS/T 63.3—2006　铝用炭素材料检测方法　第 3 部分：热导率的测定比较法

3. 导温系数测定

GB/T 22588—2008　闪光法测量热扩散系数或导热系数

GB/T 11108—1989　硬质合金热扩散率的测定方法

4. 热辐射率测定

GJB 5023.1—2003　材料和涂层反射率和发射率测试方法　第 1 部分：反射率

GJB 5023.2—2003　材料和涂层反射率和发射率测试方法　第 2 部分：发射率

5. 热膨胀系数测定

GB/T 2572—2005　纤维增强塑料平均线膨胀系数试验方法

GB/T 3074.4—2003　石墨电极热膨胀系数（CTE）测定方法

GB/T 3810.8—2006　陶瓷砖试验方法　第 8 部分：线性热膨胀的测定

GB/T 3810.10—2006　陶瓷砖试验方法　第 10 部分：湿膨胀的测定

GB/T 4339—2008　金属材料热膨胀特征参数的测定

GB/T 7320—2008　耐火材料　热膨胀试验方法

GB/T 16535—2008　精细陶瓷线热膨胀系数试验方法　顶杆法

GB/T 16920—1997　玻璃　平均线热膨胀系数的测定

GB/T 20673—2006　硬质泡沫塑料　低于环境温度的线膨胀系数的测定

GJB 1802—1993　低膨胀刚性固体材料平均线膨胀系数测试方法

JC/T 679—1997　玻璃平均线性热膨胀系数试验方法

HB 5353.5—2004　熔模铸造陶瓷型芯性能试验方法：线膨胀性能的测定

QB/T 2298—1997　双线法测线热膨胀系数

YS/T 63.4—2006　铝用碳素材料检测方法　第 4 部分：热膨胀系数的测定

6. 熔点和耐火度测定

GB/T 1425—1996　贵金属及其合金熔化温度范围的测定热分析试验方法

GB/T 7322—2007　耐火材料耐火度试验方法

GB/T 13794—2008　标准测温锥

7. 高温蠕变测定

GB/T 2039—2012　金属材料　单轴拉伸蠕变试验方法

GB/T 5073—2005　耐火材料压蠕变试验方法

GB/T 5989—2008　耐火材料　荷重软化温度试验方法　示差升温法

GB/T 20672—2006　硬质泡沫塑料 在规定负荷和温度条件下压缩蠕变的测定

YB/T 370—1995　耐火制品荷重软化温度强度试验方法（非示差-升温法）

YB/T 2203—1998　耐火浇注料荷重软化温度试验方法（非示差-升温法）

附录6　一些物理量的计量单位、名称、符号及转换

以左列单位计量某物理量的数量为 x，如以右列单位计量其数量为 y，下表给出由 x 转换为 y 的关系式 $y = f(x)$

物理量	原来的计量单位（x）		$y = f(x)$	转换为新的计量单位（y）	
	名　称	符　号		名　称	符　号
长度	英寸（吋）	in	$y = 2.54x$	厘米	cm
	英尺（呎）	ft	$y = 0.3048x$	米	m
	密尔	mil	$y = 25.4x$	微米	μm
	埃	Å	$y = 10^{-10}x$	米	m
面积	平方英尺	ft²	$y = 9.2903 \times 10^{-2}x$	平方米	m²
	平方英寸	in²	$y = 6.4516x$	平方厘米	cm²
	英亩	acre	$y = 4.04686 \times 10^3 x$	平方米	m²
体积	升	L	$y = 10^{-3}x$	立方米	m³
	立方英尺	ft³	$y = 2.83169 \times 10^{-2}x$	立方米	m³
	立方英寸	in³	$y = 16.3871x$	立方厘米	cm³
	英制加仑	Ukgal	$y = 4.5461x$	升	L
	美制加仑	Usgal	$y = 3.7854x$	升	L
质量	磅	lb	$y = 0.453592x$	千克	kg
	盎司	oz	$y = 28.3495x$	克	g
	克拉	carat	$y = 0.2x$	克	g
力	千克力	kgf	$y = 9.80665x$	牛顿	N
	达因	dyn	$y = 10^{-5}x$	牛顿	N
	磅力	lbf	$y = 4.44822x$	牛顿	N
密度	磅每立方呎	lb/ft³	$y = 0.01602x$	克每立方厘米	g/cm³
压力	磅力每平方呎	lbf/ft²（psf）	$y = 47.8803x$	帕	Pa
	磅力每平方吋	lbf/in²（psi）	$y = 6.895x$	千帕	kPa
	千克力每平方厘米	kgf/cm³	$y = 98.0665x$	千帕	kPa
	大气压	atm	$y = 0.0980665x$	兆帕	MPa
	毫米汞柱	mmHg	$y = 133.322x$	帕	Pa
	毫米水柱	mmH₂O	$y = 9.80665x$	帕	Pa
	巴	bar	$y = 0.1x$	兆帕	MPa
	托	torr	$y = 133.322x$	帕	Pa

物理量	原来的计量单位（x）		$y=f(x)$	转换为新的计量单位（y）	
	名　称	符　号		名　称	符　号
温度	摄氏度	℃	$y=x+273.15$	开尔文	K
	华氏度	℉	$y=5(x+459.67)/9$	开尔文	K
	列氏度	°R	$y=5x/9$	开尔文	K
	华氏度	℉	$y=5(x-32)/9$	摄氏度	℃
能量功	电子伏	eV	$y=1.602189\times10^{-19}x$	焦耳	J
	尔格	erg	$y=10^{-7}x$	焦耳	J
	卡	cal	$y=4.184x$	焦耳	J
	千克力米	kgfm	$y=9.80665x$	焦耳	J
	英制热量单位	Btu	$y=1055.06x$	焦耳	J
功率	英制热单位每小时	Btu/h	$y=0.293072x$	瓦	W
	卡每秒	cal/s	$y=4.1868x$	瓦	W
	马力	hp	$y=735.5x$	瓦	W
比热容	英热单位每磅度	Btu/(lb·℉)	$y=4186.8x$	焦耳每千克开尔文	J/(kg·K)
	卡每克度	cal/(g·℃)	$y=4.1868x$	焦耳每克开尔文	J/(g·K)
导热系数	卡每秒米度	cal/(s·cm·℃)	$y=418.4x$	瓦每米开尔文	W/(m·K)
	千卡每米小时度	kcal/(hr·m·℃)	$y=1.163x$	瓦每米开尔文	W/(m·K)
	英热单位每小时呎度	Btu/(hr·ft·℉)	$y=1.73073x$	瓦每米开尔文	W/(m·K)
		Btu·in/(hr·ft²·℉)	$y=0.14423x$	瓦每米开尔文	W/(m·K)
传热系数	千卡每平米时度	kcal/(hr·m²·℃)	$y=1.163x$	瓦每平米开尔文	W/(m·K)
	英热单位每平呎时度	Btu/(hr·ft²·℉)	$y=5.67826x$	瓦每平米开尔文	W/(m·K)

附录7　常用的物理常量

阿伏加德罗常量：$N_A=6.02\times10^{23}\text{mol}^{-1}$

普朗克常量：$h=6.626\times10^{-34}\text{J·s}$

摩尔气体常量：$R=8.314\text{J·K}^{-1}\text{·mol}^{-1}$

玻尔磁子 $\mu_B=9.27\times10^{-24}\text{A·m}^2$

真空介电常量 $\varepsilon_0=8.86\times10^{-12}\text{F·m}^{-1}$

玻尔兹曼常量：$k_B=1.381\times10^{-23}\text{J·K}^{-1}$

斯蒂芬-波尔兹曼常量：$\sigma=5.67\times10^{-1}\text{w·m}^{-2}\text{K}^{-4}$

标准状态理想气体摩尔体积：$V_m=22.42\text{L·mol}^{-1}$

电子的静电荷：$e=1.602\times10^{-19}\text{C}$（库仑）

附录8　名词和术语的中英文对照

按照中文拼音字母顺序排列

中文	英文
A	
阿弗加德罗常数	Avogadro number
阿伦尼乌斯方程	Arrhenius equation
B	
拜耳法	Bayer's processing
白体	white body
半球红外辐射比	hemispherical infrared emittance
半球向总辐射力	total hemispherical emissive power
半球吸收比	hemispherical absorptance
薄膜	thin film
爆炸喷涂	detonation spraying coating
贝塞尔函数	Bessel function
比表面（积）	specific surface (area)
比表面能	specific surface energy
比晶界能	specific grain boundary energy
比热容	specific heat capacity
边缘固定薄膜供料生长法	Edge-defined, Film-fed Growth (EFG)
表观导热系数	apparent thermal conductivity
表面活性剂	surfactant
表面扩散	surface diffusion
表面能	surface energy
表面张力	surface tension
表面自由能	surface free energy
波恩指数	Born's exponential
波尔兹曼常数	Boltzmann constant
波格尔定律	Bouguer's law
博格斯矢量	Bergers' vector
玻璃化温度	Glass transition temperature
玻璃棉	glass wool
玻璃软化温度	Glass softening temperature
玻璃转变点	glass transition point
玻色-爱因斯坦统计	Bose-Einsten statistics
波矢	wave vector
波数	wave number
卜斯坦-莫斯效应	Burstein-Moss effect

455

B	布拉格方程:	Bragg's equation
	布利渊区	Brillouin zone
C	残余应力	residual stress
	测微望远镜法	micrometer telescope dilatometry
	测温标准锥	standard pyrometric cone
	测温三角锥	pyrometric cone
	磁控溅射	magnetron sputtering
	磁振子	magnon
	催化剂	catalyst
Ch	差热分析	differential thermal analysis (DTA)
	差示扫描量热法	differential scanning calorimetry（DSC）
	掺铝氧化锌	Al doped zinc oxide (ZAO)
	掺杂半导体氧化物	doped semiconductive oxide
	超导	superconductoin
	超导体	superconductor
	超临界干燥	supercritical drying
	成膜剂	film former
	弛豫时间	relaxation time
	传热系数	heat transfer coefficient
	锤式粉碎机	hammer crusher
	抽滤成型	vacuum filtration forming
D	大气红外窗口	atmospheric infrared window
	氮化硅结合碳化硅	silicon nitride bonded silicon carbide
	单色定向辐射亮度	directional spectral radiance
	单色发射比	spectral emittance
	单色法向反射率	spectral normal reflectivity
	单色辐射力	spectral emissive power
	单轴加压	uniaxial pressing
	倒逆过程	Umklapp processes
	倒易点阵	reciprocal lattice
	导磁率	magnetic permeability
	导带	conductive band
	导电率	electric conductivity
	导热系数	thermal conductivity
	导温系数	thermal diffusivity
	德拜 T^3 定律	Debye T^3 law
	德拜方程	Debye's equation
	德拜-赫凯尔常数	Debey-Huckel constant
	德拜频率	Debey frequency

D	德拜温度	Debye temperature
	等电点	iso-electric point (IEP)
	等静压	isostatic pressing
	等离子活化烧结	plasma activated sintering
	等离子喷涂	plasma coating
	等离子体	plasma
	等离子增强化学气相沉积	plasma enhanced chemical vapour deposition (PECVD)
	等容自由能	Helmholtz free energy
	等熵体积模量	adiabatic volume modulus
	等温体积模量	isothermal volume modulus
	低共熔	eutectic
	低红外辐射玻璃	low infrared emissive glass
	电负性	electronegative
	电火花烧结	spark plasma sintering
	电熔锆刚玉	fused zirconia alumina
	电熔氧化铝	fused alumina
	电子束物理气相沉积	electron beam physical vapor deposition (EB-PVD)
	电阻率	electric resistivity
	点阵	lattice
	点缺陷	point defect
	定长纤维	staple fiber
	定容热容	isometric heat capacity
	定容比热容	isometric specific heat capacity
	定向半球反射比	directional hemispherical reflectance
	定向辐射亮度	directional radiance
	定向辐射强度	directional radiation intensity
	定向辐射力	directional emissive power
	定向光谱辐射力	directional spectral emissive power
	定压比热容	isobaric specific heat capacity
	动态水热合成	dynamic hydrothermal synthesis
	断裂韧性	fracture toughness
	堆垛层错	stacking fault
	对流	convention
	杜隆—珀替定律	Dulong - Petit's law
	多孔材料	porous material
E	颚式破碎机	jaw crusher
	二流喷嘴	two phase flow nozzle

F

发射比	emittance	
发射率	emissivity	
发射系数	emittance	
法向反射率	normal reflectivity	
法向光谱透射比	normal spectral transmittance	
范德瓦力	van der Waals force	
反射	reflection	
反射比	reflectance	
反射角	reflection angle	
反射率	reflectivity	
反铁磁体	antiferromagnetics	
反铁电	anti-ferroelectric	
反应烧结氮化硅	reaction sintering of silicon nitride (RSSN)	
反应烧结碳化硅	reaction bonded silicon carbide (RBSC)	
放电等离子烧结	discharge plasma sintering	
防热瓦	thermal insulating tile	
纺丝	spinning	
方位角	azimuth	
非简谐振动	anharmonic vibration	
费米-狄拉克分布	Fermi-Dirac distribution	
费米能级	Fermi energy level	
费米温度	Fermi temperature	
菲涅尔反射定律	Fresnel law of reflection	
菲涅尔衍射	Frensnel diffraction	
菲涅尔透镜	Fresnel's lens	
非稳态热传导	unsteady state heat conduction	
分解热	heat of decomposition	
分解压	decomposition pressure	
分散剂	dispersing agent	
分形	fractal	
分压	partial pressure	
分子键	molecular bond	
粉料处理工艺	powder processing	
粉碎	comminution	
富利埃导热微分方程	Fourier's Partial differential equation of heat conduction	
富利埃定律	Fourier's law	
辐射	radiation	
辐射比	emittance	

F	辐射出射度	radiant exitance
	辐射功率	thermal radiation power
	辐射计	radiometer
	辐射角系数	angle factor of radiation
	辐射角	radiant angle
	辐射力	emissive power
	辐射亮度	radiance
	辐射率	emissivity
	辐射屏蔽屏	radiation shields
	辐射强度	radiant intensity
	辐射通量	thermal radiation transfer rate
	辐射通量密度	thermal radiation flux density
	辐射系数	emittance
	辐照度	irradiation
G	轧膜成型	rolling pressing
	干袋等静压	dry bag isostatic pressing
	干法成型	dry forming
	干法针刺工艺	dry needling processing
	坩埚	crucible
	格波	lattice wave
	格律内森常数	Gruneisen constant
	格律内森定律	Gruneisen's law
	割阶	jog
	隔热陶瓷	thermal insulating ceramics
	共沉淀	coprecipitation
	共价键	covalent bond
	固化剂	curding agent
	固相反应	solid state reaction
	固相扩散	solid state diffusion
	光谱半球定向反射比	spectral hemispherical directional reflectance
	光谱半球吸收比	spectral hemispherical absorptance
	光谱定向半球反射比	spectral directional hemispherical reflectance
	光谱定向辐射比	spectral directional emittance
	光谱定向辐射亮度	directional spectral radiance
	光谱定向辐射强度	directional spectral radiation intensity
	光谱定向透射比	spectral directional transmittance
	光谱定向吸收比	spectral directional absorptance

G		
	光谱反射比	spectral reflectance
	光谱法向辐射比	spectral normal emittance
	光谱辐射比	spectral emittance
	光谱辐射力	spectral emissive power
	光谱投射辐射力	spectral irradiance
	光谱吸收比	spectral absorptance
	光学波	optical wave
	光学厚度	optical thickness
	光子	photon
	硅酸铝纤维	aluminum silicate fiber
	硅酸镁纤维	magnesium silicate fiber
	硅酸盐结合碳化硅	silicate bonded silicon carbide
	辊式粉碎机	roller crusher, roll grinder
	国际实用温标	Intern'l Practice Temperature System
H	哈根-鲁宾斯关系式	Hagen-Rubens relation
	哈马克常数	Hamaker constant
	荷重软化温度	refractoriness under load
	赫兹-努德森-朗格缪	Hertz-Knudsen-Langmuir
	方程	equation
	黑度	emmissivity
	黑度	blackness
	黑度系数	· blackness
	黑体	black body
	黑体辐射常数	Stefan-Boltzmann constant
	红外	infrared
	红外反射陶瓷	infrared reflective ceramics
	红外分光光度计	Infrared spectrophotometer
	红外辐射	infrared radiation
	红外辐射器	infrared radiator
	红外辐射陶瓷	infrared emissive ceramics
	红外吸收陶瓷	infrared absorptive ceramics
	红外隐身	infrared stealth
	化学键	chemical bond
	化学气相沉积	chemical vapour deposition (CVD)
	华氏温标	Fahrenheit's temperature scale
	滑移	slip, gliding
	滑移系统	slip system
	换热系数	heat transfer coefficient
	辉光放电	glow discharge

H	灰体	grey body
	混合-干燥-煅烧法	kneading-drying-calcination (KDC)
	活化能	active energy
J	挤压成型	extrusion molding
	基尔霍夫定律	Kirchhoff's law
	激光干涉膨胀仪法	laser interferometric dilatometry
	激光化学气相沉积	laser chemical vapour deposition (LCVD)
	假塑性	pseudoplasticity
	键能	bond energy
	剪切模量	shear modulus
	剪切速率	shear rate
	剪切应变	shear strain
	剪切应力	shear stress
	桨叶式搅拌机	paddle mixer, paddle agitator
	搅拌磨	attrition mill
	浇注料	castable material
	吉布斯-亥尔姆霍兹方程	Gibbs - Helmholtz equation
	简谐振动	harmonic vibration
	接触热阻	contact thermal resistance
	介电常数	dielectric constant
	介电损耗角正切	dielectric loss tangent
	结合剂	binder
	结合能	binding energy
	界面热阻	boundary thermal resistance
	禁带	forbidden band
	近红外	near infrared
	金属醇盐	metallic alkoxide
	金属键	metallic bond
	浸渍法	dipping and impregnating
	静电纺丝	electrospinning
	镜反射	specular reflection
	镜反射率	specular reflectivity
	镜体	specular body
	晶格扩散	lattice diffusion
	晶格缺陷	lattice defect
	晶界	grain boundary
	晶界扩散	grain boundary diffusion
	晶界能	grain boundary energy

461

J	晶体外延生长	epitaxial growth of crystals
	绝对温标	absolute temperature scale
	绝热陶瓷	thermal insulating ceramics
	绝热体积模量	adiabatic volume modulus
	居里温度	Curie temperature
K	卡路里	calorine
	抗热震性	thermal shock resistance
	卡普-纽曼定律	Kopp-Neumann's law
	克劳欣系数	Clausing coefficient
	空间群	space group
	空气等离子喷涂	air plasma spraying
	孔隙分布	pore size distribution
	孔隙率	porosity
	空穴，空位	hole
	寇纳方程	Kerner's equation
	矿棉	mineral wool
	库伯扩散蠕变	Coble's creep
	扩散	diffusion
	扩散系数	diffusion coefficient
L	兰氏温标	Rankine's temperature scale
	朗格缪蒸发法	Langmuir evaporation method
	冷冻浇注	freeze-casting
	立体角	solid angle
	列氏温标	Reaumnur's temperature scale
	离心成型	centrifugal molding
	离心式雾化器	centrifugal atomizer
	离子键	ionic bond
	离子溅射	ionic sputtering
	离子强度	ionic strength
	连续纤维	continuous fiber
	亮度系数	brightness coefficient
	量子态密度	density of quantum states
	零电点	iso-electric point (IEP)
	流动性	flowability
	流延成型	tap casting
	轮碾机	wheel mill
	螺旋位错	spiral dislocation
	螺旋锥形混料机	conical spiral mixer
M	马德隆常数	Madelung constant

M	脉冲磁控溅射	pulse magnetron sputtering
	漫反射	diffuse reflection
	漫反射体	diffuse reflective body
	漫辐射	diffuse emission
	漫辐射体	diffuse emissive body
	漫灰体	diffuse grey body
	漫散射	diffuse scattering
	米氏散射	Mei's scattering
N	纳米孔隔热材料	nano-porous insulation material
	纳米氧化硅	nano silica powder
	纳巴罗-赫林蠕变	Nabarro-Herring's creep
	泥浆浇注	slip casting
	内能	internal energy
	奈尔温度	Neel temperature
	耐高温陶瓷	high temperature ceramics
	耐火材料	refractory
	耐火度	refractoriness
	黏度	viscosity
	凝聚剂	flocculent
	（胶体粒子的）凝聚	coagulation
	凝胶注模	gel-casting
	牛顿冷却方程	Newton's cooling equation
	努德森逸流法	Knudsen effusion method
O	偶极子	dipole
P	攀移	climb
	配分函数	partition function
	喷丝法	blowing processing
	喷雾干燥器	spray dryer
	喷雾热分解	spray pyrolysis
	漂珠	floating beads
	铍病	berylliosis
	平板导热仪	flat plate thermal conductivity tester
	平衡蒸汽压	Equilibrium vapor pressure
	泊桑比	Poisson's ratio
	普朗克常数	Plank constant
	普朗克定律	Plank's law
Q	气孔率	porosity
	气流磨	jet mill
	气凝胶	aerogel

Q	气溶胶	aerosel
	气相沉积	vapour deposition
	气压烧结	gas pressure sintering (GPS)
	前驱液	precursor liquid
	氢键	hydrogen bond
	轻质多孔耐火材料	light porous refractory
	轻质黏土砖	light clay brick
	亲水性	hydrophilic
	球磨机	ball mill
	全波长半球定向反射比	total hemispherical directional reflectance
	全波长半球辐射比	total hemispherical emittance
	全波长半球吸收比	total hemispherical absorptance
	全波长定向半球反射比	total directional hemispherical reflectance
	全波长定向辐射比	total directional emittnace
	全波长定向透射比	total directional transmittance
	全波长定向吸收比	total directional absorptance
	全波长法向辐射比	total normal emittance
	全波长法向辐射力	total normal emissive power
	全波长辐射力	total emissive power
	屈服应力	yield stress
R	热传导	thermal conduction
	热等静压	hot isostatic pressing (HIP)
	热分解	thermal decomposition
	热辐射	thermal radiation
	热焓	enthalpy
	热卡计	Calorimeter
	热扩散系数	thermal diffusivity
	热蜡浇铸	low pressure injection moulding
	热力学温标	thermodynamic temperature scale
	热流量	heat transfer rate
	热流密度	heat flux density
	热能	thermal energy
	热膨胀系数	thermal expansion coefficient
	热容	heat capacity
	热丝 CVD	hot wire CVD
	热线法导热仪	hot wire thermal conductivity tester
	热压	hot pressing
	热应力	thermal stress

R	热障涂层	thermal barrier coatings (TBC)
	热阻率	thermal resistivity
	热阻	thermal resistance
	刃位错	edge dislocation
	熔点	melting point
	熔化焓	melting enthalpy
	熔化热	heat of melting
	溶胶-凝胶工艺	sol-gel processing
	熔融喷丝	melt blowing
	熔融石英陶瓷	fused quartz ceramics
	熔融甩丝	melt spinning
	熔体抽丝工艺	melt extraction or melt spinning
	溶胀性	swelling
	蠕变	creep
	蠕变松弛试验机	creep-relaxation tester
	入射角	incident angle
	瑞利波形	Rayleigh waves
	瑞利散射	Rayleigh scattering
	瑞利准数	Raileigh number
S	散射	scattering
	散射角	scattering angle
	散射系数	scattering coefficient
	散状陶瓷纤维	ceramic bulk fibers
	斯蒂芬-波尔兹曼定律	Stefan-Boltzmann's law
	斯蒂芬-波尔兹曼常数	Stefan-Boltzmann constant
	素坯	green body
	塑性形变	plastic deformation
	塑性成型	plastic forming
	塑性流动	plastic flow
Sh	筛分	screening
	熵	entropy
	烧结	sintering
	摄氏温标	Celsius' temperature scale
	升华	sublimation
	升华热	heat of sublimation
	声学波	acoustical wave
	声子	phonon
	声子传递系数	phonon transmission coefficient
	甚远红外	very far infrared

Sh	射频磁控溅射	radio-frequency magnetron sputtering
	示差膨胀仪	differential dilatometer
	示差扫描量热法	differential scanning calorimetry (DSC)
	湿袋等静压	wet bag isostatic pressing
	湿法成型	wet forming
	势垒	potential barrier
	势能	potential energy
	石英玻璃陶瓷	quartz glass ceramics
	石英玻璃	quartz glass
	石英玻璃纤维	quartz glass fiber
	衰减系数	extinction coefficient
	甩丝法	spinning processing
	双电层	electrical double layer
	双角反射比	biangular reflectivity
	双角反射率	biangular reflectance
	水玻璃	water glass
	水热反应	hydrothermal reaction
	水热合成	hydrothermal synthesis
	顺电	paraelectric
	疏水性（憎水性）	hydrophobic
T	态密度	density of states
	太阳辐射吸收比	solar absorptance
	太阳炉	solar furnace
	太阳能集热器	solar energy collector
	太阳灶	solar stove
	碳热反应	carbothermal reduction
	碳热还原氮化	carbothermal reductive nitridation
	弹性模量	elastic modulus
	弹性雷诺数	elastic Reynolds' number
	弹性应变	elastic strain
	陶瓷工艺	ceramic processing
	陶瓷厚膜	ceramic thick film
	陶瓷晶须	ceramic whisker
	陶瓷空心球	ceramic hollow spheres
	陶瓷棉	ceramic wool
	陶瓷纤维	ceramic fiber
	陶瓷纤维板	fibrous ceramic boards
	陶瓷纤维编绳	ceramic woven rope

T	陶瓷纤维编织带	ceramic woven and braided tape
	陶瓷纤维布	ceramic cloth
	陶瓷纤维纺织品	ceramic fiber textiles
	陶瓷纤维管套	ceramic sleeving
	陶瓷纤维毛条（粗纱）	ceramic top (rove)
	陶瓷纤维模块	fibrous ceramic modules
	陶瓷纤维扭绳	ceramic plied rope
	陶瓷纤维盘根	ceramic packing set
	陶瓷纤维纱	ceramic yarn
	陶瓷纤维绳	ceramic rope
	陶瓷纤维毯	fibrous ceramic blanket
	陶瓷纤维毡	fibrous ceramic felt
	陶瓷纤维纸	fibrous ceramic paper
	梯度复合隔热材料	gradient thermal insulating composite
	铁磁体	ferromagnetics
	铁电	ferroelectric
	体积扩散	bulk diffusion
	体积热膨胀系数	bulk thermal expansion coefficient
	体积膨胀系数	volume expansion coefficient
	体积压缩系数	bulk compression coefficient
	提拉法	dip coating
	透光率	transmittance
	透过率	transmissivity
	透红外陶瓷	infrared transparent ceramics
	透明体	transparent body
	透射比	transmittance
	投射辐射	irradiation
	投射辐射力	irradiance
	透射率	transmissivity
	团聚	agglomeration
	团聚体	agglomerate
	涂层	coating
	推杆膨胀仪	push rod dilatometer
	吐纳方程	Turner's equation
W	微波烧结	microwave sintering
	位错	dislocation
	位错的湮灭	dislocation annihilation
	韦德曼-弗兰兹定律	Wiedemann-Franz's law
	维恩位移定律	Wien's displacement law

W	微晶玻璃	glass-ceramics
	微孔硅酸钙	micro-porous calcium silicate
	微孔六铝酸钙	micro-porous calcium hexaluminate
	V 型混料机	V-type mixer
	温标	temperature scale
	稳态热传导	Steady state heat conduction
	物理气相沉积	physical vapour deposition (PVD)
	无压烧结氮化硅	pressureless sintered silicon nitride
	无压烧结碳化硅	pressureless sintered silicon carbide
X	相变增韧	phase transition toughening
	线膨胀系数	linear expansion coefficient
	纤维纸	fiber paper
	消光系数	extinction coefficient
	匣钵	sagger
	Sn 掺杂 In_2O_3	Sn doped indium oxide (ITO)
	形位能	stereo (potential) energy
	吸收	absorption
	吸收比	absorptance
	吸收率	absorptivity
	吸收系数	absorption coefficient
	X 射线衍射法测膨胀	x-ray diffraction dilatometry
	选择性吸收	selective absorption
Y	压汞测孔仪	mercury porosimeter
	压力喷嘴	pressure atomizer
	压力注浆成型	pressure casting
	压滤成型	pressure filtration forming
	氧炔焰工艺	oxyacetylene flame processing
	氧缺位	oxygen deficiency
	岩棉	rock wool
	研磨	finish grinding
	衍射	diffraction
	窑具	kiln furniture
	亚铁磁体	ferrimagnetics
	液相成膜	liquid phase coating
	一次颗粒	primary particle
	引发剂	initiator
	应变速率	strain rate
	原胞	primitive cell
	远红外	far-infrared

Y	圆频率	angular frequency
	原位合成	in situ synthesis
Z	造粒	granulating
	增塑剂	plasticizer
	ξ 电位	zeta-potential
	自扩散系数	self diffusion coefficient
	自由程	free path
	自由能	free energy
	总辐射力	total emissive power
Zh	粘胶纤维	rayon, or viscose
	粘接剂	binder
	粘性流动	viscous flow
	粘滞流动	viscous flow
	振动磨	vibrating mill
	蒸发	evaporation, vaporization
	蒸发热	heat of evaporation
	蒸发系数	vaporization coefficient
	蒸汽压	vapor pressure
	蒸压釜	autoclave
	正则坐标	Canonical coordinate
	真空蒸涂	vacuum evaporation coating
	折射率	refractivity, refractive index
	折射指数	refractive index
	直接凝固成型	Direct Coagulation Casting (DCC)
	中红外	mid-infrared
	重结晶碳化硅	re-crystalline silicon carbide
	中频磁控溅射	middle frequency magnetron sputtering
	重烧结氮化硅	re-sintered silicon nitride
	转熔	peritectic
	注浆成型	slip casting
	注射成型	injection moulding

附录 9　无机非金属矿物名称中英文对照

按照中文拼音字母顺序排列

	化学成分	中文名称	英文名称
B	$KAlSi_2O_6$	白榴石	leucite
	$MgCa(CO_3)_2$	白云石	dolomite

B	$Ca(SO_4)0.5H_2O$	半水石膏	bassanite
Ch	$(Na, K)AlSi_3O_8$	长石	feldspar
	Fe_2O_3	赤铁矿	hematite
D	$SiO_2 \cdot nH_2O$	蛋白石	opal
	$Y_2Si_3O_3N_4$	Y-氮黄长石	nitrogen containing-Y-melilite
	$LaPO_4$	独居石	monazite
E	$Ca(SO_4)_2H_2O$	二水石膏	gypsum
F	$CaCO_3$	方解石	calcite
	MgO	方镁石	periclase
	SiO_2	方石英	cristobalite
	$M_{x/m}[(AlO_2)_x \cdot (SiO_2)_y] \cdot zH_2O$	沸石	zeolite
	$KMg_3(AlSi_3O_{10})F_2$	氟金云母	fluor-phlogopite
G	$CaAl_2Si_2O_8$	钙长石	anorthite
	$CaTiO_3$	钙钛矿	perovskite
	$\alpha\text{-}Al_2O_3$	刚玉	corudum
	$Al_2Si_2 \cdot O_{54}OH$	高岭石	kaolinite
	主要成分为高岭石	高岭土	kaoline
	$ZrSiO_4$	锆英石	zircon
	$MgCr_2O_4$	铬镁尖晶石	magnesium chromium spinel
G	主要成分为 SiO_2	硅藻土	diatonite
	SiO_2	硅石	silica rock
H	主要成分为 SiO_2	黑曜岩	obsidian
	$K(Mg, Fe^{2+})_3(Al, Fe^{3+})$ $Si_3O_{10}(OH, F)_2$	黑云母	biotite
	$Mg_3(Si_2O_5)2(OH)_2$	滑石	talc
J	Fe_2TiO_5	假板钛矿	pseudobrookite
	$KAlSi_3O_8$	钾长石	potash feldspar
	$Mg_4Al_{10}Si_2O_{23}$	假蓝宝石	sapphirine
	$Al_2O_3\text{-}SiO_2$	焦宝石	flint clay
	$A_2B_2O_7$	焦绿石	pyrochlore
	C	金刚石	diamond
	TiO_2	金红石	rutile
	$Mg_2Al_4Si_5O_{18}$	董青石	cordierite, iolite
L	Al_2O_3	蓝宝石	sapphire
	$Al_2O_3 \cdot SiO_2$	蓝晶石	kyanite
	$LiAlSi_2O_6$	锂辉石	spodumene
	$MgCO_3$	菱镁石	magnesite
	$M_5PO_4 \cdot 3[F, Cl, (OH)]$	磷灰石	apatite

L	SiO_2	鳞石英	tridymite
	$LiAlSiO_4$	锂霞石	eucryptite
	主要成分为氧化铝	铝矾土	bauxite
	$MgAl_2O_4$	镁铝尖晶石	magnesium aluminum spinel
	$5MgO \cdot Al_2O_3 \cdot 3SiO_2 \cdot 4H_2O$	绿泥石	chlorite
	$Be_3Al_2Si_6O_{18}$	绿柱石	beryl
M	Mg_2SiO_4	镁橄榄石	forsterite
	$CaMgSiO_4$	钙镁橄榄石	monticellite
	$MgAl_2O_4$	镁铝尖晶石	magnesium aluminum spinel
	$Ca_3MgSi_2O_8$	镁蔷薇辉石	merwinite
	$3Al_2O_3 \cdot 2SiO_2$	莫来石	mullite
N	主要成分为铝硅酸盐	黏土	clay
P	主要成分：$(Al_2，Mg_3)Si_4O_{10}$ $(OH)_2 \cdot nH_2O$	膨润土	bentonite
	$Na_2B_4O_7 \cdot 10H_2O$	硼砂	borax
Q	BeO	铍石	bromellite
	$Ca_{10}(PO_4)_6(OH)_2$	羟基磷灰石	hydroxyapatite
R	C	热解石墨	pyrolytic graphite
	$Mn_8(BeSiO_4)_6S_2$	日光榴石	helvite
	TiO_2	锐钛矿	anatase
S	$CaCO_3$	霰石	aragonite
	$Al(OH)_3$	三水铝石	bayerite
	主要成分为 SiO_2	松脂岩	pitchstone
	$Al_2O_3\text{-}SiO_2\text{-}H_2O$	苏州土	Suzhou clay
Sh	ZnS	闪锌矿	sphalerite，or zinc blende
	$3MgO \cdot 2SiO_2 \cdot 2H_2O$	蛇纹石	serpentine
	$CaSO_4 \cdot 2H_2O$	石膏	gypsum
	CaO	石灰	lime
	$CaCO_3$	石灰石	limestone
	C	石墨	graphite
	SiO_2	石英	quartz
	SiO_2	水晶	crystal
	$Mg(OH)_2$	水镁石	brucite
	$Al \cdot Fe \cdot K \cdot Mg \cdot Si_2 \cdot O_6 \cdot F \cdot HO$	水云母	hydromica
T	Al_2TiO_5	钛铝石	tialite
	$5CaO \cdot 6SiO_2 \cdot 5H_2O$	托贝莫来石	tobermorite
	$Li_2O \cdot Al_2O_3 \cdot 8SiO_2$	透锂长石	petalite
W	$MgSiO_3$	顽火辉石	enstatite

X	ZnS	纤维锌矿	wurtzite
	ZrO_2	斜锆石	baddeleyite
	$5CaO \cdot 6SiO_2 \cdot 5H_2O$	雪钙石	tobermorite
Y	$Al_2Si_4O_{10}(OH)_2$	叶蜡石	pyrophyllite
	$KAl_2[(Al, Si)Si_3O_{10}](OH)_2 \cdot nH_2O$	伊利石	illite
	$Y_3Al_5O_{12}$	钇铝石榴石	yttrium aluminum garnet (YGA)
	$6CaO \cdot 6SiO_2 \cdot H_2O$	硬硅钙石	xonotlite
		云母	mica
Zh	$L_i2O \cdot Al_2O_3 \cdot 6SiO_2$	正锂长石	sandinine
	主要成分为 SiO_2	珍珠岩	perlite
	$Mg_x(H_2O)_4\{(Mg, Fe)_{3-x}[(Al_{1-y}, Fe_y)Si_3O_{10}](OH)_2\}$	蛭石	vermiculite